21世纪高等学校规划教材｜电子信息

普通高等教育"十一五"国家级规划教材

自动控制原理
（第3版）

余成波　　张莲　　胡晓倩　主编

U0386696

清华大学出版社
北京

内 容 简 介

本书主要介绍分析和设计反馈控制系统的经典理论和应用方法。全书共 8 章,内容包括自动控制系统的基本概念,自动控制系统的数学模型,自动控制系统的时域分析法、根轨迹法、频率特性法,控制系统的校正、非线性控制系统、离散控制系统的分析和综合应用等。在每章后面分别介绍了 MATLAB 在自动控制理论中的一些应用,以及如何利用计算机辅助设计方法解决自动控制领域的一些系统分析和设计问题。同时,各章均提供了一定数量的习题与 MATLAB 实验题,以帮助读者理解基本概念并掌握分析和设计方法。

本书可作为高等工科院校自动化及相关专业的教材,也可供从事自动化方面工作的科技人员学习参考。

图书在版编目(CIP)数据

自动控制原理/余成波,张莲,胡晓倩主编. —3 版. —北京:清华大学出版社,2018(2025.2重印)
(21 世纪高等学校规划教材·电子信息)
ISBN 978-7-302-47802-7

Ⅰ. ①自… Ⅱ. ①余… ②张… ③胡… Ⅲ. ①自动控制理论 Ⅳ. ①TP13

中国版本图书馆 CIP 数据核字(2017)第 168949 号

责任编辑:魏江江 薛 阳
封面设计:傅瑞学
责任校对:时翠兰
责任印制:沈 露

出版发行:清华大学出版社
   网 址:https://www.tup.com.cn,https://www.wqxuetang.com
   地 址:北京清华大学学研大厦 A 座   邮 编:100084
   社 总 机:010-83470000   邮 购:010-62786544
   投稿与读者服务:010-62776969, c-service@tup.tsinghua.edu.cn
   质量反馈:010-62772015, zhiliang@tup.tsinghua.edu.cn
   课件下载:https://www.tup.com.cn,010-62795954
印 装 者:三河市天利华印刷装订有限公司
经 销:全国新华书店
开 本:185mm×260mm   印 张:28   字 数:676 千字
版 次:2005 年 12 月第 1 版 2018 年 7 月第 3 版   印 次:2025 年 2 月第 9 次印刷
印 数:39101~39600
定 价:59.50 元

产品编号:075551-01

出 版 说 明

随着我国改革开放的进一步深化,高等教育也得到了快速发展,各地高校紧密结合地方经济建设发展需要,科学运用市场调节机制,加大了使用信息科学等现代科学技术提升、改造传统学科专业的投入力度,通过教育改革合理调整和配置了教育资源,优化了传统学科专业,积极为地方经济建设输送人才,为我国经济社会的快速、健康和可持续发展以及高等教育自身的改革发展做出了巨大贡献。但是,高等教育质量还需要进一步提高以适应经济社会发展的需要,不少高校的专业设置和结构不尽合理,教师队伍整体素质亟待提高,人才培养模式、教学内容和方法需要进一步转变,学生的实践能力和创新精神亟待加强。

教育部一直十分重视高等教育质量工作。2007 年 1 月,教育部下发了《关于实施高等学校本科教学质量与教学改革工程的意见》,计划实施"高等学校本科教学质量与教学改革工程"(简称"质量工程"),通过专业结构调整、课程教材建设、实践教学改革、教学团队建设等多项内容,进一步深化高等学校教学改革,提高人才培养的能力和水平,更好地满足经济社会发展对高素质人才的需要。在贯彻和落实教育部"质量工程"的过程中,各地高校发挥师资力量强、办学经验丰富、教学资源充裕等优势,对其特色专业及特色课程(群)加以规划、整理和总结,更新教学内容、改革课程体系,建设了一大批内容新、体系新、方法新、手段新的特色课程。在此基础上,经教育部相关教学指导委员会专家的指导和建议,清华大学出版社在多个领域精选各高校的特色课程,分别规划出版系列教材,以配合"质量工程"的实施,满足各高校教学质量和教学改革的需要。

为了深入贯彻落实教育部《关于加强高等学校本科教学工作,提高教学质量的若干意见》精神,紧密配合教育部已经启动的"高等学校教学质量与教学改革工程精品课程建设工作",在有关专家、教授的倡议和有关部门的大力支持下,我们组织并成立了"清华大学出版社教材编审委员会"(以下简称"编委会"),旨在配合教育部制定精品课程教材的出版规划,讨论并实施精品课程教材的编写与出版工作。"编委会"成员皆来自全国各类高等学校教学与科研第一线的骨干教师,其中许多教师为各校相关院、系主管教学的院长或系主任。

按照教育部的要求,"编委会"一致认为,精品课程的建设工作从开始就要坚持高标准、严要求,处于一个比较高的起点上。精品课程教材应该能够反映各高校教学改革与课程建设的需要,要有特色风格、有创新性(新体系、新内容、新手段、新思路,教材的内容体系有较高的科学创新、技术创新和理念创新的含量)、先进性(对原有的学科体系有实质性的改革和发展,顺应并符合 21 世纪教学发展的规律,代表并引领课程发展的趋势和方向)、示范性(教材所体现的课程体系具有较广泛的辐射性和示范性)和一定的前瞻性。教材由个人申报或各校推荐(通过所在高校的"编委会"成员推荐),经"编委会"认真评审,最后由清华大学出版社审定出版。

目前,针对计算机类和电子信息类相关专业成立了两个"编委会",即"清华大学出版社计算机教材编审委员会"和"清华大学出版社电子信息教材编审委员会"。推出的特色精品教材包括:

(1) 21 世纪高等学校规划教材·计算机应用——高等学校各类专业,特别是非计算机专业的计算机应用类教材。

(2) 21 世纪高等学校规划教材·计算机科学与技术——高等学校计算机相关专业的教材。

(3) 21 世纪高等学校规划教材·电子信息——高等学校电子信息相关专业的教材。

(4) 21 世纪高等学校规划教材·软件工程——高等学校软件工程相关专业的教材。

(5) 21 世纪高等学校规划教材·信息管理与信息系统。

(6) 21 世纪高等学校规划教材·财经管理与应用。

(7) 21 世纪高等学校规划教材·电子商务。

(8) 21 世纪高等学校规划教材·物联网。

清华大学出版社经过三十多年的努力,在教材尤其是计算机和电子信息类专业教材出版方面树立了权威品牌,为我国的高等教育事业做出了重要贡献。清华版教材形成了技术准确、内容严谨的独特风格,这种风格将延续并反映在特色精品教材的建设中。

清华大学出版社教材编审委员会
联系人:魏江江
E-mail:weijj@tup.tsinghua.edu.cn

第3版前言

为适应新时期高等教育人才培养的需要,根据我国当前本学科领域课程设置与教学改革的实际情况,以及自动化及相关专业培养目标和培养要求,本书在前两版的基础上进行了修订,以反映当前控制技术发展的主流和趋势。

在保持前两版框架体系、主要内容及基本特色的基础上,本次再版主要进行了如下修改和补充:

(1) 注重前后章节的一致性,在第3章和第8章稳态误差分析时,均按单位输入作用进行考虑。

(2) 在保持原有内容完整性的前提下,删除了一些比较烦琐的内容。

(3) 对书中和例题比较雷同的习题进行了修改,以使学生能够通过习题的练习达到举一反三。

(4) 修订了前两版中部分内容的阐述方式,力求更加符合理工科学生的认识规律。

第3版仍由8章组成。本书由余成波、张莲、胡晓倩主编。刘增里、李云昊、王磊等同志参加了本书部分内容的编写工作。

第3版是在前两版的基础上改写的,并利用了前两版的部分材料;同时得到重庆理工大学资助;而且在使用过程中得到了社会各界使用者的信息反馈。在此向相关同志表示衷心感谢!

本书难免存在错误与不足,敬请广大同行与读者给予批评与指正。

编 者

2018 年 2 月

第二版前言

　　自动控制原理是在自动控制、电气工程、信息工程以及计算机技术学科发展基础上建立起来的一门理论与实践相结合的课程，是一门实践性很强的课程。与本书第一版相比，再版的内容有大量改动。在编写过程中，根据我国当前本学科领域课程设置与教学改革的实际情况，注意对传统的《自动控制原理》课程进行改革，进行适当选择和裁剪以形成本课程体系，突出自动控制系统作为一种特定的反馈系统其自身的特点和相应的分析设计方法，强调设计与综合能力的培养，在讲述分析方法的基础上介绍了相应的设计方法，以达到学生学以致用的目的。尽力做到以注重素质培养和能力培养为目标，以加强基础和拓宽专业为原则，并考虑到教学条件和学生的基础的特点，使本书既能适应社会对人才培养的要求，又能切实应用于相关专业的教学之中。为此，本书在论述了自动控制原理的基本理论和方法后，还介绍了相应的 MATLAB 实现方法，给出了 MATLAB 实现必需的一些函数和编程及应用实例，使本书能够很好地做到理论联系实际，让读者对 MATLAB 在自动控制原理中的应用有一个感性的认识，书中按照各种理论来介绍 MATLAB 在该方面的应用，使所有的编程和应用实例都能找到理论根源，从而方便了读者对基本理论和方法的学习。同时，该教材配备了大量 MATLAB 例程，以提高读者的动手能力，读者不必把时间耗费在复杂的计算中，而是把精力集中到对概念、理论和方法的掌握上，从而突出了实践能力的培养，以提高读者运用计算机解决相关问题的能力，更有效地学习知识，培养创新素质。

　　本书由 8 章组成，主要由余成波、张莲、胡晓倩编写。全书由余成波教授统稿，徐霞、张睿、高云、李泉、龚智、胡柏栋、谢东坡、秦华峰、许超明、张方方、张冬梅等同志参加了本书的审核与编排工作。

　　再版书是在初版书的基础上改写的，并利用了初版书的部分材料；同时，得到重庆工学院的资助，在此一并向初版书的编著人员和学院有关领导表示衷心的感谢。

　　全书的错误和缺点由主编和全体编著者共同负责，欢迎广大的同行与读者提出宝贵意见。

编　者

2008 年 12 月

自动控制原理课程是高等工科院校电气信息类专业的一门重要的技术基础课程,其应用领域非常广泛,几乎遍及电类及非电类的各个工程技术学科。随着科学的进步,特别是近年来高集成度与高速数字技术的飞跃发展,新材料、新工艺和新器件的不断出现,使各技术学科领域和现代化工业的面貌发生了深刻和巨大的变化。当今科技革命的特征是以信息技术为核心,促使社会由电气化时代进入信息时代,并以知识密集产业作为主体产业。

在人类面临 21 世纪的新问题、新技术和新机遇的挑战所进行的教育改革中,加强素质培养,淡化专业,拓宽基础,促进各学科与专业的交叉与渗透也已成为不可逆转的世界潮流。为了适应我国社会主义现代化建设和以信息技术为核心的高新技术迅猛发展的需要,依据我国当前电气工程学科课程设置与教学改革的实际情况,在编写中,特别注意和“信号与系统”内容的衔接,避免不必要的重复。学习自动控制理论的目的主要在于应用。对于工科学生应当强调设计与综合能力的培养,特别是在学生已经有了“信号与系统”关于系统基本分析方法基础的情况下,更应如此。所以本书以设计为主线来讲述自动控制的基本理论。

本书主要的内容,也就是控制系统要解决的两个问题,即系统分析和系统设计。控制系统的分析和设计是两个互逆的研究过程,前者是从已知确定系统出发,分析计算系统所具有的性能指标,而后者则是根据要求的性能指标来确定系统应具备的结构模式。

系统分析是在描述系统数学模型基础上,用数学的方法来进行研究讨论的。因此,必须在规定的工作条件下,对已知系统进行以下步骤的工作:

(1)建立系统的数学模型;

(2)分析系统的性能,计算三大性能指标是否满足要求;

(3)讨论系统性能指标与系统结构、参数的关系。

系统设计的目的,是在给出被控对象及其技术指标要求的情况下,寻找一个能够完成既定控制任务,满足所要求技术指标的自动控制系统。而在控制系统的主要元件和结构形式确定的前提下,设计任务往往是需要改变系统的某些参数或加入某种装置(有时还需要改变系统的结构),使其满足要求的性能指标。这种附加的装置称为校正装置,这个过程称为对系统进行校正。

本书的内容安排如下:

第 1~5 章讲述自动控制系统的基本概念、自动控制系统的数学模型、时域分析法、根轨迹法、频率特性法,属于控制系统分析部分;第 6 章介绍控制系统的校正方法,属于控制系统设计方法部分;在学习了连续时间控制系统的各种分析设计方法之后,再在第 7 章讲述非线性控制系统;第 8 章讨论离散控制系统的分析和综合等。另外在书中还介绍了MATLAB 在自动控制理论中的一些应用,以及如何利用计算机辅助设计方法解决自动控制领域的一些系统分析和设计问题。

　　全书由余成波统稿,参加编写的有张莲、邓力(第1、2、3章),徐霞(第4章),胡晓倩(第5、6章、附录),余成波、李恭琼(第7、8章)。陶红艳同志参加了本书审核与编排工作。

　　本书在编写过程中,许多兄弟院校的同行为本书的编写提出了许多宝贵意见并提供了帮助。在此,一并表示衷心的感谢。

　　由于水平有限,书中难免有错误和不当之处,敬请同行与读者给予批评与指正。

编　者
2004 年 7 月

目 录

第1章 控制系统的基本概念

内容提要

本章讲述自动控制的定义、自动控制系统的组成和相关的常用术语,从不同的角度出发介绍自动控制系统的分类。通过具体实例的介绍,进一步阐述自动控制系统的组成和工作原理,并说明了系统方块图的绘制方法,在此基础上,介绍了对自动控制系统的稳、准、快三个方面的基本要求。

1.1 引言

在现代科学技术发展中,自动控制技术起着越来越重要的作用。所谓自动控制,是指在没有人直接参与的情况下,利用自动控制装置(或称为控制装置或控制器),使机器、设备或生产过程(统称为被控对象)的某个工作状态或参数(称为被控量)自动地按照预定的规律运行。例如,数控车床按照预定的程序自动地切削工件、化学反应炉的温度和压力自动地维持恒定、热轧厂中对金属板厚度的控制、导弹制导系统引导导弹准确命中目标、人造卫星准确地进入预定轨道运行并回收、雷达跟踪系统和指挥仪控制火炮射击的高低和方位等,所有这一切都是以应用高水平的自动控制技术为前提的。

随着自动控制技术的应用和迅猛发展,出现了许多新的问题,这些问题的出现要求从理论上加以解决。自动控制理论正是在解决这些实际技术问题的过程中逐步形成和发展起来的。它是研究有关自动控制问题共同规律的一门技术科学,是自动控制技术的基础理论,根据发展的不同阶段,其内容可分为经典控制理论、现代控制理论和智能控制理论。

经典控制理论以传递函数为基础,研究单输入-单输出的自动控制系统的分析和设计问题,主要研究方法有时域分析法、频率特性法、根轨迹法。

现代控制理论以矩阵理论等近代数学方法作为工具,研究多输入-多输出、时变、非线性等控制系统的分析和设计,其主要研究方法是状态空间法。

目前,自动控制理论还在继续发展,正向以控制论、信息论、仿生学为基础的智能控制理论深入。智能控制理论以人工智能理论为基础,研究具有模糊性、不确定性、不完全性、偶然性的系统。

自动控制理论是一门使用很多数学方法的交叉学科。它不仅汲取众多领域的研究成果和知识,而且,它的不断发展和深入研究还有利于把很多分离研究的学科融合到一起,并应用于同一问题之中。同时,自动控制理论的概念也正在扩充并渗透到诸多其他研究领域。

本书只介绍经典控制理论的有关问题,以求为进一步深入学习自动控制有关课程及其相关科学奠定良好的基础。

1.2　开环控制系统与闭环控制系统

自动控制系统的形式是多种多样的,对于某一个具体的系统,采取什么样的控制手段,要视具体的用途和目的而定。控制系统中最常见的两种控制方式是开环控制和闭环控制,以及这两种控制组合的复合控制,相对应的控制系统称为开环控制系统、闭环控制系统和复合控制系统。

1.2.1　开环控制系统

如果控制系统的输出量对系统没有控制作用,这种系统称为开环控制系统。在开环控制系统中,输入端与输出端之间,只有信号的前向通道而不存在由输出端到输入端的反馈通道。因此,开环控制系统又称为无反馈控制系统。开环控制系统由控制器(控制装置)与受控对象组成。

图 1.1 所示为一个直流电动机调速系统,给定电压 u_g 经放大后得到电枢电压 u_a,改变 u_g 可得不同的转速 n。

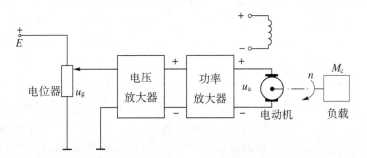

图 1.1　直流电动机转速开环控制系统

在该系统中,输入量是给定电压 u_g,被控对象是直流电动机,被控制量是电动机的转速 n。系统的输入量(给定值)只对输出量(被控制量)起单向控制作用,而输出量对输入量没有任何的影响和联系,即系统的输出端和输入端之间不存在反馈回路,该系统属于开环控制系统。

该系统可用图 1.2 所示的方块图表示。电动机负载转矩 M_c 的任何变动,均会构成对输出量 n 的影响。换言之,对恒速控制系统来说,作用于电动机轴上的阻力矩 M_c 将对系统的输出起到破坏作用,这种作用称之为干扰或扰动。

开环控制系统具有如下特点:

(1) 作用信号由输入到输出单方向传递,不对输出量进行任何检测,或虽然进行检测,但对系统工作不起控制作用。

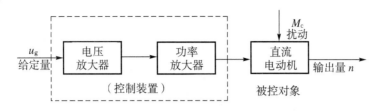

图 1.2 直流电动机转速开环控制系统方块图

（2）外部条件和系统内部参数保持不变时，对于一个确定的输入量，总存在一个与之对应的输出量。

（3）控制精度取决于控制器及被控对象的参数稳定性，容易受干扰影响，故控制精度较低。

由于开环控制系统的结构简单、造价较低，所以在系统结构参数稳定，没有干扰作用或所受干扰较小的场合下，仍会大量使用。

1.2.2 闭环控制系统

闭环控制系统又称反馈控制系统，是在闭环控制系统中，把输出量检测出来，经过物理量的转换，再反馈到输入端与给定值（参考输入）进行比较（相减），并利用比较后的偏差信号，以一定的控制规律产生控制作用，抑制内部或外部扰动对输出量的影响，逐步减小以致消除这一偏差，从而实现要求的控制性能。若在图 1.1 所示系统中引入测速发电机，并对电路稍做改变，即可构成如图 1.3 所示的直流电动机转速闭环控制系统。

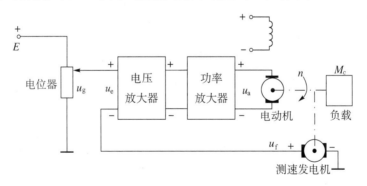

图 1.3 直流电动机转速闭环控制系统

在该系统中，测速发电机由电动机同轴带动，它将电动机的实际转速 n（即系统的输出量）测量出来，并转换成电压 u_f，再反送到系统的输入端，与给定电压 u_g（即系统的输入量）进行比较，从而得出电压 $u_e = u_g - u_f$。由于该电压能间接地反映出误差的性质（即大小和正负方向），通常称之为偏差信号，简称偏差。偏差 u_e 经放大器放大成 u_a 后，作为电枢电压控制电动机转速 n。

该系统可用图 1.4 所示的方块图表示。通常，把从系统输入量到输出量之间的通道称为前向通道；从输出量到反馈信号之间的通道称为反馈通道。方块图中用符号"⊗"表示比较环节（输出量等于各个输入量的代数和）。因此，各个输入量均须用正负号标明极性。

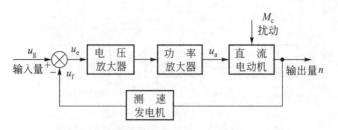

图 1.4 直流电动机转速闭环控制系统方块图

闭环控制系统具有很强的纠偏功能,对干扰具有良好的适应性。设图 1.3 所示系统原已在某个给定电压 u_g 相对应的转速 n 状态下运行,若一旦受到某些干扰(如负载转矩突然增大)而引起转速下降时,系统就会自动地产生如下的调整过程:

$$M_c \uparrow \rightarrow n \downarrow \rightarrow u_f \downarrow \rightarrow u_e \;(\; u_e = u_g - u_f \;) \uparrow \rightarrow u_a \uparrow \rightarrow n \uparrow$$

结果,电动机的转速降落得到自动补偿,使被控量 n 基本保持恒定。

闭环控制系统的特点如下:

(1) 在开环系统中,只有输入量对输出量产生控制作用;从控制结构上来看,只有从输入端到输出端的信号传递通道(前向通道)。闭环控制系统中除前向通道外,还必须有从输出端到输入端的信号传递通道,使输出信号也参与控制作用,该通道称为反馈通道。闭环控制系统就是由前向通道和反馈通道组成的。

(2) 检测偏差,必须直接或间接地检测出输出量,并变换为与输入量相同的物理量,以便与给定值相比较,得出偏差信号。所以闭环系统必须有检测环节、给定环节和比较环节。

(3) 闭环控制系统是利用偏差量作为控制信号来纠正偏差的,因此系统中必须具有执行纠正偏差这一任务的执行机构。闭环系统正是靠放大了的偏差信号产生的控制作用来推动执行机构,进一步对被控对象进行控制的。只要输出量与给定值之间存在偏差,就有控制作用存在,力图纠正这一偏差。因而,对于闭环控制系统,不论是输入信号的变化,或者扰动的影响,或者系统内部的变化,只要是被控量偏离了给定值,都会产生相应的作用去消除偏差。

因此,闭环控制抑制扰动能力强,与开环控制相比,对参数变化不敏感,并能获得满意的动态特性和控制精度。但是引入反馈增加了系统的复杂性,如果闭环系统参数的选取不适当,系统可能会产生振荡,甚至系统失稳而无法正常工作,这是自动控制理论和系统设计必须解决的重要问题。

自动控制理论主要研究闭环控制系统。

1.3 自动控制系统的组成

1.3.1 基本组成部分

一个基本的自动控制系统通常是由一些具有不同职能的基本元部件所组成的。图 1.5 是一个典型自动控制系统的框图,简称方块图。图中的每一个方块,代表一个具有特定功能的元件。可见,一个完善的自动控制系统通常是由给定元件、测量反馈元件、比较元件、放大元件、校正元件、执行元件以及被控对象等基本环节所组成的。通常,把图 1.5 中除被控对象以外的其他所有元件合在一起,称为控制器。

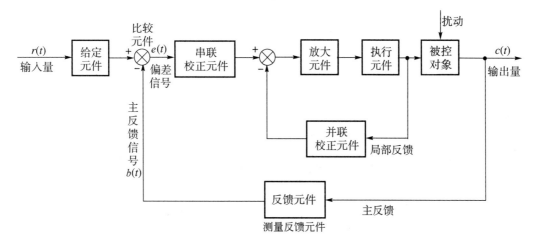

图 1.5　自动控制系统基本组成

图 1.5 所示各元件的功能如下:

被控对象(或过程)——又称控制对象或受控对象,指需要对其某个特定的量进行控制的设备或过程。被控对象的输出变量是被控变量,常常记作 $c(t)$ 或 $y(t)$。被控对象除了受到控制作用外,还受到外部扰动作用。

给定元件——其作用是给出与期望的输出相对应的系统输入量,是一种产生系统控制指令的装置。

测量反馈元件——如传感器和测量仪表,感受或测量被控变量的值并将其变换为与输入量同一物理量后,再反馈到输入端进行比较。

比较元件——比较输入信号与反馈信号,以产生反映两者差值的偏差信号。

放大元件——将微弱的信号进行线性放大。

校正元件——也叫补偿元件,按某种函数规律变换控制信号,以利于改善系统的动态品质或静态性能。

执行元件——根据偏差信号的性质执行相应的控制作用,以使被控量按期望值变化。如电动机、气动控制阀等。

1.3.2　自动控制系统中常用的名词术语

系统:自动控制系统是由被控对象和自动控制装置按一定方式连接起来,以完成某种自动控制任务的有机整体。

输入信号:系统的输入信号是指参考输入,又称给定量或给定值,是控制着输出量变化规律的指令信号。

输出信号:系统的输出信号是指被控对象中要求按一定规律变化的物理量,又称被控量,与输入量之间保持一定的函数关系。

反馈信号:由系统(或元件)输出端取出并反向送回系统(或元件)输入端的信号。反馈分为主反馈和局部反馈。

偏差信号:指参考输入与主反馈信号之差,简称偏差。

误差信号:指系统输出量的实际值与期望值之差,简称误差。在单位反馈情况下,误差值也就是偏差值,二者是相等的。

扰动信号:简称扰动或干扰,与控制作用相反,是一种不希望的、影响系统输出的不利因素。扰动信号既可来自系统内部,又可来自系统外部,前者称为内部扰动,后者称为外部扰动。

1.4　自动控制系统的分类

自动控制系统的种类很多,其结构、功能乃至控制任务也各不相同,因而有多种分类方法。正如前面介绍的,按其工作原理可分为开环控制系统、闭环控制系统和复合控制系统。另外还有一些其他常用的分类方法,下面分别加以介绍。

1.4.1　按输入信号的特点分类

输入信号是系统的指令信息,代表了系统希望的输出值,反映了控制系统要完成的基本任务和职能。按输入信号特点不同,系统可分为以下几种。

1. 恒值控制系统

系统的输入信号为零或为某一常值,当系统受到各种干扰作用时,该系统能维持输出量与输入信号的恒值关系,称恒值控制系统或恒值调节系统。常见的电动机转速控制、空调器温度控制、容器的液位控制、电力网的频率控制等都是恒值控制系统,恒值控制系统在工业、农业、国防等部门有着广泛的应用。

2. 程序控制系统

系统的输入信号按照预定的时间函数变化的控制系统,称为程序控制系统。如数字程序控制机床、热处理加热炉的炉温控制等。

3. 随动控制系统

随动控制系统又称伺服系统或跟踪系统。在这类系统中,输入信号按照事先未知的时间函数变化,要求系统的输出快速、准确地跟踪输入信号的变化。显然,由于输入信号在不断变化,设计好系统跟随性能就成为这类系统要解决的主要矛盾。当然,系统的抗干扰性也不可忽视,但与跟随性相比,应放在第二位。用于军事上的自动火炮系统、雷达跟踪系统,用于航天、航海中的自动导航系统、自动驾驶系统等都属于典型随动系统的例子。在工业生产中的自动测量仪器也属于这一类系统。

1.4.2 按描述系统的动态方程分类

任何系统都是由各种元部件组成的。从控制理论的角度,这些元部件的性能,可用其输入输出特性来进行分析。按照系统特性方程式的不同,可将系统分成线性系统和非线性系统两大类。

1.线性系统

线性系统的特点在于组成系统的全部元件都是线性的,其输入输出特性都是线性的,系统的性能可用线性微分方程(或差分方程)来描述。

2.非线性系统

非线性系统的特点在于系统中含有一个或多个非线性元件。系统的性能需用非线性微分方程(或差分方程)来描述。非线性系统的分析远比线性系统复杂,缺乏能统一处理的有效数学工具,因此非线性控制系统至今尚未像线性控制系统那样建立一套完善的理论体系和设计方法。

1.4.3 按系统的参数是否随时间而变化分类

1.定常系统

元件特性不随时间变化的系统称定常系统,又称时不变系统。描述定常系统特性的微分方程或差分方程的系数不随时间变化。定常系统分为定常线性系统和定常非线性系统。

2.时变系统

系统特性随时间变化的系统称时变系统。对于时变系统,其输出响应的波形不仅与输入信号波形有关,而且还与参考输入加入的时刻有关,这一特点增加了对时变系统分析和研究的复杂性。

1.4.4 按信号的传递是否连续分类

1.连续(时间)系统

连续(时间)系统各环节间的信号均为时间 t 的连续函数,其运动规律可用微分方程描述。连续(时间)系统中各元件传输的信息在过程上称为模拟量,多数控制系统都是属于这类系统。

2.离散(时间)系统

离散(时间)系统在信号传递过程中有一处或多处的信号是脉冲序列或数字编码,这类系统的运动规律可用差分方程描述。离散(时间)系统的特点是:信号在特定离散时刻

$(t_1,t_2,t_3,\cdots,t_n)$是时间的函数,而在上述离散时刻之间,信号无意义(不传递)。

当今数字计算机作为控制手段用于自动控制系统越来越普遍,采用计算机作为系统的控制器后,控制系统就由连续(时间)系统变为了离散(时间)系统。因此,随着数字计算机在自动控制中的广泛应用,离散系统理论得到了迅速发展。

本书所涉及的内容主要是线性定常连续系统,同时在第 7 章和第 8 章对非线性系统和线性离散系统将分别作必要的阐述。

1.5　自动控制系统的应用实例

1.5.1　炉温控制系统

图 1.6 为工业炉温自动控制系统的原理图,它是一个恒值控制系统。该控制系统的控制功能是在各种干扰作用下,维持炉温不变。

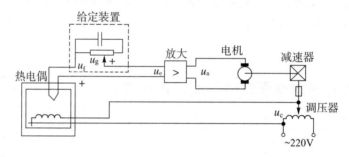

图 1.6　炉温自动控制系统原理图

电加热炉内的温度要稳定在某一个给定的温度 T_g 值附近,T_g 值是由给定的电压信号 u_g 来反映的,热电偶作为温度测量元件,测出炉内实际温度 T_c,加热器所产生的热量与施加电压信号 u_c 的平方成正比,u_c 增高,炉内实际温度 T_c 就上升。偏差信号反映炉内期望的温度与实际温度的误差值,即 $u_e = u_g - u_f$。该偏差信号经放大后控制电机旋转以带动调压器滑动触头移动,通过改变流过加热电阻丝的电流,消除温度偏差,使炉内实际温度等于或接近预期的温度值。

如果某一时刻,$u_e > 0$,表明 $T_g > T_c$,电机旋转带动滑动触头向右移动,通过电阻丝电流增大,炉温升高,直到偏差 u_e 等于或接近零。如果 $u_e < 0$,电机旋转带动滑动触头向左移动,通过电阻丝电流减小,炉温继续下降,直到偏差 u_e 等于或接近零。加热炉炉温闭环控制系统方块图如图 1.7 所示。

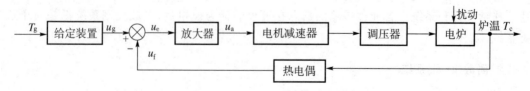

图 1.7　炉温自动控制系统方块图

1.5.2 导弹发射架方位控制系统

图 1.8 是一个用来控制导弹发射架方位的随动系统原理图。

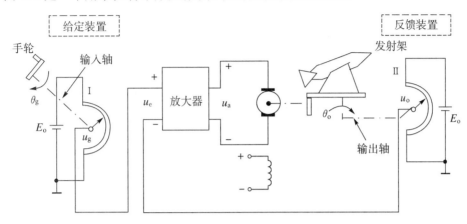

图 1.8 导弹发射架方位控制系统原理图

图中电位器 Ⅰ、Ⅱ 并联以后接到同一电源 E_o 的两端,其滑臂分别与输入轴和输出轴相连接,以组成方位角的给定装置和反馈装置。输入轴由手轮操纵;输出轴则由直流电动机经过减速后带动,电动机工作于电枢控制方式。

当摇动手轮使电位器 Ⅰ 的滑臂转过一个角度 θ_g 的瞬间,由于输出轴的转角 $\theta_o \neq \theta_g$,于是会出现一个角度差

$$\theta_e = \theta_g - \theta_o \tag{1.1}$$

该角度差通过电位器 Ⅰ、Ⅱ 转换成电压,并以偏差电压的形式对应表示出来,即

$$u_e = u_g - u_o \tag{1.2}$$

显然,若 $\theta_g > \theta_o$,则 $u_g > u_o$,式(1.2)中偏差电压 $u_e > 0$。该电压经过放大后驱动电动机做正向转动,带动导弹发射架转动的同时,并通过输出轴带动电位器 Ⅱ 的滑臂转过一个角度 θ_o,直到 $\theta_o = \theta_g$ 时,$u_o = u_g$,从而偏差电压 $u_e = 0$,电动机停止转动。这时,导弹发射架就停留在相应的方位角上,随动系统输出轴的运动已经完全复现了输入轴的运动。

该系统的方块图如图 1.9 所示。其中,作为系统输出量的方位角 θ_o 是全部(不是一部分)直接反馈到输入端与输入量 θ_g 进行比较的,故这种系统称为单位反馈系统。

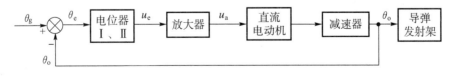

图 1.9 导弹发射架方位控制系统方块图

只要 $\theta_o \neq \theta_g$,系统就会出现偏差,从而产生控制作用,控制的结果是消除偏差 θ_e,使输出量 θ_o 严格地跟随输入量 θ_g 的变化而变化。

1.5.3 计算机控制系统

图 1.10 所示为一轧钢机计算机控制系统的示意图。在该控制系统中,其任务是使轧出钢板的厚度等于预定的厚度,由厚度传感器测量钢板的厚度,把数据输入数字计算机,与厚度的给定值进行比较,经计算机按一定的规律计算后,输出量经 D/A 变换后输入到伺服机构中去操纵轧辊。该系统的方块图如图 1.11 所示。

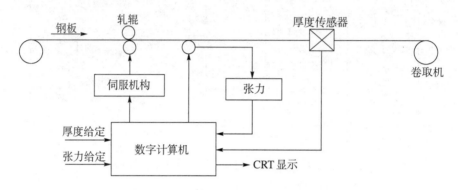

图 1.10　轧钢机计算机控制系统示意图

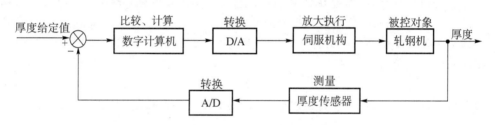

图 1.11　轧钢机计算机控制系统方块图

上述控制系统也是按偏差控制的负反馈闭环控制系统。因为多个变量可同时输入到计算机进行计算处理,所以可以方便地进行多个变量的控制,如厚度、张力、驱动速度等的控制。

1.6　自动控制理论发展简史

自动控制理论是研究关于自动控制系统分析和设计的理论,是研究自动控制共同规律的技术科学。自动控制理论的任务是研究自动控制系统中变量的运动规律和改变这种运动规律的可能性和途径,为建立高性能的自动控制系统提供必要的理论根据。

自动控制理论是始于技术的,是从解决生产实践问题开始的。自动控制开始只是作为一种技艺,由有天赋的工艺工程师掌握了大量的知识及精心设计才付诸实践的。早期的控制装置原理大都可以凭直觉解释,尽管有些装置工艺精巧复杂,但都属于自动技术问题,还没有上升到理论。

　　具有反馈控制原理的控制装置在古代就有了。古代罗马人家里的水管系统中应用按反馈原理构成简单水位控制装置；我国和古希腊都发明了包含反馈原理控制水流速度的水钟（"铜壶滴漏"）；春秋战国时期我国发明了指南车；公元 1086—1089 年我国的苏颂和韩公廉发明了反馈调节装置——水运仪象台；大约在 1620 年 Drebbel 设计的鸡蛋孵化器是一个很好的恒温控制反馈系统。这些都是早期的控制装置，是人类智慧的杰作，人们主要依靠的是对反馈概念的直观认识。

　　然而，在早期的控制装置中，不久就产生了难以简单地用直觉可以解释的问题，到 1787 年瓦特离心式调速器在蒸汽机转速控制上得到普遍的应用，出现了研究控制理论的需求。

　　1868 年，英国物理学家 J. C. Maxwell 在论文"论调节器"中首先解释了瓦特速度控制系统中出现的不稳定问题，通过线性常微分方程的建立和分析，指出了振荡现象的出现同由系统导出的一个代数方程根的分布有密切的关系，开辟了用数学方法研究控制系统中运动的途径。

　　英国数学家劳斯（E. J. Routh）和德国数学家赫尔维茨（A. Hurwitz）分别在 1877 年和 1895 年独立地提出了两种著名的代数形式的稳定判据，这种方法建立了直接根据代数方程的系数判别系统稳定性的准则，而不必首先求解方程式。直到 1940 年，这个结果基本满足了控制工程师的需要。

　　1892 年俄国数学家李雅普诺夫（A. M. Lyapunov）发表了题为"运动稳定性的一般问题"的论文，用严格的数学分析方法全面地论述了稳定性问题，为线性和非线性理论奠定了坚实的理论基础，Lyapunov 稳定性理论至今仍然是分析系统稳定性的重要方法。

　　1925 年英国电气工程师亥维赛（O. Oliver Heaviside）把拉普拉斯变换应用到求解电网络的问题上，创立了运算微积分，不久就被应用到分析自动控制系统的问题上，并取得了显著的成就。传递函数是在拉普拉斯变换的基础上引入的描述线性定常系统或线性元件的输入输出关系的函数，是分析自动控制系统的重要工具。1927 年美国贝尔实验室的电气工程师伯来克（H. S. Black）在解决电子管放大器失真问题时首先引入反馈的概念，提出了负反馈放大器并对其进行了数学分析。

　　反馈放大器的振荡问题给其实用化带来了难以克服的麻烦。为此美国物理学家奈奎斯特（H. Nyquist）介入了这一工作。1932 年，奈奎斯特运用复变函数理论的方法建立了以频率特性为基础的稳定性判据。这种方法比当时流行的基于微分方程的分析方法有更大的实用性，也更便于设计反馈控制系统。奈奎斯特的工作奠定了频率特性法的基础。1945 年伯德（H. W. Bode）引入了半对数坐标系，使频率特性的绘制工作更加适用于工程设计。至此，控制系统设计的频域方法已基本建立。

　　在研究反馈放大器的同时，反馈控制在工业过程中也得到普遍应用。在这个领域中，受控过程的特性相当复杂，常常是非线性的，而且在执行器和传感器之间的信号传递有很大的时间滞后。此时，在实践中提出了比例-积分-微分控制，即所谓 PID 控制器，这种方法根据大量的实际经验和对系统动态的线性近似，经过调试可获得满意的控制效果。在同一时期，由于用作测量飞机高度和速度的传感器的研制和开发，飞机的导航和控制装置也有很大发展。

　　第二次世界大战期间，军事科学的需要，如飞机驾驶、火炮控制系统、雷达天线控制系统等都大大促进了反馈控制理论的进展。美国麻省理工学院雷达实验室的工程师和数学家把反馈放大器理论、PID 控制以及维纳(N. Wiener)的随机过程理论等结合在一起,形成了一整套称之为随动系统的设计方法。

1948 年,美国科学家伊万斯(W. R. Evans)提出了有名的根轨迹的分析方法,并于 1950 年进一步应用于反馈控制系统的设计,形成了与频率特性法相对应的另一核心方法——根轨迹法。20 世纪 40 年代末和 50 年代初,频率特性法和根轨迹法被推广应用于研究采样控制系统和简单的非线性控制系统。在这一时期,理论上和应用上所获得的成就,促使人们试图把这些原理推广到像生物控制机理、神经系统、经济及社会过程等非常复杂的系统,美国数学家维纳(N. Wiener)在 1949 年出版的《控制——关于在动物和机器中控制和通讯的科学》,发现了控制论是信息、反馈和控制三个基本要素,奠定了控制论的基础,具有重要的影响。

以传递函数作为描述系统的数学模型,以时域分析法、根轨迹法和频率特性法为主要分析设计工具,构成了经典控制理论的基本框架。到 20 世纪 50 年代,经典控制理论又添加了非线性系统理论和离散控制理论,从而形成了完整的理论体系,为指导当时的控制工程实践发挥了极大的作用。

20 世纪 50 年代开始,由于空间技术的发展,各种高速、高性能的飞行器相继出现,而要求高精度地处理多变量、非线性、时变和自适应等控制问题。实践的需求推动了控制理论的发展,同时现代数学和数字计算机还为控制理论的发展提供了强有力的工具,使控制理论的研究和应用成为可能。在这种背景下,建立在状态概念基础上的现代控制理论应运而生了。1956 年,前苏联科学家庞特里亚金(L. S. Pontryagin)提出极大值原理。同年,美国数学家贝尔曼(R. Bellman)创立动态规划。极大值原理和动态规划为最优控制提供了理论工具。1959 年美国数学家卡尔曼(R. E. Kalman)发表了"最优滤波与线性最优调节器"理论,提出了著名的"卡尔曼滤波器",1960 年卡尔曼又提出能控性和能观测性的概念,这被认为是现代控制理论发展的开端。

20 世纪 60 年代以后新的控制理论,如最优控制、系统辨识、多变量控制、自适应控制、专家系统、人工智能、神经网络控制、模糊控制、大系统理论等迅速发展,控制理论向着"大系统理论"和"智能控制"方向发展,前者是控制理论在广度上的开拓,后者是控制理论在深度上的挖掘。"大系统理论"是用控制和信息的观点,研究各种大系统的结构方案、总体设计中的分解方法和协调等问题的技术基础理论。而"智能控制"是研究与模拟人类智能活动及其控制与信息传递过程的规律,研究具有某些仿人智能的工程控制与信息处理系统。

从自动控制学科的发展可以看到,自动控制理论和技术的发展,已经向多学科的综合应用方向发展。20 世纪 70 年代中期以来,自动控制理论的概念和方法已应用于交通管理、生态控制、生物和生命现象的研究、经济科学、社会系统等领域。自动控制理论的建立和发展,不仅推动了自动控制技术的发展,也推动了其他邻近科学和技术的发展。可以毫不夸张地说,自动控制技术和理论已经成为现代社会不可缺少的组成部分。

1.7　对自动控制系统的基本要求

要提高控制质量,就必须对自动控制系统的性能提出一定的具体要求。尽管自动控制系统有不同的类型,对每个系统都有不同的特殊要求,但总的说来,都是希望设计的控制过程尽量接近理想的控制过程。工程上常常从稳、快、准三个方面来评价自动控制系统的总体精度。

1. 稳

稳是指控制系统的稳定性和平稳性。

稳定性：是指系统重新恢复平衡状态的能力，它是自动控制系统正常工作的先决条件。一个稳定的控制系统，其被控量偏离期望值的初始偏差应随时间的增长逐渐减小至稳态值或趋于零。

线性自动控制系统的稳定性是由系统结构所决定的，与外界因素无关。这是因为控制系统中一般含有储能元件或惯性元件，如绕组的电感、电枢转动惯量、电炉热容量、物体质量等。储能元件的能量不可能突变，因此，当系统受到扰动或有输入量时，控制过程不会立即完成，而是有一定的延缓，这就使得被控量恢复到期望值有一个时间过程，称为过渡过程。例如，在反馈控制系统中，由于被控对象的惯性，会使控制动作不能瞬时纠正被控量的偏差，控制装置的惯性则会使偏差信号不能及时完全转化为控制动作。这样，在控制过程中，当被控量已经回到期望值而使偏差为零时，执行机构本应立即停止工作，但由于控制装置的惯性，控制动作仍继续向原来方向进行，致使被控量超过期望值又产生符号相反的偏差，导致执行机构向相反方向进行，以减小这个新的偏差。如此反复继续，致使被控量在期望值附近来回摆动，过渡过程呈现振荡形式。如果这个振荡过程是逐渐减弱的，系统最后可以达到平衡状态，控制目的得以实现，称为稳定系统；反之，如果振荡过程逐渐增强，系统被控量将失控，则称为不稳定系统。显然，不稳定的控制系统是无法实现控制功能的。

平稳性：是指过渡过程振荡的振幅与频率，即被控量围绕给定值摆动的幅度和摆动的次数。好的过渡过程摆动的幅度要小，摆动的次数要少。

2. 快

快是指控制系统的快速性，即过渡过程持续的时间长短。过渡过程越短，说明系统快速性越好；过渡过程持续时间越长，说明系统响应迟钝，难以跟踪快速变化的指令信号。快速性是衡量系统质量高低的重要指标之一，在现代化军事设施中尤其显得重要。

平稳性和快速性反映了系统过渡过程的性能。

3. 准

准是指系统在过渡过程结束后，其被控量（或反馈量）对给定值的偏差而言，这一偏差称为稳态误差，它是衡量系统稳态精度的重要指标。稳态误差越小，表示系统的准确性越好。

由于被控对象的具体情况不同，各系统对稳、快、准的要求各有侧重。而且对同一系统，稳、快、准的要求常常是相互制约的。过分提高过程的快速性，可能会引起系统强烈的振荡；而过分追求稳定性，又可能使系统反应迟缓，最终导致准确性变坏。如何分析和解决这些矛盾，将是本学科研究的主要内容。

习题

1.1　试列举几个日常生活中的开环控制和闭环控制系统的例子,并简述其工作原理。

1.2　试比较开环控制和闭环控制的优缺点。

1.3　自动控制系统通常由哪些环节组成?它们在控制过程中的功能是什么?

1.4　试述对控制系统的基本要求。

1.5　图1.3所示的转速闭环控制系统中,若测速发电机的正负极性接反了,试问系统能否正常工作?为什么?

1.6　分析图1.12所示的水位自动控制系统,指出系统的输入量和被控制量,区分控制对象和自动控制器。说明控制器组成部分的作用,画出方块图并说明该系统是怎样出现偏差、检测偏差和消除偏差的。

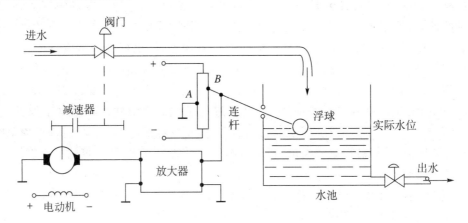

图1.12　水位自动控制系统原理图

1.7　一个晶体管稳压电源如图1.13所示,试画出其方块图,并说明被控量、给定值、干扰量是什么。哪些元件起着测量、放大、执行作用。

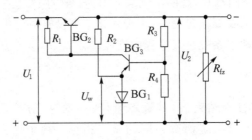

图1.13　晶体管稳压电源原理图

1.8　图1.14(a)、图1.14(b)所示的系统均为自动调压系统,试分析其工作原理,画出方块图。设空载时,图1.14(a)和图1.14(b)的发电机端电压均为110V,试问带上负载后,图1.14(a)和图1.14(b)中哪个系统能够保持110V电压不变?哪个系统的电压会稍低于110V?为什么?

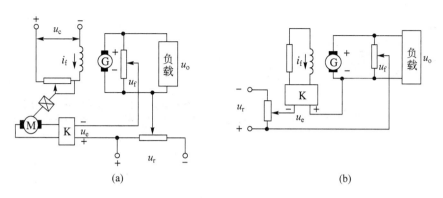

图 1.14 自动调压系统原理图

1.9 仓库大门自动控制系统原理如图 1.15 所示。试说明仓库大门开启、关闭的工作原理。如果大门不能全开或全关,应该怎样进行调整?

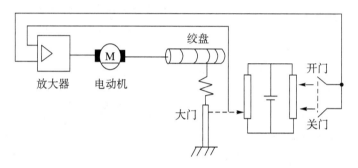

图 1.15 仓库大门自动控制系统

第2章
自动控制系统的数学模型

内容提要

本章首先介绍自动控制系统时域数学模型微分方程的建立以及非线性系统微分方程的线性化;在此基础上,引入拉普拉斯变换,重点介绍传递函数的概念和求取;进而讲述结构图和信号流图两种图形数学模型及其等效变换;并对脉冲响应函数的定义和求取进行了阐述;对控制系统常用的开环传递函数、闭环传递函数以及偏差传递函数明确了定义;最后介绍应用 MATLAB 实现控制系统数学模型的建立和转换。

在控制系统的分析和设计中,首先要建立系统的数学模型。描述系统的输入、输出变量,以及系统内部各个变量之间关系的数学表达式称为控制系统的数学模型。建立一个合理的数学模型,使其既要满足研究结果的精度要求,又要简化分析计算工作。因此,在建立系统的数学模型时,往往需要根据具体情况,对实际系统的某些次要因素进行适当的简化。

控制系统可按数学模型进行分类,例如分成线性系统和非线性系统,定常系统和时变系统等。在控制系统分析中,线性定常系统的分析具有特别重要的意义。这不仅在于它已有一套完整的方法,也在于一部分非线性系统或时变系统,在一定的近似条件下,采用线性定常系统的研究方法仍可获得较好的准确性。

如果系统中各变量随时间变化缓慢,以至于对时间的变化率(导数)可以忽略不计时,这些变量之间的关系称为静态关系或静态特性。静态特性的数学表达式中不含有变量对时间的导数。如果系统中的变量对时间的变化率不可忽略,这时各变量之间的关系称动态关系或动态特性,系统称为动态系统,相应的数学模型称为动态模型。控制系统中的数学模型绝大部分指的是动态系统的数学模型。

系统数学模型的建立,一般采用解析法或实验法(又称辨识)。所谓解析法就是根据系统或元件各变量之间所遵循的物理、化学等科学规律,抓住主要矛盾,列写各变量之间的数学表达式,从而建立系统的数学模型。所谓实验法,则是通过实验曲线回归统计出系统的传递函数的方法。

实际中存在的许多工程控制系统,不管是机械的、电气的、液压的、气动的、生物学的、经济学的等,其数学模型可能是完全相同的。数学模型表达了这些系统的共性,所以通过研究这种数学模型,也就能够完全了解具有这种数学模型的各种各样系统的特性。因此数学模型建立以后,研究系统主要指的就是研究系统所对应的数学模型,而不再涉及实际系统的物理性质。

根据解决问题的不同、分析的方法不同,线性定常系统也可以采用不同的数学模型。其中常用的数学模型有微分方程、传递函数、频率特性、状态变量、结构图和信号流图等,在现代控制理论中,应用状态变量表达式较为方便;而在经典控制理论中,最常用的模型是时域中的微分方程、复域中的传递函数和频域中频率特性。本章主要研究连续系统中的微分方程、传递函数、结构图、信号流图和脉冲响应函数的应用。

2.1　控制系统微分方程的建立

微分方程是对控制系统的输入输出的描述,是控制系统最基本的数学模型,常常又称为动态方程、运动方程或动力学方程。而控制系统是由各元件组成的,因此,首先要建立反映各个元件输入量与输出量之间关系的运动方程。

微分方程建立的一般步骤如下:

(1)分析元件的工作原理和在系统中的作用,确定元件的输入量和输出量(必要时还要考虑扰动量),并根据需要引进一些中间变量。

(2)根据各元件在工作过程中所遵循的物理或化学定律,按工作条件忽略一些次要因素,并考虑相邻元件的彼此影响,列出微分方程。常用的定律有电路系统的基尔霍夫定律、力学系统的牛顿定律和热力学定律等。

(3)消去中间变量后得到描述输出量与输入量(包括扰动量)关系的微分方程,即系统的数学模型。

通常还按惯例把微分方程写成标准形式,将与输入量有关的各项写在方程的右边,与输出量有关的各项写在方程的左边。方程两边各导数项均按降阶顺序排列。

2.1.1　机械系统

1.机械位移系统的微分方程

图 2.1 为由弹簧-质量-阻尼器组成的机械系统。在物体受外力 F 的作用下,质量 m 相对于初始状态的位移、速度、加速度分别为 x、$\dfrac{\mathrm{d}x}{\mathrm{d}t}$、$\dfrac{\mathrm{d}^2 x}{\mathrm{d}t^2}$。设外作用力 F 为输入量,位移 x 为输出量。根据弹簧、质量、阻尼器上力与位移、速度的关系和牛顿第二定律,可列出作用在 m 上的力和加速度之间的关系为

$$m\frac{\mathrm{d}^2 x}{\mathrm{d}t^2} = F - f\frac{\mathrm{d}x}{\mathrm{d}t} - kx \tag{2.1}$$

式中,k 和 f 分别为弹簧的弹性系数和阻尼器的黏性摩擦系数。负号表示弹簧力的方向和位移的方向相反;黏性摩擦力的方向和速度的方向相反。

式(2.1)可整理成

$$m\frac{\mathrm{d}^2 x}{\mathrm{d}t^2} + f\frac{\mathrm{d}x}{\mathrm{d}t} + kx = F \tag{2.2}$$

2. 机械转动系统的微分方程

图 2.2 所示为一个机械转动系统,由惯性负载和黏性摩擦阻尼器组成。设外加转矩 M 为输入量,转角 θ 为输出量。对于转动物体,可用转动惯量 J 代表惯性负载。根据机械转动系统的牛顿定律可列出微分方程

$$J\frac{\mathrm{d}^2\theta}{\mathrm{d}t^2} = M - f_1\frac{\mathrm{d}\theta}{\mathrm{d}t} - k_1\theta \tag{2.3}$$

式中,f_1 和 k_1 分别为黏性阻尼系数和扭转弹性系数。上式整理可写成

$$J\frac{\mathrm{d}^2\theta}{\mathrm{d}t^2} + f_1\frac{\mathrm{d}\theta}{\mathrm{d}t} + k_1\theta = M \tag{2.4}$$

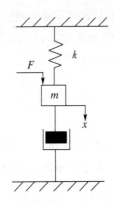

图 2.1 弹簧-质量-阻尼器机械系统

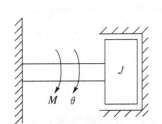

图 2.2 机械转动系统

2.1.2 电系统——RLC 串联网络

图 2.3 所示为一个由电感 L、电容 C 和电阻 R 组成的串联网络。其中 $u_i(t)$ 为输入量,$u_o(t)$ 为输出量。设回路电流为 $i(t)$,根据基尔霍夫定律,则有

$$Ri(t) + L\frac{\mathrm{d}i(t)}{\mathrm{d}t} + \frac{1}{C}\int i(t)\mathrm{d}t = u_i(t) \tag{2.5}$$

$$u_o(t) = \frac{1}{C}\int i(t)\mathrm{d}t \tag{2.6}$$

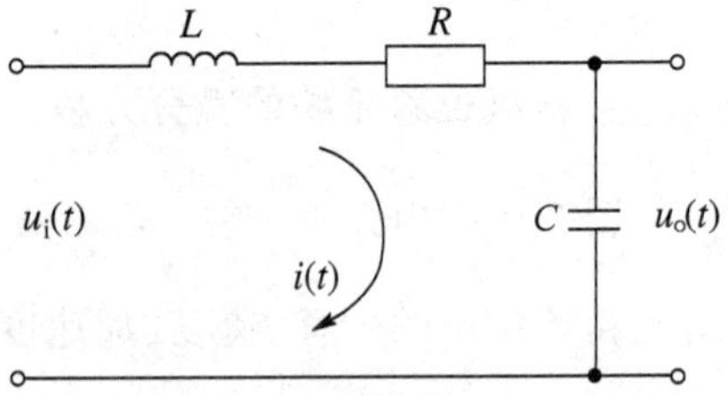

图 2.3 RLC 串联网络

由式(2.6)得 $i(t) = C\dfrac{\mathrm{d}u_o(t)}{\mathrm{d}t}$,代入式(2.5),经整理可得输入、输出关系的微分方程为

$$LC\frac{\mathrm{d}^2 u_o(t)}{\mathrm{d}t^2} + RC\frac{\mathrm{d}u_o(t)}{\mathrm{d}t} + u_o(t) = u_i(t) \tag{2.7}$$

这是一个线性常系数二阶微分方程,是图 2.3 电路的数学模型。令 $T_1 = \dfrac{L}{R}$,$T_2 = RC$(其量纲为时间,称为电路的时间常数),可将方程式(2.7)变成

$$T_1 T_2 \frac{\mathrm{d}^2 u_o(t)}{\mathrm{d}t^2} + T_2 \frac{\mathrm{d}u_o(t)}{\mathrm{d}t} + u_o(t) = u_i(t) \tag{2.8}$$

由式(2.2)、式(2.4)和式(2.7)可见,虽然图2.1、图2.2和图2.3为三种不同的物理系统,但它们的数学模型的形式却是相同的,把这种具有相同数学模型的不同物理系统称为相似系统,例如图2.1的弹簧-质量-阻尼器系统和图2.3的 RLC 串联网络系统即为一对相似系统。在相似系统中,占据相应位置的物理量称为相似量,如式(2.2)中的变量 F、x 分别与式(2.7)中的变量 $u_i(t)$ 和 $u_o(t)$ 为相似量。

数学模型为系统的研究提供了有效的理论分析基础,而相似系统则揭示了不同物理系统之间的相互关系,利用相似系统的概念可以用一个易于实现的系统来研究与其相似的复杂系统,并根据相似系统的理论出现了仿真研究法。

2.1.3 机电系统

图2.4所示为一个他激式直流电动机电枢控制原理图。图中,ω 为电动机角速度(rad/s),M_c 为折算到电动机轴上的总负载力矩(N·m),u_a 为电枢电压(V)。

在电枢控制情况下,激磁不变。取 u_a 为给定输入量,ω 为输出量,M_c 为扰动量。为便于建立方程,引入中间变量 e_a、i_a 和 M。e_a 为电动机旋转时电枢两端的反电势(V),i_a 为电枢电流(A),M 为电动机旋转时的电磁力矩(N·m)。

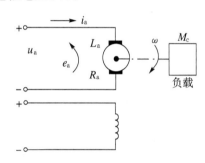

图2.4 电枢控制直流电动机

根据电动机运行过程的物理规律(包括机和电两个方面),可列写输入量、输出量和中间变量之间的数学关系式如下:

(1)电动机电枢回路的电势平衡方程为

$$L_a \frac{\mathrm{d}i_a}{\mathrm{d}t} + i_a R_a + e_a = u_a \tag{2.9}$$

式中,L_a、R_a 分别为电枢回路电感和电阻。

(2)电动机的反电势方程为

$$e_a = C_e \omega \tag{2.10}$$

式中,C_e 为电动机的电势常数,单位为 V·s/rad。

(3)电动机的电磁转矩方程为

$$M = C_m i_a \tag{2.11}$$

式中,C_m 为电动机的转矩常数,单位为 N·m/A。

(4)电动机轴上的动力学方程为

$$J \frac{\mathrm{d}\omega}{\mathrm{d}t} + B\omega + M_c = M \tag{2.12}$$

式中,J 为转动部分折算到电动机轴上的总转动惯量,其单位为 N·m·s^2;B 为阻尼系数。

忽略式(2.12)中与转速成正比的阻尼转矩 $B\omega$,则

$$J \frac{\mathrm{d}\omega}{\mathrm{d}t} = M - M_c \tag{2.13}$$

从以上列出的4个方程(2.9)~(2.11)及方程(2.13)中消去三个中间变量 e_a、i_a 和 M,经过整理,则可得到描述输出量 ω 和输入量 u_a、扰动量 M_c 之间的关系式为

$$T_a T_m \frac{\mathrm{d}^2\omega}{\mathrm{d}t^2} + T_m \frac{\mathrm{d}\omega}{\mathrm{d}t} + \omega = K_u u_a - K_m \left(T_a \frac{\mathrm{d}M_c}{\mathrm{d}t} + M_c \right) \qquad (2.14)$$

式中,$T_a = \frac{L_a}{R_a}$, $T_m = \frac{JR_a}{C_e C_m}$, 单位都是 s, 分别称为电动机电枢回路的电磁时间常数和机电时间常数;$K_u = \frac{1}{C}$, $K_m = \frac{T_m}{J}$, 分别称为电压传递系数和转矩传递系数, 分别表征了电压 u_a 变动或扰动转矩 M_c 变动时对电动机角速度 ω 的影响程度;K_u 的单位为 rad/(s·V);K_m 的单位为 rad/(s·kg·m)。式(2.14)为电枢控制直流电动机的数学模型。该式既含机械量(如转矩 M_c、角速度 ω), 又含电量(如 u_a), 故又称机电系统的数学模型。

通常电枢绕组的电感 L_a 较小, 故电磁时间常数 T_a 可以忽略不计, 于是电动机的微分方程可简化为

$$T_m \frac{\mathrm{d}\omega}{\mathrm{d}t} + \omega = K_u u_a - K_m M_c \qquad (2.15)$$

如果取电动机的转角 θ(rad)作为输出, 电枢电压 u_a(V)仍作为输入, 考虑到 $\omega = \frac{\mathrm{d}\theta}{\mathrm{d}t}$, 于是式(2.15)可改写成

$$T_m \frac{\mathrm{d}^2\theta}{\mathrm{d}t^2} + \frac{\mathrm{d}\theta}{\mathrm{d}t} = K_u u_a - K_m M_c \qquad (2.16)$$

由式(2.15)和式(2.16)可知:对于同一个系统, 若从不同的角度研究问题, 则所得出的数学模型是不一样的。

2.2 非线性系统微分方程的线性化

在前一节建立微分方程时, 都假设各元件和系统具有线性特性, 因而求得的数学模型均是线性微分方程。事实上, 任何一个元件或系统都具有不同程度的非线性, 即使认为具有线性的特性, 也只能是局限在某个范围之内而言。严格地说, 一般系统的数学模型都应该是非线性的, 而求解非线性微分方程非常困难, 给分析工作带来麻烦, 因此, 提出了能否用线性数学模型近似表示非线性数学模型这一问题, 即非线性微分方程的线性化问题。

2.2.1 小偏差线性化的概念

一般来说, 对于大部分非线性系统, 可以在一定的工作范围内进行线性化。工程上常用的方法是将非线性函数在平衡点附近展开成泰勒级数, 然后去掉高次项以得到线性函数。

以图 2.5 所示发电机励磁特性为例, 图中的 A 点为发电机稳定状态励磁的工作点, 励磁电流和发电机电压分别为 I_{f0} 和 U_{f0}, 当励磁电流改变时, 发电机电压 U_f 沿着励磁曲线变化。由图 2.5 可知, U_f 与 I_f 变化不成比例, 也就是说 U_f 和 I_f 之间呈非线性关系, 但是, 如果 I_f 仅在 A 点附近做微小的变化, 那么就可以近似地认为 I_f 是沿着励磁曲线上 A 点的切线变化, 励磁特性即可用切线这一直线来代替, 即变化的增量

$$\Delta U_f = \Delta I_f \cdot \tan\alpha \qquad (2.17)$$

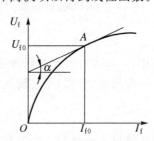

图 2.5 发电机励磁特性

这样就把非线性问题线性化了。

由级数理论可知,若非线性函数在给定区域内有各阶导数存在,便可在工作点的邻域将非线性函数展开为泰勒级数。当偏差范围很小时,可略去二次以上的高阶项,从而得到只包含偏差一次项的线性化方程式,实现函数的线性化,这种线性化方法称为小偏差线性化。

2.2.2　非线性系统(元件)线性化处理举例

1. 具有一个自变量的非线性元件或系统

对于具有一个自变量的非线性元件或系统,设其输入量为 r,输出量为 $y = f(r)$,在静态工作点 $y_0 = f(r_0)$ 处各阶导数均存在,则可在 r_0 的邻域展开成泰勒级数

$$y = f(r_0) + \left(\frac{\mathrm{d}f(r)}{\mathrm{d}r}\right)_{r=r_0} (r - r_0) + \frac{1}{2!}\left(\frac{\mathrm{d}^2 f(r)}{\mathrm{d}r^2}\right)_{r=r_0} (r - r_0)^2 + \cdots$$

当 $(r - r_0)$ 很小时,可忽略上式中 $(r - r_0)$ 二次方以上的各项,则得

$$y = f(r_0) + \left(\frac{\mathrm{d}f(r)}{\mathrm{d}r}\right)_{r=r_0} (r - r_0)$$

或

$$y - y_0 = K(r - r_0) \tag{2.18}$$

式中, $y_0 = f(r_0)$, $K = \left(\dfrac{\mathrm{d}f(r)}{\mathrm{d}r}\right)_{r=r_0}$。取 $\Delta y = y - y_0$, $\Delta r = r - r_0$,则式(2.18)可改写为

$$\Delta y = K\Delta r$$

这就是该非线性元件或系统的线性化数学模型。

2. 具有两个自变量的非线性元件或系统

具有两个自变量输入的非线性系统,可设其输入量分别为 r_1 和 r_2,输出量 $y = f(r_1, r_2)$,系统静态工作点处 $y_0 = f(r_{10}, r_{20})$。把输出 y 在静态工作点的邻域内展开成泰勒级数,即

$$y = f(r_{10}, r_{20}) + \left[\frac{\partial f}{\partial r_1}(r_1 - r_{10}) + \frac{\partial f}{\partial r_2}(r_2 - r_{20})\right] +$$

$$\frac{1}{2!}\left[\frac{\partial^2 f}{\partial r_1^2}(r_1 - r_{10})^2 + \frac{\partial^2 f}{\partial r_1 \partial r_2}(r_1 - r_{10})(r_2 - r_{20}) + \frac{\partial^2 f}{\partial r_2^2}(r_2 - r_{20})^2\right] + \cdots$$

式中各阶偏导数均为 $r_1 = r_{10}$、$r_2 = r_{20}$ 处的偏导数。当偏差 $(r_1 - r_{10})$、$(r_2 - r_{20})$ 很小时,忽略二阶及以上各项,则上式可改写为

$$y = f(r_{10}, r_{20}) + \frac{\partial f}{\partial r_1}(r_1 - r_{10}) + \frac{\partial f}{\partial r_2}(r_2 - r_{20})$$

或

$$y - y_0 = K_1(r_1 - r_{10}) + K_2(r_2 - r_{20}) \tag{2.19}$$

式中, $K_1 = \dfrac{\partial f}{\partial r_1}$, $K_2 = \dfrac{\partial f}{\partial r_2}$。令 $\Delta y = y - y_0$、$\Delta r_1 = r_1 - r_{10}$、$\Delta r_2 = r_2 - r_{20}$,则式(2.19)可改写为

$$\Delta y = K_1\Delta r_1 + K_2\Delta r_2$$

这就是两个自变量的非线性系统的线性化数学模型。

例 2.1　某三相桥式晶闸管整流电路的输入量为控制角 α,输出量为 E_d, E_d 与 α 之间的关系为

$$E_d = 2.34E_2\cos\alpha = E_{d0}\cos\alpha$$

式中，E_2 为交流电源相电压的有效值，E_{d0} 为 $\alpha=0°$ 时的整流电压。

该装置的整流特性曲线如图 2.6 所示。试求该整流电路的线性化模型。

解 由图 2.6 可知输出量 E_d 与输入量 α 呈非线性关系。

如果正常工作点为 A，该处 $E_d(\alpha_0)=E_{d0}\cos\alpha_0$，那么当控制角 α 在小范围内变化时，可以作为线性环节来处理。

令 $r_0=\alpha_0$，$y_0=E_{d0}\cos\alpha_0$，由式(2.18)得

$$E_d - E_{d0}\cos\alpha_0 = K(\alpha-\alpha_0) \tag{2.20}$$

式中

$$K = \left(\frac{\mathrm{d}E_d}{\mathrm{d}\alpha}\right)_{\alpha=\alpha_0} = -E_{d0}\sin\alpha_0$$

将式(2.20)改写成增量方程，得

$$\Delta E_d = K\Delta\alpha$$

式中的 $\Delta E_d = E_d - E_{d0}\cos\alpha_0$，$\Delta\alpha = \alpha - \alpha_0$，这就是晶闸管整流装置线性化后的特性方程。在一般情况下，为了简化起见，当写晶闸管整流装置的特性方程式时，常把增量方程改写为下列一般形式

$$E_d = K\alpha$$

但是，应明确的是，该式中的变量 E_d、α 均为增量。

例 2.2 两相交流伺服电动机是自动控制系统中常采用的一种执行机构，与直流伺服电动机相比，具有重量轻、惯性小、起动特性好的优点。如图 2.7 所示，这种电动机有定子和转子两部分，定子由空间上配置成互为 $90°$ 的两个绕组组成，其中的一个为励磁绕组，由一定频率的恒定交流电压供电，这称为励磁电压；另一个为控制绕组，由与励磁电压频率相同但幅值可变的电压供电，这一电压就是两相交流伺服电动机的控制电压 u，该电压与励磁电压有 $90°$ 的相位差。两相交流伺服电动机的转矩速度特性曲线具有负的斜率，且呈非线性。图 2.8 所示为在不同控制电压下，两相交流伺服电动机的力学特性。

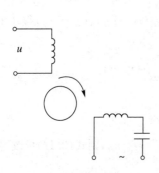

图 2.7 两相交流伺服电动机

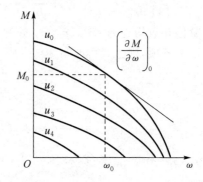

图 2.8 两相伺服电动机的力学特性

解 (1) 输入输出量的确定。取电动机的控制电压 u 为系统的输入量，电动机的角速度 ω 为系统的输出量，则输出轴的转矩 M 将是 u 和 ω 的函数，即 $M=f(u,\omega)$。由图 2.8 可

以看出,转矩 M 与控制电压 u 及角速度 ω 之间有明显的非线性关系。

(2) 非线性特性线性化。由图 2.8 知,设系统静态工作点处 $M_0 = f(u_0, \omega_0)$,那么在静态工作点附近,把 $M = f(u, \omega)$ 展开成泰勒级数,并忽略二阶以上各项,可得

$$M = f(u_0, \omega_0) + \left(\frac{\partial f}{\partial u}\right)_{\substack{u=u_0 \\ \omega=\omega_0}} (u - u_0) + \left(\frac{\partial f}{\partial \omega}\right)_{\substack{u=u_0 \\ \omega=\omega_0}} (\omega - \omega_0) \tag{2.21}$$

则得其增量线性化方程

$$\Delta M = K_u \Delta u + K_\omega \Delta \omega \tag{2.22}$$

式中,$\Delta M = M - f(u_0, \omega_0)$,$\Delta u = u - u_0$,$\Delta \omega = \omega - \omega_0$,$K_u = \left(\frac{\partial f}{\partial u}\right)_{\substack{u=u_0 \\ \omega=\omega_0}}$,$K_\omega = \left(\frac{\partial f}{\partial \omega}\right)_{\substack{u=u_0 \\ \omega=\omega_0}}$。

(3) 运动方程式。当电动机带动黏性摩擦力矩运动时,运动方程式为

$$\Delta M = J \frac{\mathrm{d}\Delta \omega}{\mathrm{d}t} + B \Delta \omega \tag{2.23}$$

式中,B 为摩擦阻尼系数。

(4) 消去中间变量。由式(2.22)和式(2.23)可得

$$J \frac{\mathrm{d}\Delta \omega}{\mathrm{d}t} + (B - K_\omega) \Delta \omega = K_u \Delta u \tag{2.24}$$

把增量方程改写为下列一般形式,则得

$$J \frac{\mathrm{d}\omega}{\mathrm{d}t} + (B - K_\omega)\omega = K_u u \tag{2.25}$$

2.2.3 系统线性化的条件及步骤

由前面讨论可知,非线性控制系统可以进行线性化处理的条件有以下三条:
(1) 系统工作在正常的工作状态,有一个稳定的工作点。
(2) 在运行过程中偏离且满足小偏差条件。
(3) 在工作点处,非线性函数各阶导数均存在,即函数属于单值、连续、光滑的非本质非线性函数。

如果系统满足以上条件,则在工作点的邻域内便可以将非线性函数通过增量的形式表示成线性函数。

在有了对非线性特性线性化处理的有效措施以后,对于含有这类非线性的控制系统,从整体上可以将系统的数学模型以增量的形式写出来,即称为系统线性化的数学模型。其建立步骤如下:
(1) 按系统数学模型的建立方法,列出系统各个部分的微分方程。
(2) 确定系统的工作点,并分别求出工作点处各变量的工作状态。
(3) 对存在的非线性函数,检验是否符合线性化的条件,若符合就进行线性化处理。
(4) 将其余线性方程,按增量形式处理,其原则为:对变量直接用增量形式写出;对常量因其增量为零,故消去此项。
(5) 联立所有增量化方程,消去中间变量,最后得到只含有系统总输入和总输出增量的线性化方程。

关于线性化的几点说明如下:

（1）线性化方程中的参数，如上述例2.1中的 K 和例2.2中的 K_u、K_ω 与选择的工作点有关，工作点不同时，相应的参数也不同。因此，在进行线性化时，应首先确定系统的静态工作点。

（2）当输入量变化范围较大时，用上述方法建模势必引起较大的误差，所以，在进行线性化时要注意它的条件，包括信号变化的范围。

（3）若非线性特性是不连续的，由于在不连续点的邻域不能得到收敛的泰勒级数，因此不能采用上述方法。这类非线性称为本质非线性，对于这类问题，要用非线性控制理论来解决。

（4）线性化以后得到的微分方程，是增量微分方程，如式（2.24）中的 $\Delta u = u - u_0$，$\Delta\omega = \omega - \omega_0$ 表示增量，为书写方便，常略去增量的表示符号 Δ，即直接用 u 和 ω 表示增量，如式（2.24）即可改写为式（2.25）。关于这点在此说明，以后就不再一一解释了。

2.3　传递函数

控制系统的微分方程是时间域描述系统动态性能的数学模型，在一定输入作用下，求解微分方程可以得到系统的输出，进一步可获得输出量的时间函数曲线，然后再根据该函数曲线来对系统性能进行分析。这种方法非常直观。但是对于复杂的系统，直接求解其微分方程往往非常困难，于是，人们引入了拉普拉斯变换来求解线性微分方程。通过拉普拉斯变换，微分方程的求解问题就转化为代数方程求解问题，使计算变得简单。在此基础上，人们引入了传递函数这一概念。传递函数不仅可以表征系统的动态性能，而且可以用来研究系统的结构或参数变化对系统性能的影响。经典控制理论中广泛应用的频率法和根轨迹法，就是以传递函数为基础建立起来的，传递函数是经典控制理论中最基本和最重要的概念。

关于拉普拉斯变换法在有关教科书中已详细论述，本书不再叙述，附录C中给出了一些结论性的内容，以便读者查阅和应用。

2.3.1　传递函数的定义和性质

1. 定义

线性定常系统的传递函数定义为：零初始条件下，系统输出量的拉普拉斯变换与输入量的拉普拉斯变换之比。

线性定常系统（或环节）微分方程式的一般形式可写为

$$a_n\frac{d^n y(t)}{dt^n}+a_{n-1}\frac{d^{n-1}y(t)}{dt^{n-1}}+\cdots+a_1\frac{dy(t)}{dt}+a_0 y(t)$$
$$=b_m\frac{d^m r(t)}{dt^m}+b_{m-1}\frac{d^{m-1}r(t)}{dt^{m-1}}+\cdots+b_1\frac{dr(t)}{dt}+b_0 r(t) \tag{2.26}$$

式中，$y(t)$ 为输出量，$r(t)$ 为输入量。

设初始条件为零，输入量 $r(t)$ 的拉普拉斯变换为 $R(s)=L[r(t)]$、输出量 $y(t)$ 的拉普拉斯变换为 $Y(s)=L[y(t)]$。根据拉普拉斯变换的微分定理，对微分方程（2.26）的两边同时进

行拉普拉斯变换可得

$$(a_n s^n + a_{n-1}s^{n-1} + \cdots + a_1 s + a_0)Y(s) = (b_m s^m + b_{m-1}s^{m-1} + \cdots + b_1 s + b_0)R(s)$$

则有

$$Y(s) = \frac{b_m s^m + b_{m-1}s^{m-1} + \cdots + b_1 s + b_0}{a_n s^n + a_{n-1}s^{n-1} + \cdots + a_1 s + a_0}R(s)$$

令

$$G(s) = \frac{b_m s^m + b_{m-1}s^{m-1} + \cdots + b_1 s + b_0}{a_n s^n + a_{n-1}s^{n-1} + \cdots + a_1 s + a_0} \tag{2.27}$$

则得

$$G(s) = \frac{Y(s)}{R(s)} \tag{2.28}$$

把微分方程在初始条件为零时,输出量拉普拉斯变换 $Y(s)$ 与输入量拉普拉斯变换 $R(s)$ 之比 $G(s)$ 定义为系统(或环节)的传递函数,利用系统(或环节)的传递函数,可得输出量拉普拉斯变换

$$Y(s) = G(s)R(s) \tag{2.29}$$

即系统(或环节)输出量拉普拉斯变换为输入量拉普拉斯变换和传递函数的乘积。

由以上的分析可知:

(1) 传递函数是由微分方程当初始条件为零时,通过拉普拉斯变换得到的,因此也是系统的一种数学模型形式。

(2) 如果已知系统的传递函数和输入量拉普拉斯变换,可由式(2.29)求得初始条件为零时输出量的拉普拉斯变换。

由上述叙述可知,在求出系统(或环节)的微分方程式后,只要把方程式中各阶导数用变量 s 的相应阶次方代替,就可很容易得到系统(或环节)的传递函数。

例 2.3 求图 2.9 所示 RC 电路的传递函数,其中 $u_i(t)$ 是输入电压,$u_o(t)$ 是输出电压。

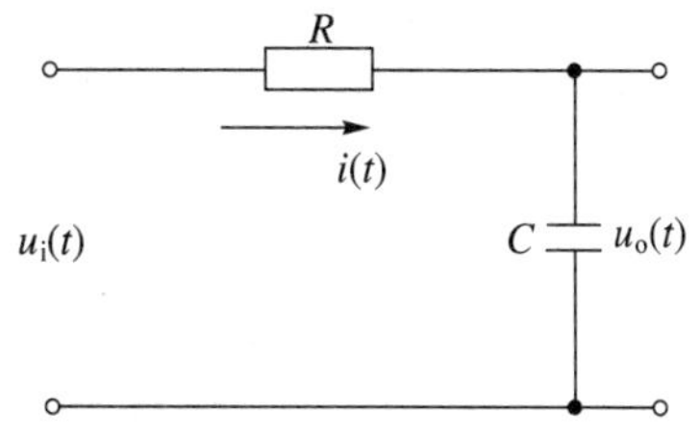

解 由基尔霍夫定律可得电路的微分方程为

$$RC\frac{du_o(t)}{dt} + u_o(t) = u_i(t) \tag{2.30}$$

若电容两端的初始电压 $u_o(t)=0$,对式(2.30)取拉普拉斯变换得

$$(RCs+1)U_o(s) = U_i(s)$$

式中,$U_i(s)$、$U_o(s)$ 分别为 $u_i(t)$、$u_o(t)$ 的拉普拉斯变换。所以系统的传递函数为

$$G(s) = \frac{U_o(s)}{U_i(s)} = \frac{1}{RCs+1} = \frac{1}{Ts+1} \tag{2.31}$$

式中,$T=RC$ 是时间常数。

对于具有多个输入的系统,在推导其传递函数时,需要利用系统的线性性质,分别求出对于各个输入的传递函数。即在求系统从某个输入到输出的传递函数时,假定其他输入为零,由该输入单独作用,以确定相对于该输入的传递函数。

例 2.4 对图 2.4 所示电枢控制直流电动机,设转速 ω 为输出变量,电枢电压 u_a 为控制输入,负载力矩 M_c 为干扰输入,试推导其传递函数。

图 2.9 RC 电路

解 已知电枢控制直流电动机的微分方程为

$$T_\mathrm{a} T_\mathrm{m} \frac{\mathrm{d}^2 \omega}{\mathrm{d}t^2} + T_\mathrm{m} \frac{\mathrm{d}\omega}{\mathrm{d}t} + \omega = K_\mathrm{u} u_\mathrm{a} - K_\mathrm{m} \left(T_\mathrm{a} \frac{\mathrm{d}M_\mathrm{c}}{\mathrm{d}t} + M_\mathrm{c} \right)$$

首先假定控制输入 u_a 单独作用($M_\mathrm{c}=0$),此时微分方程化为

$$T_\mathrm{a} T_\mathrm{m} \frac{\mathrm{d}^2 \omega}{\mathrm{d}t^2} + T_\mathrm{m} \frac{\mathrm{d}\omega}{\mathrm{d}t} + \omega = K_\mathrm{u} u_\mathrm{a} \tag{2.32}$$

在初始条件为零的情况下,对上式进行拉普拉斯变换,有

$$(T_\mathrm{a} T_\mathrm{m} s^2 + T_\mathrm{m} s + 1)\Omega(s) = K_\mathrm{u} U_\mathrm{a}(s)$$

所以,转速 ω 对于控制输入 u_a 的传递函数为

$$G_1(s) = \frac{\Omega(s)}{U_\mathrm{a}(s)} = \frac{K_\mathrm{u}}{T_\mathrm{a} T_\mathrm{m} s^2 + T_\mathrm{m} s + 1} \tag{2.33}$$

然后,假定干扰输入 M_c 单独作用($u_\mathrm{a}=0$),此时微分方程化为

$$T_\mathrm{a} T_\mathrm{m} \frac{\mathrm{d}^2 \omega}{\mathrm{d}t^2} + T_\mathrm{m} \frac{\mathrm{d}\omega}{\mathrm{d}t} + \omega = - K_\mathrm{m} \left(T_\mathrm{a} \frac{\mathrm{d}M_\mathrm{c}}{\mathrm{d}t} + M_\mathrm{c} \right) \tag{2.34}$$

在初始条件为零的情况下,对上式作拉普拉斯变换,有

$$(T_\mathrm{a} T_\mathrm{m} s^2 + T_\mathrm{m} s + 1)\Omega(s) = - K_\mathrm{m} (T_\mathrm{a} s + 1)M_\mathrm{c}(s)$$

所以,转速 ω 对于干扰输入 M_c 的传递函数为

$$G_2(s) = \frac{\Omega(s)}{M_\mathrm{c}(s)} = \frac{- K_\mathrm{m} (T_\mathrm{a} s + 1)}{T_\mathrm{a} T_\mathrm{m} s^2 + T_\mathrm{m} s + 1} \tag{2.35}$$

2. 性质

(1) 传递函数是从拉普拉斯变换导出的,而拉普拉斯变换是一种线性积分运算(线性变换),因此传递函数只适用于线性定常系统。

(2) 传递函数表达式中各项系数的值完全取决于系统的结构和参数,并且与微分方程中各导数项的系数相对应,所以传递函数也是系统的动态数学模型,它表达了系统输入量与输出量之间的传递关系。传递函数的分母和分子多项式分别与微分方程的左侧和右侧相对应。其分母多项式为系统的特征多项式,令其等于零,所得的方程为系统的特征方程。

(3) 因为实际的物理系统总含有惯性元件,并受到能源功率的限制,所以,实际系统传递函数中分母多项式的阶数 n 总是大于或等于分子多项式的阶数 m,即 $n \geqslant m$。通常将分母多项式的阶数为 n 的系统称为 n 阶系统。

(4) 一个传递函数只能表示一个输入量对一个输出量的关系,即单输入、单输出的关系。若输入量、输出量多于一个,如例 2.4 的电枢控制直流电动机,则传递函数不止一个。一般地,对应多输入、多输出的系统,显然不能用某一个传递函数来描述各变量间的关系,而要用现代控制理论中的传递矩阵来表示。

(5) 由微分方程描述的系统,其相应的传递函数是一个关于 s 的有理分式,即两个关于 s 的多项式之比,如式(2.27)所示。又可把它变形为零点、极点表示的形式。将式(2.27)改写成

$$G(s) = \frac{b_m}{a_n} \times \frac{s^m + d_{m-1} s^{m-1} + \cdots + d_1 s + d_0}{s^n + c_{n-1} s^{n-1} + \cdots + c_1 s + c_0} = K_\mathrm{g} \frac{\prod\limits_{i=1}^{m} (s + z_i)}{\prod\limits_{j=1}^{n} (s + p_j)} \tag{2.36}$$

式中，$-z_i(i=1,2,\cdots,m)$ 为分子多项式的零点，称为传递函数的零点，也叫作元件或系统的零点；$-p_j(j=1,2,\cdots,n)$ 为分母多项式的零点，称为传递函数的极点，也叫作元件或系统的极点；$K_g=\dfrac{b_m}{a_n}$，是传递函数用零、极点形式表示时的传递系数，有时也称为零、极点形式传递函数的增益。

（6）传递函数还可用时间常数的形式来表示。将式（2.27）改写成

$$G(s)=\frac{b_0}{a_0}\times\frac{d'_m s^m+d'_{m-1}s^{m-1}+\cdots+d'_1 s+1}{c'_n s^n+c'_{n-1}s^{n-1}+\cdots+c'_1 s+1}=K\frac{\prod\limits_{i=1}^{m}(\tau_i s+1)}{\prod\limits_{j=1}^{n}(T_j s+1)} \tag{2.37}$$

式中，τ_i 为分子各因子的时间常数；T_j 为分母各因子的时间常数；K 是传递函数中的一个系数，是时间常数形式传递函数的增益；由于 K 值通常具有量纲，故称为传递系数。

因为式（2.27）分子、分母多项式的各项系数均为实数，所以传递函数 $G(s)$ 如果出现复数零点、极点，那么复数零点、极点必然是共轭的。

如果传递函数中有 ν 个等于 0 的极点，并考虑到既有实数零点、极点，又有共轭复数零点、极点时，那么式（2.36）和式（2.37）可改写成一般形式为

$$G(s)=\frac{K_g}{s^\nu}\times\frac{\prod\limits_{i=1}^{m_1}(s+z_i)\prod\limits_{k=1}^{m_2}(s^2+2\zeta_k\omega_k s+\omega_k^2)}{\prod\limits_{j=1}^{n_1}(s+p_j)\prod\limits_{l=1}^{n_2}(s^2+2\zeta_l\omega_l s+\omega_l^2)} \tag{2.38}$$

和

$$G(s)=\frac{K}{s^\nu}\times\frac{\prod\limits_{i=1}^{m_1}(\tau_i s+1)\prod\limits_{k=1}^{m_2}(\tau_k^2 s^2+2\zeta_k\tau_k s+1)}{\prod\limits_{j=1}^{n_1}(T_j s+1)\prod\limits_{l=1}^{n_2}(T_l^2 s^2+2\zeta_l T_l s+1)} \tag{2.39}$$

以上两式中 $m_1+2m_2=m$，$\nu+n_1+2n_2=n$。

2.3.2　用复数阻抗法求电网络的传递函数

如前所述，求取传递函数一般要经过列写微分方程、取拉普拉斯变换、考虑初始条件等几个步骤。然而，对于由电阻、电感和电容组成的电网络，在求取传递函数时，若引入复数阻抗的概念，则可不必列写微分方程也能方便地求出相应的传递函数。

由电路原理知：一个正弦量既可用三角函数表示，又可用相量表示，电气元件两端的电压相量 $\dot U$ 与流过元件的电流相量 $\dot I$ 之比，称为该元件的复数阻抗，用 Z 表示。即

$$Z=\frac{\dot U}{\dot I} \tag{2.40}$$

对电阻负载而言，设流过电阻 R 的电流为

$$i(t)=I_m\sin\omega t$$

则电阻两端的电压为

$$u(t) = i(t)R = RI_m \sin\omega t = U_m \sin\omega t$$

若 $i(t)$、$u(t)$ 用相量表示,并写成指数形式,则有

$$\dot{I} = I_m e^{j0}$$

$$\dot{U} = U_m e^{j0} = RI_m e^{j0}$$

按式(2.40)定义,得电阻元件的复数阻抗为

$$Z_R = \frac{\dot{U}}{\dot{I}} = \frac{RI_m e^{j0}}{I_m e^{j0}} = R$$

对电感负载而言,电感 L 两端的电压为

$$u(t) = L\frac{\mathrm{d}i(t)}{\mathrm{d}t} = L\frac{\mathrm{d}}{\mathrm{d}t}[I_m \sin\omega t] = U_m \sin\left(\omega t + \frac{\pi}{2}\right)$$

式中,$U_m = I_m \omega L$。若用相量表示,并写成指数形式,则

$$\dot{U} = U_m e^{j\frac{\pi}{2}} = I_m \omega L e^{j\frac{\pi}{2}}$$

故电感元件的复数阻抗为

$$Z_L = \frac{\dot{U}}{\dot{I}} = \frac{I_m \omega L e^{j\frac{\pi}{2}}}{I_m e^{j0}} = \omega L e^{j\frac{\pi}{2}} = j\omega L$$

同理,对电容负载而言,设电容 C 两端的电压为

$$u(t) = U_m \sin\omega t$$

则流经电容的电流为

$$i(t) = C\frac{\mathrm{d}u(t)}{\mathrm{d}t} = C\frac{\mathrm{d}}{\mathrm{d}t}[U_m \sin\omega t] = I_m \sin\left(\omega t + \frac{\pi}{2}\right)$$

式中,$I_m = U_m \omega C$。

将 $u(t)$、$i(t)$ 用相量表示,则

$$\dot{U} = U_m e^{j0}$$

$$\dot{I} = I_m e^{j\frac{\pi}{2}} = U_m \omega C e^{j\frac{\pi}{2}}$$

故电容元件的复数阻抗为

$$Z_C = \frac{\dot{U}}{\dot{I}} = \frac{U_m e^{j0}}{U_m \omega C e^{j\frac{\pi}{2}}} = \frac{1}{\omega C e^{j\frac{\pi}{2}}} = \frac{1}{j\omega C}$$

R、L、C 复数阻抗如表 2.1 所示。表中同时列出三种典型电路的有关方程及传递函数,可见,传递函数在形式上与复数阻抗十分相似,只是用拉普拉斯变换的复变量 s 置换了复数阻抗中的 $j\omega$。因此,在求电路的传递函数时,首先可把电路中的电阻 R、电感 L 和电容 C 的复数阻抗改写成 R、Ls 和 $\frac{1}{Cs}$。再把电流 $i(t)$、电压 $u(t)$ 换成相应的拉氏变换 $I(s)$ 和 $U(s)$。考虑到在零初始条件下,电路中的复数阻抗和电流、电压的相量及其拉氏变换 $I(s)$、$U(s)$ 之间的关系应满足各种电路定律,如基尔霍夫定律、欧姆定律等。于是,就可以采用普通电路中阻抗串并联的规律,经过简单的代数运算求解出 $I(s)$、$U(s)$ 及相应的传递函数。

表 2.1 **R、L、C 负载的复数阻抗对照表**

	典型电路	时域方程	拉氏变换式	传递函数	复数阻抗
电阻负载	$u(t)$ $i(t) \downarrow$ R	$u(t) = i(t)R$	$U(s) = I(s)R$	$G_R(s) = \dfrac{U(s)}{I(s)} = R$	$Z_R = R$
电容负载	$u(t)$ $i(t) \downarrow$ C	$u(t) = \dfrac{1}{C}\int i(t)\,\mathrm{d}t$	$U(s) = I(s)\dfrac{1}{Cs}$	$G_C(s) = \dfrac{U(s)}{I(s)} = \dfrac{1}{Cs}$	$Z_C = \dfrac{1}{\mathrm{j}\omega C}$
电感负载	$u(t)$ $i(t) \downarrow$ L	$u(t) = L\dfrac{\mathrm{d}i(t)}{\mathrm{d}t}$	$U(s) = I(s)Ls$	$G_L(s) = \dfrac{U(s)}{I(s)} = Ls$	$Z_L = \mathrm{j}\omega L$

用复数阻抗法求取电网络的传递函数是简便、有效的,既适用于无源网络,又适用于有源网络。现举例说明。

例 2.5 求图 2.10 所示电路的传递函数。

解 令 $Z_1 = R_1 + Ls$ 为电阻和电感的复数阻抗之和;$Z_2 = R_2 + \dfrac{1}{Cs}$ 为电阻和电容的复数阻抗之和。由此可求得传递函数为

$$G(s) = \frac{U_o(s)}{U_i(s)} = \frac{Z_2}{Z_1 + Z_2} = \frac{R_2 + \dfrac{1}{Cs}}{R_1 + Ls + R_2 + \dfrac{1}{Cs}} = \frac{R_2 Cs + 1}{LCs^2 + (R_1 + R_2)Cs + 1}$$

例 2.6 求图 2.11 所示的微分运算电路的传递函数。

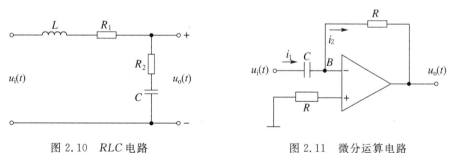

图 2.10 RLC 电路　　　　　　　　　图 2.11 微分运算电路

解 该电路由运算放大器组成,属有源网络。运算放大器工作时,B 点的电压 $u_B \approx 0$,称为虚地。故 $i_1 = i_2$,输入电路和输出电路的复数阻抗 Z_1 和 Z_2 分别为

$$Z_1 = \frac{1}{Cs}; \quad Z_2 = R$$

设 $U_i(s)$ 和 $U_o(s)$ 分别为输入信号和输出信号的拉普拉斯变换,则有

$$\frac{U_i(s)}{Z_1} = -\frac{U_o(s)}{Z_2}$$

故有

$$G(s) = \frac{U_o(s)}{U_i(s)} = -\frac{Z_2}{Z_1} = -RCs = -Ts$$

式中,$T = RC$。

2.3.3 典型环节及其传递函数

自动控制系统是由各种元部件构成的,它们可能是机械的、电子的、光学的、液压的、气动的或其他类型的装置。这些元件的物理结构和工作原理多种多样,然而,从传递函数的观点来看,尽管其结构、原理极不相同,但运动规律却可以完全相同,即具有相同的数学模型。

由式(2.38)和式(2.39)可以看出,系统的传递函数是由一些基本因子的乘积所组成的。为了便于研究自动控制系统,通常按数学模型的不同进行归类,把系统或元件划分为若干典型环节,其传递函数与式(2.38)和式(2.39)中的基本因子相对应。

线性定常系统的典型环节有比例环节、惯性环节、积分环节、振荡环节、微分环节及延迟(滞后)环节等几种。

1. 比例环节

比例环节又称放大环节或无惯性环节,其输出量 $y(t)$ 与输入量 $r(t)$ 之间的关系为一种固定的比例关系。也就是说,输出量能够按一定的比例复现输入量。比例环节的表达式为

$$y(t) = Kr(t) \tag{2.41}$$

环节的传递函数为

$$G(s) = \frac{Y(s)}{R(s)} = K \tag{2.42}$$

式中,K 为比例系数或传递系数。若输出、输入的量纲相同,则称为放大系数。

如图 2.12(a)所示的电压分压器即为一典型比例环节,当输入量 $r(t)$ 为阶跃信号时,输出量 $y(t)$ 的变化如图 2.12(b)所示。

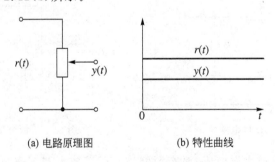

(a) 电路原理图   (b) 特性曲线

图 2.12　比例环节

2. 惯性环节

惯性环节的输出量和输入量之间的关系可用下面的微分方程来描述

$$T\frac{dy(t)}{dt} + y(t) = r(t) \tag{2.43}$$

对应的传递函数为

$$G(s) = \frac{Y(s)}{R(s)} = \frac{1}{Ts+1} \tag{2.44}$$

式中，T 为时间常数。

与比例环节相比，惯性环节的特点是其输出量不能立即跟随输入量变化，存在时间上的延迟。其中时间常数 T 越大，环节的惯性越大，则延迟的时间也越长。典型惯性环节电路如图 2.13(a) 所示，设输入信号为单位阶跃信号，其拉普拉斯变换 $R(s) = 1/s$，则得输出量的拉普拉斯变换表达式为

$$Y(s) = \frac{1}{Ts+1}\frac{1}{s} = \frac{1}{s} - \frac{1}{s+\dfrac{1}{T}}$$

其拉普拉斯反变换为

$$y(t) = 1 - e^{-t/T}, \quad t \geqslant 0$$

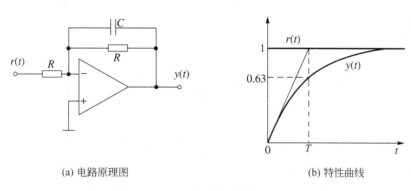

(a) 电路原理图　　　　　　　　　　(b) 特性曲线

图 2.13　惯性环节

上式表明，在单位阶跃输入信号的作用下，惯性环节的输出信号是指数函数。当时间 $t = (3 \sim 4)T$ 时，输出量才接近其稳态值。响应曲线如图 2.13(b) 所示。

3. 积分环节

积分环节的输入量与输出量之间关系的动态方程为

$$y(t) = \int r(t)\mathrm{d}t, \quad t \geqslant 0 \tag{2.45}$$

或

$$\frac{\mathrm{d}y(t)}{\mathrm{d}t} = r(t) \tag{2.46}$$

由上式可得积分环节的传递函数为

$$G(s) = \frac{Y(s)}{R(s)} = \frac{1}{s} \tag{2.47}$$

由式(2.45)可知，理想积分环节的输出量与输入量的积分成正比。在单位阶跃输入信号的作用下，输出量的拉普拉斯变换表达式为

$$Y(s) = G(s)R(s) = \frac{1}{s^2} \tag{2.48}$$

则得

$$y(t) = t$$

即输出量随时间成正比地无限增加,输出响应曲线如图 2.14(b)所示。自动控制系统中应用的积分调节器电路,通常是由运算放大器等构成的,其电路如图 2.14(a)所示。

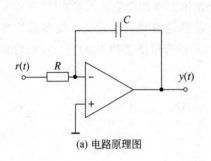 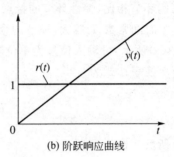

(a) 电路原理图   (b) 阶跃响应曲线

图 2.14   积分环节

4. 振荡环节

典型振荡环节的微分方程为

$$T^2 \frac{\mathrm{d}^2 y(t)}{\mathrm{d}t^2} + 2T\zeta \frac{\mathrm{d}y(t)}{\mathrm{d}t} + y(t) = r(t) \tag{2.49}$$

其传递函数为

$$G(s) = \frac{Y(s)}{R(s)} = \frac{1}{T^2 s^2 + 2T\zeta s + 1} \tag{2.50}$$

式中,T 为时间常数;ζ 为阻尼比。

由微分方程(2.7)所述 RLC 电路的数学模型,可得该电路的传递函数为

$$G(s) = \frac{Y(s)}{R(s)} = \frac{1}{LCs^2 + RCs + 1} \tag{2.51}$$

取 $T = \sqrt{LC}$,$\zeta = \frac{1}{2}R\sqrt{\frac{C}{L}}$,式(2.51)可改写为

$$G(s) = \frac{1}{T^2 s^2 + 2\zeta T s + 1}$$

显然图 2.3 所示的 RLC 电路即是一个典型的振荡环节。

令振荡环节的自然角频率 $\omega_n = \frac{1}{\sqrt{LC}}$,则式(2.51)可改写为

$$G(s) = \frac{\omega_n^2}{s^2 + 2\zeta\omega_n s + \omega_n^2} \tag{2.52}$$

在单位阶跃作用下,振荡环节输出量拉普拉斯变换为

$$Y(s) = G(s)R(s) = \frac{\omega_n^2}{s^2 + 2\zeta\omega_n s + \omega_n^2} \frac{1}{s} \tag{2.53}$$

由式(2.53)的拉普拉斯反变换得输出量表达式

$$y(t) = 1 - \frac{\mathrm{e}^{-\zeta\omega_n t}}{\sqrt{1-\zeta^2}}\sin(\omega_n\sqrt{1-\zeta^2}\,t + \theta) \tag{2.54}$$

式中,$\theta = \arctan\left[\dfrac{\sqrt{1-\zeta^2}}{\zeta}\right]$。

由式(2.54)可得一簇以 ζ 为参变量的曲线,如图 2.15 所示,由图可见,振荡环节的单位阶跃响应是有阻尼的正弦振荡曲线。振荡程度与阻尼比 ζ 有关,ζ 值越小,则振荡越强。当 $\zeta=0$ 时,出现等幅振荡,振荡角频率为 ω_n。反之,阻尼比 ζ 越大,则振荡衰减越快,当 $\zeta \geqslant 1$ 时,响应 $y(t)$ 为单调上升曲线,已不是振荡环节了。

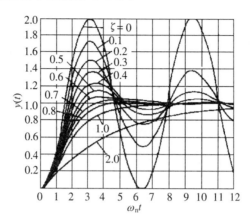

图 2.15 振荡环节阶跃响应

5. 微分环节

微分环节的输出量反映了输入信号的变化趋势。常用的微分环节有纯微分环节、一阶微分环节和二阶微分环节三种,相应的输出量与输入量关系表达式分别为

$$y(t) = \frac{\mathrm{d}r(t)}{\mathrm{d}t} \quad t \geqslant 0$$

$$y(t) = \tau \frac{\mathrm{d}r(t)}{\mathrm{d}t} + r(t) \quad t \geqslant 0$$

$$y(t) = \tau^2 \frac{\mathrm{d}^2 r(t)}{\mathrm{d}t^2} + 2\tau\zeta \frac{\mathrm{d}r(t)}{\mathrm{d}t} + r(t) \quad (0 < \zeta < 1) \quad t \geqslant 0$$

相应的传递函数分别为

$$G(s) = \frac{Y(s)}{R(s)} = s$$

$$G(s) = \frac{Y(s)}{R(s)} = \tau s + 1$$

$$G(s) = \frac{Y(s)}{R(s)} = \tau^2 s^2 + 2\tau\zeta s + 1$$

这些微分环节的传递函数没有极点,只有零点。纯微分环节的零点为零,一阶微分环节和二阶微分环节的零点分别为实数和一对共轭复数。

在实际元件或实际系统中,由于惯性的存在,理想微分环节是难以实现的。下面看几种实际微分环节的例子。

如图 2.16(a)所示的 RC 电路,其电路方程为

$$RC \frac{\mathrm{d}u_o(t)}{\mathrm{d}t} + u_o(t) = RC \frac{\mathrm{d}u_i(t)}{\mathrm{d}t}$$

对上式进行拉普拉斯变换,可得其传递函数

$$G(s) = \frac{U_o(s)}{U_i(s)} = \frac{\tau s}{\tau s + 1} \qquad (2.55)$$

式中的 $\tau = RC$。当 $\tau \ll 1$ 时,式(2.55)可近似为

$$G(s) = \frac{U_o(s)}{U_i(s)} \approx \tau s$$

在图 2.16(b)所示的 RC 并联电路中,若以电压 $u(t)$ 为输入量,以电流 $i(t)$ 为输出量,则得

$$i(t) = \frac{1}{R}\left[RC\frac{\mathrm{d}u(t)}{\mathrm{d}t} + u(t)\right]$$

其传递函数为

$$G(s) = \frac{I(s)}{U(s)} = K(\tau s + 1)$$

式中 $K = 1/R$,$\tau = RC$,显然这个环节为一阶比例微分环节。

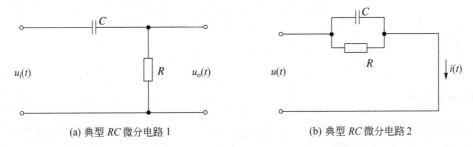

(a) 典型 RC 微分电路 1　　　　(b) 典型 RC 微分电路 2

图 2.16　微分电路

6. 延迟环节

延迟环节又称时滞环节、纯滞后环节、时延环节。其特点是,输出信号经一段延迟时间后,可完全复现输入信号,其表达式为

$$y(t) = r(t - \tau) = 1(t - \tau) \qquad (2.56)$$

式中 τ 为延迟时间,其单位阶跃响应如图 2.17 所示。

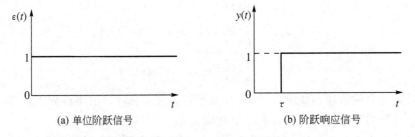

(a) 单位阶跃信号　　　　　(b) 阶跃响应信号

图 2.17　延迟环节的单位阶跃响应

式(2.56)经拉普拉斯变换,可得其传递函数

$$G(s) = \frac{Y(s)}{R(s)} = \mathrm{e}^{-\tau s} \qquad (2.57)$$

在生产实际中,特别是在一些液压、气动或机械传动系统中,都可能遇到纯时间滞后现

象。在计算机控制系统中,由于运算需要时间,也会出现时间延迟。

延迟环节的传递函数是一个超越函数。分析过程中,对于延迟时间 τ 很小的时滞环节,常把 $e^{-\tau s}$ 展开成泰勒级数,并略去高次项,即可得如下简化的延迟环节传递函数

$$G(s) = e^{-\tau s} = \cfrac{1}{1 + \tau s + \cfrac{\tau^2}{2!}s^2 + \cfrac{\tau^3}{3!}s^3 + \cdots} \approx \frac{1}{\tau s + 1} \tag{2.58}$$

从简化的传递函数来看,延迟环节在延迟时间 τ 很小的情况下可近似为一个惯性环节。

以上所介绍的典型环节具有典型的传递函数,把一个复杂的系统看作是上述某些基本环节的组合。但一个元件和一个环节往往并不是等价的。一个元件可能划分为几个环节,也可能几个元件才构成一个环节。如前面所举的由 RLC 三个元件串联构成得到的是一个振荡环节。

把复杂的物理系统划分为若干典型环节,利用传递函数和下一节将要介绍的结构图来进行研究,这已成为研究系统的一种重要的方法。

最后应特别指出的是:

(1)对应同一元件(或系统),根据所研究的问题不同,可以取不同的量作为输出量和输入量,所得到的传递函数是不同的。

(2)对于复杂的控制系统,在建立系统或被控对象的数学模型时,将其与典型环节的数学模型对比,即可知其由什么样的典型环节组成。由于典型环节的动态性能和响应是已知的,因而给分析、研究系统性能提供了很大的方便。

(3)典型环节的概念只适用于能够用线性定常数学模型描述的系统。

2.4　控制系统的结构图及其等效变换

2.4.1　结构图的基本概念

结构图是一种在控制理论中应用非常广泛的数学模型,是一种将控制系统图形化的数学模型,用结构图表示系统,不仅能够清楚地表明系统的组成和信号的传递方向,而且能清楚地表示出系统信号传递过程中的数学关系。

系统结构图是将系统中所有的环节用方块来表示,按照系统中各个环节之间的联系,将各方块连接起来构成的;方块的一端为相应环节的输入信号,另一端为输出信号,用箭头表示信号传递的方向,并在方块内标明相应环节的传递函数。

2.4.2　结构图的组成

控制系统结构图一般由四种基本单元组成(也被称为结构图的四要素)。各单元所表示的意义如下。

方块:表示元件或环节输入到输出变量之间的函数关系。方块中为元件或环节的传递函数,对信号起运算、转换的作用,如图 2.18(a)所示。

信号线:用带箭头的有向直线表示。箭头方向表示信号的传递方向,在信号线上标明

信号的原函数或象函数（拉普拉斯变换），如图 2.18（b）所示。

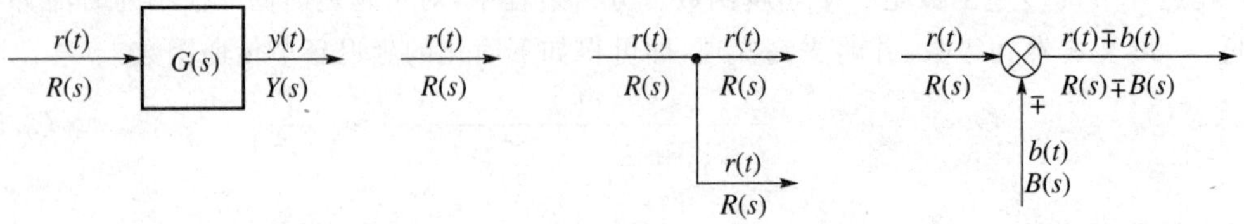

| (a) 方块 | (b) 信号线 | (c) 分支（引出）点 | (d) 综合（比较、相加）点 |

图 2.18   结构图的四要素

分支点（引出点）：分支点表示把一个信号分成两路（或多路）输出。注意，在信号线上只传递信号，不传递功率，所以同一分支点引出的各路信号与原信号都相等，如图 2.18（c）所示。

综合点（比较点或相加点）：对两个或两个以上性质相同的信号进行求代数和的运算。参与相加运算的信号应标明"+"号，相减运算的信号应标明"－"号。有时"+"号可以省略，但"－"号必须标明，如图 2.18（d）所示。

2.4.3   结构图的建立

建立控制系统结构图的步骤如下：

（1）列出描述每个元件的拉普拉斯变换方程。

（2）以构成结构图的基本要素表示每个方程，并将各环节的传递函数填入方块内；将信号的拉普拉斯变换标在信号线附近。

（3）按照系统中信号传递的顺序，用信号线依次将各环节的结构图连接起来，从而构成系统的结构图。

例 2.7   求图 2.19 所示两级 RC 滤波器的结构图。

解   设该电路输入电压、输出电压和电容 C_1 上的电压拉普拉斯变换分别为 $U_i(s)$、$U_o(s)$ 和 $U(s)$，流过 R_1、R_2 和 C_1 的电流分别为 $I_1(s)$、$I_2(s)$ 和 $I(s)$。取每个元件代表一个环节，根据电路定律，由图 2.19 可得各环节输入、输出变量之间的关系式及相应结构图。

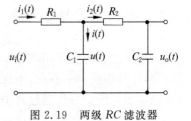

图 2.19   两级 RC 滤波器

（1）电阻 R_1 环节

$$[U_i(s) - U(s)]\frac{1}{R_1} = I_1(s)$$

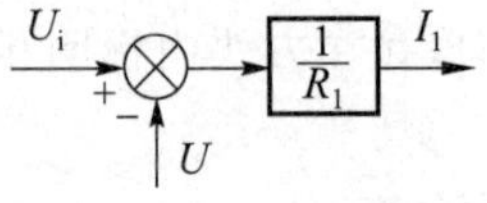

（2）电容 C_1 环节

$$[I_1(s) - I_2(s)]\frac{1}{C_1 s} = U(s)$$

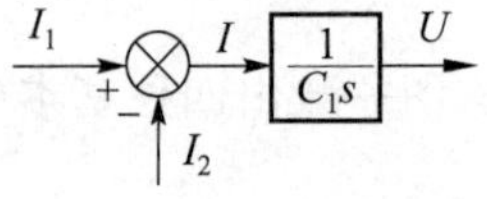

（3）电阻 R_2 环节

$$[U(s) - U_o(s)]\frac{1}{R_2} = I_2(s)$$

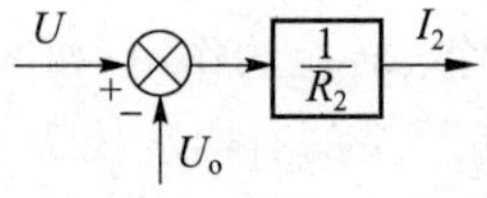

（4）电容 C_2 环节

$$I_2(s) \frac{1}{C_2 s} = U_o(s) \quad \Rightarrow$$

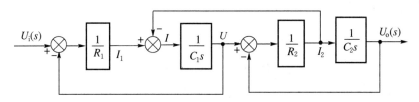

根据信号传递的方向，将上述各环节结构图连接起来，即构成该两级 RC 滤波器的结构图，如图 2.20 所示。

图 2.20 两级 RC 滤波器电路的结构图

2.4.4 结构图的等效变换

一个系统的结构图往往是复杂的，具有多条反馈通路。为了便于对系统进行分析，常把结构复杂的结构图通过变换，转化成结构简单的系统。常用的结构图变换方法可以归纳为两类：一类是环节的合并，另一类是信号的分支点或相加点的移动。结构图的化简步骤可以有不同，但结构图在变换时必须遵循的原则是：变换前后待求系统的输出量与输入量之间的数学关系保持不变，具体而言，就是变换前后前向通道中传递函数的乘积应保持不变，回路中传递函数的乘积应保持不变，因而也称为结构图等效变换。因为传递函数是以复数 s 为变量的代数方程，所以这些变换和计算是简单的代数运算。下面结合环节连接方式来讨论结构图变换和简化的基本法则。

1. 环节的合并

（1）环节的串联。环节的串联是很常见的一种结构形式，其特点是，前一个环节的输出信号是后一个环节的输入信号，依次按顺序连接，如图 2.21 所示。

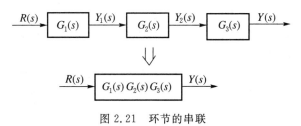

图 2.21 环节的串联

n 个环节串联后的等效传递函数，等于各个环节传递函数的乘积，即

$$G(s) = \prod_{i=1}^{n} G_i(s)$$

（2）环节的并联。环节并联的特点是，各环节有相同的输入信号，而输出信号等于各环节输出信号之代数和，如图 2.22 所示。

n 个环节并联的等效传递函数为各个环节传递函数之和，即

$$G(s) = \sum_{i=1}^{n} G_i(s)$$

（3）反馈连接。在自动控制系统中，常常将系统或环节的输出量返回到输入端构成闭环，借以改善环节的特性，如图 2.23 所示，这就构成了反馈连接。根据反馈连接方式可分为正反馈和负反馈，如果参考输入信号与反馈信号相减，称为负反馈连接；反之，则为正反馈连接。由图 2.23 所得

$$Y(s) = E(s)G_1(s)$$
$$E(s) = R(s) \mp B(s)$$
$$B(s) = H(s)Y(s)$$

则得负反馈等效传递函数

$$G(s) = \frac{Y(s)}{R(s)} = \frac{G_1(s)}{1 + G_1(s)H(s)}$$

对于正反馈连接，则有

$$G(s) = \frac{Y(s)}{R(s)} = \frac{G_1(s)}{1 - G_1(s)H(s)}$$

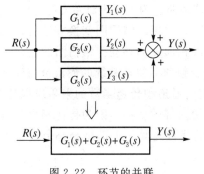

图 2.22 环节的并联

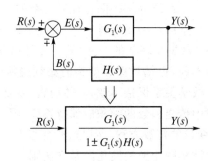

图 2.23 反馈环节的化简

2. 信号相加点及分支点的移动

在复杂的控制系统中，除了主反馈外，一般都具有相交错的局部反馈，直接进行上述的合并可能出现困难。在对系统进行分析时，为了简化系统的结构图，常常需要对信号的分支点或相加点进行变位运算，以便消除交叉，求出总的传递函数。变位运算的原则是，变位前后的输出信号应不变。现以几种典型形式加以说明。

（1）相加点前移。如图 2.24 所示，相加点从环节的输出端移到输入端。

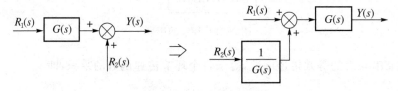

图 2.24 相加点前移

变位前

$$Y(s) = R_2(s) + R_1(s)G(s)$$

变位后

$$Y(s) = \left[R_1(s) + \frac{R_2(s)}{G(s)} \right] G(s)$$

由此可见,变位前后的输出量不变,所以这一变位是等效的。

(2)相加点后移。如图 2.25 所示,相加点从环节的输入端移到输出端。

图 2.25　相加点后移

变位前

$$Y(s) = \left[R_1(s) + R_2(s) \right] G(s)$$

变位后

$$Y(s) = R_1(s)G(s) + R_2(s)G(s)$$

由此可见,变位前后的输出量不变,所以这一变位是等效的。

(3)分支点前移。如图 2.26 所示,分支点从环节的输出端移到输入端。

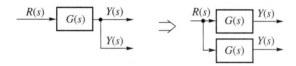

图 2.26　分支点前移

(4)分支点后移。如图 2.27 所示,分支点从环节的输入端移到输出端。

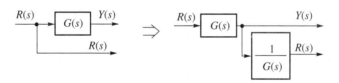

图 2.27　分支点后移

(5)两个分支点、相加点之间可以互换变位。如图 2.28 所示,两点可以互换位置,输出的信号仍然不变。

(6)相加点和分支点之间一般不能互换变位。相加点和分支点之间能否互换变位这一点是应该特别注意的。

值得注意的是,在进行结构图简化时应注意以下两点:

- 结构图简化的关键是解除各种连接之间,包括环路与环路之间的交叉,应设法使其分开,或形成大环套小环的形式。
- 解除交叉连接的有效方法是移动相加点或分支点。一般,结构图上相邻的分支点可以彼此交换,相邻的相加点也可以彼此交换。但是,当分支点与相加点相邻时,它们的位置就不能做简单的交换。

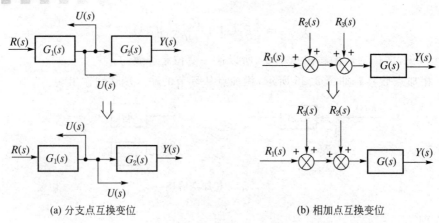

(a) 分支点互换变位　　　　　　　(b) 相加点互换变位

图 2.28　分支点和相加点互换变位运算

例 2.8　试简化图 2.29 所示的系统结构图,并求系统的传递函数$\dfrac{C(s)}{R(s)}$。

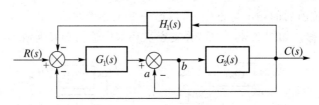

图 2.29　例 2.8 系统结构图

解　在图中,由于$G_1(s)$与$G_2(s)$之间有交叉的相加点和分支点,要设法解除交叉。最简单的方法是分别将相加点a前移、分支点b后移,如图 2.30(a)所示,然后进一步简化为图 2.30(b),最后便可求得系统的传递函数为

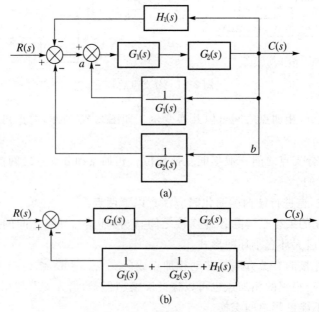

图 2.30　例 2.8 系统结构图简化

$$\frac{C(s)}{R(s)} = \frac{G_1(s)G_2(s)}{1 + G_1(s) + G_2(s) + G_1(s)G_2(s)H_1(s)}$$

例 2.9　设系统的结构图如图 2.31 所示,试简化结构图,并计算系统的传递函数 $\dfrac{C(s)}{R(s)}$。

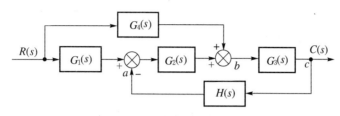

图 2.31　例 2.9 系统结构图

解　图 2.31 是具有交叉连接的结构图。为消除交叉,可采用相加点、分支点互换的方法处理。图中 b、c 两点,一个是相加点,一个是分支点,二者相异,不应也不可以任意交换。而 a、b 两点则可以交换。

求解步骤:

(1) 将相加点 a 后移,等效图如图 2.32(a)所示。

(2) 再与 b 点交换,得图 2.32(b)。

(3) 由于 $G_4(s)$ 与 $G_1(s)G_2(s)$ 并联,$G_3(s)$ 与 $G_2(s)H(s)$ 构成负反馈环,分别合并则得图 2.32(c)。

(4) 合并图 2.32(c)的两串联环节,求得系统的传递函数为

$$\frac{C(s)}{R(s)} = \frac{G_1(s)G_2(s)G_3(s) + G_3(s)G_4(s)}{1 + G_2(s)G_3(s)H(s)}$$

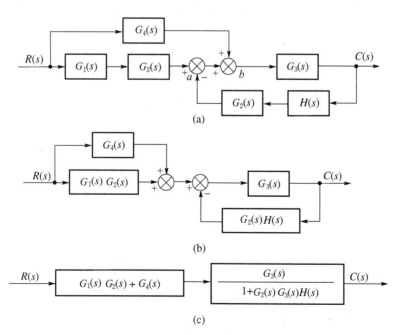

图 2.32　例 2.9 系统结构图简化

例 2.10 试简化图 2.33 所示系统的结构图,并求系统的传递函数$\dfrac{C(s)}{R(s)}$。

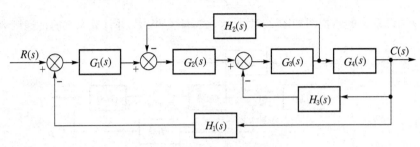

图 2.33 例 2.10 系统结构图

解 (1)将支路 $H_2(s)$ 的分支点后移,如图 2.34(a)所示。
(2)合并图 2.34(a)虚线框内的各环节,结果如图 2.34(b)所示。

$$G_{34}(s) = \frac{G_3(s)G_4(s)}{1 + G_3(s)G_4(s)H_3(s)}$$

(3)合并图 2.34(b)虚线框内的各环节,结果如图 2.34(c)所示。

$$G_{23}(s) = \frac{G_2(s)G_{34}(s)}{1 + G_2(s)G_{34}(s)H_2(s)/G_4(s)}$$

最终合并图 2.34(c)的各环节,求得系统的传递函数为

$$\frac{C(s)}{R(s)} = \frac{G_1(s)G_2(s)G_3(s)G_4(s)}{1 + G_2(s)G_3(s)H_2(s) + G_3(s)G_4(s)H_3(s) + G_1(s)G_2(s)G_3(s)G_4(s)H_1(s)}$$

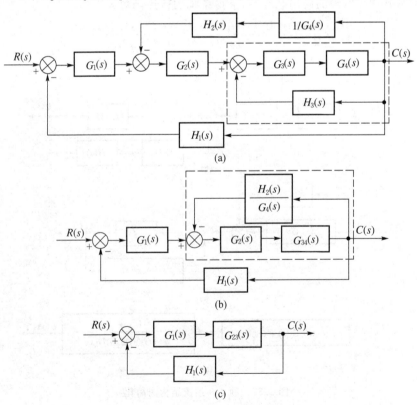

图 2.34 例 2.10 系统结构图简化

通过上述三个例子,可以看到如果满足以下两个条件:

- 所有回路两两相互接触;
- 所有回路与所有前向通道接触。

则可以得到以下几条简化结构图的规律:

- 闭环系统传递函数是一个有理分式;

- 分子 $= \sum\limits_{1}^{m}$ 前向通道各串联环节的传递函数之积。分母 $= 1 + \sum\limits_{1}^{n}$ ($\pm$ 每一局部反馈回路的开环传递函数)。负反馈取"+"号,正反馈取"−"号,即

$$\Phi(s) = \frac{\sum\limits_{1}^{m} \text{前向通道各串联环节的传递函数之积}}{1 + \sum\limits_{1}^{n}(\pm \text{ 每一局部反馈回路的开环传递函数})}$$

式中,m 是前向通道的条数,n 是反馈回路数。

2.5 自动控制系统的传递函数

实际的自动控制系统在工作过程中,会受到两种输入信号的作用:一种是有用信号 $r(t)$,称为给定信号、指令信号或参考输入,它作用于系统输入端;另一种是无用信号 $d(t)$,称为扰动信号或干扰,一般作用在被控对象上,也可能出现在其他元部件上。

反馈控制系统的典型结构如图 2.35 所示。图中,$R(s)$ 是系统的给定输入作用,$D(s)$ 是扰动输入作用,$C(s)$ 是系统的输出。

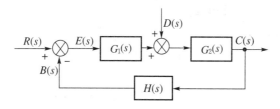

图 2.35 反馈控制系统的典型结构

下面介绍控制系统中常用的几种传递函数的概念。

2.5.1 系统的开环传递函数

在图 2.35 中,将反馈通道 $H(s)$ 的输出端断开,亦即在反馈点上断开系统的主反馈通道,则前向通道传递函数 $G_1(s)$、$G_2(s)$ 与反馈通道传递函数 $H(s)$ 的乘积 $G_1(s)G_2(s)H(s)$ 称为系统的开环传递函数,相当于 $B(s)/R(s)$。由图 2.35 可知

$$\frac{B(s)}{R(s)} = G_1(s)G_2(s)H(s)$$

注意,这里所说的开环传递函数并非指开环控制系统的传递函数,而是指闭环系统断开反馈点后整个环路的传递函数,有时也称环路传递函数,常用 $G_K(s)$ 表示。

可见,当反馈通道传递函数 $H(s)=1$ 时,则开环传递函数和前向通道传递函数一致,对图 2.35 有

$$G_K(s) = G_1(s)G_2(s)$$

2.5.2   闭环系统的传递函数

至此,可以给出求单回路闭环负反馈系统传递函数的一般公式为

$$闭环传递函数 = \frac{前向通道传递函数}{1 + 开环传递函数}$$

该式提供了直接写出闭环传递函数的快捷方法,是今后最常用的公式,应当熟记。显然上式将各种定义的传递函数联系在一起,也就必然将闭环系统的动态性能与开环系统的性能联系在一起,即与前向通道元件及反馈通道元件的动态特性联系在一起了。

若反馈系统为正反馈,则公式中分母里的符号为"一"号。

1. 给定输入作用下的闭环传递函数

此时令 $D(s)=0$,则系统结构图等效为图 2.36。利用结构图等效变换法则,可求出系统输出 $C(s)$ 对输入 $R(s)$ 的闭环传递函数 $\Phi(s)$ 为

$$\Phi(s) = \frac{C(s)}{R(s)} = \frac{G_1(s)G_2(s)}{1 + G_1(s)G_2(s)H(s)} \tag{2.59}$$

且

$$C(s) = \Phi(s)R(s) = \frac{G_1(s)G_2(s)}{1 + G_1(s)G_2(s)H(s)}R(s) \tag{2.60}$$

2. 扰动输入作用下的闭环传递函数

此时令 $R(s)=0$,则系统的结构图如图 2.37 所示,即为恒值系统的结构图。可以求得输出对扰动作用的传递函数(用 $\Phi_D(s)$ 表示)为

$$\Phi_D(s) = \frac{C(s)}{D(s)} = \frac{G_2(s)}{1 + G_1(s)G_2(s)H(s)} \tag{2.61}$$

系统在扰动作用下的输出为

$$C(s) = \Phi_D(s)D(s) = \frac{G_2(s)}{1 + G_1(s)G_2(s)H(s)}D(s) \tag{2.62}$$

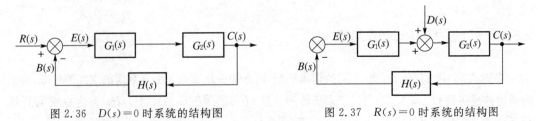

图 2.36 $D(s)=0$ 时系统的结构图   图 2.37 $R(s)=0$ 时系统的结构图

3. 给定输入和扰动输入同时作用下系统的总输出

根据线性系统的叠加性,将式(2.60)及式(2.62)相加,即可求得两个输入量同时作用于系统时的总输出为

$$C(s) = \frac{G_1(s)G_2(s)R(s)}{1 + G_1(s)G_2(s)H(s)} + \frac{G_2(s)D(s)}{1 + G_1(s)G_2(s)H(s)} \tag{2.63}$$

2.5.3 闭环系统的偏差传递函数

所谓偏差是指给定输入信号 $r(t)$ 与主反馈信号 $b(t)$ 之间的差值,用 $e(t)$ 表示,即

$$e(t) = r(t) - b(t) \tag{2.64}$$

其拉普拉斯变换为

$$E(s) = R(s) - B(s) \tag{2.65}$$

下面研究各种输入作用下所引起的偏差变化规律,常用偏差传递函数来表示。

1. 给定输入作用下的偏差传递函数

令 $D(s)=0$,此时,$E(s)$ 与 $R(s)$ 之比称为偏差对给定作用的闭环传递函数,简称闭环系统的偏差传递函数,用 $\Phi_E(s)$ 表示。在 $D(s)=0$ 的情况下,图 2.35 可等效成图 2.38 的形式,即

$$\Phi_E(s) = \frac{E(s)}{R(s)} = \frac{1}{1 + G_1(s)G_2(s)H(s)} \tag{2.66}$$

故有

$$E(s) = \Phi_E(s)R(s) = \frac{1}{1 + G_1(s)G_2(s)H(s)}R(s) \tag{2.67}$$

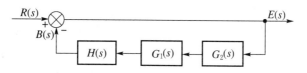

图 2.38 $D(s)=0$ 时系统的结构图

2. 扰动输入作用下的偏差传递函数

令 $R(s)=0$,此时,$E(s)$ 与 $D(s)$ 之比称为偏差对扰动作用的闭环传递函数,简称扰动偏差传递函数,用 $\Phi_{DE}(s)$ 表示,则

$$\Phi_{DE}(s) = \frac{E(s)}{D(s)} = \frac{-G_2(s)H(s)}{1 + G_1(s)G_2(s)H(s)} \tag{2.68}$$

其中分子,即由 $D(s)$ 经 $G_2(s)$、$H(s)$ 到达 $E(s)$ 的通道中,各串联环节传递函数之积。分子中所含的负号,是由图 2.33 中 $B(s)$ 值的负反馈而引出的,在书写过程中不应遗漏。

由式(2.68)可得

$$E(s) = \Phi_{DE}(s)D(s) = \frac{-G_2(s)H(s)}{1 + G_1(s)G_2(s)H(s)}D(s) \tag{2.69}$$

3. 给定输入和扰动输入同时作用下的总偏差

根据线性系统的叠加性,将式(2.67)和式(2.69)相加,即可求出系统在给定输入和扰动

输入同时作用下的总偏差为

$$E(s) = \frac{R(s)}{1+G_1(s)G_2(s)H(s)} + \frac{-G_2(s)H(s)D(s)}{1+G_1(s)G_2(s)H(s)} \tag{2.70}$$

纵观上述四种闭环传递函数 $\Phi(s)$、$\Phi_D(s)$、$\Phi_E(s)$ 和 $\Phi_{DE}(s)$ 的表达式不难发现,它们都具有相同的分母,即

$$1+G_1(s)G_2(s)H(s) = 1+G_K(s)$$

这正是闭环控制系统的本质特征,通常把这个分母多项式称为闭环系统的特征多项式,而将 $1+G_K(s)=0$ 称为闭环系统的特征方程。特征方程的根称为闭环系统的根或极点。

2.6　信号流图

结构图对于图解表示控制系统是很有用的,但当系统很复杂时,结构图的简化过程是很麻烦的。信号流图是表示线性代数方程组的示意图。采用信号流图可以直接对代数方程组求解。在控制工程中,信号流图和结构图一样,可以用来表示系统的结构和变量传递过程中的数学关系。所以,信号流图也是控制系统的一种用图形表示的数学模型。这种方法是由美国数学家 S. J. 梅逊(Mason)首先提出的,由于它的符号简单,便于绘制,而且应用这种方法时,可以不必对信号流图进行简化,而根据统一的公式直接求得系统的传递函数,因而特别适用于结构复杂的系统的分析。

2.6.1　信号流图的基本要素

信号流图是由结点、支路和传输三种基本要素组成的信号传递网络。从这个意义上来说,比结构图的元素要少。

- 结点——代表系统中的一个变量或信号。用符号"∘"表示。
- 支路——是连接两个结点的定向线段。用符号"→"表示,其中的箭头表示信号的传送方向。
- 传输——亦称支路增益,支路传输定量地表明变量从支路一端沿箭头方向传送到另一端的函数关系。用标在支路旁边的传递函数"G"表示支路传输。

图 2.39 所示为单元结构图和单元信号流图之间的对应关系。可见两种图形表示方法极为相似。两者均具有 $Y=GX$ 的函数关系。

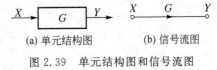

(a) 单元结构图　　　　(b) 信号流图

图 2.39　单元结构图和信号流图

2.6.2　信号流图的常用术语

下面以图 2.40 信号流图来介绍信号流图的一些常用术语。

1. 结点及其类别

- 源结点。只有输出支路而无输入支路的结点称为源结点或输入结点,它对应于系统的输入变量,如图 2.40 中的 R、D。

- 阱结点。只有输入支路而无输出支路的结点称为阱结点或输出结点,它对应于系统的输出变量,如图 2.40 所示中的 C。
- 混合结点。既有输入支路又有输出支路的结点称为混合结点,如图 2.40 所示中的 E、P、Q。

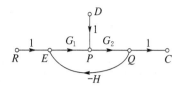

图 2.40 系统信号流图

2. 通道及其类别

- 通道。凡从某一个结点开始,沿着支路箭头方向连续经过一些支路而终止于另一结点(或同一结点)的路径,统称为通道,如图 2.40 中 $REPQC$、DPG_2QC、PG_2QHE 等。
- 前向通道。从源结点开始并且终止于阱结点,与其他结点相交不多于一次的通道称为前向通道,如图 2.40 所示中的 $REPQC$、DPG_2QC 等。
- 回路。如果通道的起点和终点是同一结点,并且与其他任何结点相交不多于一次的闭合路径称为回路,如图 2.40 所示中的 $EPQHE$。只与一个结点相交的回路,称为自回路。
- 不接触回路。信号流图中,没有任何共同结点的回路,称为不接触回路或互不接触回路。

3. 传输及其类别

- 通道传输。通道中各支路传输的乘积称为通道的传输。
- 回路传输。回路中各支路传输的乘积称为回路的传输。
- 前向通道传输。前向通道中各支路传输的乘积称为前向通道传输。

2.6.3 信号流图的性质

(1) 信号流图只能用来表示代数方程组,当系统由微分方程式(组)描述时,则首先通过拉普拉斯变换转换成代数方程。

(2) 结点变量表示所有流向该结点的信号之和;而从同一结点流向各支路的信号,均用该结点变量表示,简言之,结点把所有输入信号叠加,传到所有的输出支路。

(3) 支路表示了一个信号对另一个信号的函数关系,信号只能沿支路的箭头方向流通,后一个结点对前一个结点没有负载效应(即无反作用)。

(4) 对于给定的系统,信号流图不是唯一的,这是由于同一系统的方程可以写成不同的形式,其变量的组合关系不同,所以对应给定的系统,可以画出许多不同的信号流图。

2.6.4 信号流图的等效变换法则

系统的信号流图也可以像结构图那样进行等效化简,最终获得只有从输入结点至输出结点的一条支路,从而得出系统的总传输。信号流图的等效变换法则与结构图的等效法则极相似,如表 2.2 所示。表中前 3 项容易理解,以下仅介绍第 4 项和第 5 项,即回路的消除问题。

表 2.2　信号流图的等效变换

	原　流　图	等效变换后流图
串联支路合并	$X_1 \xrightarrow{a} X_2 \xrightarrow{b} X_3$	$X_1 \xrightarrow{ab} X_3$
并联支路合并	$X_1 \overset{a}{\underset{b}{\rightleftarrows}} X_2$	$X_1 \xrightarrow{a+b} X_2$
	$X_1 \xrightarrow{a} X_3 \xrightarrow{c} X_4$，$X_2 \xrightarrow{b}$	$X_1 \xrightarrow{ac} X_4$，$X_2 \xrightarrow{bc}$
混合结点的消除	$X_1 \xrightarrow{a} \cdot \xrightarrow{b} X_2$，$X_4 \xrightarrow{d}$，$\xrightarrow{c} X_3$	$X_1 \xrightarrow{ad} X_4 \xrightarrow{bd} X_2$，$X_1 \xrightarrow{ac} X_3 \xrightarrow{bc} X_2$
回路的消除	$X_1 \xrightarrow{a} X_2 \xrightarrow{b} X_3$，$\xleftarrow{\pm c}$	$X_1 \xrightarrow{\frac{ab}{1\mp bc}} X_3$
自回路和消除	$X_1 \xrightarrow{a} X_2$，$\pm b$（自回路）	$X_1 \xrightarrow{\frac{a}{1\mp b}} X_2$

设某信号流图如图 2.41(a)所示,其中通过 X_2、X_3 两结点有一个回路,X_2 是混合结点。

为了消除 X_2 结点,可利用消除混合结点的等效变换,即

$$X_3 = bX_2 = b(aX_1 + cX_3) = abX_1 + bcX_3$$

如图 2.41(b)所示,这时出现只通过一个结点或只包括一条支路的回路,称为自回路。

将上式的 X_3 项合并,整理后得

$$X_3 = \frac{ab}{1-bc}X_1$$

于是就可得到最简单的等效流图,如图 2.41(c)所示。至此回路及自回路都已被消除。

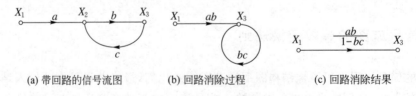

　(a) 带回路的信号流图　　　(b) 回路消除过程　　　(c) 回路消除结果

图 2.41　系统信号流图

　　一般地,在绘出控制系统的信号流图后,可利用信号流图等效变换规则将其简化,从而得出从输入结点到输出结点的总传输,即控制系统的传递函数。

2.6.5 梅逊公式

采用化简结构图或化简信号流图的方法求得系统的传递函数有时是很烦琐的,控制工程中常应用直接求取从源结点到阱结点的传递函数。不需要做任何结构变换,只要通过对信号流图或动态结构图的观察、分析,就能直接写出系统的传递函数。

计算任意输入结点和输出结点之间传递函数 $G(s)$ 的梅逊增益公式为

$$G(s) = \frac{1}{\Delta} \cdot \sum_{k=1}^{n} P_k \Delta_k \tag{2.71}$$

式中,Δ——特征式,其计算公式为

$$\Delta = 1 - \sum L_a + \sum L_b L_c - \sum L_d L_e L_f + \cdots$$

n——从输入结点到输出结点间前向通道的条数;

P_k——从输入结点到输出结点间第 k 条前向通道的总增益;

$\sum L_a$ ——所有不同回路的回路增益之和;

$\sum L_b L_c$ ——所有两两互不接触回路的回路增益乘积之和;

$\sum L_d L_e L_f$ ——所有不接触回路中,每次取其中三个回路增益的乘积之和;

Δ_k——第 k 条前向通道的余子式,即把与该通道相接触的回路的回路增益置为 0 后,特征式 Δ 所余下的部分。

例 2.11 试用信号流图法求取图 2.31 所示系统的传递函数 $C(s)/R(s)$。

解 与图 2.31 对应的信号流图如图 2.42 所示。可见,本系统共有两条前向通道,其增益分别为 $P_1 = G_1 G_2 G_3$、$P_2 = G_4 G_3$。回路只有一个,其增益为 $L_1 = -G_2 G_3 H$。系统的特征式为

$$\Delta = 1 - L_1 = 1 + G_2 G_3 H$$

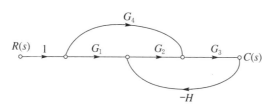

图 2.42 与图 2.31 对应的信号流图

因回路与前向通道 P_1、P_2 都接触,故余子式 $\Delta_1 = 1$,$\Delta_2 = 1$。用梅逊公式求得系统的传递函数为

$$G(s) = \frac{C(s)}{R(s)} = \frac{1}{\Delta}(P_1 \Delta_1 + P_2 \Delta_2) = \frac{G_1 G_2 G_3 + G_3 G_4}{1 + G_2 G_3 H}$$

所求得的结果与例 2.9 结构图变换法所求结果完全一样。

例 2.12 用梅逊增益公式求图 2.43 所示的传递函数。

解 本系统只有一条前向通道,其增益为 $P_1 = G_1 G_2 G_3 G_4 G_5$。反馈回路共有三个,其回路增益分别为 $L_1 = G_2 G_3 H_1$,$L_2 = -G_3 G_4 H_2$,$L_3 = -G_1 G_2 G_3 G_4 H_3$。

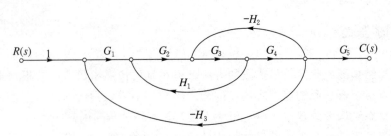

图 2.43 系统的信号流图

由于三个回路互相接触,故特征式为

$$\Delta = 1 - (L_1 + L_2 + L_3) = 1 - G_2 G_3 H_1 + G_3 G_4 H_2 + G_1 G_2 G_3 G_4 H_3$$

因三个回路均与前向通道接触,故求余子式时 L_1、L_2、L_3 取 0,有

$$\Delta_1 = 1$$

根据梅逊增益公式,有

$$G(s) = \frac{C(s)}{R(s)} = \frac{1}{\Delta} P_1 \Delta_1 = \frac{G_1 G_2 G_3 G_4 G_5}{1 - G_2 G_3 H_1 + G_3 G_4 H_2 + G_1 G_2 G_3 G_4 H_3}$$

例 2.13 试求图 2.44 所示系统的传递函数 $C(s)/R(s)$。

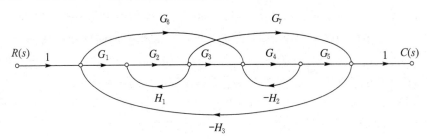

图 2.44 系统的信号流图

解 本系统有三条前向通道,其增益分别为 $P_1 = G_1 G_2 G_3 G_4 G_5$、$P_2 = G_4 G_5 G_6$、$P_3 = G_1 G_2 G_7$。反馈回路有五个,其回路增益分别为 $L_1 = G_2 H_1$、$L_2 = -G_4 H_2$、$L_3 = -G_1 G_2 G_3 G_4 G_5 H_3$、$L_4 = -G_4 G_5 G_6 H_3$ 和 $L_5 = -G_1 G_2 G_7 H_3$。其中回路 L_1 和 L_2、L_1 和 L_4、L_2 和 L_5 两两互不接触,故特征式为

$$\Delta = 1 - (L_1 + L_2 + L_3 + L_4 + L_5) + (L_1 L_2 + L_1 L_4 + L_2 L_5)$$
$$= 1 - G_2 H_1 + G_4 H_2 + G_1 G_2 G_3 G_4 G_5 H_3 + G_4 G_5 G_6 H_3 + G_1 G_2 G_7 H_3 -$$
$$G_2 G_4 H_1 H_2 - G_2 G_4 G_5 G_6 H_1 H_3 + G_1 G_2 G_4 G_7 H_2 H_3$$

由于各回路均与前向通道 P_1 接触,故余子式 $\Delta_1 = 1$。但前向通道 P_2 与回路 L_1、前向通道 P_3 与回路 L_2 不接触,所以余子式 $\Delta_2 = 1 - (L_1) = 1 - G_2 H_1$、$\Delta_3 = 1 - (L_4) = 1 + G_4 H_2$。用梅逊公式求得系统的传递函数为

$$\frac{C(s)}{R(s)} = \frac{1}{\Delta}(P_1 \Delta_1 + P_2 \Delta_2 + P_3 \Delta_3)$$
$$= \frac{G_1 G_2 G_3 G_4 G_5 + G_4 G_5 G_6 (1 - G_2 H_1) + G_1 G_2 G_7 (1 + G_4 H_2)}{1 - G_2 H_1 + G_4 H_2 + G_1 G_2 G_3 G_4 G_5 H_3 + G_4 G_5 G_6 H_3 + G_1 G_2 G_7 H_3 - G_2 G_4 H_1 H_2 - G_2 G_4 G_5 G_6 H_1 H_3 + G_1 G_2 G_4 G_7 H_2 H_3}$$

2.7 脉冲响应函数

在零初始条件下,当线性定常系统的输入信号为理想单位脉冲函数 $\delta(t)$ 时,系统的输出信号称为系统的脉冲响应函数,用 $g(t)$ 表示。

脉冲响应函数包含有传递函数的信息,它也能反映出系统的性能,所以说,脉冲响应函数也是线性定常系统的一种数学模型。

理想单位脉冲函数定义为

$$\delta(t) = \begin{cases} \infty, & t = 0 \\ 0, & t \neq 0 \end{cases} \tag{2.72}$$

而脉冲的面积,即冲量为

$$A = \int_{-\infty}^{+\infty} \delta(t)\mathrm{d}t = 1$$

设一个系统的输入量 $R(s)$ 和输出量 $C(s)$ 之间的传递函数为 $G(s)$,则有

$$C(s) = G(s)R(s) \tag{2.73}$$

若输入信号为理想单位脉冲函数 $\delta(t)$,即 $r(t) = \delta(t)$,则

$$R(s) = L[\delta(t)] = 1 \tag{2.74}$$

由以上两式可得系统的输出量

$$C(s) = G(s) \tag{2.75}$$

则

$$c(t) = L^{-1}[G(s)] = g(t) \tag{2.76}$$

由上式可知,系统的脉冲响应函数 $g(t)$ 就是系统传递函数 $G(s)$ 的拉普拉斯反变换。

根据拉普拉斯变换的唯一性定理,$g(t)$ 和 $G(s)$ 是一一对应的。若已知系统的脉冲响应函数 $g(t)$,则可求得系统的传递函数 $G(s)$ 为

$$G(s) = L[g(t)] \tag{2.77}$$

对式(2.73)两边取拉普拉斯反变换,并利用拉普拉斯变换中的卷积定理可得

$$c(t) = g(t) * r(t) = \int_0^t g(\tau)r(t-\tau)\mathrm{d}\tau = \int_0^t g(t-\tau)r(\tau)\mathrm{d}\tau \tag{2.78}$$

可见输出信号 $c(t)$ 等于脉冲响应函数 $g(t)$ 与输入信号 $r(t)$ 的卷积。

例 2.14 已知系统的脉冲响应函数是 $g(t) = 3\mathrm{e}^{-\frac{t}{2}} - 1$,求系统的传递函数 $G(s)$。

解 根据式(2.77)得

$$G(s) = L[3\mathrm{e}^{-\frac{t}{2}} - 1] = \frac{3}{s + \frac{1}{2}} - \frac{1}{s} = \frac{4s - 1}{s(2s + 1)}$$

2.8 控制系统数学模型的 MATLAB 实现

2.8.1 MATLAB 简介

MATLAB(Matrix Laboratory)是美国 Mathworks 开发的大型数学软件,是一种实用的计算机高级编程语言,提供了强大的矩阵处理和绘图功能。

目前，MATLAB 已经成为国际上最为流行的电子仿真计算机辅助设计软件。在欧美高等院校中，MATLAB 已经成为应用代数、自动控制理论、数理统计、数字信号处理、时间序列分析、动态系统仿真等课程的基本教学工具，使用 MATLAB 成为学生必须掌握的基本技能。

MATLAB 具备许多具有特殊功能的工具包，包括控制系统工具箱、系统辨识工具箱、信号处理工具箱、神经网络工具箱、最优化工具箱等，而且还在不断地扩充、丰富与完善。用于自动控制系统分析的工具箱 Control Toolbox 与用于动态系统仿真分析的软件包 Simulink 广泛应用于控制系统的分析与设计。一个控制系统的分析和设计问题，或者有关自动控制问题的新的构想，都可以利用 MATLAB，在计算机上迅速得到答案或实现，并找出改进的方向。MATLAB 已经成了自动控制理论研究和工程设计必备的方便工具了。

MATLAB 的安装、启动与一般软件相同，启动 MATLAB 后，进入工作窗口（命令窗口），命令窗口是用户和 MATLAB 交互的地方，是标准的 Windows 工作界面。在 MATLAB 的命令窗口里，用户可以直接输入命令、程序，单击菜单栏或工具栏按钮，进行计算、仿真，其结果也都在命令窗口中显示，如图 2.45 所示。

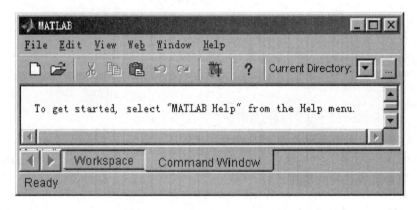

图 2.45　MATLAB 命令窗口

MATLAB 是一种交互式语言，可随时输入指令、即时给出运算结果。每条指令输入后，都必须按回车键，指令才会执行。

自动控制理论中最常用的数字形式是矩阵和多项式。矩阵主要用于现代控制理论部分的分析与设计；在经典控制理论部分控制系统的数学模型以传递函数为主，常用的数字形式为多项式。MATLAB 语言具有强大的矩阵和向量运算功能，进行数学运算可以像在草稿纸上一样随心所欲，使用十分方便。在编程时，只需输入数据和计算过程，即可得到计算结果。

MATLAB 有两种工作方式：一种是在命令窗口中直接进行的指令操作方式，指令逐条编辑并输入；另一种是编程工作方式，MATLAB 程序文件的后缀为".m"，因此称为 M 文件。当程序较为复杂时，可在程序设计窗口中进行调试、编译。在 MATLAB 指令窗口中选择 File|New|M-file 命令，打开程序编辑窗口，依次输入相关指令并保存，即可得到 M 文件。

本书以 MATLAB 6.1 版本为基础进行介绍。

2.8.2　控制系统的数学模型

控制系统的数学模型在控制系统的研究中有着相当重要的地位,要对系统进行仿真处理,首先应当知道系统的数学模型,然后才可以对系统进行模拟。并在此基础上设计一个合适的控制器,使得系统性能达到预期的效果,从而符合工程实际的需要。

在 MATLAB 中,控制系统可用四种模型表示:传递函数模型(tf 对象)、零、极点增益模型(zpk 对象)、状态空间模型(ss 对象)、动态结构图。前三种模型是利用数学表达式描述,用于描述线性定常系统(LTI 对象),既可用于连续系统,也可用于离散系统;第四种模型是图形化形式。在经典控制理论中常用以下三种数学模型。

1. 传递函数模型

对传递函数

$$G(s) = \frac{\text{num}(s)}{\text{den}(s)} = \frac{b_m s^m + b_{m-1} s^{m-1} + \cdots + b_0}{b_n s^n + a_{n-1} s^{n-1} + \cdots + a_0}$$

MATLAB 用分子分母的系数行向量表示。

$\text{num} = [b_m, b_{m-1}, \cdots, b_0]$表示分子系数,阶次从高到低(逗号也可以用空格代替)。

$\text{den} = [a_n, a_{n-1}, \cdots, a_0]$表示分母系数,阶次从高到低。

MATLAB 约定:多项式 $P(x) = a_n x^n + a_{n-1} x^{n-1} + \cdots + a_1 x^1 + a_0$ 用系数行向量表示为 $P = [a_n \quad a_{n-1} \quad \cdots \quad a_1 \quad a_0]$。系数向量可以直接输入,阶次从高到低,如果某项为 0,该项的系数为 0。如 $P(x) = 10x^3 + 7x^1 + 5$,则 $P = [10 \quad 0 \quad 7 \quad 5]$。

指令 tf(num,den)可给出相应的传递函数表达式。如某系统传递函数为

$$\frac{s+2}{s^3 + 2s^2 + 4s + 3}$$

在命令窗口中输入如下指令(在命令窗口中可以逐行编译):

```
num=[1 2];      %分子多项式,回车后输入下一条指令。本条指令后有分号";",执行结果不
                %显示在命令窗口中
den=[1 2 4 3];  %分母多项式
sys=tf(num,den) %求系统传递函数表达式,sys 为该系统模型名称。本条指令后无分号,执行
                %结果直接显示在命令窗口中
```

按回车键后,命令窗口输出结果如下:

```
Transfer function:
      s+2
-------------------
s^3+2 s^2+4s+3
```

继续输入指令:

```
[z,p,k]=tf2zp(num,den)   %将传递函数模型转换为零、极点模型
z=
    -2
p=
```

$$-3$$
$$-1$$
$$k=$$
$$1$$

2. 零、极点增益模型

对零、极点形式的传递函数

$$G(s) = k \frac{(s-z_1)(s-z_2)\cdots(s-z_m)}{(s-p_1)(s-p_2)\cdots(s-p_n)}$$

MATLAB 用[z,p,k]向量组表示：

$z=[z_1,z_2,\cdots,z_m]$ 表示零点；

$p=[p_1,p_2,\cdots,p_n]$ 表示极点；

$k=[k]$ 表示根轨迹增益。

指令 zpk(z,p,k)可给出相应的零、极点表达式。如某系统传递函数为

$$\frac{s+2}{(s+1)(s+4)(s+3)}$$

在命令窗口中输入如下指令：

```
z=[-2];                %零点
p=[-1 -4 -3];          %极点
k=[1];                 %增益
sys=zpk(z,p,k)         %求零、极点表达式
```

输出为：

```
Zero/pole/gain：
      (s+2)
------------------
(s+1)(s+3)(s+4)
```

继续输入指令：

```
[num,den]=zp2tf(z,p,k)    %将零、极点模型转换为传递函数模型
```

结果为：

```
num=
    0    0    1    2
den=
    1    8   19   12
```

继续输入指令：

```
sys=tf(num,den)           %求传递函数表达式
```

结果为：

```
Transfer function：
       s+2
-----------------------
s^3+8 s^2+19s+12
```

通过 get(sys)指令还可以得到模型对象属性。零、极点模型、传递函数模型与状态空间模型之间可以相互转换,具体函数见附录 B。

3. 动态结构图模型

动态结构图模型是利用 Simulink 软件包实现的控制系统结构图,它使 MATLAB 的功能得到进一步的扩展和增强,能够实现动态系统建模、仿真、分析,本书将从第 3 章开始介绍。

2.8.3　应用举例

例 2.15　求传递函数 $\dfrac{s+2}{s^2+4s+3}$ 特征根并分解成部分分式。

解　求多项式的特征根时,可用指令 x＝root(P),P 为多项式系数向量;将传递函数分解成部分分式时可用指令[r,p,k]＝residue(b,a),其中,b、a 分别是分子、分母多项式阶次从高到低的各项系数,r、p、k 分别是传递函数的留数、极点、常数项。本题指令如下:

```
b=[1 2];              %分子多项式,本条指令后有分号,执行结果不显示在命令窗口中
a=[1 4 3];            %分母多项式
x=roots(a)            %求分母特征根,本条指令后无分号,执行结果直接显示在命令窗口中
x=
    -3
    -1
```

在命令窗口中继续输入下一条指令:

```
[r,p,k]=residue(b,a)   %显示执行结果
r=
    0.5000
    0.5000             %留数
p=
    -3
    -1                 %极点
k=
    []                 %常数项
```

说明:传递函数分解为 $\dfrac{s+2}{s^2+4s+3}=\dfrac{0.5}{s+1}+\dfrac{0.5}{s+3}$。

在命令窗口中继续输入指令:

```
tf(num,den)
```

输出为:

```
Transfer function:
    s+2
------------
s^2+4s+3
```

例 2.16 已知两个系统

$$\begin{cases} G_1(s) = \dfrac{1}{s} \\ G_2(s) = \dfrac{1}{s+2} \end{cases}$$

分别求两者串联、并联连接时的系统传递函数,并求负反馈连接时系统的零、极点增益模型。

解 系统的串、并联和反馈连接用 series、parallel 和 feedback 函数实现,再用 tf2zp 函数实现传递函数模型到零、极点模型的转换。

程序如下:

```
num1=[1];                              %传递函数 1 的分子系数
den1=[1,0];                            %传递函数 1 的分母系数
num2=[1];                              %传递函数 2 的分子系数
den2=[1,2];                            %传递函数 2 的分母系数
[numc,denc]=series(num1,den1,num2,den2)    %两系统串联,输出结果
[numb,denb]=parallel(num1,den1,num2,den2)  %两系统并联,输出结果
[numf,denf]=feedback(num1,den1,num2,den2)  %两系统反馈连接,G₁ 为前向通道,输出结果
[z,p,k]=tf2zp(numf,denf)               %模型转换(将传递函数模型转换为零、极点模型),
                                       %输出结果
```

编辑通过后,命令窗口中直接给出运算结果如下:

```
numc=
     0    0    1
denc=
     1    2    0
numb=
     0    2    2
denb=
     1    2    0
numf=
     0    1    2
denf=
     1    2    1
z=
    -2
p=
    -1
    -1
k=
     1
```

可见,两系统串、并联后的传递函数分别为 $G_c(s) = \dfrac{1}{s^2+2s}$ 和 $G_b(s) = \dfrac{2s+2}{s^2+2s}$。若 G_1 为前向通道、G_2 为反馈通道,则传递函数的负反馈连接的零、极点模型为 $G_f(s) = \dfrac{s+2}{(s+1)^2}$。

根据 MATLAB 语言的符号数学工具,信号的拉氏变换和拉氏反变换可以直接利用函数 laplace 和 ilaplace 求解。并可利用 dsolve 函数求解微分方程。

例 2.17 求解时间函数 $f(t) = 0.5(1-\cos 5t)$ 的拉氏变换。

解 程序如下:

```
syms t;                        %定义 t 为变量
ft=0.5*(1-cos(5*t));           %定义时间函数 ft
Fs=laplace(ft)                 %求拉氏变换
Fs=
1/2/s-1/2*s/(s^2+25)
```

例 2.18 求解 $F(s)=\dfrac{50}{(s+5)(s+10)}$ 的拉氏反变换。

解 程序如下：

```
syms s;                        %定义 s 为变量
Fs=50/(s+5)/(s+10);            %定义拉普拉斯变换式 Fs
ft=ilaplace(Fs);               %求解拉氏反变换
ft=
10*exp(-5*t)-10*exp(-10*t)
```

例 2.19 求解微分方程 $2\dfrac{\mathrm{d}^2 c}{\mathrm{d}t^2}+7\dfrac{\mathrm{d}c}{\mathrm{d}t}+5c=r,r=1(t),c(0)=0,\dfrac{\mathrm{d}c}{\mathrm{d}t}=0$。

解 程序如下：

```
f='2*D2c+7*Dc+5*c=1,c(0)=0,Dc(0)=0';    %定义微分方程及其初始条件
c=dsolve(f)                              %求解微分方程
c=
2/15*exp(-5/2*t)-1/3*exp(-t)+1/5
```

习题

2.1 求图 2.46 中 RC 电路和运算放大器的传递函数 $U_o(s)/U_i(s)$。

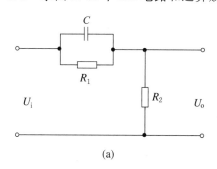

(a)

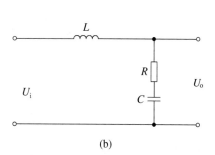

(b)

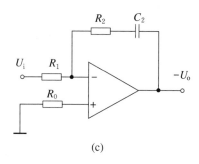

(c)

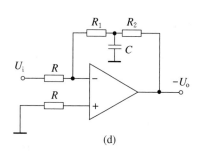

(d)

图 2.46 电路网络图

2.2 求图 2.47 所示机械运动系统的传递函数。

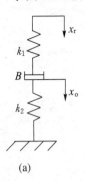 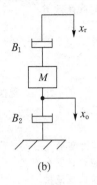 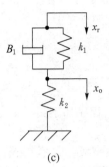

（a）　　　　　　　　（b）　　　　　　　　（c）

图 2.47　弹簧阻尼运动系统

（1）求图 2.47(a)的 $\dfrac{X_o(s)}{X_r(s)}$。

（2）求图 2.47(b)的 $\dfrac{X_o(s)}{X_r(s)}$。

（3）求图 2.47(c)的 $\dfrac{X_o(s)}{F(s)}$。

2.3　试用复数阻抗法画出图 2.48 所示电路的动态结构图,并求传递函数 $U_C(s)/U_r(s)$ 及 $U_o(s)/U_r(s)$。

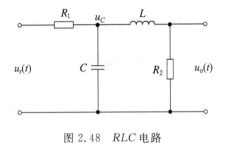

图 2.48　RLC 电路

2.4　已知某系统满足微分方程组为

$$e(t) = 10r(t) - b(t)$$

$$6\frac{dc(t)}{dt} + 10c(t) = 20e(t)$$

$$20\frac{db(t)}{dt} + 5b(t) = 10c(t)$$

试画出系统的结构图,并求系统的传递函数 $C(s)/R(s)$ 和 $E(s)/R(s)$。

2.5　简化图 2.49 所示系统的结构图,求输出 $C(s)$ 的表达式。

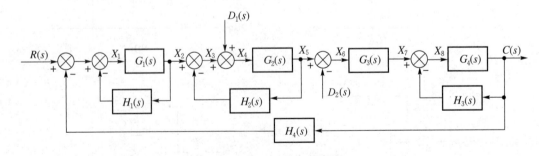

图 2.49　系统结构图

2.6　简化图 2.50 所示各系统的结构图,并求出传递函数 $C(s)/R(s)$。

2.7　直流电动机双闭环调速系统的原理线路如图 2.51 所示。其中,速度调节器的传

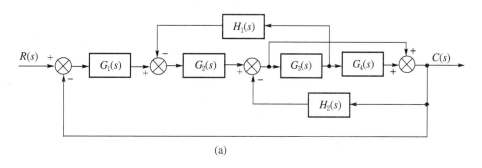

(a)

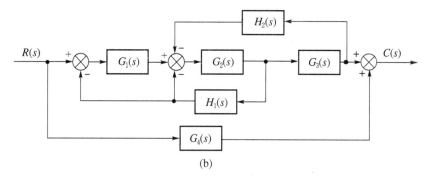

(b)

图 2.50 控制系统结构图

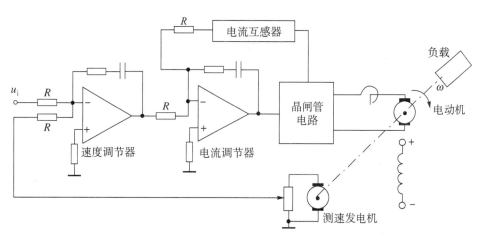

图 2.51 双闭环调速系统原理图

递函数为 $\dfrac{K_1(\tau_1 s+1)}{s}$，电流调节器的传递函数为 $\dfrac{K_2(\tau_2 s+1)}{s}$，晶闸管电路(可控硅触发器和

整流装置)的传递函数为 $\dfrac{K_3}{T_1 s+1}$，电流互感器和测速发电机的传递系数分别为 K_4 和 K_5，直流电动机的微分方程如式(2.14)所示。调速系统的给定输入为 u_i，输出为角速度 ω，负载扰动为 M_c。试绘出调速系统的结构图(注意，电流调节回路为负反馈连接)，并求取闭环系统的传递函数 $\Omega(s)/U_i(s)$。

2.8 某系统的结构如图 2.52 所示，试绘出相应的信号流图，并利用梅逊公式求出闭环系统的传递函数。

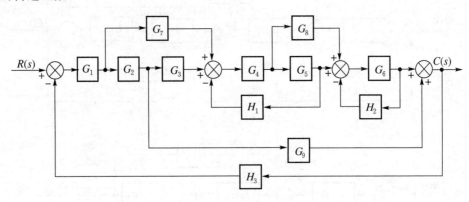

图 2.52 多回路系统结构图

2.9 两级 RC 串联网络如图 2.53(a)所示，其信号流图见图 2.53(b)，试用梅逊公式求出传递函数 $U_\text{o}(s)/U_\text{i}(s)$。

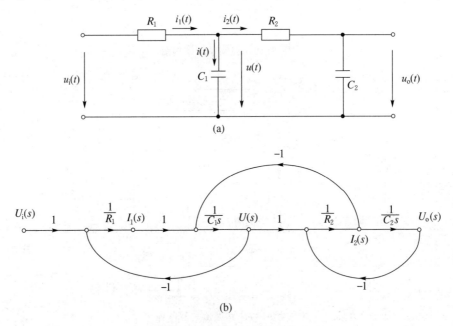

图 2.53 两级 RC 串联网络

2.10 分别用结构图变换法及梅逊公式求图 2.54 所示各系统的传递函数 $C(s)/R(s)$。

2.11 试用梅逊公式求图 2.55 所示系统的传递函数。

2.12 已知各系统的脉冲响应函数，试求系统的传递函数 $G(s)$。

(1) $g(t)=0.125\mathrm{e}^{-1.25t}$；

(2) $g(t)=2t+5\sin\left(3t+\dfrac{\pi}{3}\right)$。

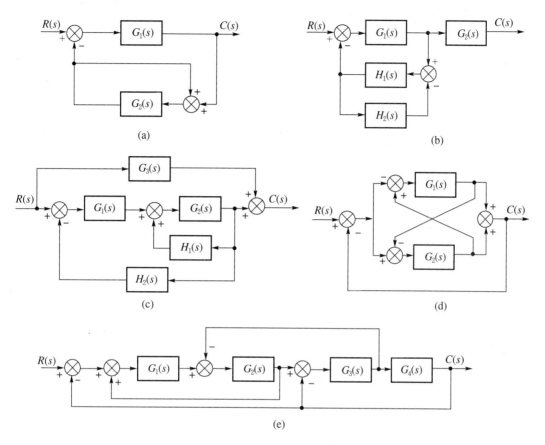

图 2.54　系统结构图

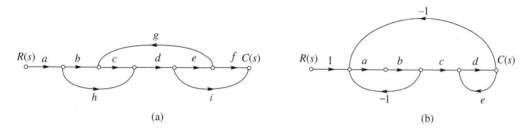

图 2.55　系统信号流图

MATLAB 实验

M2.1　求解时间函数 $f(t)$ 的拉普拉斯变换 $F(s)$。

(1) $f(t) = 3\cos\left(2t + \dfrac{\pi}{4}\right)$ 　　　　(2) $f(t) = 4t^2 \cdot \mathrm{e}^{-3t}$

M2.2　求解 $F(s)$ 的拉普拉斯反变换 $f(t)$。

$$F(s) = \frac{s^2 + s + 100}{s(s^2 + 100)}$$

M2.3   在零初始条件下求解微分方程
$$\dddot{y}(t) + 2\ddot{y}(t) + 2\dot{y}(t) = 2\ddot{x}(t) + 3\dot{x}(t) + 2x(t), \quad x(t) = \delta(t)$$

M2.4   求传递函数 $G(s) = \dfrac{s^2 + 3s + 3}{s^4 + 3s^3 + 5s^2 + 6s + 2}$ 的零点和极点。

M2.5   将传递函数 $G(s) = \dfrac{s^2 + 3s + 2}{s^3 + 5s^2 + 6s}$ 分解为部分分式。

M2.6   系统传递函数为 $G(s) = \dfrac{100(s + 4)}{s(s + 0.5)(s + 50)^2}$，求其传递函数模型的实现。

M2.7   系统传递函数为 $G(s) = \dfrac{s^2 + 3s + 2}{s^4 + 3s^3 + 5s^2 + 6s}$，求其零、极点模型的实现。

M2.8   单位负反馈系统前向通道由两个子系统串联而成
$$G_1(s) = \frac{3}{s + 4}, \quad G_2(s) = \frac{2s + 4}{s^2 + 2s + 3}$$

求系统的闭环传递函数。

M2.9   某负反馈系统，前向传递函数 $G(s)$ 与反馈传递函数 $H(s)$ 分别为
$$G(s) = \frac{10}{s(s + 1)}, \quad H(s) = \frac{s + 5}{s + 10}$$

求系统的闭环传递函数。

控制系统的时域分析法

内容提要

本章讲述线性定常系统的时域分析方法。首先介绍各种典型输入信号和控制系统时域性能指标的定义；在此基础上，介绍了一阶系统、二阶系统和高阶系统的时域数学模型及动态性能分析方法，线性定常系统稳定的充分必要条件、劳斯稳定判据及应用，对误差、稳态误差、系统的型别给出定义，并讨论了在给定输入和扰动输入作用下的稳态误差，以及改善稳态精度的方法。最后介绍应用 MATLAB 进行控制系统的时域分析。

系统的数学模型确定后，可采用几种不同的方法分析控制系统的动态性能和稳态性能。在经典控制理论中，常用时域分析法、根轨迹法或频率特性法来分析并综合线性定常系统的性能。不同的方法有不同的特点和适用范围，但比较而言，时域分析法是一种直接在时间域中对系统进行分析的方法，具有直观、准确的优点，并且可以提供系统时间响应的全部信息。

3.1 典型输入信号和时域性能指标

控制系统性能的评价指标分为动态性能指标和稳态性能指标两类。为了求解系统的时间响应，必须了解输入信号(即外作用)的解析表达式。然而，在一般情况下，控制系统的外加输入信号具有随机性而无法预先确定，因而在分析和设计控制系统时，需要有一个对控制系统的性能进行比较的基准。这个基准就是系统对预先规定的具有典型意义的试验信号，即典型输入信号的响应。总之，为评价控制系统的性能，需要选择若干典型输入信号。

3.1.1 典型输入信号

为了便于对系统进行分析和实验研究，同时也为了方便对各种控制系统的性能进行比较，就要有一个共同的基础，即需要规定一些具有代表性的特殊输入信号(或称试验信号、基本信号)，然后比较各种系统对这些特殊输入信号(也称为典型输入信号)的响应。

选取的典型输入信号应满足如下条件：首先，输入的形式应反映系统在工作中所响应的实际输入；其次，输入信号在形式上应尽可能地简单，以便于对系统响应的分析；此外，应选取能使系统工作在最不利情况下的输入信号作为典型输入信号。通常选用的典型信号有以下 5 种时间函数。

1. 阶跃函数

阶跃函数信号的数学描述定义为

$$r(t) = \begin{cases} 0, & t < 0 \\ A, & t \geqslant 0 \end{cases}$$

称 A 为阶跃函数的阶跃值,如图 3.1 所示。当 $A=1$ 时,称为单位阶跃函数,记为 $1(t)$。给定输入电压接通、指令的突然转换、负荷的突变等,均可视为阶跃输入。

阶跃函数可以表示为

$$r(t) = A \cdot 1(t)$$

阶跃函数的拉普拉斯变换为

$$L[A \cdot 1(t)] = \frac{A}{s}$$

2. 斜坡函数

斜坡函数(或称速度阶跃函数)信号的数学描述定义为

$$r(t) = \begin{cases} 0, & t < 0 \\ Bt, & t \geqslant 0 \end{cases}$$

如图 3.2 所示。斜坡函数的微分为阶跃函数,表示斜坡函数的速度变化,故称 B 为斜坡函数的速度阶跃值。当 $B=1$ 时,称为单位斜坡函数。

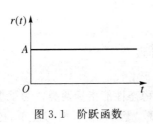

图 3.1   阶跃函数   图 3.2   斜坡函数

斜坡函数可以表示为

$$r(t) = Bt \cdot 1(t)$$

斜坡函数的拉普拉斯变换为

$$L[Bt \cdot 1(t)] = \frac{B}{s^2}$$

3. 加速度函数

加速度函数(或称抛物线函数)信号的数学描述定义为

$$r(t) = \begin{cases} 0, & t < 0 \\ \dfrac{1}{2}Ct^2, & t \geqslant 0 \end{cases}$$

如图 3.3 所示。加速度函数的一次微分为斜坡函数,二次微分为阶跃函数。二次微分表示抛物线函数的加速度变化,故称 C 为加速度阶跃值。当 $C=1$ 时,称为单位加速度函数。

加速度函数可以表示为

$$r(t) = \frac{1}{2}Ct^2 \cdot 1(t)$$

加速度函数的拉普拉斯变换为

$$L\left[\frac{1}{2}Ct^2 \cdot 1(t)\right] = \frac{C}{s^3}$$

4. 脉冲函数

脉冲函数的数学描述定义为

$$r(t) = \begin{cases} 0, & t < 0 \text{ 或 } t > h \\ \dfrac{A}{h}, & 0 \leqslant t \leqslant h \end{cases}$$

如图 3.4 所示,其中脉冲宽度为 h,脉冲面积等于 A。若对脉冲的宽度 h 取趋于零的极限,则有

$$\begin{cases} r(t) \to \infty, & t \to 0 \\ r(t) = 0, & t \neq 0 \end{cases}$$

及

$$\int_{-\infty}^{+\infty} r(t)\mathrm{d}t = A$$

当 $A=1(h\to0)$ 时,称此脉冲函数为理想单位脉冲函数,记为 $\delta(t)$。

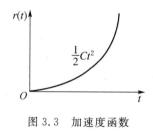

图 3.3 加速度函数

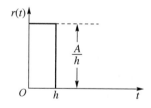

图 3.4 脉冲函数

理想单位脉冲函数的拉普拉斯变换为

$$L[\delta(t)] = 1$$

理想单位脉冲函数 $\delta(t)$ 在现实中是不存在的,只有数学上的意义,但却是一种重要的输入信号。脉冲电压信号、冲击力、阵风等都可近似为脉冲作用。

5. 正弦函数

正弦函数也是常用的典型输入信号之一。

正弦函数(见图 3.5)的数学描述定义为

$$r(t) = A\sin\omega t$$

式中，A—— 振幅；

$\quad\omega$—— 角频率。

正弦函数的拉普拉斯变换为

$$L[A\sin\omega t] = \frac{A\omega}{s^2 + \omega^2}$$

海浪对舰艇的扰动力、伺服振动台的输入指令、电源及机械振动的噪声等，均可近似正弦作用。

由于上述函数都是简单的时间函数，因此应用这些函数作为典型输入信号，可以很容易地对控制系统进行分析和试验研究。

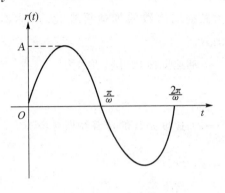

图 3.5　正弦函数

3.1.2　动态过程与稳态过程

在典型输入信号作用下，任何一个控制系统的时间响应都由动态过程和稳态过程两个部分组成。

1. 动态过程

动态过程又称为过渡过程或瞬态过程，是指系统在典型输入信号作用下，系统输出量从初始状态到接近最终状态的响应过程。由于实际控制系统具有惯性、摩擦以及其他一些原因，系统输出量不可能完全复现输入量的变化。根据系统结构和参数选择情况，动态过程表现为衰减、发散或等幅振荡形式。显然，一个可以实际运行的控制系统，其动态过程必须是衰减的，换句话说，系统必须是稳定的。动态过程除提供系统稳定性的信息外，还可以提供响应速度及阻尼情况等信息，这些信息用动态性能描述。

2. 稳态过程

稳态过程是系统在典型输入信号作用下，当时间 t 趋于无穷时，系统输出量的表现方式。稳态过程又称稳态响应，表征系统输出量最终复现输入量的程度，提供系统有关稳态精度的信息，用稳态误差来描述。

由此可见，控制系统在典型输入信号作用下的性能指标，通常由动态性能和稳态性能两部分组成。

3.1.3　时域性能指标

稳定是控制系统能够运行的首要条件，因此只有当动态过程收敛时，研究系统的动态性能才有意义。

1. 动态性能指标

一般认为，阶跃输入对系统来说是最严峻的工作状态。如果系统在阶跃函数作用下的动态性能满足要求,那么系统在其他形式的函数作用下,其动态性能也是令人满意的。所以通常在阶跃函数作用下,测定或计算系统的动态性能。

描述稳定系统在单位阶跃函数作用下,动态过程随 t 衰减的变化状态的指标,称为动态性能指标。为了便于分析和比较,假定系统在单位阶跃输入信号作用前处于静止状态,而且输出量及其各阶导数均等于 0。对于大多数控制系统来说,这种假设是符合实际情况的。对于图 3.6 所示单位阶跃响应 $c(t)$,其动态性能指标通常如下:

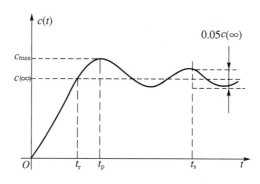

图 3.6 单位阶跃响应曲线

（1）上升时间 t_r：指响应曲线从 0 至第一次到达稳态值所需要的时间。有些情况下,指输出响应由稳态值的 10% 上升到 90% 所需的时间。

（2）峰值时间 t_p：指响应曲线从 0 至第一个峰值所需要的时间。

（3）调节时间 t_s：指响应曲线从 0 到达且以后不再超过稳态值的 $\pm 5\%$ 或 $\pm 2\%$ 误差范围所需的最小时间。调节时间又称为过渡过程时间。

（4）超调量 $\sigma\%$：指在系统响应过程中,输出量的最大值超过稳态值的百分比,即

$$\sigma\% = \frac{c(t_p) - c(\infty)}{c(\infty)} \times 100\%$$

式中,$c(\infty)$ 为 $t \rightarrow \infty$ 时的输出值。

（5）振荡次数 N：在调节时间内,$c(t)$ 偏离 $c(\infty)$ 的振荡次数。

上述各种性能指标中,t_r、t_p、t_s 是阶跃响应过程的快速性指标,$\sigma\%$、N 是时间响应的平稳性指标。

2. 稳态性能指标

稳态误差 e_{ss} 是描述系统稳态性能的一种性能指标,是当时间 t 趋于无穷时,系统单位阶跃响应的稳态值与输入量 $1(t)$ 之差,即

$$e_{ss} = 1 - c(\infty)$$

稳态误差是系统控制精度或抗干扰能力的一种度量。

具有单调上升的阶跃响应曲线如图 3.7 所示,由于响应过程不出现超调（$c(\infty)$ 是整个响应过程的最大值）,一般只取调节时间 t_s 作为动态性能指标。

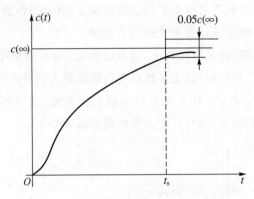

图 3.7　单调变化的阶跃响应曲线

3.2　一阶系统的动态性能

凡是由一阶微分方程描述的系统称为一阶系统。在工程实践中,一阶系统的应用广泛。一些控制元、部件及简单的系统,如 RC 网络、发电机励磁控制系统、空气加热器和液压控制系统等,都可视为一阶系统。有些高阶系统的特性,常可用一阶系统的特性来近似表征。

3.2.1　一阶系统的时域数学模型

一阶系统的时域微分方程为

$$T\frac{dc(t)}{dt} + c(t) = r(t) \tag{3.1}$$

式中,$c(t)$ 和 $r(t)$ 分别为系统的输出信号和输入信号;T 为时间常数,具有时间"秒"的量纲,此外时间常数 T 也是表征系统惯性的一个主要参数,所以一阶系统也称为惯性环节。

由式(3.1)在初始条件为零时两边取拉普拉斯变换,可得其闭环传递函数为

$$\Phi(s) = \frac{C(s)}{R(s)} = \frac{1}{Ts+1} \tag{3.2}$$

一阶系统的结构图如图 3.8 所示。

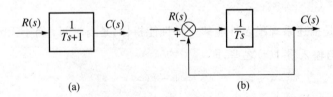

图 3.8　一阶系统的结构图

下面分析一阶系统在典型输入信号作用下的响应。设系统的初始工作条件为零。

1. 单位阶跃响应

输入 $r(t) = 1(t)$，即 $R(s) = \dfrac{1}{s}$ 时，系统输出量的拉普拉斯变换式为

$$C(s) = \Phi(s)R(s) = \frac{1}{Ts+1} \cdot \frac{1}{s} = \frac{1}{s} - \frac{1}{s + \dfrac{1}{T}} \qquad (3.3)$$

对上式两边求拉普拉斯反变换，可得输出量的时域表达式

$$c(t) = 1 - e^{-\frac{t}{T}} \quad t \geqslant 0 \qquad (3.4)$$

式(3.4)表明，响应由两部分组成：一是与时间 t 无关的定值"1"，称为稳态分量；二是与时间 t 有关的指数项 $e^{-\frac{t}{T}}$，称为暂态（或动态、瞬态）分量。当 $t \to \infty$ 时，暂态分量衰减到零，输出量等于输入量，没有稳态误差（$e_{ss} = 0$）。响应曲线如图3.9所示。

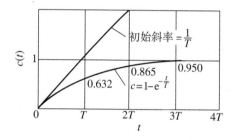

图3.9 一阶系统的单位阶跃响应曲线

由图3.9所示的曲线可以看出，一阶系统的单位阶跃响应曲线是一条由 0 开始，按指数规律上升并最终趋于 1 的曲线。响应曲线具有非振荡特征，为非周期响应。

响应具有两个重要特征：

（1）时间常数 T 是表征系统响应特性的唯一参数，它与输出值有以下确定的对应关系：

$$t = 0, \quad c(0) = 1 - e^0 = 0$$
$$t = T, \quad c(T) = 1 - e^{-1} = 0.632$$
$$t = 2T, \quad c(2T) = 1 - e^{-2} = 0.865$$
$$t = 3T, \quad c(3T) = 1 - e^{-3} = 0.950$$
$$t = 4T, \quad c(4T) = 1 - e^{-4} = 0.982$$
$$\vdots \qquad \vdots$$
$$t \to \infty, \quad c(\infty) = 1$$

（2）响应曲线的初始斜率等于 $1/T$。

$$\left. \frac{\mathrm{d}c(t)}{\mathrm{d}t} \right|_{t=0} = \left. \frac{1}{T} e^{-\frac{1}{T}t} \right|_{t=0} = \frac{1}{T}$$

上式表明，在 $t = 0$ 时，响应曲线的切线斜率为 $1/T$。其物理意义是，一阶系统的单位阶跃响应如果以初始速度等速上升至稳态值 1 时，所需要的时间恰好为 T。这一特点为用实验方法求取系统的时间常数 T 提供了依据。

根据动态性能指标定义，可知一阶系统的阶跃响应没有超调量 $\sigma\%$ 和峰值时间 t_p，其主要动态性能指标是调节时间 t_s，表征系统暂态过程进行的快慢。T 越小，调节时间 t_s 越小，

响应过程的快速性也越好。t_s 的取值为

$$t_\text{s} = 3T(\text{对应}\ \Delta = 5\% \ \text{误差带}) \tag{3.5}$$

$$t_\text{s} = 4T(\text{对应}\ \Delta = 2\% \ \text{误差带}) \tag{3.6}$$

例 3.1　一阶系统结构图如图 3.10 所示,试求该系统单位阶跃响应的调节时间 t_s。若要求调节时间 $t_\text{s} \leqslant 0.1\text{s}$,试确定系统的反馈系数的取值。

解　首先由系统结构图求得闭环传递函数

$$\Phi(s) = \frac{C(s)}{R(s)} = \frac{\dfrac{100}{s}}{1 + 0.1 \times \dfrac{100}{s}} = \frac{10}{0.1s + 1}$$

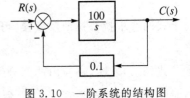

由闭环传递函数得到时间常数

$$T = 0.1\text{s}$$

图 3.10　一阶系统的结构图

由式(3.5)得调节时间

$$t_\text{s} = 3T = 0.3\text{s}(\text{取}\ \Delta = 5\% \ \text{误差带})$$

其次,设满足 $t_\text{s} \leqslant 0.1\text{s}$ 的反馈系数为 $\mu(\mu > 0)$,同样由系统结构图求得闭环传递函数

$$\Phi(s) = \frac{C(s)}{R(s)} = \frac{\dfrac{100}{s}}{1 + \dfrac{100}{s}\mu} = \frac{\dfrac{1}{\mu}}{\dfrac{0.01}{\mu}s + 1}$$

由上述闭环传递函数得到时间常数

$$T = \frac{0.01}{\mu}\text{s}$$

则有

$$t_\text{s} = 3T = \frac{0.03}{\mu} \leqslant 0.1\text{s}$$

所以

$$\mu \geqslant 0.3$$

2. 单位斜坡响应

输入 $r(t) = t \cdot 1(t)$,即 $R(s) = \dfrac{1}{s^2}$ 时,系统输出量的拉普拉斯变换式为

$$C(s) = \Phi(s)R(s) = \frac{1}{Ts + 1} \cdot \frac{1}{s^2} = \frac{1}{s^2} - \frac{T}{s} + \frac{T}{s + \dfrac{1}{T}} \tag{3.7}$$

对上式两边求拉普拉斯反变换,可得输出量的时域表达式

$$c(t) = (t - T) + Te^{-\frac{t}{T}} \quad t \geqslant 0 \tag{3.8}$$

式(3.8)表明,响应由两部分组成。式(3.8)中 $(t - T)$ 和 $Te^{-\frac{t}{T}}$ 分别为系统响应的稳态分量和瞬态分量,当 $t \to \infty$ 时,瞬态分量衰减到零。其斜坡响应曲线如图 3.11 所示。

系统响应的初始斜率等于 0,即

$$\left.\frac{\text{d}c(t)}{\text{d}t}\right|_{t=0} = 1 - e^{-\frac{1}{T}t}\bigg|_{t=0} = 0 \tag{3.9}$$

由图 3.11 可见,一阶系统在单位斜坡输入下的稳态输出,与输入的斜率相等,只是滞后一个时间 T。显然一阶系统单位斜坡响应具有稳态误差

$$
\begin{aligned}
e_{ss} &= \lim_{t \to \infty}[t - c(t)] \\
&= \lim_{t \to \infty}[t - (t - T + Te^{-\frac{1}{T}t})] \\
&= T
\end{aligned}
\tag{3.10}
$$

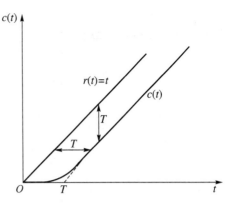

图 3.11　一阶系统的单位斜坡响应曲线

这里,输入信号 $r(t) = t \cdot 1(t)$ 是输出量的期望值。式(3.10)还表明,一阶系统在跟踪单位斜坡输入信号时,输出量与输入量存在跟踪误差,其稳态误差值与系统的 T 的值相等。一阶系统在跟踪斜坡输入信号所带来的原理上的位置误差,只能通过减小时间常数 T 来降低,而不能最终消除它。

3. 单位抛物线响应

输入 $r(t) = \dfrac{1}{2}t^2 \cdot 1(t)$,即 $R(s) = \dfrac{1}{s^3}$ 时,系统输出量的拉普拉斯变换式为

$$
C(s) = \Phi(s)R(s) = \frac{1}{Ts+1} \cdot \frac{1}{s^3} = \frac{1}{s^3} - \frac{T}{s^2} + \frac{T^2}{s} - \frac{T^2}{s + \dfrac{1}{T}}
\tag{3.11}
$$

对上式两边求拉普拉斯反变换,得系统输出量的时域表达式

$$
c(t) = \frac{1}{2}t^2 - Tt + T^2(1 - e^{-\frac{t}{T}}) \quad t \geqslant 0
\tag{3.12}
$$

上式表明,当时间 $t \to \infty$ 时,系统输出信号与输入信号之差将趋于无穷大。这说明对于一阶系统是不能跟踪单位抛物线函数输入信号的。

4. 单位脉冲响应

输入 $r(t) = \delta(t)$,即 $R(s) = 1$ 时,系统输出量的拉普拉斯变换式为

$$
\begin{aligned}
C(s) &= \Phi(s)R(s) = \frac{1}{Ts+1} \cdot 1 \\
&= \frac{\dfrac{1}{T}}{s + \dfrac{1}{T}}
\end{aligned}
\tag{3.13}
$$

对上式两边求拉普拉斯反变换,得输出量的时域表达式

$$
c(t) = \frac{1}{T}e^{-\frac{t}{T}} \quad t \geqslant 0
\tag{3.14}
$$

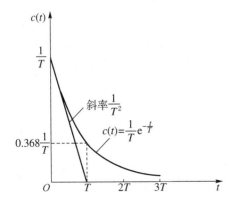

图 3.12　一阶系统的单位脉冲响应曲线

相应的响应曲线如图 3.12 所示。

3.2.2　一阶系统的重要特性

根据上面的分析,可将一阶系统在典型输入作用下的响应归纳如表 3.1 所示。

表 3.1　一阶系统对典型输入信号的输出

输入信号 $r(t)$	输出信号 $c(t)$
$\delta(t)$	$\dfrac{1}{T}\mathrm{e}^{-\frac{t}{T}}$
$1(t)$	$1-\mathrm{e}^{-\frac{t}{T}}$
$t \cdot 1(t)$	$(t-T)+T\mathrm{e}^{-\frac{t}{T}}$
$\dfrac{1}{2}t^2 \cdot 1(t)$	$\dfrac{1}{2}t^2-Tt+T^2(1-\mathrm{e}^{-\frac{t}{T}})$

从表 3.1 中各响应得到如下结论:

(1) 一阶系统只有一个特征参数,即其时间常数 T。在一定的输入信号作用下,其时间响应 $c(t)$ 由其时间常数唯一确定。

(2) 比较一阶系统对脉冲、阶跃、斜坡和抛物线输入信号的响应,可以发现它们与输入信号之间有如下关系

$$r_{\text{脉冲}} = \frac{\mathrm{d}}{\mathrm{d}t}r_{\text{阶跃}} = \frac{\mathrm{d}^2}{\mathrm{d}t^2}r_{\text{斜坡}} = \frac{\mathrm{d}^3}{\mathrm{d}t^3}r_{\text{抛物线}} \tag{3.15}$$

$$c_{\text{脉冲}} = \frac{\mathrm{d}}{\mathrm{d}t}c_{\text{阶跃}} = \frac{\mathrm{d}^2}{\mathrm{d}t^2}c_{\text{斜坡}} = \frac{\mathrm{d}^3}{\mathrm{d}t^3}c_{\text{抛物线}} \tag{3.16}$$

式(3.15)和式(3.16)表明,系统对输入信号微分(或积分)的响应,就等于系统对该输入信号响应的微分(或积分)。这是线性定常系统的一个重要特性,适用于任何线性定常连续控制系统。因此,研究和分析线性定常连续控制系统的输出时,不必对每种输入信号的响应都进行计算或求解,只要求解出其中一种典型响应,便可通过上述关系求出其他典型响应;或者,只取其中一种典型输入进行研究即可。

3.3　二阶系统的动态性能

凡是由二阶微分方程描述的系统,称为二阶系统。控制工程中的许多系统都是二阶系统,如 RLC 系统、具有质量的物理系统、忽略电枢电感 L_a 后的电动机等。尤其值得注意的是,在一定的条件下,许多高阶系统常常可以近似成二阶系统。因此,二阶系统的性能分析在自动控制系统分析中有非常重要的地位。

3.3.1　数学模型的标准式

首先研究一个实际的二阶物理系统结构并推导出其数学模型,然后将其数学模型化成二阶系统数学模型的标准式,以便使分析的结果具有代表性。

如图 3.13 所示是 RLC 振荡电路。其运动方程可用线性二阶微分方程式描述,即

$$LC \frac{\mathrm{d}^2 u_\mathrm{o}(t)}{\mathrm{d}t^2} + RC \frac{\mathrm{d}u_\mathrm{o}(t)}{\mathrm{d}t} + u_\mathrm{o}(t) = u_\mathrm{i}(t) \quad (3.17)$$

图 3.13 所示的 RLC 振荡电路是一个二阶系统。为使研究结果具有普遍意义,将式(3.17)改写为如下所示的二阶系统的标准运动方程式

$$T^2 \frac{\mathrm{d}^2 c(t)}{\mathrm{d}t^2} + 2\zeta T \frac{\mathrm{d}c(t)}{\mathrm{d}t} + c(t) = r(t) \quad (3.18)$$

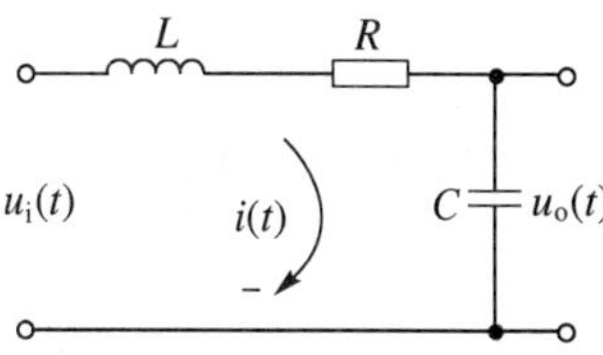

图 3.13 RLC 振荡电路

式中,$T = \sqrt{LC}$ 为二阶系统的时间常数,单位为 s;$\zeta = \dfrac{R}{2}\sqrt{\dfrac{C}{L}}$ 为二阶系统的阻尼比或相对阻尼系数,无量纲。

二阶系统的闭环传递函数为

$$\Phi(s) = \frac{C(s)}{R(s)} = \frac{1}{T^2 s^2 + 2\zeta Ts + 1} \quad (3.19)$$

引入参数 $\omega_\mathrm{n} = 1/T$,称作二阶系统的自然角频率或无阻尼振荡角频率,单位为 rad/s,则

$$\Phi(s) = \frac{\omega_\mathrm{n}^2}{s^2 + 2\zeta\omega_\mathrm{n}s + \omega_\mathrm{n}^2} \quad (3.20)$$

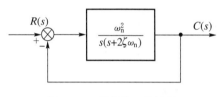

图 3.14 标准化二阶系统

式(3.19)和式(3.20)为典型二阶系统的闭环传递函数。二阶系统通常表示为图 3.14 所示的单位负反馈的结构形式。二阶系统有两个结构参数 ζ 和 ω_n(或 T)。二阶系统性能的分析和描述,基本上是以这两个体现其特征的结构参数表示的。

3.3.2 典型二阶系统的单位阶跃响应

下面,以式(3.20)所示的典型二阶系统为例,来分析其单位阶跃响应。设初始条件为零,当输入量为单位阶跃函数时,输出量的拉普拉斯变换式为

$$C(s) = \Phi(s)R(s) = \frac{\omega_\mathrm{n}^2}{s^2 + 2\zeta\omega_\mathrm{n}s + \omega_\mathrm{n}^2} \cdot \frac{1}{s} \quad (3.21)$$

系统的特征方程为

$$s^2 + 2\zeta\omega_\mathrm{n}s + \omega_\mathrm{n}^2 = 0 \quad (3.22)$$

特征根为

$$s_{1,2} = -\zeta\omega_\mathrm{n} \pm \omega_\mathrm{n}\sqrt{\zeta^2 - 1} \quad (3.23)$$

由式(3.23)可以看出,特征根的性质与阻尼比 ζ 有关。因此,当 ζ 为不同值时,所对应的单位阶跃响应将有不同的形式,下面逐一加以说明。

1. 无阻尼($\zeta = 0$)状态

当 $\zeta = 0$ 时,由式(3.23)可得系统特征根为一对共轭虚根

$$s_{1,2} = \pm \mathrm{j}\omega_\mathrm{n}$$

其输出量的拉普拉斯变换式为

$$C(s) = \Phi(s)R(s) = \frac{\omega_n^2}{s^2 + \omega_n^2} \cdot \frac{1}{s} = \frac{1}{s} - \frac{s}{s^2 + \omega_n^2}$$

上式两边取拉普拉斯反变换,可得

$$c(t) = 1 - \cos\omega_n t \quad t \geqslant 0 \tag{3.24}$$

式(3.24)表明,无阻尼时二阶系统的单位阶跃响应为等幅正弦振荡曲线(如图 3.15 所示),振荡角频率为 ω_n。

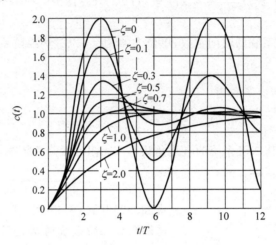

图 3.15　二阶系统的单位阶跃响应曲线

2. 欠阻尼($0 < \zeta < 1$)状态

当 $0 < \zeta < 1$ 时,由式(3.23)可得系统特征根为一对共轭复根

$$s_1 = -\zeta\omega_n + j\omega_n\sqrt{1 - \zeta^2} \tag{3.25}$$

$$s_2 = -\zeta\omega_n - j\omega_n\sqrt{1 - \zeta^2} \tag{3.26}$$

输出量的拉普拉斯变换式为

$$C(s) = \Phi(s)R(s) = \frac{\omega_n^2}{s^2 + 2\zeta\omega_n s + \omega_n^2} \cdot \frac{1}{s} = \frac{1}{s} - \frac{s + 2\zeta\omega_n}{s^2 + 2\zeta\omega_n s + \omega_n^2}$$

$$= \frac{1}{s} - \frac{s + \zeta\omega_n}{(s + \zeta\omega_n)^2 + (\omega_n\sqrt{1 - \zeta^2})^2} - \frac{\zeta\omega_n}{(s + \zeta\omega_n)^2 + (\omega_n\sqrt{1 - \zeta^2})^2}$$

$$= \frac{1}{s} - \frac{s + \zeta\omega_n}{(s + \zeta\omega_n)^2 + \omega_d^2} - \frac{\zeta\omega_n}{\omega_d} \cdot \frac{\omega_d}{(s + \zeta\omega_n)^2 + \omega_d^2}$$

式中,$\omega_d = \omega_n\sqrt{1 - \zeta^2}$ 为阻尼振荡角频率。

上式两边取拉普拉斯反变换,可得

$$c(t) = 1 - e^{-\zeta\omega_n t}\left(\cos\omega_d t + \frac{\zeta}{\sqrt{1 - \zeta^2}}\sin\omega_d t\right)$$

$$= 1 - \frac{e^{-\zeta\omega_n t}}{\sqrt{1 - \zeta^2}}\sin\left(\omega_d t + \arctan\frac{\sqrt{1 - \zeta^2}}{\zeta}\right)$$

$$= 1 - \frac{e^{-\zeta\omega_n t}}{\sqrt{1 - \zeta^2}}\sin(\omega_d t + \beta) \quad t \geqslant 0 \tag{3.27}$$

式中,β 为共轭复数对负实轴的张角。β 和阻尼系数 ζ 之间有确定的关系(见图 3.16)

$$\beta = \arctan \frac{\sqrt{1-\zeta^2}}{\zeta} = \arccos\zeta$$

也称 β 为阻尼角。

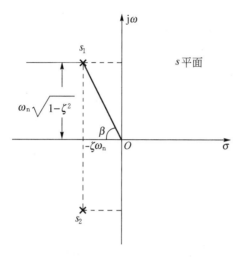

图 3.16 阻尼角 β 的确定

从式(3.27)可以看出,对应欠阻尼($0<\zeta<1$)时二阶系统的单位阶跃响应为衰减的正弦振荡曲线(见图 3.15),其衰减速度取决于 $\zeta\omega_n$ 值的大小,其衰减振荡的角频率便是阻尼振荡角频率 ω_d。当 $t\rightarrow\infty$ 时,动态分量衰减到零,输出量等于输入量,$c(\infty)=1$。

3. 临界阻尼($\zeta=1$)状态

当 $\zeta=1$ 时,由式(3.23)可得系统特征根为一对相等的负实根

$$s_{1,2} = -\omega_n \tag{3.28}$$

输出量的拉普拉斯变换式为

$$C(s) = \Phi(s)R(s) = \frac{\omega_n^2}{s^2 + 2\omega_n s + \omega_n^2} \cdot \frac{1}{s}$$

$$= \frac{1}{s} - \frac{\omega_n}{(s+\omega_n)^2} - \frac{1}{s+\omega_n}$$

上式两边取拉普拉斯反变换,可得

$$c(t) = 1 - e^{-\omega_n t}(\omega_n t + 1) \quad t \geq 0 \tag{3.29}$$

从式(3.29)可以看出,对应临界阻尼($\zeta=1$)时二阶系统的单位阶跃响应没有振荡,是一条单调上升的曲线。系统的单位阶跃响应曲线如图 3.15 中 $\zeta=1$ 曲线所示。

4. 过阻尼($\zeta>1$)状态

当 $\zeta>1$ 时,由式(3.23)可得系统特征根为两个不同的负实数根

$$s_1 = -\zeta\omega_n - \omega_n\sqrt{\zeta^2-1} \tag{3.30}$$

$$s_2 = -\zeta\omega_n + \omega_n\sqrt{\zeta^2-1} \tag{3.31}$$

为便于计算,令

$$T_1 = \frac{1}{\omega_n(\zeta + \sqrt{\zeta^2 - 1})}$$

$$T_2 = \frac{1}{\omega_n(\zeta - \sqrt{\zeta^2 - 1})}$$

式中 T_1、T_2 称为过阻尼二阶系统的时间常数。

输出量的拉普拉斯变换式为

$$C(s) = \Phi(s)R(s) = \frac{\omega_n^2}{\left(s + \dfrac{1}{T_1}\right)\left(s + \dfrac{1}{T_2}\right)} \cdot \frac{1}{s}$$

$$= \frac{1}{s} + \frac{1}{\dfrac{T_2}{T_1} - 1} \cdot \frac{1}{s + \dfrac{1}{T_1}} + \frac{1}{\dfrac{T_1}{T_2} - 1} \cdot \frac{1}{s + \dfrac{1}{T_2}}$$

上式两边取拉普拉斯反变换,可得

$$c(t) = 1 + \frac{1}{\dfrac{T_2}{T_1} - 1} e^{-\frac{1}{T_1}t} + \frac{1}{\dfrac{T_1}{T_2} - 1} e^{-\frac{1}{T_2}t} \quad t \geqslant 0 \tag{3.32}$$

式(3.32)表明,对应过阻尼($\zeta > 1$)时,二阶系统的单位阶跃响应包含两个单调衰减的指数项,过阻尼二阶系统的单位阶跃响应是非振荡的。当 $\zeta \gg 1$,$T_2 \gg T_1$ 时,前一项单调衰减的指数项衰减快,其对特性的影响小,可以忽略。此时,二阶系统的输出响应就类似于一阶系统的响应,即二阶系统可视为一阶系统。系统的单位阶跃响应曲线如图 3.15 所示。

表 3.2 给出了二阶系统特征根在 s 平面上的位置及系统结构参数 ξ、ω_n 与单位阶跃响应的关系。ξ 越小,系统响应的振荡越激烈,当 $\xi \geqslant 1$ 时,$c(t)$ 变成单调上升的,为非振荡过程。

表 3.2　典型二阶系统的单位阶跃响应

阻尼系数	特征方程根	根在复平面上位置	单位阶跃响应
$\zeta = 0$ （无阻尼）	$s_{1,2} = \pm j\omega_n$		
$0 < \zeta < 1$ （欠阻尼）	$s_{1,2} = -\zeta\omega_n \pm j\omega_n\sqrt{1-\zeta^2}$		

续表

阻尼系数	特征方程根	根在复平面上位置	单位阶跃响应
$\zeta=1$ （临界阻尼）	$s_{1,2}=-\zeta\omega_n$		
$\zeta>1$ （过阻尼）	$s_{1,2}=-\zeta\omega_n\mp$ $\omega_n\sqrt{\zeta^2-1}$		

3.3.3 典型二阶系统动态性能指标

1. 欠阻尼二阶系统的动态性能指标

当 $0<\zeta<1$ 时，二阶系统的阶跃响应为

$$c(t)=1-\frac{\mathrm{e}^{-\zeta\omega_n t}}{\sqrt{1-\zeta^2}}\sin(\omega_d t+\beta) \quad t\geqslant 0 \tag{3.33}$$

（1）上升时间 t_r

根据上升时间的定义，$c(t_r)=1$，由式（3.33）得

$$c(t_r)=1-\frac{\mathrm{e}^{-\zeta\omega_n t_r}}{\sqrt{1-\zeta^2}}\sin(\omega_d t_r+\beta)=1 \quad t\geqslant 0$$

所以有

$$\frac{\mathrm{e}^{-\zeta\omega_n t_r}}{\sqrt{1-\zeta^2}}\sin(\omega_d t_r+\beta)=0$$

由于在 $t_r<\infty$ 内，$\dfrac{\mathrm{e}^{-\zeta\omega_n t_r}}{\sqrt{1-\zeta^2}}\neq 0$，所以只能 $\sin(\omega_d t_r+\beta)=0$，由此得

$$\omega_d t_r+\beta=\pi$$

上升时间 t_r 为

$$t_r=\frac{\pi-\beta}{\omega_d}=\frac{\pi-\beta}{\omega_n\sqrt{1-\zeta^2}} \tag{3.34}$$

（2）峰值时间 t_p

根据定义，t_p 应为 $c(t)$ 第一次出现峰值所对应的时间，由式（3.33），令 $\mathrm{d}c(t)/\mathrm{d}t=0$，可得

$$-\zeta\sin(\omega_d t_p+\beta)+\sqrt{1-\zeta^2}\cos(\omega_d t_p+\beta)=0$$

整理得

$$\tan(\omega_d t_p + \beta) = \frac{\sqrt{1-\zeta^2}}{\zeta} = \tan\beta$$

当 $\omega_d t = 0, \pi, 2\pi, \cdots$ 时, $\tan(\omega_d t_p + \beta) = \tan\beta$。根据峰值时间定义,峰值时间是对应于出现第一个峰值的时间,所以应取 $\omega_d t_p = \pi$,即有

$$t_p = \frac{\pi}{\omega_d} = \frac{\pi}{\omega_n \sqrt{1-\zeta^2}} \tag{3.35}$$

(3) 超调量 $\sigma\%$

当 $t = t_p$ 时, $c(t)$ 有最大值 $c_{max} = c(t_p)$,而单位阶跃响应的稳态值 $c(\infty) = 1$,最大超调量为

$$\sigma\% = [c(t_p) - 1] \times 100\% = \left[-\frac{e^{-\pi\zeta/\sqrt{1-\zeta^2}}}{\sqrt{1-\zeta^2}} \sin(\pi + \beta) \right] \times 100\%$$

由于

$$\sin(\pi + \beta) = -\sin\beta = -\sqrt{1-\zeta^2}$$

所以,最大超调量为

$$\sigma\% = e^{-\pi\zeta/\sqrt{1-\zeta^2}} \times 100\% \tag{3.36}$$

上式表明,超调量 $\sigma\%$ 仅是阻尼比 ζ 的函数,与自然角频率 ω_n 无关, $\sigma\%$ 与 ζ 的关系如图 3.17 所示。

(4) 调节时间 t_s

按定义,调节时间 t_s 是 $c(t)$ 与稳态值 $c(\infty)$ 之间的偏差达到允许范围(Δ 取 5% 或 2%)且不再超过的过渡过程时间,即

$$| c(t) - c(\infty) | \leqslant c(\infty) \times \Delta$$

由式(3.33)及 $c(\infty) = 1$,得

$$\left| \frac{e^{-\zeta\omega_n t_s}}{\sqrt{1-\zeta^2}} \sin(\omega_d t_s + \beta) \right| \leqslant \Delta \tag{3.37}$$

由于 $\dfrac{e^{-\zeta\omega_n t_s}}{\sqrt{1-\zeta^2}}$ 是式(3.33)所描述的衰减正弦振荡的幅值表达项,即振荡的包络线,如图 3.18 所示。而其描述二阶系统的单位阶跃响应的包络线是 $1 \pm \dfrac{e^{-\zeta\omega_n t_s}}{\sqrt{1-\zeta^2}}$,动态的响应曲线总是在上、下包络线之间,为简便起见,用 $c(t)$ 的包络线近似代替 $c(t)$,上述不等式(3.37)可改为

$$\left| \frac{e^{-\zeta\omega_n t_s}}{\sqrt{1-\zeta^2}} \right| \leqslant \Delta$$

两边取自然对数得

$$t_s = -\frac{1}{\zeta\omega_n} \ln(\Delta \sqrt{1-\zeta^2}) \tag{3.38}$$

分别取 $\Delta = 5\%$ 或 2%,并考虑到较小的欠阻尼比 ζ 时, $\sqrt{1-\zeta^2} \approx 1$,则

$$t_s \approx \frac{3}{\zeta\omega_n} (取 \Delta = 5\%) \tag{3.39}$$

$$t_s \approx \frac{4}{\zeta\omega_n} (取 \Delta = 2\%) \tag{3.40}$$

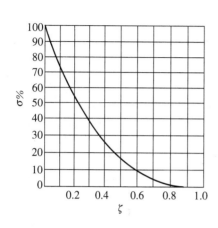

图 3.17 $\sigma\%$ 和 ζ 的关系

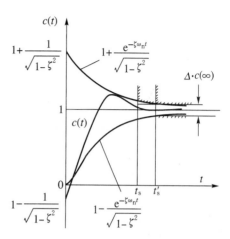

图 3.18 调节时间的近似计算

（5）振荡次数 N

按定义,当系统响应曲线有振荡时,振荡次数 N 按下式计算

$$N = \frac{t_s}{t_f} \tag{3.41}$$

式中, $t_f = \dfrac{2\pi}{\omega_d} = \dfrac{2\pi}{\omega_n\sqrt{1-\zeta^2}}$ 为阻尼振荡的周期时间。

上面求得的 t_r、t_p、t_s、$\sigma\%$ 和 N 与二阶系统特征参数之间的关系是分析二阶系统动态性能的基础。若已知 ζ 和 ω_n 的值或复平面上特征方程根的位置,则可以计算出各个性能指标。另一方面,也可以根据对系统的动态性能要求,由性能指标确定二阶系统的特征参数 ζ 和 ω_n。如要求系统具有一定的 $\sigma\%$ 和 t_s,则由 $\sigma\%$ 确定 ζ 值（式（3.36）或图 3.17）,再由 t_s 和 ζ 值计算 ω_n 值（式（3.38）或式（3.39）、式（3.40））。t_r、t_p 和 t_s 都表示动态过程进行的快慢程度,是快速性指标。$\sigma\%$ 和 N 则反映动态过程振荡激烈程度,是振荡性指标。$\sigma\%$ 和 t_s 是反映系统动态性能好坏的两个最主要指标。从图 3.17 可以看到,ζ 越大,$\sigma\%$ 越小。ζ 和 t_s 的精确关系比较复杂,图 3.19 所示为 ζ 和 t_s/T 的关系曲线。当 $\zeta = 0.707$,$t_s = 3T$,调节时间取最小值,这时最大超调量约为 4.3%。工程上常取 $\zeta = 0.707$ 作为最佳阻尼系数。一般地,当 ζ 取 $0.4 \sim 0.8$ 值时,最大超调量在 $2.5\% \sim 25\%$,而调节时间为 $3.75T \sim 7.5T$（Δ 取 0.05）。

2. 过阻尼二阶系统的动态性能指标

当 $\zeta > 1$ 时

$$c(t) = 1 - \frac{-\zeta + \sqrt{\zeta^2-1}}{2\sqrt{\zeta^2-1}} e^{-(\zeta+\sqrt{\zeta^2-1})\omega_n t} + \frac{-\zeta - \sqrt{\zeta^2-1}}{2\sqrt{\zeta^2-1}} e^{-(\zeta-\sqrt{\zeta^2-1})\omega_n t} \tag{3.42}$$

阶跃响应是从 0 到 1 的单调上升过程,超调量为 0。用 t_s 即可描述系统的动态性能。ζ 与 t_s/T 的关系曲线如图 3.20 所示。由图可见,ζ 越大,t_s 也越大。$\zeta = 1$ 是非振荡响应过程中具有最小调节时间的情况。

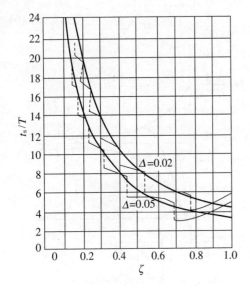

图 3.19　ζ 与 t_s/T 的关系曲线($0<\zeta<1$)

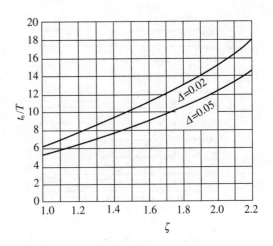

图 3.20　ζ 与 t_s/T 的关系曲线($\zeta>1$)

　　通常总是希望控制系统的阶跃响应比较快,即瞬态响应很快便衰减为 0。当 $\zeta>1$ 时,调节时间比较长,因此设计系统时总希望系统处于欠阻尼的状态。对于一些不允许出现超调(例如液体控制系统,超调会导致液体溢出)或大惯性(例如加热装置)的控制系统,则可采用 $\zeta>1$,使系统处于过阻尼状态。

　　例 3.2　有一个位置随动系统,结构图如图 3.21 所示,其中 $K=4$。求①该系统的阻尼比、自然振荡角频率和单位阶跃响应;②系统的峰值时间、调节时间和超调量;③若要求阻尼比等于 $0.707(\sqrt{2}/2)$,应怎样改变系统传递系数 K 值。

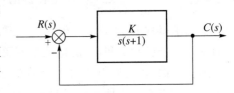

图 3.21　位置随动系统结构图

　　解　系统的闭环传递函数为

$$\Phi(s)=\frac{4}{s^2+s+4}$$

将其与标准式 $\Phi(s)=\dfrac{\omega_n^2}{s^2+2\zeta\omega_n s+\omega_n^2}$ 相比较,可得

　　(1) 自然振荡角频率　　　　　$\omega_n=\sqrt{4}=2\text{rad/s}$

　　由 $2\zeta\omega_n=1$ 得阻尼比为　　　　　$\zeta=\dfrac{1}{2\omega_n}=0.25$

　　单位阶跃响应由式(3.27)得

$$c(t)=1-\frac{e^{-\zeta\omega_n t}}{\sqrt{1-\zeta^2}}\sin\left(\omega_n\sqrt{1-\zeta^2}\,t+\arctan\frac{\sqrt{1-\zeta^2}}{\zeta}\right)$$

$$=1-\frac{e^{-0.25\times2 t}}{\sqrt{1-0.25^2}}\sin\left(2\sqrt{1-0.25^2}\,t+\arctan\frac{\sqrt{1-0.25^2}}{0.25}\right)$$

$$=1-1.03e^{-0.5 t}\sin(1.94t+\arctan\sqrt{15})\quad t\geqslant 0$$

（2）峰值时间 $\quad t_{\mathrm{p}} = \dfrac{\pi}{\omega_{\mathrm{n}}\sqrt{1-\zeta^2}} = \dfrac{3.14}{2\sqrt{1-0.25^2}} \approx 1.62\mathrm{s}$

调节时间 $\quad t_{\mathrm{s}} = \dfrac{3}{\zeta\omega_{\mathrm{n}}} = \dfrac{3}{0.25\times2} = 6\mathrm{s} \quad (\Delta = 5\%)$

超调量 $\quad \sigma\% = \mathrm{e}^{-\pi\zeta/\sqrt{1-\zeta^2}} \times 100\% = \mathrm{e}^{-3.14\times0.25/\sqrt{1-0.25^2}} \times 100\% \approx 44.5\%$

（3）要求 $\zeta = 0.707$ 时，有

$$\omega_{\mathrm{n}} = \frac{1}{2\zeta} = \frac{1}{\sqrt{2}}\mathrm{rad/s}, \quad K = \omega_{\mathrm{n}}^2 = 0.5$$

由此可见，降低开环传递系数 K 值能使阻尼比增大、超调量下降，可改善系统动态性能。但在以后的系统稳态误差分析中可知，降低开环传递系数将使系统的稳态误差增大。

3.3.4 二阶系统性能的改善

从前面典型二阶系统响应特性的分析可见，通过调整二阶系统的两个特征参数（阻尼比 ζ 和自然角频率 ω_{n}），可以改善系统的动态性能。但是，这种改善是有限度的。例如，为提高系统响应的快速性，减小阶跃响应的超调量，应增大系统的阻尼比，而系统阻尼比的增加，势必降低其响应的快速性，使其上升时间、峰值时间加长。有时，作为受控的固有对象，系统的结构参数往往是不可调整的。这时，系统阻尼比的增大是以减小其自然角频率为代价的，这不仅降低系统响应的快速性，同时也将增大系统的稳态误差，降低其控制的准确性。由于典型二阶系统只有两个参数选择的自由度，难以兼顾其响应的快速性和平稳性以及系统的动态和稳态性能的全面要求，必须研究其他控制方式，以改善二阶系统的性能。比例-微分控制和速度反馈是常用的两种改善二阶系统性能的方法。

1. 比例-微分控制

比例-微分控制的二阶系统是在原典型二阶系统的前向通路上增加误差信号速度分量的并联通路 $T_{\mathrm{d}}s$ 组成，结构图如图 3.22 所示。$e(t)$ 为误差信号，T_{d} 为微分时间常数。

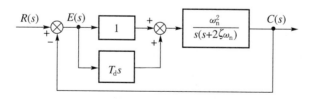

图 3.22 比例-微分控制系统

在结构图 3.22 中受控对象的输入信号成为误差信号与其微分信号的线性组合。系统的开环传递函数为

$$G_{\mathrm{K}}(s) = \frac{\omega_{\mathrm{n}}^2(T_{\mathrm{d}}s+1)}{s(s+2\zeta\omega_{\mathrm{n}})}$$

闭环传递函数为

$$\Phi(s) = \frac{\omega_n^2(T_d s + 1)}{s^2 + (2\zeta\omega_n + \omega_n^2 T_d)s + \omega_n^2} = \frac{\omega_n^2 T_d(s + 1/T_d)}{s^2 + (2\zeta\omega_n + \omega_n^2 T_d)s + \omega_n^2} \tag{3.43}$$

参照式(3.20)有

$$2\zeta_d\omega_n = 2\zeta\omega_n + \omega_n^2 T_d$$

等效阻尼比 ζ_d 为

$$\zeta_d = \zeta + \frac{1}{2}\omega_n T_d \tag{3.44}$$

由式(3.44)可见,引入比例-微分控制后,系统的无阻尼振荡角频率 ω_n 不变,但系统的等效阻尼比加大了($\zeta_d > \zeta$),从而使系统的调节时间缩短,超调量减小,抑制了振荡,改善了系统的动态性能。

另外,由式(3.43)可看出,引入比例-微分控制后,系统闭环传递函数出现附加零点 $\left(s = -\frac{1}{T_d}\right)$。闭环零点存在,将会使系统响应速度加快,削弱"阻尼"的作用。因此适当选择微分时间常数 T_d,既可以使系统响应不出现超调,又能显著地提高其快速性。

2. 输出量的速度反馈控制

在原典型二阶系统的反馈通路中增加输出信号的速度分量反馈信号,结构图如图 3.23 所示。$e(t)$ 为偏差信号,K_f 为输出量的速度反馈系数。

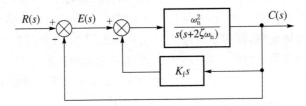

图 3.23   速度反馈控制系统

由图 3.23 可得系统的开环传递函数成为

$$G_K(s) = \frac{\omega_n^2}{s(s + 2\zeta\omega_n) + K_f\omega_n^2 s}$$

闭环传递函数为

$$\Phi(s) = \frac{\omega_n^2}{s^2 + (2\zeta\omega_n + \omega_n^2 K_f)s + \omega_n^2} \tag{3.45}$$

参照式(3.20)也有

$$2\zeta_d\omega_n = 2\zeta\omega_n + \omega_n^2 K_f$$

等效阻尼比 ζ_d 为

$$\zeta_d = \zeta + \frac{1}{2}\omega_n K_f \tag{3.46}$$

由式(3.46)可见,引入速度反馈控制后,增加了附加项 $\frac{1}{2}\omega_n K_f$,同样使系统的无阻尼振荡角频率 ω_n 不变、等效阻尼比增大($\zeta_d > \zeta$),因而使系统的调节时间缩短,超调量减小,系统的平稳性得以改善,但系统没有附加闭环零点的影响。

例 3.3　对例 3.2 的位置随动系统引入速度反馈控制,结构图如图 3.24 所示,其中 $K=10$。若要系统的等效阻尼比为 0.5 时,试确定反馈系数的值 K_f,并计算系统在引入速度反馈控制前后的调节时间和超调量。

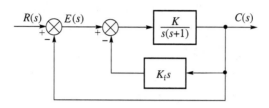

图 3.24　位置随动系统引入速度反馈控制结构图

解　由图 3.21,原系统的闭环传递函数为

$$\Phi(s) = \frac{10}{s^2 + s + 10}$$

则原系统自然振荡角频率为

$$\omega_n = \sqrt{10} \approx 3.16 \text{rad/s}$$

由 $2\zeta\omega_n = 1$ 得阻尼比

$$\zeta = \frac{1}{2\omega_n} \approx 0.158$$

已知 $\zeta_d = 0.5$,由式(3.46)得

$$K_f = \frac{2(\zeta_d - \zeta)}{\omega_n} = 0.216$$

当 $\zeta = 0.158$ 时,即引入速度反馈控制前的调节时间和超调量分别为

调节时间　　　$t_s(5\%) = \dfrac{3}{\zeta\omega_n} = \dfrac{3}{0.158 \times 3.16} \approx 6.01 \text{s}$

超调量　$\sigma\% = e^{-\pi\zeta / \sqrt{1-\zeta^2}} \times 100\% = e^{-3.14 \times 0.158 / \sqrt{1-0.158^2}} \times 100\% \approx 60\%$

当 $\zeta_d = 0.5$ 时,即引入速度反馈控制后的调节时间和超调量分别为

调节时间　　　$t_s(5\%) = \dfrac{3}{\zeta_d\omega_n} = \dfrac{3}{0.5 \times 3.16} \approx 1.90 \text{s}$

超调量　$\sigma\% = e^{-\pi\zeta_d / \sqrt{1-\zeta_d^2}} \times 100\% = e^{-3.14 \times 0.5 / \sqrt{1-0.5^2}} \times 100\% \approx 16.4\%$

上例计算表明,引入速度反馈控制后,调节时间减小、超调量下降,系统的动态性能得以改善。

3. 两种控制方案的比较

比例-微分控制和速度反馈控制都为系统提供了一个参数选择的自由度,兼顾了系统响应的快速性和平稳性,但是二者改善系统性能的机理及其应用场合是不同的,简述如下:

(1) 微分控制的附加阻尼作用产生于系统输入端误差信号的变化率,而速度反馈控制的附加阻尼作用来源于系统输出量的变化率。微分控制为系统提供了一个实数零点,可以缩短系统响应时间,但在相同阻尼程度下,将比速度反馈控制产生更大的阶跃响应超调量。

(2) 比例-微分控制位于系统的输入端,微分作用对输入噪声有明显的放大作用。当输入端噪声严重时,不宜选用比例-微分控制。同时,由于微分器的输入信号是低能量的误差信号,要求比例-微分控制具有足够的放大作用,为了不明显恶化信噪比,需选用高质量的前置放大器。输出速度反馈控制,是从高能量的输出端向低能量的输入端传递信号,无须增设放大器,并对输入端噪声有滤波作用,适合于任何输出可测的控制场合。

3.4　高阶系统的动态性能

凡是由三阶或三阶以上微分方程描述的系统,称为高阶系统。严格来说,任何一个控制系统都是高阶系统。对于高阶系统来说,其动态性能指标的确定是比较复杂的。工程上常采用闭环主导极点的概念对高阶系统进行近似分析。在这一节中,将通过对高阶系统在单位阶跃函数作用下的过渡过程的讨论,引出闭环主导极点这一重要概念,以便将高阶系统在一定的条件下转化为近似的一阶或二阶系统进行分析研究。

3.4.1　高阶系统的数学模型

高阶系统的微分方程式为

$$a_n \frac{\mathrm{d}^n c(t)}{\mathrm{d}t^n} + a_{n-1} \frac{\mathrm{d}^{n-1} c(t)}{\mathrm{d}t^{n-1}} + \cdots + a_1 \frac{\mathrm{d}c(t)}{\mathrm{d}t} + a_0 c(t)$$

$$= b_m \frac{\mathrm{d}^m r(t)}{\mathrm{d}t^m} + b_{m-1} \frac{\mathrm{d}^{m-1} r(t)}{\mathrm{d}t^{m-1}} + \cdots + b_1 \frac{\mathrm{d}r(t)}{\mathrm{d}t} + b_0 r(t) \qquad (3.47)$$

式中,$n \geqslant 3, n \geqslant m$;系统参数 $a_i(i=1,2,\cdots,n)$、$b_j(j=1,2,\cdots,m)$ 为定常值。

令初始条件为 0,对式(3.47)两边取拉普拉斯变换,可求出系统的闭环传递函数

$$\Phi(s) = \frac{C(s)}{R(s)} = \frac{b_m s^m + b_{m-1} s^{m-1} + \cdots + b_1 s + b_0}{a_n s^n + a_{n-1} s^{n-1} + \cdots + a_1 s + a_0}$$

$$= \frac{K_g(s+z_1)(s+z_2)\cdots(s+z_m)}{(s+p_1)(s+p_2)\cdots(s+p_n)} \qquad (3.48)$$

式中,$K_g = \dfrac{b_m}{a_n}$;$-p_j(j=0,1,2,\cdots,n)$ 称为系统闭环极点;$-z_i(i=0,1,2,\cdots,m)$ 称为系统闭环零点。

3.4.2　高阶系统的单位阶跃响应

设 n 个闭环极点中,有 n_1 个实数极点,n_2 对共轭复数极点,且闭环极点与零点互不相等。由于一对共轭复数极点形成一个 s 的二阶项,因此,式(3.48)的因式包括一阶项和二阶项。故其可写为

$$\Phi(s) = \frac{K_g \prod\limits_{i=1}^{m}(s+z_i)}{\prod\limits_{l=1}^{n_1}(s+p_l)\prod\limits_{k=1}^{n_2}(s^2 + 2\zeta_k \omega_k s + \omega_k^2)} \qquad (3.49)$$

式中,$n_1 + 2n_2 = n$。

当输入为单位阶跃函数时,高阶系统输出量的拉普拉斯变换式为

$$C(s) = \Phi(s)R(s) = \frac{K_g \prod\limits_{i=1}^{m}(s+z_i)}{\prod\limits_{l=1}^{n_1}(s+p_l)\prod\limits_{k=1}^{n_2}(s^2+2\zeta_k\omega_k s+\omega_k^2)} \cdot \frac{1}{s}$$

将上式展开成部分分式得

$$C(s) = \frac{A_0}{s} + \sum_{l=1}^{n_1}\frac{A_l}{s+p_l} + \sum_{k=1}^{n_2}\frac{B_k s+C_k}{s^2+2\zeta_k\omega_k s+\omega_k^2} \qquad (3.50)$$

式中,A_0 为 $C(s)$ 在原点处的留数,A_l 为在实数极点处的留数,其值为

$$A_0 = \lim_{s\to 0} s \cdot C(s) = \frac{b_0}{a_0}$$

$$A_l = \lim_{s\to -p_l}(s+p_l) \cdot C(s), \quad l=1,2,\cdots,n_1$$

B_k 和 $C_k (k=1,2,\cdots,n_2)$ 则为与 $C(s)$ 在闭环复数极点 $s=-\zeta_k\omega_k \pm j\omega_k\sqrt{1-\zeta_k^2}$ 处的留数有关的常系数。

对式(3.50)两边取拉普拉斯反变换,可得高阶系统的单位阶跃响应为

$$c(t) = A_0 + \sum_{l=1}^{n_1}A_l e^{-p_l t} + \sum_{k=1}^{n_2}B_k e^{-\zeta_k\omega_k t}\cos\omega_k\sqrt{1-\zeta_k^2}t +$$

$$\sum_{k=1}^{n_2}\frac{C_k-B_k\zeta_k\omega_k}{\omega_k\sqrt{1-\zeta_k^2}}e^{-\zeta_k\omega_k t}\sin\omega_k\sqrt{1-\zeta_k^2}t, \quad t\geqslant 0 \qquad (3.51)$$

由式(3.51)可知,高阶系统的单位阶跃响应与一、二阶系统的形式相同,均由两大部分组成:一是稳态分量"A_0",与时间 t 无关;二是余下的与时间 t 有关的动态(瞬态)分量。该动态分量包含指数项、正弦和余弦项。由此得到以下结论:

(1)若所有闭环极点都分布在 s 的左半平面,即如果所有实数极点为负值,所有共轭复数极点具有负实部,那么当时间 t 趋于无穷大时,动态分量都趋于零,系统的稳态输出量为"A_0",这时,高阶系统是稳定的;只要有一个正极点或正实部的复数极点存在,那么当 t 趋于无穷大时,该极点对应的动态分量就趋于无穷大,系统输出也就为无穷大,这时系统是不稳定的。

(2)动态响应各分量衰减的快慢取决于指数衰减常数。若闭环极点位于 s 的左半平面且离虚轴越远,其对应的响应分量衰减得越快;反之,则衰减越慢。

(3)各分量的幅值与闭环极点、零点在 s 平面中的位置有关,具体如下:

• 若某极点的位置离原点很远,那么其相应的系数将很小。所以,远离原点的极点,其动态分量幅值小、衰减快,对系统的动态响应影响很小。

• 若某极点靠近一个闭环零点又远离原点及其他极点,则相应项的幅值较小,该动态分量的影响也较小。工程上常把处于这种情况的闭环零点、极点,称之为偶极子,一般地这对闭环零、极点之间的距离要比它们本身的模值小一个数量级。偶极子对动态分量影响较小的现象,称之为零、极点相消。

• 若某极点远离零点又接近原点,则相应的幅值就较大。因此,离原点很近并且附近又没有闭环零点的极点,其动态分量项不仅幅值大,而且衰减慢,对系统输出量的影响最大。

3.4.3　高阶系统的分析方法

由以上高阶系统单位阶跃响应的求解过程和讨论可知,对高阶系统的分析是十分烦琐的事情。如果再试图根据性能指标的定义,按式(3.51)所求出的高阶系统性能指标解析式,将会更加麻烦。为简单和方便起见,在控制工程中常常采用主导极点的概念对高阶系统进行近似分析。实践表明,这种近似分析方法是行之有效的。

在高阶系统中,如果存在某个离虚轴最近的闭环极点,而其他闭环极点与虚轴的距离比起这个极点与虚轴的距离(实部长度)大5倍以上,且其附近不存在闭环零点,则可以认为系统的动态响应主要由这个极点决定,称这个对动态响应起主导作用的极点为闭环主导极点。对应地,其他的极点称为普通极点或非主导极点。在高阶稳定系统中,闭环主导极点往往是一对共轭复数极点,因为这样可以得到系统最小的调节时间和较高的精度。

根据闭环主导极点的概念,在对高阶系统性能进行分析时,如果能找到一对共轭复数主导极点,那么高阶系统就可以近似地当作二阶系统来分析,并用二阶系统的性能指标公式来估计系统的性能;如果能找到一个主导极点,那么高阶系统可以按一阶系统来分析。同样,在设计一个高阶系统时,也常常利用主导极点来选择系统参数,使系统具有一对共轭主导极点,以利于近似地按二阶系统的性能指标来设计系统。

若高阶系统不满足应用闭环主导极点的条件,则高阶系统不能近似为二阶系统。这时高阶系统的过渡过程必须具体求解,其研究方法同一阶、二阶系统。有时,对于不大符合存在闭环主导极点条件的高阶系统,可设法使其符合条件。例如,在某些不希望的闭环极点附近引入闭环零点,人为地构成偶极子,产生零、极点相消。另外,在许多实际应用中,比主导极点距离虚轴远2~3倍的闭环零、极点,在某些条件下也可略去不考虑。

值得指出,近年来由于数字计算机的发展和普及,特别是已经出现一些求解高阶微分方程的软件,如MATLAB等,容易求出高阶系统的输出解及绘制出相应的响应曲线,这给高阶系统的分析和设计带来了方便。

例3.4　某控制系统的闭环传递函数为

$$\Phi(s) = \frac{2.7}{s^3 + 5s^2 + 4s + 2.7}$$

(1) 试绘出单位阶跃响应曲线,并求动态性能指标 t_r, t_p, t_s 和 $\sigma\%$。

(2) 用主导极点方法求解并对比。

解　这是一个三阶系统,可以求得三个闭环极点分别为

$$s_{1,2} = -0.4 \pm j0.69, \quad s_3 = -4.2$$

其闭环传递函数可写为

$$\Phi(s) = \frac{4.2 \times 0.8^2}{(s+4.2)(s^2 + 2 \times 0.5 \times 0.8s + 0.8^2)}$$

$$= \frac{4.2 \times 0.8^2}{(s+4.2)(s+0.4-j0.69)(s+0.4+j0.69)}$$

三阶系统的实数极点 $-p$ 和 ζ, ω_n 为

$$-p = s_3 = -4.2, \quad \zeta = 0.5, \quad \omega_n = 0.8$$

（1）把 $-p$ 和 ζ, ω_n 及 $\beta=\dfrac{-p}{\zeta \omega_n}=-10.5$ 代入式（3.48）得

$$c(t)=1-0.04\mathrm{e}^{-4.2t}-\mathrm{e}^{-0.4t}(0.96\cos0.69t+0.81\sin0.69t)$$

相应的单位阶跃响应曲线表示在图 3.25 中。由该图
求得系统响应的各项性能指标：

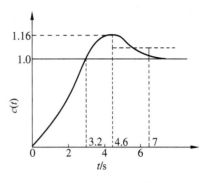

图 3.25　例 3.4 图

　　上升时间　　　　$t_r=3.2\mathrm{s}$

　　峰值时间　　　　$t_p=4.6\mathrm{s}$

　　调节时间　　　　$t_s=7.0\mathrm{s}(\Delta=0.05)$

　　超调量　　　　　$\sigma\%=16\%$

（2）该系统的实数极点与复数极点实部之比为
10.5，故复数极点 $s_{1,2}$ 可视为闭环主导极点，所以该三
阶系统可以用具有这一对复数极点的二阶系统近似。
近似的二阶系统闭环传递函数为

$$\Phi(s)=\frac{0.8^2}{s^2+2\times0.5\times0.8s+0.8^2}$$

由二阶系统性能指标计算公式，可求出：

　　上升时间　　　　　　　　　　$t_r=3.03\mathrm{s}$

　　峰值时间　　　　　　　　　　$t_p=4.55\mathrm{s}$

　　调节时间　　　　　　　　　　$t_s=7.25\mathrm{s}(\Delta=0.05)$

　　超调量　　　　　　　　　　　$\sigma\%=16.3\%$

比较以上两种方法所求到的性能指标，其数值都很接近。这说明当系统存在一对闭环
主导极点时，三阶系统可降阶为二阶系统进行分析，其结果不会带来太大的误差。

3.5　稳定性和代数稳定判据

稳定是控制系统的重要性能，也是系统能够正常运行的首要条件。控制系统在实际运
行中，总会受到外界和内部一些因素的扰动，如负载变化、电压波动、系统参数的变化、环境
条件的改变等。如果系统不稳定，就会在任何微小的扰动作用下偏离平衡状态，并随着时间
的推移而发散，当扰动消失后也不能恢复到原来的状态。所以分析系统的稳定性，并提出保
证系统稳定的条件，是设计控制系统的基本任务之一。本节主要研究线性定常系统稳定的
概念、控制系统稳定的充要条件和稳定性的代数判定方法。

3.5.1　稳定的概念

任何控制系统在扰动作用下都会偏离平衡状态，产生初始偏差。所谓稳定性就是指系
统当扰动作用消失以后，由初始偏差状态恢复到平衡状态的性能。若系统能恢复平衡状态，
就称系统是稳定的；若系统在扰动作用消失以后不能恢复平衡状态，且偏差越来越大，则称
系统是不稳定的。

为了建立稳定的概念，首先通过一个直观的例子来说明稳定的含义。

　　图 3.26 所示为一个单摆的示意图,其中 o 为支点。设在外界扰动作用下,摆由原平衡点 a 偏移到新的位置 b。当外力去掉后,摆在重力作用下,由位置 b 运动到位置 a。在位置 a

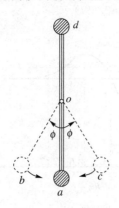

摆因为惯性作用,将继续向前摆动,最后到达最高点 c。此后,摆将围绕点 a 反复摆动,经过一定时间,当摆因受介质阻碍使其所有的能量耗尽后,摆将重新停留在原平衡点 a,故称 a 点为稳定平衡点。反之,若图 3.26 所示单摆处于另一个平衡点 d,则一旦受到外界扰动力的作用偏离了原平衡位置后,即使外界扰动力消失,无论经过多长时间,单摆不可能再回到原平衡点 d,这样的平衡点称为不稳定平衡点。

图 3.26　单摆的平衡

　　从上面关于稳定性的直观示例,初步建立起有关稳定性的概念。现在给出关于控制系统稳定性的定义:如果控制系统在初始条件影响下,其响应过程随时间的推移而逐渐衰减并趋于零,则这样的系统具有渐近稳定性,简称具有稳定性。反之,在初始条件影响下,若控制系统的响应过程随时间推移而发散,则称这样的系统具有不稳定性。

3.5.2　线性定常系统稳定的充分必要条件

　　上述稳定性定义表明,线性系统的稳定性仅取决于系统自身的固有特性,而与外界条件无关。因此,设线性系统在初始条件为零时,作用一个理想单位脉冲 $\delta(t)$,这时系统的输出增量为脉冲响应 $c(t)$。这相当于系统在扰动信号作用下,输出信号偏离原平衡点的问题。若 $t \to \infty$ 时,脉冲响应为

$$\lim_{t \to \infty} c(t) = 0 \tag{3.52}$$

即输出增量收敛于原平衡点,则线性系统是稳定的。

　　设闭环传递函数为一个真有理分式

$$\Phi(s) = \frac{C(s)}{R(s)} = \frac{K_g \prod_{i=1}^{m}(s+z_i)}{\prod_{j=1}^{n}(s+p_j)}$$

系统处于全零初始状态。系统对外作用的响应 $c(t)$ 的拉普拉斯变换为

$$C(s) = \Phi(s)R(s)$$

在现在的情况下,$R(s)=1$

$$C(s) = \Phi(s) = \frac{K_g \prod_{i=1}^{m}(s+z_i)}{\prod_{j=1}^{n}(s+p_j)}$$

$$c(t) = L^{-1}[\Phi(s)] = L^{-1}\left[\frac{K_g \prod_{i=1}^{m}(s+z_i)}{\prod_{j=1}^{n}(s+p_j)}\right] = \sum_{j=1}^{n} a_j e^{-p_j t} \tag{3.53}$$

式中,a_j 称为 $s=-p_j$ 极点处的留数。根据稳定性的定义,如果 $c(t)$ 在 $t\to\infty$ 时趋于 0,则系统稳定;反之,若系统是稳定的,则 $c(t)$ 在 $t\to\infty$ 时应趋于 0。从式(3.53)易知,$\lim_{t\to\infty}c(t)=0$ 的充分必要条件是 $-p_j$ 具有负实部。

综上所述,线性系统稳定的充要条件是:系统特征方程的根(即系统的闭环极点)均为负实部和(或)具有负实部的共轭复数(也就是说,系统的全部闭环极点都在复数平面虚轴的左半部)。

3.5.3 劳斯稳定判据

由线性系统稳定的充要条件可知,对于控制系统稳定性的判别可以根据闭环系统特征方程的根的分布情况,对于一阶、二阶系统可以直接通过求解特征方程来判别,但是对于三阶或三阶以上代数方程式的求根则是比较困难的。劳斯(E. J. Routh)于 1877 年提出了由特征方程式的系数直接利用代数方法判别特征方程根的分布位置,以此判别系统是否稳定。这就是劳斯稳定判据。

应用劳斯稳定判据判定系统稳定性的步骤如下:

(1) 写出线性系统的特征方程

$$a_n s^n + a_{n-1}s^{n-1} + \cdots + a_1 s + a_0 = 0 \tag{3.54}$$

式中的系数为实数。设 $a_0 \neq 0$,即排除存在零根的情况。

(2) 设方程(3.54)中所有系数都存在,并且均大于 0,这是系统稳定的必要条件。一个具有实系数的 s 多项式,总可以分解成一次和二次因子,即 $(s+a)$ 和 (s^2+bs+c),式中 a、b 和 c 都是实数。一次因子给出的是实根,而二次因子给出的则是复根。只有当 b 和 c 都是正值时,因子 (s^2+bs+c) 才能给出负实部的根。所有因子中的常数 a、b 和 c 都是正值是所有的根都具有负实部的必要条件。任意个只包含正系数的一次和二次因子的乘积,必然也是一个具有正系数的多项式。因此,方程(3.54)缺项或具有负的系数,系统便是不稳定的。

(3) 如果系数都是正值,按下面的方式编制劳斯计算表。

劳斯阵的前两行由特征方程式的系数组成:第一行由第 $1,3,5,\cdots$ 项系数组成,第二行由第 $2,4,6,\cdots$ 项系数组成。以下各行系数由下列公式计算:

$$b_1 = \frac{a_{n-1}a_{n-2} - a_n a_{n-3}}{a_{n-1}}$$

$$b_2 = \frac{a_{n-1}a_{n-4} - a_n a_{n-5}}{a_{n-1}}$$

$$b_3 = \frac{a_{n-1}a_{n-6} - a_n a_{n-7}}{a_{n-1}}$$

$$\vdots$$

$$c_1 = \frac{b_1 a_{n-3} - b_2 a_{n-1}}{b_1}$$

$$c_2 = \frac{b_1 a_{n-5} - b_3 a_{n-1}}{b_1}$$

$$c_3 = \frac{b_1 a_{n-7} - b_4 a_{n-1}}{b_1}$$

$$\vdots$$

$$
\begin{array}{c|cccc}
s^n & a_n & a_{n-2} & a_{n-4} & \cdots \\
s^{n-1} & a_{n-1} & a_{n-3} & a_{n-5} & \cdots \\
s^{n-2} & b_1 & b_2 & b_3 & \cdots \\
s^{n-3} & c_1 & c_2 & c_3 & \cdots \\
s^{n-4} & d_1 & d_2 & d_3 & \cdots \\
\vdots & \vdots & & & \\
s^2 & e_1 & e_2 & & \\
s^1 & f_1 & & & \\
s^0 & g_1 & & &
\end{array}
$$

n 阶系统的劳斯表共有 $n+1$ 行，以竖线左边的 s 的幂次为行号，在劳斯表的第一行旁边注明 s^n，第二行旁边注明 s^{n-1}……。上述计算一直进行到第 $n+1$ 行，即旁边注有 s^0 的行为止。劳斯表排列成倒三角形。在展开劳斯阵列的过程中，可以用一个正整数去除或乘某一整行，这时不会改变所得出的结论。

劳斯稳定判据指出：方程(3.54)中，实部为正数的根的个数等于劳斯表的第一列元素符号改变的次数。因此，系统稳定的充分必要条件是：特征方程的全部系数都是正数，并且劳斯表第一列元素都是正数。

3.5.4　劳斯稳定判据的应用

1. 判定控制系统的稳定性

例 3.5　已知三阶系统的特征方程为 $a_3 s^3 + a_2 s^2 + a_1 s + a_0 = 0$，试确定系统稳定的充要条件。

解　列出劳斯表为

$$
\begin{array}{c|cc}
s^3 & a_3 & a_1 \\
s^2 & a_2 & a_0 \\
s^1 & \dfrac{a_1 a_2 - a_3 a_0}{a_2} & \\
s^0 & a_0 &
\end{array}
$$

根据劳斯稳定判据，三阶系统稳定的充分必要条件为：a_3、a_2、a_1、a_0 均大于 0 及 $(a_1 a_2 - a_3 a_0)$ 大于 0。

例 3.6　已知线性系统的特征方程为 $s^4 + 2s^3 + 3s^2 + 4s + 5 = 0$，试用劳斯稳定判据判别该系统的稳定性。

解　该系统的劳斯表为

$$
\begin{array}{c|ccc}
s^4 & 1 & 3 & 5 \\
s^3 & 2 & 4 & 0 \\
s^2 & 1 & 5 & 0 \\
s^1 & -6 & 0 & \\
s^0 & 5 & &
\end{array}
$$

由于劳斯表的第一列系数有两次变号,故该系统是不稳定的,且有两个正实部根。

在编制劳斯表时,可能遇到下面两种特殊情况。

(1)劳斯表第一列系数中出现 0,用一个很小的正数 ε 来代替它,然后继续计算其他元素。

例 3.7 试判别某系统的稳定性,其特征方程为

$$s^4 + 2s^3 + 3s^2 + 6s + 4 = 0$$

解 列劳斯表

s^4	1	3	4
s^3	2	6	0
s^2	$0(\varepsilon)$	4	0
s^1	$(6\varepsilon-8)/\varepsilon$	0	
s^0	4		

由于 ε 是很小的正数,所以 $(6\varepsilon-8)/\varepsilon$ 为负数,则劳斯表第一列元素符号改变了两次。因此,系统不稳定,特征方程有两个正实部根。

例 3.8 已知线性系统的特征方程为 $s^4+3s^3+3s^2+3s+2=0$,试判别该系统的稳定性。

解 列出劳斯表

s^4	1	3	2
s^3	3	3	0
s^2	2	2	0
s^1	$0(\varepsilon)$		
s^0	2		

劳斯表第一列无符号改变,但第一列有 0 出现,有一对纯虚根,因此,系统不稳定(临界稳定)。

(2)某行的各系数全为 0。这种情况下,劳斯表的计算工作也由于出现无穷大而无法继续进行。为了解决这个问题,可以利用各元为 0 的那一行的上一行各元作为系数,构成一个辅助方程,再用辅助方程求导一次后的系数来代替各元为 0 的那一行。辅助方程的解就是原特征方程的部分特征根,而且这部分特征根对称于原点,可能的情况为共轭虚根、符号相反的实根或者实部相异、虚部相反的复数根。因此系统是不稳定的。

例 3.9 试判别某系统的稳定性。设其特征方程为

$$s^6 + s^5 + 5s^4 + 3s^3 + 8s^2 + 2s + 4 = 0$$

解 列劳斯表

s^6	1	5	8	4
s^5	1	3	2	0
s^4	2	6	4	$0 \to 2s^4+6s^2+4=0$(辅助方程)
s^3	0(8)	0(12)	0(0)	将辅助方程求导一次,得 $8s^3+12s=0$
s^2	3	4	0	
s^1	4/3	0		
s^0	4			

求解辅助方程 $2s^4 + 6s^2 + 4 = 0$ 得

$$s_{1,2} = \pm j, \quad s_{3,4} = \pm j\sqrt{2}$$

故该系统不稳定,有两对共轭虚根。

2. 分析系统参数变化对稳定性的影响

劳斯稳定判据可确定系统个别参数变化对稳定性的影响,以及在系统稳定的前提下,这些参数允许的取值范围。使系统稳定的开环放大倍数的临界值称为临界放大倍数,用 K_p 表示。

例 3.10   如图 3.27 所示系统,试确定使系统稳定的开环放大倍数取值范围。

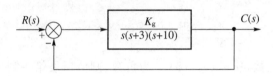

图 3.27   系统结构图

解   系统的传递函数为

$$\frac{C(s)}{R(s)} = \frac{K_g}{s^3 + 13s^2 + 30s + K_g}$$

闭环系统的特征方程为

$$s^3 + 13s^2 + 30s + K_g = 0$$

根据劳斯稳定判据,系统稳定的充分必要条件是

$$\begin{cases} K_g > 0 \\ 13 \times 30 - 1 \times K_g > 0 \end{cases}$$

所以 K_g 的取值范围为 $0 < K_g < 390$,由于系统的开环放大倍数 $K = \dfrac{K_g}{30}$,K 的取值范围为 $0 < K < 13$,故系统的开环临界放大倍数 K_p 为 13。

3. 确定系统的相对稳定性

前面利用稳定判据判别系统是否稳定,只回答了系统绝对稳定性问题。这对于许多实际情况来说,是不全面的。在控制系统的分析、设计中,常常应用相对稳定性的概念,以说明系统的稳定程度。由于一个稳定系统的特征方程的根都落在复平面虚轴的左半部,而虚轴是系统的临界稳定边界,因此,以特征方程最靠近虚轴的根和虚轴的距离 σ 表示系统的相对稳定性或稳定裕量,如图 3.28 所示。一般来说,σ 愈大则系统的稳定度愈高。

利用劳斯判据可以确定系统的稳定程度。具体做法是:以 $s = z - \sigma$ 代入原系统的特征方程,得到以 z 为变量的方程,然后,应用劳斯判据于新的方程。若满足稳定的充要条件,则该系统的特征根都落在 s 平面中 $s = -\sigma$ 直

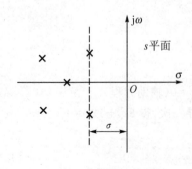

图 3.28   系统的稳定裕量 σ

线的左半部分,即具有 σ 以上的稳定裕量。

例3.11 对于例3.10系统,若要使系统具有 $\sigma=1$ 以上的稳定裕量,试确定 K 的取值范围。

解 进行坐标变换,将 $s=z-1$ 代入原系统的特征方程,得

$$(z-1)^3 + 13(z-1)^2 + 30(z-1) + K_g = 0$$

整理后得

$$z^3 + 10z^2 + 7z + (K_g - 18) = 0$$

根据劳斯判据,稳定的充要条件是

$$\begin{cases} K_g - 18 > 0 \\ 10 \times 7 - (K_g - 18) > 0 \end{cases}$$

即

$$18 < K_g < 88$$

由于系统的开环放大倍数 $K=\dfrac{K_g}{30}$,故 K 的取值范围为 $0.6 < K < 2.93$。

4. 结构不稳定系统及其改进

仅仅通过调整参数无法稳定的系统,称为结构不稳定系统。不稳定的系统是不能够工作的,必须从结构上对系统进行改造,使系统满足稳定的条件。

图3.29所示系统就是一个结构不稳定系统。该系统的开环传递函数为

$$G_K(s) = \frac{K_1 K_m K_2}{s^2 (T_m s + 1)}$$

令 $K = K_1 K_m K_2$,系统的特征方程为

$$T_m s^3 + s^2 + K = 0$$

由于特征方程有缺项(缺 s^1 项),故该系统是不稳定的,并且无论怎样改变 K 和 T_m 的数值,都不能使系统稳定。这是一个结构不稳定系统,必须改变系统的结构才可能使之稳定。

通常,单位负反馈系统若其前向通路包含有两个或两个以上的积分环节,便构成一个结构不稳定的系统。

消除结构不稳定常采用以下两种方法:一种是设法改变积分环节的性质;另一种是引入比例-微分控制,以便填补特征方程的缺项。

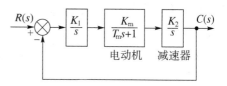

图3.29 结构不稳定系统

(1) 改变积分环节的性质

用反馈环节 K_H 包围积分环节即可改变其积分性质。如图3.30(a)所示,被包围后的小闭环系统的传递函数为

$$\frac{Y_1(s)}{X_1(s)} = \frac{K_1}{s + K_1 K_H}$$

可见,积分环节已被改变成惯性环节。

用反馈包围电动机及减速器,如图3.30(b)所示,被包围后小闭环系统的传递函数为

$$\frac{Y_2}{X_2} = \frac{K_m K_2}{s(T_m s + 1) + K_m K_2 K_H} = \frac{K_m K_2}{T_m s^2 + s + K_m K_2 K_H}$$

这样,电动机及减速器中的积分性质也被改变了。

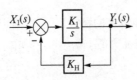
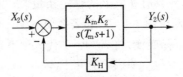

(a) 用反馈包围积分环节　　　　　(b) 用反馈包围电动机及减速器

图 3.30　改变积分环节的性质

若将图 3.29 所示的结构不稳定系统的积分环节 $\dfrac{K_1}{s}$ 用反馈环节 K_H 包围后,系统的特征方程变为

$$T_m s^3 + (1 + K_1 K_H T_m)s^2 + K_1 K_H s + K_1 K_m K_2 = 0$$

特征方程不再缺项,只要适当选择参数,便可以使系统稳定。

需要指出,通过改变积分环节性质的方法可以改善系统的稳定性,但改变了系统的型别,降低了系统的静态性能。关于这个问题,在 3.6 节会有进一步的论述。

(2) 引入比例-微分环节

若在图 3.29 所示的结构不稳定系统的前向通路中引入比例-微分环节,如图 3.31 所示。

系统的特征方程为

$$T_m s^3 + s^2 + K\tau_d s + K = 0$$

根据劳斯稳定判据,该系统稳定的充要条件是

$$T_m > 0, \quad K > 0, \quad \tau_d > T_m$$

可见,引入比例-微分环节,适当选择参数便可以使系统稳定。

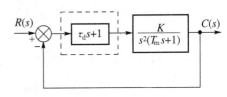

图 3.31　引入比例-微分控制

3.6　系统稳态误差分析

控制系统的稳态误差,是系统控制精度的一种度量,通常称为静态性能。在控制系统设计中,稳态误差是一项重要的性能指标。系统的稳态误差与系统本身的结构参数及外作用的形式都有关系。本节讨论的稳态误差并不包括由于元件的不灵敏区、零点漂移、老化等原因造成的误差。

线性控制系统若不稳定则不存在稳定的状态,谈不上稳态误差。因此,讨论稳态误差时所指的都是稳定的系统。

控制系统的稳态误差是因输入信号的不同而不同的,因而,控制系统的静态性能是通过评价系统在典型输入信号作用下的稳态误差来衡量的。

在阶跃函数作用下没有稳态误差的系统称为无差系统,反之则称为有差系统。

为了分析方便,把系统的稳态误差分为两种:由给定输入引起的稳态误差称为给定稳态误差;由扰动输入引起的稳态误差称为扰动稳态误差。当线性系统既受到给定输入作用同时又受到扰动作用时,它的稳态误差是上述两项误差的代数和。对于随动系统,给定输入信号是不断变化的,所以要求系统的输出以一定的精度跟随给定信号的变化。因此,常用给定稳态误差来衡量随动系统的控制精度。对于恒值控制系统,给定量通常是不变的,需要研

究的是扰动输入对系统稳态响应的影响,因此,常用扰动稳态误差来衡量恒值控制系统的控制精度。

3.6.1　误差与稳态误差的定义

1. 误差的定义

控制系统的典型结构如图 3.32 所示。系统的误差可以有两种定义方法。

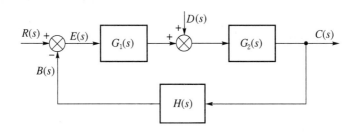

图 3.32　控制系统的典型结构

（1）从输入端定义：系统的误差被定义为给定输入信号 $r(t)$ 与反馈信号 $b(t)$ 之差,即
$$e(t) = r(t) - b(t) \tag{3.55}$$
用这种方法定义的误差,又常称为偏差。由于它是可以测量的,因而在应用中具有实际意义。

（2）从输出端定义：系统的误差被定义为输出量的期望值 $c_o(t)$ 和实际值 $c(t)$ 之差,即
$$\varepsilon(t) = c_o(t) - c(t) \tag{3.56}$$
在如图 3.32 所示的系统中,有
$$\frac{E(s)}{R(s)} = \frac{1}{1 + G_1(s)G_2(s)H(s)} = \frac{1}{1 + G_K(s)} \tag{3.57}$$
$$\varepsilon(s) = \frac{R(s)}{H(s)} - \frac{G_1(s)G_2(s)R(s)}{1 + G_1(s)G_2(s)H(s)} = \frac{E(s)}{H(s)} \tag{3.58}$$

由式(3.58)可知：从输出端定义的误差 $\varepsilon(s)$ 与从输入端定义的误差 $E(s)$ 具有一一对应的关系。对于单位反馈系统 $\varepsilon(s) = E(s)$,在以下的分析中,我们将采用第一种方法定义的误差来分析稳态误差。

2. 稳态误差的定义

当时间 $t \to \infty$ 时,系统的误差称为稳态误差,以 e_{ss} 表示,即
$$e_{ss} = \lim_{t \to \infty} e(t) \tag{3.59}$$
由拉普拉斯变换终值定理可得
$$e_{ss} = \lim_{s \to 0} sE(s) \tag{3.60}$$
如图 3.32 所示,系统同时受到输入信号 $r(t)$ 和扰动量 $d(t)$ 的作用,输出的拉普拉斯变换为
$$C(s) = G_1(s)G_2(s)[R(s) - H(s)C(s)] + D(s)G_2(s)$$

$$C(s) = \frac{G_1(s)G_2(s)}{1+G_1(s)G_2(s)H(s)}R(s) + \frac{G_2(s)}{1+G_1(s)G_2(s)H(s)}D(s)$$

误差 $e(t)$ 的拉普拉斯变换为

$$E(s) = R(s) - H(s)C(s)$$

$$= \frac{1}{1+G_1(s)G_2(s)H(s)}R(s) - \frac{G_2(s)H(s)}{1+G_1(s)G_2(s)H(s)}D(s) \quad (3.61)$$

$$e_{ss} = \lim_{s \to 0} sE(s) = \frac{s}{1+G_1(s)G_2(s)H(s)}R(s) - \frac{sG_2(s)H(s)}{1+G_1(s)G_2(s)H(s)}D(s) \quad (3.62)$$

上式表明,稳态误差既与外作用 $r(t)$ 和 $d(t)$ 有关,也与系统的结构参数有关。

3.6.2　控制系统的型别

由于稳态误差与系统的结构有关,这里介绍一种控制系统按开环结构中积分环节个数来分类的方法。

设系统的开环传递函数有下列形式

$$G_K(s) = \frac{K}{s^\nu} \cdot \frac{\displaystyle\prod_{i=1}^{m_1}(\tau_i s + 1)\prod_{k=1}^{m_2}(\tau_k^2 s^2 + 2\zeta_k \tau_k s + 1)}{\displaystyle\prod_{j=1}^{n_1}(T_j s + 1)\prod_{l=1}^{n_2}(T_l^2 s^2 + 2\zeta_l T_l s + 1)} \quad (3.63)$$

式中,K 为系统的开环传递系数;ν 为系统的开环传递函数中所含积分环节的个数。

工程中,控制系统根据 ν 的数值可以分为下列类型:

当 $\nu=0$ 时,称为 0 型系统;

当 $\nu=1$ 时,称为 I 型系统;

当 $\nu=2$ 时,称为 II 型系统;

⋮

由于当 $\nu>2$ 时,对系统的稳定性是不利的,因此一般不采用,这里就不介绍了。

3.6.3　给定输入下的稳态误差

当只有输入 $r(t)$ 作用时,系统的稳态误差称为给定稳态误差,用 e_{ssr} 表示。设系统的结构图如图 3.33 所示。

如果系统只受到给定输入的作用(扰动量 $d(t)=0$),式(3.61)变成

$$E(s) = \frac{1}{1+G(s)H(s)}R(s) \quad (3.64)$$

式中 $G(s) = G_1(s)G_2(s)$。系统的给定稳态误差为

$$e_{ssr} = \lim_{s \to 0} \frac{s}{1+G(s)H(s)}R(s) \quad (3.65)$$

下面分别讨论在几种典型输入信号的作用下,不同类型系统的给定稳态误差。

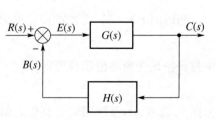

图 3.33　$d(t)=0$ 时系统的典型结构图

1. 单位阶跃函数输入

当 $r(t)=1(t)$ 时,则 $R(s)=\dfrac{1}{s}$,由式(3.65)知稳态误差为

$$e_{ssr} = \lim_{s \to 0} \frac{s}{1+G(s)H(s)} \cdot \frac{1}{s} = \frac{1}{K_p} \tag{3.66}$$

式中 $K_p = 1 + \lim_{s \to 0} G(s)H(s)$,$K_p$ 称为稳态位置误差系数。

对于 0 型系统,$K_p = 1+K$,$e_{ssr} = \dfrac{1}{1+K}$;

对于 I 型和 II 型系统,$K_p \to \infty$,$e_{ssr} = 0$。

可见,对于阶跃输入,所有 0 型系统的稳态误差为有限值,且稳态误差随开环传递系数 K 的增大而减小;I 型及以上系统的稳态误差为零,是无差系统。

2. 单位斜坡函数输入

当 $r(t)=t \cdot 1(t)$ 时,则 $R(s)=\dfrac{1}{s^2}$。稳态误差为

$$e_{ssr} = \lim_{s \to 0} \frac{s \cdot \dfrac{1}{s^2}}{1+G(s)H(s)} = \frac{1}{\lim\limits_{s \to 0} s \cdot G(s)H(s)}$$

令 $K_v = \lim\limits_{s \to 0} sG(s)H(s)$,$K_v$ 称为系统的稳态速度误差系数。系统的稳态误差为

$$e_{ssr} = \frac{1}{K_v}$$

对于 0 型系统,$K_v = 0$,$e_{ssr} \to \infty$;

对于 I 型系统,$K_v = K$,$e_{ssr} = \dfrac{1}{K}$;

对于 II 型系统,$K_v \to \infty$,$e_{ssr} = 0$。

可见,0 型系统不能正常跟踪斜坡函数输入信号。

3. 单位加速度函数输入

当 $r(t)=\dfrac{1}{2}t^2 \cdot 1(t)$ 时,则 $R(s)=\dfrac{1}{s^3}$。稳态误差为

$$e_{ssr} = \lim_{s \to 0} \frac{s \cdot \dfrac{1}{s^3}}{1+G(s)H(s)} = \frac{1}{\lim\limits_{s \to 0} s^2 G(s)H(s)}$$

令 $K_a = \lim\limits_{s \to 0} s^2 G(s)H(s)$,$K_a$ 称为系统的稳态加速度误差系数。系统的稳态误差为

$$e_{ssr} = \frac{1}{K_a}$$

对于 0 型和 I 型系统,$K_a = 0$,$e_{ssr} \to \infty$;

对于 II 型系统,$K_a = K$,$e_{ssr} = \dfrac{1}{K}$。

可见,0 型和 I 型系统均不能正常跟踪加速度函数输入信号。

K_p、K_v、K_a 分别反映了系统跟踪阶跃输入信号、斜坡输入信号和加速度输入信号的能力。K_p、K_v、K_a 越大,相应的稳态误差越小,精度越高,误差系数 K_p、K_v、K_a 与系统性能一样,均是从系统本身的结构特征上体现系统消除稳定误差的能力,反映了系统跟踪典型输入信号的精度。

表 3.3 列出了各型系统在不同输入信号时的稳态误差系数和给定稳态误差值。

表 3.3   输入信号作用下的稳态误差

系统型别	稳态误差系数			阶跃输入 $r(t) = A \cdot 1(t)$	斜坡输入 $r(t) = Bt \cdot 1(t)$	加速度输入 $r(t) = \dfrac{C}{2}t^2 \cdot 1(t)$
ν	K_p	K_v	K_a	$e_{ssr} = \dfrac{A}{K_p}$	$e_{ssr} = \dfrac{B}{K_v}$	$e_{ssr} = \dfrac{C}{K_a}$
0	$1+K$	0	0	$\dfrac{A}{K_p}$	∞	∞
I	∞	K	0	0	$\dfrac{B}{K_v}$	∞
II	∞	∞	K	0	0	$\dfrac{C}{K_a}$

例 3.12   单位负反馈系统的开环传递函数为

$$G(s)H(s) = \frac{10(4s+1)}{s^2(s+1)}$$

若输入信号 $r(t) = (1+2t+3t^2) \cdot 1(t)$,试求系统的稳态误差。

解   (1) 应首先判别系统的稳定性。若系统不稳定,响应不会趋于稳态,稳态误差是没有意义的。

系统的闭环特征方程为

$$s^3 + s^2 + 40s + 10 = 0$$

列出劳斯表为

$$
\begin{array}{c|cc}
s^3 & 1 & 40 \\
s^2 & 1 & 10 \\
s^1 & 30 & 0 \\
s^0 & 10 &
\end{array}
$$

劳斯表的第一列均为正数,所以系统稳定。

(2) 求稳态误差。

由开环传递函数可知,该系统为 II 型系统,开环放大倍数为 $K=10$。因此,当输入 $r(t) = 1(t)$ 时,$e_{ssr1} = 0$。当输入 $r(t) = 2t \cdot 1(t)$ 时,$e_{ssr2} = 0$。当输入 $r(t) = 3t^2 \cdot 1(t)$ 时,$e_{ssr3} = 6/K$,所以系统的稳态误差:

$$e_{ss} = e_{ssr1} + e_{ssr2} + e_{ssr3} = 6/K = 0.6$$

由上面分析可见,掌握了系统结构特征与输入信号之间的规律性联系后,就可以直接由表 3.3 得出稳态误差,而不需要再利用终值定理逐步计算。但是值得注意的是:

① 系统必须是稳定的,否则计算误差是没有意义的,即分析误差之前必须首先判断系

统的稳定性。

② 这种规律性的联系只适用于输入信号作用下的稳态误差，而不适用于其他信号(如扰动信号)作用下的稳态误差。

③ 上述公式中的 K 指的是系统的开环增益，即开环传递函数应化为式(3.61)所示的标准形式，各典型环节的 s^0 项的系数必须为1。

④ 上述规律只适用于误差定义为式 $e(t)=r(t)-b(t)$ 和单位负反馈时的 $e(t)=r(t)-c(t)$，若误差定义有变，则必须将系统误差化成满足上述定义的形式才能使用上述公式。

3.6.4　扰动作用下的稳态误差

系统在扰动作用下的稳态误差的大小，反映了系统的抗扰动能力。由于给定输入与扰动信号作用在系统的不同位置上，即使系统对某一给定输入的稳态误差为零，对同一形式的扰动作用的稳态误差未必是零；同一系统对同一形式的扰动作用，由于扰动的作用点不同，其稳态误差也不一定相同。

图 3.34 所示系统是一个Ⅰ型系统，而且是二阶系统，所以系统是稳定的。当扰动为零时，对单位阶跃输入信号 $r(t)=1(t)$，系统是无差的。由于扰动作用点不同，相同的扰动会引起不同的稳态误差。

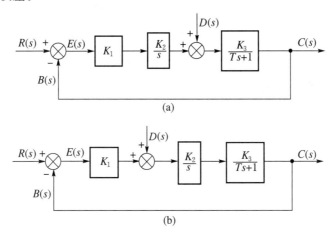

图 3.34　扰动作用下的控制系统

如果仅有单位阶跃扰动 $d(t)=1(t)$ 作用于系统，根据式(3.61)可求得图 3.34(a)所示系统的扰动稳态误差为

$$e_{ssd}=-\lim_{s\to0}s\cdot\frac{\dfrac{K_3}{Ts+1}}{1+\dfrac{K_1K_2K_3}{s(Ts+1)}}\cdot\frac{1}{s}=0$$

即系统对于阶跃扰动作用的稳态误差为零。

对于图 3.34(b)所示系统仅有单位阶跃扰动作用，即 $d(t)=1(t)$。由式(3.61)可求得其稳态误差为

$$e_{\mathrm{ssd}} = -\lim_{s \to 0} \frac{\dfrac{K_2 K_3}{s(Ts+1)}}{1 + \dfrac{K_1 K_2 K_3}{s(Ts+1)}} \cdot \frac{1}{s} = -\frac{1}{K_1}$$

即系统的稳态误差与 K_1 成反比。增大 K_1 可以减小稳态误差。但是 K_1 过大对系统的平稳性和稳定性不利。

为了满足该系统对稳定性的要求，可将比例环节 K_1 用传递函数为 $K_1\left(1+\dfrac{1}{T_i s}\right)$ 的环节来代替，即将比例控制改为比例积分(PI)控制。如图 3.35 所示，这一系统对阶跃扰动是无差的。在单位斜坡扰动的作用下，其稳态误差

$$e_{\mathrm{ssd}} = -\lim_{s \to 0} s \Phi_{\mathrm{DE}}(s) D(s)$$

$$= -\lim_{s \to 0} s \cdot \frac{\dfrac{K_2 K_3}{s(Ts+1)}}{1 + K_1\left(1 + \dfrac{1}{T_i s}\right)\dfrac{K_2 K_3}{s(Ts+1)}} \cdot \frac{1}{s^2} = -\frac{T_i}{K_1}$$

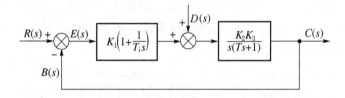

图 3.35　比例加积分控制系统

例 3.13　系统结构图如图 3.36 所示。已知 $r(t) = d(t) = 1(t)$，试设计传递函数 $G(s)$ 使系统稳态误差为零。

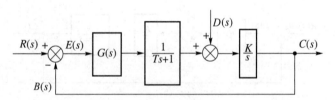

图 3.36　系统结构图

解　系统偏差传递函数为

$$\Phi_{\mathrm{E}}(s) = \frac{E(s)}{R(s)} = \frac{1}{1 + \dfrac{KG(s)}{s(Ts+1)}} = \frac{s(Ts+1)}{s(Ts+1) + KG(s)}$$

$$\Phi_{\mathrm{DE}}(s) = \frac{E(s)}{D(s)} = \frac{\dfrac{-K}{s}}{1 + \dfrac{KG(s)}{s(Ts+1)}} = \frac{-K(Ts+1)}{s(Ts+1) + KG(s)}$$

$$e_{\mathrm{ss}} = \lim_{s \to 0} s[\Phi_{\mathrm{E}}(s)R(s) + \Phi_{\mathrm{DE}}(s)D(s)]$$

$$= \lim_{s \to 0} \frac{(Ts+1)(s - K)}{s(Ts+1) + KG(s)} = \frac{-1}{\lim\limits_{s \to 0} G(s)}$$

令 $e_{\mathrm{ss}}=0$，得 $\lim\limits_{s\to 0}G(s)\to\infty$，只要取 $G(s)=\dfrac{1}{s}$ 即可。

3.6.5　改善系统稳态精度的方法

从前面分析可知，为了减小系统的给定输入稳态误差，可以增加前向通路积分环节的个数，或增大开环传递系数。为了减小系统的扰动误差，应增加 $E(s)$ 至扰动作用点之间的积分环节个数，或加大开环增益。但一般系统的串联积分环节不能超过两个，开环增益过大会使系统动态性能变坏，甚至使系统不稳定。为了解决这一问题，可以采用复合控制（或称顺馈控制，前馈控制），对误差进行补偿。

1. 按给定输入补偿的复合控制

系统的结构如图 3.37 所示。$G_1(s)$ 和 $G_2(s)$ 分别为系统的控制器和被控对象的传递函数，补偿器 $G_{\mathrm{b}}(s)$ 在系统的回路之外。因此可以先设计系统的闭环回路，以保证其良好的动态性能，然后再设计补偿器 $G_{\mathrm{b}}(s)$，以提高系统对典型输入信号的稳态精度。

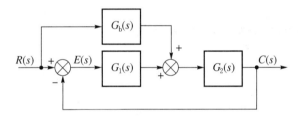

图 3.37　按给定输入补偿的复合控制

由图 3.37 知

$$\Phi(s)=\frac{C(s)}{R(s)}=\frac{[G_1(s)+G_{\mathrm{b}}(s)]G_2(s)}{1+G_1(s)G_2(s)}$$

给定误差为

$$E(s)=R(s)-C(s)=[1-\Phi(s)]R(s)=\frac{1-G_2(s)G_{\mathrm{b}}(s)}{1+G_1(s)G_2(s)}R(s)$$

由上式，若设置补偿通道使得

$$G_{\mathrm{b}}(s)=\frac{1}{G_2(s)} \tag{3.67}$$

则补偿后 $E(s)=0$ 或 $C(s)=R(s)$，即不管输入信号形式如何，均可实现系统对给定作用的完全复现。工程上将式(3.67)称为给定作用下的全补偿条件。

2. 按扰动补偿的复合控制

设干扰可以直接测量，系统的结构如图 3.38 所示，其中 $G_{\mathrm{n}}(s)$ 是补偿器的传递函数。仅有扰动作用时($r(t)=0$)系统的输出为

$$C(s)=\frac{[1-G_1(s)G_{\mathrm{n}}(s)]G_2(s)}{1+G_1(s)G_2(s)}D(s) \tag{3.68}$$

当满足 $G_{\mathrm{n}}(s)=1/G_1(s)$ 时，系统的输出完全不受扰动的影响。这种补偿方法利用了双

通道原理,干扰信号一路经 $G_n(s)$、$G_1(s)$ 到达 $G_2(s)$ 之前的综合点,另一路直接到达该点。当满足 $G_n(s)=1/G_1(s)$ 时,两条通道的信号到达此综合点时正好大小相等,方向相反,互相完全抵消,从而实现了干扰的全补偿。但是由于 $G_n(s)$ 的可实现性,实际上也只能实现近似的补偿。

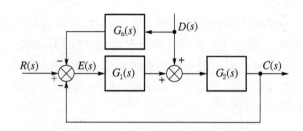

图 3.38　按扰动输入补偿的复合控制

3.7　控制系统时域分析的 MATLAB 应用

3.7.1　基于 Toolbox 工具箱的时域分析

MATLAB 的 Toolbox 工具箱提供了大量对控制系统的时域特征进行分析的函数,对连续系统和离散控制系统均能进行分析。

控制系统常用的输入为单位阶跃函数和脉冲激励函数。在 MATLAB 的控制系统工具箱中提供了求取两种输入下系统典型响应的函数,它们分别是 step( )和 impulse( ),均有多种函数调用格式。

如绘制系统的阶跃响应,常见用法如下:

step(sys)

sys 是闭环系统模型名称,可为 tf、zpk、ss 模型。

例 3.14　某系统闭环特征方程如下,判断该系统的闭环稳定性。
$$A(s) = s^4 + 2s^3 + s^2 + 7s + 6$$

如果采用传统分析方法,要通过劳斯判据进行一系列的计算,而且系统阶次越高,计算越复杂。而利用 MATLAB,只需一个求特征根的指令便可判断,并可求出所有的闭环特征根。

```
p=[1 2 1 7 6];          %生成多项式 A(s)
roots(p)                %求多项式的特征根
```

输出为

```
ans=
    0.6160+1.6011i
    0.6160−1.6011i
   −2.3727
   −0.8592
```

特征根说明该系统有两个负实根,并有一对具有正实部的共轭复根,此系统不稳定。利用 MATLAB,可以精确求出高阶系统的闭环零、极点,从而直接判断系统的稳定性。

例 3.15　典型二阶系统闭环传递函数如下,求单位阶跃响应。

$$\Phi(s) = \frac{1}{s^2 + 4s + 8}$$

输入指令为:

```
num=[1];
den=[1 4 8];
step(num,den)          %输出响应曲线
grid                   %加比例栅格
```

输出曲线如图 3.39 所示。将鼠标指针移至曲线上任意一点并单击,图形将自动显示此点对应的响应时间与幅值大小,拖动鼠标在响应曲线上移动,可以显示任意点对应的响应时间与幅值大小。由响应曲线可见,由于该系统闭环传递系数为 1/8=0.125,故响应稳态值为 0.125,响应过程略带超调,最大超调量 $\sigma\% = (0.13-0.125)/0.125 \times 100\% = 4\%$,调节时间 $t_s = 1s$。

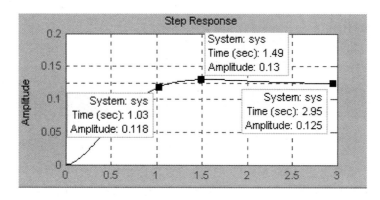

图 3.39　二阶系统的单位阶跃响应曲线

例 3.16　典型二阶系统

$$\Phi(s) = \frac{\omega_n^2}{s^2 + 2\zeta\omega_n s + \omega_n^2}$$

绘制:(1) $\omega_n = 8$,ζ 分别取 0.1,0.3,0.5,0.7,1.0,2.0 时的单位阶跃响应;(2) $\zeta = 8$,ω_n 分别取 2,4,6,8,10,12 时的单位脉冲响应。

解　在命令窗口中用 zeta 表示 ζ,wn 表示 ω_n,指令如下。

```
wn=8;
num=wn^2;                        %wn^2 表示 ωn 的平方
zeta=[0.1:0.2:0.7,1.0,2.0];      %ζ 的取值范围,由行向量生成。0.1 是第一个元素,0.2 是步长,
                                 %0.7 是最后一个元素。0.1:0.2:0.7 表示元素:0.1,0.3,0.5,0.7
figure(1)
hold on                          %输出一个图形(1),绘制以下循环中产生的每条曲线
for i=1:6
    den=[1,2*zeta(i)*wn,wn^2];   %分母系数
    step(num,den)                %输出单位阶跃响应曲线
end
title('step response')           %标定输出图形的名称
hold off                         %图形完成
```

```
zeta=0.707;
wn=[2:2:12];                        %ωn 的取值范围,由行向量生成
figure(2)
hold on
for j=1:6
    num=wn(j)^2;
    den=[1,2*zeta*wn(j),wn(j)^2];
    impulse(num,den)                %输出单位脉冲响应曲线
end
title('impulse response')
hold off
```

运行结果如图 3.40 所示,由图可以直观地看出 ω_n、ζ 变化对系统响应的影响。

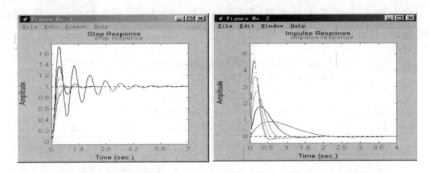

图 3.40   典型二阶系统的单位阶跃响应和单位冲击响应曲线

与大多数计算机语言一样,MATLAB 的基本程序结构有顺序、循环、分支三种。实现循环结构的方式为 for-end(指定循环次数)和 while-end(不指定循环次数);实现分支结构的方式为 if-else-then 和 switch-case 语句,else 子句中也可嵌套 if 语句,形成 else if 结构,以实现多路选择。

3.7.2   Simulink

1. Simulink 简介

Simulink 是建立控制系统第 4 种数学模型-动态结构图的软件包,可建立起直观形象的系统模型,实现动态系统建模、仿真、分析,它使 MATLAB 的功能得到进一步的扩展和增强。可在实际系统制作之前,实时调试及整定系统,提高系统的性能,减少设计系统过程中反复修改的时间,高效率地开发系统。并可实现多工作环境图文件互用和数据交换,如 Simulink 与 MATLAB,Simulink 与 FORTRAN、C 和 C++,从而把理论研究和工程实践有机地结合在一起。

建立模型是进行仿真的前提。在 Simulink 命令窗口中运行 Simulink;或选择命令窗中 File|New|Model 命令;或直接单击图标 都可以进入 Simulink 浏览器即仿真器或模块库,如图 3.41 所示。

该模型库包括:Continuous(连续系统)、Discrete(离散时间模型)、Function&Tables

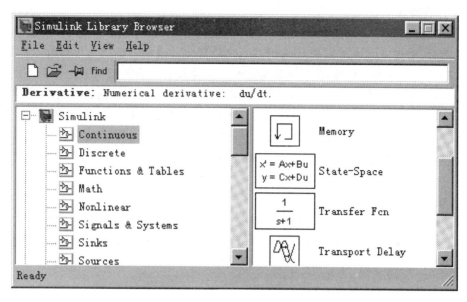

图 3.41 Simulink 模块库窗口

（函数与表）、Sources(信号源)、Sinks(输出方式)、Nonlinear(非线性环节)等模型库。每个标准模块库中存储有多个相应的基本功能模块，单击某个模块即可选择并打开相应的基本功能模块。

常用模块及功能见附录 B 中的附表 B.1～附表 B.6。

2. 模型建立与仿真

（1）模型创建

打开 Simulink 模块库窗口，并出现新建模窗口 Untitled。根据要建立的动态结构图，从模块库中选择所需模块，按住鼠标左键拖入建模窗口后松开，即建立该模块。

按照模块之间的关系，用鼠标单击前一模块的输出端，光标变为（＋）后，拖动十字图符到下一模块的输入端，然后释放鼠标键，即可将模块连接在一起。用鼠标左键选中该模块，拉动模块的四个边角，即可随意设置其大小；模块也可移动、删除、复制，方法与 Windows 基本操作相同。

（2）仿真结果输出

输出模块库提供了几个实用的输出模块。其中，Scope、XY Graph 和 Display 是用来直接观察仿真输出的。

Scope：将信号显示在类似示波器的窗口内，可以放大、缩小窗口，也可以打印仿真结果的波形曲线。

XY Graph：绘制 X-Y 二维的曲线图形，两个坐标刻度范围可以设置。

Display：将仿真结果的数据以数字形式显示出来。

只要将这三种示波器图标放在控制系统模型结构图的输出端，就可以在系统仿真时，同时看到三种示波器的仿真结果。Display 将数据结果直接显示在模块窗口中，而 Scope 和 XY Graph 会自动产生新的窗口。

（3）仿真操作

模型创建完成后，如果模块参数不合适，可双击该模块打开模块属性表，修改模块的内部参数，然后，单击 Apply 按钮和 Close 按钮，完成修改。模块的标题也可修改：单击标题，使之增亮反显，输入新的名称，然后用鼠标在窗口其他任意地方单击一下。

Simulink 中动态仿真数据的计算是由数值积分实现的，必须根据需要选取适当的算法和参数。可选择 Simulink|Parameters 命令，打开算法和参数控制面板，对算法、仿真的起止时间、积分步长、允许误差等进行设置。

当参数调整合适后，选择建模窗口中 Simulink|Start 命令启动仿真过程，就可在选中的输出设备上看到仿真结果。

（4）模型保存

在建模窗口中选择 File|Save 命令保存文件。以后在 MATLAB 指令窗中直接输入模型文件名字，就可打开该模型的方框图窗口，对其进行编辑、修改和仿真。在模块库窗口中，单击"打开"图标也可打开已存在的模型。

3. 基于 Simulink 的时域分析

例 3.17　典型控制系统的仿真。

某单位负反馈系统开环传递函数如下，建立该闭环系统的动态结构图，并求出单位阶跃响应曲线。

$$G_K(s) = \frac{2}{s(s^2 + 4s + 1)}$$

（1）建立用于分析的控制系统模型——动态结构图（如图 3.42 所示）

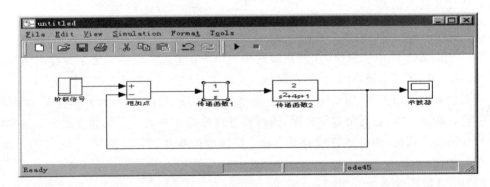

图 3.42　控制系统仿真的动态结构图

由两个传递函数模块 Transfer Fcn、一个输入信号模块——阶跃信号 Step、一个输出模块——示波器 Scope 和一个相加点模块 Sum，就可构成一个标准的闭环控制系统。

各个模块的参数可以随意改动，例如可将 Simulink 给定的阶跃响应输入模块的跳跃时间从 1 改为 0 时刻。首先，双击阶跃输入模块的图标，弹出如图 3.43 所示的对话框。用户可以将其中的 Step time（阶跃时刻）后面的文本框内的参数改为"0"；同时，也可以修改 Initial value（初始值）和 Final value（终止值）后面的文本框内容，根据需要定义阶跃信号。

由于本系统为负反馈系统，所以需要对加法器内的符号（默认值为＋ ＋）进行修改。双击加法器图标，弹出属性对话框，在 List of signs 后面的文本框内输入"＋ －"，这时，新的加

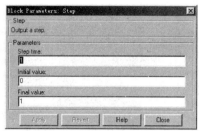

图 3.43 阶跃输入模块和加法器的属性表

法器的两个输入信号将一正一负,实现负反馈的连接方式。

控制对象由传递函数模块给出,在 Linear 模块库中选择传递函数模块的图标,并将其拖放到模块窗口中。此时的传递函数的默认值为 $1/(s+1)$,如果需要改变参数,双击图标弹出如图 3.44 所示的对话框,并分别在 Numerator(分子)和 Denominator(分母)后面的文本框内输入所需传递函数的分子和分母多项式系数,阶次从高到低,如某项不存在,该项系数为 0。

(2) 系统仿真

① 单位阶跃响应

启动系统仿真,双击"示波器"图标,打开示波器窗口,输出波形如图 3.45 所示。

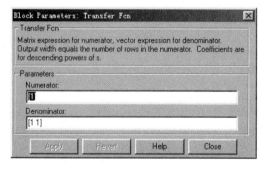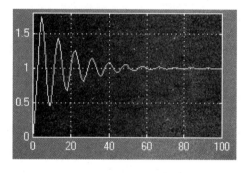

图 3.44 传递函数模块的属性表 　　　　图 3.45 单位阶跃响应波形

观察"示波器"中的波形,可研究系统的时域性能,为方便读数,可利用示波器的坐标调整功能,简单地用鼠标在需要细化的坐标处单击一下,示波器将自动使波形显示的范围更合适。

此系统的单位阶跃响应为衰减振荡,最大超调量 $\sigma\% = 75\%$,调节时间为 50s,稳态值为 1,稳态误差为 0,说明该系统为一阶无差度系统,型别为 I 型,有一个积分环节。

② 系统稳定性分析

设置"传递函数 2"为振荡环节 $K/(s^2+4s+1)$,由劳斯判据可得,$K<4$ 时闭环系统稳定。分别取开环传递系数 $K=4$、6,示波器显示响应曲线分别为等幅振荡和发散振荡形式,符合理论分析(见图 3.46)。

此外,还可修改传递函数 2 振荡环节的阻尼比 ζ,根据仿真结果考察系统响应曲线受 ζ 变化的影响,分析系统的动态性能。

利用 linmod(linmods2)指令可以将 Simulink 中的动态结构图转换为状态空间模型(ss

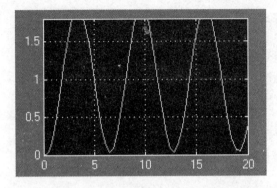 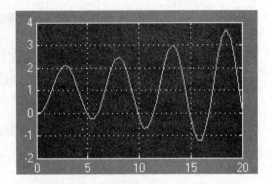

图 3.46　不同开环传递系数下的单位阶跃响应的平稳性比较

模型),从而转换为传递函数或零、极点模型,利用编程方法进行分析。

　　MATLAB 提供了丰富的虚拟仪器,用常规实验仪器可以完成的实验在 Simulink 中都能完成,而且有建模简单、参数调整方便、结果可视性好、分析手段多样等优点;Simulink 可以大大简化控制系统的仿真分析。

习题

　　3.1　系统结构图如图 3.47 所示。已知传递函数 $G(s)=\dfrac{10}{0.2s+1}$,现采用加负反馈的方法,将调节时间 t_s 减小为原来的 1/10,并保证总放大倍数不变。试确定参数 K_h 和 K_0 的数值。

　　3.2　某单位负反馈系统的开环传递函数为

$$G_K(s) = \frac{K}{s(0.1s+1)}$$

试分别求出 $K=10$ 和 $K=20$ 时,系统的阻尼比 ζ 和无阻尼自然振荡角频率 ω_n,以及单位阶跃响应的超调量 $\sigma\%$ 和调节时间 t_s。并讨论 K 的大小对过渡过程性能指标的影响。

　　3.3　设图 3.48 为某控制系统的结构图,试确定参数 K_1 和 K_2,使系统的 $\omega_n=6$, $\zeta=1$。

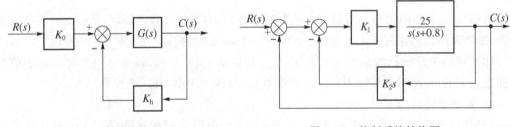

图 3.47　系统结构图　　　　　　　　　　图 3.48　控制系统结构图

　　3.4　如图 3.49 所示,若某系统加入速度负反馈 τs,为使系统阻尼比 $\zeta=0.5$,试确定(1) τ 的取值;(2)系统的动态性能指标 $\sigma\%$ 和 t_s。

　　3.5　实验测得单位负反馈二阶系统的单位阶跃响应曲线如图 3.50 所示。试确定该系统的开环传递函数 $G_K(s)$。

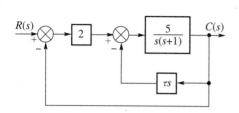

图 3.49　加入速度负反馈的系统

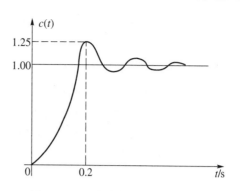

图 3.50　二阶系统的阶跃响应曲线

3.6　已知某系统的闭环传递函数为

$$\Phi(s) = \frac{C(s)}{R(s)} = \frac{10(s+2.5)}{(s+10)(s+2.6)(s^2+s+1)}$$

试估算该系统的动态性能指标 $\sigma\%$ 和 t_s。

3.7　已知单位负反馈系统的开环传递函数为

(1) $G_K(s) = \dfrac{20}{s(s+1)(s+5)}$　　　　(2) $G_K(s) = \dfrac{10(s+1)}{s(s-1)(s+5)}$

(3) $G_K(s) = \dfrac{0.1(s+2)}{s(s+0.5)(s+0.8)(s+3)}$　　　　(4) $G_K(s) = \dfrac{5s+1}{s^3(s+1)(s+2)}$

试分别用劳斯判据判定系统的稳定性。

3.8　试用劳斯判据判定具有下列特征方程式的系统的稳定性。若系统不稳定,指出在 s 平面右半部的特征根的数目。

(1) $s^3 + 20s^2 + 9s + 100 = 0$　　　　(2) $s^3 + 20s^2 + 9s + 200 = 0$

(3) $s^4 + 3s^3 + s^2 + 3s + 1 = 0$　　　　(4) $s^5 + s^4 + 4s^3 + 4s^2 + 2s + 1 = 0$

(5) $s^6 + 3s^5 + 5s^4 + 4s^3 + 3s^2 + 6s + 1 = 0$

3.9　设单位负反馈系统的开环传递函数分别为

(1) $G_K(s) = \dfrac{K}{(s+2)(s+4)}$　　　　(2) $G_K(s) = \dfrac{K}{s(s-1)(0.2s+1)}$

(3) $G_K(s) = \dfrac{K(s+1)}{s(s-1)(0.2s+1)}$

试确定使系统稳定的 K 的取值范围。

3.10　已知单位负反馈系统的开环传递函数为

$$G_K(s) = \frac{4}{2s^3 + 10s^2 + 13s + 1}$$

试用劳斯判据判断系统是否稳定和是否具有 $\sigma = 1$ 的稳定裕量。

3.11　设单位负反馈系统的开环传递函数为

$$G_K(s) = \frac{Ks(s+12)}{(s+5)(s+3)(s+6)}$$

若要求闭环特征方程根的实部分别小于 0、-1、-2,试问 K 值应怎么选取?

3.12   已知单位负反馈系统开环传递函数

(1) $G_K(s) = \dfrac{20}{(0.1s+1)(s+2)}$ (2) $G_K(s) = \dfrac{7(s+1)}{s(s+4)(s^2+2s+2)}$

(3) $G_K(s) = \dfrac{10(s+0.1)}{s^2(s^2+6s+10)}$

试分别求出各系统的稳态位置误差系数 K_p、稳态速度误差系数 K_v、稳态加速度误差系数 K_a；计算当输入信号 $r(t)=(1+t+t^2)\cdot 1(t)$ 时的稳态误差 e_{ssr}。

3.13   系统如图 3.51 所示。试判断系统闭环稳定性，并确定系统的稳态误差 e_{ssr} 及 e_{ssd}。

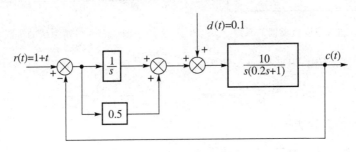

图 3.51   反馈控制系统

3.14   设控制系统的结构图如图 3.52 所示。系统的给定信号是斜坡函数 $r(t)=Rt\cdot 1(t)$；扰动作用是阶跃函数 $d(t)=D\cdot 1(t)$。

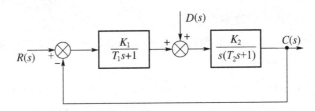

图 3.52   控制系统

(1) 试计算系统的稳态误差。

(2) 系统的环节增益 K_1、K_2 均为可调参数，但是其约束条件为 $K_1K_2 \leqslant K_0$，为了减小系统的总体稳态误差，K_1、K_2 应如何调整？

(3) 若采用按给定补偿的复合控制，使系统的型别数提高到 II 型，试确定补偿通道的传递函数 $G_b(s)$。

(4) 若采用按扰动补偿的复合控制，使系统无稳态误差地响应任意形式的扰动信号，试确定扰动补偿通道的传递函数 $G_n(s)$。

MATLAB 实验

M3.1   已知连续系统的开环传递函数为

$$G_K(s) = \frac{3s^4 + 2s^3 + 5s^2 + 4s + 6}{s^5 + 3s^4 + 4s^3 + 2s^2 + 7s + 2}$$

判断闭环系统稳定性。

M3.2　已知二阶系统的闭环传递函数如下所示

$$\Phi(s) = \frac{9}{s^2 + 3s + 2}$$

（1）求该系统单位阶跃响应曲线；

（2）求该系统时域指标 $\sigma\%$ 和 t_s。

M3.3　已知典型二阶系统的闭环传递函数为

$$\Phi(s) = \frac{\omega_n}{s^2 + 2\zeta\omega_n s + \omega_n^2}$$

其中 $\omega_n = 6$，绘制系统在 $\zeta = 0.1, 0.2, \cdots, 1.0, 2.0$ 时的单位阶跃响应。

M3.4　已知三阶系统的闭环传递函数为

$$\Phi(s) = \frac{100s + 200}{s^3 + 1.4s^2 + 100s + 100}$$

绘制系统的单位阶跃响应和单位脉冲响应曲线。

M3.5　对图 3.53 所示系统，利用 Simulink 构建系统动态结构图，分别求解当 $K = 10$ 和 $K = 10^3$ 时：

（1）系统的单位阶跃响应曲线；

（2）系统单位阶跃响应下的时域指标：$\sigma\%$、t_s 和稳态误差 e_{ssr}。

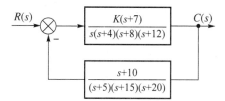

图 3.53　系统结构图

第4章

根轨迹法

内容提要

本章在引入根轨迹的基本概念基础上,讨论绘制根轨迹的基本规则,介绍了单回路负反馈系统的根轨迹、参数根轨迹、正反馈系统的根轨迹、滞后系统的根轨迹的绘制,利用根轨迹法分析控制系统的闭环零、极点和时间响应的关系、增加开环零、极点对根轨迹和系统性能的影响以及条件稳定系统等;最后介绍用 MATLAB 绘制系统根轨迹的方法。

由第 3 章讨论可知,闭环系统的稳定性及其他性能与闭环传递函数的零、极点之间有确定的关系。因此,可以根据闭环系统传递函数的零、极点研究控制系统的性能。但对于高阶系统,采用分析法求取闭环系统极点通常是比较困难的,而且当系统某一参数(如开环传递系数)发生变化时,又需要重新计算,这就给系统分析带来很大的不便。Evans 在 1948 年提出了一种在复平面上由开环系统零、极点确定闭环系统零、极点的图解方法,称为根轨迹法。借助这种方法可以比较简便、直观地分析系统闭环特征方程式的根与系统参数的关系。根轨迹法已发展成为经典控制理论中最基本的方法之一,与频率特性法互为补充,成为研究自动控制系统的有效工具。

4.1 根轨迹的基本概念

4.1.1 根轨迹概念

为了具体说明根轨迹的概念,先以图 4.1 所示的二阶系统为例,分析系统的一个参数——增益 K_g 从 0 变化到∞时,闭环特征方程式的根在 s 平面上移动的轨迹及相应的系统动态特性的基本特征。

图 4.1　二阶系统

该系统的闭环传递函数

$$\Phi(s) = \frac{C(s)}{R(s)} = \frac{K_g}{s^2 + s + K_g} \tag{4.1}$$

系统的闭环特征方程式为

$$s^2 + s + K_g = 0 \tag{4.2}$$

由式(4.2)可得闭环极点为

$$s_1 = -0.5 + 0.5\sqrt{1-4K_g}$$

$$s_2 = -0.5 - 0.5\sqrt{1-4K_g}$$

由此可知：闭环极点(特征根)s_1和s_2是随着K_g值的改变而变化的。当$K_g \leqslant 0.25$时，s_1和s_2都是负实数；当$K_g > 0.25$时，s_1和s_2都变成了复数。下面具体分析K_g从0变到∞时，s_1和s_2在s平面上移动的轨迹及其相应系统的动态特性。

(1) $K_g = 0$时，$s_1 = 0$，$s_2 = -1$时，将这两个根用符号"×"表示(如图4.2所示)。此外，用符号"○"表示闭环传递函数的零点(本例没有零点)。这两个极点就是根轨迹的起始点。

(2) K_g从0增大到0.25时，s_1和s_2都是负实数。随着K_g值的增大，s_1的绝对值增大，s_2的绝对值减小(s_1从0变到-0.5，s_2从-1变到-0.5)。也就是说，s_1从坐标原点沿负实轴向左方移动；s_2则从点$(-1, j0)$沿负实轴向右方移动，当移动到点$(-0.5, j0)$处时，s_1和s_2重合。即当$K_g = 0.25$时，特征根为重根：$s_{1,2} = -0.5$。因此，原点和点$(-1, j0)$之间的负实轴是根轨迹的一部分。在这种情况下，系统处于过阻尼状态$(\zeta > 1)$，其阶跃响应是一非周期动态过程。

(3) $K_g = 0.25$时，$s_1 = s_2 = -0.5$，特征方程式有一对重根。在这种情况下，系统处于临界阻尼状态$(\zeta = 1)$，其阶跃响应仍然是非周期性的。

(4) K_g从0.25增大到∞时，s_1和s_2为复数，它们的实数部分都等于-0.5，其虚数部分则是随着K_g值的增大而增大。这说明，s_1和s_2是由点$(-0.5, j0)$离开负实轴进入复数平面。此后，s_1沿$\sigma = -0.5$的直线向上移动到点$(-0.5, j\infty)$；s_2则沿$\sigma = -0.5$的直线向下移动到点$(-0.5, -j\infty)$。因此，$\sigma = -0.5$的直线也是根轨迹的一部分。在这种情况下，系统处于欠阻尼状态，其阶跃响应是具有衰减振荡性质。

由上面分析可知，二阶系统有两个特征根，其根轨迹有两条分支。当K_g从0变到∞时，一条分支由$s_1 = 0$开始，沿负实轴到点$(-0.5, j0)$再到点$(-0.5, j\infty)$；一条分支由$s_2 = (-1, j0)$开始，沿负实轴到点$(-0.5, j0)$再到点$(-0.5, -j\infty)$。

当K_g在有限值的范围内，二阶系统特征根的实部总是负的。由图4.2可见，当K_g从0变到∞时，根轨迹全部在s平面的左半部分，所以系统总是稳定的。上述分析表明，根轨迹与系统性能之间有着比较密切的联系。

图4.2中的根轨迹是通过取不同的K_g值计算出特征根的值描绘出来的。但是，这不是绘制根轨迹的最合适方法，而且也太费时间。对于高阶系统，用这种解析的方法绘制出系统的根轨迹图是很麻烦的。实际上，闭环系统的特征根的轨迹是根据开环传递函数与闭环特征根的关系，以及已知的开环极点和零点在根平面上的分布，按照一定的规则用图解的方法绘制出来的。

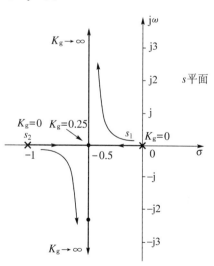

图4.2 二阶系统的根轨迹

4.1.2 根轨迹方程

由上面分析可知,绘制根轨迹的实质是在 s 平面寻找闭环特征根的位置。

典型闭环控制系统结构图如图 4.3 所示。该系统的开环传递函数为

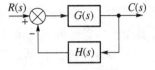

图 4.3 典型闭环系统

$$G_{\mathrm{K}}(s) = G(s)H(s) \qquad (4.3)$$

系统的闭环传递函数为

$$\Phi(s) = \frac{C(s)}{R(s)} = \frac{G(s)}{1+G(s)H(s)} = \frac{G(s)}{1+G_{\mathrm{K}}(s)} \qquad (4.4)$$

以开环零、极点来表示时,系统的开环传递函数可写为

$$G_{\mathrm{K}}(s) = K_{\mathrm{g}} \frac{\prod\limits_{i=1}^{m}(s+z_i)}{\prod\limits_{j=1}^{n}(s+p_j)} \qquad (4.5)$$

式中,$s=-z_i$,$i=1,2,\cdots,m$ 为系统的开环零点,$s=-p_j$,$j=1,2,\cdots,n$ 为系统的开环极点,K_{g} 为根轨迹增益,它与系统开环增益的关系为

$$K = K_{\mathrm{g}} \frac{\prod\limits_{i=1}^{m}z_i}{\prod\limits_{j=1}^{n}p_j} \qquad (4.6)$$

系统的闭环特征方程为

$$1+G_{\mathrm{K}}(s) = 0 \qquad (4.7)$$

用系统的开环传递函数 $G_{\mathrm{K}}(s)$ 来表示,则根轨迹方程为

$$G_{\mathrm{K}}(s) = -1 \qquad (4.8)$$

或

$$K_{\mathrm{g}} \frac{\prod\limits_{i=1}^{m}(s+z_i)}{\prod\limits_{j=1}^{n}(s+p_j)} = -1 \qquad (4.9)$$

上列各式中的 K_{g}、z_i 和 p_j 都是由系统中各元件的参数决定的。不论 K_{g}、z_i 和 p_j 还是各元件的参数,统称为系统参数。显然,系统参数一经确定,其特征方程式的所有根(闭环极点)就完全确定。当系统参数变化时,这些根也随之改变。系统的开环传递函数中某一参数(例如增益 K_{g})变化时,系统闭环特征方程的根在 s 平面上变化的轨迹称为根轨迹。

由于开环传递函数 $G_{\mathrm{K}}(s)$ 是复变函数,故根轨迹方程是一个向量方程,其幅值方程与相角方程为

$$|G_{\mathrm{K}}(s)| = 1 \qquad (4.10)$$

和

$$\angle G_{\mathrm{K}}(s) = \pm 180°(2k+1), \quad k=0,1,2,\cdots \qquad (4.11)$$

考虑到式(4.5),也可表示为

$$K_g = \frac{\prod\limits_{i=1}^{m} |s + z_i|}{\prod\limits_{j=1}^{n} |s + p_j|} = 1 \tag{4.12}$$

和

$$\sum_{i=1}^{m} \angle(s + z_i) - \sum_{j=1}^{n} \angle(s + p_j) = \pm 180°(2k+1), \quad k = 0, 1, 2, \cdots \tag{4.13}$$

式(4.12)和式(4.13)的幅值方程与相角方程称为根轨迹的条件方程。也就是说,s 平面上的任意点 s 如果满足根轨迹的幅值方程与相角方程,则该点在根轨迹上,否则,该点不在根轨迹上。

需要说明的是:由于相角条件方程和 K_g 无关,因此 s 平面上任意一点,只要满足相角条件方程,则必定同时满足幅值条件,该点必定在根轨迹上。相角条件是决定闭环系统根轨迹的充分必要条件。满足相角条件方程的闭环极点 s,代入幅值条件方程式(4.12),就可以求出对应的 K_g 值,显然一个 K_g 对应 n 个 s 值。相角和幅值可以直接计算,或在图上直接测量,但要注意准确的坐标比例,实、虚轴必须选用相同的比例尺刻度。

当然,参变量并非一定是系统的根轨迹增益 K_g,它可以是反馈系统的其他参数,如某个环节的时间常数等。然而,不论参变量由系统哪一个参数来决定,都可由相角条件,绘制出反馈系统的根轨迹。

控制系统的根轨迹图是满足上述根轨迹条件方程的,但是不能遍历 s 平面上所有的点来绘制。因为在满足根轨迹条件方程的基础上,根轨迹的图是有一些规律的。依据绘制轨迹图的一些基本规则,就可以绘制出控制系统的根轨迹草图。

绘制根轨迹草图的目的,是可以在根轨迹图的基础上来分析系统的性能,得到系统运动的基本信息,根据系统的闭环极点(以及零点)与系统性能指标间的关系来分析和设计控制系统。

4.2　绘制根轨迹图的基本规则

本节根据根轨迹的条件方程来讨论控制系统根轨迹的一些基本性质,又称为根轨迹作图的基本规则。利用这些基本规则可顺利地作出系统的根轨迹草图。根轨迹图的准确作图,可利用计算机辅助工具来完成。应当指出的是,用这些基本规则绘出的根轨迹,其相角遵循 $180°(2k+1)$ 条件,因此称为 $180°$ 根轨迹,相应的绘制规则也可以叫作 $180°$ 根轨迹的绘制规则。

绘制根轨迹的基本规则分述如下:

规则 1　系统根轨迹的各条分支是连续的,而且对称于实轴。

通常,系统的特征方程式为代数方程。因为代数方程中的系数连续变化时,代数方程的根也连续变化,所以特征方程的根轨迹是连续的。此外,由于特征方程的根或为实数,或为共轭复数,因此根轨迹必然对称于实轴。

规则 2　n 阶系统根轨迹的分支数为 n。

n 阶系统对于任意增益值其特征方程都有 n 个根,所以当增益 K_g 在 $0 \to \infty$ 变化时,在 s 平面有 n 条根轨迹,即根轨迹的分支数等于 n,与系统的阶数相等。

规则 3　当 $K_g = 0$ 时,根轨迹的各分支从开环极点出发;当 $K_g \to \infty$ 时,有 m 条分支趋向开环零点,另外有 $(n-m)$ 条分支趋向无穷远处。

由根轨迹方程式(4.9)可得

$$\frac{\prod\limits_{i=1}^{m}(s+z_i)}{\prod\limits_{j=1}^{n}(s+p_j)} = -\frac{1}{K_g} \tag{4.14}$$

当 $K_g=0$ 时是根轨迹的起点,为使式(4.14)成立必有 $s=-p_j, j=1,2,\cdots,n$,而 $s=-p_j$ 为系统的开环极点,所以 n 条根轨迹起始于系统的 n 个开环极点。

当 $K_g \to \infty$ 时是根轨迹的终点,为使式(4.14)成立必有 $s=-z_i, i=1,2,\cdots,m$,而 $s=-z_i$ 为系统的开环零点,所以 m 条根轨迹应该终止于系统的 m 个开环零点。

式(4.14)中,一般情况下由于 $n>m$,所以 n 阶系统只有 m 个有限零点,n 条根轨迹中的 m 条根轨迹终止于 m 个有限零点。对于其余 $(n-m)$ 条根轨迹,当 $K_g \to \infty$ 时方程右边有

$$\lim_{K_g \to \infty} -\frac{1}{K_g} = 0$$

故当 $K_g \to \infty$ 时,有 $s \to \infty$,所以方程左边有

$$\lim_{s \to \infty} \frac{\prod\limits_{i=1}^{m}(s+z_i)}{\prod\limits_{j=1}^{n}(s+p_j)} = \lim_{s \to \infty} \frac{s^m}{s^n} = \lim_{s \to \infty} \frac{1}{s^{n-m}} = 0$$

即其余 $(n-m)$ 条根轨迹终止于无穷远处,即终止于系统的 $(n-m)$ 个无穷大零点。

如果把 $s \to \infty$ 看成无穷大零点,则极点数和零点数总相等,可以得到结论,根轨迹终止于开环传递函数的零点。

规则 4　根轨迹中 $(n-m)$ 条趋向无穷远处分支的渐近线与实轴的交点为

$$-\sigma_a = \frac{\sum\limits_{j=1}^{n}(-p_j) - \sum\limits_{i=1}^{m}(-z_i)}{n-m}$$

渐近线与实轴的夹角为

$$\theta = \frac{180°(2k+1)}{n-m}$$

式中,$k=0,1,2,\cdots$。由规则 3 可知,若 $n>m$,则 $K_g \to \infty$ 时,有 $(n-m)$ 条根轨迹趋于 s 平面的无穷远处。下面,讨论这 $(n-m)$ 条根轨迹将以什么方式趋向无穷远的问题。

式(4.14)可写为

$$\frac{\prod\limits_{i=1}^{m}(s+z_i)}{\prod\limits_{j=1}^{n}(s+p_j)} = \frac{s^m + b_{m-1}s^{m-1} + \cdots + b_1 s + b_0}{s^n + a_{n-1}s^{n-1} + \cdots + a_1 s + a_0} = -\frac{1}{K_g} \tag{4.15}$$

式中,$b_{m-1} = -\sum\limits_{i=1}^{m}(-z_i)$ 为零点之和的负值;$a_{n-1} = -\sum\limits_{j=1}^{n}(-p_j)$ 为极点之和的负值。当 $K_g \to \infty$ 时,由 $n>m$,有 $s \to \infty$,上式可近似表示为

$$s^{m-n} + (b_{m-1} - a_{n-1})s^{m-n-1} = -\frac{1}{K_g}$$

$$s^{m-n}\left(1 + \frac{b_{m-1} - a_{n-1}}{s}\right) = -\frac{1}{K_g}$$

$$s\left(1 + \frac{b_{m-1} - a_{n-1}}{s}\right)^{\frac{1}{m-n}} = \left(-\frac{1}{K_g}\right)^{\frac{1}{m-n}}$$

由于 $s \to \infty$,将上等式左边按牛顿二项式定理展开,近似取线性项(即略去高次项)则有

$$s\left(1 + \frac{1}{m-n} \frac{b_{m-1} - a_{n-1}}{s}\right) = \left(-\frac{1}{K_g}\right)^{\frac{1}{m-n}}$$

令

$$\frac{b_{m-1} - a_{n-1}}{m-n} = \frac{a_{n-1} - b_{m-1}}{n-m} = \sigma_a$$

上式将变为

$$(s + \sigma_a) = \left(-\frac{1}{K_g}\right)^{\frac{1}{m-n}}$$

$$s = -\sigma_a + (-K_g)^{\frac{1}{n-m}}$$

以 $-1 = e^{j180°(2k+1)}, k = 0,1,2,\cdots$ 代入上式,则有

$$s = -\sigma_a + K_g^{\frac{1}{n-m}} \cdot e^{j180°\frac{2k+1}{n-m}} \tag{4.16}$$

这就是当 $s \to \infty$ 时,根轨迹的渐近线方程由两项组成。第一项为实轴上的常数向量,为渐近线与实轴的交点,其坐标为

$$-\sigma_a = -\frac{a_{n-1} - b_{m-1}}{n-m} = \frac{\sum_{j=1}^{n}(-p_j) - \sum_{i=1}^{m}(-z_i)}{n-m} \tag{4.17}$$

第二项为通过坐标原点的直线,与实轴的夹角(称为渐近线的倾斜角)为

$$\theta = \frac{180°(2k+1)}{n-m} \tag{4.18}$$

式中,$k = 0,1,2,\cdots$。由于相角的周期为 $360°$,k 取到 $n-m-1$ 即可得到全部夹角值。

例 4.1 已知控制系统的开环传递函数为

$$G_K(s) = \frac{K_g}{s(s+1)(s+5)}$$

试确定根轨迹的条数、起点和终点。若终点在无穷远处,试确定渐近线和实轴的交点及渐近线的倾斜角。

解 由于 $n=3$,所以有 3 条根轨迹,起点分别在 $-p_1 = 0, -p_2 = -1, -p_3 = -5$。由于 $m=0$,开环传递函数没有有限值零点,所以三条根轨迹的终点都在无穷远处,其渐近线与实轴的交点 $-\sigma_a$ 及倾斜角 θ 分别为

$$-\sigma_a = \frac{\sum_{j=1}^{3}(-p_j)}{n-m} = -\frac{0+1+5}{3-0} = -2$$

$$\theta = \frac{180°(2k+1)}{n-m} = \frac{180°(2k+1)}{3}$$

当 $k=0$ 时,$\theta_1 = 60°$;当 $k=1$ 时,$\theta_2 = 180°$;当 $k=2$ 时,$\theta_3 = 300°$。根轨迹的起点和三条渐近线如图 4.4 所示。

规则 5 在 s 平面实轴的线段上存在根轨迹的条件是,在这些线段右边的开环实数零点和极点的数目之和为奇数。

某系统开环零、极点如图 4.5 所示,对于实轴上的试探点 s_1,利用相角条件判断其是否在根轨迹上。

(1) 对于共轭复数开环极点 $-p_2$ 和 $-p_3$,指向试探点 s_1 的向量 $(s_1 + p_2)$、$(s_1 + p_3)$ 对称于实轴,相角大小相等、方向相反;对于共轭复数开环零点 $-z_2$ 和 $-z_3$,指向试探点 s_1 的两个向量 $(s_1 + z_2)$、$(s_1 + z_3)$ 也对称于实轴,相角大小相等、方向相反。

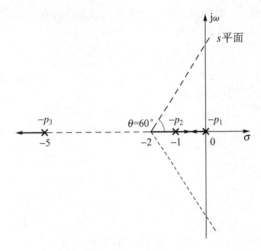

图 4.4　例 4.1 系统的渐近线

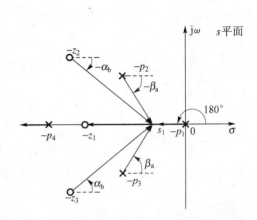

图 4.5　某系统开环零、极点分布图

因此,s 平面上的开环零、极点,由于是共轭复数对,对实轴上任一试探点 s_1 的相角影响为 0,不影响实轴上根轨迹的判别的相角条件。所以,判断 s_1 是否落在根轨迹上,共轭复数零、极点不考虑。

(2) 位于 s_1 左边的实数零、极点:$-z_1$ 和 $-p_4$,指向试探点 s_1 的向量(s_1+z_1)、(s_1+p_4)引起的相角均为 0°。所以,判断 s_1 是否落在根轨迹上,位于 s_1 左边的零、极点不考虑。

(3) 位于 s_1 右边的实数零、极点:每个零、极点提供 180° 相角,如 $-p_1$。

综上所述,根据相角条件式(4.13),若实轴上的试探点 s_1 右边的开环实数零、极点个数的总和为奇数,则 s_1 位于根轨迹上。

对于图 4.5 所示系统,$[-p_1,-z_1]$ 和 $[-\infty,-p_4]$ 为根轨迹段,为两条完整的根轨迹。

例 4.2　设系统开环传递函数为

$$G_K(s) = \frac{K_g(s+0.5)}{s^2(s+1)(s+1.5)(s+4)}$$

试确定实轴上的根轨迹。

解　系统的开环零点为 -0.5,开环极点为 0(二重极点)、-1、-1.5、-4(如图 4.6 所示)。根据实轴上根轨迹的判别条件可以得到区间$[-4,-1.5]$右方的开环零点数和极点数总和为 5,以及区间$[-1,-0.5]$右方的开环零点数和极点数总和为 3,均为奇数,故实轴上根轨迹在上述两区间内,如图 4.6 中所示。

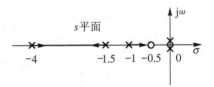

图 4.6　例 4.2 系统的开环零、极点图

规则 6　根轨迹的分离点和会合点由公式 $N'(s)D(s)-N(s)D'(s)=0$ 计算即得。

若干条根轨迹在 s 平面上的某一点相遇后又分开,称该点为分离点或会合点。如图 4.7 所示某系统的根轨迹图,由开环极点 $-p_1$ 和 $-p_2$ 出发的两条根轨迹,随 K_g 的增大在实轴上 A 点相遇后即分离进入复平面。随着 K_g 的继续增大,又在实轴上的 B 点相遇并分别沿实轴的左右两方运动。当 K_g 趋于无穷大时,一条根轨迹终止于开环零点 $-z$,另一条根轨迹趋于实轴的负无穷远处。实轴上有两个交点 A 和 B,分别称为根轨迹在实轴上的分离点和会合点。

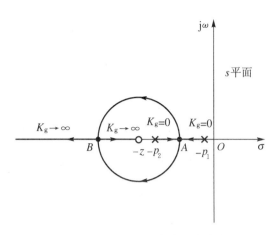

图 4.7 根轨迹的分离点和会合点

如果实轴上相邻开环极点之间是根轨迹(由实轴根轨迹的判别得到),则相邻开环极点之间必有分离点;如果实轴上相邻开环零点(其中一个可视为无穷远零点)之间有根轨迹,则这两个相邻零点之间必有会合点。如果实轴上根轨迹在开环零点与极点之间,则它们中可能既无分离点也无会合点,也可以既有分离点也有会合点。

在分离点或会合点上,根轨迹的切线和实轴的夹角称为分离角。分离角 θ_{d} 与相分离的根轨迹的条数 k 有关,即

$$\theta_{\mathrm{d}} = \frac{180°}{k} \tag{4.19}$$

例如,实轴上两条根轨迹的分离角为 $\pm 90°$,三条根轨迹的分离角为 $0°$、$\pm 60°$、$\pm 180°$。式(4.19)的分离角公式可以由相角条件公式证得。分离点或会合点位置的计算可用重根法、极值法或其他方法来求取。

(1) 重根法

数条根轨迹在 s 平面上某点相遇又分开,该点必为特征方程的重根。如两条根轨迹相遇又分开,该点为二重根。三条根轨迹相遇又分开,该点为三重根等。重根的确定可借助于代数重根法则。

已知 n 次代数方程为

$$f(x) = x^n + a_{n-1}x^{n-1} + \cdots + a_1 x + a_0 x = 0 \tag{4.20}$$

方程(4.20)有 n 个根。若方程(4.20)的 n 个根全部是单根,则满足其导数方程 $f'(x)=0$ 的根不是原方程 $f(x)=0$ 的根。

若方程(4.20)有二重根,则满足其一阶导数方程 $f'(x)=0$ 的根仍然含有原方程 $f(x)=0$ 的根。

若方程(4.20)有三重根,则满足其一阶导数方程 $f'(x)=0$ 的根含有原方程 $f(x)=0$ 的根,且满足其二阶导数方程 $f''(x)=0$ 的根也含有原方程 $f(x)=0$ 的根。

若方程(4.20)有 m 重根,则满足其一阶导数方程 $f'(x)=0$ 的根,二阶导数方程 $f''(x)=0$ 的根,直至满足其 $m-1$ 阶导数方程 $f^{(m-1)}(x)=0$ 的根,都含有原方程 $f(x)=0$ 的根。

例如,方程 $f(x)=x^2+3x+2=0$ 有互异单根 $x_1=-1$,$x_2=-2$,一阶导数方程

$f'(x)=2x+3$ 的根为 $x=-2/3$，$f'(x)=0$ 的根不是原方程 $f(x)=0$ 的根。

方程 $f(x)=(x-1)(x-2)^2=0$ 有二重根 $x_{c2}=2$，原方程的一阶导数方程 $f'(x)=(x-2)$ $[(x-2)+2(x-1)]=0$ 的一个根 $x_{c2}=2$ 仍然是原方程 $f(x)=0$ 的根。

方程 $f(x)=(x-1)(x-2)^3$ 有三重根 $x_{c3}=2$，原方程的一阶导数方程 $f'(x)=(x-2)^2$ $[(x-2)+3(x-1)]=0$ 的两个根 $x_{c3}=2$ 仍然是原方程 $f(x)=0$ 的根。原方程的二阶导数方程 $f''(x)=(x-2)\left[(x-2)+2\left(x-\dfrac{5}{4}\right)\right]=0$ 的一个根 $x_{c3}=2$ 仍然是原方程 $f(x)=0$ 的根。

根据代数重根法则，可以计算根轨迹的分离点。由于系统的开环传递函数为

$$G_K(s)=K_g\frac{\prod\limits_{i=1}^{m}(s+z_i)}{\prod\limits_{j=1}^{n}(s+p_j)}=K_g\frac{N(s)}{D(s)}$$

其中 $N(s)$ 为变量 s 的分子多项式，幂次为 m，$D(s)$ 为变量 s 的分母多项式，幂次为 n。闭环特征方程可以写为

$$1+K_g\frac{N(s)}{D(s)}=0 \tag{4.21}$$

即

$$F(s)=D(s)+K_gN(s)=0 \tag{4.22}$$

方程(4.22)的根即系统的闭环极点。根据代数重根法则，如果分离点处为二重根，则有

$$F'(s)=D'(s)+K_gN'(s)=0 \tag{4.23}$$

也是方程(4.22)的根，联立式(4.22)和式(4.23)可得分离点的计算公式为

$$N'(s)D(s)-N(s)D'(s)=0 \tag{4.24}$$

由于系统的重根数目不会太多，一般只按照上式计算即可。另外，计算结果是否是分离点(或会合点)，还需进一步判别。如计算所得的值在实轴上，那么要判别该线段是否是根轨迹。如果该线段是根轨迹，则计算结果就是分离点(或会合点)。否则，不是分离点(或会合点)，要舍去。

(2) 极值法

由于函数 $f(x)$ 可以在重根处获得极值，因此由式(4.21)可以得到

$$K_g=-\frac{D(s)}{N(s)} \tag{4.25}$$

则根轨迹增益表示为 s 的函数。其极值计算公式为

$$\frac{dK_g}{ds}=\frac{d}{ds}\left[-\frac{D(s)}{N(s)}\right]=0 \tag{4.26}$$

得到

$$N'(s)D(s)-N(s)D'(s)=0 \tag{4.27}$$

显然，式(4.27)和式(4.24)相同，即对 K_g 求极值的方法和重根法所得的结果是一样的，K_g 具有极值和 $\dfrac{1}{K_g}$ 具有极值是一样的。因此式(4.26)也可写为

$$\frac{d}{ds}\left[\frac{N(s)}{D(s)}\right]=0 \tag{4.28}$$

（3）试探法

用试探法计算分离点或会合点坐标 σ_d 的计算公式为

$$\sum_{i=1}^{m}\frac{1}{z_i-\sigma_\mathrm{d}}=\sum_{j=1}^{n}\frac{1}{p_j-\sigma_\mathrm{d}} \tag{4.29}$$

式中，m、n 分别为开环传递函数在实轴上零、极点数。关于公式的证明可以参阅其他参考书。

图 4.8 给出了 4 条根轨迹在实轴上分离的情况。图 4.9 给出了在复平面上有分离点的情况，复平面上的分离点是关于实轴对称的。

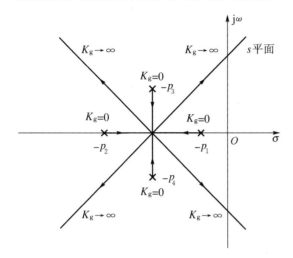

图 4.8　实轴上的四重根分离点

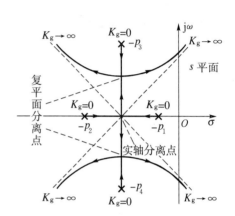

图 4.9　复平面上的分离点

例 4.3　单位反馈系统的开环传递函数为

$$G_\mathrm{K}(s)=K_\mathrm{g}\frac{s+1}{(s+0.1)(s+0.5)}$$

试确定实轴上根轨迹的分离点和会合点的位置。

解　由实轴根轨迹的判别可知，实轴上根轨迹位于 $[-0.5,-0.1]$ 和 $(-\infty,-1)$ 区间。由 $G_\mathrm{K}(s)$ 可得

$$N(s)=s+1$$
$$D(s)=(s+0.1)(s+0.5)=s^2+0.6s+0.05$$

由于根轨迹在实轴上的分离点和会合点的方程为

$$N'(s)D(s)-N(s)D'(s)=0$$

即

$$s^2+0.6s+0.05-(s+1)(2s+0.6)=0$$
$$s^2+2s+0.55=0$$

所以

$$s_{1,2}=-1\pm0.67=-1.67,-0.33$$

显然，在区间 $[-0.5,-0.1]$ 根轨迹有分离点 $-\sigma_\mathrm{d1}=-0.33$，在区间 $(-\infty,-1)$，根轨迹有会合点 $-\sigma_\mathrm{d2}=-1.67$。将 σ_d1 和 σ_d2 的值代入幅值条件计算式，可得相应的根轨迹增益，$K_\mathrm{gd1}=0.06$ 和 $K_\mathrm{gd2}=2.6$。该系统完整的根轨迹参见例 4.7。

规则 7   在开环复数极点处根轨迹的出射角为

$$\theta_{xc} = \mp 180°(2k+1) + \left[\sum_{i=1}^{m} \alpha_i - \sum_{\substack{j=1 \\ j \neq x}}^{n} \beta_j \right]$$

在开环零点处根轨迹的入射角为

$$\theta_{yr} = \pm 180°(2k+1) - \left[\sum_{\substack{i=1 \\ i \neq y}}^{m} \alpha_i - \sum_{j=1}^{n} \beta_j \right]$$

当系统的开环极点和零点位于复平面上时,根轨迹离开共轭复数极点的出发角称为根轨迹的出射角,根轨迹趋于共轭复数零点的终止角称为根轨迹的入射角。根据根轨迹的相角条件,可求得根轨迹的出射角和入射角。

设系统的开环极点和零点如图 4.10 所示。其中 $-p_1$,$-p_2$ 为共轭复数极点,两条根轨迹以 θ_{1c} 和 θ_{2c} 的出射角离开 $-p_1$ 和 $-p_2$。

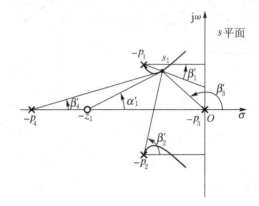

图 4.10   根轨迹的出射角和入射角

在离开 $-p_1$ 的根轨迹上取一点 s_1,s_1 应满足相角条件,即

$$\alpha_1' - (\beta_1' + \beta_2' + \beta_3' + \beta_4') = \pm 180°(2k+1)$$

则

$$\beta_1' = \mp 180°(2k+1) + \alpha_1' - (\beta_2' + \beta_3' + \beta_4')$$

当 s_1 点趋于 $-p_1$ 时,β_1' 即为根轨迹离开 $-p_1$ 点的出射角,β_1' 趋于 θ_{1c},而 α_1'、β_2'、β_3' 和 β_4' 也分别趋于各开环零点和极点相对于 $-p_1$ 点的向量的相角 α_1、β_2、β_3 和 β_4。这时

$$\theta_{1c} = \mp 180°(2k+1) + \alpha_1 - (\beta_2 + \beta_3 + \beta_4)$$

一般情况下,根据根轨迹方程的相角条件可求得根轨迹离开复数极点 $-p_x$ 的出射角 θ_{xc} 为

$$\theta_{xc} = \mp 180°(2k+1) + \left[\sum_{i=1}^{m} \alpha_i - \sum_{\substack{j=1 \\ j \neq x}}^{n} \beta_j \right] \tag{4.30}$$

同理,进入复数零点 $-z_y$ 的根轨迹的入射角 θ_{yr} 为

$$\theta_{yr} = \pm 180°(2k+1) - \left[\sum_{\substack{i=1 \\ i \neq y}}^{m} \alpha_i - \sum_{j=1}^{n} \beta_j \right] \tag{4.31}$$

例 4.4 设开环传递函数如下,试确定根轨迹离开共轭复数极点的出射角。

$$G_K(s) = \frac{K_g(s+2)}{s(s+3)(s^2+2s+2)}$$

解 如图 4.11 所示,系统开环极点为 $-p_1 = -1+j$、$-p_2 = -1-j$、$-p_3 = 0$、$-p_4 = -3$,开环零点为 $-z_1 = -2$,利用式(4.30),由作图可得

$$\theta_{1c} = \mp 180°(2k+1) + \angle(-p_1+z_1) - [\angle(-p_1+p_2) + \angle(-p_1+p_3) + (-p_1+p_4)]$$
$$= \mp 180°(2k+1) + 45° - (90° + 135° + 26.6)$$
$$= \mp 180° \times 2k - 26.6°$$

考虑到相角的周期性,取 $\theta_{1c} = -26.6°$。同理,可得 $\theta_{2c} = 26.6°$。该系统的根轨迹详见例 4.6。

规则 8 根轨迹与虚轴的交点可用 $s = j\omega$ 代入特征方程求解,或者利用劳斯判据确定。

根轨迹可能与虚轴相交,交点坐标的 ω 值及相应的 K_g 值可由劳斯判据求得,也可在特征方程中令 $s = j\omega$,然后使特征方程的实部和虚部分别为零求得。根轨迹和虚轴交点相应于系统处于临界稳定状态。此时增益 K_g 称为临界根轨迹增益,用 K_{gp} 表示。

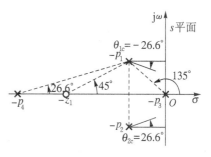

图 4.11 例 4.4 系统的出射角和入射角

例 4.5 设开环传递函数

$$G_K(s) = \frac{K_g}{s(s+1)(s+2)}$$

试求根轨迹和虚轴的交点,并计算临界开环增益。

解 闭环系统特征方程为

$$s(s+1)(s+2) + K_g = 0$$

即

$$s^3 + 3s^2 + 2s + K_g = 0$$

当 $K_g = K_{gp}$ 时,根轨迹和虚轴相交,令 $s = j\omega$ 代入,则特征方程为

$$(j\omega)^3 + 3(j\omega)^2 + 2(j\omega) + K_{gp} = 0$$

上式分解为实部和虚部,并分别等于零,即

$$K_{gp} - 3\omega^2 = 0$$
$$2\omega - \omega^3 = 0$$

解得 $\omega = 0, \pm\sqrt{2}$,相应 $K_{gp} = 0, 6$。$K_{gp} = 0$ 时,为根轨迹起点,排除。$K_{gp} = 6$ 时,根轨迹和虚轴相交,交点坐标为 $\pm j\sqrt{2}$。$K_{gp} = 6$ 为临界根轨迹增益。可以计算出临界开环增益为

$$K_p = K_{gp} \cdot \frac{1}{p_1 p_2} = 6 \times \frac{1}{1 \times 2} = 3$$

也可利用劳斯判据确定 K_{gp} 和 ω 值,列出劳斯矩阵为

s^3	1	2
s^2	3	K_{gp}
s^1	$\dfrac{6-K_{gp}}{3}$	
s^0	K_{gp}	

当劳斯矩阵 s^1 行系数等于 0 时，特征方程出现共轭虚根。令 s^1 行系数等于 0，则得

$$K_{gp} = 6$$

共轭虚根值可由 s^2 行的辅助方程求得

$$3s^2 + K_{gp} = 3s^2 + 6 = 0$$

即

$$s = \pm j\sqrt{2}$$

规则 9　闭环极点的和与积为

当 $n-m \geqslant 2$ 时

$$\sum_{j=1}^{n} (-s_j) = \sum_{j=1}^{n} (-p_j) = -a_{n-1} \qquad \prod_{j=1}^{n} (-s_j) = \prod_{j=1}^{n} (-p_j) + (-1)^{n-m} K_g \prod_{i=1}^{m} (-z_i)$$

式中，$-s_j$ 为系统闭环极点。

设系统的开环传递函数为

$$G_K(s) = K_g \frac{\prod\limits_{i=1}^{m} (s+z_i)}{\prod\limits_{j=1}^{n} (s+p_j)} = K_g \frac{s^m + b_{m-1} + \cdots + b_1 s + b_0}{s^n + a_{n-1} s^{n-1} + \cdots + a_1 s + a_0} \tag{4.32}$$

式中

$$b_{m-1} = -\sum_{i=1}^{m} (-z_i)$$

$$b_0 = \prod_{i=1}^{m} z_i$$

$$a_{n-1} = -\sum_{j=1}^{n} (-p_j)$$

$$a_0 = \prod_{j=1}^{n} p_j$$

系统的闭环特征方程为

$$F(s) = s^n + a_{n-1} s^{n-1} + \cdots + a_1 s + a_0 + K_g (s^m + b_{m-1} s^{m-1} + \cdots + b_1 s + b_0) = 0 \tag{4.33}$$

设系统的闭环极点为 $-s_1, -s_2, \cdots, -s_n$，则

$$F(s) = (s+s_1)(s+s_2)\cdots(s+s_n) = s^n + (s_1+s_2+\cdots+s_n)s^{n-1} + \cdots + s_1 \cdot s_2 \cdots s_n$$

将上式和式(4.33)比较，可得如下结论：

（1）当 $n-m \geqslant 2$ 时，系统闭环极点之和等于系统开环极点之和且为常数，即

$$\sum_{j=1}^{n} (-s_j) = \sum_{j=1}^{n} (-p_j) = -a_{n-1} \tag{4.34}$$

上式表明，随着 K_g 的增加（或减小），一些闭环极点在复平面上向右移动，另一些闭环极点必向左移动，像天平一样，始终保持平衡。对应于任一 K_g 值，系统闭环极点之和保持不变。

（2）闭环极点之积和开环零、极点具有如下关系

$$\prod_{j=1}^{n} s_j = \prod_{j=1}^{n} p_j + K_g \prod_{i=1}^{m} z_i \tag{4.35}$$

$$\prod_{j=1}^{n} (-s_j) = \prod_{j=1}^{n} (-p_j) + (-1)^{n-m} K_g \prod_{i=1}^{m} (-z_i) \tag{4.36}$$

因此，在用根轨迹法研究控制系统时，对应某个 K_g 值，若已求得 n 阶系统的 $n-1$ 个闭环极点，则剩下的一个可用上述结论求得。更重要的是，利用上述的结论，可以估计出 K_g 增大时根轨迹在 s 平面上的走向，这对正确绘制根轨迹是很有帮助的。

综上所述，在给出开环零、极点的情况下，利用以上性质可以迅速地确定根轨迹的大致形状。为准确地绘出系统的根轨迹，可根据相角条件利用试探法确定若干点。一般来说，靠近虚轴的根轨迹是比较重要的，应尽可能精确绘制。

表 4.1 列出了绘制根轨迹的基本规则，以便读者参考。

表 4.1 绘制根轨迹的基本规则

序 号	内 容	规 则
1	根轨迹的连续性和对称性	根轨迹是连续的，并且对称于实轴
2	根轨迹的分支数	n 阶系统的根轨迹分支数为 n
3	根轨迹的起点和终点	根轨迹的 n 条分支从 n 个开环极点出发，其中 m 条最终趋向 m 个开环零点，另外 $n-m$ 条趋向无穷远处
4	根轨迹的渐近线	$n-m$ 条趋向无穷远处分支的渐近线与实轴的交点和夹角为 $$-\sigma_a=\frac{\sum_{j=1}^{n}(-p_j)-\sum_{i=1}^{m}(-z_i)}{n-m}$$ $$\theta=\frac{180°(2k+1)}{n-m}$$
5	根轨迹在实轴上的分布	实轴上某一区域，若其右方开环实数零、极点个数之和为奇数，则该区域必是根轨迹
6	根轨迹的分离点和会合点	根轨迹的分离点和会合点由公式 $N'(s)D(s)-N(s)D'(s)=0$ 计算即得
7	根轨迹的出射角和入射角	在开环复数极点处根轨迹的出射角为 $$\theta_{xc}=\mp 180°(2k+1)+\left[\sum_{i=1}^{m}\alpha_i-\sum_{\substack{j=1\\j\neq x}}^{n}\beta_j\right]$$ 在开环复数零点处根轨迹的入射角为 $$\theta_{yr}=\pm 180°(2k+1)-\left[\sum_{\substack{i=1\\i\neq y}}^{m}\alpha_i-\sum_{j=1}^{n}\beta_j\right]$$
8	根轨迹与虚轴的交点	$s=j\omega$ 代入特征方程求解，或者利用劳斯判据确定
9	闭环极点的和与积	$$\sum_{j=1}^{n}(-s_j)=\sum_{j=1}^{n}(-p_j)=-a_{n-1}$$ $$\prod_{j=1}^{n}(-s_j)=\prod_{j=1}^{n}(-p_j)+(-1)^{n-m}K_g\prod_{i=1}^{m}(-z_i)$$

4.3 控制系统根轨迹的绘制

本节将通过示例以及依据上节介绍的绘制根轨迹的基本规则，绘制控制系统的根轨迹草图。草图绘出后，再根据相角条件选择一些试验点进行修正，就可以得到满意的根轨迹。

4.3.1 单回路负反馈系统的根轨迹

例 4.6 设系统开环传递函数为

$$G_K(s) = \frac{K_g(s+2)}{s(s+3)(s^2+2s+2)}$$

试绘制系统的根轨迹。

解 绘制根轨迹图的步骤如下：

(1) 根轨迹曲线对称于实轴。

(2) 本系统 $n=4$，$m=1$，因此根轨迹共有 4 条，起点在开环极点 $-p_1=-1+j$，$-p_2=-1-j$，$-p_3=0$，$-p_4=-3$，一条根轨迹终止于开环零点 $-z_1=-2$，其余 3 条终止于无穷远处。

(3) 根轨迹的渐近线与实轴的交点为

$$-\sigma_a = \frac{\displaystyle\sum_{i=1}^{n}(-p_i) - \sum_{j=1}^{m}(-z_j)}{n-m} = \frac{1}{3}[(0-3-1-j-1+j)-(-2)] = -1$$

渐近线倾角为

$$\theta = \frac{180°(2k+1)}{n-m} = \frac{180°(2k+1)}{3}$$

当 $k=0$、1、2 时，倾斜角分别为 60°、180°、300°。

(4) 实轴上根轨迹在区间 $(-\infty,-3)$ 和 $[-2,0]$。

(5) 实轴上无分离点和会合点。

(6) 根轨迹离开复数极点 $-p_1=-1+j$，$-p_2=-1-j$ 的出射角已在例 4.4 中求得，其值为 $\pm 26.6°$。

(7) 计算根轨迹与虚轴的交点。

系统的闭环特征方程为

$$s(s+3)(s^2+2s+2) + K_g(s+2) = 0$$

即

$$s^4 + 5s^3 + 8s^2 + (6+K_g)s + 2K_g = 0$$

列出劳斯矩阵为

s^4	1	8	$2K_g$
s^3	5	$6+K_g$	0
s^2	$\dfrac{40-(6+K_g)}{5}$	$2K_g$	
s^1	$(6+K_g)-\dfrac{50K_g}{34-K_g}$	0	

由于 $K_g>0$，若劳斯矩阵第一列的 s^1 行系数等于零，则系统具有共轭虚根。即当

$$6+K_g - \frac{50K_g}{34-K_g} = 0$$

可解得 $K_g=7.0$。相应的 ω 值由 s^2 行系数组成的辅助方程确定，即

$$[40 - (6 + 7)]s^2 + 5 \times 2 \times 7 = 0$$

以 $s = \mathrm{j}\omega$ 代入可得

$$\omega = \pm 1.6$$

完整的根轨迹图如图 4.12 所示。

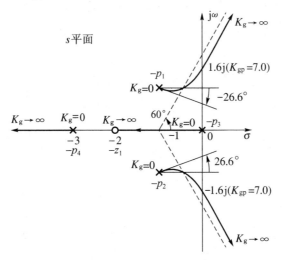

图 4.12　例 4.6 系统的根轨迹图

注意,对于非单位反馈系统(如图 4.13(a)所示),其开环传递函数为

$$G_K(s) = G(s)H(s)$$

若 $G(s)$ 的分母和 $H(s)$ 分子中含有公共因子,则将会出现极点和零点的相消,导致特征方程阶数下降。这时,应将图 4.13(a)的一般系统结构图等效变换为图 4.13(b)所示的单位反馈形式。系统的闭环传递函数为

$$\Phi(s) = \frac{G(s)}{1 + G(s)H(s)}$$

$$= \frac{1}{H(s)} \cdot \frac{G_K(s)}{1 + G_K(s)} = \frac{1}{H(s)} \cdot \Phi'(s)$$

以开环传递函数 $G_K(s)$ 绘制根轨迹可以得到单位反馈闭环系统 $\Phi'(s)$ 的极点,$G_K(s)$ 零、极点相消所引起 $\Phi'(s)$ 极点的减少将由 $1/H(s)$ 的极点来补充,从而得到闭环系统的全部极点。

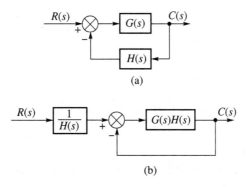

图 4.13　非单位负反馈系统的等效结构图

在研究控制系统时,常常会碰到一种情况,就是系统仅具有两个开环极点和一个开环零点,开环传递函数如下

$$G_K(s) = \frac{K_g(s+z)}{(s+p_1)(s+p_2)}$$

此系统的根轨迹有可能是直线,亦可能是圆弧。若根轨迹一旦离开实轴,必然是沿着圆弧移动,并且圆心为开环零点$(-z,j0)$,半径为$\sqrt{(p_1-z)(p_2-z)}$,证明如下。

设s点在根轨迹上,应满足相角条件

$$\angle(s+z) - \angle(s+p_1) - \angle(s+p_2) = 180°$$

将$s=\sigma+j\omega$代入,得

$$\angle(\sigma+j\omega+z) - \angle(\sigma+j\omega+p_1) = 180° + \angle(\sigma+j\omega+p_2)$$

$$\arctan\frac{\omega}{\sigma+z} - \arctan\frac{\omega}{\sigma+p_1} = 180° + \arctan\frac{\omega}{\sigma+p_2} \tag{4.37}$$

利用反正切公式,即

$$\arctan x \mp \arctan y = \arctan\frac{x \mp y}{1 \pm xy}$$

式(4.37)可写为

$$\arctan\frac{\dfrac{\omega}{\sigma+z} - \dfrac{\omega}{\sigma+p_1}}{1 + \dfrac{\omega}{\sigma+z} \cdot \dfrac{\omega}{\sigma+p_1}} = 180° + \arctan\frac{\omega}{\sigma+p_2}$$

上式两边取正切后,可得

$$\frac{\dfrac{\omega}{\sigma+z} - \dfrac{\omega}{\sigma+p_1}}{1 + \dfrac{\omega}{\sigma+z} \cdot \dfrac{\omega}{\sigma+p_1}} = \frac{\omega}{\sigma+p_2}$$

化简整理后,可得到

$$\sigma^2 + 2z\sigma + \omega^2 = p_1p_2 - p_1z - p_2z$$

上式两端加上z^2项,经整理可得

$$(\sigma+z)^2 + \omega^2 = (p_1-z)(p_2-z) \tag{4.38}$$

式(4.38)为圆方程。圆心位于开环零点$(-z,j0)$,半径为$\sqrt{(p_1-z)(p_2-z)}$,此圆与实轴的交点就是根轨迹在实轴上的分离点和会合点。

例 4.7　设系统的开环传递函数为

$$G_K(s) = \frac{K_g(s+1)}{(s+0.1)(s+0.5)}$$

试绘制系统的根轨迹。

解　绘制根轨迹图的步骤如下:

(1) 根轨迹共有2条。起点在开环极点$s=-0.1,-0.5$,一条根轨迹的终止于$s=-1$,另一条沿负实轴趋向无穷远处。

(2) 实轴上的根轨迹在区间$(-\infty,-1)$,$[-0.5,-0.1]$。

(3) 根轨迹在实轴的分离点和会合点已在例4.3中求得:分离点坐标为$-\sigma_{d1}=-0.33$,$K_{gd1}=0.06$;会合点的坐标为$-\sigma_{d2}=-1.67$,$K_{gd2}=22.6$。

(4) 复平面上的根轨迹是圆。圆心位于开环零点$(-1,j0)$,半径为

$$\sqrt{(p_1 - z)(p_2 - z)} = \sqrt{0.9 \times 0.5} = 0.67$$

完整的根轨迹如图 4.14 所示。

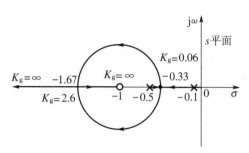

图 4.14 例 4.7 系统的圆弧根轨迹

图 4.15 绘出了常见的一些负反馈系统的零、极点分布及相应的根轨迹图。

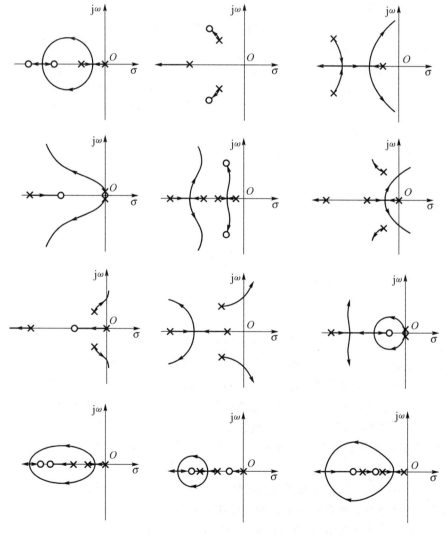

图 4.15 常见系统开环零、极点分布及相应的根轨迹图

4.3.2　参数根轨迹

以上所讨论的是根轨迹增益 K_g 变化时系统的根轨迹。在许多控制系统的设计问题中,常常还需研究其他参数变化,例如某些开环零、极点、时间常数、反馈比例系数等,作为可变参数所绘制的根轨迹,称之为参数根轨迹。用参数根轨迹可以分析系统中的各种参数对系统的影响。

绘制参数根轨迹的步骤如下:

(1) 写出原系统的特征方程。

(2) 以特征方程中不含参数的各项除特征方程,得等效系统的根轨迹方程,该方程中原系统的参数即为等效系统的根轨迹增益。

(3) 绘制等效系统的根轨迹,即为原系统的参数根轨迹。

下面以例题来说明参数根轨迹的画法。

例 4.8　控制系统如图 4.16 所示,当 $K_g=4$ 时,试绘制开环极点 p 变化时参数根轨迹。

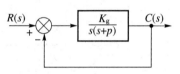

图 4.16　例 4.8 控制系统结构图

解　当 $K_g=4$ 时,系统的开环传递函数为

$$G_K(s) = \frac{K_g}{s(s+p)}\bigg|_{K_g=4} = \frac{4}{s(s+p)}$$

系统的闭环传递函数为

$$\Phi(s) = \frac{4}{s^2 + ps + 4}$$

闭环特征方程为

$$s^2 + ps + 4 = 0$$

由于

$$\frac{ps}{s^2 + 4} = -1$$

所以系统的等效开环传递函数为

$$G_{DK}(s) = \frac{ps}{s^2 + 4} \tag{4.39}$$

$G_{DK}(s)$ 也可以用特征方程中不含参量 p 的各项去除特征方程求得。

$G_{DK}(s)$ 与原系统的开环传递函数 $G_K(s)$ 在闭环特征方程上是等价的,因此称为等效开环传递函数。$G_{DK}(s)$ 中的参数 p 称为等效根轨迹增益。

按照根轨迹绘图规则,可以绘制等效系统的等效根轨迹增益 p 从零变化到无穷大时等效系统的根轨迹如图 4.17 所示。其起点位于 $\pm j2$。复平面上的根轨迹是个半圆。实轴上, $-\sigma_d = -2$ 为根轨迹的会合点。当 $p \to \infty$ 时,根轨迹的一条趋于原点,另一条趋于实轴负无穷远处。

由于等效系统的特征方程和原系统的特征方程是一样的,p 为原系统的参量,所以等效系统的根轨迹就表明了原系统 p 变化时系统闭环特征根的变化。

还可绘出例 4.8 系统在 $p=0$ 时,K_g 从零变化到无穷大时的根轨迹,如图 4.18 所示。该系统具有两条根轨迹,均从原点开始沿正虚轴和负虚轴趋于无穷远处。可以发现,图 4.18

上的 $K_g=4$ 时闭环系统的极点就是图 4.17 参数根轨迹的起点。这是因为,它们都具有 $K_g=4$ 和 $p=0$ 的参数取值。因此,等效系统与原系统具有相同的闭环极点。

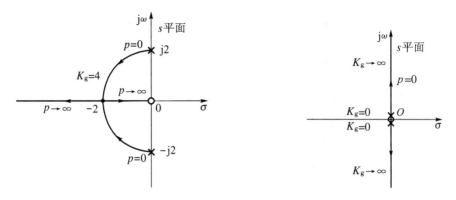

图 4.17 参数根轨迹   图 4.18 原根轨迹

    当系统有两个参数变化时,所绘出的轨迹叫作根轨迹簇。仍以例 4.8 系统为例,可绘制 K_g 和 p 分别从零变化到无穷大时的根轨迹簇。一般有两种方法:

    (1) 取 K_g 为不同值时,绘制参数 p 从零变化到无穷大时的参数根轨迹。这时,根轨迹方程为

$$p\frac{s}{s^2+K_g}=-1$$

对应于任何 K_g 值,都有两条参数根轨迹,起点在等效开环传递函数的极点 $\pm j\sqrt{K_g}$,复平面上的根轨迹是圆心在原点,半径为 $\sqrt{K_g}$ 的半圆,两条根轨迹在实轴上会合点坐标为 $-\sqrt{K_g}$,两条根轨迹的终点在等效开环传递函数的有限值零点(即原点)和负实轴无穷远处。图 4.19 上画出了该系统当 K_g 为不同值时参数根轨迹簇。

    (2) 取 p 为不同值,绘制增益 K_g 从零变化到无穷大时的根轨迹。这时,根轨迹方程为

$$K_g\frac{1}{s(s+p)}=-1$$

    对应于任意 $-p$ 值都有两条根轨迹。起点在系统开环极点 0 和 $-p$,实轴上根轨迹在 $-p\sim0$,分离点坐标为 $-\frac{p}{2}$,分离角 $\pm90°$。当 $K_g\to\infty$ 时,两条根轨迹分别沿过 $-\frac{p}{2}$ 点平行于虚轴的直线上下两个方向趋向于无穷远处。图 4.20 画出了当该系统为不同值时的根轨迹簇。

    在图 4.19 上,可以得到 p 为某确定值时,系统闭环特征方程的根。例如 $p=2$,当 $K_g=1,4,9$ 和 16 时,特征方程的根分别在复平面的 A(重根)、B、B'、C、C' 和 D、D' 点。在图 4.20 上,也可以得到 K_g 为某确定值时闭环系统的特征方程根。例如 $K_g=4$,当 $p=0,2,4,6$ 时,特征方程的根分别在复平面的 A、A'、B、B'、C(重根)和 D、D' 点。取相同的 p 值和相同的 K_g 值时两根轨迹簇上所得到的闭环特征方程的根是一样的。例如当 $p=2,K_g=4$ 时,图 4.19 的 B 和 B' 和图 4.20 的 B 和 B' 是重合的。

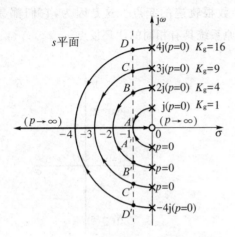

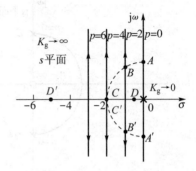

图 4.19　K_g 参数根轨迹簇 　　　　　　　图 4.20　p 参数根轨迹簇

4.3.3　多回路系统的根轨迹

前述系统的根轨迹都是针对只有输出反馈的单回路闭环控制系统,但在实际中,许多系统为抑制干扰以提高系统的性能,除了有主反馈闭环外,还设置了内环通道,这就是多回路系统。例如在机电调速系统中,通常除了速度反馈外,还有电流反馈形成的内环,亦称双闭环系统。在工业过程控制中也有类似的双闭环控制系统,如串级控制系统。这些都是多回路系统。多回路系统的根轨迹的绘制较单回路要复杂一些。

图 4.21 所示为一个简单的多回路系统。若传递函数 $G_1(s)$、$G_2(s)$ 和 $G_3(s)$ 为已知,则系统的开环传递函数为

$$G_K(s) = G_1(s)G_2(s)G_3(s) = G_1(s)\frac{G_2'(s)}{1+G_2'(s)}G_3(s) \tag{4.40}$$

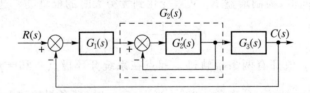

图 4.21　多回路反馈系统

$G_K(s)$ 的零点包括 $G_1(s)$、$G_2(s)$ 和 $G_3(s)$ 的零点。其中,$G_2(s)$ 的零点和 $G_2'(s)$ 的零点相同。$G_K(s)$ 的极点包括 $G_1(s)$、$G_2(s)$ 和 $G_3(s)$ 的极点。$G_2(s)$ 的极点由方程

$$1+G_2'(s) = 0 \tag{4.41}$$

或

$$G_2'(s) = -1 \tag{4.42}$$

决定。显然,上式是一个单回路负反馈系统的根轨迹方程,称为局部反馈回路的根轨迹方程。

如果需要绘制 $G_1(s)$ 或 $G_3(s)$ 的某个参数变化时多回路系统的根轨迹或参数根轨迹,则 $G_2(s)$ 的极点是比较容易得到的。例如,通过解析法求得或根据式(4.41)绘制局部反馈回路的根轨迹或根据参数根轨迹而确定 $G_2(s)$ 的极点。

如果需要绘制的是 $G_2(s)$ 的某个参数变化时多回路系统的根轨迹或参数根轨迹,则 $G_2(s)$ 的极点难以确定。因为这个参数变化时 $G_2(s)$ 的极点也跟着变化。这样,应根据多回路系统的特征方程直接绘制该参数变化时多回路系统的参数根轨迹。

例如,图 4.21 的系统中,如果

$$G_1(s) = K_1 \left(1 + \frac{1}{T_1 s} \right) \quad G_2'(s) = \frac{K_2}{T_2 s + 1} \quad G_3(s) = \frac{K_3}{T_3 s + 1}$$

需要绘制的是 K_2 变化时多回路系统的根轨迹。此时多回路系统的开环传递函数为

$$G_K(s) = K_1 \left(1 + \frac{1}{T_1 s} \right) \cdot \frac{\dfrac{K_2}{T_2 s + 1}}{1 + \dfrac{K_2}{T_2 s + 1}} \cdot \frac{K_3}{T_3 s + 1} = \frac{K_1 K_2 K_3}{T_2 T_3} \cdot \frac{\left(s + \dfrac{1}{T_1} \right)}{s \left(s + \dfrac{1 + K_2}{T_2} \right) \left(s + \dfrac{1}{T_3} \right)}$$

$$= K_g \frac{(s + z_1)}{s(s + p_2)(s + p_3)} \tag{4.43}$$

可见,根轨迹增益 K_g 与 K_2 有关,极点 $-p_2$ 与 K_2 有关。当 K_2 从零变化到无穷大时,$-p_2$ 从 $-\dfrac{1}{T_2}$ 变化到负无穷大。

写出多回路系统的闭环特征方程为

$$1 + G_K(s) = 0 \tag{4.44}$$

即

$$1 + \frac{K_1 K_2 K_3 \left(s + \dfrac{1}{T_1} \right)}{s(T_2 s + 1 + K_2)(T_3 s + 1)} = 0$$

整理后可得

$$s(T_2 s + 1)(T_3 s + 1) + K_2 \left[s(T_3 s + 1) + K_1 K_3 \left(s + \frac{1}{T_1} \right) \right] = 0$$

用不含 K_2 的各项除上式,可得

$$1 + \frac{K_2}{T_2} \frac{\left(s^2 + \dfrac{1 + K_1 K_3}{T_3} s + \dfrac{K_1 K_3}{T_1 T_3} \right)}{s \left(s + \dfrac{1}{T_2} \right) \left(s + \dfrac{1}{T_3} \right)} = 0$$

改写为

$$K_g' \frac{(s + z_1)(s + z_2)}{s(s + p_2)(s + p_3)} = -1 \tag{4.45}$$

式中:$K_g' = \dfrac{K_2}{T_2}$,$-p_2 = -\dfrac{1}{T_2}$,$-p_3 = -\dfrac{1}{T_3}$,而 $-z_1$、$-z_2$ 由方程

$$s^2 + \frac{1 + K_1 K_3}{T_3} s + \frac{K_1 K_3}{T_1 T_3} = 0 \tag{4.46}$$

求得。式(4.45)与原系统的闭环特征方程是相当的,称为多回路系统的等效系统的根轨迹方程。由式(4.45)可绘制 K_g' 从零变化到无穷大时的等效系统的根轨迹,即为多回路系统参

数 K_2/T_2 的参数根轨迹。当 K_2 确定时,在参数根轨迹上可得多回路系统的闭环极点。

4.3.4　正反馈系统的根轨迹

我们知道,负反馈是自动控制系统的一个重要特点。但在有些系统中,内环是一个正反馈回路(如图 4.22 所示)。这种局部正反馈的结构可能是控制对象本身的特性,也可能是为满足系统的某种性能要求在设计系统时添加的。因此,在利用根轨迹法对系统进行分析或综合时,有时需要绘制正反馈系统的根轨迹。这时,绘制根轨迹的条件和规则与上述有所区别。

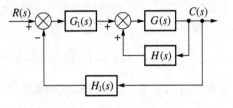

图 4.22　局部正反馈系统

系统的局部正反馈,其闭环传递函数为

$$\Phi(s) = \frac{C(s)}{R(s)} = \frac{G(s)}{1 - G(s)H(s)}$$

相应的根轨迹方程为

$$G_{K}(s) = G(s)H(s) = 1 \tag{4.47}$$

其幅值条件和相角条件分别为

$$|G_{K}(s)| = 1 \tag{4.48}$$

和

$$\angle G_{K}(s) = \pm 180° \cdot 2k \quad k = 0,1,2,\cdots \tag{4.49}$$

与负反馈系统的幅值方程(4.10)和相角方程(4.11)比较可知,幅值条件相同,而相角条件不相同。负反馈系统的相角条件是 180° 等相角条件,正反馈系统则是 0° 等相角条件。所以,通常称负反馈系统的根轨迹为常规根轨迹或 180° 根轨迹,称正反馈系统的根轨迹为 0° 根轨迹。

根据正反馈的根轨迹方程(4.47),在绘制正反馈回路的根轨迹时,需要对表 4.1 中的一些规则作如下修改。

规则 4 变为 $n-m$ 条渐近线与实轴的夹角的计算公式为

$$\theta = \frac{180° \cdot 2k}{n - m} \quad k = 0, \pm 1, \pm 2, \cdots \tag{4.50}$$

规则 5 变为在实轴的线段上存在根轨迹的条件是:其右边的开环零、极点数目之和为偶数。

规则 7 变为根轨迹的出射角和入射角的计算公式为

$$\theta_{xc} = \sum_{i=1}^{m} \alpha_i - \sum_{\substack{j=1 \\ j \neq x}}^{n} \beta_j \tag{4.51}$$

$$\theta_{yr} = -\sum_{\substack{i=1 \\ i \neq y}}^{m} \alpha_i + \sum_{j=1}^{n} \beta_j \tag{4.52}$$

除了上述 3 项规则修改外,其他规则均不变。

例 4.9　设单位正反馈系统的开环传递函数为

$$G_K(s) = \frac{K_g}{s(s+1)(s+5)}$$

试绘制系统的根轨迹。

解 绘制步骤如下：

(1) 根轨迹起点在$-p_1=0,-p_2=-1,-p_3=-5$。共有 3 条,终点均在无穷远处。

(2) 趋于无穷远处的根轨迹的渐近线与实轴相交于-2,夹角由式(4.50)计算,结果为$0°,120°,240°$。

(3) 实轴上根轨迹的区间：$[-5,-1]$和$[0,\infty)$。

(4) 根轨迹的分离点按下式计算：

$$N(s) = 1$$
$$D(s) = s^3 + 6s^2 + 5s$$
$$N'(s) = 0$$
$$D'(s) = 3s^2 + 12s + 5$$
$$N'(s)D(s) - N(s)D'(s) = 0$$

即

$$3s^2 + 12s + 5 = 0$$

解得

$$s = -3.52, -0.48$$

由于-0.48不在根轨迹上,所以根轨迹分离点为-3.52,分离角为$\pm 90°$。

系统的$0°$根轨迹如图 4.23 所示。

若正反馈系统的开环传递函数为

$$G_K(s) = K_g \frac{\prod\limits_{i=1}^{m}(s+z_i)}{\prod\limits_{j=1}^{n}(s+p_j)}$$

则根轨迹方程(4.47)可以写为

$$-K_g \frac{\prod\limits_{i=1}^{m}(s+z_i)}{\prod\limits_{j=1}^{n}(s+p_j)} = -1 \qquad (4.53)$$

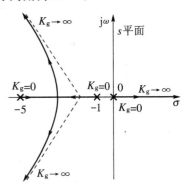

图 4.23 例 4.9 系统根轨迹

与负反馈系统的根轨迹方程(4.9)比较可知,正反馈系统的根轨迹,就是开环传递函数相同的负反馈系统当K_g从 0 变化到$-\infty$时的根轨迹。因此,可将负反馈系统和正反馈系统的根轨迹合并,得$-\infty < K_g < +\infty$整个区间的根轨迹。

在应用中,除了上述正反馈时用到$0°$根轨迹之外,对于在s平面右半平面有开环零、极点的系统作图时,也要用到$0°$根轨迹。

对于图 4.24 所示的负反馈系统,其开环传递函数为

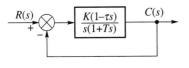

图 4.24 非最小相位系统

$$G_K(s) = \frac{K(1-\tau s)}{s(1+Ts)} = -\frac{K\tau\left(s-\frac{1}{\tau}\right)}{Ts\left(s+\frac{1}{T}\right)} = -K_g \frac{s-z}{s(s+p)}$$

该系统在 s 右半平面有零点,称为非最小相位系统。根轨迹方程 $G_K(s) = -1$,即

$$K_g \frac{s-z}{s(s+p)} = 1$$

和式(4.53)具有相同的形式。即应绘制 K_g 由 0 变化到∞的 0°根轨迹。

4.3.5 滞后系统的根轨迹

在自动控制系统中有时会出现纯时间滞后现象,如在系统的测量环节、传输环节或其他环节中出现纯时间滞后,即环节的输出信号比输入信号滞后某一时间 τ。滞后环节的传递函数为 $e^{-\tau s}$。滞后环节的存在使根轨迹具有一定特殊性,并往往给系统的稳定性带来不利影响。

设滞后系统如图 4.25 所示。设

$$G_{K1}(s) = K_g \frac{\prod_{i=1}^{m}(s+z_i)}{\prod_{j=1}^{n}(s+p_j)} = K_g \frac{N_1(s)}{D_1(s)} \tag{4.54}$$

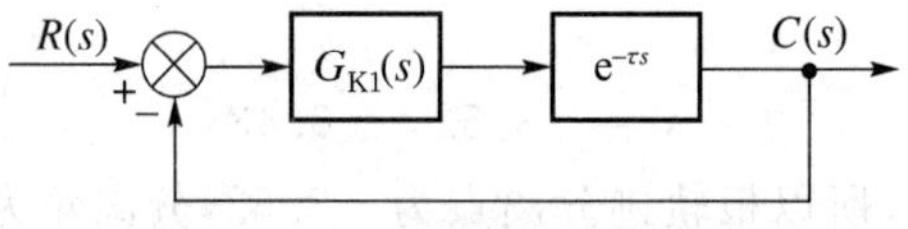

图 4.25 滞后系统结构图

滞后系统开环传递函数为

$$G_K(s) = K_g \frac{\prod_{i=1}^{m}(s+z_i)}{\prod_{j=1}^{n}(s+p_j)} e^{-\tau s} \tag{4.55}$$

系统的闭环特征方程为

$$\prod_{j=1}^{n}(s+p_j) + K_g \prod_{i=1}^{m}(s+z_i)e^{-\tau s} = 0 \tag{4.56}$$

由于 $e^{-\tau s}$ 是复变量 s 的超越函数,故滞后系统的特征方程是超越方程。前面已经指出,当 τ 很小时,滞后环节可近似为一个时间常数为 τ 的惯性环节。滞后系统的根轨迹可按前面介绍的方法近似地绘制。如果 τ 较大,则需研究滞后系统根轨迹的绘制方法。

以 $s = \sigma + j\omega$ 表示滞后环节传递函数可写为

$$e^{-\tau s} = e^{-\tau(\sigma+j\omega)} = e^{-\tau\sigma} \cdot \angle(-\omega\tau) \tag{4.57}$$

其幅值和相角分别与复平面上点 s 的实部 σ 和虚部 ω 有关。由超越函数的多值性可知,延迟环节 $e^{-\tau s}$ 有无穷多个零点和无穷多个极点。

写出滞后系统的根轨迹方程为

$$K_g \frac{\prod_{i=1}^{m}(s+z_i)}{\prod_{j=1}^{n}(s+p_j)} e^{-\tau s} = -1 \tag{4.58}$$

相应的幅值方程为

$$\left| \frac{K_g \prod\limits_{i=1}^{m}(s+z_i)}{\prod\limits_{j=1}^{n}(s+p_j)} \right| e^{-\sigma\tau} = 1 \quad \text{或} \quad K_g = \left| \frac{\prod\limits_{j=1}^{n}(s+p_j)}{\prod\limits_{i=1}^{m}(s+z_i)} \right| e^{\sigma\tau} \tag{4.59}$$

相角方程为

$$\sum_{i=1}^{m}\angle(s+z_i) - \sum_{j=1}^{n}\angle(s+p_j) = 57.3\omega\tau^\circ \pm 180^\circ(2k+1) \quad k=0,1,2,\cdots \tag{4.60}$$

式中,角度的单位是度(°),ω 的单位为 rad/s。系数 57.3 为单位变换常数。

由式(4.59)和式(4.60)可见,当 $\tau=0$ 时幅值方程和相角方程与一般系统的幅值方程和相角方程相同。当 $\tau\neq0$ 时,特征根 $s=\sigma+j\omega$ 的实部将影响幅值方程,而相角方程也不是 180° 等幅角条件,它是 ω 的函数,且和 k 值有关,当 $k=0$ 时,相角方程为

$$\sum_{i=1}^{m}\angle(s+z_i) - \sum_{j=1}^{n}\angle(s+p_j) = 57.3\omega\tau^\circ \pm 180^\circ \tag{4.61}$$

当 $k=1$ 时,相角方程变为

$$\sum_{i=1}^{m}\angle(s+z_i) - \sum_{j=1}^{n}\angle(s+p_j) = 57.3\omega\tau^\circ \pm 540^\circ \tag{4.62}$$

显然,当 k 值从 $0,1,2,\cdots$ 变到 ∞ 时,相角条件式(4.60)的右边也有无穷多个数值。因此,对应于一定的 K_g 值,同时满足幅值条件和相角条件的复平面上的点有无穷多个,即滞后系统的根轨迹有无穷多条。

可见,绘制一般系统的根轨迹的基本规则,用于滞后系统均应作相应的更改。下面通过例题加以说明。

例 4.10　绘制具有单位负反馈滞后系统的根轨迹,设系统的开环传递函数

$$G_K(s) = \frac{K_g e^{-\tau s}}{s+1}, \quad \tau=1$$

解　由根轨迹的相角条件有

$$\angle(s+1) = -57.3\omega\tau^\circ \pm 180^\circ(2k+1) \quad k=0,1,2,\cdots$$

当 $k=0$ 时,相角条件为

$$\angle(s+1) = -57.3\omega\tau^\circ \pm 180^\circ$$

考虑到实轴上 $\omega=0$,由实轴上根轨迹的判别,实轴上的根轨迹在 $(-\infty,-1]$ 区间。根轨迹的起点为 $-\infty$ 和 -1。由于没有有限零点,两条根轨迹终止于无穷远处。

计算实轴上的分离点,由计算公式求得

$$(e^{-\tau s})'(s+1) - e^{-\tau s}(s+1)' = 0$$

即

$$-\tau e^{-\tau s}(s+1) - e^{-\tau s} = 0$$

求得实轴分离点为

$$-\sigma_d = s = -\left(1+\frac{1}{\tau}\right) = -2$$

当根轨迹趋于无穷远零点时,可以求得根轨迹渐近线与虚轴的交点为

$$\omega = -\frac{\pm 180^\circ(2k+1)}{57.3\tau} \quad k=0,1,2,\cdots$$

$$= \pm\frac{\pi}{\tau},\ \pm\frac{3\pi}{\tau},\ \pm\frac{5\pi}{\tau},\cdots$$

当根轨迹趋于无穷远极点时,因 $n-m=1$ 时,可以求得根轨迹与虚轴的交点为

$$\omega = -\frac{\pm 180° \cdot 2k}{57.3\tau} \quad k = 0,1,2,\cdots$$

$$= 0, \pm\frac{2\pi}{\tau}, \pm\frac{4\pi}{\tau}, \pm\frac{6\pi}{\tau}, \cdots$$

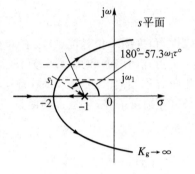

下面根据式(4.61)通过图解法求 $k=0$ 时,复平面上的根轨迹及根轨迹与虚轴的交点。在虚轴上取一点 $s=\mathrm{j}\omega_1$,过 -1 点作倾斜角为 $180°-57.3\omega_1\tau°$ 的斜线(见图 4.26)。该斜线与过虚轴上 $\mathrm{j}\omega_1$ 点上的水平线的交点 s_1 满足式(4.61),故 s_1 在根轨迹上。取不同的 ω_1 可得根轨迹的其他点。当 $k=0$ 时,根轨迹与虚轴的交点可由式(4.61)求得

$$\arctan\omega = 180° - 57.3\tau\tau°$$

结果 $\omega=2.03$。并由式(4.59)求得此时的临界根轨迹增益为 $K_{\mathrm{gp}}=2.26$。$k=0$ 的根轨迹曲线称为基本根轨迹曲线如图 4.26 所示。同理,可以绘制 $k=1,2,3,\cdots$ 时各条根轨迹。当 $\tau=1$ 时,全部的根轨迹图如图 4.27 所示。

图 4.26　滞后系统的根轨迹图($k=0$)

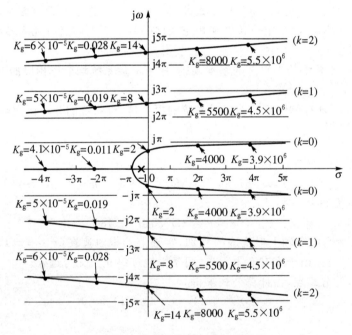

图 4.27　滞后系统的完整根轨迹图

4.4　控制系统的根轨迹分析

根轨迹分析是根据系统的结构和参数,绘制出系统的根轨迹图后,利用根轨迹图来对系统进行性能分析的方法。它包括:

(1)由给定参数确定闭环系统零、极点的位置,以确定系统的单位阶跃响应以及系统的

各项性能指标。

（2）分析参数变化对系统性能的影响。

（3）根据性能要求确定系统的参数。

4.4.1 闭环零、极点和时间响应

1. 闭环零、极点对时间响应的影响

在经典控制理论中，控制系统设计的重要评价取决于系统的单位阶跃响应。采用根轨迹法分析或设计线性控制系统时，了解闭环零点和主导极点对系统性能指标的影响，是非常重要的。闭环系统零、极点位置对时间响应的影响，可以归纳为以下几点：

（1）稳定性。如果闭环极点全部位于 s 左半平面，则系统是稳定的，即稳定性只与闭环极点位置有关，而与闭环零点位置无关。

（2）运动形式。如果闭环系统无零点，且闭环极点均为实数极点，则时间响应一定是单调的；如果闭环极点均为复数极点，则时间响应一定是振荡的。

（3）超调量。超调量主要取决于闭环复数主导极点的衰减率 $\sigma_1/\omega_d = \zeta/\sqrt{1-\zeta^2}$，并与其他闭环零、极点接近坐标原点的程度有关。

（4）调节时间。调节时间主要取决于最靠近虚轴的闭环复数极点的实部绝对值 $\sigma_1 = \zeta\omega_n$；如果实数极点距虚轴最近，并且它附近没有实数零点，则调节时间主要取决于该实数极点的模值。

（5）实数零、极点影响。零点减小系统阻尼，使峰值时间提前，超调量增大；极点增大系统阻尼，使峰值时间滞后，超调量减小。它们的作用随着其本身接近坐标原点的程度而加强。

（6）偶极子及其处理。如果零、极点之间的距离比它们本身的模值小一个数量级，则它们就构成了偶极子。远离原点的偶极子，其影响可略；接近原点的偶极子，其影响必须考虑。

（7）主导极点。在 s 平面上，最靠近虚轴而附近又无闭环零点的一些闭环极点，对系统性能影响最大，称为主导极点。凡比主导极点的实部大 5 倍以上的其他闭环零、极点，其影响均可忽略。

2. 利用根轨迹确定系统的响应

应用根轨迹法，可以迅速确定系统在某一开环增益或某一参数下的闭环零、极点位置，从而得到相应的闭环传递函数。这时，可以利用拉普拉斯反变换法确定系统的单位阶跃响应，由阶跃响应不难求出系统的各项性能指标。而且利用根轨迹法还可直接根据已知的闭环零、极点去定性地分析系统的性能，这在系统初步设计过程中非常重要，它可以看出开环系统的根轨迹增益 K_g 变化时，系统的动态性能如何变化。

例 4.11 已知系统如图 4.28 所示。画出其根轨迹，并求出当闭环共轭复数极点呈现阻尼比 $\zeta = 0.707$ 时，系统的单位阶跃响应。

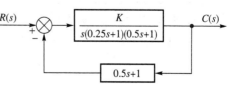

图 4.28 例 4.11 系统的结构图

解　系统的开环传递函数为

$$G_K(s) = \frac{K(0.5s+1)}{s(0.25s+1)(0.5s+1)} = \frac{K_g(s+2)}{s(s+2)(s+4)}$$

（1）根轨迹有 3 条，起始于 $0, -2, -4$，终止于 -2 和
无穷远处。

（2）根轨迹的渐近线

$$-\sigma_a = -2, \theta = 90°, 270°$$

（3）根轨迹的分离点 $-\sigma_d = -2$。

系统的根轨迹如图 4.29 所示。

（4）系统的单位阶跃响应。

$\zeta = 0.707$ 时的闭环主导极点 s_1、s_2 位于通过原点，且与

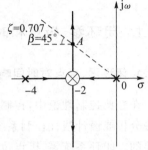

图 4.29　例 4.11 系统的根轨迹图

负实轴夹角为 $\beta = \pm\cos^{-1}\cdot\zeta = \pm45°$ 的等阻尼比直线上。在
s 平面上画出 $\zeta = 0.707$ 等阻尼比线，交根轨迹于 A 点，求得此时闭环共轭复数极点为 $s_{1,2} = -2\pm j2$。

由幅值条件可计算出 s_1 所对应的根轨迹增益 K_g、开环传递系数 K 分别为

$$K_g = \frac{|s_1+p_1|\cdot|s_1+p_2|\cdot|s_1+p_3|}{|s_1+z|} = 8$$

$$K = \frac{K_g}{4} = 2$$

系统的闭环传递函数为

$$\Phi(s) = \frac{\dfrac{2}{s(0.25s+1)(0.5s+1)}}{1 + \dfrac{2(0.5s+1)}{s(0.25s+1)(0.5s+1)}}$$

$$= \frac{16}{(s+2)(s+2+j2)(s+2-j2)}$$

单位阶跃响应的拉普拉斯变换式为

$$C(s) = \Phi(s)R(s) = \frac{1}{s} - \frac{2}{s+2} + \frac{s}{s^2+4s+8}$$

相应的单位阶跃响应为

$$c(t) = 1(t) - 2e^{-2t} - \sqrt{2}\,e^{-2t}\sin(2t - 45°)$$

3. 利用根轨迹确定系统性能指标

在系统初步设计过程中，重要的方面往往不是如何求出系统的阶跃响应，而是如何根据
已知的闭环零、极点去定性地分析系统的性能。利用根轨迹法可清楚地看到开环系统的根
轨迹增益或其他参数改变时，闭环系统极点位置及其动态性能的改变情况。在工程实践中，
常常可以采用主导极点的概念对高阶系统进行近似分析。

例 4.12　设单位负反馈控制系统的开环传递函数

$$G_K(s) = \frac{K_g}{s(s+1)(s+2)}$$

试根据系统的根轨迹分析系统的稳定性，确定参数 K_g 的稳定范围。并计算闭环主导极点

具有阻尼比 $\zeta = 0.5$ 时系统的性能指标。

解 （1）系统的根轨迹

绘制系统的根轨迹如图 4.30 所示。

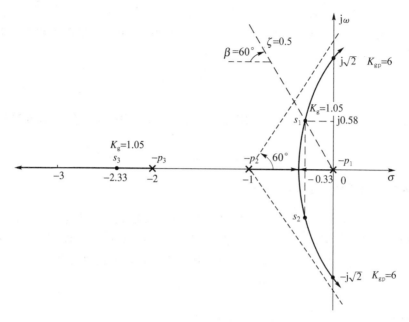

图 4.30　例 4.12 系统的根轨迹

（2）稳定性分析

由图 4.30 可以看出，当控制系统的根轨迹增益 K_g 大于其临界值 K_{gp} 时，根轨迹将有两条分支伸向 s 平面的右半部。这意味着，此刻控制系统的闭环极点中将出现两个带正实部的极点，所以系统将不稳定。控制系统稳定的范围是 $0 < K_g < 6$。

（3）系统动态性能指标

$\zeta = 0.5$ 时的闭环主导极点 s_1、s_2 位于通过原点，且与负实轴夹角为 $\beta = \pm\arccos\zeta = \pm 60°$ 的等阻尼比直线上。在 s 平面上画出 $\zeta = 0.5$ 等阻尼比线，然后求取等阻尼比线与根轨迹交点即为 s_1。从根轨迹图上测得 $s_1 = -0.33 + j0.58$，故与 s_1 共轭的极点 $s_2 = -0.33 - j0.58$。

由幅值条件可计算出 s_1 所对应的根轨迹增益 K_g、开环传递系数 K 分别为

$$K_g = |\,s_1 + p_1\,| \cdot |\,s_1 + p_2\,| \cdot |\,s_1 + p_3\,| = 0.667 \times 0.886 \times 1.77 = 1.05$$

$$K = \frac{K_g}{2} = 0.525$$

当 $K_g = 1.05$ 时，由开环极点之和等于闭环极点之和可以解出 $s_3 = -2.33$，实部绝对值约是 s_1 的 7 倍，共轭复数闭环极点 s_1、s_2 就可看成是控制系统的闭环主导极点。

根据闭环主导极点的概念可将系统的闭环传递函数近似为如下二阶系统

$$\Phi(s) = \frac{s_1 s_2}{(s - s_1)(s - s_2)} = \frac{0.436}{s^2 + 0.667s + 0.436}$$

该系统在单位阶跃函数作用下的超调量和调节时间分别为

$$\sigma\% = \mathrm{e}^{-\zeta\pi/\sqrt{1-\zeta^2}} \times 100\% = \mathrm{e}^{-0.5\times3.14/\sqrt{1-(0.5)^2}} \times 100\% = 16.5\%$$

$$t_\mathrm{s} = \frac{3}{\zeta\omega_\mathrm{n}} = \frac{3}{0.5\times0.667} = 9\mathrm{s}$$

（4）系统稳态性能指标

因为开环有一个积分环节，因此本系统是Ⅰ型系统，由表3.2知各项稳态误差系数为

$$K_\mathrm{p} = \infty$$
$$K_\mathrm{v} = K = 0.525$$
$$K_\mathrm{a} = 0$$

系统单位阶跃响应稳态误差为0，不能跟踪加速度信号，而跟踪单位斜坡信号的稳态误差为

$$e_\mathrm{ss} = \frac{1}{K_\mathrm{v}} = \frac{1}{0.525} = 1.905$$

4. 根据性能要求确定系统的参数

对于二阶系统（及具有共轭复数主导极点的高阶系统）通常可根据性能指标的要求，在复平面上画出满足这一要求的闭环系统极点（或高阶系统主导极点）应在的区域（如图4.31所示）。具有实部$-\zeta\omega_\mathrm{n}$和阻尼角β划成的左区域满足的性能指标为

$$\sigma\% \leqslant \mathrm{e}^{-\pi\mathrm{ctan}\beta}, \quad t_\mathrm{s} \leqslant \frac{3}{\zeta\omega_\mathrm{n}}$$

二阶系统超调量$\sigma\%$和β的关系如图4.32所示。

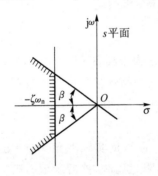

图4.31　闭环极点取值域

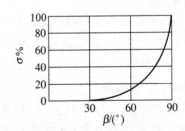

图4.32　$\sigma\%$和β的关系曲线

利用以上关系则可根据闭环系统动态性能指标要求确定开环系统的传递系数或其他参数。

例4.13　单位负反馈控制系统的开环传递函数为

$$G_\mathrm{K}(s) = \frac{K_\mathrm{g}}{s(s+4)(s+6)}$$

若要求闭环系统单位阶跃响应的最大超调量$\sigma\%\leqslant18\%$，试确定开环增益K。

解　绘出K_g由0变化到∞时系统的根轨迹，如图4.33所示。当$K_\mathrm{g}=17$时根轨迹在实轴上有分离点。当$K_\mathrm{g}>240$时，闭环系统是不稳定的。

根据$\sigma\%\leqslant18\%$的要求，由图4.32所示，阻尼角应为$\beta\leqslant60°$，在根轨迹图上作$\beta=60°$的径向直线，并以此直线和根轨迹的交点A、B作为满足性能指标要求的闭环系统主导极点。即闭环系统主导极点为

$$s_{1,2} = -1.2\pm\mathrm{j}2.1$$

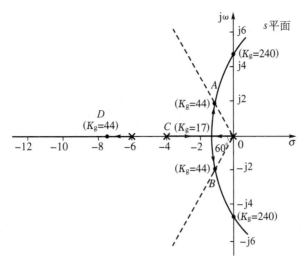

图 4.33　例 4.13 系统的根轨迹

根据闭环极点和的关系式,可求得另一闭环系统实极点为

$$s_3 = -7.6$$

它将不会使系统超调量增大。

由根轨迹方程的相角方程,可求得相应于 A、B 的 K_g 值为

$$K_g = |\,0A\,|\cdot|\,CA\,|\cdot|\,DA\,| = 43.8 \approx 44$$

开环增益为

$$K = \frac{K_g}{4\times 6} = 1.83$$

通常,对系统提出最大超调量的同时,也提出调节时间的要求。这时,应在平面上画出如图 4.31 所示的区域并在该区域内寻找满足要求的参数。若在该区域内没有根轨迹(例如例 4.13 要求复数极点实部小于-2 时),则要考虑改变根轨迹的形状,使根轨迹进入该区域。然后确定满足要求的闭环极点位置及相应的开环系统参数值。

4.4.2　增加开环零、极点对根轨迹和系统性能的影响

1.增加开环零点对根轨迹的影响

(1)改变了根轨迹在实轴上的分布。

(2)改变了根轨迹渐近线的条数、倾角和截距。

(3)根轨迹曲线向左偏移,意味着闭环极点向左偏移虚轴,稳定裕度好,快速性好,而且所加开环零点越靠近虚轴影响越大。

(4)可增加一个开环零点抵消有损系统性能的极点,从而改善系统动态性能。

2.增加开环极点对根轨迹的影响

(1)改变了根轨迹在实轴上的分布。

(2)改变了根轨迹渐近线的条数、倾角和截距。

（3）改变了根轨迹的分支数。

（4）根轨迹曲线向右偏移,动态性能下降,而且所加开环极点越靠近虚轴影响越大。

3. 增加开环偶极子对根轨迹的影响

如果给开环系统增加一对彼此十分靠近的开环零、极点,称为开环偶极子。开环偶极子对距离它们较远处的根轨迹形状及根轨迹增益几乎无影响,基本上不改变系统性能,原因是从开环偶极子指向复平面上远处某点的向量基本相同,它们在幅值条件和相角条件中的作用可以相互抵消。因此,远离原点的开环偶极子的作用可以忽略。若开环偶极子位于复平面的原点附近,虽然对于较远处的主导极点与根轨迹也几乎无影响,但是将影响在偶极子附近的根轨迹形状,特别是系统的开环传递系数,从而对系统的稳态性能有很大的影响。此类偶极子的加入可以在不影响系统动态性能的基础上使系统的稳态精度提高数倍。这部分的详细内容将在第6章根轨迹校正部分介绍。

例 4.14 已知系统开环传递函数,分别增加开环极点$-p=-2$或开环零点$-z=-2$,讨论对系统根轨迹和动态性能的影响。

$$G_K(s) = \frac{K_g}{s(s+1)}$$

解 分别绘制原系统、增加开环极点、增加开环零点后的根轨迹,见图 4.34。

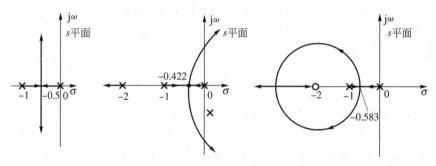

(a) 原系统根轨迹   (b) 增加开环极点后的根轨迹   (c) 增加开环零点后的根轨迹

图 4.34   增加开环零、极点对根轨迹的影响

（1）原系统对任意 K_g 都稳定

但当 K_g 较大时,两条根轨迹向平行于虚轴的无穷远延伸,将导致阻尼角 β 过大,阻尼比 ζ 过小,系统阶跃响应振荡过大。

（2）增加开环极点

增加极点 $-p=-2$ 后,根轨迹及其分离点均向右偏移。随着 K_g 从 $0 \to \infty$,根轨迹的复数部分向右半平面弯曲,并进入 s 右半平面,系统变为不稳定。渐近线的倾角由原来的 $\pm90°$ 变为 $\pm60°$;分离点由原来的 -0.5 向右移至 -0.422。一般来说,增加的开环极点越靠近虚轴,其影响越大,使根轨迹向右半平面弯曲就越严重,因而系统稳定性能的降低便越明显。

（3）增加开环零点

增加零点 $-z=-2$ 后,根轨迹及其分离点均向左偏移,且成为一个圆,根轨迹始终在 s 左半平面,最后变为两个负实根,控制系统的相对稳定性高于原系统。随着 K_g 的增加,阻尼角 β 减小,阻尼比 ζ 增加,$\sigma\%$ 和 t_s 均减小,系统动态性能明显改善。

例 4.15 已知系统开环传递函数，讨论增加不同开环零点 $-z_1 \in (-5, 0)$ 或 $-z_2 \in (-\infty, -5)$ 对系统稳定性的影响。

$$G_K(s) = \frac{K_g}{s^2(s+5)}$$

解 分别绘制原系统、增加不同开环零点后的根轨迹，见图 4.35。

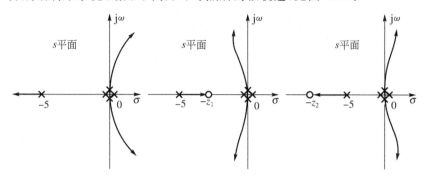

(a) 原系统根轨迹　　(b) 增加零点$-z_1$后的根轨迹　　(c) 增加零点$-z_2$后的根轨迹

图 4.35　增加不同开环零点对根轨迹的影响

（1）原系统有 3 个开环极点，无开环零点，始于原点的两条根轨迹位于 s 右半平面，系统属于结构不稳定系统。

（2）增加开环零点 $-z_1 \in (-5, 0)$ 后，始于原点的两条根轨迹偏移至虚轴以左半平面，对于任意 K_g 值，系统都是稳定的。由于闭环极点是共轭复数，阶跃响应呈衰减振荡。

（3）增加开环零点 $-z_2 \in (-\infty, -5)$ 后，始于原点的两条根轨迹也向左偏移，但仍然在虚轴以右半平面，系统仍然属于结构不稳定。可见，所加零点越靠近虚轴，对根轨迹形状及系统动态性能的影响就越大。

由以上两题可见，可采用增加开环零点的方法对系统进行校正，但引入开环零点数值要适当，才能比较显著地改善系统性能。

4.4.3　条件稳定系统的分析

例 4.16 设某系统开环传递函数为

$$G_K(s) = \frac{K_g(s^2 + 2s + 4)}{s(s+4)(s+6)(s^2 + 1.4s + 1)}$$

试绘制根轨迹图，并讨论使闭环系统稳定时 K_g 的取值范围。

解 利用绘制根轨迹的规则可以绘出 K_g 从 0 变化到 ∞ 时系统的根轨迹，如图 4.36 所示。由图可见，当 $0 < K_g < 14$ 及 $64 < K_g < 195$ 时，闭环系统是稳定的，但当 $14 < K_g < 64$ 及 $K_g > 195$ 时，系统是不稳定的。

参数在一定的范围内取值才能使系统稳定，这样的系统称为条件稳定系统。条件稳定系统可由根轨迹图确定使系统稳定的取值范围。对于非最小相位系统，在右半 s 平面上具有零点或极点，例如 $G_K(s) = \dfrac{K_g(s+1)}{s(s-1)(s^2 + 4s + 16)}$ 在右半平面的极点是 $(1, j0)$。因此，必有一部分根轨迹在右半平面，它也是一种条件稳定系统。

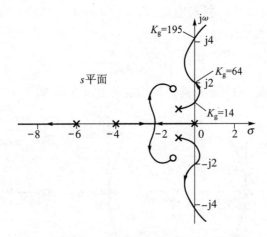

图 4.36　例 4.16 条件稳定系统的根轨迹图

某些系统的内环具有正反馈的结构,作出内环正反馈部分的根轨迹,可知内环部分产生条件稳定的闭环极点,即在系统前向通道中将出现右半平面的极点。

条件稳定系统的工作性能往往不能令人满意。在工程实际上,应注意参数的选择或通过适当的校正方法消除条件稳定问题。

4.5　应用 MATLAB 绘制系统的根轨迹

在理论分析中,往往只能画出根轨迹草图,而利用 MATLAB,则可以迅速绘制出精确的根轨迹图形。

4.5.1　绘制根轨迹的相关函数

MATLAB 绘制根轨迹的函数为 rlocus,常用格式为 rlocus(sys),sys 为系统开环传递函数模型名称;rlocus(num,den,k_g),num 为开环传递函数分子多项式,den 为分母多项式,k_g 为根轨迹增益,k_g 的范围可以指定,若 k_g 未给出,则默认为 k_g 从 0→+∞,绘制出完整的根轨迹。

利用函数 rlocfind 可以显示根轨迹上任意一点的相关数值,以此判断对应根轨迹增益下闭环系统的稳定性。

当系统的开环传递函数为非标准表达式,无法直接求出零、极点时,函数 pzmap(sys)可以绘制系统的零、极点图。

4.5.2　利用 MATLAB 绘制系统的根轨迹

例 4.17　已知系统开环传递函数为

$$G_K(s) = \frac{K_g}{s(s+3)(s+5)}$$

绘制根轨迹,并求出根轨迹上任意一点对应的根轨迹增益与其他闭环极点。

解

(1)绘制根轨迹,并确定根轨迹与虚轴交点处的临界根轨迹增益 K_g。

利用 rlocus 函数绘制出闭环系统的根轨迹,利用 rlocfind 函数求出根轨迹上与虚轴交点处的增益 K_g。

```
k=1;                        %k 表示根轨迹增益 Kg
z=[];                       %零点
p=[0,-3,-5];                %极点
[num,den]=zp2tf(z,p,k);     %零、极点模型转化为传递函数模型,num、den 为分子、分母系数
rlocus(num,den);            %绘制根轨迹
title('root locus');        %图形名称
[k2,p2]=rlocfind(num,den)   %求根轨迹上某点所对应的闭环极点 p2 与根轨迹增益 k2
```

程序执行时先画出根轨迹,并有一个十字光标提示用户,见图 4.37。当将十字光标放在根轨迹与虚轴交界处 A 点并单击后,在 MATLAB 指令窗中显示此点的根轨迹增益及此时所有的闭环极点值,并在根轨迹图形上标示(如图 4.37 所示)。而命令窗口显示:

```
Select a point in the graphics window
selected_point =
    0.0009 + 3.8370i
k =
   117.8125
p =
   -7.9722
   -0.0139 + 3.8442i
   -0.0139 - 3.8442i
```

说明与实轴交界处临界点的根轨迹增益为 117.81,虚轴上闭环极点为 ±3.84j,实轴上第三个闭环极点坐标为 -7.97,系统临界稳定。

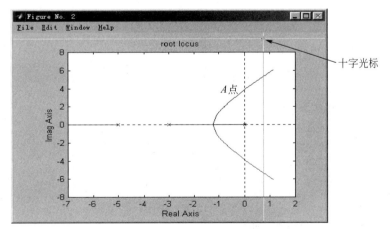

图 4.37　例 4.17 三阶系统的根轨迹

(2)确定根轨迹上任意一点对应的其他闭环极点与根轨迹增益,并判断稳定性。

重新输入指令[k2,p2]=rlocfind(num,den),并用可移动的十字光标选择根轨迹上的

点 B。则 MATLAB 在原图上将作相应标示,如图 4.38 所示,命令窗输出为:

```
selected_point =
    -10.5191 - 0.0375i
k =
    436.5387
p =
    -10.5192
    1.2596 + 6.3177i
    1.2596 - 6.3177i
```

说明 B 点处的根轨迹增益为 436.54,另外两个闭环极点为 $1.26\pm6.32j$,系统不稳定。

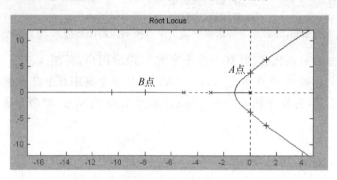

图 4.38 例 4.17 三阶系统的根轨迹

例 4.18 已知系统开环传递函数如下,求出系统的开环零、极点,并绘制开环零、极点图。

$$G_K(s) = \frac{0.01s^3 + 0.06s^2 + 2s + 9}{0.06s^3 + 0.09s^2 + 5s + 7}$$

解 程序为:

```
num=[0.01 0.06 2 9];
den=[0.06 0.09 5 7];
sys=tf(num,den);            %求系统的传递函数模型
[p,z]=pzmap(sys)            %求系统的开环零、极点
pzmap(sys)                  %绘制系统的开环零、极点图
```

命令窗输出系统开环零、极点为:

```
p =
    -0.0488 + 9.1211i
    -0.0488 - 9.1211i
    -1.4023
z =
    -0.6769 +13.9015i
    -0.6769 -13.9015i
    -4.6461
```

图 4.39 为系统开环零、极点图。

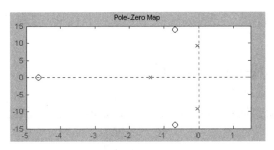

图 4.39 例 4.18 三阶系统的零、极点分布图

习题

4.1 画出下列开环传递函数的零、极点图。

(1) $\dfrac{K(2s+1)}{s(4s+1)(s+3)}$ 　　　(2) $\dfrac{K(s^2+2s+2)}{(s+2)(s^2+2s+10)}$

4.2 系统开环传递函数为 $G_K(s)=\dfrac{K_g(s+1)}{s^2(s+2)}$。

(1) 确定是否能选择 $K_g(>0)$ 使得闭环传递函数可以有如下极点。

① $s=-0.5$ 　② $s=-1.5$ 　③ $s=-2.5$ 　④ $s=0.5$(不稳定)

(2) 当 K_g 很大时求 3 个闭环极点。

4.3 系统开环传递函数为 $G_K(s)=\dfrac{K_g}{s(s+1)(s+2)}$，$0\leqslant K_g\leqslant\infty$，确定以下几点是否在根轨迹上。

(1) $s=-0.5$ 　(2) $s=-1.5$ 　(3) $s=\mathrm{j}1.414$ 　(4) $s=-1+\mathrm{j}$

4.4 系统开环传递函数的零、极点如图 4.40 所示，试绘制系统大致的根轨迹图。

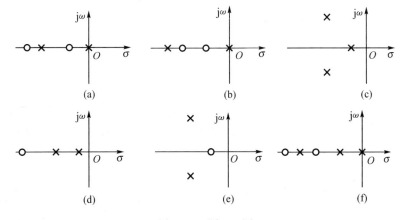

图 4.40 题 4.4 图

4.5 设系统的开环传递函数为

(1) $G_K(s)=\dfrac{K_g}{(s+0.2)(s+0.5)(s+1)}$

(2) $G_K(s) = \dfrac{K_g}{s^2 + 2s + 10}$

(3) $G_K(s) = \dfrac{K_g}{(s+1)(s+5)(s^2+6s+13)}$

试绘制控制系统的根轨迹草图。

4.6　下列为单位负反馈系统的前向传递函数,画出系统的根轨迹,并说明系统的稳定性。

(1) $\dfrac{K_g}{(s+10)(s+15)}$　　　　(2) $\dfrac{K_g(s+20)}{(s+10)(s+25)}$

(3) $\dfrac{K_g(s+20)}{s(s+10)(s+25)}$　　　　(4) $\dfrac{K_g}{s(s-3)(s+25)}$

4.7　设控制系统的开环传递函数为

$$G_K(s) = \dfrac{K_g}{s(s+2)(s+7)}$$

(1) 试绘制系统的根轨迹图;

(2) 确定系统稳定情况下 K_g 取值范围;

(3) 确定阻尼系数 $\zeta = 0.707$ 情况下的 K_g 值。

4.8　$G_K(s)$ 如下所列,画出系统的根轨迹,求复数极点处的出射角和复数零点处的入射角,说明系统的稳定性。

(1) $G_K(s) = \dfrac{K_g}{s^2(s+5)(s+10)}$

(2) $G_K(s) = \dfrac{K_g}{s(s+1)(s^2+4s+8)}$

(3) $G_K(s) = \dfrac{K_g(s^2+2s+4)}{(s^2+8s+25)(s^2+2s+2)}$

(4) $G_K(s) = \dfrac{K_g(s+5)(s+8)}{s(s+1)(s+10)(s^2+6s+30)}$

4.9　系统开环传递函数如下所示,画出系统的根轨迹。利用劳斯判据确定根轨迹和虚轴的交点,并求出相应的 K_g 值。

(1) $\dfrac{K_g}{s(s+3)(s+5)^2}$　　　　(2) $\dfrac{K_g(s+1)}{s^2(s+5)(s+12)}$

(3) $\dfrac{K_g(s-5)(s-10)}{(s+5)(s+10)}$　　　　(4) $\dfrac{K_g s^2(s+5)}{s^2+6s+9}$

4.10　设控制系统的结构图如图 4.41 所示,图 4.41(a)中 K_s 为速度反馈系数,试绘制以 K_s 为参变量的根轨迹图。图 4.41(b)中 τ 为微分时间常数,试绘制以 τ 为参变量的根轨迹图。

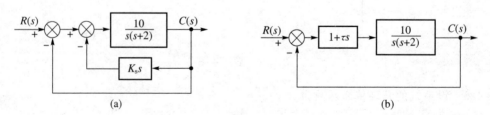

图 4.41　题 4.10 图

4.11 设系统的开环传递函数为

$$G_K(s) = \frac{K_g(s+10)}{(s+1)(s^2+4s+8)}$$

试分别绘制负反馈系统和正反馈系统的根轨迹图。

4.12 设非最小相位系统的开环传递函数为

$$G_K(s) = \frac{K(1-0.5s)}{s(1+0.2s)}$$

试绘制该系统的根轨迹。

4.13 滞后系统的开环传递函数为

(1) $G_K(s) = K_g e^{-\tau s} (\tau = 1)$

(2) $G_K(s) = \dfrac{K_g e^{-\tau s}}{s(s+p)} (\tau = 0.5, p = 2)$

试绘制系统的根轨迹。

4.14 设非最小相位系统的开环传递函数为

$$G_K(s) = \frac{K_g(s+1)}{s(s-1)(s^2+4s+16)}$$

试绘制该系统的根轨迹,并确定使闭环系统稳定的 K_g 范围。

4.15 设单位反馈控制系统的开环传递函数为

$$G_K(s) = \frac{K_g(s+2)}{s(s+1)(s+4)}$$

若要求其闭环主导极点的阻尼角为 $60°$,试用根轨迹确定该系统的动态性能指标 $\sigma\%$、t_p、t_s 和稳态性能指标 K_v。

4.16 设某随动系统的结构图如图 4.42 所示,其中检测比较放大环节 $K_1 = 0.8V/(°)$;功率放大环节 $G_2(s) = \dfrac{250}{0.05s+1}$;执行电机(含减速器)$G_3(s) = \dfrac{0.156}{s(0.25s+1)} (°)/V \cdot s$。试用根轨迹法分析系统性能。若在系统中加入串联校正装置

$$G_c(s) = 0.1\left(\frac{0.25s+1}{0.025s+1}\right)$$

试用根轨迹法分析系统校正后的动态性能和稳态性能。

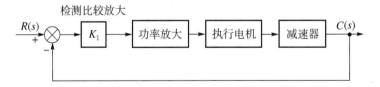

图 4.42 题 4.16 图

MATLAB 实验

M4.1 下列为单位负反馈系统的开环传递函数,绘制系统的根轨迹,并分析系统的稳定性。

(1) $\dfrac{K_g}{(s-2)(s+5)(s+1)}$　　　(2) $\dfrac{K_g(s+5)}{(s+10)(s+3)}$

M4.2　已知系统开环传递函数如下,试求出系统的开环零、极点,并绘制开环零、极点图。

$$G_K(s) = \frac{s^3 + 5s^2 + 20s + 90}{6s^3 + 8s^2 + 50s + 60}$$

M4.3　设单位负反馈系统的开环传递函数如下,绘制系统的根轨迹并确定参数 K_g 的稳定范围。

$$G_K(s) = \frac{K_g(s+2)}{s(s-1)(s^2+2s+16)}$$

M4.4　单位负反馈系统开环传递函数为

$$G_K(s) = \frac{\dfrac{1}{4}(s+a)}{s^2(s+1)}$$

试绘制 $a = 0 \rightarrow \infty$ 时的根轨迹。

M4.5　设正反馈系统结构图如图 4.43 所示,其中

$$G(s) = \frac{K_g(s+2)}{(s+3)(s^2+2s+2)}, \quad H(s) = 1$$

试绘制根轨迹。

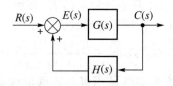

图 4.43　系统结构图

M4.6　单位负反馈系统开环传递函数为

$$G_K(s) = \frac{-K(s^2 + 2s - 1.25)}{s(s^2 + 3s + 15)}$$

试绘出系统的根轨迹。

第5章

频率特性法

内容提要

本章讲述线性定常系统的频率特性法。首先介绍频率特性的基本概念和常用的频率特性曲线;在此基础上,介绍了典型环节和系统的幅相频率特性与对数频率特性绘制方法、频率特性的实验确定方法、奈奎斯特稳定判据及应用、控制系统的相对稳定性,利用开环对数幅频特性分析系统性能的频域分析方法、闭环频率特性的求取、闭环频域指标和时域频率特性的关系。最后,介绍了 MATLAB 在控制系统频率特性分析中的应用。

在第 3 章中,介绍了线性控制系统的时域分析法,系统的动态性能用时域响应来描述最为直观。然而,工程实际中有大量的高阶系统,要通过时域法求解高阶系统在外输入信号作用下的输出表达式是相当困难的,需要大量计算,只有在计算机的帮助下才能完成分析。此外,在需要改善系统性能时,采用时域法难于确定该如何调整系统的结构或参数。

在工程实践中,往往并不需要准确地计算系统响应的全部过程,而是希望避开复杂的计算,简单、直观地分析出系统结构、参数对系统性能的影响。因此,主要采用两种简便的工程分析方法来分析系统性能,这就是根轨迹法与频率特性法,本章将详细介绍控制系统的频率特性法。

控制系统的频率特性分析法是利用系统的频率特性(元件或系统对不同频率正弦输入信号的响应特性)来分析系统性能的方法,研究的问题仍然是控制系统的稳定性、快速性及准确性等,是工程实践中广泛采用的分析方法,也是经典控制理论的核心内容。

频率法的基本思想是将信号看成是不同频率的谐波分量的叠加,而系统对信号的响应则是对信号中各个谐波分量响应的叠加。

频率特性分析法是一种图解的分析方法,不必直接求解系统输出的时域表达式,而可以间接地运用系统的开环频率特性去分析闭环的响应性能,不需要求解系统的闭环特征根,具有较多的优点:

- 根据系统的开环频率特性能揭示系统的动态性能和稳态性能,得到定性和定量的结论,可以简单迅速地判断某些环节或者参数对系统闭环性能的影响,并提出改进系统性能的方法。
- 具有明确的物理意义,可通过实验的方法,借助频率特性分析仪等测试手段直接求得元件或系统的频率特性,建立数学模型作为分析与设计系统的依据,这对难于用理论分析的方法去建立数学模型的系统尤其有利。

- 时域指标和频域指标之间有对应关系，而且频率特性分析中大量使用简洁的曲线、图表及经验公式，这使得控制系统的分析十分方便、直观，并且可拓展应用到某些非线性系统中。近年来，频率法发展到可应用到多输入多输出系统，称为多变量频域控制理论。

5.1 频率特性的基本概念

5.1.1 频率响应

频率响应是时间响应的特例，是控制系统对正弦输入信号的稳态正弦响应。一个稳定的线性系统，在正弦信号的作用下，稳态输出仍是一个与输入同频率的正弦信号，且输出的幅值与相位是输入正弦信号频率的函数。

下面用一个简单的实例来说明频率响应的概念。

图 5.1 给出一阶 RC 网络，$u_i(t)$ 与 $u_o(t)$ 分别为输入与输出信号，其传递函数为

$$G(s) = \frac{U_o(s)}{U_i(s)} = \frac{1}{Ts + 1}$$

式中，$T = RC$，为电路的时间常数，单位为 s。

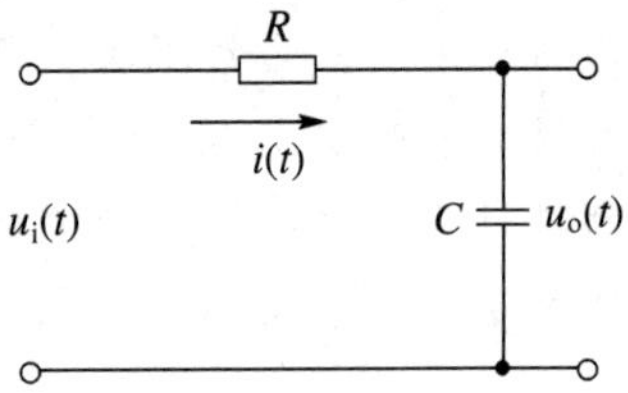

在初始状态为零的条件下，输入信号为一正弦信号，即

$$u_i(t) = U_{im}\sin\omega t$$

图 5.1 RC 网络

U_{im} 与 ω 分别为输入信号的振幅与角频率，可以运用时域法求电路的输出。输入的拉普拉斯变换为

$$U_i(s) = \frac{U_{im}\omega}{s^2 + \omega^2}$$

由此可得输出的拉普拉斯变换为

$$U_o(s) = \frac{1}{Ts + 1} \cdot \frac{U_{im}\omega}{s^2 + \omega^2}$$

对上式进行拉普拉斯反变换，可得输出的时域表达式为

$$u_o(t) = \frac{U_{im}T\omega}{T^2\omega^2 + 1}e^{-\frac{t}{T}} + \frac{U_{im}}{\sqrt{T^2\omega^2 + 1}}\sin(\omega t + \varphi) \tag{5.1}$$

式中，$\varphi = -\arctan T\omega$。上式中，输出由两项组成，第一项是瞬态响应分量，呈指数衰减形式，衰减速度由电路本身的时间常数 T 决定。第二项是稳态响应分量，当 $t\to\infty$ 时，瞬态分量衰减为 0，此时电路的稳态输出为

$$\lim_{t\to\infty}u_o(t) = \frac{U_{im}}{\sqrt{T^2\omega^2 + 1}}\sin(\omega t + \varphi) \tag{5.2}$$

可见，稳态输出信号与输入信号是同频率的正弦函数，但幅值与相位不同，输出滞后于输入。输出和输入的幅值比为

$$A = \frac{1}{\sqrt{T^2\omega^2 + 1}} \tag{5.3}$$

输出和输入的相位差为

$$\varphi = -\arctan T\omega \qquad (5.4)$$

两者均仅与输入频率 ω 及系统本身的结构、参数有关。

实际上,频率响应的概念具有普遍意义。对于稳定的线性定常系统(或元件),当输入信号为正弦信号 $r(t) = \sin\omega t$ 时,过渡过程结束后,系统的稳态输出必为 $c_{ss}(t) = A\sin(\omega t + \varphi)$,如图 5.2 所示。

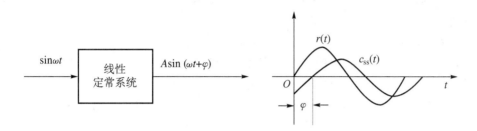

图 5.2 线性系统及频率响应示意图

5.1.2 频率特性

1. 基本概念

由前面的分析可知,系统稳态输出与输入的幅值比 A 与相位差 φ 只与系统的结构、参数及输入正弦信号的频率 ω 有关。在系统结构、参数给定的前提下,幅值比 A 与相位差 φ 仅是 ω 的函数,可分别表示为 $A(\omega)$ 与 $\varphi(\omega)$。若输入信号的频率 ω 在 $0 \rightarrow \infty$ 的范围内连续变化,则 $A(\omega)$ 与 $\varphi(\omega)$ 将随输入频率的变化而变化,反映出系统在不同频率输入信号下的不同性能,这种变化规律可以在频域内全面描述系统的性能。

因此,频率特性可定义为:线性定常系统(或元件)在初始条件为零时,当输入正弦信号的频率 ω 在 $0 \rightarrow \infty$ 的范围内连续变化时,系统稳态正弦输出与正弦输入的幅值比与相位差随输入频率变化而呈现的变化规律为系统的频率特性。$A(\omega)$ 反映幅值比随频率而变化的规律,称为幅频特性,它描述在稳态响应不同频率的正弦输入时在幅值上是放大($A > 1$)还是衰减($A < 1$)。而 $\varphi(\omega)$ 反映相位差随频率而变化的规律,称为相频特性,它描述在稳态响应不同频率的正弦输入时在相位上是超前($\varphi > 0°$)还是滞后($\varphi < 0°$)。系统的频率特性包含幅频特性与相频特性两方面,并且强调频率 ω 是一个变量。

上面所列举的一阶电路,其幅频特性和相频特性的表达式分别为

$$A(\omega) = \frac{1}{\sqrt{T^2\omega^2 + 1}}$$

$$\varphi(\omega) = -\arctan T\omega$$

$A(\omega)$ 和 $\varphi(\omega)$ 都与时间常数 T 和频率 ω 有关。频率特性可以反映出系统对不同频率的输入信号的跟踪能力,只与系统的结构与参数有关,是线性定常系统的固有特性。

2. 表示方法

对于稳定的线性定常系统,当输入一个正弦信号 $r(t) = R\sin\omega t$ 时,则系统的稳态输出

必为 $c_{ss}(t)=A(\omega)R\sin[\omega t+\varphi(\omega)]$。若把输入、输出信号用复数形式表示,即输入信号为 Re^{j0},稳态输出信号为 $A(\omega)Re^{j\varphi(\omega)}$,则稳态输出与输入之比为

$$\frac{A(\omega)Re^{j\varphi(\omega)}}{Re^{j0}}=A(\omega)\cdot e^{j\varphi(\omega)} \tag{5.5}$$

由此可知,稳态输出与输入的复数比恰好表示了系统的频率特性,其幅值与相角分别为幅频特性、相频特性的表达式。若用一个复数 $G(j\omega)$ 来表示,则有

指数表示法: $G(j\omega)=|G(j\omega)|e^{j\varphi(\omega)}=A(\omega)e^{j\varphi(\omega)}$

幅角表示法: $G(j\omega)=A(\omega)\angle\varphi(\omega)$

$G(j\omega)$ 就是频率特性通用的表示形式,是 ω 的函数。当 ω 是一个特定的值时,可以在复平面上用一个向量去表示 $G(j\omega)$。向量的长度为 $A(\omega)$,向量与正实轴之间的夹角为 $\varphi(\omega)$,并规定逆时针方向为正,即相角超前;顺时针方向为负,即相角滞后。可由图 5.3 表示。

另外还可以将向量分解为实数部分和虚数部分,即

$$G(j\omega)=R(\omega)+jI(\omega)$$

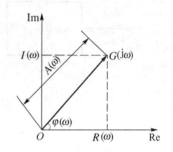

图 5.3 频率特性在复平面上的表示

$R(\omega)$ 称为实频特性,$I(\omega)$ 称为虚频特性。由复变函数理论可知:

$$A(\omega)=\sqrt{R^2(\omega)+I^2(\omega)}$$

$$\varphi(\omega)=\arctan\frac{I(\omega)}{R(\omega)}$$

$$R(\omega)=A(\omega)\cos\varphi(\omega)$$

$$I(\omega)=A(\omega)\sin\varphi(\omega)$$

并且 $A(\omega)$、$R(\omega)$ 是 ω 的偶函数,$\varphi(\omega)$、$I(\omega)$ 是 ω 的奇函数。

以上函数都是 ω 的函数,可用曲线表示它们随频率变化的规律。使用曲线表示系统的频率特性,具有直观、简便的优点,应用广泛。

3. 实验求取方法

向待求元件或系统输入一个频率可变的正弦信号 $r(t)=R\sin\omega t$,在 $0\rightarrow\infty$ 的范围内不断改变 ω 的取值,测量与每一个 ω 值对应的系统的稳态输出 $c_{ss}(t)=A(\omega)R\sin[\omega t+\varphi(\omega)]$,并记录相应的输出输入的幅值比与相位差。根据所得数据绘制出幅值比与相位差随 ω 的变化曲线,并据此求出元件或系统的幅频特性 $A(\omega)$ 与相频特性 $\varphi(\omega)$ 的表达式,便可求出完整的频率特性表达式。

频率特性只与系统本身的结构、参数有关,和前面介绍的时域中的微分方程,复域中的传递函数一样,都能表征系统的运动规律,因此频率特性也是线性定常系统的数学模型。由于频率特性描绘的是系统对不同频率的输入信号的传递能力,一般称为频域中的数学模型。建立数学模型是对系统进行分析、设计与综合的前提,所以,对于那些难于运用理论分析方法建模的系统,可以利用频率特性的概念建立数学模型,并在此基础上分析、设计。

5.1.3 由传递函数求取频率特性

实际上,由于微分方程、传递函数、频率特性均描述了系统各变量之间的相互关系,都是控制系统的数学模型,可以相互转换。由已知的传递函数通过简单的转换得到频率特性,这种求取方法定义为解析法。

设 n 阶系统的传递函数为

$$G(s) = \frac{N(s)}{D(s)} = \frac{N(s)}{(s+p_1)(s+p_2)\cdots(s+p_n)}$$

为简化分析,假定系统的特征根全为不相等的负实根。

输入信号为

$$r(t) = R\sin\omega t$$

则输出信号的拉普拉斯变换为

$$
\begin{aligned}
C(s) &= \frac{N(s)}{(s+p_1)(s+p_2)\cdots(s+p_n)} \cdot \frac{R\omega}{(s+\mathrm{j}\omega)(s-\mathrm{j}\omega)} \\
&= \frac{K_1}{s+p_1} + \frac{K_2}{s+p_2} + \cdots + \frac{K_n}{s+p_n} + \frac{K_c}{s+\mathrm{j}\omega} + \frac{K_{-c}}{s-\mathrm{j}\omega}
\end{aligned}
\tag{5.6}
$$

对式(5.6)求拉普拉斯反变换可得

$$c(t) = (K_1\mathrm{e}^{-p_1 t} + K_2\mathrm{e}^{-p_2 t} + \cdots + K_n\mathrm{e}^{-p_n t}) + (K_c\mathrm{e}^{-\mathrm{j}\omega t} + K_{-c}\mathrm{e}^{\mathrm{j}\omega t})$$

系统的输出分为两部分,第一部分为指数瞬态分量,对应特征根为单根的响应;第二部分为稳态分量,取决于输入信号的形式。对于一个稳定系统,系统所有特征根的实部均为负,瞬态分量必将随时间趋于无穷大而衰减到零。因此,系统响应正弦信号的稳态分量为

$$c_{\mathrm{ss}}(t) = K_c\mathrm{e}^{-\mathrm{j}\omega t} + K_{-c}\mathrm{e}^{\mathrm{j}\omega t} \tag{5.7}$$

系数 K_c 和 K_{-c} 可由留数定理确定

$$K_c = G(s) \cdot \frac{R\omega}{(s+\mathrm{j}\omega)(s-\mathrm{j}\omega)}(s+\mathrm{j}\omega)\Big|_{s=-\mathrm{j}\omega} = -\frac{G(-\mathrm{j}\omega)R}{2\mathrm{j}} \tag{5.8}$$

$$K_{-c} = G(s) \cdot \frac{R\omega}{(s+\mathrm{j}\omega)(s-\mathrm{j}\omega)}(s-\mathrm{j}\omega)\Big|_{s=\mathrm{j}\omega} = \frac{G(\mathrm{j}\omega)R}{2\mathrm{j}} \tag{5.9}$$

式中,$G(\mathrm{j}\omega) = G(s)|_{s=\mathrm{j}\omega}$。

$G(\mathrm{j}\omega)$ 是一个复数,可表示为

$$G(\mathrm{j}\omega) = |G(\mathrm{j}\omega)|\mathrm{e}^{\mathrm{j}\angle G(\mathrm{j}\omega)} = A(\omega) \cdot \mathrm{e}^{\mathrm{j}\varphi(\omega)} \tag{5.10}$$

$A(\omega)$ 与 $\varphi(\omega)$ 分别是 $G(\mathrm{j}\omega) = G(s)|_{s=\mathrm{j}\omega}$ 的幅值与相角。由于 $G(-\mathrm{j}\omega)$ 与 $G(\mathrm{j}\omega)$ 是共轭的,可将 $G(-\mathrm{j}\omega)$ 写成

$$G(-\mathrm{j}\omega) = A(\omega) \cdot R\mathrm{e}^{-\mathrm{j}\varphi(\omega)} \tag{5.11}$$

将式(5.11)代入式(5.8),式(5.10)代入式(5.9)可得

$$K_c = -\frac{R}{2\mathrm{j}} A(\omega) \cdot \mathrm{e}^{-\mathrm{j}\varphi(\omega)}$$

$$K_{-c} = \frac{R}{2\mathrm{j}} A(\omega) \cdot \mathrm{e}^{\mathrm{j}\varphi(\omega)}$$

再将 K_c、K_{-c} 代入式(5.7),并由欧拉公式 $\sin\theta=\dfrac{e^{j\theta}-e^{-j\theta}}{2j}$,可以推出

$$c_{ss}(t)=-\frac{R}{2j}A(\omega)\cdot e^{-j\varphi(\omega)}\cdot e^{-j\omega t}+\frac{R}{2j}A(\omega)\cdot e^{j\varphi(\omega)}\cdot e^{j\omega t}$$

$$=A(\omega)\cdot R\cdot\frac{e^{j[\omega t+\varphi(\omega)]}-e^{-j[\omega t+\varphi(\omega)]}}{2j}=A(\omega)\cdot R\cdot\sin[\omega t+\varphi(\omega)] \quad (5.12)$$

由于输入信号为 $r(t)=R\sin\omega t$,很明显,系统的幅频特性为

$$A(\omega)=|G(j\omega)| \quad (5.13)$$

相频特性为

$$\varphi(\omega)=\angle G(j\omega) \quad (5.14)$$

系统的频率特性为

$$G(j\omega)=G(s)|_{s=j\omega}=A(\omega)\cdot e^{j\varphi(\omega)} \quad (5.15)$$

以上分析表明:系统的频率特性可由系统的传递函数 $G(s)$ 将 $j\omega$ 代替其中的 s 而得到。由拉普拉斯变换可知,传递函数的复变量 $s=\sigma+j\omega$,当 $\sigma=0$ 时,$s=j\omega$,也就是说 $G(j\omega)$ 就是 $\sigma=0$ 时的 $G(s)$。因此,当传递函数的复变量 s 用 $j\omega$ 代替时,传递函数转变为频率特性,这就是求取频率特性的解析法,可以用图5.4表示。

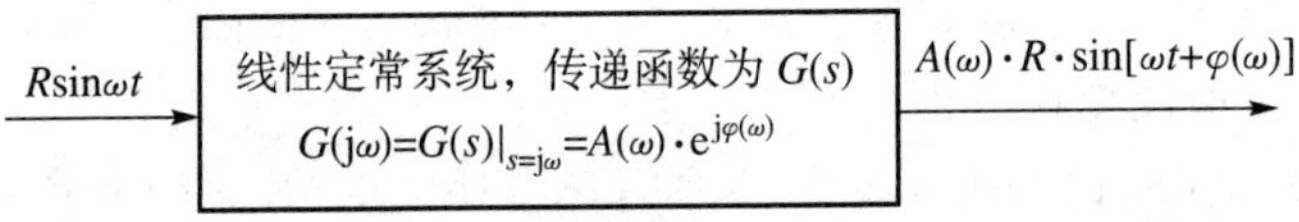

图5.4 由系统传递函数求取频率特性示意图

因此,在已知系统传递函数时,求正弦稳态响应可以避开时域法需要求拉普拉斯变换及反变换的烦琐计算,直接利用频率特性的物理意义简化求解过程。

例5.1 已知单位负反馈系统的开环传递函数为 $G_K(s)=\dfrac{1}{s+1}$,当输入信号为 $r(t)=\sin 2t$ 时,求闭环系统的稳态输出。

解 系统的闭环传递函数 $\Phi(s)=\dfrac{\frac{1}{s+1}}{1+\frac{1}{s+1}}=\dfrac{1}{s+2}$

此闭环系统稳定。

系统的频率特性为 $\Phi(j\omega)=\Phi(s)|_{s=j\omega}=\dfrac{1}{j\omega+2}$

幅频特性 $A(\omega)=\dfrac{1}{\sqrt{\omega^2+4}}$

相频特性 $\varphi(\omega)=-\arctan\dfrac{\omega}{2}$

利用频率特性的概念,系统的稳态输出为 $c_{ss}(t)=A(\omega)\sin[2t+\varphi(\omega)]$,将 $\omega=2$ 代入得

$$c_{ss}(t)=\frac{1}{\sqrt{8}}\sin[2t-45°]$$

输出表达式说明该系统对此输入信号的响应在幅值上衰减,在时间上有滞后。

5.1.4　常用频率特性曲线

频率特性是系统稳态输出量与输入量的幅值比和相位差随频率变化的规律。在实际应用中,为直观地表现出幅值比与相位差随频率变化的情况,将幅频特性与相频特性在相应的坐标系中绘成曲线,并从这些曲线的某些特点来判断系统的稳定性、快速性和其他品质以便对系统进行分析与综合。

系统(或环节)的频率特性曲线的表示方法很多,其本质都是一样的,只是表示的形式不同而已。频率特性曲线通常采用以下三种表示形式:

(1)幅相频率特性曲线(奈氏曲线),图形常用名为奈奎斯特图或奈氏图,坐标系为极坐标。奈氏图反映 $A(\omega)$ 与 $\varphi(\omega)$ 随 ω 变化的规律。

(2)对数频率特性曲线,包括:对数幅频特性曲线和对数相频特性曲线。图形常用名为对数坐标图或伯德(Bode)图,坐标系为半对数坐标。伯德图反映 $L(\omega)=20\lg A(\omega)$ 与 $\varphi(\omega)$ 随 $\lg\omega$ 变化的规律。

(3)对数幅相频率特性曲线,图形常用名为尼柯尔斯图或对数幅相图,坐标系为对数幅相坐标。尼柯尔斯图反映 $L(\omega)=20\lg A(\omega)$ 随 $\varphi(\omega)$ 的变化规律,用于求取闭环频率特性。

下面各节详细介绍三种曲线的绘制方法。

5.2　幅相频率特性及其绘制

5.2.1　幅相频率特性曲线(奈氏图)基本概念

绘制奈氏图的坐标系是极坐标与直角坐标系的重合。取极点为直角坐标的原点,极坐标轴为直角坐标的实轴。

由于系统的频率特性表达式为

$$G(j\omega) = A(\omega) \cdot e^{j\varphi(\omega)}$$

对于某一特定频率 ω_i 下的 $G(j\omega_i)$ 总可用复平面上的一个向量与之对应,该向量的长度为 $A(\omega_i)$,与正实轴的夹角为 $\varphi(\omega_i)$。由于 $A(\omega)$ 和 $\varphi(\omega)$ 是频率 ω 的函数,当 ω 在0→∞的范围内连续变化时,向量的幅值与相角均随之连续变化,不同 ω 下的向量的端点在复平面上扫过的轨迹即为该系统的幅相频率特性曲线(奈氏曲线),如图5.5所示。

在绘制奈氏图时,常把 ω 作为参变量,标在曲线旁边,并用箭头表示频率增大时曲线的变化轨迹,以便更清楚地看出该系统频率特性的变化规律。

由前面分析可知,系统的幅频特性与实频特性是 ω 的偶函数,而相频特性与虚频特性是 ω 的奇函数,即 $G(j\omega)$ 与 $G(-j\omega)$ 互为共轭。因此,假定频率 ω 可为负数,相应的奈氏曲线 $G(j\omega)$ 必然与 $G(-j\omega)$ 对称于实轴。频率取负数虽然没有实际的物理意义,但具有鲜明的数学意义,主要用于控制系统的奈氏稳定判别中。

可采用物理实验的方法求取系统或元件的奈氏曲线。向待求元件或系统输入一个频率可变的正弦信号。在 0→∞ 的范围内不断改变 ω 的取值,测量并记录相应的稳态输出与输

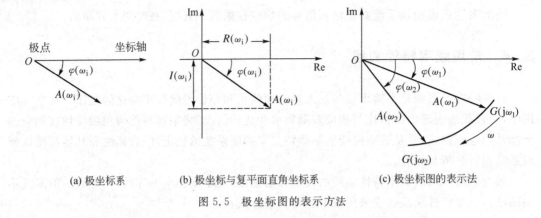

(a) 极坐标系　　(b) 极坐标与复平面直角坐标系　　(c) 极坐标图的表示法

图 5.5　极坐标图的表示方法

入的幅值比与相角差,并确定一个对应的向量 $G(j\omega)$,将不同 $G(j\omega)$ 向量的端点连接起来,即可得待求的奈氏曲线。

当系统或元件的传递函数已知时,可采用解析的方法,先求取系统的频率特性,再求出系统幅频特性、相频特性或者实频特性、虚频特性的表达式,逐点计算描出奈氏曲线。具体步骤如下:

(1) 求系统或元件的传递函数 $G(s)$;

(2) 用 $j\omega$ 代替 s,求出频率特性 $G(j\omega)$;

(3) 求出幅频特性 $A(\omega)$ 与相频特性 $\varphi(\omega)$ 的表达式,也可求出实频特性与虚频特性,以判断 $G(j\omega)$ 所在的象限;

(4) 在 $0\rightarrow\infty$ 的范围内选取不同的 ω,根据 $A(\omega)$ 与 $\varphi(\omega)$ 表达式计算出对应值,在坐标图上描出对应的向量 $G(j\omega)$,将所有 $G(j\omega)$ 的端点连接描出光滑的曲线,即可得到所求的奈氏曲线。

5.2.2　典型环节的幅相频率特性

1. 比例环节

比例环节的传递函数　　　　　　$G(s)=K$

用 $j\omega$ 替换 s,可求得比例环节的频率特性表达式为　$G(j\omega)=K$

幅频特性　　　　$A(\omega)=|K|=K$

相频特性　　　　$\varphi(\omega)=0°$

比例环节的奈氏图如图 5.6 所示,幅频特性、相频特性均与频率 ω 无关。当 ω 由 0 变到 ∞,$G(j\omega)$ 始终为实轴上一点,说明比例环节可以完全、真实地复现任何频率的输入信号,幅值上有放大或衰减作用。$\varphi(\omega)=0°$,表示输出与输入同相位,既不超前也不滞后。

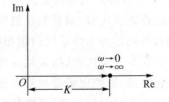

图 5.6　比例环节的幅相频率特性

2. 积分环节

积分环节的传递函数　　　　　　$G(s)=\dfrac{1}{s}$

积分环节的频率特性 $\qquad G(j\omega)=\dfrac{1}{j\omega}=-j\dfrac{1}{\omega}$

幅频特性 $\qquad A(\omega)=\left|\dfrac{1}{j\omega}\right|=\dfrac{1}{\omega}$

与角频率 ω 成反比。

相频特性 $\qquad \varphi(\omega)=-90°$

积分环节的幅相频率特性如图 5.7 所示,在 $0<\omega<\infty$ 的范围内,幅频特性与负虚轴重合。可见,积分环节是低通滤波器,放大低频信号、抑制高频信号,输入频率越低,对信号的放大作用越强;并且有相位滞后作用,输出滞后输入的相位恒为 $90°$。

3. 理想微分环节

理想微分环节的传递函数 $\qquad G(s)=s$

频率特性 $\qquad G(j\omega)=j\omega$

幅频特性 $\qquad A(\omega)=|j\omega|=\omega$

幅频特性与 ω 成正比。

相频特性 $\qquad \varphi(\omega)=90°$

理想微分环节的奈氏图如图 5.8 所示,在 $0<\omega<\infty$ 的范围内,其奈氏图与正虚轴重合。可见,理想微分环节是高通滤波器,输入频率越高,对信号的放大作用越强;并且有相位超前作用,输出超前输入的相位恒为 $90°$,说明输出对输入有提前性、预见性作用。

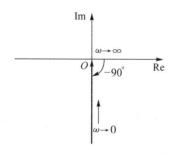

图 5.7 积分环节的幅相频率特性　　图 5.8 理想微分环节的幅相频率特性

4. 惯性环节

惯性环节的传递函数 $\qquad G(s)=\dfrac{1}{Ts+1}$

式中,T 为环节的时间常数。

频率特性 $\qquad G(j\omega)=\dfrac{1}{jT\omega+1}=\dfrac{1}{T^2\omega^2+1}+j\dfrac{-T\omega}{T^2\omega^2+1}$

根据实频特性与虚频特性表达式,可以判断出实频特性恒大于等于 0,而虚频特性恒小于等于 0,由此可见,惯性环节的奈氏图必在坐标系的第四象限。

幅频特性 $\qquad A(\omega)=\left|\dfrac{1}{jT\omega+1}\right|=\dfrac{1}{\sqrt{(T\omega)^2+1}}$

相频特性 $\qquad \varphi(\omega)=-\arctan T\omega$

当 ω 从 $0\rightarrow\infty$ 时,可以根据幅频特性与相频特性表达式描点绘制奈氏图,例如可以绘出三个点,如表 5.1 所示。

表 5.1   惯性环节特征点的 $A(\omega)$ 与 $\varphi(\omega)$

ω	0	$1/T$	∞
$A(\omega)$	1	$1/\sqrt{2}$	0
$\varphi(\omega)$	$0°$	$-45°$	$-90°$

根据这些数据,可以绘出幅相频率特性,如图 5.9 所示,这是一个位于第四象限的半圆,圆心为 $\left(\dfrac{1}{2},\mathrm{j}0\right)$,直径为 1。若惯性环节的比例系数变为 K,则幅频特性成比例扩大 K 倍,而相频特性保持不变,则奈氏图仍为一个半圆,但圆心为 $\left(\dfrac{K}{2},\mathrm{j}0\right)$,直径为 K。由惯性环节的奈氏图可知,惯性环节为低通滤波器,且输出滞后于输入,相位滞后范围为 $0°\rightarrow-90°$。

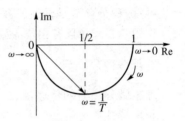

图 5.9   惯性环节幅相频率特性

5. 一阶微分环节

一阶微分环节的传递函数 $G(s)=\tau s+1$

式中,τ 为环节的时间常数。

频率特性 $G(\mathrm{j}\omega)=\mathrm{j}\tau\omega+1$

可见,一阶微分环节的实频特性恒为 1,而虚频特性与输入频率 ω 成正比。

幅频特性 $A(\omega)=\sqrt{(\tau\omega)^2+1}$

相频特性 $\varphi(\omega)=\arctan\tau\omega$

当 ω 从 $0\rightarrow\infty$ 时,可以根据幅频特性与相频特性表达式描点绘制奈氏图,部分特征点如表 5.2 所示。

表 5.2   一阶微分环节特征点的 $A(\omega)$ 与 $\varphi(\omega)$

ω	0	$1/\tau$	∞
$A(\omega)$	1	$\sqrt{2}$	∞
$\varphi(\omega)$	$0°$	$45°$	$90°$

根据这些数据绘出幅相频率特性(如图 5.10 所示),是平行于正虚轴向上无穷延伸的直线。由此可见,一阶微分环节具有放大高频信号的作用,输入频率 ω 越大,放大倍数越大;且输出超前于输入,相位超前范围为 $0°\rightarrow90°$,输出对输入有提前性、预见性作用。

一阶微分环节的典型实例是控制工程中常用的比例-微分控制器(PD 控制器),PD 控制器常用于改善二阶系统的动态性能,但存在放大高频干扰信号的问题。

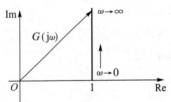

图 5.10   一阶微分环节的幅相频率特性

6. 二阶振荡环节

二阶振荡环节的传递函数　　　$G(s) = \dfrac{1}{T^2 s^2 + 2\zeta T s + 1}$

式中，T 为时间常数；ζ 为阻尼比，$0 \leqslant \zeta < 1$。

振荡环节的频率特性

$$G(j\omega) = \frac{1}{1 + 2\zeta T j\omega - T^2\omega^2} = \frac{1 - T^2\omega^2}{(1 - T^2\omega^2)^2 + (2\zeta T\omega)^2} - j\frac{2\zeta T\omega}{(1 - T^2\omega^2)^2 + (2\zeta T\omega)^2}$$

可以判断出虚频特性恒小于等于 0，故曲线必位于第三与第四象限。

振荡环节的幅频特性

$$A(\omega) = \frac{1}{\sqrt{(1 - T^2\omega^2)^2 + (2\zeta T\omega)^2}}$$

相频特性　　　　　　　　$\varphi(\omega) = -\arctan\left[\dfrac{2\zeta T\omega}{1 - T^2\omega^2}\right]$

以 ζ 为参变量，计算不同频率 ω 时的幅值和相角，其中几个重要的特征点见表 5.3。

表 5.3　二阶振荡环节特征点的 $A(\omega)$ 与 $\varphi(\omega)$

ω	0	$1/T$	∞
$A(\omega)$	1	$1/(2\zeta)$	0
$\varphi(\omega)$	0	$-90°$	$-180°$

在极坐标上画出 ω 由 $0 \to \infty$ 时的向量 $G(j\omega)$ 端点的轨迹，便可得振荡环节的幅相频率特性（如图 5.11 所示），且 $\zeta_1 > \zeta_2$。振荡环节与负虚轴的交点频率为 $\omega = 1/T$，幅值为 $1/(2\zeta)$。

由奈氏图可知，振荡环节具有相位滞后的作用，输出滞后于输入的范围为 $0° \to -180°$；同时 ζ 的取值对曲线形状的影响较大，可分为以下两种情况。

（1）$\zeta > \sqrt{2}/2$

幅频特性 $A(\omega)$ 随 ω 的增大而单调减小，如图 5.11 中 ζ_1 所对应曲线，此刻环节有低通滤波作用。当 $\zeta > 1$ 时，振荡环节有两个相异负实数极点，若 ζ 足够大，一个极点靠近原点，另一个极点远离虚轴（对瞬态响应影响很小），奈氏曲线与负虚轴的交点的虚部为 $1/(2\zeta) \approx 0$，近似于半圆，说明振荡环节近似于惯性环节，如图 5.12 所示。

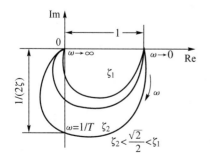

图 5.11　振荡环节的幅相频率特性

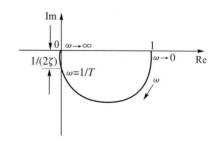

图 5.12　过阻尼振荡环节的幅相频率特性

(2) $0 \leqslant \zeta \leqslant \sqrt{2}/2$

当ω增大时,幅频特性$A(\omega)$并不是单调减小,而是先增大,达到一个最大值后再减小直至衰减为0,如图5.11中ζ_2所对应曲线,这种现象称为谐振。奈氏图上距离原点最远处所对应的频率为谐振频率ω_r,所对应的向量长度为谐振峰值$M_r = A(\omega_r)$,如图5.13所示。谐振表明系统对频率ω_r下的正弦信号的放大作用最强。由幅频特性$A(\omega)$对频率ω求导数,并令其等于零,可求得谐振角频率ω_r和谐振峰值M_r。

振荡环节的谐振角频率为

$$\omega_r = \frac{1}{T}\sqrt{1-2\zeta^2} = \omega_n\sqrt{1-2\zeta^2} \qquad \left(0 \leqslant \zeta \leqslant \frac{\sqrt{2}}{2}\right)$$

谐振峰值为

$$M_r = A(\omega_r) = \frac{1}{2\zeta\sqrt{1-\zeta^2}}$$

可见,随ζ的减小谐振峰值M_r增大,谐振频率ω_r也越接近振荡环节的无阻尼自然振荡频率ω_n。谐振峰值M_r越大,表明系统的阻尼比ζ越小,系统的相对稳定性就越差,单位阶跃响应的最大超调量$\sigma\%$也越大。当$\zeta=0$时,$\omega_r \approx \omega_n$,$M_r \approx \infty$,即振荡环节处于等幅振荡状态。$M_r$与$\zeta$之间的关系如图5.14所示。

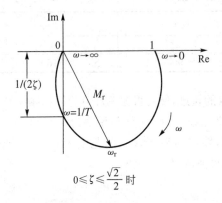

$0 \leqslant \zeta \leqslant \dfrac{\sqrt{2}}{2}$ 时

图5.13　$0 \leqslant \zeta \leqslant \dfrac{\sqrt{2}}{2}$时振荡环节的幅相频率特性

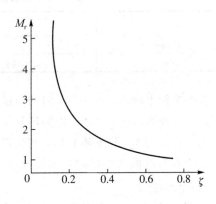

图5.14　M_r与ζ之间的关系示意图

7. 二阶微分环节

二阶微分环节的传递函数

$$G(s) = \tau^2 s^2 + 2\zeta\tau s + 1$$

式中,τ为时间常数;ζ为阻尼比,$0 \leqslant \zeta < 1$。

二阶微分环节的频率特性

$$G(j\omega) = 1 - \tau^2\omega^2 + j2\zeta\tau\omega$$

可见,虚频特性恒大于等于0,故曲线必位于第一与第二象限。

幅频特性　　　　　$$A(\omega) = \sqrt{(1-\tau^2\omega^2)^2 + (2\zeta\tau\omega)^2}$$

相频特性　　　　　$$\varphi(\omega) = \arctan\left[\frac{2\zeta\tau\omega}{1-\tau^2\omega^2}\right]$$

与绘制二阶振荡环节的奈氏图类似,以ζ为参变量,计算不同频率ω时的幅值和相角,其中几个特征点见表 5.4。

表 5.4 二阶微分环节特征点的 $A(\omega)$ 与 $\varphi(\omega)$

ω	0	$1/\tau$	∞
$A(\omega)$	1	2ζ	∞
$\varphi(\omega)$	$0°$	$90°$	$180°$

二阶微分环节的奈氏曲线如图 5.15 所示,具有相位超前的作用,随 ω 的增加,相位从 $0°$ 持续增加到 $180°$。且二阶微分环节与正虚轴的交点频率为 $\omega=1/\tau$,幅值为 2ζ。与二阶振荡环节相类似,二阶微分环节的幅频特性的变化趋势与 ζ 的大小有关,当 $\zeta > \sqrt{2}/2$ 时,幅频特性 $A(\omega)$ 随 ω 的增大而单调增加至 ∞,如图 5.15 中 ζ_2 对应的奈氏曲线;当 $0 \leqslant \zeta \leqslant \sqrt{2}/2$ 时,随 ω 的增大,幅频特性 $A(\omega)$ 并不是单调增大,而是先减小,达到一个最小值后再增加直至 ∞,如图 5.15 中 ζ_1 对应的奈氏曲线。

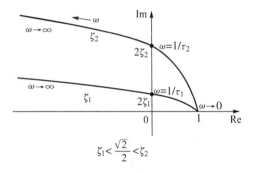

图 5.15 二阶微分环节的幅相频率特性

8. 延迟环节

延迟环节又称时滞环节、滞后环节,传递函数

$$G(s) = e^{-\tau s}$$

式中,τ 为延迟时间。

频率特性 $\qquad\qquad G(j\omega) = e^{-j\tau\omega}$

幅频特性 $\qquad\qquad A(\omega) = 1$

相频特性 $\qquad\qquad \varphi(\omega) = -\tau\omega$ 单位为弧度 rad

$$\varphi(\omega) = -\frac{180°}{3.14} \cdot \tau\omega = -57.3°\tau\omega$$

当 $\omega \to \infty$ 时,$\varphi(\omega) \to -\infty$,即输出相位滞后输入为无穷大。当 ω 从 0 连续变化至 ∞ 时,奈氏曲线沿原点作半径为 1 的圆无穷次旋转,τ 越大,转动速度越大。故延迟环节的奈氏图是一个以原点为圆心,半径为 1 的圆,如图 5.16 所示。延迟环节可以不失真地复现任何频率的输入信号,但输出滞后于输入,而且输入信号频率越高,延迟环节的输出滞后就越大。

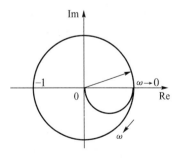

图 5.16 延迟环节的幅相频率特性

根据泰勒公式,在低频区,频率特性表达式展开为

$$e^{-j\tau\omega} = \frac{1}{1+j\tau\omega + \frac{1}{2!}(j\tau\omega)^2 + \frac{1}{3!}(j\tau\omega)^3 + \cdots + \frac{1}{n!}(j\tau\omega)^n + \cdots}$$

当 ω 很小时,有

$$e^{-j\tau\omega} \approx \frac{1}{1+j\tau\omega}$$

即在低频区,延迟环节的频率特性近似于惯性环节。从奈氏图 5.16 也可见,二者的曲线在低频区基本重合。

延迟环节与其他典型环节相结合不影响幅频特性,但会使相频特性的最大滞后为无穷大。如某系统传递函数是惯性环节与延迟环节相结合,传递函数为

$$G(s) = \frac{e^{-\tau s}}{Ts+1}$$

频率特性

$$G(j\omega) = \frac{e^{-j\tau\omega}}{jT\omega + 1}$$

$$A(\omega) = \mid G(j\omega) \mid = \frac{1}{\sqrt{(T\omega)^2 + 1}}$$

$$\varphi(\omega) = -57.3°\tau\omega - \arctan T\omega \quad 单位为度(°)$$

可见,随 ω 的增大,系统幅频特性 $A(\omega)$ 单调减小,而相位滞后单调增加,相频特性 $\varphi(\omega)$ 从 $0°$一直变化到负无穷大。故该系统的奈氏图是螺旋状曲线,绕原点顺时针旋转 ∞ 次,最后终止于原点,与实轴、虚轴分别有无数个交点,如图 5.17 所示。

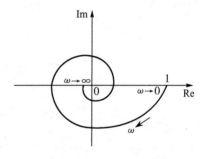

图 5.17   延迟环节的幅相频率特性

5.2.3 开环奈氏图的绘制

1. 定义

系统的频率特性,由反馈点是否断开分为闭环频率特性 $\Phi(j\omega)$ 与开环频率特性 $G_K(j\omega)$,分别对应于系统的闭环传递函数 $\Phi(s)$ 与开环传递函数 $G_K(s)$。由于系统的开环传递函数较易获取,并与系统的元件一一对应,在控制系统的频率分析法中,分析与设计系统一般是基于系统的开环频率特性。

设系统的开环传递函数为

$$G_K(s) = \frac{K}{s^\nu} \times \frac{\prod_{i=1}^{m_1}(\tau_i s + 1)\prod_{k=1}^{m_2}(\tau_k^2 s^2 + 2\zeta_k \tau_k s + 1)}{\prod_{j=1}^{n_1}(T_j s + 1)\prod_{l=1}^{n_2}(T_l^2 s^2 + 2\zeta_l T_l s + 1)}$$

式中,$m_1 + 2m_2 = m$,$\nu + n_1 + 2n_2 = n$;m 为分子多项式的阶数,n 为分母多项式的阶数,且 $m \leq n$。由于一般 $m < n$,故有低通滤波与相位滞后作用。

系统的开环频率特性为

$$G_{\mathrm{K}}(\mathrm{j}\omega) = \frac{K}{(\mathrm{j}\omega)^{\nu}} \times \frac{\prod\limits_{i=1}^{m_1}(\mathrm{j}\omega\tau_i + 1)\prod\limits_{k=1}^{m_2}(-\tau_k^2\omega^2 + 2\mathrm{j}\omega\zeta_k\tau_k + 1)}{\prod\limits_{j=1}^{n_1}(\mathrm{j}\omega T_j + 1)\prod\limits_{l=1}^{n_2}(-T_l^2\omega^2 + 2\mathrm{j}\omega\zeta_l T_l + 1)}$$

对于由多个典型环节组合而成的系统,即当 $G(\mathrm{j}\omega) = \prod\limits_{i=1}^{n}G_i(\mathrm{j}\omega)$ 时,其频率特性应该满足下面的规律

$$A(\omega) = \prod_{i=1}^{n}A_i(\omega), \varphi(\omega) = \sum_{i=1}^{n}\varphi_i(\omega)$$

由于控制系统是由典型环节组成的,则系统频率特性的绘制与典型环节的频率特性的绘制方法基本相同。可根据复变函数的性质求出系统开环频率特性的幅频特性 $A(\omega)$ 与相频特性 $\varphi(\omega)$ 的表达式,或由分母有理化求出实频特性与虚频特性,再由奈氏图的基本绘制方法求出系统的开环奈氏图。

2. 基本绘制规律

实际上,当系统开环传递函数由多个典型环节组合(不包括延迟环节)时,其开环奈氏图的绘制与根轨迹的绘制类似,具有一定的规律。可以先根据开环传递函数的某些特征绘制出近似曲线,再利用 $A(\omega)$ 与 $\varphi(\omega)$ 的表达式描点,在曲线的重要部分修正。

(1) 低频段($\omega\to 0$)

$G_{\mathrm{K}}(\mathrm{j}\omega)$ 的低频段表达式为 $\lim\limits_{\omega\to 0}G_{\mathrm{K}}(\mathrm{j}\omega) = \lim\limits_{\omega\to 0}\dfrac{K}{(\mathrm{j}\omega)^{\nu}}$。

根据向量相乘是幅值相乘、相位相加的原则,求出低频段幅频特性与相频特性表达式分别为

$$A(0) = \lim_{\omega\to 0}A(\omega) = \frac{K}{0^{\nu}} \tag{5.16}$$

$$\varphi(0) = \lim_{\omega\to 0}\varphi(\omega) = -\nu \cdot 90° \tag{5.17}$$

可见低频段的形状(幅值与相位)均与系统的型别 ν 与开环传递系数 K 有关。

• 0 型系统 $\nu = 0$: $A(0) = K$, $\varphi(0) = 0°$

低频特性为实轴上的一点 $(K, \mathrm{j}0)$。

• Ⅰ型系统 $\nu = 1$: $A(0)\to\infty$, $\varphi(0) = -90°$

低频特性始于无穷远处,趋于一条与负虚轴平行的渐近线,这一渐近线可以由下式确定:

$$\sigma_{\mathrm{x}} = \lim_{\omega\to 0^+}\mathrm{Re}[G_{\mathrm{K}}(\mathrm{j}\omega)] = \lim_{\omega\to 0^+}R(\omega)$$

$R(\omega)$ 为系统的开环实频特性。

• Ⅱ型系统 $\nu = 2$: $A(0)\to\infty$, $\varphi(0) = -180°$

低频特性始于无穷远处,趋于一条与负实轴平行的渐近线,这一渐近线可以由下式确定:

$$\sigma_{\mathrm{y}} = \lim_{\omega\to 0^+}\mathrm{Im}[G_{\mathrm{K}}(\mathrm{j}\omega)] = \lim_{\omega\to 0^+}I(\omega)$$

$I(\omega)$ 为系统的开环虚频特性。

根据以上分析可以给出 0 型、Ⅰ型、Ⅱ型系统低频段的一般形状,如图 5.18 所示。

(2) 高频段($\omega\to\infty$)

不失一般性,假定系统开环传递函数全为不相

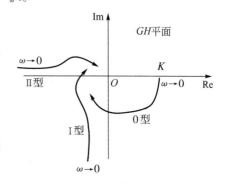

图 5.18 不同型别系统的幅相频率特性的低频段

等的负实数极点与零点。则 $G_K(j\omega)$ 的表达式为

$$G_K(j\omega) = \frac{K\prod_{i=1}^{m}(j\tau_i\omega+1)}{(j\omega)^{\nu}\prod_{j=1}^{n-\nu}(jT_j\omega+1)}$$

m 为分子多项式的阶数，n 为分母多项式的阶数，且 $m \leqslant n$。将 $\omega \to \infty$ 代入，可得 $G_K(j\omega)$ 的高频段表达式为

$$\lim_{\omega\to\infty}G_K(j\omega) = \lim_{\omega\to\infty}\frac{K\prod_{i=1}^{m}(j\tau_i\omega+1)}{(j\omega)^{\nu}\prod_{j=1}^{n-\nu}(jT_j\omega+1)} \approx \lim_{\omega\to\infty}\frac{K\prod_{i=1}^{m}(j\tau_i\omega)}{(j\omega)^{\nu}\prod_{j=1}^{n-\nu}(jT_j\omega)} = \lim_{\omega\to\infty}\frac{K\prod_{i=1}^{m}(\tau_i)}{(j\omega)^{n-m}\prod_{j=1}^{n-\nu}(T_j)}$$

当 $n>m$，有

$$\lim_{\omega\to\infty}G_K(j\omega) = \lim_{\omega\to\infty}\frac{K'}{(j\omega)^{n-m}} = 0\angle-(n-m)\cdot90° \qquad (5.18)$$

式中，$K' = \dfrac{K\prod_{i=1}^{m}(\tau_i)}{\prod_{j=1}^{n-\nu}(T_j)}$。所以有

$$A(\infty) = \lim_{\omega\to\infty}A(\omega) = 0 \qquad (5.19)$$

$$\varphi(\infty) = \lim_{\omega\to\infty}\varphi(\omega) = -(n-m)\cdot90° \qquad (5.20)$$

故 $A(\infty)=0$，高频段终止于坐标原点；而最终相位为 $\varphi(\infty)=-(n-m)\cdot90°$，由 $n-m$ 确定幅相频率特性曲线以什么角度进入坐标原点。

- $n-m=1$，则 $\varphi(\infty)=-90°$，即幅相特性沿负虚轴进入坐标原点。
- $n-m=2$，则 $\varphi(\infty)=-180°$，即幅相特性沿负实轴进入坐标原点。
- $n-m=3$，则 $\varphi(\infty)=-270°$，即幅相特性沿正虚轴进入坐标原点。

不同类型系统的幅相频率特性高频段的一般形状如图 5.19 所示。

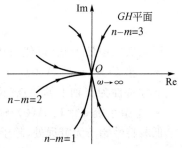

图 5.19　不同类型系统的幅相频率特性的高频段

(3) 奈氏图与实轴、虚轴的交点

将频率特性表达式按照分母有理化的方法分解为实部与虚部。

- 曲线与实轴的交点处的频率由虚部为 0 求出

$$\mathrm{Im}[G_K(j\omega)] = I(\omega) = 0$$

求出交点处的 ω，代入频率特性表达式即得交点的坐标。

- 曲线与虚轴的交点处的频率由实部为 0 求出

$$\mathrm{Re}[G_K(j\omega)] = R(\omega) = 0$$

求出交点处的 ω，代入频率特性表达式即得交点的坐标。

（4）开环零点对曲线的影响

- 如果系统的开环传递函数没有开环零点，则在 ω 由 $0 \to \infty$ 过程中，频率特性的相位单调连续减小（滞后连续增加），特性曲线平滑地变化。奈氏曲线应该是从低频段开始幅值逐渐减小，沿顺时针方向连续变化最后终止于原点。
- 如果系统的开环传递函数有开环零点，则在 ω 由 $0 \to \infty$ 过程中，频率特性的相位不再是连续减小。视开环零点的时间常数的数值大小不同，特性曲线的相位可能在某一频段范围内呈增加趋势，此时，特性曲线出现凹凸。

根据以上绘制规律，可方便地绘制出系统的开环概略奈氏图。

在 $0 < \omega < \infty$ 的区段，奈氏曲线的形状与所有典型环节及其参数有关，但通过奈氏曲线并不能非常直观地显示出系统的开环传递函数的结构与参数。此外，延迟环节将使系统的奈氏曲线呈螺旋状。

3. 绘制实例

例 5.2 某系统的开环传递函数如下，绘制其开环奈氏图。

$$G_{\mathrm{K}}(s) = \frac{K}{(T_1 s + 1)(T_2 s + 1)(T_3 s + 1)}$$

解 由系统的开环传递函数得频率特性

$$G_{\mathrm{K}}(\mathrm{j}\omega) = \frac{K}{(\mathrm{j}\omega T_1 + 1)(\mathrm{j}\omega T_2 + 1)(\mathrm{j}\omega T_3 + 1)}$$

（1）此系统为 0 型系统，所以奈氏曲线低频段有 $A(0) = K$，$\varphi(0) = 0°$，低频特性为正实轴上的一点 $(K, \mathrm{j}0)$。

（2）$n - m = 3$，则 $\varphi(\infty) = -270°$，即幅相特性沿正虚轴进入坐标原点。

（3）此系统无开环零点，因此在 ω 由 0 增大趋向于 ∞ 过程中，特性的相位单调连续减小，从 $0°$ 连续变化到 $-270°$，中间有 $-180°$ 角，故曲线与负实轴有交点。奈氏曲线应该是平滑的曲线，从低频段开始幅值逐渐减小，沿顺时针方向连续变化最后终止于原点。

该系统开环概略奈氏图如图 5.20 所示。

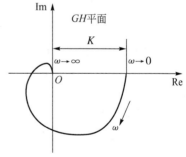

图 5.20 0 型系统幅相频率特性

例 5.3 某系统的开环传递函数如下，绘制其开环奈氏图。

$$G_{\mathrm{K}}(s) = \frac{K}{s(T_1 s + 1)(T_2 s + 1)}$$

解 令 $s = \mathrm{j}\omega$，得开环系统频率特性

$$G_{\mathrm{K}}(\mathrm{j}\omega) = \frac{K}{\mathrm{j}\omega(\mathrm{j}\omega T_1 + 1)(\mathrm{j}\omega T_2 + 1)}$$

（1）系统为 Ⅰ 型系统，$A(0) \to \infty$，$\varphi(0) = -90°$，低频特性始于平行于负虚轴的无穷远处。低频渐近线如下确定，将频率特性表达式分母有理化为

$$G_K(j\omega) = \frac{K}{j\omega(j\omega T_1+1)(j\omega T_2+1)} = \frac{K(-j)(-j\omega T_1+1)(-j\omega T_2+1)}{\omega(j\omega T_1+1)(-j\omega T_1+1)(j\omega T_2+1)(-j\omega T_2+1)}$$

$$= \frac{-K(T_1+T_2)}{(T_1^2\omega^2+1)(T_2^2\omega^2+1)} + j\frac{-K(1-T_1T_2\omega^2)}{(T_1^2\omega^2+1)(T_2^2\omega^2+1)\omega}$$

则低频渐近线为 $\sigma_x = \lim\limits_{\omega\to0^+}\mathrm{Re}\,[G(j\omega)] = \lim\limits_{\omega\to0^+}R(\omega) = -K(T_1+T_2)$。

同时可知,频率特性实部小于等于 0,故曲线只在第二与第三象限。

（2）$n-m=3$,则 $\varphi(\infty)=-270°$,即幅相特性沿正虚轴进入坐标原点。

（3）此系统无开环零点,因此在 ω 由 $0\to\infty$ 过程中,特性的相位单调连续减小,从 $-90°$ 连续变化到 $-270°$。奈氏曲线是平滑的曲线,从低频段开始幅值逐渐减小,沿顺时针方向连续变化最后终止于原点。

（4）$\varphi(\omega)$ 有 $-180°$ 相位角,故曲线与负实轴有交点,交点坐标可以由下式确定。

$$\mathrm{Im}\,[G(j\omega)] = I(\omega) = \frac{-K(1-T_1T_2\omega^2)}{(T_1^2\omega^2+1)(T_2^2\omega^2+1)\omega} = 0$$

解之得交点处频率 $\omega=1/\sqrt{T_1T_2}$,即可得曲线与负实轴交点的坐标为 $\left(-\dfrac{KT_1T_2}{T_1+T_2},\,j0\right)$。

该系统开环奈氏图如图 5.21 所示。

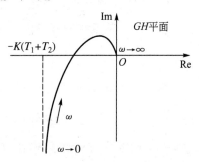

图 5.21　Ⅰ型系统幅相频率特性

例 5.4　某系统开环传递函数如下,绘制开环奈氏图。

$$G_K(s) = \frac{K}{s^2(T_1s+1)}$$

解　由题可知系统开环频率特性表达式为

$$G_K(j\omega) = \frac{K}{(j\omega)^2(j\omega T_1+1)}$$

此系统为Ⅱ型系统,当 $\omega\to0$ 时,幅值趋于无穷大,而相角位移为 $-180°$。当 $\omega\to\infty$ 时,$A(\infty)=0$,$\varphi(\infty)=-(n-m)\times90°=-3\times90°=-270°$。由于没有开环零点,所以奈氏曲线从低频段到高频段为连续变化的光滑曲线,幅值连续减小,最后沿正虚轴终止于原点。该系统奈氏图如图 5.22 所示。

若该系统增加一个开环零点,则开环传递函数变为

$$G_K(s) = \frac{K(T_2s+1)}{s^2(T_1s+1)},\quad T_1>T_2$$

开环频率特性表达式为

$$G_K(j\omega) = \frac{K(j\omega T_2+1)}{(j\omega)^2(j\omega T_1+1)}$$

此系统仍为Ⅱ型系统,当 $\omega\to0$ 时,幅值趋于无穷大,而相角位移为 $-180°$,奈氏图的起点基本未变。当 $\omega\to\infty$ 时,$A(\infty)=0$,$\varphi(\infty)=-(n-m)\times90°=-2\times90°=-180°$,奈氏图沿负实轴终止于原点。由于增加了开环零点,相频特性为

$$\varphi(\omega) = \arctan\omega T_2 - \arctan\omega T_1 - 180° < -180°$$

所以奈氏曲线位于第二象限,奈氏曲线从低频段到高频段连续变化时,相位先滞后增加,达到一个滞后最大值后,相位滞后又开始减小(即相位增加),整条曲线出现了凹凸。该系统的奈氏图如图 5.23 所示。

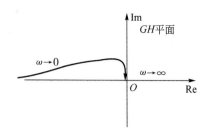

图 5.22 Ⅱ型系统幅相频率特性之一

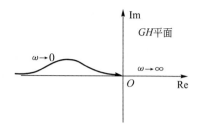

图 5.23 Ⅱ型系统幅相频率特性之二

图 5.24 列出了常见系统的开环传递函数与开环概略奈氏图。

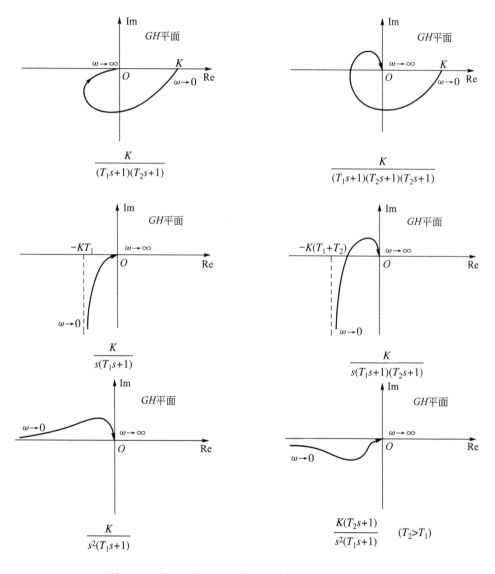

图 5.24 常见系统的开环传递函数与开环概略奈氏图

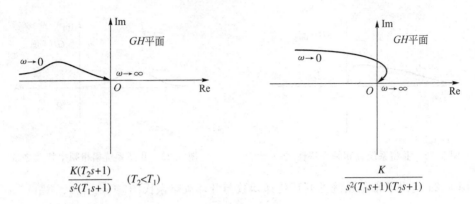

$$\frac{K(T_2s+1)}{s^2(T_1s+1)} \quad (T_2<T_1)$$

$$\frac{K}{s^2(T_1s+1)(T_2s+1)}$$

图 5.24 （续）

5.3 对数频率特性及其绘制

5.3.1 对数频率特性曲线基本概念

对数频率特性曲线是频率法中应用最广泛的曲线,常称为伯德(Bode)图,由对数幅频特性曲线和对数相频特性曲线组成。伯德图是绘制在以 10 为底的半对数坐标系中的,其特点是横坐标采用对数刻度,其刻度不是线性均匀的,但纵坐标仍采用均匀的线性刻度。

对数频率特性的横坐标如图 5.25 所示。图中横坐标采用对数比例尺(或称对数标度),频率坐标是按 ω 的对数值 $\lg\omega$ 进行线性分度的,如 $\omega=1,\lg1=0$；$\omega=2,\lg2=0.301$；$\omega=3$, $\lg3=0.477$；$\omega=4,\lg4=0.602$；$\omega=5,\lg5=0.699$；$\omega=6,\lg6=0.778$；$\omega=7,\lg7=0.845$；$\omega=8,\lg8=0.903$；$\omega=9,\lg9=0.954$；$\omega=10,\lg10=1$。但仍标注角频率 ω 的真值,以方便读数。ω 每变化十倍,横坐标 $\lg\omega$ 就增加一个单位长度,记为 decade 或简写 dec。这个单位长度代表十倍频率的距离,故称之为"十倍频"或"十倍频程"。

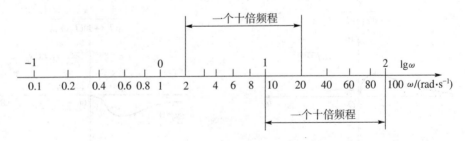

图 5.25 对数频率特性横坐标分度

由于横坐标按照 ω 的对数来分度,对于 ω 是不均匀的,但对 $\lg\omega$ 却是均匀的线性分度。由于 0 频无法表示,横坐标的最低频率是由所需的频率范围来确定的。

若横轴上有两点 ω_1 与 ω_2,则该两点的距离不是 $\omega_2-\omega_1$,而是 $\lg\dfrac{\omega_2}{\omega_1}=\lg\omega_2-\lg\omega_1$,如 2 与 20、10 与 100 之间的距离均为一个单位长度,即一个十倍频程。

对数幅频特性曲线的纵坐标是将 $A(\omega)$ 取常用对数,并乘上 20 倍,变成对数幅值

$$L(\omega) = 20\lg|G(\mathrm{j}\omega)| = 20\lg A(\omega)$$

其单位为分贝(dB)。由于直接标注 $L(\omega)$ 的数值,纵坐标是均匀的普通比例尺。$A(\omega)$ 每变大 10 倍,$L(\omega)$ 增加 20dB。至于对数相频特性,其横坐标与幅频特性的横坐标相同,不是均匀的线性刻度;其纵坐标直接表示相角位移,单位为"度"(°),采用普通比例尺。对数频率特性曲线坐标系如图 5.26 所示,在绘制函数关系时,相当于 $\lg\omega$ 为自变量。

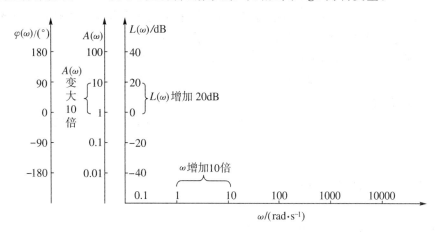

图 5.26 对数频率特性坐标系

对数频率特性曲线反映 $L(\omega) = 20\lg A(\omega)$ 与 $\varphi(\omega)$ 随 $\lg\omega$ 变化的规律,从而间接反映 $A(\omega)$ 与 $\varphi(\omega)$ 随 ω 变化的规律。如惯性环节 $\dfrac{1}{Ts+1}$ 的对数幅频特性曲线如图 5.27 所示,并可分别绘制出其精确曲线与渐近线。

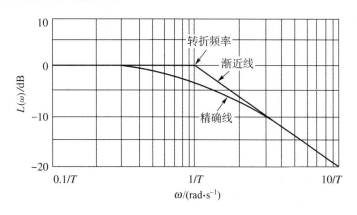

图 5.27 惯性环节的对数幅频特性曲线

由图 5.27 可见,伯德图采用半对数坐标,具有如下优点:

(1) 缩小了比例尺,使横坐标的低频段大大展宽,而高频段压缩,能够展示更宽的频率范围。幅频特性采用 dB 表示幅值后,纵坐标高频段也相对缩小,幅频特性曲线斜率下降,范围更广,图示更清楚,便于分析和设计系统。

(2) 大大简化绘制系统频率特性的工作。当系统由许多环节串联构成时,开环频率特

性为

$$G(j\omega) = G_1(j\omega)G_2(j\omega)\cdots G_n(j\omega) = A(\omega)e^{j\varphi(\omega)} \tag{5.21}$$

式中，$A(\omega)=A_1(\omega)A_2(\omega)\cdots A_n(\omega)$；$\varphi(\omega)=\varphi_1(\omega)+\varphi_2(\omega)+\cdots+\varphi_n(\omega)$。在极坐标中绘制幅相频率特性，要花较多时间，而在绘制对数幅频特性时，则有

$$L(\omega)=20\lg A(\omega) = 20\lg A_1(\omega)+20\lg A_2(\omega)+\cdots+20\lg A_n(\omega)$$
$$=L_1(\omega)+L_2(\omega)+\cdots+L_n(\omega) \tag{5.22}$$

则复杂的乘除运算变成了简单的加减运算。这样，如果先绘出各环节的对数幅频特性，然后进行加减，就能得到串联各环节所组成系统的对数幅频特性，作图大为简化。

（3）容易看出各环节的单独作用，便于对系统的分析设计。

（4）可以用分段的直线（渐近线）来代替典型环节的准确的对数幅频特性，而且稍加修正就可得到精确的曲线。

（5）可根据实测数据绘制出伯德图，再求出开环传递函数，便于采用物理实验的方法求取系统或元件的数学模型。

5.3.2 典型环节的伯德图

一般为简化作图过程，常用分段直线（渐近线）近似表示对数幅频特性曲线，这种处理引起的误差一般在允许范围内。当需要精确曲线时，可以对分段直线进行简单的修正。

1. 比例环节

比例环节的频率特性表达式为 $G(j\omega)=K$

幅频特性 $A(\omega)=K$，则对数幅频特性为

$$L(\omega)=20\lg A(\omega)=20\lg K$$

对数幅频特性为平行于横轴的一条直线。若 $K=100$，则 $L(\omega)=20\lg 100=40$dB，如图 5.28 所示。当 $K>1$ 时，该平行线位于 0dB 线之上；当 $0<K<1$ 时，该平行线位于 0dB 线之下；当 $K=1$ 时，该平行线与 0dB 线重合。

比例环节的相频特性仍为 $\varphi(\omega)=0°$，与 ω 无关，为相频特性图的横轴，如图 5.28 所示。

K 的变化只影响对数幅频特性曲线的升降，不改变其形状与对数相频特性。

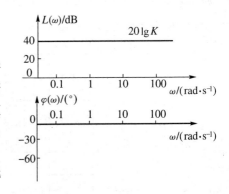

图 5.28 比例环节的伯德图

2. 积分环节

积分环节的频率特性为 $G(j\omega)=1/j\omega$，幅频特性为

$$A(\omega)=1/\omega$$

对数幅频特性为

$$L(\omega)=20\lg A(\omega)=20\lg(1/\omega)=-20\lg\omega$$

绘出对数幅频特性曲线上的几个点：

当 $\omega = 0.1$ 时,$L(0.1) = +20\text{dB}$;

当 $\omega = 1$ 时,$L(1) = 0\text{dB}$;

当 $\omega = 10$ 时,$L(10) = -20\text{dB}$。

频率每增加 10 倍,幅频特性下降 20dB,故积分环节的对数幅频特性是一条斜率为 -20dB/dec 的斜线,并在 $\omega = 1$ 这一点穿过 0dB 线。实际上由于 $\lg\omega$ 相当于自变量,从对数幅频特性的表达式可以直接看出,$L(\omega)$ 跟随 $\lg\omega$ 变化,二者之间的函数关系是均匀线性的,斜率为 -20dB/dec。

积分环节的对数相频特性为 $\qquad \varphi(\omega) = -90°$

与频率无关,在 $0 < \omega < \infty$ 的频率范围内,为平行于横轴的一条直线(如图 5.29 所示)。

当积分环节的比例系数为 K 时,即频率特性为

$$G(\mathrm{j}\omega) = \frac{K}{\mathrm{j}\omega}$$

则对数幅频特性为

$$L(\omega) = 20\lg A(\omega) = 20\lg(K/\omega) = 20\lg K - 20\lg\omega$$

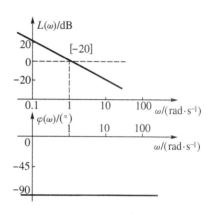

图 5.29 积分环节的伯德图

相当于整体斜线高度上升 $20\lg K$,K 的变化只影响对数幅频特性曲线的升降,不改变原有形状与对数相频特性。此时 $L(1) = 20\lg K$,对数频率特性曲线在 $\omega = K$ 这一点穿过 0dB 线。

如果系统的传递函数是 n 个积分环节串联,这时对数幅频特性为

$$L(\omega) = 20\lg(1/\omega^n) = -n \times 20\lg\omega$$

是一条斜率为 $-20n\text{dB/dec}$ 的斜线,可以看成是 n 条斜率为 -20dB/dec 的斜线的叠加。

3. 理想微分环节

理想微分环节的频率特性 $\qquad G(\mathrm{j}\omega) = \mathrm{j}\omega$

幅频特性 $\qquad A(\omega) = \omega$

对数幅频特性 $\qquad L(\omega) = 20\lg A(\omega) = 20\lg\omega$

与积分环节类似,$L(\omega)$ 跟随 $\lg\omega$ 变化,二者之间的函数关系是均匀线性的。频率每增加 10 倍,幅频特性上升 20dB。

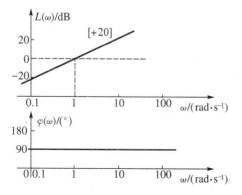

图 5.30 理想微分环节的伯德图

当 $\omega = 0.1$ 时,$L(0.1) = -20\text{dB}$;

当 $\omega = 1$ 时,$L(1) = 0\text{dB}$;

当 $\omega = 10$ 时,$L(10) = +20\text{dB}$。

理想微分环节的对数幅频特性为一条斜率为 $+20\text{dB/dec}$ 的直线,在 $\omega = 1$ 处穿过 0dB 线(如图 5.30 所示)。若比例系数 K 值变化将使对数幅频特性曲线上升($K > 1$)或下降($0 < K < 1$)。

理想微分环节的相频特性为 $\varphi(\omega) = 90°$,在 $0 < \omega < \infty$ 的范围内,是平行于坐标横轴的一条直线。

积分环节与理想微分环节的对数幅频特性相

比较,只相差正负号,二者以 ω 轴为基准,互为镜像;同理,二者的相频特性互以 ω 轴互为镜像。

4. 惯性环节

惯性环节的频率特性
$$G(\mathrm{j}\omega)=\frac{1}{\mathrm{j}T\omega+1}$$

幅频特性
$$A(\omega)=\frac{1}{\sqrt{(T\omega)^2+1}}$$

对数幅频特性
$$L(\omega)=20\lg\frac{1}{\sqrt{(T\omega)^2+1}}=-20\lg\sqrt{(T\omega)^2+1}$$

时间常数 T 已知时,可以在 $\omega\to\infty$ 的范围内,逐点求出 $L(\omega)$ 值,从而绘制出精确的对数幅频特性曲线,但十分费时。在工程中,一般采用渐近线近似的方法,这已经满足大多数情况下的要求,可以分段讨论如下。

(1) 低频段

在 $T\omega\ll1$(或 $\omega\ll1/T$)的区段,可以近似地认为 $T\omega\approx0$,从而有
$$L(\omega)=-20\lg\sqrt{(T\omega)^2+1}\approx-20\lg1=0\mathrm{dB}$$
故在频率很低时,对数幅频特性可以近似用 0dB 线表示,称为低频渐近线,如图 5.31 所示。

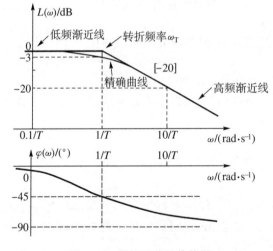

图 5.31   惯性环节的伯德图

(2) 高频段

在 $T\omega\gg1$(或 $\omega\gg1/T$)的区段,可以近似地认为
$$L(\omega)=-20\lg\sqrt{(T\omega)^2+1}\approx-20\lg T\omega=-20\lg T-20\lg\omega$$

$L(\omega)$ 为因变量,$\lg\omega$ 为自变量,因此对应的对数幅频特性曲线是一条斜线,斜率为 $-20\mathrm{dB/dec}$,当频率变化 10 倍频时,$L(\omega)$ 变化 $-20\mathrm{dB}$,称为高频渐近线,如图 5.31 所示。高频渐近线和低频渐近线的交点频率 $\omega_\mathrm{T}=1/T$ 称为转折频率,是绘制惯性环节的对数频率特性时的一个重要参数。

渐近特性和准确特性相比,存在误差。越靠近转折频率,误差越大,如在转折频率 $\omega_\mathrm{T}=1/T$ 这一点,误差最大,精确值为

$$L(1/T) = -20 \lg \sqrt{1+1} = -3\text{dB}$$

这说明,在转折频率处,精确值应为用渐近线绘制的对数幅值减去 3dB。

渐近对数幅频特性曲线相对于数幅频特性曲线的误差值见表 5.5。

表 5.5　惯性环节对数幅频特性误差修正表

$T\omega$	0.1	0.25	0.4	0.5	1.0	2.0	2.5	4.0	10.0
误差/(dB)	−0.04	−0.32	−0.65	−1.0	−3.0	−1.0	−0.65	−0.32	−0.04

为简化对数频率特性曲线的绘制,常常使用渐近对数幅频特性曲线(特别是在初步设计阶段)。同时,如需由渐近对数幅频特性曲线获取精确曲线,只需利用误差修正曲线分别在低于或高于转折频率的一个十倍频程范围内对渐近对数幅频特性曲线进行修正就足够了,误差修正曲线见图 5.32。

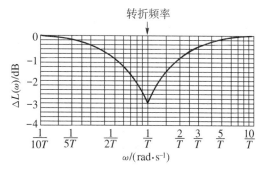

图 5.32　惯性环节对数幅频特性渐近线在转折频率附近的误差修正曲线

对数相频特性为 $\varphi(\omega) = -\arctan T\omega$。为了近似绘制相频特性,选择确定以下几个点,见表 5.6。

表 5.6　惯性环节相位计算表

ωT	0.1	0.25	0.4	0.5	1.0	2.0	2.5	4.0	10.0
相位/(°)	−5.7	−14.1	−21.8	−26.6	−45	−63.4	−68.2	−75.9	−84.3

同时,由于惯性环节的相位与频率呈反正切函数关系,所以,对数相频特性曲线将对应于 $\omega_T = 1/T$ 及 $\varphi(\omega_T) = -45°$ 这一点斜对称(如图 5.31 所示),可以清楚地看出在整个频率范围内,$\varphi(\omega)$ 呈滞后持续增加的趋势,极限为 $-90°$。

当惯性环节的时间常数 T 改变时,其转折频率 $1/T$ 将在伯德图的横轴上向左或向右移动。与此同时,对数幅频特性及对数相频特性曲线也将随之向左或向右移动,但它们的形状保持不变。

5. 一阶微分环节

一阶微分环节的频率特性　　　$G(\text{j}\omega) = \text{j}\tau\omega + 1$

幅频特性　　　$A(\omega) = \sqrt{(\tau\omega)^2 + 1}$

对数幅频特性　　　$L(\omega) = 20 \lg A(\omega) = 20 \lg \sqrt{(\tau\omega)^2 + 1}$

对数相频特性　　　$\varphi(\omega) = \arctan \tau\omega$

按照与惯性环节相似的作图方法,可以得到图 5.33 所示对数频率特性。

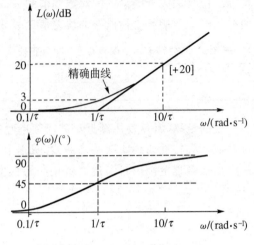

图 5.33 一阶微分环节的伯德图

(1) 低频段

在 $\tau\omega \ll 1$(或 $\omega \ll 1/\tau$)的区段,对数幅频特性可以近似用 0dB 线表示,为低频渐近线。

(2) 高频段

在 $\tau\omega \gg 1$(或 $\omega \gg 1/\tau$)的区段,可以近似地认为

$$L(\omega) = 20\lg\sqrt{(\tau\omega)^2 + 1} \approx 20\lg\tau\omega = 20\lg\tau + 20\lg\omega$$

高频渐近线是一条斜线,斜率为 20dB/dec,当频率变化 10 倍频时,$L(\omega)$ 变化 20dB。转折频率为 $\omega_T = 1/\tau$。

可知,一阶微分环节的对数幅频特性和相频特性与惯性环节的相应特性互以横轴为镜像。精确曲线的修正方法也与惯性环节相同。但需要注意到修正值的符号相反。如转折频率处 ω_T 对应的精确值是 $L(\omega_T) = 0 + 3 = 3$dB。

6. 二阶振荡环节

振荡环节的频率特性

$$G(j\omega) = \frac{1}{1 + 2\zeta T j\omega - T^2\omega^2}(0 \leqslant \zeta \leqslant 1)$$

幅频特性

$$A(\omega) = \frac{1}{\sqrt{(1 - T^2\omega^2)^2 + (2\zeta T\omega)^2}}$$

对数幅频特性

$$L(\omega) = 20\lg A(\omega) = -20\lg\sqrt{(1 - T^2\omega^2)^2 + (2\zeta T\omega)^2}$$

(1) 低频段

$T\omega \ll 1$(或 $\omega \ll 1/T$)时,$L(\omega) \approx 20\lg 1 = 0$dB,低频渐近线与 0dB 线重合。

(2) 高频段

$T\omega \gg 1$(或 $\omega \gg 1/T$)时,并考虑到 $0 < \zeta \leqslant 1$,有

$$L(\omega) \approx -20\lg(T\omega)^2 = -40\lg(T\omega) = -40\lg T - 40\lg\omega$$

这说明高频段是一条斜率为 -40dB/dec 的斜线,称为高频渐近线。

$\omega_T=1/T$ 为低频渐近线与高频渐近线交点处的横坐标,称为转折频率,也就是环节的无阻尼自然振荡角频率 ω_n。振荡环节对数幅频特性渐近线见图5.34。

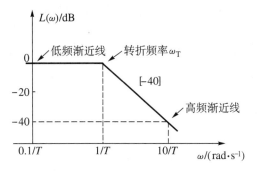

图 5.34 二阶振荡环节的渐近线

在 $\omega_T=1/T$ 附近,用渐近线得到的对数幅频特性存在较大误差,$L(\omega_T)$ 的近似值为

$$L(\omega_T) = 20\lg 1 = 0$$

而准确值为

$$L(\omega_T) = 20\lg[1/(2\zeta)] \tag{5.23}$$

只在 $\zeta=0.5$ 时,二者相等。当 ζ 不同时,精确曲线如图5.35所示。

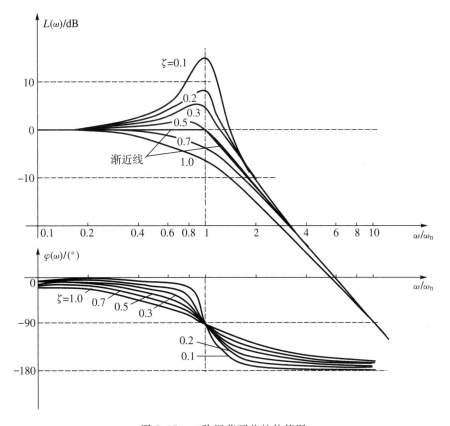

图 5.35 二阶振荡环节的伯德图

可见，对于振荡环节，以渐近线代替实际对数幅频特性时，要特别注意。如果 ζ 在 $0.4\sim0.7$ 范围内，误差不大，而当 ζ 很小时，要有一个尖峰纠正。对于不同 ζ 值，对数幅频特性最大误差值列于表 5.7。由表 5.7 可知，当 $0.4\leqslant\zeta\leqslant0.7$ 时，误差小于 3dB，可以不对渐近线进行修正；但当 $\zeta<0.4$ 或 $\zeta>0.7$，误差较大，必须对渐近线进行修正。在转折频率附近的修正曲线如图 5.36 所示。当 $\zeta<0.707$ 时，可以明显地看出振荡环节出现了谐振。而且 ζ 越小，谐振峰值 M_r 越大，谐振角频率 ω_r 越接近于转折频率 ω_T（无阻尼自然振荡角频率 ω_n）。

表 5.7　二阶振荡环节对数幅频特性最大误差修正表

ζ	0.1	0.15	0.2	0.25	0.3	0.4	0.5	0.6	0.7	0.8	1.0
误差/dB	14.0	10.4	8.0	6.0	4.4	2.0	0	-1.6	-3.0	-4.0	-6.0

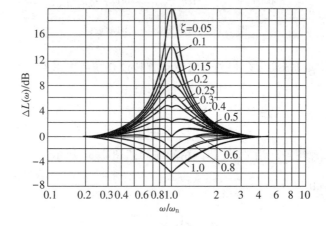

图 5.36　二阶系统渐近线的修正曲线

振荡环节的对数相频特性

$$\varphi(\omega) = -\arctan\left(\frac{2\zeta T\omega}{1-T^2\omega^2}\right)$$

可知，当 $\omega=0$ 时，$\varphi(\omega)=0°$；$\omega_T=1/T$ 时，$\varphi(\omega)=-90°$；$\omega\to\infty$ 时，$\varphi(\omega)\to-180°$。与惯性环节相似，振荡环节的对数相频特性曲线将对应于 $\omega_T=1/T$ 及 $\varphi(\omega_T)=-90°$ 这一点斜对称。振荡环节的对数相频特性既是 ω 的函数，又是 ζ 的函数。随阻尼比 ζ 不同，对数相频特性在转折频率 ω_T 附近的变化速度也不同。ζ 越小，相频特性在转折频率 ω_T 附近的变化速度越大，而在远离转折频率 ω_T 处的变化速度越小。

当振荡环节的时间常数 T 改变时，其转折频率 $1/T$ 将在 Bode 图的横轴上向左或向右移动。与此同时，对数幅频特性及对数相频特性曲线也将随之向左或向右移动，但它们的形状保持不变。

7. 二阶微分环节

二阶微分环节的频率特性为

$$G(\mathrm{j}\omega) = 1-\tau^2\omega^2+\mathrm{j}2\zeta\tau\omega$$

同样，二阶微分环节的对数幅频特性和相频特性与二阶振荡环节的相应特性互以横轴为镜像,如图 5.37 所示。低频段渐近线与 0dB 线重合,过转折频率 $\omega_T = 1/\tau$ 后,高频段渐近线斜率为 $+40$dB/dec。当 ζ 较小时,转折频率处的曲线有较大误差,精确曲线的修正方法也与二阶振荡环节相同,但修正值的符号相反。

8. 延迟环节

延迟环节的频率特性 $\qquad G(\mathrm{j}\omega) = \mathrm{e}^{-\mathrm{j}\tau\omega}$

幅频特性 $\qquad A(\omega) = 1$

对数幅频特性 $\qquad L(\omega) = 20\lg A(\omega) = 0\mathrm{dB}$

对数幅频特性 $L(\omega)$ 为一条与横轴重合的直线(如图 5.38 所示)。

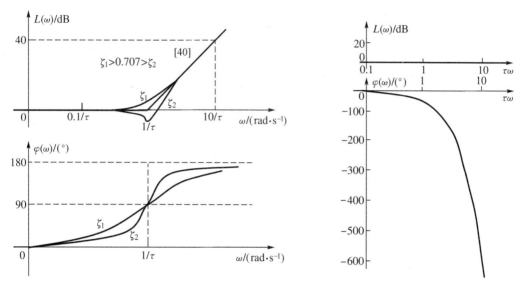

图 5.37 二阶微分环节的伯德图   图 5.38 延迟环节的伯德图

对数相频特性为 $\varphi(\omega) = -\tau\omega$,单位为弧度(rad)。又有

$$\varphi(\omega) = -\frac{180°}{3.14} \cdot \tau\omega = -57.3°\tau\omega$$

考虑到伯德图是以 $\lg\omega$ 为自变量,所以有

$$\varphi(\omega) = -57.3\tau 10^{\lg\omega}(°)$$

因此,$\varphi(\omega)$ 是呈指数规律下降的曲线,随 ω 增加而滞后无限增加,延迟环节的对数相频特性如图 5.38 所示。相关相位见表 5.8。

表 5.8 延迟环节相关相位表

$\tau\omega$	0.1	1	2	10	∞
$\varphi(\omega)/(°)$	-5.7	-57.3	-114.6	-573	$-\infty$

可见,延迟时间 τ 越大,在较低频率 ω 处所引起的相位滞后也越大。从后面的分析可以得出,延迟环节导致的相位滞后对闭环系统的稳定性不利。

5.3.3　开环伯德图的绘制

绘制系统的开环对数幅频特性可先绘出渐近线,再经过简单的修正得到精确的曲线。而求渐近线时可先绘出构成系统各串联典型环节的对数幅频特性的渐近线,再由纵坐标值相加而得到。绘制开环系统的对数相频特性可根据其表达式计算、描点得到;也可以由各环节的相频特性相加而得。实际上,与开环奈氏图的绘制相同,当系统全由除延迟环节以外的典型环节构成时(开环传递函数全为左极点与左零点),开环伯德图的绘制也具有一定的规律,可以大大简化曲线的绘制过程。

1. 基本规律

(1) 由于系统开环幅频特性的渐近线是由各典型环节的对数幅频特性叠加而成,而直线叠加就是斜率相加,所以 $L(\omega)$ 的渐近线必为由不同斜率的线段组成的折线。

(2) 低频渐近线(及其延长线)的确定

由前面奈氏图的分析可知,$G_K(j\omega)$ 的低频段近似表达式为

$$G_K(j\omega) = \frac{K}{(j\omega)^\nu}$$

则有 $A(\omega) = |G_K(\omega)| = \dfrac{K}{\omega^\nu}$,对数幅频特性的低频渐近线表达式为

$$L(\omega) = 20\lg\frac{K}{\omega^\nu} = 20\lg K - 20\nu \cdot \lg\omega \tag{5.24}$$

低频段是一条斜率为 $-20\nu\text{dB/dec}$ 的斜线。同时,低频渐近线(及其延长线)上在 $\omega=1$ 时,有 $L(1)=20\lg K$,如图 5.39 所示。

并有 $\varphi(\omega)=-90°\nu$,可见,低频段的对数幅频特性与相频特性均与积分环节的个数 ν 有关。

(3) 转折频率及转折后斜率变化量的确定

低频段只与积分环节的个数 ν 及开环传递系数 K 有关,而其他典型环节的影响是在各自的转折频率处使 $L(\omega)$ 的斜率发生相应的变化。

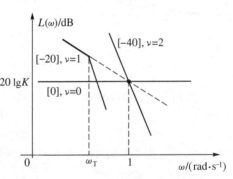

图 5.39　不同型别系统的低频渐近线

在惯性环节 $G(s)=\dfrac{1}{Ts+1}$ 的转折频率 $\omega_T=\dfrac{1}{T}$ 处,斜率减去 20dB/dec;

在一阶微分环节 $G(s)=\tau s+1$ 的转折频率 $\omega_T=\dfrac{1}{\tau}$ 处,斜率加上 20dB/dec;

在振荡环节 $G(s)=\dfrac{1}{T^2s^2+2\zeta Ts+1}$ 的转折频率 $\omega_T=\dfrac{1}{T}$ 处,斜率减去 40dB/dec;

在二阶微分环节 $G(s)=\tau^2s^2+2\zeta\tau s+1$ 的转折频率 $\omega_T=\dfrac{1}{\tau}$ 处,斜率加上 40dB/dec。

(4) 最终斜率与最终相位滞后与 $n-m$ 的关系

当 $\omega\to\infty$ 时,由式(5.18)得到高频段幅频特性的近似表达式为

$$A(\omega) = \frac{K'}{\omega^{n-m}}$$

因此,高频段对数幅频特性渐近线的表达式为

$$L(\omega) = 20\lg\frac{K'}{\omega^{n-m}} = 20\lg K' - 20(n-m)\lg\omega \quad (\text{dB}) \tag{5.25}$$

高频段为一条斜率为 $-20(n-m)\text{dB/dec}$ 的斜线。

并有 $\varphi(\omega) = -(n-m)\cdot 90°$,说明高频段的对数幅频特性与相频特性均与 $n-m$ 有关。

2. 绘制步骤

利用以上规律,可以从低频到高频,将 $L(\omega)$ 整条曲线一次画出,步骤如下:

(1) 开环传递函数写成标准的时间常数表达式,确定各典型环节的转折频率。

(2) 选定 Bode 图坐标系所需频率范围,一般最低频率为系统最低转折频率的 1/10 左右,而最高频率为系统最高转折频率的 10 倍左右。确定坐标比例尺,由小到大标注各转折频率。

(3) 确定低频渐近线(由积分环节个数 ν 与开环传递系数 K 决定),找到横坐标为 $\omega=1$、纵坐标为 $20\lg K$ 的点,过该点作斜率为 $-20\nu\text{dB/dec}$ 的斜线。

(4) 由低频向高频延伸,每到一个转折频率,斜率根据具体环节作相应的改变,最终斜率为 $-20(n-m)\text{dB/dec}$。

(5) 如有必要,可对分段直线进行修正,以得到精确的对数幅频特性,其方法与典型环节的修正方法相同。通常只需修正各转折频率处以及转折频率的二倍频和 1/2 倍频处的幅值就可以了。对于惯性环节与一阶微分环节,在转折频率处的修正值为 $\pm 3\text{dB}$;在转折频率的二倍频和 1/2 倍频处的修正值为 $\pm 1\text{dB}$。对于二阶振荡环节,其幅值示于图 5.36,是阻尼比的函数,具体可参考前面的内容。

系统开环对数幅频特性 $L(\omega)$ 通过 0dB 线,即 $L(\omega_c)=0$ 或 $A(\omega_c)=1$ 时的频率 ω_c 称为幅值穿越频率。幅值穿越频率 ω_c 是分析与设计系统时的重要参数。

(6) 在对数相频特性图上,分别画出各典型环节的对数相频特性曲线(用模型板画更方便),将各典型环节的对数相频特性曲线沿纵轴方向叠加,便可得到系统的对数相频特性曲线。也可求出 $\varphi(\omega)$ 的表达式,逐点描绘。低频时有 $\varphi(\omega) = -90°\nu$,最终相位为 $\varphi(\omega) = -(n-m)90°$。

例 5.5　某系统开环传递函数为 $\dfrac{50(s+2)}{s(s+1)}$,绘制其对数频率特性。

解　(1) 将系统的传递函数化为标准的时间常数表达式:

$$\frac{100(0.5s+1)}{s(s+1)}$$

可知系统包含有放大、积分、一阶微分、惯性环节。

(2) 确定频率范围,画出对数坐标系,如图 5.40 所示。

(3) 作低频渐近线。

该系统为 I 型,低频段斜率为 -20dB/dec。在对数幅频特性图上,找到横坐标为 $\omega=1$、纵坐标为 $20\lg100=40$ 的点(a 点),过该点作斜率为 -20dB/dec 的斜线,为低频段。

（4）作中频段与高频段。

惯性环节的转折频率为 $\omega_T=1$，渐近线斜率在此处减小 20dB/dec。

一阶微分环节的转折频率为 $\omega_T=1/0.5=2$，渐近线斜率在此处增加 20dB/dec。

所以，过 a 点作一条斜率为 -40dB/dec 的线段，并延长到第二个转折频率处的 b 点；过 b 点作一条斜率为 -20dB/dec 的线段，并向高频延伸。

图 5.40 所画实线为对数幅频特性的渐近线，而虚线部分为修正后的幅频特性曲线。

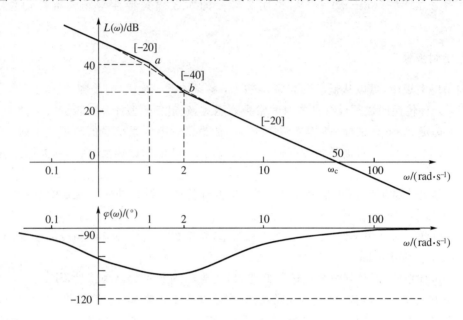

图 5.40　控制系统的开环伯德图

（5）对数相频特性的绘制。

$$\varphi(\omega) = \arctan 0.5\omega - \arctan\omega - 90°$$

计算结果如表 5.9 所示，据此描点绘制系统开环对数相频特性曲线 $\varphi(\omega)$。

表 5.9　不同 ω 值下对数相频特性 $\varphi(\omega)$ 值

ω	0.1	1	1.414	2	10	100
$\varphi(\omega)/(°)$	-95.6	-108.4	-109.5	-108.4	-95.6	-90.5

该系统的伯德图如图 5.40 所示。

分析对数幅频特性可见，系统 $L(\omega)$ 由三段折线构成，而且在频率 10～100 时穿过 0dB 线。幅值穿越频率 ω_c 可以通过坐标系直接读出，也可根据简单的计算求出。

由于 $L(1)=40$，即 a 点的纵坐标为 40，而 b 点与 a 点位于同一条斜线，斜率为 -40dB/dec，则 b 点的纵坐标值可如下求得

$$\frac{L(1)-L(2)}{\lg 1 - \lg 2} = -40，得：L(2)=28\text{dB}$$

同理，$\dfrac{L(2)-L(\omega_c)}{\lg 2 - \lg\omega_c} = -20$，求出 $\omega_c = 50\text{rad/s}$。

对于相频特性曲线，主要了解其大致趋向。幅值穿越频率 ω_c 处的相位十分重要，本例

中 $\omega = \omega_c$ 时的相位为

$$\varphi(\omega_c) = \arctan0.5 \times 50 - \arctan50 - 90 = -91.1°$$

若系统串联有延迟环节,不影响系统的开环对数幅频特性,只影响系统的对数相频特性,则可以求出相频特性的表达式,直接描点绘制对数相频特性曲线。

5.3.4 最小相位系统

1. 基本概念

控制系统的开环传递函数一般是关于 s 的有理真分式,系统的性质是由开环传递函数的零点与极点的性质决定的。根据开环零、极点的不同,一般分为以下两种系统:

(1) 最小相位系统:系统的开环传递函数 $G_K(s)$ 的所有极点、零点均位于 s 左半平面。

(2) 非最小相位系统:系统的开环传递函数 $G_K(s)$ 有开环零点或极点位于 s 右半平面。

"最小相位"这一概念来源于网络理论。它是指具有相同幅频特性的一些环节,其中相角位移有最小可能值的,称为最小相位环节;反之,其中相角位移大于最小可能值的环节称为非最小相位环节。下面以一个简单例子来说明最小相位系统的概念。已知系统的开环传递函数分别为

$$G_1(s) = \frac{\tau s + 1}{Ts + 1}, \qquad G_2(s) = \frac{1 - \tau s}{Ts + 1}, 0 < \tau < T$$

由于 $A_1(\omega) = A_2(\omega) = \dfrac{\sqrt{(\tau\omega)^2 + 1}}{\sqrt{(T\omega)^2 + 1}}$,所以有

$$L_1(\omega) = L_2(\omega) = 20\lg\frac{\sqrt{(\tau\omega)^2 + 1}}{\sqrt{(T\omega)^2 + 1}}$$

两者的对数幅频特性是相同的,而相频特性则分别为

$$\varphi_1(\omega) = \arctan\tau\omega - \arctan T\omega$$

$$\varphi_2(\omega) = -\arctan\tau\omega - \arctan T\omega$$

根据绘制规律绘出两者的伯德图如图 5.41 所示。

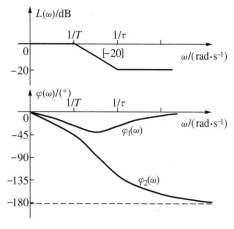

图 5.41　最小相位系统与非最小相位系统的开环伯德图

从传递函数看,这两者均有相同的储能元件数,但是由于 $G_2(s)$ 的零点在右半 s 平面,产生了附加的相位滞后位移,因而 $G_2(s)$ 具有较大的相位变化范围 $(0°, -180°)$,为非最小相位环节;而 $G_1(s)$ 为最小相位环节,相位变化范围较小 $(0°, -90°)$。

由伯德图可见,最小相位系统为具有相同幅频特性的许多系统中其相移范围为最小可能值的系统。可以推出如下结论:若系统只包含除延迟环节之外的典型环节,并且无局部正反馈回路时,开环传递函数的分子、分母必无正实根,该系统必定为最小相位系统。原因是由于延迟环节按幂级数分解之后,其各项系数有正有负

$$e^{-\tau s} = 1 - \tau s + \frac{1}{2!}(\tau s)^2 - \frac{1}{3!}(\tau s)^3 + \cdots + \frac{1}{n!}(-\tau s)^n + \cdots \quad (5.26)$$

因而必定有具有正实部的零点,所以延迟环节属于非最小相位系统。同理,若系统有局部正反馈回路,则必有具有正实部的开环极点。

2. 性质

(1) 最小相位系统(或环节)有一个重要特征:对数相频特性和对数幅频特性是一一对应的。对于最小相位系统,一条对数幅频特性只有一条对数相频特性与之对应,知道其对数幅频特性,也就知道其对数相频特性。因此,利用 Bode 图对最小相位系统进行分析时,往往只分析其对数幅频特性 $L(\omega)$。

(2) 最小相位系统的对数相频特性和对数幅频特性的变化趋势相同,若 $L(\omega)$ 的斜率减小(或增大),则 $\varphi(\omega)$ 的相位也相应地减小(或增大);如果在某一频率范围内,对数幅频特性 $L(\omega)$ 的斜率保持不变,则在这些范围内,相位也几乎保持不变。如图 5.41 所示的 $G_1(s)$ 对应的频率特性曲线,在低频区及高频区的对数幅频特性渐近线斜率为 0dB/dec,相位约保持为 0°;在频率 $1/T$ 附近,$L(\omega)$ 从 0 减小到 -20dB/dec,则相位呈减小的趋势,趋向 $-90°$;而在频率 $1/\tau$ 附近,$L(\omega)$ 从 -20dB/dec 增加到 0,则 $\varphi(\omega)$ 相位呈增大的趋势,趋向 0°。同时,由前面伯德图的分析知,最小相位系统的开环对数频率特性有以下规律:

- 对数幅频特性的低频渐近线是斜率为 -20νdB/dec 的斜线,$\varphi(\omega) = -90\nu°$,低频段的对数幅频特性与相频特性均与积分环节的个数 ν 有关。
- 在 $\omega \to \infty$ 时,由于 $n > m$,所以高频渐近线是斜率为 $-20(n-m)$dB/dec 的斜线,$\varphi(\omega) = -90(n-m)°$,高频段的对数幅频特性与相频特性均与 $n-m$ 有关。

最小相位系统的性质给出了一个重要的结论:对于最小相位系统,可以通过实验的方法测量并绘制出开环对数幅频特性曲线 $L(\omega)$,就可以唯一确定此系统,推出相应的 $\varphi(\omega)$,写出其开环传递函数。

5.3.5　由实测伯德图求传递函数

由实测开环伯德图求开环传递函数是由已知的开环传递函数求开环伯德图的逆过程,两个方法有共同之处。步骤如下:

(1) 在需要的频率范围内,给被测系统输入不同频率的正弦信号,测量相应输出的稳态幅值与相位,作出对数幅频特性与对数相频特性曲线。

(2) 若对数幅频特性曲线与对数相频特性曲线的变化趋势一致,则该系统为最小相位系统,可直接由对数幅频特性曲线求出传递函数。

(3) 根据对数幅频特性曲线,由 0、± 20、± 40dB/dec 等斜率的线段近似,求出其渐近线。

(4) 由低频段确定系统积分环节的个数 ν 与开环传递系数 K。

若系统为最小相位系统,低频渐近线的表达式为 $L(\omega) = 20\lg K - 20\nu\lg\omega$。可首先由低频段的斜率确定 ν,再由低频段上的一个具体点的坐标确定 K,如可代 $L(1) = 20\lg K$。

(5) 由渐近线的每个转折点确定各典型环节的转折频率;并由渐近线在转折点斜率的

变化量确定串联的各典型环节。如：

若在转折频率 $\omega_T=1/T$ 处,斜率减小 20dB/dec,则必有惯性环节 $G(s)=1/(Ts+1)$;

若在转折频率 $\omega_T=1/\tau$ 处,斜率增加 20dB/dec,则必有一阶微分环节 $G(s)=\tau s+1$;

若在转折频率 $\omega_T=1/T$ 处,斜率减去 40dB/dec,则有振荡环节 $G(s)=1/(T^2s^2+2\zeta Ts+1)$;

若在转折频率 $\omega_T=\dfrac{1}{\tau}$ 处,斜率增加 40dB/dec,则有二阶微分环节 $G(s)=\tau^2s^2+2\zeta\tau s+1$。

二阶系统的阻尼比 ζ 可由谐振峰值的大小查表求取。

例 5.6 某最小相位系统开环对数幅频特性曲线的渐近线如图 5.42 所示,求此系统的开环传递函数。

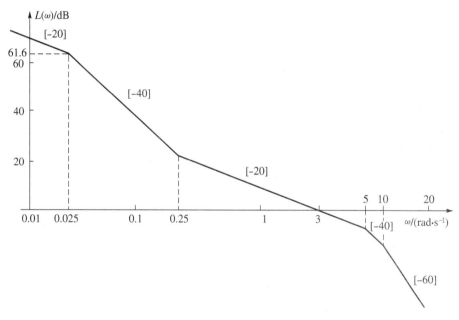

图 5.42 例 5.6 最小相位系统开环对数幅频特性曲线的渐近线

解 (1) 由低频段确定系统积分环节的个数 ν 与开环传递系数 K。

由于低频段的斜率为 -20dB/dec,所以此系统为 I 型系统,$\nu=1$;将低频段上的点 $L(0.025)=61.6$dB 代入低频渐近线的表达式 $L(\omega)=20\lg K-20\lg\omega$,可以求出 $K=30$。

(2) 确定串联的各典型环节

第一个转折频率 $\omega_1=0.025$rad/s,且斜率减小 20dB/dec,所以有一个惯性环节 $1/(40s+1)$;

第二个转折频率 $\omega_2=0.25$rad/s,且斜率增加 20dB/dec,所以有一个微分环节 $(4s+1)$;

第三个转折频率 $\omega_3=5$rad/s,且斜率减小 20dB/dec,所以有一个惯性环节 $1/(0.2s+1)$;

第四个转折频率 $\omega_4=10$rad/s,且斜率减小 20dB/dec,所以有一个惯性环节 $1/(0.1s+1)$。

(3) 综上所述,该系统的开环传递函数为

$$G_K(s)=\frac{30(4s+1)}{s(40s+1)(0.2s+1)(0.1s+1)}$$

5.4 奈奎斯特稳定判据

系统稳定的充分必要条件是系统闭环特征根都具有负实部。在时域分析中,要判断系统的特征根是否都具有负实部,一种方法是求出特征方程的全部根,但对于高阶系统,求解非常困难;另一种方法是使用劳斯稳定判据(代数判据)。然而,这两种方法都有不足之处,不便于研究系统参数、结构对稳定性的影响。特别是,如果知道了开环特性,要研究闭环系统的稳定性,还需要求出闭环特征方程,无法直接利用开环特性判断闭环系统的稳定性。而对于一个自动控制系统,其开环数学模型易于获取,同时也包含了闭环系统所有环节的动态结构和参数。

分析系统稳定性的另一种常用判据为奈奎斯特(Nyquist)判据。奈奎斯特稳定判据是频率法的重要内容,简称奈氏判据。主要特点有:

- 根据系统的开环频率特性,来研究闭环系统稳定性,而不必求闭环特征根;
- 能够确定系统的稳定程度(相对稳定性);
- 可用于分析系统的瞬态性能,利于对系统的分析与设计;
- 基于系统的开环奈氏图,是一种图解法,又称几何判据。

本节将系统介绍奈氏判据。

5.4.1 幅角原理

奈奎斯特判据的主要理论依据是复变函数理论中的柯西(Cauchy)幅角定理。

设有复变函数

$$F(s) = \frac{(s+z_1)(s+z_2)\cdots(s+z_m)}{(s+p_1)(s+p_2)\cdots(s+p_n)} \tag{5.27}$$

$F(s)$ 是单值、连续的解析函数,在 s 平面上只有有限个奇异点。则 s 平面上除 $F(s)$ 的奇异点外,s 的任意取值都对应唯一的 $F(s)$ 值,即 s 平面上的点 s_1(奇异点除外),将按式(5.27)的函数关系映射到 $F(s)$ 平面上的相应点 s_1'。如图 5.43 所示,在 s 平面上作一条不通过 $F(s)$ 极点与零点的封闭曲线 L,当复变量 s 绕 L 顺时针变化一周时,则在 $F(s)$ 平面上也将映射出一条对应的闭合曲线 $L'(L'$ 为 L 的像)。

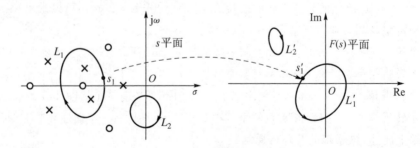

图 5.43 s 平面和 $F(s)$ 平面的映射关系

柯西幅角定理的结论为:设 L 为 s 平面上不经过 $F(s)$ 任何极点与零点的封闭曲线,且 L 所确定的封闭曲线域中包含了 $F(s)$ 的 P 个极点和 Z 个零点,则当动点 s 顺时针在 L 上围

绕一周时,映射到 $F(s)$ 平面上的封闭曲线 L' 将顺时针围绕坐标原点 N 次,且有

$$N = Z - P$$

$N > 0$,表示按顺时针方向包围坐标原点;$N < 0$,表示按逆时针方向包围坐标原点。

如图 5.43 所示,$F(s)$ 在 s 平面上有 5 个极点与 4 个零点,封闭曲线 L_1 包围了 2 个极点与 1 个零点。当 s 沿封闭曲线 L_1 顺时针旋转一周时,则 L_1 在 $F(s)$ 平面上的像 L_1' 绕坐标原点顺时针旋转 N_1 圈,$N_1 = Z_1 - P_1 = 1 - 2 = -1$,即逆时针旋转一次。而封闭曲线 L_2 在 s 平面上没有包围 $F(s)$ 的任何极点与零点,因此 $N_2 = Z_2 - P_2 = 0$,L_2 在 $F(s)$ 平面上的像 L_2' 不包围坐标原点。

1932 年奈奎斯特将幅角定理用于自动控制理论的研究,成功地解决了经典控制理论中系统稳定性的分析问题。

5.4.2 奈奎斯特稳定判据

1. 控制系统的辅助函数 F(s)

控制系统典型结构图如图 5.44 所示,开环传递函数为

$$G_K(s) = G(s)H(s) = \frac{B(s)}{A(s)}$$

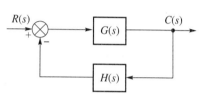

图 5.44 系统结构图

考虑到系统的物理可实现性,$B(s)$ 的阶次为 m,$A(s)$ 的阶次为 n,且 $n \geq m$。

闭环传递函数为

$$\Phi(s) = \frac{G(s)}{1 + G_K(s)} = \frac{G(s)}{1 + G(s)H(s)} = \frac{G(s)}{1 + \frac{B(s)}{A(s)}} = \frac{G(s)A(s)}{A(s) + B(s)} \tag{5.28}$$

令辅助函数 $F(s)$ 为系统的闭环特征式,则有

$$F(s) = 1 + G_K(s) = 1 + G(s)H(s) = \frac{A(s) + B(s)}{A(s)} \tag{5.29}$$

显然

(1) $F(s)$ 的零点是闭环传递函数的极点,$F(s)$ 的极点是开环传递函数的极点。$F(s)$ 的零点、极点均为 n 个,与系统的阶数相同。

(2) $F(s) = 1 + G(s)H(s)$ 的几何意义为:$F(s)$ 平面相当于 $G(s)H(s)$ 平面(以下简称 GH 平面)左移 1 个单位,原点为 GH 平面的 $(-1, j0)$ 点。若有封闭曲线 L_0' 顺时针围绕 $F(s)$ 平面原点 N 次,则对应的封闭曲线 L_0 顺时针围绕 GH 平面上的 $(-1, j0)$ 点的次数也为 N 次。如图 5.45 所示,GH 平面上的封闭曲线 L_0 顺时针围绕 $(-1, j0)$ 点的次数为 2,而在 $F(s)$ 平面上封闭曲线 L_0' 则顺时针包围原点 2 次。

根据幅角定理,若 s 平面上有一封闭曲线 L 包括了 $F(s)$(即 $1 + G_K(s)$)的所有右极点与右零点,则 $F(s)$ 平面上必有封闭曲线 L_0' 顺时针围绕 $F(s)$ 平面上的坐标原点 N 次。因此,GH 平面上的封闭曲线 L_0 也顺时针围绕 GH 平面上的 $(-1, j0)$ 点 N 次,并有

$$N = Z - P \tag{5.30}$$

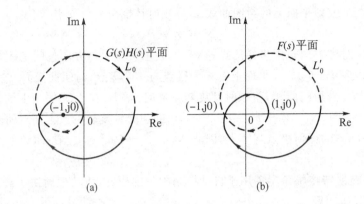

图 5.45　$G(s)H(s)$ 平面和 $F(s)$ 平面的关系图

Z 为 $F(s)$ 的右零点（闭环传递函数的右极点），P 为 $F(s)$ 的右极点（开环传递函数的右极点）。

因此可利用系统开环频率特性 $G_K(j\omega)$ 的奈奎斯特曲线去判断闭环系统的稳定性。

2. 奈氏路径

为确定辅助函数 $F(s)$ 在 s 右半平面的零点与极点数，将封闭曲线 L 定义为包括整个 s 右平面的封闭曲线，称为奈氏路径。

设系统的奈氏路径为封闭曲线 L，它不经过 $G_K(s)$ 的极点（对应 0 型系统，$G_K(s)$ 在虚轴上无极点），且顺时针包围了整个 s 右半平面，由以下各段组成：

- 正虚轴：$s = j\omega$，ω 由 $0 \to \infty$；
- 半径为无限大的右半圆 $s = Re^{j\theta}$：$R \to \infty$，$-90° < \theta < 90°$，且为顺时针方向；
- 负虚轴：$s = j\omega$，ω 由 $-\infty \to 0$。

如图 5.46 所示，在 s 平面上绘制奈氏路径 L，映射到 $F(s)$ 平面上的像 L_0' 由以下几段组成。

（1）当 s 沿正虚轴变化时，则有：

$$F(j\omega) = 1 + G(j\omega)H(j\omega) = 1 + G_K(j\omega) \quad (5.31)$$

与正虚轴对应的 L_0' 是向右平移一个单位的系统开环频率特性 $G_K(j\omega)$，ω 的变化范围为 $0 \to \infty$。

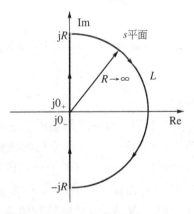

图 5.46　0 型系统的奈氏路径

（2）当 s 沿右半圆顺时针变化时，有 $s \to \infty$，由于开环传递函数的分母多项式阶次高于分子多项式，因此 $G_K(s) \to 0$，$F(s) = 1 + G_K(s) \to 1$，即与半径为无穷大的右半圆对应的 L_0' 是点 $(1, j0)$。

（3）当 s 沿负虚轴变化时，与负虚轴对应的 L_0' 是向右平移一个单位的系统开环频率特性的镜像 $G_K(-j\omega)$，并可以证明系统开环频率特性 $G_K(j\omega)$ 与其镜像 $G_K(-j\omega)$ 是关于实轴对称的。

如图 5.45(a) 所示，实线为某系统的开环奈氏曲线 $G_K(j\omega)$，虚线为 $G_K(j\omega)$ 的镜像曲线 $G_K(-j\omega)$，二者组成 GH 平面上的封闭曲线 L_0。L_0 向右移动一个单位，便是 $F(s)$ 平面上的封闭曲线 L_0'，L_0' 是 s 右半平面的奈氏路径 L 映射到 $F(s)$ 平面上的像。L_0 包围 GH 平面上的$(-1,j0)$点的次数与L_0'包围$F(s)$平面坐标原点的次数相同。

由上述映射关系可以看出,如果在右半s平面存在$F(s)$的Z个右零点(即系统的闭环右极点)和P个右极点(即系统的开环右极点),则L曲线(奈氏路径)包围$F(s)$的所有右极点与右零点。当s沿L曲线顺时针移动一周,L在$F(s)$平面上的像L_0'将以顺时针方向围绕坐标原点旋转N圈。根据L_0与L_0'的映射关系,反映在GH平面上就是奈奎斯特曲线$G_K(j\omega)$及其镜像所组成的封闭曲线L_0,以顺时针方向围绕$(-1,j0)$点旋转N圈。

据此,可利用幅角定理判断系统稳定性,并得出系统稳定性的频率法图解判据——奈奎斯特稳定判据。

3. 奈奎斯特稳定判据

根据系统开环极点的分布情况,奈奎斯特稳定性判据可分别叙述如下:

(1) 0 型系统的奈奎斯特稳定判据

0 型系统开环传递函数$G_K(s)$在s平面的原点及虚轴上没有极点,可以直接利用上述结论。结合式(5.30),系统稳定的充要条件为:系统的开环右极点数为P,在GH平面上,当ω从$-\infty$变化到$+\infty$时,系统开环频率特性曲线$G_K(j\omega)$及其镜像所组成的封闭曲线,顺时针包围$(-1,j0)$点的次数为N圈$(N>0)$,若逆时针包围则$N<0$,封闭曲线绕$(-1,j0)$点旋转$360°$即包围一次,则系统的闭环右极点的个数Z为

$$Z = N + P \tag{5.32}$$

当$Z=0$时,系统稳定;$Z>0$时,系统不稳定。说明系统开环稳定,闭环不一定稳定;开环不稳定,闭环不一定不稳定。

若系统为最小相位系统,即开环系统稳定时$(P=0)$,系统稳定的充分必要条件为:当ω从$-\infty$变化到$+\infty$时,在GH平面上的系统开环频率特性曲线及其镜像,不包围$(-1,j0)$点,即$N=0$,则$Z=N+P=0$,闭环系统稳定;否则不稳定。

当系统开环频率特性曲线及其镜像通过$(-1,j0)$点时,表明在s平面虚轴上有闭环极点,系统处于临界稳定状态,属于不稳定。

例如,一个闭环系统如图 5.47(a)所示。其开环传递函数为

$$G_K(s) = \frac{K}{Ts-1}, \quad K > 1$$

这是一个不稳定的惯性环节,开环特征方程在右半s平面有一个根,$P=1$。闭环传递函数为

$$\Phi(s) = \frac{K}{Ts+K-1}$$

由于$K>1$,闭环特征方程的根在左半s平面,所以利用代数方法可以判断闭环系统是稳定的。

系统开环幅频特性为

$$A(\omega) = \frac{K}{\sqrt{1+(T\omega)^2}}$$

开环相频特性为

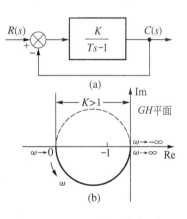

图 5.47 0 型系统稳定判别

$$\varphi(\omega) = -(180° - \arctan\omega T) = -180° + \arctan\omega T$$

据此可以判断开环奈氏曲线起点为$(-K, j0)$点,随ω的增加,$A(\omega)$逐渐减小至 0,而$\varphi(\omega)$逐渐增加至$-90°$,绘制出系统开环频率特性$G_K(j\omega)$的轨迹,并作出镜像曲线连接成封闭曲线,如图 5.47(b)所示。可以看出,当ω由$-\infty$变到$+\infty$时,$G_K(j\omega)$及其镜像曲线逆时针围绕$(-1, j0)$点转一圈,即$N = -1$。

由于$Z = N + P = 0$,由奈氏稳定判据可知闭环系统是稳定的。

另外,可知$K < 1$时有$N = 0$,$Z = N + P = 1$,闭环系统不稳定;$K = 1$时,$G_K(j\omega)$轨迹过$(-1, j0)$点,为临界稳定。奈氏判据与代数判据结论相同。

对该例所示的非最小相位系统而言,开环传递系数K大,系统稳定;而K过小,闭环系统反而不稳定,与最小相位系统有很大的区别。

(2) Ⅰ型及以上系统的奈奎斯特稳定判据

假定Ⅰ型及以上系统开环传递函数为

$$G_K(s) = G(s)H(s) = \frac{K \prod_{i=1}^{m}(\tau_i s + 1)}{s^\nu \cdot \prod_{j=1}^{n-\nu}(T_j s + 1)}$$

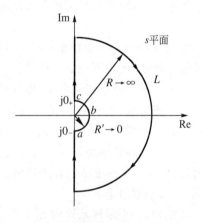

系统开环传递函数$G_K(s)$在s平面的虚轴上有极点,虚轴上的开环极点作左极点处理。但奈氏路径经过$G_K(s)$的极点,开环奈氏曲线及其镜像不是封闭曲线,不能直接使用上述判据。此时应对奈氏路径加以改变,以避开虚轴上的极点。添加以虚轴上的开环极点为圆心,半径为无穷小的右半圆abc,形成新的奈氏路径L以便绕过虚轴上的极点,但仍包围右半s平面$F(s)$的所有右零点和右极点(如图 5.48 所示)。a点对应$\omega \to 0_-$,c点对应$\omega \to 0_+$。

图 5.48 虚轴上存在开环极点时的奈氏路径

修改后的系统奈氏路径L,不经过$G_K(s)$的极点(对应Ⅰ型及以上系统),且顺时针包围了整个s右半平面,由以下各段组成:

- 正虚轴:$s = j\omega$,ω由$0_+ \to \infty$;
- 半径为无限大的右半圆:$s = Re^{j\theta}$,$R \to \infty$,$-90° < \theta < 90°$,从正虚轴顺时针方向转向负虚轴;
- 负虚轴:$s = j\omega$,ω由$-\infty$变为0_-;
- 半径为无穷小的右半圆abc:$s = R'e^{j\theta'}$,$R' \to 0$,即$s \to 0$,$-90° < \theta' < 90°$,从负虚轴逆时针方向转向正虚轴。

对于Ⅰ型系统,将右半圆abc上的点$s = R'e^{j\theta'}$代入系统开环传递函数表达式,求出映射到GH平面上的点的表达式为

$$\lim_{\substack{\nu=1 \\ s\to 0}} G(s)H(s) = \lim_{s\to 0}\frac{K}{s} = \frac{K}{R'e^{j\theta'}} = \frac{K}{R'}e^{-j\theta'} \tag{5.33}$$

得出 $K/R' \to \infty$，$-\theta'$ 的变化与 θ' 相反，是从正虚轴顺时针方向转向负虚轴，范围为 180°。对于 Ⅰ 型系统，当 $\omega \to 0_+$ 时，开环频率特性 $G_K(j\omega)$ 趋于负虚轴的无穷远处，当 $\omega \to 0_-$ 时，$G_K(j\omega)$ 趋于正虚轴的无穷远处。由以上分析可知，奈氏路径中半径为无穷小的右半圆在 GH 平面上的像，是半径为无穷大的右半圆，是频率特性曲线 $G_K(j\omega)$ 及其镜像在无穷远处的连接线，则修改后的奈氏路径 L 在 GH 平面上的像已经是一个封闭曲线 L_0。

对于 Ⅱ 型系统，当 $\omega \to 0_+$ 时，开环频率特性 $G_K(j\omega)$ 趋于负实轴的无穷远处，当 $\omega \to 0_-$ 时，频率特性曲线趋于负实轴的无穷远处，同理可得，奈氏路径中半径为无穷小的右半圆在 GH 平面上的像，是半径为无穷大的圆。

以上分析表明，对于型别大于 0 的系统，只要在 s 平面原点附近增添一个半径无穷小的右半圆组成完整的奈氏路径，使此奈氏路径避开 $G_K(s)$ 的零值极点，同时又包围整个 s 右半平面，即包围 $G_K(s)$ 的所有右极点与右零点，就可以运用上述奈氏判据判断系统的稳定性。但 $G_K(j\omega)$ 及其镜像曲线需增补相应的半径为无穷大的圆弧，才能应用奈氏判据。

对 Ⅰ 型系统或者 Ⅱ 型系统，具体来说，开环奈氏曲线 $G_K(j\omega)$ 需进行以下修改：

① Ⅰ 型系统：无限小右半圆映射到 GH 平面上，是从正虚轴方向无限远处开始，顺时针绕向负虚轴，以原点为圆心，半径为无限大的右半圆弧。需在 GH 平面上补画右半圆弧将奈氏曲线及其镜像连成封闭曲线。

② Ⅱ 型系统：无限小右半圆映射到 GH 平面上，是从负实轴方向无限远处开始，顺时针绕一周终止于负实轴无限远处，以原点为圆心，半径为无限大的圆弧。需在 GH 平面上补画整圆将奈氏曲线及其镜像连成封闭曲线。

当系统的开环奈氏图作如上处理后，稳定判据与 0 型系统完全相同。

例 5.7 系统开环传递函数为 $G_K(s) = \dfrac{K}{s(Ts+1)}$，试判断闭环系统稳定性。

解 首先绘制出系统的开环奈氏曲线，如图 5.49 所示的实线，并绘制出 ω 在 $-\infty \to 0_-$ 范围内奈氏曲线的镜像（虚线部分）。从正虚轴方向无限远处开始，顺时针绕向负虚轴，补画一个以原点为圆心，半径为无限大的右半圆弧。此圆弧将 $\omega \to 0_-$ 与 $\omega \to 0_+$ 的特性曲线连接起来，即连接频率特性及其镜像曲线的起点，组成封闭的曲线。

根据图 5.49，ω 在 $-\infty \to +\infty$ 范围内变化一次，系统开环奈氏曲线及其镜像组成的封闭曲线并未包围 $(-1, j0)$ 点，$N = 0$，并由系统开环传递函数可知 $P = 0$。故此由奈氏判据得：$Z = N + P = 0$，闭环系统稳定。

例 5.8 系统开环传递函数为 $G_K(s) = \dfrac{K}{s^2(Ts+1)}$，判断闭环系统的稳定性。

解 作出开环奈奎斯特曲线及其镜像，由于开环系统有两个积分环节，还需补画一个以原点为圆心，半径为无限大的圆弧，将奈奎斯特曲线与镜像组成封闭曲线（如图 5.50 所示）。

ω 在 $-\infty \to +\infty$ 范围内变化一次，奈奎斯特曲线及其镜像组成的封闭曲线顺时针包围 $(-1, j0)$ 点两次，即 $N = 2$，并由系统开环传递函数可知 $P = 0$，故此得：$Z = N + P = 2$，闭环系统有两个极点位于 s 右半平面，系统不稳定。

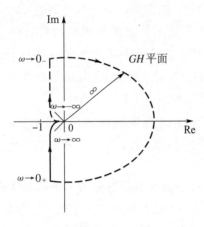

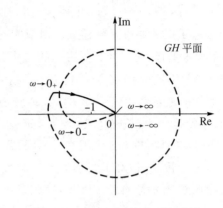

图 5.49　例 5.7 系统开环奈氏图　　　　图 5.50　例 5.8 系统开环奈氏图

5.4.3　简化奈奎斯特稳定判据

若系统的开环奈氏曲线比较复杂,则对(−1,j0)点的包围次数也比较难以直观判断。可将奈奎斯特稳定判据的应用方法简化如下,而判别结果完全相同。

1. 只绘制 ω 由 0→+∞时的开环幅相频率特性 $G_K(j\omega)$

因为 $G_K(j\omega)$ 曲线与其镜像 $G_K(-j\omega)$ 完全关于实轴对称,则 ω 由 0→+∞ 时的 $G_K(j\omega)$顺时针包围(−1,j0)点的圈数 N'满足

$$N' = N/2$$

N 是当 ω 从 −∞→+∞时,系统开环频率特性曲线 $G_K(j\omega)$及其镜像(包括奈氏路径中半径为无穷小的右半圆所映射的曲线)顺时针包围(−1,j0)点的圈数。

因此,简化奈奎斯特稳定判据可改为

$$Z = N + P = 2N' + P \tag{5.34}$$

2. 采用穿越的概念简化复杂曲线包围次数的计算

ω 由 0→+∞ 时开环频率特性曲线 $G_K(j\omega)$要形成对(−1,j0)点的一次包围,势必穿越实轴上的(−∞,−1)区间一次。

开环频率特性曲线逆时针穿越(−∞,−1)区间时,随 ω 增加,频率特性的相角值增大,称为一次正穿越 N'_+,即在实轴(−∞,−1)区间由上部向下穿越负实轴。

反之,开环频率特性曲线顺时针穿越(−∞,−1)区间时,随 ω 增加,频率特性的相角值减小,则称为一次负穿越 N'_-,即在实轴(−∞,−1)区间由下部向上穿越负实轴。

因此,频率特性曲线 $G_K(j\omega)$包围(−1,j0)点的情况,就可以利用 $G_K(j\omega)$在负实轴(−∞,−1)区间的正、负穿越来表达(见图 5.51)。ω 由 0→+∞ 时的 $G_K(j\omega)$对(−1,j0)点

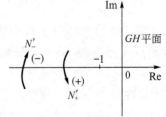

图 5.51　穿越的概念

的总包围次数为

$$N' = N'_- - N'_+$$

式中，N'_- 代表负穿越次数，N'_+ 代表正穿越次数。

因此，利用正、负穿越情况判断稳定性的奈奎斯特稳定判据叙述为

$$Z = 2(N'_- - N'_+) + P \tag{5.35}$$

注意到只有奈氏曲线 $G_K(j\omega)$ 在 $(-1, j0)$ 点以左负实轴上相位有变化，才称为有一次穿越，而在 $(-1, j0)$ 点以右负实轴上相位有变化不算穿越。

3. 半次穿越

奈氏曲线 $G_K(j\omega)$ 始于或止于 $(-1, j0)$ 点以左负实轴，称为一个半次穿越，如图 5.52 所示。

例 5.9　某系统开环传递函数为 $G_K(s) = \dfrac{-3}{s+1}$，试判断闭环系统的稳定性。

解　根据系统的开环传递函数，并考虑到系统为 0 型系统，可得该系统的开环奈氏曲线（如图 5.52 所示）。曲线始于 $(-3, j0)$ 点，故顺时针包围 $(-1, j0)$ 点的次数为 $1/2$，$N'_- = 1/2$。由于开环右极点数为 $P = 0$，故

$$Z = 2N'_- + P = 1$$

闭环系统有一个右极点，闭环不稳定。

例 5.10　经实验测得某最小相位系统的开环奈氏图（如图 5.53 所示），判断闭环稳定性。

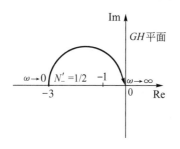

图 5.52　半次穿越

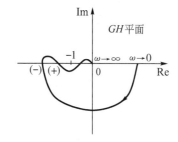

图 5.53　例 5.10 系统奈氏图

解　由于该系统为最小相位系统，开环右极点数 $P = 0$，且为 0 型系统，故直接利用开环频率特性 $G_K(j\omega)$ 的轨迹判断稳定性。由图 5.53 可见，当 ω 由 $0 \to +\infty$ 时，$G_K(j\omega)$ 在 $(-1, j0)$ 点以左负实轴上正负穿越各一次。

$$N' = N'_- - N'_+ = 1 - 1 = 0$$
$$Z = 2(N'_- - N'_+) + P = 0$$

故由奈氏稳定判据知该闭环系统是稳定的。

4. 型别 $\nu \geqslant 1$ 系统开环频率特性 $G_K(j\omega)$ 曲线的处理

在 $\omega \to 0$ 附近，开环频率特性曲线 $G_K(j\omega)$ 以 ∞ 为半径，逆时针补画 $\theta = \nu \cdot 90°$ 的圆弧（即奈氏路径中半径为无穷小的右半圆所映射的曲线的一半）。此圆弧与实轴或虚轴的交点相

当于新的起点,对应 $\omega \to 0$,原有曲线的起点对应于 $\omega \to 0_+$,添加圆弧后相当于得到新的开环频率特性 $G_K(j\omega)$ 曲线。注意所指曲线仍为 ω 由 $0 \to +\infty$ 时的 $G_K(j\omega)$。

例 5.11 判断图 5.54 所示Ⅱ型系统的闭环稳定性。

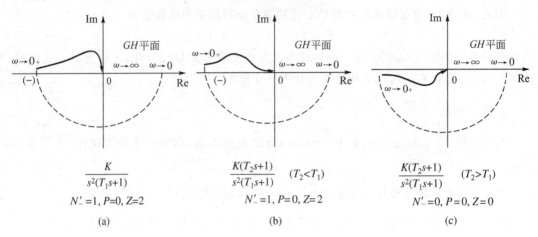

$$\frac{K}{s^2(T_1s+1)}$$

$N'_-=1, P=0, Z=2$

(a)

$$\frac{K(T_2s+1)}{s^2(T_1s+1)} \quad (T_2<T_1)$$

$N'_-=1, P=0, Z=2$

(b)

$$\frac{K(T_2s+1)}{s^2(T_1s+1)} \quad (T_2>T_1)$$

$N'_-=0, P=0, Z=0$

(c)

图 5.54　例 5.11 所示系统的开环奈氏图

解　(1) 图 5.54(a)所示系统为一Ⅱ型三阶系统,开环右极点个数 $P=0$,在 $\omega \to 0$ 附近,以 ∞ 为半径,逆时针补画 $\theta=2 \cdot 90°=180°$ 的半圆与正实轴相交。ω 由 $0 \to +\infty$ 时的开环奈氏曲线 $G_K(j\omega)$ 在 $(-1,j0)$ 点以左实轴上穿越一次,即顺时针包围 $(-1,j0)$ 点一次,有 $N'_-=1$。则 $Z=2N'_-+P=2$,闭环系统有两个右极点,为结构不稳定系统。

(2) 图 5.54(b)所示系统为一Ⅱ型三阶系统,相当于图 5.54(a)所示系统增加了一个开环零点,即串联一个比例-微分(PD)调节器,并考虑到 $T_2<T_1$,故开环奈氏曲线位于第二象限。同理,开环右极点个数 $P=0$,在 $\omega \to 0$ 附近,曲线以 ∞ 为半径,逆时针补画 $\theta=2 \cdot 90°=180°$ 的半圆与正实轴相交。ω 由 $0 \to +\infty$ 时,$G_K(j\omega)$ 在 $(-1,j0)$ 点以左实轴上穿越一次,有 $N'_-=1$。则 $Z=2N'_-+P=2$,闭环系统有两个右极点,系统仍然为结构不稳定系统。

(3) 图 5.54(c)所示系统为一Ⅱ型三阶系统,与图 5.54(b)所示系统类似,开环右极点个数 $P=0$,但有 $T_2>T_1$,故开环奈氏曲线位于第三象限。同理,在 $\omega \to 0$ 附近,曲线以 ∞ 为半径,逆时针补画 $\theta=2 \cdot 90°=180°$ 的半圆与正实轴相交。ω 由 $0 \to +\infty$ 时,$G_K(j\omega)$ 对 $(-1,j0)$ 点无包围,有 $N'_-=0$。则 $Z=2N'_-+P=0$,闭环系统无右极点,系统稳定。

由以上分析可知,开环系统型别过高会影响稳定性,而串联比例-微分调节器可以改善系统的稳定性,起到校正的作用,但要选择合适的参数。

例 5.12 设系统开环奈氏曲线如图 5.55 所示,试分析系统的稳定性。

解　(1) 图 5.55(a)所示系统为一Ⅰ型四阶系统,开环右极点个数 $P=0$,在 $\omega \to 0$ 附近,开环幅相特性以 ∞ 为半径,逆时针补画 $\theta=1 \cdot 90°=90°$ 的圆弧与正实轴相交。当 K 较小时,ω 由 $0 \to +\infty$ 时的 $G_K(j\omega)$ 在 $(-1,j0)$ 点以左实轴无穿越,有 $N'_-=0$。则 $Z=2N'_-+P=0$,闭环系统无右极点,系统稳定。

(2) 图 5.55(b)所示系统为一Ⅰ型二阶系统,该系统为非最小相位系统,$P=1$,相频特性为

$$\varphi(\omega) = -90° - (180° - \arctan\omega T) = -270° + \arctan\omega T$$

故该系统奈氏曲线的起点位于平行于正虚轴的无穷远处,并沿着负实轴($-180°$)终止于坐标原点。在 $\omega \to 0$ 附近,曲线以 ∞ 为半径,逆时针补画 $\theta = 1 \cdot 90° = 90°$ 的圆弧与负实轴相交。ω 由 $0 \to +\infty$ 时,$G_K(j\omega)$ 始于 $(-1,j0)$ 点以左实轴上,有半次穿越,即顺时针包围 $(-1,j0)$ 点半次,有 $N'_- = 1/2$。则 $Z = 2N'_- + P = 2$,闭环系统有两个右极点,系统不稳定。

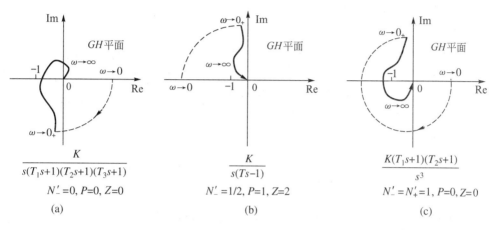

图 5.55 例 5.12 所示系统的开环奈氏图

(3) 图 5.55(c)所示系统为一Ⅲ型三阶系统,开环右极点个数 $P=0$。由于两个开环零点的作用,使系统开环奈氏曲线的相位从 $-270°$ 逐渐增加到 $-90°$,且 $A(\omega)$ 随 ω 增加而减小至 0。在 $\omega \to 0$ 附近,特性曲线以 ∞ 为半径,逆时针补画 $\theta = 3 \cdot 90° = 270°$ 的圆弧与正实轴相交。ω 由 0 变到 $+\infty$ 时,$G_K(j\omega)$ 对 $(-1,j0)$ 以左负实轴分别有一次正穿越与负穿越,$N'_- = N'_+ = 1$。则有

$$Z = 2(N'_- - N'_+) + P = 0$$

闭环系统稳定。

5.4.4 奈奎斯特稳定判据在伯德图上的应用

由于系统对数频率特性曲线的绘制较奈奎斯特曲线更为简单、方便,所以使用开环伯德图来进行系统稳定性判别就更为适用。该判据不但可以回答系统稳定与否的问题,还可以研究系统的稳定裕量(相对稳定性),以及研究系统结构和参数对系统稳定性的影响。

1. 奈氏图与伯德图的对应关系

- 开环系统幅相频率特性与对数频率特性之间存在如下对应关系:在 GH 平面上,$|G_K(j\omega)| = 1$ 的单位圆,对应于对数幅频特性的 0dB 线;单位圆外部如实轴上的 $(-\infty, -1)$ 区段,对应 $L(\omega) > 0$dB,单位圆内部对应 $L(\omega) < 0$dB。
- 从相频特性来看,GH 平面上的负实轴,对应于对数相频特性上的 $\varphi(\omega) = -180°$。

- $(-1,j0)$点的向量表达式为$1\angle-180°$,对应于伯德图上穿过 0dB 线,并同时穿过 $\varphi(\omega)=-180°$的点。

2. 穿越在伯德图上的含义

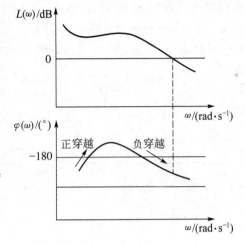

- 穿越:在$L(\omega)>0$dB 的频率范围内,相频特性曲线穿过$-180°$;在$L(\omega)<0$dB 的频率范围内,相频特性曲线穿过$-180°$不是穿越。
- 正穿越N'_+:产生正的相位移,这时,相频特性应由下部向上穿越$-180°$线。
- 负穿越N'_-:产生负的相位移,这时,相频特性应由上部向下穿越$-180°$线(见图 5.56)。

正、负穿越的定义和前面的定义实际上是一致的。

图 5.56 伯德图上的正、负穿越

3. 对数频率特性曲线的奈氏判据

根据上述对应关系,在开环伯德图上使用奈奎斯特稳定判据,就是在$L(\omega)>0$dB 的频率范围内,根据相频曲线穿越$-180°$相位线的次数对系统稳定性做出判定,如图 5.56 所示。利用对数频率特性判断闭环系统稳定性的奈氏稳定判据为:设开环传递函数在右半 s 平面上的极点数为 P,$L(\omega)>0$dB 的频率范围内,当频率增加时对数相频特性曲线对$-180°$相位线的正、负穿越次数分别为 N'_+ 与 N'_-,则闭环右极点个数为

$$Z = 2(N'_- - N'_+) + P$$

例 5.13 设系统的开环传递函数为

$$G_K(s) = \frac{K}{(T_1s+1)(T_2s+1)}, \quad T_1 > T_2$$

系统开环对数频率特性曲线如图 5.57 所示,试判别闭环系统的稳定性。

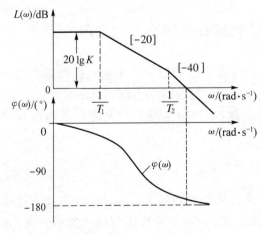

图 5.57 例 5.13 图

解　由系统开环传递函数可知,开环系统是稳定的,即 $P=0$。在 $L(\omega)>0\text{dB}$ 的频率范围内,相频特性曲线 $\varphi(\omega)$ 不穿越 $-180°$ 的相位线,即正、负穿越次数差为 0,$Z=2N'+P=0$,故闭环系统稳定。

对于型别 $\nu\geqslant1$(ν 为系统开环传递函数在原点处的极点数)的系统,应将 Bode 图对数相频特性在 $\omega\to0$ 处附加一段自上而下的、变化范围为 $-\nu\cdot90°$ 的直线与相频特性曲线在 $\omega\to0$ 处相连,实际上是奈氏路径中半径为无穷小的右半圆所映射的曲线。相频特性经过处理后,再使用上述稳定性判据。

5.4.5　奈奎斯特稳定判据的其他应用

1. 条件稳定系统

系统对某些开环传递系数 K 值是稳定的,而当 K 增大或减小到另一范围时,系统又变为不稳定,这样的系统称为条件稳定系统。只有在某些 K 值范围内,正负穿越次数之差为 0 时,闭环系统才稳定。

如图 5.58 所示,系统为最小相位系统,为保证系统稳定,K 的取值必须保证 $(-1,\mathrm{j}0)$ 点在 AB 范围内或者在 C 点以左。

2. 多回路系统稳定性分析

理论上所有具有单输入单输出的多回路反馈系统,都可以化简为单回路系统分析稳定性。但直接确定多回路系统的开环零、极点较为复杂,因此多回路系统需要多次应用奈氏判据去确定整个闭环系统的稳定性。

首先判断局部反馈(内环)的稳定性,找出内环的

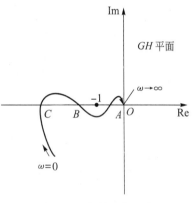

图 5.58　条件稳定系统

闭环右极点个数。对于整个闭环系统而言,内环的闭环右极点实际上是开环右极点;确定了整个闭环系统的开环右极点个数后,求出整个系统的开环传递函数,再利用奈氏判据判断闭环系统的稳定性。

3. 奈氏判据应用于延迟系统

延迟系统的开环传递函数包含延迟环节 $\mathrm{e}^{-\tau s}$,其闭环特征方程为超越方程,不能用劳斯判据判断闭环稳定性。而利用奈氏判据不仅可直接判断延迟系统的稳定性,还可确定系统的临界稳定参数。延迟系统的开环传递函数可看作延迟环节与最小相位系统的串联,即

$$G_\mathrm{K}(s)=G_\mathrm{Ko}(s)\mathrm{e}^{-\tau s} \tag{5.36}$$

设有某系统开环传递函数为

$$G_\mathrm{K}(s)=\frac{\mathrm{e}^{-\tau s}}{s(s+1)(s+2)}$$

绘制该系统的开环奈氏图(如图 5.59 所示),$e^{-\tau s}$ 的作用是将 $G_{K_0}(j\omega)$ 曲线上的每一点顺时针方向旋转 $\tau\omega$ 角度,奈氏图向左上方移动。其开环奈氏图呈螺旋状终于坐标原点,与负实轴有无穷多个交点,且均为顺时针方向。当 $G_K(s)$ 曲线与负实轴的交点都在 $(0,-1)$ 实轴段,闭环系统稳定;$G_K(s)$ 曲线与负实轴的交点刚好通过 $(-1,j0)$ 点,闭环系统临界稳定;若 $G_K(s)$ 曲线在 $(-\infty,-1)$ 实轴段与负实轴有交点 m 个,则 $Z = 2(N'_- - N'_+) + P = 2m$,闭环系统不稳定。

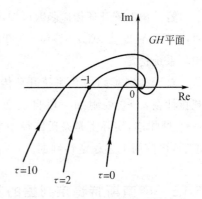

图 5.59 有延迟环节系统的稳定性

可以证明,$\tau = 0\text{s}$ 时,该系统奈氏曲线与负实轴的第一个交点在 $(-1,j0)$ 点以右负实轴上,闭环稳定,随 τ 值的增加,曲线与负实轴的第一个交点就逐渐靠近 $(-1,j0)$ 点;$\tau = 2\text{s}$ 时,奈氏曲线与负实轴的第一个交点正好是 $(-1,j0)$ 点,闭环临界稳定;$\tau > 2\text{s}$ 时,奈氏曲线顺时针包围 $(-1,j0)$ 点次数大于 0,闭环不稳定。

延迟环节串接在前向、反馈通道对系统稳定性的影响是相同的。实际系统不可避免地存在延迟环节,应尽可能地减小延迟时间 τ,提高稳定性。

5.5 控制系统的相对稳定性

在工程实际中,首先要求控制系统必须是稳定的,即系统具有绝对稳定性;同时还存在有稳定程度的问题。当系统接近临界稳定状态时,虽然从理论上讲,系统是稳定的,但实际上,系统可能已处于不稳定状态。其原因可能是在建立系统数学模型时,采用了线性化等近似处理方法;或系统参数测量不准确;或系统参数在工作中发生变化等。因此要求系统有一定的相对稳定性,这样才可以保证不至于分析设计过程中的简化处理,或系统的参数变化等因素导致系统在实际运行中出现不稳定的现象。

常用稳定裕量作为衡量闭环系统相对稳定程度的指标,是系统的频域指标,与闭环系统的瞬态响应有关。对于最小相位系统,系统开环传递函数没有极点位于右半 s 平面,则闭环系统稳定的充要条件是:系统开环幅相频率特性 $G_K(j\omega)$ 不包围 $(-1,j0)$ 这一点,$G_K(j\omega)$ 曲线与负实轴的交点应该在 $(-1,j0)$ 点以右。由上节讨论可知,开环奈氏曲线与负实轴的交点越靠近 $(-1,j0)$ 点,系统的阶跃响应的振荡越强,相对稳定性也越差(不适用条件稳定系统)。

一个系统的稳定裕量,是根据系统在稳定状态下,接近临界状态的程度来反映的。在频率分析方法中,对于开环稳定的系统,就是根据开环频率特性曲线接近 $(-1,j0)$ 点的程度来表征。

在控制系统的实际应用中,要求系统具备相当的稳定裕量,通常用相位裕量、幅值裕量两个指标来衡量系统的相对稳定性。

5.5.1 幅值穿越频率ω_c与相位穿越频率ω_g

1. 幅值穿越频率ω_c

在伯德图上穿越 0dB 线时所对应的频率,有
$L(\omega_c)=20\lg A(\omega_c)=0$;在开环奈氏图上对应于与
单位圆相交的那一点,有 $A(\omega_c)=1$,如图 5.60 和
图 5.61 所示。

2. 相位穿越频率ω_g

在伯德图上穿越$-180°$相位时所对应的频
率,在开环奈氏图上对应于与负实轴相交的那一
点,有 $\varphi(\omega_g)=-180°$,如图 5.60 和图 5.61
所示。

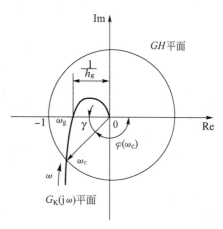

图 5.60 从奈氏图上衡量系统的相对稳定性

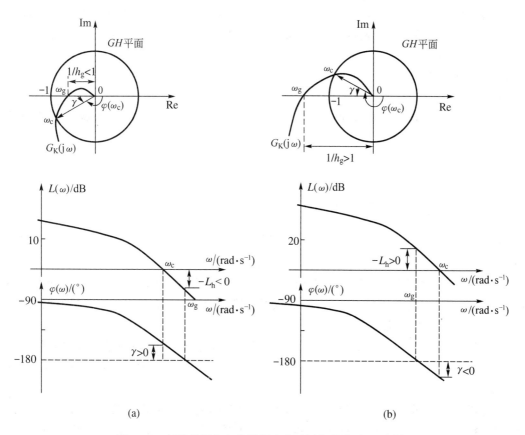

图 5.61 幅值裕量与相位裕量在奈氏图与伯德图上的表示

5.5.2 相位裕量

在系统幅值穿越频率 ω_c 处,使系统达到临界稳定状态所需的附加相位滞后角称为相位裕量,用 γ 表示。即

$$\gamma = \varphi(\omega_c) - (-180°) = \varphi(\omega_c) + 180° \tag{5.37}$$

从奈氏图上看,是 $G_K(j\omega_c)$ 向量与负实轴之间的夹角。实际上,从奈氏图或伯德图上看,γ 都是相位移 $\varphi(\omega_c)$ 距离 $-180°$ 的角度值。如果 $\gamma>0$,相位裕量为正值,如图 5.61(a)所示,闭环系统稳定。反之,如果 $\gamma<0$,则相位裕量为负值,如图 5.61(b)所示,闭环系统不稳定。

相位裕量的物理意义在于对闭环稳定的最小相位系统,在 $\omega=\omega_c$ 处,系统的相角如果再减小 γ 角度,系统将处于临界稳定状态;减小的角度大于 γ 后,系统将不稳定。为了使最小相位系统是稳定的,γ 必须为正值。

相位裕量是设计控制系统时的一个重要依据,描述系统的阻尼程度。后面将会分析,二阶系统的相位裕量 γ 与阻尼比 ζ 之间有一一对应的关系。

通常,一个性能良好的控制系统,其相位裕量应具有 45°左右的数值。γ 过低,系统的动态性能较差,对参数变化的适应能力弱;γ 过高,则对系统及其组成元件要求较高,造成实现上的困难,或者经济性较差;或由于稳定程度过好,造成系统的过渡过程较为缓慢。

5.5.3 幅值裕量

当频率为相角穿越频率 ω_g 时,对应的开环幅频特性 $A(\omega_g)$ 的倒数称为幅值裕量,用 h_g 表示:

$$h_g = \frac{1}{A(\omega_g)} \tag{5.38}$$

在对数坐标图上,采用 L_h 表示 h_g 的分贝值

$$L_h = 20\lg h_g = -20\lg A(\omega_g) = -L(\omega_g) \tag{5.39}$$

当 $h_g>1$ 时,幅值裕量的分贝数 L_h 为正值,表示闭环系统是稳定的;当 $h_g<1$ 时,幅值裕量的分贝数 L_h 为负值,表示闭环系统是不稳定的,如图 5.61 所示。

幅值裕量的物理意义为:对于闭环稳定的最小相位系统,若系统在相位穿越频率 ω_g 处幅值增大 h_g 倍(或对数幅值上升 L_h 分贝),则系统将处于临界稳定状态;若幅值增大倍数大于 h_g,系统将变成不稳定。

由图 5.61 可见,对一个结构、参数给定的最小相位系统,当开环传递系数增加时,由于 $L(\omega)$ 曲线上升,导致幅值穿越频率 ω_c 右移,从而使得相位裕量与幅值裕量都下降,甚至使系统不稳定。

根据稳定裕量的概念,当某系统结构、参数给定时,还可根据要求的稳定裕量如 γ 的取值确定系统的开环传递系数。首先,根据开环传递系数的某个取值绘出开环伯德图 $L(\omega)$,$\varphi(\omega)$ 曲线上相位大于 $-180°$,并与 $-180°$ 距离正好为 γ 所对应的那一点的频率就是所需的幅值穿越频率 ω_c。然后将 $L(\omega)$ 在坐标系中上下平移,使之正好在此点穿越 0dB 线,其相位裕量为要求的取值,就确定了满足系统要求的 $L(\omega)$。最后,求出此 $L(\omega)$ 所对应的开环传递

系数。

5.5.4　系统的稳定裕量

仅用相位裕量或幅值裕量都不足以充分说明系统的稳定性。只有当 γ、L_h 均为正时，系统才是稳定的。为了确保系统的相对稳定性，使系统具有满意的性能，γ、L_h 都应该有合适的取值。

例 5.14　某系统的开环传递函数为

$$G_K(s) = \frac{1}{s(T^2 s^2 + 2\zeta Ts + 1)}, \quad T = 1/3s$$

当系统阻尼比 $\zeta = 0.2$ 时，分析该系统的相对稳定性。

解　绘制开环伯德图如图 5.62 所示。低频段斜率为 -20dB/dec，经过转折频率 $1/T$ 后斜率为 -60dB/dec。系统的幅值穿越频率 $\omega_c = 1\text{rad/s}$，而相位穿越频率正好是转折频率，$\omega_g = 1/T = 3\text{rad/s}$。

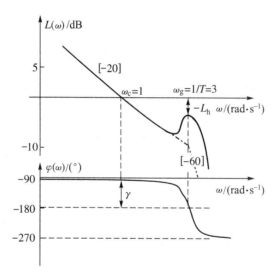

图 5.62　例 5.14 系统的稳定裕量

虚线部分为转折频率处的渐近线，有 $L(\omega_g) = -20\lg 3 = -9.5\text{dB}$。但是当开环传递函数中振荡环节的阻尼比 ζ 很小时，对数幅频特性必须加以修正，这在分析闭环系统的相对稳定性十分重要。实线为精确曲线，实际的 $L(\omega_g) = -9.5 + 8 = -1.5\text{dB}$，接近 0dB 线。

可见，该系统的相位裕量较大，但幅值裕量却很小，实际上该系统的相对稳定性较差。因此，若只用一个稳定裕量指标去衡量系统的相对稳定性，必然得出片面甚至错误的结论。

从控制工程实践得出，系统应具有 $30° \sim 60°$ 的相位裕量，幅值裕量 L_h 大于 6dB（即 $h_g > 2$）。对于最小相位系统，开环对数幅频特性和相频特性之间有确定的对应关系。要求相位裕量应为 $30° \sim 60°$，意味着开环对数幅频特性在穿越频率 ω_c 上的斜率必须大于 -40dB/dec，通常取 -20dB/dec。

适当的相位裕量和幅值裕量,可以防止系统中元件的参数和特性在工作过程中的变化对系统稳定性产生不良的影响,并可以提高系统抗高频干扰的能力。

5.6　利用开环频率特性分析系统的性能

前面介绍的幅值穿越频率 ω_c、相位穿越频率 ω_g、相位裕量 γ 与幅值裕量 L_h 都是根据系统的开环伯德图求出,是控制系统的开环频域指标,频域指标是表征系统性能的间接指标。由于时域指标(稳态误差 e_{ss}、最大超调量 $\sigma\%$、调节时间 t_s 等)反映系统性能更为直观,因此需要探讨开环频域指标与时域指标之间的关系,以便于由开环频域指标分析闭环系统的性能。

对于最小相位系统来说,对数幅频特性与对数相频特性存在着一一对应的关系,反映系统的结构与参数,能够据此推出系统的传递函数。因此,根据系统的开环对数幅频特性 $L(\omega)$,就能了解系统的稳态和动态性能。本节介绍开环对数幅频特性 $L(\omega)$ 的形状与系统性能的关系,并研究频域指标与时域指标的关系,以及根据频域指标估算系统的时域响应性能的方法。

5.6.1　开环对数幅频特性 L(ω)低频段与系统性能的关系

1. L(ω)低频段与系统稳态性能的关系

低频段是指伯德图上第一个转折频率之前的对数幅频特性渐近线。低频渐近线的斜率是由开环传递函数中积分环节的个数 ν 所决定,其高度则由开环传递系数 K 决定。因此 $L(\omega)$ 的低频段决定了系统的型别 ν(无差度阶数)和稳态误差系数,也就决定了系统响应输入信号是否存在稳态误差,以及稳态误差的大小。低频段的表达式为

$$L(\omega) = 20\lg K - 20\nu\lg\omega \tag{5.40}$$

(1) 0 型系统(有差系统)

某 0 型系统的 $L(\omega)$ 如图 5.63 所示,开环积分环节个数 $\nu=0$,低频渐近线的斜率为 0dB/dec,高度为 $L(\omega)=20\lg K$,稳态位置误差系数 $K_p=1+K$。系统单位阶跃响应的稳态误差 $e_{ss}=1/K_p=1/(1+K)$;而响应斜坡信号与加速度信号的稳态误差为 ∞,无法跟踪。

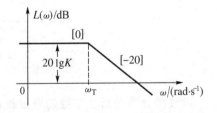

图 5.63　0 型系统对数幅频特性的低频段

(2) Ⅰ 型系统(一阶无差度系统)

设 Ⅰ 型系统的 $L(\omega)$ 如图 5.64 所示,开环积分环节的个数 $\nu=1$,低频渐近线表达式为

$$L(\omega) = 20\lg K - 20\lg\omega \tag{5.41}$$

低频渐近线的斜率为 -20dB/dec,稳态速度误差系数 $K_v=K$。系统单位斜坡响应的稳态误差 $e_{ss}=1/K_v=1/K$;阶跃信号响应的稳态误差为 0;对加速度信号则稳态误差为 ∞,无法跟踪。

从图 5.64 可知:

- $\omega=1$ 时,低频渐近线或者其延长线上有 $L(1)=20\lg K$。
- K 值可由低频渐近线或其延长线与频率轴的交点来确定。由式(5.41)可推出,当 $\omega_K=K$ 时,有 $L(\omega_K)=0$。ω_K 是低频渐近线或延长线与 0dB 线交点处的频率,由此

可以确定系统的稳态速度误差系数 $K_v = K = \omega_K$。

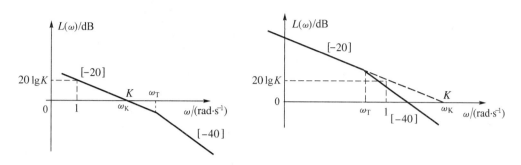

图 5.64 Ⅰ型系统对数幅频特性的低频段

（3）Ⅱ型系统（二阶无差度系统）

设Ⅱ型系统的 $L(\omega)$ 如图 5.65 所示，开环积分环节的个数 $\nu=2$，低频渐近线表达式为

$$L(\omega) = 20\lg K - 40\lg\omega \tag{5.42}$$

低频渐近线的斜率为 -40dB/dec，稳态加速度误差系数 $K_a = K$。系统响应单位加速度信号的稳态误差 $e_{ss} = 1/K_a = 1/K$；而对阶跃信号与斜坡信号的稳态误差为 0。

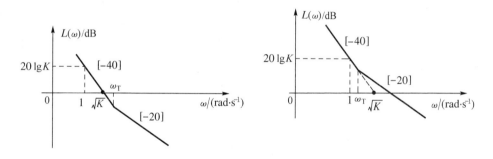

图 5.65 Ⅱ型系统对数幅频特性的低频段

同理有：

- 当 $\omega=1$ 时，低频渐近线或者延长线上有 $L(1) = 20\lg K$。
- K 值可由低频渐近线或者延长线与频率轴的交点来确定。由式（5.42）可推出，当 $\omega_K = \sqrt{K}$ 时，有 $L(\omega_K)=0$。由此可确定系统的稳态速度误差系数 $K_a = K = \omega_K^2$。

由上面分析可知，$L(\omega)$ 低频段的形状完全能够反映系统的稳态性能。如果希望系统具有较好的跟踪输入信号的能力，低频段一般应具有 -20dB/dec 的斜率，并有一定的高度。

2. $L(\omega)$ 低频段与系统动态性能的关系

$L(\omega)$ 低频段的形状对过渡过程结束部分的特征有重要影响，如图 5.66 所示。

图 5.66(a) 为Ⅰ型系统开环伯德图，图 5.66(b) 为系统的单位阶跃响应曲线。由图可知，三个系统的中频段与高频段完全相同，仅低频段有所差别。由于系统 3 所对应的低频段高度最低，说明系统的开环传递系数 K 最小。因此，三个系统的单位阶跃响应曲线在起始阶段基本相同，而在响应的结束部分，系统 3 的振荡最小，而系统 1 的振荡最大。系统低频段过高虽然能够提高稳态精度，但对响应的平稳性有不利影响。

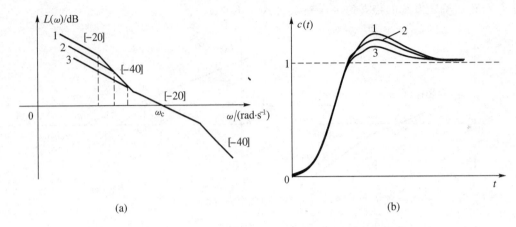

图 5.66   不同系统的对数幅频特性与单位阶跃响应曲线

5.6.2   开环对数幅频特性 L(ω)中频段与系统动态性能的关系

系统的动态性能通常用时域指标 $\sigma\%$ 和 t_s 来描述。而频率分析中,常使用开环对数幅频特性的幅值穿越频率 ω_c 和相位裕量 γ 两个特征量来描述,这两个特征量均与系统中频段的形状有关。开环对数幅频特性 $L(\omega)$ 的中频段是指 $L(\omega)$ 曲线在幅值穿越频率 ω_c 附近的区段,在伯德图上一般是 $L(\omega)$ 从+30dB 过渡到−15dB 的范围内。中频段特性集中反映了闭环系统的稳定性和动态性能,中频段的斜率与宽度反映系统动态响应中的平稳性,幅值穿越频率 ω_c 的大小反映快速性。

1. 开环对数幅频特性的斜率和相频特性的关系

由前面内容可知,对于最小相位系统,对数幅频特性与对数相频特性有一一对应的关系。具体分析如下:

(1)对数幅频特性渐近线的斜率与相位有对应关系。例如对数幅频特性斜率为 $-20n\text{dB/dec}$,对应于相位−$(90n)°$。在某一频率 ω_K 时的相位,是由整个频率范围内的对数幅频特性斜率来确定的。但是,在这一频率 ω_K 时的对数幅频特性斜率,对确定 ω_K 时的相位起的作用最大。离这一频率 ω_K 越远的对数幅频特性斜率对 ω_K 的相位影响越小。

(2)对于一个线性最小相位系统,对数幅频特性和对数相频特性之间的关系是唯一的。给定某一频率范围的相位,则这一频率范围的对数幅频特性也就确定。反之,若给定某一个频率范围的对数幅频特性和其余频率范围的相频特性,则这一频率范围的相位和其余频率范围的对数幅频特性也就确定了。

2. 中频段与系统响应的稳定性之间的关系

由以上分析可知,ω_c 处的相位裕量 γ 由整个对数幅频特性曲线各段斜率共同决定。但穿过 ω_c 的中频段斜率对系统相位裕量影响最大,而远离 ω_c 的特性斜率对 γ 影响较小。如果穿过 ω_c 的幅频特性斜率是−20dB/dec,表明对应的相位不小于−180°,则系统一般是稳定的;

如果中频段斜率是 -40dB/dec,则系统可能稳定,也可能不稳定;若中频段斜率更陡,系统将很难稳定。因此,通常希望中频段有 -20dB/dec 的斜率,以保证系统有足够的相位裕量;同时希望 γ 受其他斜率段的影响较小,所以 ω_c 应该远离其他斜率段,即中频段应该有足够的宽度。

下面,以一实例来说明系统开环伯德图中频段形状与系统稳定性之间的关系。

例 5.15 某单位负反馈系统开环传递函数为

$$G_\text{K}(s) = \frac{K(T_1 s+1)}{s^2(T_2 s+1)}, \quad T_1 > T_2$$

分析中频段形状与相位裕量 γ 间的关系。

解 绘制系统开环 $L(\omega)$ 如图 5.67 所示,调节开环传递系数 K 的大小,使 $L(\omega)$ 以不同的斜率穿越 0dB 线。由于 $L(\omega)$ 在低频段与高频段的斜率为 -40dB/dec,这两段所对应的 $\varphi(\omega)$ 相位值与 γ 较小;当以斜率 -20dB/dec 穿越 0dB 线时,所对应的 γ 较大。由图 5.67 可见,增加开环传递系数 K 将使系统的稳定性降低,同时,减小开环传递系数 K 也将使系统的稳定性降低。

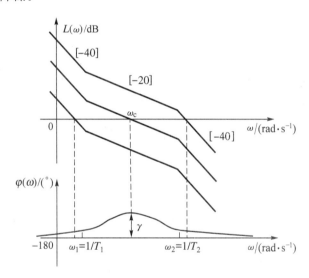

图 5.67 三阶系统开环伯德图

若 T_1、T_2(或 ω_1、ω_2)保持不变,当 ω_c(或 K)为某一值时,可以求出 γ 的最大值。当 $\omega = \omega_\text{c}$ 时,相位为

$$\varphi(\omega_\text{c}) = -180° - \arctan\frac{\omega_\text{c}}{\omega_2} + \arctan\frac{\omega_\text{c}}{\omega_1}$$

令 $\omega_2 = h\omega_1$($h = \omega_2/\omega_1$ 描述了中频段宽度),则

$$\varphi(\omega_\text{c}) = -180° - \arctan[\omega_\text{c}/(h\omega_1)] + \arctan(\omega_\text{c}/\omega_1)$$

相位裕量为

$$\gamma = \arctan(\omega_\text{c}/\omega_1) - \arctan[\omega_\text{c}/(h\omega_1)] \tag{5.43}$$

利用极值法求取 γ 的最大值。将式(5.43)对 ω_c/ω_1 求导,并令其等于零,得

$$\frac{\text{d}\gamma}{\text{d}\left(\dfrac{\omega_\text{c}}{\omega_1}\right)} = \frac{1}{1+\left(\dfrac{\omega_\text{c}}{\omega_1}\right)^2} - \frac{1/h}{1+\left(\dfrac{\omega_\text{c}}{h\omega_1}\right)^2} = 0$$

解之,得

$$h = \frac{\omega_c^2}{\omega_1^2}$$

将 $\omega_2 = h\omega_1$ 代入上式,得

$$\omega_c = \sqrt{\omega_1\omega_2} \qquad (5.44)$$

代入式(5.43),可得最大相位裕量为

$$\gamma_{max} = \arctan\sqrt{h} - \arctan\frac{1}{\sqrt{h}} \qquad (5.45)$$

并由式(5.44)可得

$$\lg\omega_c = \frac{\lg\omega_1 + \lg\omega_2}{2}$$

所以 ω_c 为中频段的几何中心点时,可有最大的相位裕量。

$L(\omega)$ 中频段的实际宽度为

$$\lg\omega_2 - \lg\omega_1 = \lg\omega_2/\omega_1$$

由于定义 $h = \omega_2/\omega_1$,所以 h 的大小描述了中频段宽度,为使分析更直观、简便,本书将 h 定义为中频段宽度。取不同 h 时,所得 $\gamma_{max}(\omega_c)$ 绘于图 5.68,可见 h 越大,相位裕量就越大。

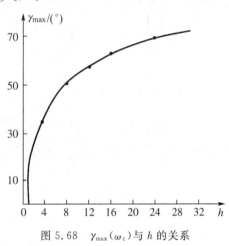

图 5.68 $\gamma_{max}(\omega_c)$ 与 h 的关系

但并不是 h 越大,系统的动态性能就越好。如图 5.69 所示,图 5.69(a)为 Ⅰ 型系统的开环伯德图,图 5.69(b)为系统的单位阶跃响应曲线。由图 5.69 可知,三个系统的低频段与高频段完全相同,仅中频段的宽度有所差别。系统 1 对应的中频段最宽,说明系统的 γ 最大,因此,单位阶跃响应曲线的超调量最小。但系统 1 的过渡过程却出现了"爬行"现象,即虽然系统响应曲线较快进入 5% 的误差带,但却以极慢的速度进入终值。因此,如果希望系统的超调量小,可将中频段左端的转折频率设置得离 ω_c 较远;如果希望避免系统的响应过程在终值附近出现"爬行"现象,可将中频段左端转折频率设置得离 ω_c 相对较近一些。

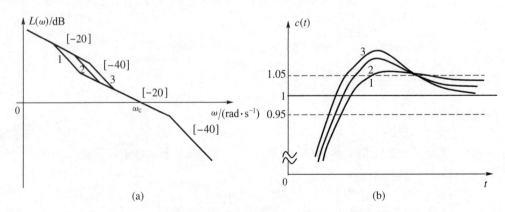

图 5.69 不同系统的对数幅频特性与单位阶跃响应曲线

3.二阶系统开环频域指标与动态性能之间的关系

对于二阶系统,开环频域指标与时域指标之间有着准确的数学关系。并且二阶系统具有典型意义,故下面以二阶系统为例进行详细讨论。

二阶系统的开环传递函数为

$$G_K(s) = \frac{\omega_n^2}{s(s + 2\zeta\omega_n)}$$

开环频率特性为

$$G_K(j\omega) = \frac{\omega_n^2}{j\omega(j\omega + 2\zeta\omega_n)}$$

(1) 二阶系统 γ 与系统平稳性之间的关系

当 $\omega = \omega_c$ 时,$A(\omega_c) = 1$,即

$$A(\omega_c) = \frac{\omega_n^2}{\omega_c\sqrt{\omega_c^2 + (2\zeta\omega_n)^2}} = 1$$

可求得

$$\omega_c = \sqrt{-2\zeta^2 + \sqrt{4\zeta^4 + 1}} \cdot \omega_n \qquad (5.46)$$

相位裕量为

$$\gamma = 180° + \varphi(\omega_c) = 180° + \left(-90° - \arctan\frac{\omega_c}{2\zeta\omega_n}\right)$$

将式(5.46)代入上式,得

$$\gamma = \arctan\frac{2\zeta}{\sqrt{-2\zeta^2 + \sqrt{4\zeta^4 + 1}}} \qquad (5.47)$$

得到开环频域指标相位裕量 γ 与阻尼比 ζ 之间的对应关系。

时域分析已经得到系统超调量 $\sigma\%$ 和系统阻尼比 ζ 之间的关系为

$$\sigma\% = e^{-\pi\zeta/\sqrt{1-\zeta^2}} \times 100\% \qquad (5.48)$$

式(5.47)和式(5.48)所描述的函数关系如图 5.70 所示,M_r 为系统的谐振峰值。

根据给定的相位裕量 γ 可查得时域指标最大超调量 $\sigma\%$;反之亦然,二者之间为一一对应的确定的关系。ζ 增大,γ 随之增大,$\sigma\%$ 减小。

因此,当由 $\sigma\%$ 给出二阶系统的平稳性指标后,只要设计时使 $L(\omega)$ 以 -20dB/dec 穿越 0dB 线,并保证一定的宽度,使系统的相位裕量与要求的最大超调量一一对应,则系统将有满意的平稳性。

(2) 二阶系统 ω_c、γ 与系统快速性之间的关系

在时域分析中,已知二阶系统调节时间 t_s 为

$$t_s \approx \frac{3}{\zeta\omega_n} \quad (误差 \Delta = 0.05\%)$$

将式(5.46)代入,得

$$t_s\omega_c = \frac{3}{\zeta}\sqrt{-2\zeta^2 + \sqrt{4\zeta^4 + 1}} \qquad (5.49)$$

由式(5.47)和式(5.49)可得到

$$t_s\omega_c = \frac{6}{\tan\gamma} \qquad (5.50)$$

上式表示二阶系统 $t_s\omega_c$ 与 γ 之间的函数关系,绘成曲线如图 5.71 所示。

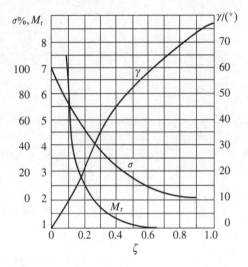

图 5.70　二阶系统 $\sigma\%$、M_r、γ 与 ζ 的关系　　图 5.71　二阶系统的 $t_s\omega_c$ 与 γ 的关系

由以上分析可知,对二阶系统,当 γ 给定后,t_s 与 ω_c 成反比;当要求系统具有相当的灵敏度时,ω_c 应该较大。从物理意义上解释,ω_c 越大,说明系统能够响应的输入信号的频率越高,也就是跟踪输入信号的速度越快,系统的惯性较小,快速性好。由于在控制系统的实际运行中,输入的控制信号一般为低频信号,而干扰信号(如调速系统中电网电压的波动等)一般为高频信号,ω_c 越大,说明系统对高频干扰信号的抑制能力就越差。因此,ω_c 的取值要同时根据系统的快速性与抗高频干扰信号的要求确定。

　　例 5.16　某二阶系统的开环传递函数为

$$G_K(s) = \frac{K}{s(Ts+1)}, \quad (K=1/2T)$$

根据频率法分析开环传递系数 K 对系统性能的影响。

　　解　作系统开环伯德图如图 5.72 所示。转折频率为 $1/T$,$L(\omega)$ 与 0dB 线的交点求解如下:

$$L(\omega_c) = 20\lg K - 20\lg\omega_c = 20\lg\frac{1}{2T} - 20\lg\omega_c = 0$$

有

$$\omega_c = K = 1/2T$$

系统相位裕量为

$$\gamma = 180° + (-90° - \arctan\omega_c T) = 180° + \left(-90° - \arctan\frac{1}{2T}T\right) = 63.4°$$

根据所求的 γ 可查得 $\zeta=0.707$,为最佳阻尼比,此系统为二阶最佳系统,$\sigma\%=4.3\%$。并可查得

$$t_s = \frac{3}{\omega_c}$$

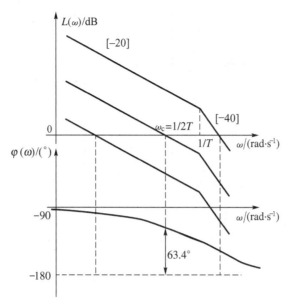

图 5.72 二阶系统开环伯德图

若调节开环传递系数 K 的大小,有以下两种情况。

(1) 增加 K

$L(\omega)$ 向上平移,由图 5.72 可见,ω_c 右移,γ 将明显下降,对系统的平稳性与快速性都有不良影响。

(2) 减小 K

$L(\omega)$ 向下平移,由图 5.72 可见,ω_c 左移,γ 增加不多,但 ω_c 明显减小,系统的快速性变差。

由以上分析可知,二阶最佳系统具有超调量小、响应快的优点,因此获得了广泛的应用。

4. 高阶系统开环频域指标与时域指标之间的关系

高阶系统的开环频域指标(γ,ω_c)与时域指标($\sigma\%$,t_s)之间的对应关系比较复杂,通常采用经验公式来近似。这样在实际应用中,仍然可用开环频域指标去估算系统的时域性能。

(1) 高阶系统的超调量与相位裕量的关系通常用下述近似公式估算:

$$\sigma\% = \left[0.16 + 0.4\left(\frac{1}{\sin\gamma} - 1\right)\right] \times 100\% \quad (35° \leqslant \gamma \leqslant 90°) \tag{5.51}$$

(2) 高阶系统的调节时间与相位裕量的关系通常用下述近似公式估算:

$$t_s = \frac{\pi}{\omega_c}\left[2 + 1.5\left(\frac{1}{\sin\gamma} - 1\right) + 2.5\left(\frac{1}{\sin\gamma} - 1\right)^2\right] \quad (35° \leqslant \gamma \leqslant 90°) \tag{5.52}$$

绘制函数关系如图 5.73 所示,对于高阶系统,一般 γ 上升,最大超调量 $\sigma\%$ 与调整时间 t_s 都明显下降,系统动态性能改善。

由以上对二阶系统与高阶系统的分析可知,如果两个同阶的系统,其 γ 相同,那么它们的超调量大致是相同的,而幅值穿越频率 ω_c 越大的系统,调节时间 t_s 越短。

总之,一个设计合理的系统,要以动态性能的要求来确定中频段的形状,$L(\omega)$ 中频段应该满足以下要求:

- 系统开环伯德图的中频段应该以 -20dB/dec 穿越 0dB 线,并有一定的宽度,以保证足够的相位裕量,平稳性好;

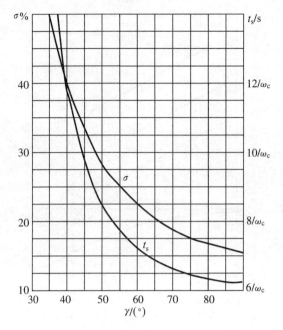

图 5.73   高阶系统 $\sigma\%$、t_s 与 γ 的关系曲线

- 中频段的穿越频率 ω_c 的选择，决定于系统瞬态响应速度的要求，ω_c 较大可保证足够的快速性。

5.6.3   开环对数幅频特性 $L(\omega)$ 高频段与系统性能的关系

1.高频段与系统动态性能的关系

图 5.74 给出了不同系统的开环伯德图与单位阶跃响应曲线。由图 5.74 可见，三个系统的低频段与中频段完全相同，仅高频段的衰减速度有所差别。由于系统 1 在高频段的衰减速度最快，说明系统对高频信号有较强的抑制能力，对于输入信号中的高频分量不能很好地复现，因此，其单位阶跃响应在起始阶段的上升速度相对较慢。

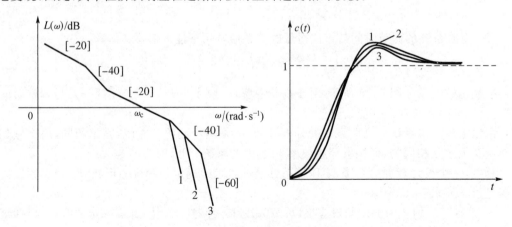

图 5.74   不同系统的开环伯德图与单位阶跃响应曲线

系统开环频率特性的高频段主要影响单位阶跃过程的起始阶段。由于系统开环伯德图高频段的转折频率远离中频段穿越频率,因此对系统的主要动态性能指标(t_s与$\sigma\%$)影响较小。

2. 高频段与系统抗干扰性能的关系

从系统抗干扰能力角度来看,要求高频段具有较大的斜率。以单位负反馈系统为例,有

$$\Phi(j\omega) = \frac{G(j\omega)}{1+G(j\omega)}$$

式中,$G(j\omega)$为开环频率特性;$\Phi(j\omega)$为闭环频率特性。

在高频段一般有$L(\omega)\ll0$,即$|G(j\omega)|\ll1$,故上式可近似为

$$|\Phi(j\omega)| = \left|\frac{G(j\omega)}{1+G(j\omega)}\right| \approx |G(j\omega)| \tag{5.53}$$

此式表明:在高频段,闭环幅频特性近似等于开环幅频特性。$L(\omega)$高频段斜率大,系统对高频信号的衰减作用大。此结论对非单位负反馈系统同样适用。因此,一般希望系统$L(\omega)$在ω_c稍高的角频率上(在保证系统稳定性的前提下)迅速衰减,以提高系统的抗高频干扰能力。

结论:

由以上分析,一个合理的控制系统,其开环$L(\omega)$的形状应该满足下列要求:

- $L(\omega)$低频渐近线反映系统的稳态性能,应具有-20dB/dec或-40dB/dec的斜率,并有一定的高度,以满足稳态性能的要求。
- $L(\omega)$中频段,反映系统的动态性能,一般应具有-20dB/dec的斜率,并有一定的中频段宽度以保证足够的稳定裕量,系统具有较好的平稳性;中频段幅值穿越频率ω_c的大小反映系统的快速性,主要由系统动态性能指标的要求来确定。
- $L(\omega)$高频段反映系统的抗干扰性能,应该有较大的斜率。

一般实用的控制系统的开环频率特性有低通滤波作用,低频时有$L(\omega)\gg0\text{dB}$(系统开环积分环节个数$\nu\geq1$,低频段斜率小于等于-20dB/dec);高频时有$L(\omega)\ll0\text{dB}$(以较大的斜率迅速衰减)。

5.7　闭环系统频率特性

工程设计中常用开环频率特性来分析和设计系统。在进一步的分析和设计系统时,也常利用闭环系统的频率特性。由于系统的闭环零、极点较难获取,因此一般无法直接根据闭环传递函数绘制闭环频率特性。系统闭环频率特性的求取有不同的方法,一般是利用系统开环频率特性来求闭环频率特性。

5.7.1　闭环频域指标

1. 闭环频率特性

反馈控制系统的闭环传递函数为

$$\Phi(s) = \frac{G(s)}{1+G(s)H(s)} = \frac{1}{H(s)} \cdot \frac{G(s)H(s)}{1+G(s)H(s)}$$

$H(s)$为主反馈通道的反馈环节,一般为比例环节,其传递函数为常数,因此 $H(s)$不影响系统闭环频率特性的形状,只影响闭环传递系数。由此可见,在研究闭环系统的频率特性时,可将系统先作为单位负反馈系统进行分析。

以单位负反馈系统为例,系统闭环频率特性表达式为

$$\Phi(j\omega) = \frac{G(j\omega)}{1+G(j\omega)}$$

式中,$G(j\omega)$为开环频率特性;$\Phi(j\omega)$为闭环频率特性。由上节的内容可推出:

(1) 在低频段,一般有 $L(\omega)\gg0$,即$|G(j\omega)|\gg1$,故闭环频率特性可近似为

$$|\Phi(j\omega)| = \left|\frac{G(j\omega)}{1+G(j\omega)}\right| \approx 1$$

说明在低频段,闭环幅频特性近似等于1。

(2) 在高频段,一般有 $L(\omega)\ll0$,即$|G(j\omega)|\ll1$,故闭环频率特性可近似为

$$|\Phi(j\omega)| = \left|\frac{G(j\omega)}{1+G(j\omega)}\right| \approx |G(j\omega)|$$

说明在高频段,闭环幅频特性近似等于开环幅频特性,迅速衰减为 0。

(3) 在开环频率特性的幅值穿越频率附近,由于$|G(j\omega)|\approx1$,故$|\Phi(j\omega)|$有一定的误差,一般略大于1。

由以上分析,绘制闭环系统的概略幅频特性如图 5.75 所示。

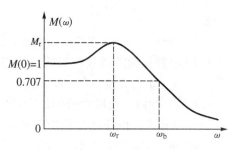

图 5.75 闭环系统频率特性指标

2. 常用闭环频域指标

用闭环频率特性来评价系统的性能,通常采用以下指标:

- 零频振幅比 $M(0)$:$\omega=0$ 时闭环幅频特性的数值,其大小反映了系统的稳态精度。对于单位负反馈系统,$M(0)<1$ 时为 0 型系统,表示跟踪单位阶跃信号有稳态误差;$M(0)=1$ 时,表示稳态输出 $c(\infty)=r(t)=1$,即系统开环积分环节个数 $\nu\geqslant1$,跟踪单位阶跃信号稳态误差为 0。

- 谐振峰值 M_r:对于 I 型及以上的单位负反馈系统,谐振峰值 M_r 是闭环系统幅频特性的最大值 M_{max}。对于 $M(0)\neq1$ 的系统,也称相对谐振峰值,M_r 是闭环系统幅频特性的最大值 M_{max} 与零频振幅比 $M(0)$ 的比值。出现谐振峰值,表明阻尼比 $\zeta<0.707$,通常 M_r 越大,系统的最大超调量 $\sigma\%$ 也越大。

- 谐振频率 ω_r:谐振频率 ω_r 是闭环系统幅频特性出现谐振峰值时的频率。

- 频带宽 ω_b:闭环系统频率特性幅值,由其初始值 $M(0)$ 衰减到 $0.707M(0)$ 时的频率(当 $M(0)=1$ 时,对应 $L(\omega_b)=20\lg0.707=-3\text{dB}$ 时的频率),称为频带宽(通频带)。频带较宽,表明闭环系统能够通过较高频率的输入信号,系统跟踪信号的能力较强,响应迅速,调节时间短,但对于高频干扰信号的过滤能力就相对较差。

闭环系统频率特性的这些参数如图 5.75 所示。

5.7.2 闭环频率特性的求取

1. 闭环频率特性的基本绘制方法

单位负反馈系统的闭环频率特性为

$$\Phi(j\omega) = \frac{G(j\omega)}{1+G(j\omega)} = \left| \frac{G(j\omega)}{1+G(j\omega)} \right| e^{j\angle \frac{G(j\omega)}{1+G(j\omega)}} = M(\omega)e^{j\Psi(\omega)} \tag{5.54}$$

式中，$G(j\omega)$ 为开环频率特性，$M(\omega)$ 为闭环系统的幅频特性，$\Psi(\omega)$ 为闭环系统的相频特性。

如图 5.76 所示，当 $\omega=\omega_1$ 时，$G(j\omega_1)$ 可用向量 $\overrightarrow{0A}$ 表示，$1+G(j\omega_1)$ 可用向量 $\overrightarrow{PA}$ 表示，则 $\omega=\omega_1$ 时闭环频率特性为

$$\Phi(j\omega_1) = \frac{\overrightarrow{0A}}{\overrightarrow{PA}} \tag{5.55}$$

闭环幅频特性为

$$M(\omega_1) = \frac{|\overrightarrow{0A}|}{|\overrightarrow{PA}|} \tag{5.56}$$

闭环相频特性为

$$\Psi(\omega_1) = \angle \overrightarrow{0A} - \angle \overrightarrow{PA} = \varphi - \theta \tag{5.57}$$

则可根据开环频率特性，取不同的 ω 值，采用图解法逐点求取对应的 $M(\omega)$ 与 $\Psi(\omega)$，绘成曲线，即为系统的闭环幅频特性和相频特性。这种方法是求取闭环频率特性的基本绘制方法，称为向量法。图 5.77 所示的是用向量法求取的闭环幅频特性。

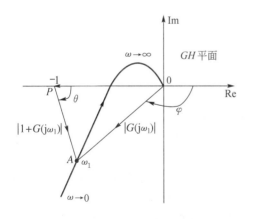

图 5.76 闭环系统幅频特性的求取方法

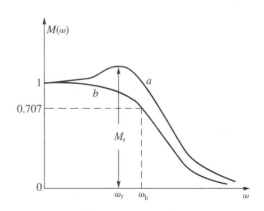

图 5.77 常见闭环幅频特性曲线

对于单位负反馈的 Ⅰ 型、Ⅱ 型系统，当 $\omega \to 0$ 时，$|G(j\omega)| \to \infty$，所以 $M(\omega) \to 1$，低频段变化较为平缓。当幅相特性达到 $(-1,j0)$ 点的邻近区域时，对于图 5.77 所示 a 曲线那样的系统，随着 ω 的增加，$|1+G(j\omega)|$ 减小得比 $|G(j\omega)|$ 快。所以在某一频率 ω 上，M 值将有一峰值。这个频率就是谐振角频率 ω_r，对应的峰值就是谐振峰值 M_r。对于图 5.77 所示曲线 b 那样的系

统,$|1+G(j\omega)|$减小得比$|G(j\omega)|$慢,这时将不出现谐振峰值。在高频段,由于$|G(j\omega)| \to 0$,所以$M(\omega)$近似于$|G(j\omega)|$,$M(\omega)$以较大的速度衰减为0。

2. 利用等 M 圆图与等 N 圆图绘制闭环频率特性

由于向量法求闭环频率特性较为烦琐,工程上常用的是等 M 圆图和等 N 圆图法。由于点 A 对应的 M、Ψ 仅取决于点 A 在复平面的坐标,而与$G(j\omega)$的形状无关。因此,可以先撇开$G(j\omega)$的具体形式,将复平面上每点对应的 M、Ψ 值算出,标在复平面上。可以证明,在复平面上闭环幅频特性 M 相等的点构成的轨迹为一个圆,称为等 M 圆图(等幅值轨迹)。也可以证明,闭环相频特性的正切值($\tan\Psi = N$)相等的点构成的轨迹也是一个圆,称为等 N 圆图(等相角轨迹)。

(1) 利用等 M 圆图绘制闭环幅频特性

设系统开环频率特性为

$$G(j\omega) = R + jI$$

R、I 为开环幅频特性的实部与虚部。则闭环频率特性的幅值可写成

$$M(\omega) = \left| \frac{G(j\omega)}{1+G(j\omega)} \right| = \left| \frac{R+jI}{1+R+jI} \right| = \sqrt{\frac{R^2+I^2}{(1+R)^2+I^2}}$$

两边平方得

$$M^2(\omega) = \frac{R^2+I^2}{(1+R)^2+I^2}$$

整理后,得

$$(M^2-1)R^2 + 2M^2R + M^2 + I^2(M^2-1) = 0 \tag{5.58}$$

当 M 取定值时,方程描述的点(R, jI)的轨迹就是等 M 轨迹,表示此轨迹上所有的点对应的 M 值相同。

如果 M=1,则式(5.58)变为

$$2R + 1 = 0 \tag{5.59}$$

在复平面上,这是通过$(-1/2, j0)$点、且平行于虚轴的直线。

如果 $M \neq 1$,则将式(5.58)等号两边同除以$1-M^2$,得

$$\left(R - \frac{M^2}{1-M^2}\right)^2 + I^2 = \left(\frac{M^2}{1-M^2}\right)^2 \tag{5.60}$$

式(5.60)为圆方程。其中,圆心坐标(R_0, jI_0)与半径 r 分别为

$$R_0 = \frac{M^2}{1-M^2}, \quad I_0 = 0, \quad r = \left|\frac{M^2}{1-M^2}\right| \tag{5.61}$$

对于一个给定的 M 值,将在 GH 平面上描述出一个圆,这就是等 M 圆(见图5.78)。M 大于1的圆位于 M=1 线的左侧,而 M 小于1的圆位于 M=1 线的右侧。随 M 值的增大,M 圆半径逐渐减小。当 M 趋近无穷大时,圆缩小为点$(-1, j0)$,这说明,当 M 为无穷大时,奈氏曲线穿过$(-1, j0)$点,系统处于不稳定的边缘。如果在平面上同时绘出系统开环幅相频率特性和等 M 圆,则幅相频率特性与等 M 圆的切点对应的便是系统的谐振频率ω_r和谐振峰值M_r。

图 5.79 所示为等 M 圆和系统开环幅相频率特性$G(j\omega)$。当系统放大系数$K=K_1$时,闭环系统有$M_r=M_1$,谐振角频率为ω_{r1}。如果系数增加到$K=K_2$,则谐振峰值增加到

$M_r = M_2$，谐振角频率为 ω_{r2}。当 K 增大到 K_3 时，$G(j\omega)$ 通过 $(-1,j0)$ 这一点，$M_r = \infty$，系统处于临界稳定边界。

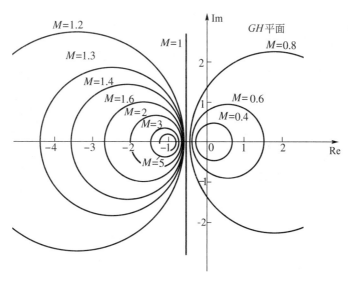

图 5.78 等 M 圆

（2）利用等 N 圆绘制闭环相频特性

闭环系统的相角为

$$\Psi(\omega) = \angle \Phi(j\omega) = \arctan(I/R) - \arctan[I/(1+R)]$$

两边取正切，得

$$\tan\Psi(\omega) = \frac{\dfrac{I}{R} - \dfrac{I}{1+R}}{1 + \dfrac{I}{R} \cdot \dfrac{I}{1+R}} = \frac{I}{R^2 + R + I^2}$$

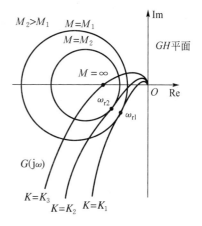

图 5.79 确定 ω_r 和 M_r

令 $N = \tan\Psi(\omega)$，整理得

$$R^2 + R + I^2 - I/N = 0$$

两边加 $[1/4 + 1/(4N^2)]$，配方处理得

$$\left(R + \frac{1}{2}\right)^2 + \left(I - \frac{1}{2N}\right)^2 = \frac{1}{4} + \left(\frac{1}{2N}\right)^2 \quad (5.62)$$

当 N 为给定值时，式（5.62）代表一个圆，圆心坐标 (R_0, jI_0) 与半径 r 分别为

$$R_0 = -\frac{1}{2}, \quad I_0 = \frac{1}{2N}, \quad r = \sqrt{\frac{1}{4} + \left(\frac{1}{2N}\right)^2} \quad (5.63)$$

若 N 取不同值，可在 GH 平面上绘制出一簇圆，这就是等 N 圆（或等 Ψ 圆），如图 5.80 所示。对任意 N 值，$(-1,j0)$ 与 $(0,j0)$ 点均满足圆方程，每个 N 圆均过 $(-1,j0)$ 与原点。由于正切函数是周期为 $180°$ 的周期函数，任何角度 Ψ 加上 $\pm 180°$ 后，其正切值不变，所以对于每个 Ψ 值的等 N 轨迹并不是完整的圆，而是圆弧。例如 $\Psi = 60°$ 与 $\Psi = -120°$ 是同一个圆的一部分。等 N 圆图是以 N 为参变量绘制，但为方便使用，参变量直接标以 Ψ 值，并有 $N = \tan\Psi$。

将开环频率特性 $G(j\omega)$ 和等 N 圆图绘于同一图中，就可以利用开环频率特性求出闭环

系统相角 $\Psi(\omega)$ 与角频率 ω 之间的关系。如图 5.81 所示,在频率 ω_1 处,$G(j\omega)$ 曲线与 $\Psi=$ $-30°$ 的等 N 圆相交,则在 ω_1 处系统闭环相角为 $-30°$,同理 ω_2 处闭环相角为 $-60°$。

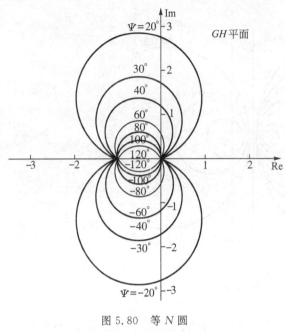

图 5.80　等 N 圆

图 5.81　利用等 N 圆求闭环系统
相频特性曲线

3. 由尼柯尔斯图线绘制闭环频率特性

利用等 M 圆与等 N 圆图求解闭环频率特性时,需要绘制系统的开环奈氏曲线,绘制过程比较烦琐;另外,当开环系统放大系数改变时,开环奈氏曲线也将会发生变化,每个点的幅值都需同比例改变。与此相比,绘制开环对数频率特性比较简单,且开环放大系数改变时,对数幅频特性只需上下平移。因此,利用标准的尼柯尔斯图线,直接用对数频率特性求取闭环对数频率特性是更为简单、实用的方法。

(1) 尼柯尔斯图线

尼柯尔斯图线由两簇曲线组成,一簇曲线对应于闭环对数幅值($20\lg M$)为定值时的轨迹(相当于复平面上的等 M 圆);另一簇曲线对应于闭环相位值(Ψ)为定值时的轨迹(相当于复平面上的等 N 圆)。将直角坐标的等 M 图和等 N 图逐点转移到对数幅相平面上,所构成的曲线簇称为尼柯尔斯图线(简称尼氏图线)。尼柯尔斯图线采用的坐标系是对数幅相坐标系,图中坐标采用了两套体系,其中,一套标注开环对数幅相频率特性,横坐标为开环频率特性的相角 $\varphi(\omega)$ (以普通比例尺标度),单位为度(°),纵坐标为开环频率特性的对数幅值 $L(\omega)$ 单位是分贝(dB)。另一套标注闭环系统的对数幅频特性与闭环相频特性,单位分别为分贝(dB)与度(°)。

下面介绍用解析法求尼氏图线的方法,先求等 M 轨迹与开环系统对数频率特性的关系。

为了将直角坐标变换到幅相坐标,考虑到

$$R = A\cos\varphi \quad I = A\sin\varphi \qquad\qquad (5.64)$$

将其代入式(5.58),得开环频率特性幅值 A 和相角 φ 之间的关系为

$$A^2 + 2A\frac{M^2}{M^2-1}\cos\varphi + \frac{M^2}{M^2-1} = 0$$

当 M 为定值时,对 A 求解,得

$$A = \frac{\cos\varphi \pm \sqrt{\cos^2\varphi + M^{-2} - 1}}{M^{-2} - 1}$$

将 A 以分贝(dB)表示,则上式改为

$$L(\omega) = 20\lg A = 20\lg\frac{\cos\varphi \pm \sqrt{\cos^2\varphi + M^{-2} - 1}}{M^{-2} - 1} \qquad (5.65)$$

以 M 为参变量,由 $0°\sim-180°$ 改变 φ 角,计算相应的 $L(\omega)$ 值,绘出的曲线簇即为等 M 轨迹。

再求等 N 轨迹与开环对数频率特性的关系。将式(5.64)代入式(5.62),得到开环对数频率特性幅值 A 与相角 φ 之间的关系

$$A^2\cos^2\varphi + A\cos\varphi + A^2\sin^2\varphi - A\sin\varphi/\tan\Psi = 0$$

整理后,得

$$A = \sin(\varphi - \Psi)/\sin\Psi$$

将 A 以分贝(dB)表示,则写成

$$L(\omega) = 20\lg A = 20\lg[\sin(\varphi - \Psi)/\sin\Psi] \qquad (5.66)$$

以 Ψ 为参变量,由 $0°\sim-180°$ 改变 φ 角,计算相应的 $L(\omega)$ 值,绘出的曲线簇即为等 Ψ 轨迹即等 N 轨迹。

尼柯尔斯图线如图 5.82 所示,实线为等 M 轨迹,虚线为等 N 轨迹。尼柯尔斯图线对称于 $\varphi(\omega) = -180°$ 的轴线,在对称的等 M 轨迹上,$20\lg M$ 的大小相等,符号相同;而在对称的等 N 轨迹上,Ψ 大小相同,符号相反。由于在低频区 $A(\omega)\gg1$,$20\lg M$ 近似为 0dB,相频特性也近似为 $0°$;同时,在高频段,开环频率特性与闭环频率特性相近。因此,主要利用尼柯尔斯图线求取闭环频率特性的中间频段,即尼柯尔斯图线绘制出纵坐标 $L(\omega)$ 由 $-25\sim35$dB 范围即可。利用尼柯尔斯图线,根据单位负反馈系统的开环频率特性可以直接求取闭环对数频率特性。

(2) 由尼柯尔斯图线绘制闭环频率特性

求取闭环对数频率特性的步骤为:

(1) 绘制系统的开环伯德图,并转换为系统的开环对数幅相频率特性;

(2) 将开环对数幅相频率特性以相同的比例尺重叠在标准的尼氏图线模板上;

(3) 由开环对数幅相频率特性与等 M 和等 N 轨迹的交点就可求出对应频率下闭环系统频率特性的幅值 M 和相角 Ψ;

(4) 如果幅相特性与等 M 轨迹相切,则切点对应的 M 值就是闭环频率响应的谐振峰值 M_r,切点的频率就是谐振频率 ω_r。

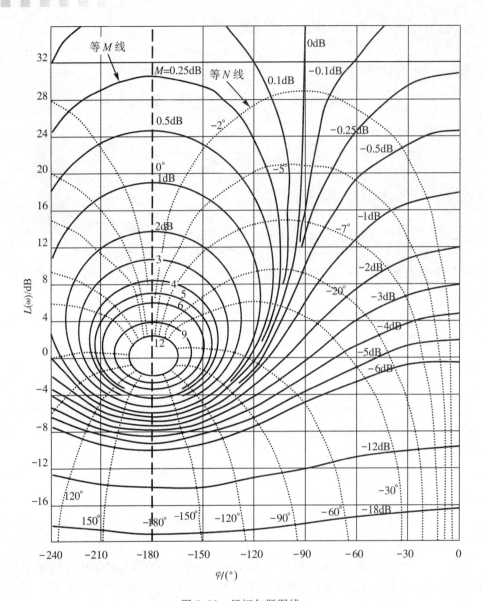

图 5.82　尼柯尔斯图线

例 5.17　某单位负反馈系统的开环传递函数为 $G(s)=\dfrac{5}{s(0.5s+1)}$，试利用尼柯尔斯图线绘制系统闭环对数频率特性。

解

（1）先画出开环对数频率特性 $L(\omega)$ 及 $\varphi(\omega)$，如图 5.83(b)所示。

（2）对于每个频率 ω，找出对应的 $L(\omega)$（渐近线）和 $\varphi(\omega)$ 值；在尼氏图线上可以得到对应的一点。连接不同频率 ω 时的各点，就得到尼氏图线上的开环对数幅相频率特性，如图 5.83(a)中的粗线所示。

（3）由开环对数幅相频率特性与等 M 和等 N 轨迹的交点，求出每个频率值对应的闭环幅值 $20\lg M$ 与闭环相位 $\Psi(\omega)$，绘制闭环对数频率特性，见图 5.83(a)。图中黑圆点所标注的频率值与相应参数,如表 5.10 所示。

表 5.10 闭环对数频率特性特征点

$\omega/(\text{rad}\cdot\text{s}^{-1})$	0.1	0.5	1	2	3	5	6	10
$L(\omega)/\text{dB}$	34	20	14	8	0	-8	-11.2	-20
$\varphi(\omega)/(°)$	-92.9	-104	-116.6	-135	-146.3	-158.2	-161.6	-168.7
$20\lg M(\omega)/\text{dB}$	0	0.1	0.7	2	4.3	-4.5	-10	-20
$\Psi(\omega)/(°)$	0	-6	-10	-34	-80	-150	-155	-165

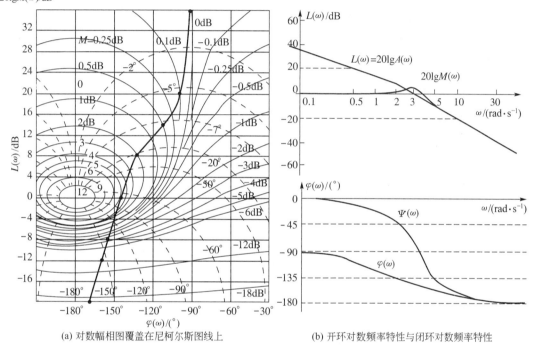

(a) 对数幅相图覆盖在尼柯尔斯图线上   (b) 开环对数频率特性与闭环对数频率特性

图 5.83 利用尼柯尔斯图线求取闭环频率特性

(4) 由图 5.83(b)可见,当 $\omega=3\text{rad/s}$ 时,开环对数幅频特性 $L(\omega)$ 通过 0dB 线,为幅值穿越频率;同时,在尼氏图上,开环对数幅相曲线与 $M=4.3$ 的等 M 线相切,故切点的频率就是谐振频率 $\omega_\text{r}=3\text{rad/s}$,闭环频率响应的谐振峰值 $20\lg M_\text{r}=4.3\text{dB}$,对应于 $M_\text{r}=1.7$。并且在 $\omega<0.5\text{rad/s}$ 的频率范围内,有 $20\lg M(\omega)\approx0\text{dB}$,$\Psi(\omega)\approx0°$;在 $\omega>6\text{rad/s}$ 的频率范围内,有 $L(\omega)\approx20\lg M(\omega)$,$\Psi(\omega)\approx\varphi(\omega)$,与理论分析的结论相符合。

由图 5.83 可见,若改变系统开环传递系数,则只改变开环频率特性的幅值,而开环频率特性的相角不变。所以在尼氏图上,开环对数幅相曲线只需上下移动。这样就能很方便地看出改变开环系统放大系数对闭环系统谐振峰值、谐振频率、频带宽的影响。

4. 非单位负反馈系统的闭环频率特性

对于非单位反馈系统,其闭环频率特性为

$$\Phi(\text{j}\omega) = \frac{G(\text{j}\omega)}{1 + G(\text{j}\omega)H(\text{j}\omega)}$$

式中,$G(j\omega)$ 和 $H(j\omega)$ 分别为前向通道、反馈通道的频率特性。闭环频率特性可改写为

$$\Phi(j\omega) = \frac{1}{H(j\omega)} \cdot \frac{G(j\omega)H(j\omega)}{1 + G(j\omega)H(j\omega)}$$

$$= \frac{1}{H(j\omega)} \cdot \frac{G_K(j\omega)}{1 + G_K(j\omega)} = \frac{1}{H(j\omega)}\Phi'(j\omega) \qquad (5.67)$$

其中 $G_K(j\omega) = G(j\omega)H(j\omega)$ 为系统开环频率特性,$\Phi'(j\omega)$ 是开环频率特性为 $G_K(j\omega)$ 的单位负反馈系统的闭环频率特性。因此,非单位负反馈系统可以看成单位负反馈系统与其他环节的串联,等效变换如图 5.84 所示。

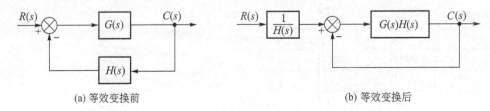

(a) 等效变换前　　　　　　　　　　　　　　(b) 等效变换后

图 5.84　非单位负反馈系统结构框图

系统的闭环幅频特性为

$$M(\omega) = M_{\Phi'}(\omega)/M_H(\omega) \qquad (5.68)$$

闭环对数幅频特性为

$$20\lg M(\omega) = 20\lg M_{\Phi'}(\omega) - 20\lg M_H(\omega) \qquad (5.69)$$

闭环相频特性为

$$\Psi(\omega) = \Psi_{\Phi'}(\omega) - \Psi_H(\omega) \qquad (5.70)$$

在尼氏图线上画出 $G_K(j\omega)$ 轨迹,并在不同频率点处读取 M 和 Ψ 值,求出 $\Phi'(j\omega)$ 的幅值和相角。将所得幅值和相角与 ω 的关系重绘于伯德图中,并与 $H(j\omega)$ 的对数幅频特性和相频特性相减,即可求得此非单位负反馈系统的闭环对数频率特性。

5.7.3　闭环频域指标与时域指标的关系

为了利用闭环频率特性分析系统的性能,应找到闭环频域指标与时域指标的关系。

1. 二阶系统

对于二阶系统,其阶跃响应和频率特性之间存在着简单直观且一一对应的数学关系。

(1) 谐振峰值 M_r 与 ζ 之间的关系

已知二阶系统谐振频率 ω_r 和谐振峰值 M_r 与系统特征量 ζ 之间的关系为

$$\omega_r = \omega_n \sqrt{1 - 2\zeta^2} \qquad (5.71)$$

$$M_r = \frac{1}{2\zeta\sqrt{1 - \zeta^2}} \qquad (5.72)$$

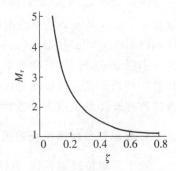

图 5.85　二阶系统 ζ 与 M_r 之间的关系曲线

将 ζ 与 M_r 绘于图 5.85,由图可以看出,当 $\zeta > 0.707$ 时,不产生谐振峰值;在 $\zeta < 0.4$ 时,M_r 迅速增加,系统动态过

程有大的超调和振荡；当 $\zeta \to 0$ 时,$M_r \to \infty$。

常用 M_r 和 ω_r 作为分析和设计闭环系统的根据。根据大量的经验数据,一般建议 M_r 取值在 $1.3 \sim 1.7$；在某些情况下,当要求控制系统有很好的阻尼时,取 $M_r = 1.1 \sim 1.3$,甚至 $M_r = 1$；当 M_r 超过 1.7 时,系统的振荡趋势将剧烈增大。

（2）谐振峰值 M_r、频带宽度 ω_b 和调节时间 t_s 的关系

已知系统特征参量和调节时间的近似表达式为

$$t_s \approx 3/(\zeta \omega_n), \quad \zeta \leqslant 0.9 \tag{5.73}$$

令 $M(\omega) = \dfrac{1}{\sqrt{2}} M(0) = \dfrac{1}{\sqrt{2}}$,可求得频带宽度为

$$\omega_b = \omega_n \sqrt{1 - 2\zeta^2 + \sqrt{2 - 4\zeta^2 + 4\zeta^4}} \tag{5.74}$$

将式(5.73)与式(5.74)相乘,可得

$$\omega_b t_s = \frac{3}{\zeta} \sqrt{1 - 2\zeta^2 + \sqrt{2 - 4\zeta^2 + 4\zeta^4}} \tag{5.75}$$

由式(5.72)和式(5.75)可得 $\omega_b t_s$ 与 M_r 的关系,绘成曲线如图 5.86 所示。可见,在谐振峰值 M_r 一定情况下,频带宽度越宽,则调节时间越短。

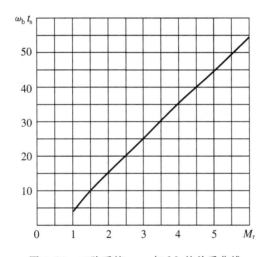

图 5.86 二阶系统 $\omega_b t_s$ 与 M_r 的关系曲线

由上述分析可知,对于二阶系统,可直接求出频率特性指标和瞬态响应指标之间的关系。

2. 高阶系统

对于高阶系统,时域指标与频域指标之间的关系是非常复杂的。如果在高阶系统中存在一对共轭复数主导极点,那么可以将二阶系统瞬态响应与频率特性的关系推广应用于高阶系统。这样,高阶系统的分析和设计工作就可大大简化。在工程分析与设计时,可采用以下两个经验公式由闭环频域指标估算高阶系统的时域指标。

$$\sigma\% = [0.16 + 0.4(M_r - 1)] \times 100\% \quad (1 \leqslant M_r \leqslant 1.8) \tag{5.76}$$

$$t_s = \frac{3.14}{\omega_c}[2 + 1.5(M_r - 1) + 2.5(M_r - 1)^2] \quad (1 \leqslant M_r \leqslant 1.8) \tag{5.77}$$

函数关系绘制成曲线如图 5.87 所示。可见，高阶系统的超调量随 M_r 的增加而增加；调节时间 t_s 随 M_r 的增加而增加，但随 ω_c 的增加而减小。M_r 和 γ 虽然都在一定程度上反映了系统的平稳性，但这两个性能指标并不完全等价，M_r 包含的信息比 γ 多。γ 只反映系统在幅值穿越频率处的相位裕量，而 M_r 却反映了闭环系统在 M_r 附近范围内的振荡趋势，M_r 小，就可以认为系统的相对稳定性较好。而 γ 大，却不一定保证系统的相对稳定性好。为保证系统的平稳性，一般希望 $\gamma > 30°$，$M_r < 1.4$。

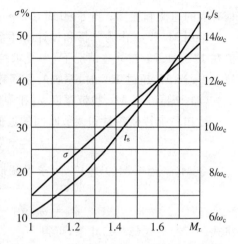

图 5.87　高阶系统 $\sigma\%$、t_s 与 M_r 的关系曲线

在许多实际系统中，M_r 和相位裕量 γ 有着密切关系。由于相位裕量 γ 容易由伯德图求取，所以在对系统进行初步分析和设计时，常用 γ 来近似估计 M_r 的大小。若 M_r 发生在 ω_c 左侧，即谐振频率 ω_r 与 ω_c 接近，并且在 ω_c 附近，$\varphi(\omega)$ 变化平缓，那么可近似有

$$M_r = \frac{1}{\sin\gamma} \tag{5.78}$$

应用经验公式估算出的时域指标，一般偏于保守，即系统实际性能比估算的性能指标要好。在设计时需注意经验公式的适用条件，避免盲目套用。

5.8　MATLAB 在频率特性法中的应用

传统的频率分析是绘制对数频率特性曲线的渐近线，或通过人工计算数据，绘制较为详细的伯德图、奈氏图、对数幅相频率特性图，方法复杂。而应用 MATLAB 提供的相关函数，可以快速、精确地绘制出这三种图形的准确曲线，并计算出相关频域指标，对系统进行分析与设计。

5.8.1　奈氏图的绘制

nyquist(sys)函数可以精确绘制系统的奈奎斯特图，sys 是由函数 tf( )、zpk( )、ss( )中任意一个建立的系统模型；[re,im,w]= nyquist(sys)可计算出系统奈氏曲线的实部 re 与虚部 im，w 是希望计算实部、虚部的频率点，需定义为行向量或范围[wmin,wmax]。

例 5.18　某系统开环传递函数如下，绘制其开环奈氏图，并运用奈氏判据判断系统闭环稳定性。

$$G_K(s) = \frac{s^2 + 2s + 3}{s^3 + 5s^2 + 4s + 2}$$

解　程序为：

```
num=[1 2 3];
den=[1 5 4 2];
```

```
sys=tf(num,den);
nyquist(sys)                %输出系统奈氏图
```

输出奈氏曲线如图 5.88 所示,频率范围为$-\infty \to +\infty$。将鼠标指针移至曲线上任意一点并单击,图形将自动显示此点对应的实部、虚部、频率。由于系统的开环奈氏图没有包围且远离$(-1,j0)$点,该闭环系统稳定。

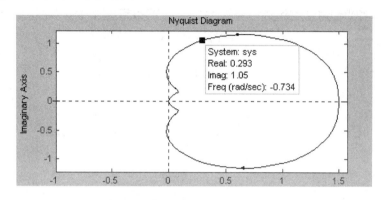

图 5.88　例 5.18 三阶系统的奈氏图

5.8.2　伯德图的绘制

bode(sys)函数可以精确绘制系统的伯德图,[mag,phase,w]=bode(sys)可计算出系统的相位 phase(°)与幅值 mag,并可通过公式

$$\text{Magdb} = 20\log(\text{mag})$$

转换为对数幅值,w 是希望计算相位、幅值的频率点,需定义为行向量或范围[wmin,wmax]。调用[gm,pm,wcp,wcg]=margin(sys)可以求出系统的幅值裕量 gm、相位裕量 pm、幅值穿越频率 wcp、相位穿越频率 wcg。

例 5.19　典型二阶系统开环传递函数如下

$$G_{\text{K}}(s) = \frac{\omega_{\text{n}}^2}{s^2 + 2\zeta\omega_{\text{n}}s + \omega_{\text{n}}^2}$$

$\omega_{\text{n}}=8$,绘制 ζ 分别取 0.1,0.3,0.5,0.7,1.0 时的伯德(Bode)图。

解

```
wn=8;
num=wn^2;
zeta=[0.1:0.2:0.7,1.0];        %ζ的取值范围,由行向量生成。0.1是第一个元素,0.2是步长
                               %0.7是最后一个元素。0.1:0.2:0.7表示元素:0.1,0.3,0.5,0.7
figure(1)
hold on                        %输出一个图形(1),绘制以下循环中产生的每条曲线
for i=1:5
        den=[1,2*zeta(i)*wn,wn^2];
        grid on                %输出图形加比例栅格
        bode(num,den)          %输出伯德图
end
```

```
gtext('0.1')                 %在程序运行后将文本内容标注到图形上选定位置
                             %0.1表示ζ为0.1时的伯德图
gtext('1.0')
hold off
```

以上指令可以在命令窗逐行编译,也可编辑为独立 M 文件,运行结果见图 5.89。

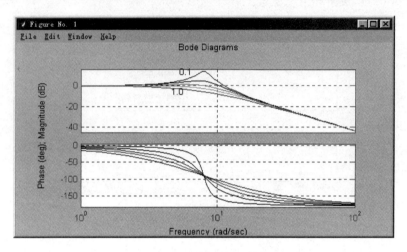

图 5.89　例 5.19 典型二阶系统的伯德图

例 5.20　某系统开环传递函数同例 5.18,绘制其开环伯德图,并求出相应频率的幅值与相位。

解　程序为:

```
num=[1 2 3];
den=[1 5 4 2];
sys=tf(num,den);
w=[0.1:0.2:10];              %需计算幅值、相位的频率范围
[mag,phase,w]=bode(sys)      %求相关频率的幅值、相位
[gm,pm,wcp,wcg]=margin(sys)  %求系统的幅值裕量 gm、相位裕量 pm、幅值穿越频率 wcp、相位穿
                             %越频率 wcg
 lg=20 * log10(gm)           %求系统的对数幅值裕量
margin(sys)                  %输出标注有稳定裕量的系统伯德图
```

命令窗依次输出:

```
mag(:,:,1)=
    1.5056
mag(:,:,2)=
    1.5076
    ...
gm =
    Inf                      %Inf 为 MATLAB 定义的永久变量,表示无穷大
pm =
    101.4330
wcp=                         %NaN 为 MATLAB 定义的永久变量,表示不定值
    NaN                      %说明伯德图未穿越-180°相位线
```

```
wcg =
    0.7823
lg =
    Inf
```

伯德图如图 5.90 所示,将鼠标指针移至曲线上任意一点并单击,图形将自动显示此点对应的对数幅值或相位。从伯德图上可读出最终相位滞后为 $-90°$,与 $-180°$ 线无交点,该闭环系统稳定。

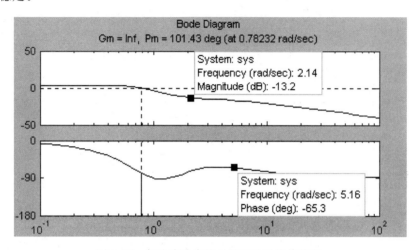

图 5.90　标注有稳定裕量的三阶系统伯德图

5.8.3　尼柯尔斯图的绘制

nichols(sys) 函数可以精确绘制系统的尼柯尔斯图;[mag,phase,w]= nichols(sys)可计算出系统的相位 phase(°)与幅值 mag,w 意义同上。

例 5.21　单位负反馈系统开环传递函数如下,利用尼柯尔斯图线求系统闭环对数频率特性

$$G_{\mathrm{K}}(s) = \frac{5}{s(0.5s+1)}$$

解　程序为:

```
num=[5];
den=[0.5 1 0];
sys=tf(num,den);
figure(1)                    %输出第一个图形
nichols(sys)                 %绘制系统对数幅相频率特性曲线
ngrid                        %绘制尼柯尔斯方格图
denb=[0.5 1 5];              %系统闭环传递函数的分母多项式
sysb=tf(num,denb);           %闭环系统传递函数模型
figure(2)                    %输出第二个图形
bode(sysb)                   %绘制闭环系统伯德图
grid
hold on                      %在闭环系统伯德图上绘制开环伯德图
bode(num,den)
figure(3)                    %输出第三个图形
```

```
nyquist(sysb)                    %绘制闭环系统奈氏图
```

闭环系统奈氏图如图 5.91 所示。

系统的尼柯尔斯图与闭环伯德图、开环伯德图如图 5.92 所示。同样,将鼠标指针移至尼柯尔斯曲线上任意一点并单击,图形将自动显示此点对应的频率、幅值、相位。

此例与 5.7 节的例 5.17 相同,手工绘制与利用 MATLAB 绘制的图形基本相同,但利用 MATLAB 绘制更为简单、准确。由图 5.92 可知,谐振频率的准确值 $\omega_r = 2.87\text{rad/s}$,闭环频率响应的谐振峰值 $20\lg M_r = 4.4$,手工计算方法有一定的误差。

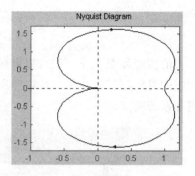

图 5.91   二阶系统的闭环奈氏图

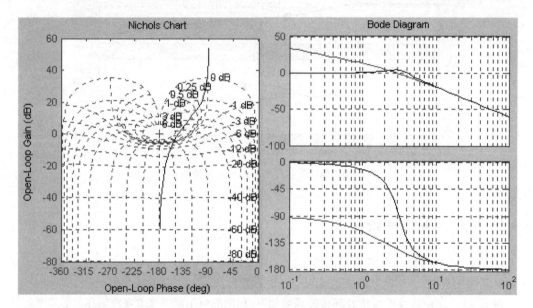

图 5.92   二阶系统的闭环伯德图、对数幅相频率特性曲线与开环伯德图

利用传统方法求闭环系统特别是高阶闭环系统的频率特性时,由于闭环零、极点难于求解,只能利用开环频率特性通过复杂的计算与手工描图求解闭环频率特性。而利用 MATLAB,可以直接绘制高阶闭环系统的奈奎斯特图与伯德图,无须再通过绘制等 M 图、等 N 图或尼柯尔斯图求解。

 习题

5.1   一放大器的传递函数为

$$G(s) = \frac{K}{Ts+1}$$

测得其频率响应,当 $\omega = 1\text{rad/s}$ 时,稳态输出与输入信号的幅值比为 $12/\sqrt{2}$,相位差为 $-\pi/4$。求放大系数 K 及时间常数 T。

5.2 已知单位负反馈系统的开环传递函数为

$$G_K(s) = \frac{5}{s+1}$$

根据频率特性的物理意义,求闭环输入信号分别为以下信号时闭环系统的稳态输出。

(1) $r(t) = \sin(t + 30°)$

(2) $r(t) = 2\cos(2t - 45°)$

(3) $r(t) = \sin(t + 15°) - 2\cos(2t - 45°)$

5.3 绘出下列各传递函数对应的幅相频率特性与对数频率特性。

(1) $G(s) = \dfrac{10}{0.1s \pm 1}$ (2) $G(s) = 10(0.1s \pm 1)$

(3) $G(s) = \dfrac{4}{s(s+2)}$ (4) $G(s) = \dfrac{4}{(s+1)(s+2)}$

(5) $G(s) = \dfrac{s+0.2}{s(s+0.02)}$ (6) $G(s) = \dfrac{10}{(s+1)(s^2+s+1)}$

(7) $G(s) = \dfrac{e^{-0.2s}}{s+1}$

5.4 求图 5.93 所示的电网络的频率特性表达式,以及幅频特性与相频特性表达式,并绘制出对数频率特性曲线。

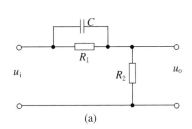
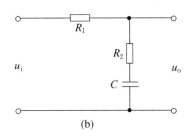

图 5.93 题 5.4 图

5.5 由实验测得某最小相位系统幅频特性见表 5.11,试确定系统的传递函数。

表 5.11 最小相位系统的实验数据

$\omega/(\mathrm{rad \cdot s^{-1}})$	0.3	0.5	1.25	2	2.5	5	6.25	10	12.5	20	25	50	100
A	9.978	9.79	9.64	9	8.78	6.3	5.3	3.24	2.3	0.9	0.6	0.1	0.01

5.6 各系统开环传递函数如下,用奈氏稳定判据判断下列反馈系统的稳定性。

(1) $G_K(s) = \dfrac{500}{s(s^2+s+100)}$

(2) $G_K(s) = \dfrac{100(0.01s+1)}{s(s-1)}$

5.7 设系统的开环幅相频率特性如图 5.94 所示,判断闭环系统是否稳定。图中 P 为开环传递函数在右半 s 平面的极点数,ν 为系统的型别。

5.8 已知最小相位系统开环对数幅频特性如图 5.95 所示。

(1) 写出其传递函数;

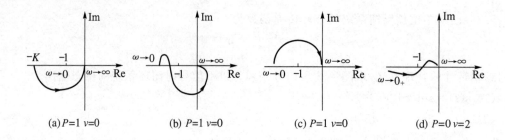

(a) $P=1$ $v=0$ (b) $P=1$ $v=0$ (c) $P=1$ $v=0$ (d) $P=0$ $v=2$

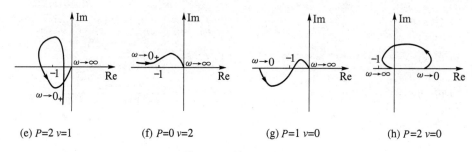

(e) $P=2$ $v=1$ (f) $P=0$ $v=2$ (g) $P=1$ $v=0$ (h) $P=2$ $v=0$

图 5.94   题 5.7 图

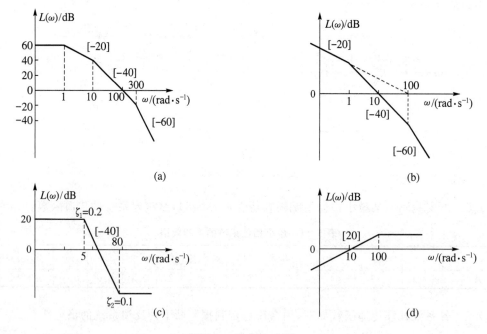

(a)

(b)

(c)

(d)

图 5.95   题 5.8 图

（2）绘出近似的对数相频特性。

5.9   系统开环传递函数如下,求系统的相位裕量,并判断闭环稳定性。

（1）$G_K(s) = \dfrac{10}{s(s^2 + s + 1)(0.25s^2 + 0.4s + 1)}$

（2）$G_K(s) = \dfrac{100}{s(s+1)(10s+1)}$

5.10 已知系统的开环传递函数如下

$$G_{\mathrm{K}}(s) = \frac{K}{s(s+1)(0.1s+1)}$$

(1) 当 $K=1$ 时,求系统的相位裕量;

(2) 当 $K=10$ 时,求系统的相位裕量;

(3) 分析开环传递系数的大小对系统稳定性的影响。

5.11 某延迟系统的开环传递函数为

$$G_{\mathrm{K}}(s) = \frac{\mathrm{e}^{-\tau s}}{s(s+1)}$$

试确定系统稳定时所允许的最大延迟时间 $\tau_{\max}$。

5.12 某系统结构如图 5.96 所示,试按照开环频域指标 γ 和 ω_{c} 之值估算闭环系统的时域指标 $\sigma\%$ 和 t_{s}。

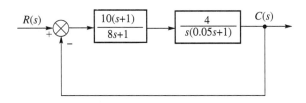

图 5.96 题 5.12 图

5.13 已知单位负反馈系统的开环传递函数,试绘制系统的闭环频率特性,计算系统的谐振频率及谐振峰值,并估算闭环系统的时域指标 $\sigma\%$ 和 t_{s}。

(1) $G_{\mathrm{K}}(s) = \dfrac{16}{s(s+2)}$

(2) $G_{\mathrm{K}}(s) = \dfrac{60(0.5s+1)}{s(5s+1)}$

5.14 某单位负反馈的二阶 I 型系统,其最大超调量为 16.3%,峰值时间为 $114.6\mathrm{ms}$。试求其开环传递函数,并求出闭环谐振峰值 M_{r} 和谐振频率 ω_{r}。

MATLAB 实验

M5.1 某系统开环传递函数为

$$G_{\mathrm{K}}(s) = \frac{100(s+4)}{s(s+0.5)(s+50)^2}$$

试绘制出系统的伯德图与奈奎斯特图,并判断闭环系统的稳定性。

M5.2 设控制系统的开环传递函数为

$$G_{\mathrm{K}}(s) = \frac{100(s+5)^2}{(s+1)(s^2-s+9)}$$

试用奈氏判据判别闭环系统的稳定性。

M5.3 单位负反馈系统开环传递函数为

$$G_{\mathrm{K}}(s) = \frac{5(s+2)}{s(s+1)(0.05s+1)}$$

（1）试绘制系统开环对数频率特性，并求取相关频域指标 ω_c、ω_g、γ、L_h；

（2）求取闭环系统的单位阶跃响应曲线。

M5.4 试绘制二阶振荡环节的尼柯尔斯图。

M5.5 设单位负反馈系统的开环传递函数为

$$G_K(s) = \frac{1}{s(0.5s+1)(s+1)}$$

试应用尼柯尔斯图线求取系统的闭环伯德图。

M5.6 绘制惯性环节对数幅频特性误差修正曲线（可将转折频率取为 1，频率范围设置为 $[0.1,10]$，即转折频率 1 的左右十倍频程）。

第6章

控制系统的校正

内容提要

本章主要讨论利用频率法对单输入-单输出线性定常系统的综合和设计。在介绍控制系统校正的基本概念、控制系统的基本控制规律的基础上,将介绍各种串联校正装置(超前校正装置、滞后校正装置、滞后-超前校正装置)的特性及按分析法进行相应设计的基本步骤和方法;还将介绍期望设计法的基本概念、常见的期望特性和设计步骤;另外还介绍根轨迹法的串联校正和反馈校正的基本概念和方法;最后将介绍利用 MATLAB 进行控制系统校正。

自动控制系统的工程研究,主要包含控制系统的分析与设计两大内容。前面章节介绍了系统分析的方法,为控制系统的设计提供了必要的理论基础。系统的分析是对给定的系统(即已知其结构、参数),建立数学模型,分析系统性能,求取相应的动/稳态指标。系统的设计则是一个逆过程,即根据生产实际的要求,提出各项动、稳态指标,确定系统的结构、参数,选择合适的元器件,设计一个系统,最后进行校验,使其各项性能指标满足预期的要求。对于同样的性能指标,可采用不同的校正方法,即对于同一个要求可以设计出不同的系统。因此,校正的方法不是唯一的,在一定程度上取决于设计者的经验和习惯。应仔细分析要求达到的性能及原始系统的具体情况,兼顾各项性能指标与经济性,以简单有效的校正装置,满足设计要求。

6.1 控制系统校正的基本概念

6.1.1 控制系统的性能指标

性能指标是用于衡量系统具体性能(平稳性、快速性、准确性)的参数,主要分为稳态性能指标与动态性能指标两大类。

1. 稳态性能指标

系统的稳态性能与开环系统的型别 ν 及开环传递系数 K 有关,常用稳态误差系数衡量。其中:

(1) 稳态位置误差系数 $K_p = 1 + K$;反映闭环系统跟踪阶跃信号的能力。

（2）稳态速度误差系数 $K_v=K$：反映闭环系统跟踪斜坡信号的能力。

（3）稳态加速度误差系数 $K_a=K$：反映闭环系统跟踪加速度信号的能力。

稳态误差系数越大，相应的稳态误差 e_{ss} 就越小。

2. 动态性能指标

常用的性能指标有以下几种。

（1）时域指标。最大超调量 $\sigma\%$（反映平稳性）、调节时间 t_s（反映快速性）。

（2）频域指标。

- 开环频域指标。包括稳定性指标，如相位裕量 γ、幅值裕量 L_h、中频段宽度 h；快速性指标如幅值穿越频率 ω_c。
- 闭环频域指标。谐振峰值 M_r（反映平稳性）、频带宽度 ω_b（反映快速性）。

（3）复域指标。常用闭环系统的主导极点所允许的最小阻尼比 ζ（反映平稳性）与最小无阻尼自然振荡频率 ω_n（反映快速性）衡量。

3. 性能指标的提出原则

系统性能往往是相互矛盾的，具体系统对性能指标的要求不同，要以不同系统对不同性能的侧重点来确定各种指标的要求，一般采用折中的方案。如调速系统侧重于系统响应的平稳性与稳态精度；而随动系统则侧重于响应的快速性。此外，还要兼顾经济性与可靠性，既要考虑技术要求，还要考虑方案实现的可行性、经济性、工艺条件、现场环境与系统的可靠性。

6.1.2　校正的一般概念与基本方法

1. 校正的一般概念

自动控制系统的任务就是实现对被控对象的控制。首先根据被控对象的工作条件、技术要求、工艺要求、经济性要求以及可靠性要求等提出控制系统的性能指标。在确定了合理的性能指标之后，就可以对系统进行初步设计。首先选择系统的基本职能元件：执行元件、比较元件、放大元件、测量反馈元件等。上述元件除放大元件的放大系数可作适当调整以外，其他元件的参数基本上是固定不变的，称为系统的固有部分或不可变部分 $G_o(s)$。大多数情况下，仅由系统固有部分组成的反馈控制系统，其动、稳态特性较差，甚至不可能正常工作。为了使控制系统满足各项性能指标，就必须在系统固有部分的基础之上添加新的环节。这种为改善系统的动、稳态性能而引入的新装置，称为校正装置 $G_c(s)$。加入校正装置改善系统性能的过程称为系统的校正，即通常所说的控制系统的设计。

因此，系统校正的任务就是根据提出的性能要求选择校正方式，确定校正装置的类型，计算具体的参数，保证校正装置加入后系统有满意的性能。校正元件根据系统的类型可分别选用电气、机械、气动、液压器件。

系统校正方法有时域法、根轨迹法、频域法（也称频率法）。因此，系统校正的实质可以认为是在系统中引入新的环节，改变系统的传递函数（时域法），改变系统的零、极点分布（根轨迹法),改变系统的开环伯德图形状(频域法),从而使系统具有满意的性能指标。这三种方法互为补充,且以频域法应用较为普遍。

2. 校正的基本方式

根据校正装置在系统中的安装位置,即与系统固有部分的连接方式,通常可分成三种基本的校正方式:串联校正、并联校正(也称反馈校正)和前馈校正。

(1)串联校正

校正装置和未校正系统的前向通道的环节相串联,这种方式叫作串联校正,如图6.1所示。串联校正是最常用的设计方法,其设计与具体实现均比较简单。因为前部信号的功率较小,为了减少校正装置的输出功率,以降低成本和功耗,通常将串联校正装置安置在前向通道的前端(放大环节之前)。在串联校正中,根据校正装置对系统开环频率特性相位的影响,又可分为超前校正、滞后校正和滞后-超前校正。串联校正的主要问题是对系统参数变化的敏感性较强。

(2)并联校正

校正装置和前向通道的部分环节按反馈方式连接构成局部反馈回路,这种方式叫并联校正,也称反馈校正,如图6.2所示。反馈校正的信号是从高功率点传向低功率点,一般不需附加放大器。适当地选择反馈校正回路的校正装置 $G_c(s)$,可使校正后的性能主要决定于校正装置,而与被反馈校正装置所包围的系统固有部分原特性无关。因此,反馈校正可以抑制系统的参数波动及非线性因素对系统性能的影响。但反馈校正的设计相对较为复杂。在反馈校正中,根据校正装置是否有微分环节,又可分为软反馈校正(有微分环节)和硬反馈校正(无微分环节)。

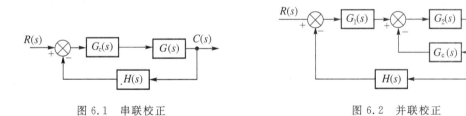

图6.1 串联校正   图6.2 并联校正

对于一些要求较高的系统,可以同时采用串联校正与并联校正。如转速、电流双闭环直流电动机调速系统中既有串联校正装置——速度调节器,又有用于并联校正的电流调节回路,以防止电动机启动时产生过大的冲击电流。

(3)前馈校正

校正方式也可采用前馈校正,如图6.3所示。前馈校正的信号取自闭环外的系统输入信号,由输入直接去校正系统,故称为前馈校正,是一种开环补偿的方式,分为按给定量顺馈补偿与按扰动量前馈补偿两种方法。按给定量顺馈补偿主要用于随动系统,以使系统完全无误差地跟踪输入信号;按扰动量前馈补偿用于消除干扰对系统稳态性能的影响,几乎可抑制所有可测量的扰动。电气调速系统中常用的电流补偿控制环节便是按照干扰(负载变化对直流电动机电枢电流的影响)进行扰动量前馈补偿的实例,可以防止负载变化对电动机转速的影响。

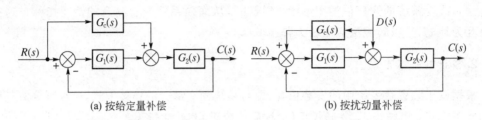

图 6.3　前馈校正

前馈校正由于其信号取自闭环外,所以不影响系统的闭环特征方程式,主要用于在不影响系统动态性能的前提下提高系统的稳态精度。前馈校正一般不单独使用,而是和其他校正方式结合构成复合控制系统,以保证自动控制系统按照偏差调节的原则。在电气调速系统和过程控制系统中,为满足某些性能要求较高的系统的需要,前馈校正有广泛的应用。

另外根据校正装置是否另接有电源,又可分为无源校正和有源校正。无源校正装置通常是由 RC 元件组成的二端口网络,装置电路简单,无须外加电源;但其本身没有增益,其负载效应将会减弱校正作用,需要解决阻抗匹配的问题,在实际使用中常常需要附加隔离放大器。有源校正装置是由运算放大器组成的调节器,参数调节方便,适用面广,可以克服无源校正装置的缺陷,但使用时一般需要另外串联反相器。

6.1.3　频率法校正

1. 基本概念

用频率法校正控制系统时,通常是以频域指标如相位裕量 γ、幅值裕量 L_h 等衡量和调整控制系统性能,而不是按时域指标如超调量 $\sigma\%$、调节时间 t_s 和稳态误差 e_{ss} 等来进行的。所以频域法是一种间接的方法。为了利用频域法校正控制系统,就需要了解开环频域指标与时域指标之间的关系。由于系统频率特性的特征,一般可以足够准确地由伯德图的形状看出。所以在初步设计时,常采用伯德图来校正系统,通常有分析法和期望特性法两种不同的方法。

采用伯德图进行系统校正,实际上就是采用校正装置改变系统开环频率特性曲线的形状,使其具有合适的低频、中频、高频特性。在上一章已经分析过,对于一个具有满意性能的控制系统,其开环伯德图的形状应该满足以下要求:低频段影响系统的稳态误差,在要求系统的输出量以某一精度跟随输入量时,需要系统在低频段具有一定的斜率与相应的高度。在中频段,为保证系统有足够的相位裕量 γ,其穿越斜率应为 -20dB/dec,并且具有一定的中频段宽度;幅值穿越频率 ω_c 与响应的快速性有关,一般希望取较高的数值。在高频段,为了减小高频噪声的影响,常希望它能尽快衰减。

总之,校正后的控制系统应具有足够的稳定裕量,保证满意的瞬态响应;有足够的型别与放大系数以使稳态性能达到规定的要求。但是,当难以使所有指标均达到较高的水平时,例如稳态与动态性能之间出现矛盾时,则只能折中地加以解决。

对于常用的串联校正,其典型结构如图 6.4 所示。系统校正之前的开环传递函数为其固有部分 $G_o(s)$,加入校正装置 $G_c(s)$ 后,开环传递函数为

$$G_K(s) = G_o(s) \cdot G_c(s)$$

校正之前系统的开环对数幅频特性为 $L_o(\omega)$，校正装置的对数幅频特性为 $L_c(\omega)$，则系统校正之后的开环对数幅频特性为

图 6.4　串联校正的典型结构图

$$L(\omega) = L_o(\omega) + L_c(\omega) \tag{6.1}$$

2. 分析法

分析法是在认真研究多种典型校正装置的基础上，依靠设计者的分析和经验，选取一种适合需要的校正装置，根据加入校正装置后系统应该达到的性能指标来确定校正装置参数的方法。设计流程是：首先确定校正装置 $G_c(s)$，求出校正装置的对数幅频特性 $L_c(\omega)$，再根据式(6.1)求出校正后的对数幅频特性 $L(\omega)$，最后根据 $L(\omega)$ 的形状与开环频域指标校验系统校正后是否满足要求。如果性能不理想，则需要重新选择校正装置，再按照上述流程重新设计。

3. 期望对数频率特性法(期望法)

期望法与分析法的流程刚好相反，首先根据系统要求的性能指标，建立与此相对应的期望的开环对数幅频特性 $L(\omega)$，即使系统校正后的开环伯德图的形状满足相应的要求。根据式(6.1)，期望开环对数幅频特性 $L(\omega)$ 减去未校正系统的开环对数幅频特性 $L_o(\omega)$，就是所需要的校正装置的对数幅频特性 $L_c(\omega)$。即

$$L_c(\omega) = L(\omega) - L_o(\omega) \tag{6.2}$$

最后由 $L_c(\omega)$ 求出校正装置的传递函数 $G_c(s)$。由于设计时只根据对数幅频特性来设计，所以期望对数频率特性法只适用于最小相位系统。

6.1.4　其他设计方法

利用根轨迹法校正系统的思路是：加入适当的校正装置相当于引入附加的开环零、极点，从而改变系统原来的根轨迹，使校正后的系统根轨迹有期望的闭环主导极点，或附加开环零、极点使期望的闭环主导极点对应的开环传递系数增大。

目前，由于计算机技术的高速发展，已经可以选用相应的计算机辅助设计或仿真软件进行控制系统的分析与设计。在传统系统设计的基础上，采用计算机辅助设计可以加快设计进度，提高设计的精度，减轻人员的劳动强度，并具有直观、简便的优点，可以大大缩短理论设计与工程实践之间的周期。

6.2　控制系统的基本控制规律

6.2.1　基本控制规律

根据负反馈理论所构成的典型控制系统的结构图如图 6.5 所示，其特点是根据偏差 $e(t)$ 来产生控制作用。相加点之后串联的是校正装置 $G_c(s)$，偏差是校正装置的输入信号，

而校正装置的输出信号 $m(t)$ 是系统的实际控
制信号。

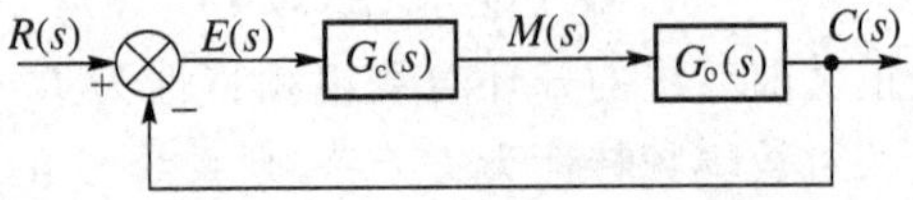

图 6.5　控制系统的基本结构图

控制器 $G_c(s)$ 常常采用比例、积分、微分等
基本控制规律,或者这些规律的组合,其作用是
对偏差信号整形,产生合适的控制信号,实现对
被控对象的有效控制。

1. 比例控制(P 调节器)

比例控制器传递函数为

$$G_c(s) = K_p \tag{6.3}$$

输入偏差与输出控制信号的关系为

$$m(t) = K_p e(t)$$

比例控制器实际上就是一个比例放大器,也称为比例调节器。比例系数 K_p 是可调参
数,增大比例系数 K_p,可以提高系统的稳态精度,展宽系统的通频带,提高系统的快速性。
但同时比例系数 K_p 增大将使系统的相对稳定性降低。相反,减小比例系数 K_p 可以提高系
统的相对稳定性,但系统稳态精度和快速性能将降低。

由于单独采用比例控制器往往得不到理想的控制性能,所以一般与其他控制规律组合
使用。但比例控制器必须存在,否则就破坏了自动控制系统是按照偏差来调节的基本原则,
比例控制器在系统的动态与稳态过程中都起到相应的控制作用。

2. 微分控制(D 调节器)

具有微分控制作用的控制器称为微分控制器,其传递函数为

$$G_c(s) = \tau_d s \tag{6.4}$$

输入偏差与输出控制信号的关系为

$$m(t) = \tau_d \frac{d}{dt} e(t)$$

式中,τ_d 为微分时间常数。可见,微分规律作用下的输出信号与输入偏差的变化率成正比,
即微分控制器能把偏差的变化趋势反映到其输出量上。因此,微分调节器能够根据偏差的
变化趋势去产生相应的控制作用。从频率法的角度分析可知,由于微分环节具有高通滤波
作用,微分调节器只在偏差的变化过程中才起作用,当偏差恒定或变化缓慢时将失去作用,
调节器无输出。所以单一的微分调节器绝对不能单独使用,必须与其他基本控制规律组合。
微分校正常常是用来提高系统的动态性能,但对稳态精度不起作用。同时,微分调节器有放
大输入端高频干扰信号的缺点。

3. 积分控制(I 调节器)

具有积分作用的控制器称为积分控制器,其传递函数为

$$G_c(s) = \frac{1}{T_i s} \tag{6.5}$$

输入偏差与输出控制信号的关系为

$$m(t) = \frac{1}{T_i}\int_0^t e(t)\,\mathrm{d}t$$

式中，T_i 为积分时间常数。从时域分析可知，串联积分控制器相当于给系统增加了一个开环积分环节，系统的型别与无差度阶数提高，跟踪输入信号的能力更强。从物理意义上解释，积分控制器的输出是偏差的累加，当偏差为 0 后，积分调节器就提供一个恒定的输出以驱动后面的执行机构。采用积分调节器后，系统的型别至少为 $\nu = 1$，可以消除由阶跃信号引起的稳态误差，从而使系统的稳态性能得以提高。但由于积分控制器只能逐渐跟踪输入信号，会影响系统响应的快速性；同时，型别的提高使系统的相位滞后增加，往往会降低系统的稳定性。因此，单纯的积分控制器将降低系统的动态性能。

由于单独采用 P、D、I 调节器一般均不能使系统具有满意的性能，常将三种基本调节方式组合，组成新的控制器（调节器）。

6.2.2　比例-微分控制

理想微分校正虽然能够反映偏差变化趋势，但在稳态时将失去作用，所以常采用比例-微分校正改善控制系统的动态性能。具有一阶比例-微分作用的校正装置的传递函数为

$$G_c(s) = K_p(1 + \tau_d s) \tag{6.6}$$

其输入偏差与输出控制信号的关系为

$$m(t) = K_p\left[e(t) + \tau_d\frac{\mathrm{d}}{\mathrm{d}t}e(t)\right] \tag{6.7}$$

其频率特性为

$$G_c(j\omega) = K_p(1 + j\omega\tau_d) = K_p(1 + j\omega/\omega_1)$$

式中，ω_1 为转折频率，等于 $1/\tau_d$。

比例-微分控制器又称为比例-微分调节器（PD 调节器），其实现电路与伯德图如图 6.6 所示，当采用放大器组成控制器时，注意需要另加反相器。比例系数 K_p、微分时间常数 τ_d 为可调参数。调节 τ_d，可以改变微分作用的强弱。

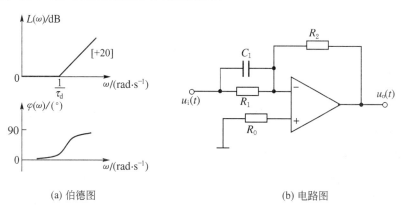

(a) 伯德图　　　　　　　　　　(b) 电路图

图 6.6　比例-微分(PD)控制器

假设某个时刻系统的输出大于期望值，偏差较大，但已经有下降的趋势。若单独采用比例控制器，则控制信号为

$$m(t) = K_p e(t)$$

一般为保证系统具有足够的稳态精度,比例系数 K_p 应具有相当的数值,因此,$m(t)$ 是一个较大的数值,并考虑到执行机构等元件的惯性,可能会导致系统输出又远小于期望值,产生大的振荡。

而采用比例-微分控制器后,由于偏差正处于下降状态,则

$$\tau_d \frac{\mathrm{d}}{\mathrm{d}t} e(t) < 0$$

说明比例-微分控制器预见到偏差在减小,根据式(6.7),控制器将产生一个适当大小的控制信号,在振荡相对较小的情况下将系统输出调整到期望值。

因此,利用微分控制反映信号的变化率(即变化趋势)的"预报"作用,在偏差信号变化前给出校正信号,防止系统过大地偏离期望值和出现剧烈振荡的倾向,有效地增强系统的相对稳定性,相当于增大系统的阻尼。而比例部分则保证了在偏差恒定时的控制作用。可见,比例-微分控制同时具有比例控制和微分控制的优点,可以根据偏差的实际大小与变化趋势给出恰当的控制作用。

PD 调节器主要用于在基本不影响系统稳态精度的前提下提高系统的相对稳定性,改善系统的动态性能。但若 τ_d 过大,转折频率 ω_1 过小,微分控制将对输入端的高频噪声有明显的放大作用,使系统抗干扰性能降低。

6.2.3　比例-积分控制

比例-积分控制器又称为比例-积分调节器(PI 调节器),实现电路如图 6.7 所示,其传递函数为

$$G_c(s) = K_p \left(1 + \frac{1}{T_i s}\right) = K_p \cdot \frac{T_i s + 1}{T_i s} \tag{6.8}$$

其输入偏差与输出控制信号的关系为

$$m(t) = K_p e(t) + \frac{K_p}{T_i} \int_0^t e(t)\mathrm{d}t$$

式中第一项相当于比例放大作用,第二项相当于积分作用,二者合成为比例-积分控制。比例系数 K_p、时间常数 T_i 均为可调参数。

比例-积分调节器的频率特性为

$$G_c(j\omega) = K_p \frac{j\omega T_i + 1}{j\omega T_i}$$

其对数频率特性绘于图 6.8,转折频率为 $\omega_1 = 1/T_i$。

比例-积分调节器相当于积分调节器与 PD 调节器的串联,兼具二者的优点。积分部分提高系统的无差度,改善系统的稳态性能;PD 调节器改善动态性能,以抵消积分部分对动态性能的不利影响。由伯德图可知,比例-积分调节器只是在低频段产生较大的相位滞后,因而串入系统后,应使其转折频率在系统幅值穿越频率的左边,并远离系统幅值穿越频率,以减小对系统稳定裕量的影响。

比例-积分调节器主要用于在基本保证闭环系统动态性能的前提下改善系统的稳态性能。

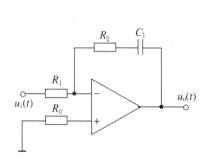

图 6.7　比例-积分(PI)控制器电路图

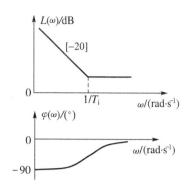

图 6.8　比例-积分调节器伯德图

如对于电气直流调速系统,执行机构电动机需要控制器持续提供一个控制信号,如果只采用比例控制器,则偏差始终存在,系统将有原理上的稳态误差。而串联比例-积分调节器后,当系统响应进入稳态时,偏差为 0,则比例部分输出为 0,控制器的输出为积分部分的输出

$$m(t) = \frac{K_p}{T_i} \int_0^t e(t) \, dt$$

此信号经过放大后驱动电动机恒速旋转,转速与期望值相等,稳态误差为 0,系统为无差调速系统。

6.2.4　比例-积分-微分控制

比例-微分控制能改善系统的动态性能,但无法改善稳态性能;比例-积分控制能改善系统的稳态性能,但可能会影响动态性能。为了兼顾二者的优势,全面改善系统性能,常采用比例-积分-微分控制器,又称为比例-积分-微分调节器(PID 调节器),其传递函数为

$$G_c(s) = K_p \left(1 + \frac{1}{T_i s} + \tau_d s \right) \tag{6.9}$$

输入偏差与输出控制信号的关系为

$$m(t) = K_p \left[e(t) + \frac{1}{T_i} \int_0^t e(t) \, dt + \tau_d \frac{d}{dt} e(t) \right]$$

比例系数 K_p、时间常数 τ_d、T_i 均为可调参数。

当 τ_d、T_i 取适当数值时,控制器传递函数具有两个实数零点,传递函数可以化为

$$G_c(s) = K_p \left(\frac{T_i \tau_d s^2 + T_i s + 1}{T_i s} \right) = K_p \frac{(\tau_1 s + 1)(\tau_2 s + 1)}{T_i s}$$

其电路图与伯德图如图 6.9 所示。

由伯德图可知,比例-积分-微分控制器在低频段使系统斜率减小 20dB/dec,提高系统的无差度;在中频段抬高曲线,提高系统的相位裕量,并使幅值穿越频率 ω_c 增大;而在高频段,可适当调节控制器的参数,使转折频率 $1/\tau_2$ 远离系统的幅值穿越频率,减小对系统高频段的影响。通常,应使 I 部分发生在系统频率特性的低频段,以改善稳态性能;而 D 部分发生在系统频率特性的中频段,以改善动态性能。

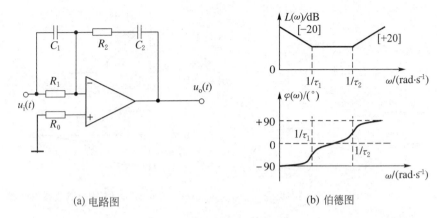

(a) 电路图   (b) 伯德图

图 6.9   比例-积分-微分调节器

比例-积分-微分控制器相当于提供了一个积分环节与两个一阶微分环节,积分环节改善稳态性能,两个一阶微分环节改善动态性能。

由上述分析可知,比例项为基本控制作用;微分校正会使带宽增加,加快系统的瞬态响应,改善平稳性;积分校正可改善系统稳态特性。三种控制规律各负其责,灵活组合,以满足不同的要求,使 PID 控制在控制工程中得到广泛的应用。

当被控对象的数学模型无法精确获取时,可以用实验的方法来调节 PID 调节器的参数,使系统获得满意的性能,这个过程一般称为整定。在大量的工程实践的基础上,一般采用调节器整定的有关规则来实现,此规则为 Z-N 规则(由 Ziegler 和 Nichols 提出)。

用 Z-N 规则来整定 PID 调节器的参数,一般使系统的最大超调量的平均值为 25%。由于过程控制系统的数学模型一般难于理论获取,所以利用 Z-N 规则整定 PID 调节器的方法在过程控制中获得广泛的应用。

6.3   超前校正装置及其参数的确定

6.3.1   相位超前校正装置及其特性

从伯德图来看,为满足控制系统的稳态精度的要求,往往需要增加系统的开环传递系数,这样就增大了幅值穿越频率。由于系统的相频特性一般呈随频率增加而滞后的趋势,所以其相位裕量会相应地减小,易导致系统不稳定。如果在系统中加入一个相位超前的串联校正装置,使之在穿越频率处具有较大的相位超前角,则可增加系统的相位裕量。这样既能使开环传递系数足够大,又能保证系统的稳定性。这就是超前校正的基本概念。

1. 无源超前校正装置

电气型的超前校正装置可由无源网络构成,也可由有源网络构成,下面以无源超前网络为例分析超前校正装置的特点。

图 6.10 所示为无源超前校正网络,其传递函数为

$$G_c(s) = \alpha \frac{Ts+1}{\alpha Ts+1} \tag{6.10}$$

式中,$\alpha = \dfrac{R_2}{R_1 + R_2} < 1$;$T = R_1 C$。

其频率特性表达式为

$$G_{\mathrm{c}}(\mathrm{j}\omega) = \alpha\,\frac{\mathrm{j}T\omega + 1}{\mathrm{j}\alpha T\omega + 1}$$

相角位移为

$$\varphi_{\mathrm{c}}(\omega) = \arctan\omega T - \arctan(\alpha\omega T) > 0$$

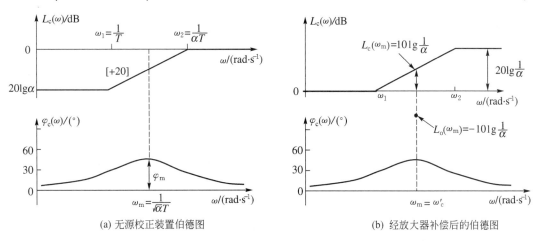

图 6.10　无源超前校正装置电路

超前校正装置伯德图如图 6.11(a)所示,呈现以下特点:

(1) $\varphi_{\mathrm{c}}(\omega)$ 在整个频率范围内都大于 0,具有相位超前作用,故称为超前校正装置;

(2) 转折频率 $1/T$ 与 $1/\alpha T$ 之间渐近线斜率为 20dB/dec,起微分作用,故又称微分校正装置;

(3) $\varphi_{\mathrm{c}}(\omega)$ 有最大值 φ_{m}。

(a) 无源校正装置伯德图　　　　　　　　(b) 经放大器补偿后的伯德图

图 6.11　超前校正装置伯德图

由于无源超前校正装置会引起系统传递系数的衰减,影响系统的稳态性能,所以要由放大器补偿放大系数使装置的比例系数为 1,补偿后的校正装置传递函数为

$$G_{\mathrm{c}}(s) = \frac{Ts + 1}{\alpha Ts + 1}$$

实用的超前校正装置伯德图见图 6.11(b)。可见补偿系数后的校正装置高频段对数幅值大于 0dB,会导致系统串联校正后高频段抬高,抗高频干扰的能力下降。

图 6.11(a)、(b)中的 ω_{m} 为校正装置出现最大超前相角的频率,位于两个转折频率 $1/T$ 和 $1/\alpha T$ 的几何中点,φ_{m} 为校正装置在 ω_{m} 处具有的最大超前相角,分别为

$$\omega_{\mathrm{m}} = \frac{1}{\sqrt{\alpha}\,T} = \sqrt{\omega_1 \omega_2} \tag{6.11}$$

$$\varphi_{\mathrm{m}} = \arcsin\frac{1-\alpha}{1+\alpha} \tag{6.12}$$

并有

$$\alpha = \frac{1 - \sin\varphi_{\mathrm{m}}}{1 + \sin\varphi_{\mathrm{m}}} \tag{6.13}$$

φ_{m} 与 α 一一对应，α 越小，所提供的 φ_{m} 就越大；但同时高频段对数幅值也越大，对抗干扰性能不利。为保持较高的信噪比，一般 α 取值范围为 $0.05 \leqslant \alpha < 1$，即校正装置一般能够提供的最大超前角 $\varphi_{\mathrm{m}} < 65°$。若需要超前校正装置提供的最大相位超前角大于 $65°$，就需要串联两个超前校正装置，或采用其他校正装置。

2. 串联超前校正装置对被校正系统性能的影响

由相位超前校正装置的频率特性图 6.11(b)可知，校正装置串入被校正系统后，对校正后的系统有以下影响：

(1) 抬高系统对数幅频特性的中频段，使幅值穿越频率右移变大，通频带变宽，从而提高系统响应的快速性。

(2) 同时将高频段抬高，使系统抗干扰能力降低。

(3) 校正装置提供的相位超前角 φ_{m} 使校正后系统的相位增大，为了使校正装置更有效地提高系统的相对稳定性，通常应取 ω_{m} 在系统校正后的幅值穿越频率 ω_{c}' 处。

超前校正装置通过其提供的最大超前相角 φ_{m} 补偿系统开环频率特性在幅值穿越频率 ω_{c}' 处的相角滞后，以增加系统的相位裕量，从而提高系统的稳定性，改善系统的动态品质。

由图 6.11(b)可知，由于超前校正装置在 $\omega_{\mathrm{c}}' = \omega_{\mathrm{m}}$ 处的对数幅值为

$$L_{\mathrm{c}}(\omega_{\mathrm{c}}') = 10\lg \frac{1}{\alpha} > 0 \tag{6.14}$$

所以，系统校正前在 $\omega_{\mathrm{c}}' = \omega_{\mathrm{m}}$ 处对应的对数幅值为

$$L_{\mathrm{o}}(\omega_{\mathrm{c}}') = -10\lg \frac{1}{\alpha} < 0 \tag{6.15}$$

保证了校正后系统的对数幅值为

$$L(\omega_{\mathrm{c}}') = L_{\mathrm{c}}(\omega_{\mathrm{c}}') + L_{\mathrm{o}}(\omega_{\mathrm{c}}') = 0$$

ω_{c}' 为校正后的幅值穿越频率。图 6.12 绘制了超前校正装置 φ_{m}、$10\lg(1/\alpha)$ 与 $1/\alpha$ 的关系曲线，便于设计时查阅。

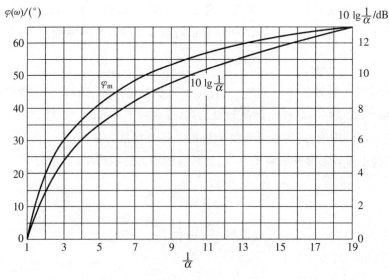

图 6.12 超前校正装置 φ_{m}、$10\lg(1/\alpha)$ 与 $1/\alpha$ 的关系曲线

从根轨迹的角度看,由于校正装置的传递函数为

$$G_c(s) = \alpha \frac{Ts+1}{\alpha Ts+1} = \frac{s+z}{s+p} \qquad (6.16)$$

相当于给系统增加了一个开环零点 $-1/T$ 与一个开环极点 $-1/\alpha T$,零、极点的分布如图 6.13 所示。开环零点 $-1/T$ 较开环极点 $-1/\alpha T$ 更接近原点,当 α 较小时,零、极点之间距离较远,开环零点将起到主要作用。这种零、极点的引入将使原系统的根轨迹向左偏移,有利于改善系统的动态性能。

事实上,如果 αT 特别小,则近似认为有

$$G_c(s) \approx \frac{1}{\alpha}(Ts+1) \qquad (6.17)$$

此为理想 PD 校正装置,能够改善系统的动态性能,故 PD 校正又称超前校正(微分校正)。

3. 有源超前校正装置

由于线性集成电路运算放大器的广泛应用,目前常采用由有源放大器组成的有源微分电路作为超前校正装置。图 6.14 是其中的一种电路,其传递函数为

$$G_c(s) = -K_c \frac{\tau s+1}{Ts+1} \qquad (6.18)$$

式中,$K_c = (R_2+R_3)/R_1$,$\tau = [R_2 R_3/(R_2+R_3)+R_4]C$,$T = R_4 C$,并有

$$\tau > T$$

$$\alpha = T/\tau = \frac{R_4}{R_4 + \dfrac{R_2 R_3}{R_2+R_3}} < 1$$

采用有源超前校正装置时加上一个反相器,则无源网络与有源网络就具有相同的传递函数,同时也具有相同的性能,并且无须另加放大器补偿放大系数。

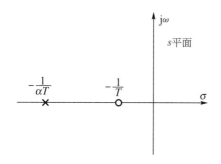

图 6.13 超前校正装置的零、极点分布

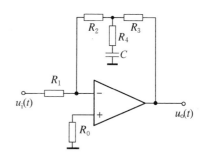

图 6.14 有源超前校正装置

6.3.2 系统超前校正的分析法设计

设计的实质是改变系统开环对数频率特性的形状,使之具有合适的低频、中频、高频特性,以得到满意的动、稳态性能指标。

1. 一般步骤

串联超前校正装置的一般步骤是:

(1) 根据稳态精度的要求确定系统无差度阶数 ν 与开环传递系数 K。

(2) 由已经满足稳态要求的开环传递系数 K 绘制未校正系统的对数幅频特性 $L_o(\omega)$，并确定未校正系统的开环频域指标：相位裕量 γ 与幅值穿越频率 ω_c 等。

(3) 根据给定的相位裕量 γ'，估计需要超前校正装置提供的附加相位超前量 φ_m 为

$$\varphi_m = \gamma' - \gamma + \Delta \tag{6.19}$$

式中，γ 为校正之前的相位裕量，$\Delta = 5° \sim 20°$，这是考虑到加入相位超前校正装置会使幅值穿越频率右移，从而造成被校正系统的相角滞后增加，为补偿这一因素的影响而留出的裕量，具体取值应由未校正系统 $\varphi(\omega)$ 在 ω_c 附近的变化趋势而定。

(4) 根据要求的附加相角超前量 φ_m，查图 6.12 或由式(6.13)计算求出校正装置的 α 值。

(5) 确定校正后的幅值穿越频率 ω_c'。

为充分利用校正装置，应使校正装置的最大相位超前角 φ_m 出现在校正后的幅值穿越频率 ω_c' 处。计算校正装置在 φ_m 处的幅值 $L_c(\omega_c') = 10\lg(1/\alpha)$(正值)，并确定未校正系统伯德图曲线上幅值为 $L_o(\omega_c') = -L_c(\omega_c') = -10\lg(1/\alpha)$(负值)处的频率，此频率即为校正后系统的幅值穿越频率 $\omega_c' = \omega_m$。从而保证校正之后的对数幅值 $L(\omega_c')$ 为

$$L(\omega_c') = L_c(\omega_c') + L_o(\omega_c') = 0 \tag{6.20}$$

(6) 确定超前校正装置的转折频率。由 $\omega_m = 1/(\sqrt{\alpha}T)$ 可求出所需校正装置的时间常数 T，并有

$$\omega_1 = \frac{1}{T} = \omega_m\sqrt{\alpha}, \quad \omega_2 = \frac{1}{\alpha T} = \frac{\omega_m}{\sqrt{\alpha}} \tag{6.21}$$

至此，可确定校正装置传递函数为

$$G_c(s) = \alpha \frac{Ts+1}{\alpha Ts+1}$$

(7) 画出校正后的系统伯德图，验算性能指标，如不满足要求，可增大 Δ 并从步骤(3)重新计算，直到满足要求。最后用电网络实现校正装置，计算校正装置参数。

如果事先对校正后的 ω_c' 提出了要求，则根据下式

$$L_o(\omega_c') = -10\lg\frac{1}{\alpha}$$

可直接确定 α 值，同时其他步骤不变。

2. 校正实例

下面，举例说明串联相位超前校正装置的设计过程。

例 6.1 一个单位负反馈系统未校正前的开环传递函数为

$$G_o(s) = \frac{K}{s(s+1)}$$

要求设计串联校正装置，使系统跟踪单位斜坡信号的稳态误差 $e_{ss} \leqslant 0.1$，相位裕量 $\gamma' \geqslant 45°$。

解 (1) 首先根据稳态性能的要求确定开环传递系数 $K = 10$，并求出未校正系统的伯德图，见图 6.15 中的曲线 $L_o(\omega)$。低频段过点 $L_o(1) = 20\lg K = 20$dB，且中频段穿越斜率为 -40dB/dec，可见若为保证稳态精度的要求调大放大系数，则开环对数频率特性就不满足

平稳性的要求。校正前系统的幅值穿越频率 ω_c 可由如下途径求得。由于

$$\frac{L(\omega_c)-20\lg K}{\lg\omega_c-\lg1}=-40$$

可得 $\omega_c=3.16\mathrm{rad/s}$，并求得未校正系统的相位裕量为

$$\gamma=180°+(-90°-\arctan3.16)=17.6°<45°$$

可见，校正前的系统性能不满足设计要求。由于校正前系统已经有一定的相位裕量，因此可以考虑引入串联超前校正装置以满足相位裕量的要求。

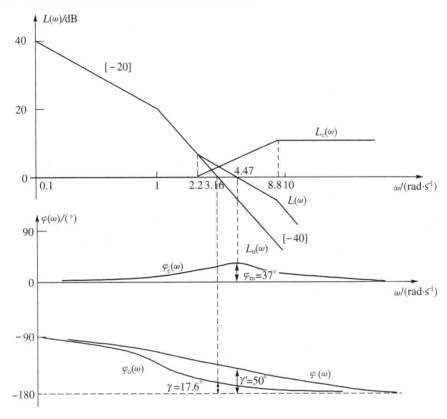

图 6.15　例 6.1 系统校正前后的伯德图

$L_o(\omega)$—未校正系统；$L_c(\omega)$—校正装置；$L(\omega)$—校正后系统

$\varphi_o(\omega)$—未校正系统；$\varphi_c(\omega)$—校正装置；$\varphi(\omega)$—校正后系统

（2）求校正装置的参数 α。根据式（6.19），所需相角超前量为 $\varphi_m=45°-17.6°+9.6°=37°$，据此查图 6.12 或直接计算求出校正装置的参数 α 为

$$\alpha=\frac{1-\sin37°}{1+\sin37°}=0.25$$

（3）确定校正后的幅值穿越频率 ω_c'。由 α 可求出校正装置在系统校正后的幅值穿越频率 $\omega_c'=\omega_m$ 处的幅值为 $L_c(\omega_c')=10\lg(1/\alpha)=6\mathrm{dB}$，则未校正系统伯德图曲线上幅值为 $L_o(\omega_c')=-10\lg(1/\alpha)=-6\mathrm{dB}$ 处的频率即为 ω_m。由关系

$$\frac{L_o(\omega_c')-20\lg K}{\lg\omega_c'-\lg1}=\frac{-6-20}{\lg\omega_c'-0}=-40$$

求出

$$\omega'_c = \omega_m = 4.47\,\text{rad/s}$$

(4) 确定校正装置的转折频率。校正网络的两个转折频率分别为

$$\omega_1 = 1/T = \omega_m\sqrt{\alpha} = 2.2\,\text{rad/s}$$

$$\omega_2 = 1/\alpha T = \omega_m/\sqrt{\alpha} = 8.8\,\text{rad/s}$$

$$T = 1/\omega_1 = 0.45\,\text{s}$$

校正装置的传递函数为

$$G_c(s) = \frac{s/2.2 + 1}{s/8.8 + 1} = \frac{0.45s + 1}{0.11s + 1}$$

(5) 经超前校正后,系统开环传递函数为

$$G_K(s) = G_c(s)G_o(s) = \frac{10(0.45s + 1)}{s(s + 1)(0.11s + 1)}$$

相位裕量为

$$\gamma' = 180° + [-90° + \arctan(0.45 \times 4.47) - \arctan 4.47 - \arctan(0.11 \times 4.47)]$$
$$= 50° > 45°$$

符合要求。

同时,该系统校正前后的幅值裕量均为无穷大。

绘制校正装置的对数频率特性,并与原系统的对数频率特性代数相加,得到系统校正后的开环对数幅频特性曲线 $L(\omega)$ 和相频特性曲线 $\varphi(\omega)$,系统校正前后的频率特性如图 6.15 所示。

(6) 确定校正装置的元件参数

可以选用图 6.10 所示的无源超前校正装置实现。由于已经求得 $T=0.45\text{s}, \alpha=0.25$,故有

$$\alpha = \frac{R_2}{R_1 + R_2} = 0.25, \quad T = R_1 C = 0.45\,\text{s}$$

预选电容 $C = 1\mu\text{F}$,则可求出: $R_1 = T/C = 450\text{k}\Omega$, $R_2 = \alpha R_1/(1-\alpha) = 150\text{k}\Omega$,放大器补偿放大系数为 $1/\alpha = 4$。

比较系统校正前后的性能,有:

(1) 超前校正装置的正斜率段抬高了系统的开环对数幅频特性的中频段,使穿越频率由 -40dB/dec 变为 -20dB/dec,并利用超前校正装置提供的最大相角超前量 φ_m 使系统的相位裕量由 17.6° 增加到 50°,增加了系统的稳定裕量,使系统响应的最大超调量减小,系统平稳性改善。

(2) 系统的幅值穿越频率 ω_c 由 3.16rad/s 右移到 4.47rad/s,系统带宽增加,快速性改善。

(3) 采用放大器补偿无源超前校正装置的衰减系数后,不改变系统原有的稳态精度。

(4) 高频段对数幅值上升,抗干扰性能有所下降。

总的来说,系统串联超前校正装置后,在保证稳态性能的前提下,改善了动态性能。

6.3.3　小结

通过前面的分析可知,超前校正具有如下的优点:

(1) 超前校正装置可以抬高系统中频段,并提供超前相角以增加系统的相位裕量。利

用其特点可以达到改善系统中频段性能的目的,抵消惯性环节和积分环节使相位滞后的不良后果,改善系统的稳定性。

(2) 使系统的幅值穿越频率右移,改善响应的快速性。

(3) 由于超前校正装置主要作用于系统的中频段,转折频率相对较高,故所要求的时间常数较小,物理实现比较方便。

其缺点是:

(1) 由于带宽加宽,高频段对数幅值上升,为抑制高频噪声,对放大器或电路的其他组成部分提出了更高要求。

(2) 常常需要补偿放大系数。

(3) 若被校正系统的 $\varphi(\omega)$ 在 ω_c 附近过小或有急速下降的趋势,如图 6.16 所示。则由于 ω_c 的右移,将导致被校正系统的 γ 急剧下降,使得校正装置所需提供的超前角大于 65°,校正装置难于物理实现。

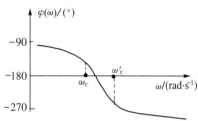

(4) 由于串联超前校正会抬高系统的高频段影响抗干扰性能,以及使 ω_c 右移导致系统相位滞后加大,客观上限制了系统开环传递系数的增加。

图 6.16 不宜采用超前校正的系统伯德图

由以上分析可知,串联超前校正一般用于系统稳态性能已满足要求,但动态性能较差的系统。

6.4 滞后校正装置及其参数的确定

6.4.1 相位滞后校正装置及其特性

一般来说,当一个反馈控制系统的动态性能已满足时,若单纯提高放大系数去提高其稳态精度,则会导致幅值穿越频率右移,影响动态性能。为了既改善稳态性能又不致影响其动态性能,对系统的开环对数频率特性来说,就要求在低频段抬高,以提高其放大系数,而中频段则基本不上升,以使幅值穿越频率保持原值,原相位基本不变,此时就可以采用滞后校正。

1. 无源滞后校正装置

图 6.17 为一无源滞后校正网络,其传递函数为

$$G_c(s) = \frac{Ts+1}{\beta Ts+1}, \quad \beta = \frac{R_1+R_2}{R_2} > 1, \quad T = R_2C \tag{6.22}$$

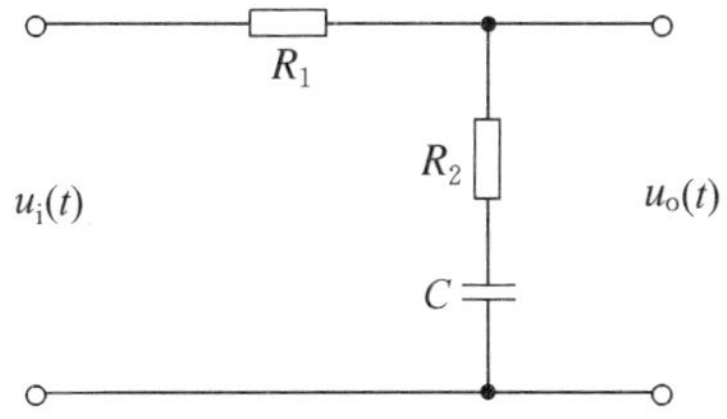

频率特性表达式为

$$G_c(j\omega) = \frac{jT\omega+1}{j\beta T\omega+1} \tag{6.23}$$

相频特性为

$$\varphi_c(\omega) = \arctan \omega T - \arctan(\beta\omega T) < 0 \tag{6.24}$$

图 6.17 无源滞后校正装置

此校正装置伯德图如图 6.18 所示,呈现以下特点:

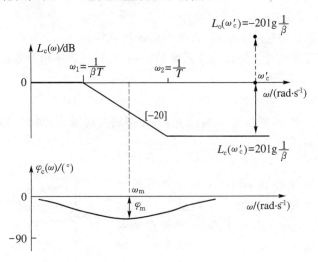

图 6.18　滞后校正装置的伯德图

(1) $\varphi_c(\omega)$在整个频率范围内都小于 0,具有相位滞后作用,故称滞后校正装置。

(2) 转折频率 $1/\beta T$ 与 $1/T$ 之间渐近线斜率为-20dB/dec,起积分作用,故又名积分校正装置。

(3) $\varphi_c(\omega)$有滞后最大值 φ_m。

(4) 此装置对输入信号有低通滤波作用。

图 6.18 中的 ω_m 为出现最大滞后相角的频率,它位于两个转折频率 $1/\beta T$ 和 $1/T$ 的几何中心点,φ_m 为最大滞后相角,它们分别为

$$\omega_m = \frac{1}{T\sqrt{\beta}} \tag{6.25}$$

$$\varphi_m = \arctan\frac{1-\beta}{2\sqrt{\beta}} \tag{6.26}$$

与超前校正不同,串联滞后校正装置将会使被校正系统的相位滞后增加。为了避免对系统的相位裕量产生不良影响,应尽量使最大滞后相角远离校正后系统新的幅值穿越频率 ω_c',一般 ω_c' 远大于第二个转折频率 ω_2,即有

$$\omega_2 = \frac{1}{T} = \frac{\omega_c'}{10} \sim \frac{\omega_c'}{2} \tag{6.27}$$

β 与 T 越大,ω_2 越远离 ω_c',对被校正系统相位的不利影响就越小,但实际上,这种校正电路受到物理实现具体条件的限制,β 和 T 总是难以选得过大。通常,$\beta T < 200\text{s}$,视系统的具体情况而定。

2. 串联滞后校正装置对被校正系统性能的影响

由图 6.18 可知,超前校正装置在 ω_c' 处的对数幅值为

$$L_c(\omega_c') = 20\lg\frac{1}{\beta} < 0$$

所以被校正系统的对数幅值为

$$L_{\text{o}}(\omega_{\text{c}}') = -L_{\text{c}}(\omega_{\text{c}}') = -20\lg\frac{1}{\beta} > 0$$

保证了校正后系统的对数幅值为

$$L(\omega_{\text{c}}') = L_{\text{c}}(\omega_{\text{c}}') + L_{\text{o}}(\omega_{\text{c}}') = 0$$

图 6.19 给出了 $1/\beta$ 与 $20\lg1/\beta$ 的函数关系,供设计时参考;为使曲线更直观,横坐标按照对数 $\lg(1/\beta)$ 分度,但实际标注仍为 $1/\beta$,故为非线性分度。

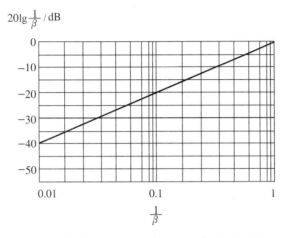

图 6.19　滞后校正装置 $20\lg(1/\beta)$ 与 $1/\beta$ 的关系曲线

如图 6.20 所示,采用滞后校正装置时,将待校正系统和校正装置的对数频率特性,绘制在同一伯德图上,进行代数相加,即可得到校正后系统的开环对数频率特性。从特性形状可以看出,系统的中频段与高频段被压缩,校正后的幅值穿越频率 ω_{c}' 减小。由于系统在频率较低时相位滞后相对较小,故相位裕量增大,改善了系统的相对稳定性。而高频段的衰减使系统的抗高频扰动能力增强。但是,频带宽度变窄,快速性将受影响。

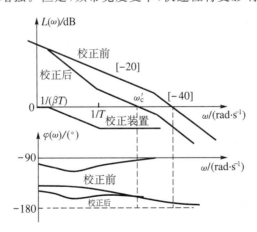

图 6.20　利用滞后校正改善系统动态性能示意图

如果原系统有足够的相位裕量,动态性能已满足,但需要提高稳态精度时,可采用如图 6.21 所示的校正方法。把校正装置的放大系数提高 β 倍,从校正后的特性可以看出,低频段抬高,即开环传递系数增加,稳态精度提高;而其余频率段所受影响很小,动态性能基本不变,满足了系统所提出的校正要求。β 的大小应根据低频段所需要的放大系数来选择,而 T 的大小则应该保证校正后基本不影响原系统的中频段特性。

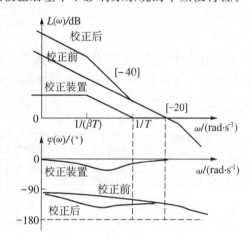

图 6.21　利用滞后校正改善系统稳态性能示意图

从以上分析可知,采用不同的滞后校正参数,滞后校正可用来改善动态性能或者提高稳态精度。从伯德图来看,前者降低了幅值穿越频率并衰减了中、高频段,后者提高低频段。但就滞后校正本身而言,其主要作用是在中、高频段造成衰减,幅值穿越频率左移,使系统获得足够的相位裕量。

从根轨迹的角度看,由于校正装置的传递函数为

$$G_c(s) = \frac{Ts+1}{\beta Ts+1} = \frac{1}{\beta} \cdot \frac{s+\dfrac{1}{T}}{s+\dfrac{1}{\beta T}} \tag{6.28}$$

零、极点的分布如图 6.22 所示,相当于给系统增加了一个开环零点 $-1/T$ 与一个开环极点 $-1/\beta T$。而且开环极点较开环零点更接近原点,对输入有明显的积分作用。如果 T 与 β 值较大,开环零、极点均靠近原点,相当于系统提供了一对靠近原点的开环偶极子,有利于改善系统的稳态性能。

实际上,如果 T 特别大,则近似认为有

$$G_c(s) \approx \frac{Ts+1}{\beta Ts} \tag{6.29}$$

此为理想 PI 调节器,能够在对系统动态性能影响不大的前提下,改善稳态性能。故 PI 校正又称滞后校正(积分校正)。

3. 有源滞后校正装置

图 6.23 是一个由运算放大器构成的有源滞后校正装置,容易得到其传递函数为

$$G_c(s) = -K_c \frac{\tau s+1}{Ts+1} \tag{6.30}$$

式中,$K_c = R_3/R_1$,$\tau = R_2 C$,$T = (R_2 + R_3)C$,$\beta = T/\tau = (R_2 + R_3)/R_2 > 1$。

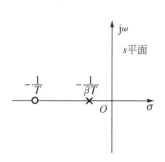

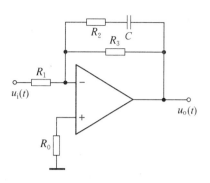

图 6.22 滞后校正装置的零、极点分布   图 6.23 有源滞后校正装置电路图

6.4.2 串联滞后校正装置的分析法设计

1. 一般步骤

设计串联滞后校正装置的步骤大致如下：

(1) 按稳态性能的要求确定系统的型别 ν 与开环传递系数 K。

(2) 按确定的开环传递系数 K 绘制未校正系统的对数频率特性 $L_o(\omega)$，并求开环频域指标：相位裕量 γ 与幅值穿越频率 ω_c 等。

(3) 确定校正后的幅值穿越频率 ω_c'。原系统在 ω_c' 处的相位裕量应为 $\gamma_0 = \gamma' + \Delta$，其中 γ' 是要求的相位裕量，而 $\Delta = 5° \sim 15°$ 是为了补偿滞后校正装置引起的相角滞后。在伯德图 $L_o(\omega)$ 上找出符合这一相位裕量的频率，作为校正后系统的开环对数幅频特性的幅值穿越频率 ω_c'。

(4) 确定滞后网络的 β 值。在伯德图 $L_o(\omega)$ 上确定未校正系统在 ω_c' 处的对数幅值 $L_o(\omega_c') = 20\lg\beta = -20\lg 1/\beta$，由此可以查图 6.19 或直接计算求出 β 值。

(5) 确定滞后校正网络的转折频率。取校正装置的第二个转折频率 $\omega_2 = 1/T = \omega_c'/10 \sim \omega_c'/2$，求出 T 值，则校正装置的传递函数为

$$G_c(s) = \frac{Ts + 1}{\beta Ts + 1}$$

(6) 校验校正后系统的相位裕量和其余性能指标。如不满足要求，可增大 Δ 并从步骤 (3) 重新计算，直到满足要求。

(7) 校验性能指标，直到满足全部性能指标，最后用电网络实现校正装置，计算校正装置参数。

2. 校正实例

例 6.2 已知单位负反馈系统的开环传递函数为

$$G_o(s) = \frac{K}{s(s+1)(0.25s+1)}$$

试设计串联校正装置，使系统满足性能指标 $K \geq 10$，$\gamma' \geq 35°$，$\omega_c' \geq 0.5\text{rad/s}$，$L_h' \geq 8\text{dB}$。

解 (1) 求出校正前的开环频域指标

首先绘制 $K=10$ 时的未校正系统的伯德图,为图 6.24 中的曲线 $L_o(\omega)$。低频段过点 $L_o(1)=20\lg K=20\text{dB}$,且中频段穿越斜率为 -40dB/dec,可见开环对数频率特性不满足稳定性的要求。

由

$$\frac{L(\omega_c)-20\lg K}{\lg\omega_c-\lg 1}=-40$$

可得校正前的幅值穿越频率 $\omega_c=3.16\text{rad/s}$,未校正系统的相位裕量为

$$\gamma=180°+[-90°-\arctan 3.16-\arctan(3.16\times 0.25)]=-20.7°<0°$$

系统是不稳定的。若采用超前校正,则需要校正装置提供的相角超前量为

$$\varphi_m=\gamma'-\gamma+\Delta=35°-(-20.7)°+15°=70.7°$$

可见校正装置所需提供的相角超前量过大,对抗干扰有不利影响,且物理实现较为困难。同时由于采用超前校正幅值穿越频率会右移,由原系统的相频特性可见,系统在原 ω_c 处相位急速下降,需要校正装置提供的相角超前量可能更大,因此不宜采用超前校正。

由于原 $\omega_c>0.5\text{rad/s}$,所以考虑采用串联滞后校正装置。

(2) 确定校正后的幅值穿越频率 ω_c'

选择未校正系统伯德图 $L_o(\omega)$ 上相位裕量为 $\gamma_0=\gamma'+\Delta=35°+15°=50°$ 时的频率作为校正后的幅值穿越频率 ω_c',可以根据下式确定

$$\gamma=180°+[-90°-\arctan\omega_c'-\arctan(\omega_c'\times 0.25)]>50°$$

但此三角函数直接求解比较困难,根据题意可将 $\omega_c'=0.5\text{rad/s}$ 代入上式,求得

$$\gamma=56.3°>50°$$

故选定 $\omega_c'=0.5\text{rad/s}$。

(3) 确定滞后网络的 β 值

未校正系统在 ω_c' 处的对数幅值 $L_o(\omega_c')=20\lg\beta=-20\lg 1/\beta$,根据

$$\frac{L_o(\omega_c')-20\lg K}{\lg\omega_c'-\lg 1}=\frac{20\lg\beta-20\lg 10}{\lg 0.5-\lg 1}=-20$$

可计算出 $\beta=20$。

(4) 确定滞后校正装置的转折频率

选 $\omega_2=\dfrac{1}{T}=\dfrac{\omega_c'}{2.5}=0.2\text{rad/s}$,则 $T=1/\omega_2=5\text{s}$,$\omega_1=1/\beta T=0.01\text{rad/s}$。滞后校正装置的传递函数为

$$G_c(s)=\frac{Ts+1}{\beta Ts+1}=\frac{5s+1}{100s+1}$$

可采用前述的无源或有源滞后校正电路实现。

(5) 校正后系统的开环传递函数为

$$G_K(s)=G_c(s)G_o(s)=\frac{10(5s+1)}{s(100s+1)(s+1)(0.25s+1)}$$

将校正装置的对数频率特性绘制在同一伯德图上,与原系统的对数频率特性代数相加,得到系统校正后的开环对数幅频特性曲线和相频特性曲线,系统校正前后的频率特性如图 6.24 所示。

(6) 校验系统校正后的稳定裕量

$$\gamma'=180°+[-90°+\arctan(\omega_c'\times 5)-\arctan(\omega_c'\times 100)-$$
$$\arctan\omega_c'-\arctan(\omega_c'\times 0.25)]=35.7°>35°$$

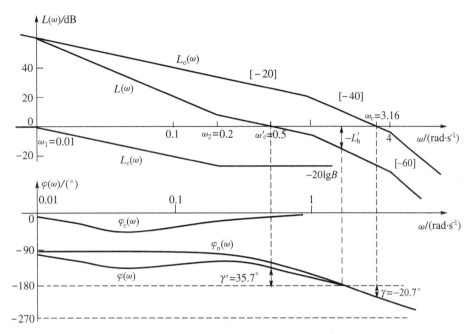

图 6.24 例 6.2 校正前和校正后系统的伯德图

$L_o(\omega)$—未校正系统；$L_c(\omega)$—校正装置；$L(\omega)$—校正后系统

$\varphi_o(\omega)$—未校正系统；$\varphi_c(\omega)$—校正装置；$\varphi(\omega)$—校正后系统

满足要求。由于系统的相位穿越频率 ω_g' 需通过复杂的三角函数才能正确求解，因此幅值裕量一般通过间接的方法验证，方法如下：

由于系统校正后的相频特性为

$$\varphi(\omega) = -90° + \arctan(\omega \times 5) - \arctan(\omega \times 100) - \arctan\omega - \arctan(\omega \times 0.25)$$

可求得系统校正后 $\omega = 1.5\text{rad/s}$ 时的相位与对数幅值分别为

$$\varphi(1.5) = -174.1°$$
$$L(1.5) = -20\lg 1.5/0.5 = -9.5\text{dB}$$

可以判断出校正后的 ω_g' 稍大于 1.5rad/s，并由系统的频率特性可知，在频率大于 1.5rad/s 的范围内，随频率的升高，系统对数幅值与相位均呈下降的趋势，所以 $L(\omega_g') < L(1.5) < 0$，即 $L_h = |L(\omega_g')| > |L(1.5)|$，校正后系统的幅值裕量必大于 9.5dB，满足设计要求。

幅值裕量的验证也可通过精确的坐标系直接判断。

比较校正前后系统的性能，有：

(1) 滞后校正装置的负斜率段压缩了系统开环对数幅频特性的中频段，使穿越频率由 -40dB/dec 变为 -20dB/dec，系统的幅值穿越频率 ω_c 由 3.16rad/s 左移到 0.5rad/s，利用系统本身的相频特性使系统稳定，并具有 35.7° 的相位裕量与足够的幅值裕量。

(2) 不影响系统的低频段，不改变系统的稳态精度。

(3) 高频段对数幅值下降，抗干扰性能有所提高。

总的来说，系统串联滞后校正装置后，在保证稳态性能的前提下，改善了动态性能。

6.4.3 小结

通过前面的分析可知,滞后校正具有以下的优点:

- 滞后校正装置实质上是一种低通滤波器。由于滞后校正的衰减作用,压缩系统的中频段,使幅值穿越频率左移到较低的频率上,中频段穿越斜率为-20dB/dec,从而满足相位裕量γ的要求。
- 能够在保持系统动态性能不变的前提下,通过提高系统开环传递系数来改善稳态精度。
- 压缩系统的高频段,对抑制高频噪声有利。

其缺点是:

- 幅值穿越频率左移,使系统的频带宽减小,影响系统响应的快速性。
- 滞后校正装置所要求的时间常数有一定的限制,过大则难于物理实现。

由以上分析可知,采用滞后校正装置可从三个角度去考虑:

- 用于动态性能已满足,但稳态性能较差的系统。
- 用于需要提高系统的相位裕量γ,改善稳定性,但又无法采用超前校正系统。
- 用于希望减小系统带宽的系统。

6.5 滞后-超前校正装置及其参数的确定

6.5.1 相位滞后-超前校正装置及其特性

超前校正能够提供额外的正值相角,增大系统的相位裕量,并使幅值穿越频率右移变大,主要用于改善系统的动态性能;而采用滞后校正允许在保证足够的动态性能的前提下,增加开环传递系数,改善稳态性能,但由于幅值穿越频率会左移,在一定程度上会影响快速性,两种校正方法各有优缺点。由此可见,如果对校正后的系统有较高的要求,需要同时改善系统的动态与稳态性能,就应采用综合二者优点的滞后-超前校正装置。

1. 无源滞后-超前校正装置

图 6.25 为一个无源滞后-超前校正网络,其传递函数为

$$G_c(s) = \frac{(T_2 s + 1)(T_1 s + 1)}{(\beta T_2 s + 1)\left(\dfrac{T_1 s}{\beta} + 1\right)}$$

$$= \frac{s + \dfrac{1}{T_2}}{s + \dfrac{1}{\beta T_2}} \cdot \frac{s + \dfrac{1}{T_1}}{s + \dfrac{\beta}{T_1}} = G_1(s) \cdot G_2(s) \qquad (6.31)$$

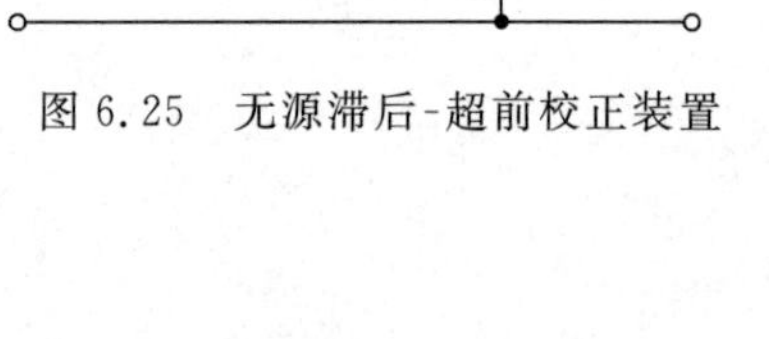

式中,$T_1 = R_1 C_1$,$T_2 = R_2 C_2$。

β 值由下列公式确定

图 6.25　无源滞后-超前校正装置

$$T_{12} = R_1 C_2, \quad T_1 + T_2 + T_{12} = \frac{T_1}{\beta} + \beta T_2$$

$$\beta = \frac{(T_1 + T_2 + T_{12}) + \sqrt{(T_1 + T_2 + T_{12})^2 - 4T_1 T_2}}{2T_2} > 1 \tag{6.32}$$

当选取 $T_2 > T_1$ 时,4 个典型环节的时间常数满足以下关系

$$\beta T_2 > T_2 > T_1 > \frac{T_1}{\beta}$$

因此,从传递函数的形式上看,$G_1(s)$ 分量具有相位滞后校正装置的性质,有利于提高系统的稳态性能;$G_2(s)$ 分量具有相位超前校正装置的性质,有利于提高系统的动态品质,并有 $\alpha = 1/\beta$。

绘制其伯德图如图 6.26 所示,呈现以下特点:

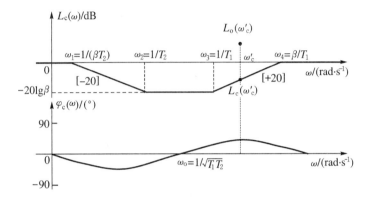

图 6.26　滞后-超前校正装置伯德图

(1) 在 $0 < \omega < \omega_o$ 的频率范围内都有 $\varphi_c(\omega) < 0$,具有相位滞后作用;在 $\omega_o < \omega < \infty$ 的频率范围内都有 $\varphi_c(\omega) > 0$,具有相位超前作用,故称之为滞后-超前校正装置;

(2) 转折频率 $1/\beta T_2$ 与 $1/T_2$ 之间渐近线斜率为 -20dB/dec,起积分作用;转折频率 $1/T_1$ 与 β/T_1 之间渐近线斜率为 $+20$dB/dec,起微分作用,故又称之为积分-微分校正装置;

(3) 低频段与高频段斜率为 0,由于滞后部分与超前部分转折频率之比均为 β,相当于 $\alpha \cdot \beta = 1$,故低频段与高频段对数幅值相等,均为 0dB。

由图 6.26 可知,当 $\omega = \omega_o = 1/\sqrt{T_1 T_2}$ 时,相角 $\varphi_c(\omega)$ 为零。如果两转折频率 $1/T_2$ 和 $1/T_1$ 相差足够大,则可分别利用相位滞后校正装置和相位超前校正装置的公式计算其最大滞后相角和最大超前相角。

2. 串联滞后-超前校正装置对被校正系统的影响

从滞后-超前电路的伯德图可见,对数幅频特性的前段是相位滞后部分,具有使被校正系统幅值衰减的作用,所以容许待校正系统幅频特性低频段抬高,即增加开环传递系数,以改善系统的稳态特性。对数幅频特性的后段是相位超前部分,能够给系统提供相位超前角,从而使系统相位裕量增大,改善系统的动态性能。滞后-超前校正装置兼有了滞后校正与超前校正的优点。

实际上如果 β 较大,则近似认为有

$$G_c(s) \approx \frac{(T_2 s + 1)(T_1 s + 1)}{\beta T_2 s} \tag{6.33}$$

即滞后-超前校正装置近似于 PID 调节器,能够全面改善系统的动态与稳态性能。故 PID 校正又称滞后-超前校正(积分-微分校正)。

为了有效利用滞后-超前校正装置,通常应使系统校正后的幅值穿越频率 ω'_c 在超前部分的两个转折频率 $1/T_1$ 和 β/T_1 之间,如图 6.26 所示。同时为消除滞后部分本身相位滞后带来的不利影响,一般 ω'_c 远大于滞后部分的第二个转折频率 $1/T_2$,并考虑到装置的物理可实现性,一般有

$$\frac{1}{T_2} = \frac{\omega'_c}{10} \sim \frac{\omega'_c}{2} \tag{6.34}$$

并有

$$|-20\lg\beta| > |L_c(\omega'_c)|$$

$L_c(\omega'_c)$ 为校正装置在新的幅值穿越频率处 ω'_c 的对数幅值,并与系统校正前在 ω'_c 处的对数幅值 $L_o(\omega'_c)$ 满足以下关系

$$L_c(\omega'_c) + L_o(\omega'_c) = 0$$

因此有

$$20\lg\beta > L_o(\omega'_c) \tag{6.35}$$

3. 有源滞后-超前校正装置

图 6.27 为滞后-超前校正装置实现的一种电路,可求得其传递函数为

$$G_c(s) = -K_c \frac{(\tau_1 s + 1)(\tau_2 s + 1)}{(T_1 s + 1)(T_2 s + 1)} \tag{6.36}$$

并有

$$K_c = \frac{R_3 + R_4}{R_1 + R_2}$$

$$\tau_1 = \frac{R_3 R_4}{R_3 + R_4} C_1$$

$$\tau_2 = R_2 C_2$$

$$T_1 = R_4 C_1$$

$$T_2 = \frac{R_1 R_2}{R_1 + R_2} C_2$$

若使 $T_1 > \tau_1 > \tau_2 > T_2$ 成立。相当于有

$$G_c(s) = -K_c \frac{(\tau_1 s + 1)(\tau_2 s + 1)}{(\beta\tau_1 s + 1)(\alpha\tau_2 s + 1)}, \beta = T_1/\tau_1 > 1, \alpha = T_2/\tau_2 < 1 \tag{6.37}$$

当 $\alpha \cdot \beta = 1$ 时,其传递函数与前面介绍的无源网络基本相同,低频段与高频段的对数幅值相等;当 $1/\alpha < \beta$ 时,其对数频率特性如图 6.28 所示,其低频段的对数幅值高于高频段的对数幅值。

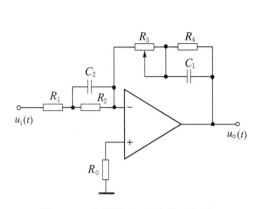

图 6.27 有源滞后-超前校正装置

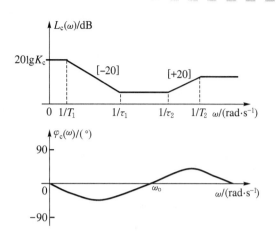

图 6.28 有源滞后-超前校正装置伯德图

6.5.2 系统滞后-超前校正的分析法设计

1. 一般步骤

滞后部分提高放大系数,改善稳态精度,主要用于修改被校正系统的低频段;而超前部分提供相位超前角,改善动态性能,主要用于修改被校正系统的中频段。因此,相当于给被校正系统分别串联滞后校正装置与超前校正装置。因此,确定两部分参数可以是两个相对独立的过程,分别与单独采用滞后校正、超前校正的方法基本相同。

对于常见的无源滞后-超前校正装置,考虑到 $\alpha \cdot \beta = 1$,其校正过程的主要步骤如下:

(1) 根据稳态精度的要求确定系统无差度阶数 ν 与开环传递系数 K。

(2) 由已经满足稳态精度的开环传递系数 K 绘制未校正系统的对数频率特性 $L_o(\omega)$,并确定未校正系统的开环频域指标:相位裕量 γ 与幅值穿越频率 ω_c 等。

(3) 确定校正后的幅值穿越频率 ω_c'。由于需要相位超前部分给系统提供相位超前角度,从而使相位裕量增大。故一般选择校正前的相位穿越频率 ω_g 为校正后的幅值穿越频率 ω_c'。

(4) 确定滞后-超前校正装置的滞后部分。

取 $1/T_2 = \omega_c'/10 \sim \omega_c'/2$,求出系统校正前在 ω_c' 处的对数幅值 $L_o(\omega_c')$,因此校正装置对应的幅值为 $L_c(\omega_c') = -L_o(\omega_c')$。由于 ω_c' 位于超前部分的两个转折频率 $1/T_1$ 和 β/T_1 之间,故必有 $20\lg\beta > L_o(\omega_c')$,由此可确定合适的 β 值。绘制出滞后部分的渐近线。

(5) 确定滞后-超前校正装置的超前部分。

校正装置在新的幅值穿越频率 ω_c' 处对应幅值为 $L_c(\omega_c')$,通过点 $(\omega_c', L_c(\omega_c'))$ 画出一条斜率为 $20\mathrm{dB/dec}$ 的斜线,此斜线便是超前部分对应的幅频特性渐近线。超前部分 $20\mathrm{dB/dec}$ 的渐近线与滞后部分 $0\mathrm{dB/dec}$ 的渐近线的交点对应超前部分第一个转折频率 $1/T_1$,与 $0\mathrm{dB}$ 线的交点对应的是超前部分第二个转折频率 β/T_1。由两个交点可确定超前部分。

(6) 画出校正后系统伯德图 $L(\omega)$,验算相位裕量,如不满足要求,可增大 β 或进一步左移 ω_c' 重新计算,直到满足要求。

（7）校验性能指标，直到满足全部性能指标，最后用电网络实现校正装置，计算校正装置参数。

2. 校正实例

例 6.3　设有一个单位负反馈系统，其开环传递函数为

$$G_o(s) = \frac{K}{s(0.1s+1)(0.2s+1)}$$

确定校正装置，使系统满足下列指标：稳态速度误差系数 $K_v \geqslant 100\text{s}^{-1}$，相位裕量 $\gamma' \geqslant 40°$。

解

（1）根据稳态速度误差系数的要求，可得开环传递系数为 $K = 100$。

（2）绘制系统校正前的开环伯德图，如图 6.29 中 $L_o(\omega)$ 所示。

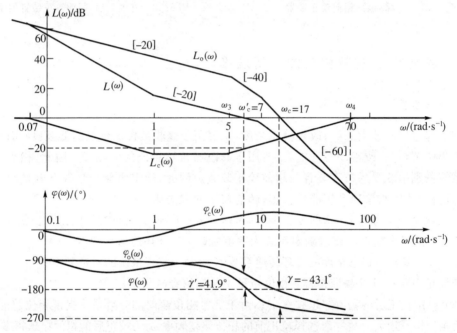

图 6.29　例 6.3 未校正系统、校正装置和校正后系统的伯德图

$L_o(\omega)$—未校正系统；$L_c(\omega)$—校正装置；$L(\omega)$—校正后系统

$\varphi_o(\omega)$—未校正系统；$\varphi_c(\omega)$—校正装置；$\varphi(\omega)$—校正后系统

低频段过点 $L_o(1) = 20\lg K = 40\text{dB}$，中频段穿越斜率为 -60dB/dec。由关系 $\dfrac{L_o(5) - 20\lg K}{\lg 5 - \lg 1} = -20$，可得 $L_o(5) = 26\text{dB}$。同理，可求得 $L_o(10) = 14\text{dB}$。并且，可得系统校正前的幅值穿越频率 $\omega_c = 17\text{rad/s}$。于是，未校正系统的相位裕量为

$$\gamma = 180° + [-90° - \arctan(17 \times 0.1) - \arctan(17 \times 0.2)] = -43.1° < 0°$$

故系统不稳定，不满足设计要求。若采用超前校正，所需补偿的相角超前量超过 90°，难于实现；若采用滞后校正，ω_c 需大幅度左移，对快速性不利。综合考虑，可采用滞后-超前校正。

（3）选择新的幅值穿越频率 ω_c'。

由校正前的相频特性与幅频特性可知，当 ω 在 (5,10) 的范围内时，渐近线的斜率为

-40dB/dec,即对应的相位穿越频率 ω_g 应在此范围之内。由于直接通过三角函数求 ω_g 比较困难,可以采用试探的方法。当 $\omega = 7$rad/s 时,系统的相位为
$$\varphi(7) = -90° - \arctan(7 \times 0.1) - \arctan(7 \times 0.2) = -179.5°$$
故选择 $\omega'_c = 7$rad/s,系统所需的相位超前角约为 $50°$,易于实现校正装置。原系统 $L_o(7) = 20$dB,故校正装置对应的 $L_c(7) = -20$dB,由式(6.35)可知,$20\lg\beta > L_o(\omega'_c)$,所需的 $\beta > 10$,即超前部分的 $\alpha < 0.1$。

(4) 确定校正装置的滞后部分。

选择滞后部分的第二个转折频率 $1/T_2 = \omega'_c/7 = 1$rad/s,并选择 $\beta = 14$,则第一个转折频率 $1/\beta T_2 = 1/14$rad/s,滞后部分的传递函数为
$$\frac{s+1}{14s+1}$$
根据滞后部分的传递函数绘制出对应的渐近线,如图6.29中 $L_c(\omega)$ 所示。

(5) 相位超前部分的确定。

因校正装置在新的幅值穿越频率 $\omega'_c = 7$rad/s 处对应的 $L_c(7) = -20$dB,通过点(7rad/s,-20dB)画出一条斜率为 20dB/dec 的斜线。超前部分 20dB/dec 的渐近线与滞后部分的 0dB/dec 的渐近线的交点对应超前部分的第一个转折频率 $1/T_1$,与 0dB 线的交点对应超前部分的第二个转折频率 β/T_1。由关系
$$\frac{L_c(7)-0}{\lg 7 - \omega_4} = +20$$
可得 $\omega_4 = \beta/T_1 = 70$rad/s,并求出 $\omega_3 = 1/T_1 = 5$rad/s,与待校正系统的一个转折频率重合,相位超前部分的传递函数为
$$\frac{0.2+1}{0.0143s+1}$$

(6) 滞后-超前校正装置的传递函数为
$$G_c(s) = \frac{s+1}{14s+1} \cdot \frac{0.2s+1}{0.0143s+1}$$

(7) 校正后系统的开环传递函数为
$$G_K(s) = \frac{100(s+1)}{s(14s+1)(0.1s+1)(0.0143s+1)}$$
校正装置及系统校正后的开环频率特性曲线如图6.29所示。

校正后系统的相位裕量为
$$\gamma' = 180° + [-90° + \arctan 7 - \arctan(14 \times 7) - \arctan(0.1 \times 7) -$$
$$\arctan(0.0143 \times 7)] = 41.9° > 40°$$
满足所提出的要求。同时,由于校正后系统无振荡环节,因此可知系统也具有一定的幅值裕量,具体验证方法可参考例6.2。

比较校正前后系统的性能可见:校正装置滞后部分的负斜率段压缩了系统的开环对数幅频特性的中低频段,使穿越频率由 -60dB/dec 变为 -20dB/dec,并利用穿越频率适当左移减小相位滞后及超前部分提供的最大相角超前量 φ_m,使系统校正后的相位裕量为 $41.9°$,系统稳定,并有一定的稳定裕量,具有较好的动态性能。

6.5.3 小结

滞后-超前校正可以充分发挥超前校正和滞后校正各自的优点,全面提高系统的动态和稳态性能。但要注意校正的滞后特性应设置在较低的频段,以提高系统的放大系数;而超前特性应设置在中频段,用来增大相位裕量及幅值穿越频率,以确保滞后校正与超前校正优势的共同发挥。在设计校正装置参数时,注意使校正装置某些转折频率与原系统转折频率重合,以简化校正后系统传递函数的形式。

电气校正装置的形式众多,除前面介绍的校正装置外,表 6.1 与表 6.2 分别列出了常用无源校正装置与有源校正装置的电路结构、频率特性与传递函数。

表 6.1　常用无源校正装置

类型	电路图	传递函数	对数幅频渐近特性
惯性		$G(s)=\dfrac{1}{Ts+1}$ $T=RC$	
滞后		$G(s)=K\dfrac{T_2s+1}{T_1s+1}$ $K=R_3/(R_1+R_3)$ $T_1=\left(R_2+\dfrac{R_1R_3}{R_1+R_3}\right)C$ $T_2=R_2C$	
超前		$G(s)=K\dfrac{T_1s+1}{T_2s+1}$ $K=R_3/(R_1+R_2+R_3)$ $T_1=R_2C$ $T_2=\dfrac{(R_1+R_2)R_3}{R_1+R_2+R_3}C$	
滞后		$G(s)=\dfrac{1}{T_1T_2s^2+[T_2(1+R_1/R_2)+T_1]s+1}$ $T_1=R_1C_1$ $T_2=R_2C_2$	
超前		$G(s)=\dfrac{T_1T_2s^2}{T_1T_2s^2+[T_2(1+R_1/R_2)+T_1]s+1}$ $T_1=R_1C_1$ $T_2=R_2C_2$	

续表

类型	电 路 图	传 递 函 数	对数幅频渐进特性
滞后-超前	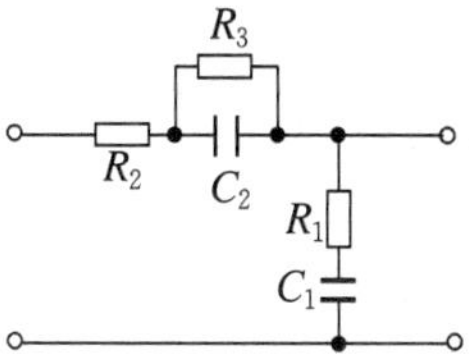	$G(s) =$ $\dfrac{(T_1 s+1)(T_2 s+1)}{T_1 T_2(1+R_3/R_1)s^2 + [T_2 + T_1(1+R_2/R_1+R_3/R_1)]s+1}$ $T_1 = R_1 C_1$ $T_2 = R_2 C_2$	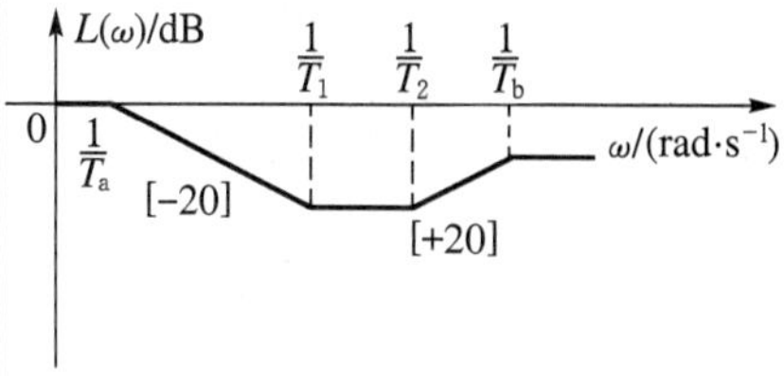
滞后-超前	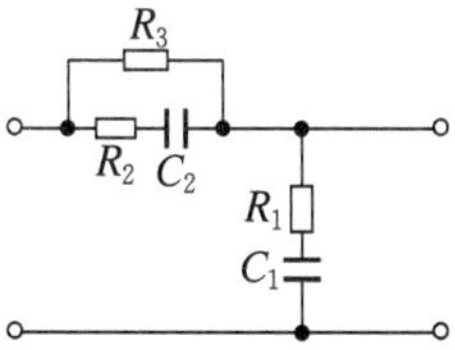	$G(s) =$ $\dfrac{(T_1 s+1)(T_2 s+1)}{T_1 T_2\left[1+\frac{R_1 R_3}{R_1(R_2+R_3)}\right]s^2 + \left[T_1\left(1+\frac{R_3}{R_1}\right)+T_2\right]s+1}$ $T_1 = R_1 C_1$ $T_2 = (R_2 + R_3)C_1$	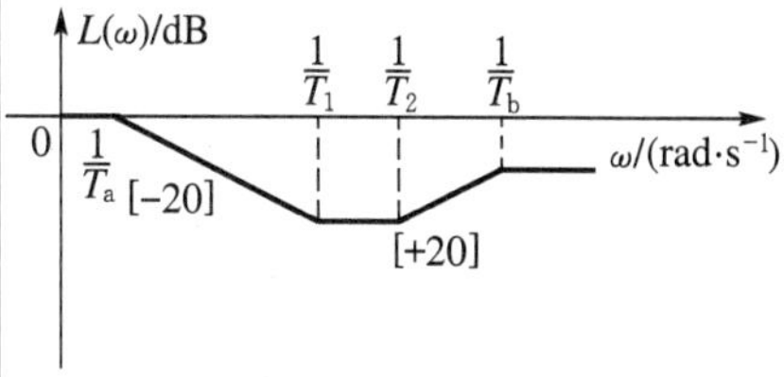

表 6.2 常用有源校正网络

类 型	电 路 图	传 递 函 数	频率特性(渐近线)
比例	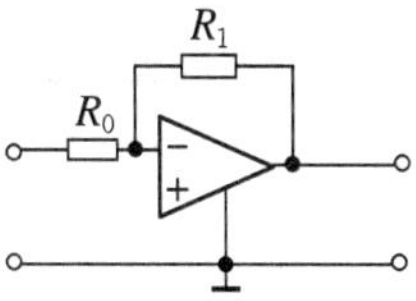	$G(s) = -R_1/R_0$	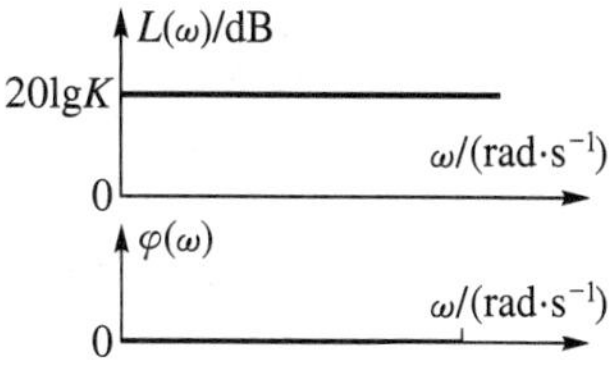
微分	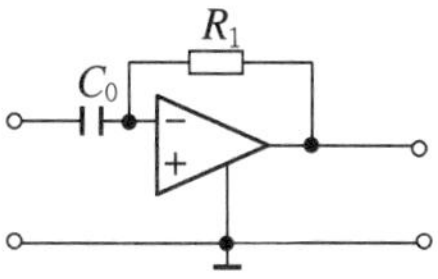	$G(s) = -\tau s$ $\tau = R_1 C_0$	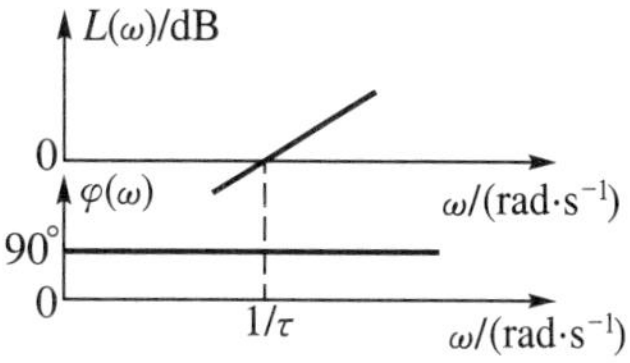
微分	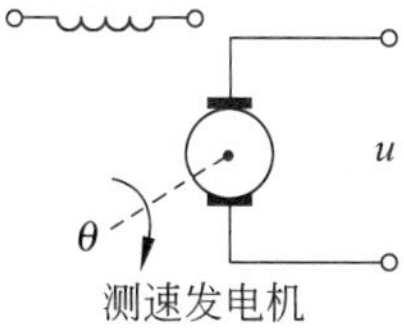 测速发电机	$G(s) = K_f s$ K_f 为发电机输出斜率	
比例-微分	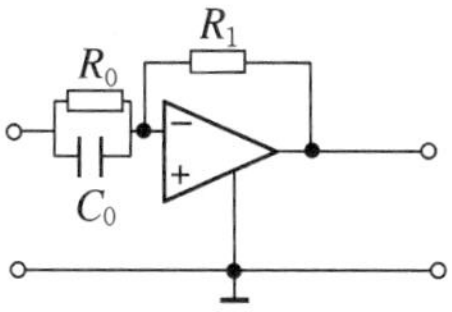	$G(s) = -K(\tau s+1)$ $\tau = R_0 C_0$ $K = R_1/R_0$	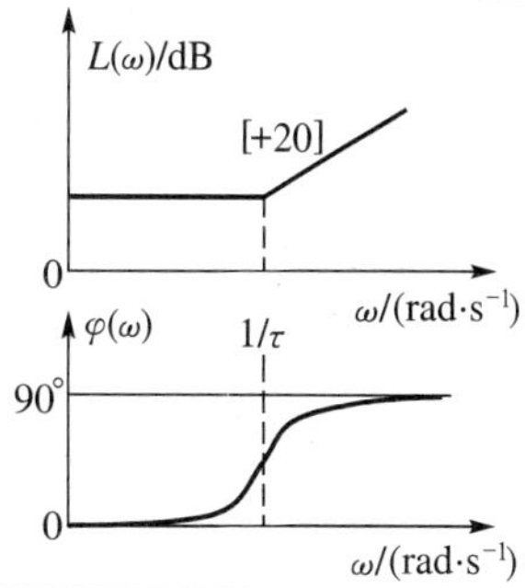
比例-微分	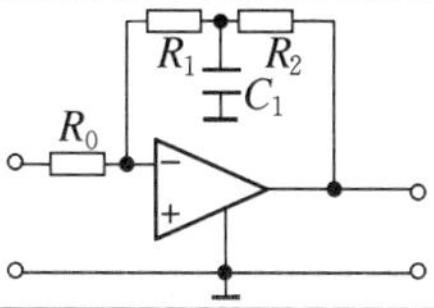	$G(s) = -K(\tau s+1)$ $\tau = R_1 R_2 C_1/(R_1+R_2)$ $K = (R_1+R_2)/R_0$	

续表

类 型	电 路 图	传 递 函 数	频率特性(渐近线)
积分		$G(s) = -\dfrac{1}{\tau s}$ $\tau = R_0 C_1$	
比例-积分		$G(s) = -\dfrac{K(\tau s + 1)}{\tau s}$ $\tau = R_1 C_1$ $K = R_1 / R_0$	
比例-积分		$G(s) = -K(1+\alpha)\dfrac{(\tau s + 1)}{\tau s}$ $\tau = R_1 C_1$ $K = R_1 / R_0$ $\alpha = R_3 / R_2 , R_1 \gg (R_2 + R_3)$	
比例-积分-微分		$G(s) = -K\dfrac{(\tau_1 s + 1)(\tau_2 s + 1)}{\tau_1 s}$ $\tau_1 = R_1 C_1$ $\tau_2 = R_2 C_2$ $K = R_1 / R_0 , C_2 \gg C_1 , R_1 \gg R_2$	
比例-积分-微分		$G(s) = -K\dfrac{(\tau_1 s + 1)(\tau_2 s + 1)}{\tau_1 s}$ $\tau_1 = R_1 C_1$ $\tau_2 = R_2 C_2$ $K = R_1 / R_0$	
惯性		$G(s) = -K/(Ts + 1)$ $T = R_1 C_1$ $K = R_1 / R_0 , R_1 C_1 \gg 1$ 时为积分	
惯性		$G(s) = -K/(Ts + 1)$ $T = R_{10} R_{20} C_0 / (R_{10} + R_{20})$ $K = R_1 / (R_{10} + R_{20})$	

6.6　期望对数频率特性设计法

6.6.1　期望法设计的基本概念

　　前面介绍的系统校正的设计方法都是先选择校正装置,再校验校正后系统的性能是否满足要求,采用的是分析法。而本节将介绍另一种常用的设计方法——期望法。期望法的流程与分析法刚好相反,首先根据系统要求的性能指标,建立与之相对应的期望开环对数幅频特性 $L(\omega)$,使校正之后的开环伯德图的形状满足要求:期望的幅频特性其低频段的形状应该满足稳态性能的要求,而中频段的形状则满足动态性能的要求。

由图 6.30 可知,$G_o(s)$ 为未校正系统的开环传递函数,即系统固有部分的传递函数,$G_c(s)$ 为校正装置的传递函数。校正后系统的开环传递函数为

$$G_K(s) = G_o(s)G_c(s)$$

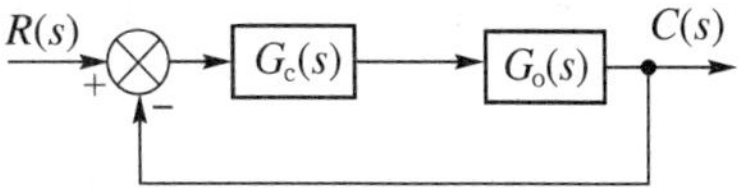

图 6.30　串联校正典型结构图

其对数幅频特性之间的关系为

$$L(\omega) = L_o(\omega) + L_c(\omega)$$

$L(\omega)$ 是期望的对数幅频特性,$L_o(\omega)$ 是未校正系统的开环对数幅频特性,所需的校正装置的对数幅频特性 $L_c(\omega)$ 应为

$$L_c(\omega) = L(\omega) - L_o(\omega) \tag{6.38}$$

最后,由 $L_c(\omega)$ 求出校正装置的传递函数 $G_c(s)$。因此,所谓期望频率特性是指根据对系统提出的稳态和动态性能要求并考虑到未校正系统的特性而确定的一种期望的、系统校正后应具有的开环对数幅频特性。

由于设计时只根据对数幅频特性来设计,所以期望对数频率特性法只适用于最小相位系统。根据期望法设计系统,往往可以一次成功,但需要注意所求校正装置的物理可实现性。

6.6.2　常见系统的期望特性

根据系统校正之后的开环传递函数的阶数,可将常见系统的期望对数幅频特性分为二阶、三阶、四阶期望特性。由于系统的性能指标一般以较为直观的时域指标的形式给出,在绘制期望频率特性时,要考虑时域指标与开环频域指标之间的关系。对于二阶系统,二者之间存在一一对应的确定关系,而三阶及以上系统这种关系则是近似的。

1. 二阶期望特性

二阶系统的开环传递函数为

$$G_K(s) = \frac{K}{s(Ts+1)} = \frac{\omega_n^2}{s(s+2\zeta\omega_n)} = \frac{\dfrac{\omega_n}{2\zeta}}{s\left(\dfrac{1}{2\zeta\omega_n}s+1\right)} \tag{6.39}$$

其时域与频域指标之间存在一一对应的关系。幅值穿越频率为

$$\omega_c = K = \frac{\omega_n}{2\zeta}$$

转折频率为

$$\omega_2 = 2\zeta\omega_n = \frac{1}{T}$$

控制工程上常以 $\zeta = 0.707$ 所对应的二阶特性作为"最佳"二阶期望特性。此时系统参数有如下关系:

$$\sigma\% = 4.3\%, \quad \gamma = 63.4°, \quad \omega_c = \omega_2/2, \quad KT = \frac{1}{2} \tag{6.40}$$

具有二阶期望特性的系统的调节时间仅与惯性环节的时间常数有关:

$$t_s = \frac{3}{\zeta \omega_n} = 6T \tag{6.41}$$

二阶期望特性相应的对数幅频特性如图 6.31 所示。在确定期望特性时,首先根据稳态性能的要求确定开环传递系数 K,则转折频率 $\omega_2 = 2\omega_c = 2K$,即可确定时间常数 $T = 1/(2K)$,于是构造出"最佳"二阶期望特性。

2. 三阶期望特性

三阶期望特性对应的是三阶 II 型系统,开环传递函数为

$$G_K(s) = \frac{K(T_1 s + 1)}{s^2 (T_2 s + 1)}, \quad \frac{1}{T_1} < \sqrt{K} < \frac{1}{T_2} \tag{6.42}$$

其对数幅频特性如图 6.32 所示,图中 $\omega_1 = 1/T_1$,$\omega_2 = 1/T_2$。

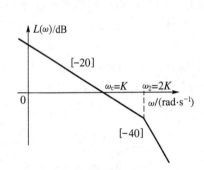

图 6.31 二阶最佳系统期望特性

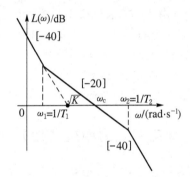

图 6.32 三阶系统期望特性

三阶系统的稳态加速度误差系数为 $K_a = K$,动态性能与 ω_c 及中频段宽度 $h = \omega_2/\omega_1$ 有关。

对于三阶及以上的高阶系统,时域与频域指标没有明确的一一对应的关系。工程上常采用 $M_r = M_{rmin}$ 准则(谐振峰值最小)设计,可以证明:在中频段宽度 h 一定的情况下系统可能获得的最大相位裕量为

$$\gamma = \arcsin \frac{h-1}{h+1} \tag{6.43}$$

最小谐振峰值 M_r 与中频宽 h 的关系为

$$M_r = \frac{h+1}{h-1} \tag{6.44}$$

表 6.3 列出了典型 II 型系统的性能指标。

表 6.3 典型 II 型系统的性能指标

h	3	4	5	6	7	8	9	10
$\sigma/\%$	52.6	43.6	37.6	33.2	29.8	27.2	25	23.3
M_r	2	1.7	1.5	1.4	1.33	1.29	1.25	1.22
$\gamma/(°)$	30	36	42	46	49	51	53	55

建造三阶期望特性时,可由式(6.43)和式(6.44)根据系统的性能指标确定 ω_c、h、ω_1、ω_2。

3. 四阶期望特性

具有较好性能的典型四阶系统的开环传递函数为

$$G_K(s) = \frac{K(T_2 s + 1)}{s(T_1 s + 1)(T_3 s + 1)(T_4 s + 1)} \qquad (6.45)$$

该系统是Ⅰ型四阶系统。其期望对数幅频特性如图 6.33 所示。

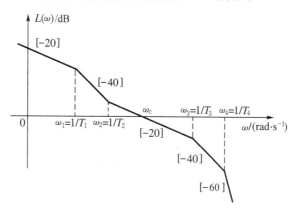

图 6.33　四阶系统期望特性

渐近线的斜率分别为 -20dB/dec 的 1,2,1,2,3 倍,在工程上常称为 1-2-1-2-3 型系统。对于有多个小时间常数惯性环节的高阶系统而言(即在大于 ω_4 的频率范围内渐近线还有转折频率),可以将 ω_4 对应的惯性环节与更高频的转折频率所对应的惯性环节合并为一个惯性环节,这个等效惯性环节的时间常数为合并的所有小时间常数惯性环节时间常数之和。因此,此类高阶系统仍可以一个 1-2-1-2-3 型系统近似。

当中频段具有一定的宽度 $h = \omega_3/\omega_2$ 时,可以使系统既在低频段有较高的高度以保证稳态性能,同时又以 -20dB/dec 斜率穿越中频段,保证动态性能。

Ⅰ型四阶系统的中频段也可采用三阶Ⅱ型系统的方法设计,以确定 ω_2、ω_3。为使校正装置易于实现,应尽可能考虑校正前原系统的特性。在此基础上,绘制低中频连接段、中高频连接段,从而确定 ω_1、ω_4。

4. 性能指标之间的转换

根据大量的工程实践,高阶系统期望特性的幅值穿越频率 ω_c、中频段宽度 h 可分别由调节时间 t_s、最大超调量 $\sigma\%$ 确定,即

$$\omega_c \geqslant (6 \sim 8) \frac{1}{t_s} \qquad (6.46)$$

$$h \geqslant \frac{\sigma + 64}{\sigma - 16} \qquad (6.47)$$

为保证足够的相位裕量,中频段转折频率 ω_2、ω_3,可按下式确定。

$$\omega_2 = \frac{2}{h+1} \omega_c \qquad (6.48)$$

$$\omega_3 = \frac{2h}{h+1}\omega_c \tag{6.49}$$

若系统给出的是对闭环频域指标的要求,则期望开环对数幅频特性中频段宽度可按照以下经验公式确定。

$$h \geqslant \frac{M_r+1}{M_r-1} \tag{6.50}$$

利用上述经验公式可初步绘制出期望特性的中频段。

对于有充分稳定裕量的系统,在初步设计时,可利用以下经验公式来计算。

$$\sin\gamma = \frac{1}{M_r} \tag{6.51}$$

$$\omega_b \approx \omega_c \tag{6.52}$$

5. 期望法校正的一般步骤

(1) 绘制系统校正前的对数幅频特性 $L_o(\omega)$。

(2) 根据系统稳态性能要求,绘制系统校正后的对数幅频特性的低频段。

(3) 根据系统动态性能要求,绘制系统校正后的对数幅频特性的中频段。

(4) 为保证系统的抗干扰性能,系统校正后的对数幅频特性的高频段应该迅速衰减;同时,为使校正装置易于实现,高频段应尽量等于或平行于校正前的高频段,并且应充分利用校正对象的零、极点,使期望特性的某些转折频率与校正前系统对数幅频特性的部分转折频率相同。

(5) 绘制期望特性的低中频连接线与高中频连接线,一般取斜率为 -40dB/dec,综合考虑原系统的特性,绘制出系统的期望对数频率特性 $L(\omega)$。

(6) 将期望对数幅频特性 $L(\omega)$ 减去未校正系统的对数幅频特性 $L_o(\omega)$,将得到串联校正装置的对数幅频特性 $L_c(\omega)$。

(7) 求出校正装置的传递函数,校验动态与稳态性能指标;若不满足,可以再次增加中频段宽度或减小幅值穿越频率,重新设计。

6.6.3　应用实例

例 6.4　某单位负反馈系统的开环传递函数为

$$G_o(s) = \frac{2}{s(0.5s+1)}$$

要求系统达到的性能指标为:稳态速度误差系数 $K_v \geqslant 10\text{s}^{-1}$;最大超调量 $\sigma\% \leqslant 5\%$;调节时间 $t_s \leqslant 1\text{s}$,试用期望对数频率特性法确定系统所需的串联校正装置。

解　(1) 绘制校正前的开环对数幅频特性。

未校正系统的开环传递系数 $K=2$,据此绘出未校正系统的开环对数幅频特性 $L_o(\omega)$,如图 6.34 所示。系统的幅值穿越斜率为 -40dB/dec,校正前的幅值穿越频率为 $\omega_c = 2\text{rad/s}$,相位裕量为 $45°$,具体计算方法可参考前面的例题。根据二阶系统时域与频域指标的关系,可以求出最大超调量 $\sigma\% = 22\%$,调节时间 $t_s = 6/\omega_c = 3\text{s}$。可见校正前系统的稳态、动态性能均不满足要求。

（2）按照 $K=10$ 绘制期望特性的低频段，以满足系统的稳态性能。

（3）按 $\sigma\%$、t_s 的要求确定系统的中频段。为保证有足够的相位裕量，中频段的穿越斜率应该为 -20dB/dec，同时由于要求的 $\sigma\%\leqslant5\%$，故可按照二阶最佳系统来绘制中频段。

将期望特性的低频段延伸穿过 0dB 线，求出与 0dB 线的交点即校正后的幅值穿越频率 $\omega_c'=K=10\text{rad/s}$。由二阶最佳系统的特性可知，转折频率 $\omega_2=2\omega_c'=20\text{rad/s}$，过此转折频率渐近线斜率为 -40dB/dec。由此，绘制出系统的期望特性如图 6.34 中 $L(\omega)$ 所示。

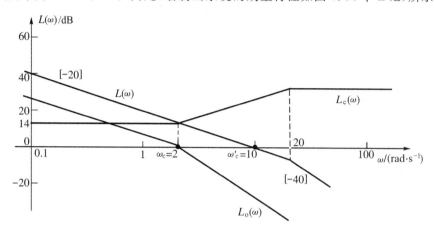

图 6.34 例 6.4 未校正系统、校正装置和校正后系统的伯德图

$L_o(\omega)$—未校正系统；$L_c(\omega)$—校正装置；$L(\omega)$—校正后系统

（4）求校正装置的传递函数。根据 $L_c(\omega)=L(\omega)-L_o(\omega)$ 绘制出所需校正装置的对数幅频特性 $L_c(\omega)$，根据 $L_c(\omega)$ 的形状可判断出所需校正装置是超前校正装置，其转折频率分别为 2rad/s 和 20rad/s，低频段的对数幅值为 $20\lg(10/2)=14\text{dB}$。

至此，可求出校正装置的传递函数为

$$G_c(s)=\frac{5(0.5s+1)}{0.05s+1}$$

（5）校验校正后的性能指标。系统校正后的开环传递函数为

$$G_K(s)=\frac{10}{s(0.05s+1)}$$

相位裕量为

$$\gamma'=90°-\arctan(10\times0.05)=63.4°$$

由二阶系统的公式可得动态性能指标为

$$\sigma\%\approx4.3\%$$

$$t_s=3/\omega_c'=6T=0.3\text{s}$$

超前校正装置保证了在增大系统的开环传递系数以获取足够的稳态精度的条件下，系统仍具有良好的平稳性与快速性。校正装置可以采用无源或有源 RC 电路实现，但注意要增大放大器的系数以达到足够的开环传递系数。

例 6.5 某单位负反馈系统的开环传递函数为

$$G_o(s)=\frac{100}{s(0.1s+1)(0.05s+1)}$$

要求系统达到的性能指标为:稳态速度误差系数 $K_v \geqslant 100\text{s}^{-1}$;最大超调量 $\sigma\% \leqslant 25\%$;调节时间 $t_s \leqslant 1\text{s}$,试用期望对数频率特性法确定系统所需的串联校正装置。

解 (1)绘出系统校正前的开环对数幅频特性 $L_o(\omega)$,见图6.35,系统的幅值穿越斜率为 -60dB/dec,幅值穿越频率为 27.2rad/s,相位裕量为 $-33.5°$,具体计算方法可参考前面的例题。

(2)系统的稳态性能已满足,据此判断期望特性的低频段与校正前重合。

(3)按 $\sigma\%$、t_s 的要求确定系统的中频段。为保证足够的相位裕量,中频段的穿越斜率应该为 -20dB/dec,而校正后的幅值穿越频率 ω_c',中频段两端的转折频率 ω_2、ω_3 可按照如下方法确定。

$$\omega_c' \geqslant \frac{6\sim 8}{t_s} = \frac{6\sim 8}{1} = 6\sim 8\text{rad/s}$$

取 $\omega_c' = 10\text{rad/s}$

$$h \geqslant \frac{\sigma+64}{\sigma-16} = \frac{25+64}{25-16} = 9.89$$

取 $h=10$

$$\omega_2 = \frac{2}{h+1}\omega_c = \frac{2\times 10}{11} \approx 2\text{rad/s}$$

$$\omega_3 = \frac{2h}{h+1}\omega_c \approx 2\omega_c = 2\times 10 = 20\text{rad/s}$$

据此画出期望特性的中频段线段 BC。

(4)绘制期望特性的低中频、中高频连接段与高频段。过 B 点作斜率为 -40dB/dec 的直线交原特性的低频段于 A 点,以 AB 作为期望特性的低中频连接段。过 C 点作斜率为 -40dB/dec 的直线交未校正系统的高频段于 D 点,以 CD 作为期望特性的中高频连接段,高频段与原特性的高频段重合。期望特性如图6.35中 $L(\omega)$ 所示。

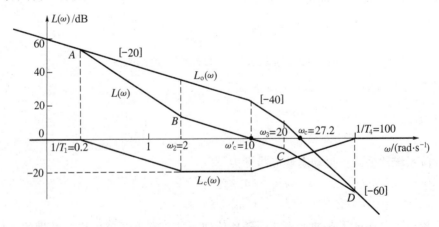

图6.35　例6.5未校正系统、校正装置和校正后系统的伯德图
$L_o(\omega)$—未校正系统;$L_c(\omega)$—校正装置;$L(\omega)$—校正后系统

(5)求校正装置的传递函数。根据 $L_c(\omega) = L(\omega) - L_o(\omega)$ 绘制出所需校正装置的对数幅频特性 $L_c(\omega)$,由 $L_c(\omega)$ 的形状可判断出是滞后-超前校正装置,其转折频率可由以下方法确定。

由于$L_c(\omega)$的低频段与高频段均与0dB线重合,可知校正装置滞后部分的系数β与超前部分的系数α互为倒数,即$\alpha \cdot \beta = 1$。考虑$\omega = 2\text{rad/s}$时对应的幅频特性,可以求出$L_o(2) = 34\text{dB}, L(2) = 14\text{dB}$,则

$$L_c(2) = L(2) - L_o(2) = -20 = -20\lg\beta$$

求出 $$\beta = 10$$

故此有

A 点对应的频率为 $$1/T_1 = \omega_2/\beta = 0.2\text{rad/s}$$
D 点对应的频率为 $$1/T_4 = \beta\omega_c' = 100\text{rad/s}$$

至此,可求出校正装置的传递函数为

$$G_c(s) = \frac{(0.5s+1)(0.1s+1)}{(5s+1)(0.01s+1)}$$

(6)校验校正后的性能指标。校正后系统的开环传递函数为

$$G_K(s) = \frac{100(0.5s+1)}{s(5s+1)(0.05s+1)(0.01s+1)}$$

相位裕量为

$$\gamma' = 90° + \arctan(0.5 \times 10) - \arctan(5 \times 10) - \arctan(0.05 \times 10) - \arctan(0.01 \times 10) = 48°$$

由高阶系统的经验公式可得动态性能指标为

$$\sigma\% \approx 25\%, \quad t_s \approx 8.5/\omega_c' = 0.85\text{s}$$

满足要求,并可选用无源网络或有源网络实现。

例6.6 设单位负反馈系统的开环传递函数为

$$G_o(s) = \frac{100}{s^2(0.01s+1)}$$

期望系统具有性能指标为:稳态加速度误差系数$K_a = 100\text{s}^{-2}$,谐振峰值$M_r \leqslant 1.45$,谐振频率$\omega_r = 12\text{rad/s}$。试用期望对数法确定串联校正装置。

解 (1)绘制校正前的开环对数幅频特性

绘制未校正系统的开环对数幅频特性$L_o(\omega)$,如图6.36所示。系统校正前的幅值穿越斜率为-40dB/dec,并可求得幅值穿越频率为$\omega_c = 10\text{rad/s}$,相位裕量为$-5.7°$,校正前系统不稳定。

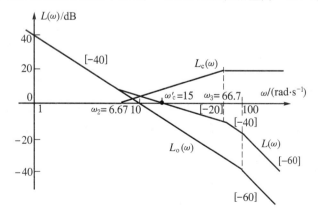

图6.36 例6.6未校正系统、校正装置和校正后系统的伯德图

$L_o(\omega)$—未校正系统;$L_c(\omega)$—校正装置;$L(\omega)$—校正后系统

（2）绘制期望特性的低频段

由于校正前系统开环传递系数 $K=100$，期望特性的低频段与校正前的低频段重合，以满足系统的稳态性能。

（3）按动态性能的要求确定系统的中频段

为保证足够的相位裕量，中频段的穿越斜率应该为$-20\mathrm{dB/dec}$。由于给出的是对闭环频域指标的要求，所以由谐振峰值 M_r 的要求确定中频段宽度，由式（6.50）有

$$h \geqslant \frac{M_r+1}{M_r-1} = 5.5$$

并考虑要留有一定的裕量，取 $h=10$。为保证校正后系统具有较好的平稳性，M_r 应发生在 ω_c 左侧，即谐振频率 ω_r 稍小于 ω_c，因此，可取校正后的幅值穿越频率 $\omega_c'=15\mathrm{rad/s}$。过 $\omega_c'=15\mathrm{rad/s}$ 点作斜率为 $-20\mathrm{dB/dec}$ 的斜线向左与低频段渐近线相交，可得交点处的频率为 $\omega_2=6.67\mathrm{rad/s}$，再取 $\omega_3=h\omega_2=66.7\mathrm{rad/s}$，并将中频段向右延伸至 ω_3 处。

（4）绘制期望特性的高频段

为使校正装置易于实现，高频段与原特性平行，中、高频段连接线的斜率为 $-40\mathrm{dB/dec}$，绘制系统的期望特性图如图 6.36 中 $L(\omega)$ 所示。

（5）求校正装置的传递函数

根据 $L_c(\omega)=L(\omega)-L_o(\omega)$ 绘制出所需校正装置的对数幅频特性 $L_c(\omega)$，由 $L_c(\omega)$ 的形状可判断出所需校正装置是超前校正装置，其转折频率分别是 $6.67\mathrm{rad/s}$ 和 $66.7\mathrm{rad/s}$。

求得校正装置的传递函数为

$$G_c(s) = \frac{\frac{1}{6.67}s+1}{\frac{1}{66.7}s+1} = \frac{0.15s+1}{0.015s+1}$$

（6）校验校正后的性能指标

系统校正后的开环传递函数为

$$G_K(s) = \frac{100(0.15s+1)}{s^2(0.015s+1)(0.01s+1)}$$

校正后系统的相位裕量为 $\gamma'=45°$

可采用以下公式估算闭环谐振峰值 M_r

$$M_r = \frac{1}{\sin\gamma} = 1.41$$

并有 $20\lg M_r=3\mathrm{dB}$

校正后的系统满足要求，并可选用无源网络或有源网络实现。通过仿真可绘制出闭环系统的伯德图即闭环对数幅频特性，求出 $20\lg M_r=3.2\mathrm{dB}$，$M_r=1.45$，谐振频率 $\omega_r=11\mathrm{rad/s}$，验证了设计的可行性。

6.6.4　小结

分析法与期望法均是应用频率特性设计系统的常用方法。分析法的优点在于采用常规校正装置进行设计，所需的校正装置结构简单，易于实现；而缺点是要求设计者具有较丰富

的经验,否则可能出现反复校验、修正的过程。期望法的优点是概念清晰、方法明确,往往可以一次成功,但可能求出的校正装置的传递函数比较复杂,难于物理实现。

6.7 基于根轨迹法的串联校正

6.7.1 根轨迹法校正的基本概念

频率法校正的实质是添加新的环节,改变系统开环伯德图的形状,使三频段满足时域指标的要求。而根轨迹法校正的实质是:添加新的零、极点,改变系统根轨迹的形状,使校正后的闭环主导极点满足时域指标的要求。也就是说,若校正前系统期望的闭环主导极点不在根轨迹上,则应加入校正装置,即增加系统的开环零、极点以改造根轨迹,使根轨迹在合适的根轨迹增益 K_g 值下通过希望的闭环主导极点,从而使系统达到满意的动态与稳态性能。

1. 主导闭环极点的确定

当系统要求的时域指标给定后,校正的第一步是在 s 平面上确定与给定指标对应的主导闭环极点。

根据时域分析,当高阶闭环系统具有一对在瞬态响应中占主要作用的主导极点,即其他极点对于瞬态响应的影响较小时,系统可近似地降阶处理成二阶系统。闭环系统的动态性能指标可基本由主导极点对应的阻尼比 ζ 与无阻尼自然振荡角频率 ω_n 确定,关系如下:

$$\sigma\% = e^{-\zeta\pi/\sqrt{1-\zeta^2}} \times 100\% \tag{6.53}$$

$$t_s = \frac{3}{\zeta\omega_n} \tag{6.54}$$

因此,在确定主导极点时,可先由要求的最大超调量 $\sigma\%$ 确定主导极点对应的阻尼比 ζ,然后,由要求的调节时间 t_s 确定 ω_n,便可求出在 s 平面上对应的主导极点 s_1、s_2(见图 6.37)。主导极点与负实轴间的夹角为阻尼角 $\beta = \arccos\zeta$,主导极点的实部大小为 $\zeta\omega_n$,并且与原点的距离为 ω_n。只要校正后系统的根轨迹能够通过所求得的闭环主导极点,时域指标便可满足。

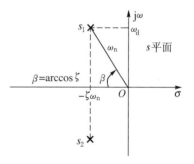

图 6.37 主导极点

2. 增加开环极点或零点对根轨迹的影响

由根轨迹分析可知,增加开环极点或零点会改变根轨迹的形状,主要用于改变根轨迹在实轴上的分布、根轨迹渐近线的条数、倾角及截距等。

增加开环零点将使根轨迹曲线向左偏移,有利于提高系统的稳定性,加快响应速度,减小调节时间,从而改善系统的动态性能。而增加开环极点将使根轨迹曲线向右偏移,降低系统的稳定性,减缓响应速度,增大调节时间,不利于改善系统的动态性能。并且,所增加的零点或极点越靠近虚轴,这种影响就越大。

如果给开环系统增加一对彼此十分靠近的开环零、极点,称为开环偶极子。开环偶极子对距离它们较远处的根轨迹形状及根轨迹增益几乎无影响,原因在于从开环偶极子指向复平面上远处某点的向量基本相同,它们在幅值条件和相角条件中的作用可以相互抵消。因此,远离原点的开环偶极子的作用可以忽略。若开环偶极子位于复平面的原点附近,虽然对于较远处的主导极点与根轨迹也几乎无影响,但是将影响在偶极子附近的根轨迹形状,特别是系统的开环传递系数,从而对系统的稳态性能产生很大的影响。

3. 串入超前校正装置对系统根轨迹的影响

串入超前校正装置

$$G_c(s) = \alpha \frac{Ts+1}{\alpha Ts+1} = \frac{s+z}{s+p}, \quad \alpha < 1 \tag{6.55}$$

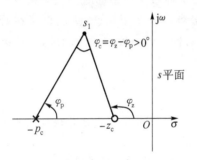

图 6.38　超前校正装置零、极点对 s_1 点相角的影响

也就是给开环系统增加了一对开环零、极点(如图 6.38 所示),且零点 $-z_c = -1/T$ 比极点 $-p_c = -1/\alpha T$ 更靠近坐标原点。零点起主要作用,附加零、极点对 s 平面上的试探点(期望闭环主导极点)s_1 所造成的总相角为

$$\varphi_c = \varphi_z - \varphi_p \tag{6.56}$$

对于超前校正,φ_c 为正。利用附加零、极点的相角作用可使原本不在根轨迹上的 s_1 点(不满足根轨迹的相角条件)满足相角条件,从而位于校正后的根轨迹上。

注意到增加具有如式(6.55)传递函数形式的零点 $-z_c$ 与极点 $-p_c$ 后,系统的根轨迹增益不受影响,但系统的开环传递系数将衰减 α 倍。为此,应由放大器做出相应的补偿,以免对稳态性能产生不利影响。

串联超前校正装置是利用所加零、极点的相角起到校正作用,其主要用于改善动态性能,与频率法串联校正的结论相同。

4. 串入滞后校正装置对系统根轨迹的影响

将滞后校正装置放大器的放大系数提高 β 倍,则滞后校正装置的传递函数为

$$G_c(s) = \beta \frac{Ts+1}{\beta Ts+1} = \frac{s+\frac{1}{T}}{s+\frac{1}{\beta T}}, \quad \beta > 1 \tag{6.57}$$

串入该校正装置相当于给开环系统增加了一对开环零点 $-z_c = -1/T$ 与极点 $-p_c = -1/\beta T$,且不影响系统根轨迹增益。

当时间常数 T 较大时,这对零、极点都靠近坐标原点,且极点比零点更靠近坐标原点,相当于是一对开环偶极子(如图 6.39 所示)。对于距原点较远的主导极点 s_1 而言,由于从开环偶极子指向主导极点 s_1 的向量基本相同,以致相互抵消,对 s_1 的幅值方程基本无影响;并且,偶极子对 s_1 产生的相角为

$$\varphi_c = \varphi_z - \varphi_p < 0° \tag{6.58}$$

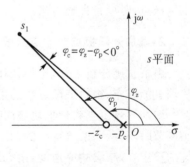

图 6.39　滞后校正装置零、极点对 s_1 点相角的影响

偶极子离原点越近，$|\varphi_c|$ 越小，对 s_1 相角的影响也越小，校正装置所需的时间常数 T 也越大，但过大的 T 值将使校正装置实现十分困难，因此，一般取 $|\varphi_c|<10°$，对 s_1 相角也基本无影响。

由以上分析可知，具有式(6.57)传递函数形式的偶极子的加入对 s_1 点的相角条件与幅值条件几乎无影响。即若 s_1 原来在根轨迹上，现在仍在根轨迹上，对应的 ζ 与 ω_n 也基本不变，偶极子的加入基本上不影响系统的动态性能。同理，对于较远处的根轨迹也几乎无影响，只影响在偶极子附近局部的根轨迹形状。

同时，由式(6.57)可知，开环偶极子的加入使系统的开环传递系数增加 β 倍，即稳态误差系数提高 β 倍。因此，在不影响系统动态性能的基础上，这对开环偶极子的加入可以使系统的稳态精度提高 β 倍。

对于实际的物理装置如无源滞后校正装置而言，相当于给开环系统提供了所需的开环偶极子，并且允许系统开环传递系数提高 β 倍，与频率法的结论也相同。

6.7.2 利用根轨迹法设计超前校正装置

1. 设计步骤

(1) 根据给定的动态性能指标，确定希望的闭环主导极点 s_1、s_2 在 s 平面上的位置。

(2) 绘制未校正系统的根轨迹。若希望的主导极点不在此根轨迹上，则说明不能只靠调节根轨迹增益 K_g（或开环传递系数 K）使系统的动态性能满足要求。当期望的闭环主导极点位于校正前系统根轨迹的左方时，可以选用超前校正装置改造根轨迹，利用校正装置提供的开环零点使根轨迹左移通过所希望的主导极点。

(3) 计算校正装置提供的相角超前量 φ_c。设校正后系统开环传递函数为
$$G_K(s) = G_o(s)G_c(s)$$
$G_o(s)$ 和 $G_c(s)$ 分别为系统校正前的开环传递函数和超前校正装置的传递函数。若要使校正后系统根轨迹通过期望的闭环主导极点 s_1，则校正后 s_1 必须满足的相角条件为
$$\angle G_K(s_1) = \angle G_c(s_1) + \angle G_o(s_1) = \pm 180°(2K+1) \tag{6.59}$$
取 $K=1$，则超前校正装置应提供的相角为
$$\varphi_c = \angle G_c(s_1) = -180° - \angle G_o(s_1) \tag{6.60}$$

显然，能够提供定值 φ_c 角度的 $G_c(s)$ 不是唯一的。在选择 $G_c(s)$ 时，要注意保证使 s_1 在校正后具有主导作用。

(4) 根据 φ_c 角，通过图解的方法确定校正装置的零、极点的位置，求出校正装置的传递函数。

(5) 绘制校正后系统的根轨迹，校核稳态和动态指标。

2. 应用实例

例 6.7 某单位负反馈系统校正前的开环传递函数为
$$G_o(s) = \frac{4}{s(s+2)}$$

要求设计一个串联校正装置 $G_c(s)$，使阶跃响应的超调量 $\sigma\% \leqslant 20\%$，过渡过程时间为 $t_s \leqslant 1.5\text{s}$，稳态速度误差系数 $K_v \geqslant 5\text{s}^{-1}$。

解 （1）根据给定的动态指标选择期望的闭环主导极点

由 $\sigma\% \leqslant 20\%$，并留有一定的余地，选 $\zeta = 0.5$，使主导极点的阻尼角 $\beta = \arccos\zeta = 60°$。再由

$$t_s = \frac{3}{\zeta\omega_n} \leqslant 1.5$$

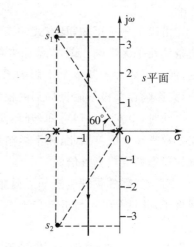

选 $\omega_n = 4\text{rad/s}$。于是希望的闭环主导极点为

$$s_{1,2} = -\zeta\omega_n \pm j\omega_n\sqrt{1-\zeta^2} = -2 \pm j2\sqrt{3}$$

其中 s_1 点位于图 6.40 中的 A 点。

（2）画出未校正系统的根轨迹

校正前系统根轨迹如图 6.40 所示，不通过希望的闭环主导极点，未校正的系统不能满足要求。由于期望主导极点位于系统校正前根轨迹的左方，可以选用串联超前校正装置加以改造。

图 6.40　例 6.7 校正前系统根轨迹与主导闭环极点

（3）求出超前校正装置应提供的相角 φ_c

原系统开环零、极点对于 A 点所产生的相角为

$$\angle G_o(s_1) = \angle\frac{4}{s_1(s_1+2)} = -\angle s_1 - \angle(s_1+2) = -120° - 90° = -210°$$

则超前校正装置应提供的相角为

$$\varphi_c = \angle G_c(s_1) = -180° - \angle G_o(s_1) = -180° - (-210°) = 30°$$

（4）确定所需的零、极点与校正装置的传递函数

为保证期望极点在响应中的主导作用，一般的作法是，由 A 点作水平线 AB，然后作 $\angle 0AB$ 的平分线 AC，再按 $\angle CAE = \angle CAD = \varphi_c/2 = 15°$，作直线 AE、AD，使 AE、AD 之间的夹角为 $\varphi_c = 30°$。将 AE、AD 与负实轴的交点 $-z_c$、$-p_c$ 作为校正装置的零点和极点，按这种方法可得 $-z_c = -2.9$，$-p_c = -5.4$（见图 6.41）。为保持系统原有的稳态精度，应由放大器抵消掉校正装置传递系数的衰减，可选超前校正装置为

$$G_c(s) = K_c\frac{s+2.9}{s+5.4}$$

（5）绘制校正后系统的根轨迹

加入校正装置后系统的开环传递函数为

$$G_K(s) = G_o(s)G_c(s) = \frac{4K_c(s+2.9)}{s(s+2)(s+5.4)} = \frac{K_g(s+2.9)}{s(s+2)(s+5.4)}$$

校正后的根轨迹如图 6.42 所示，通过了期望的闭环主导极点。

（6）检验校正后系统的性能指标

① 稳态性能

点 s_1 所对应的根轨迹增益为

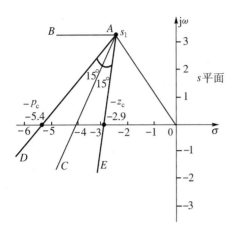

图 6.41　例 6.7 超前校正装置零、极点的求取

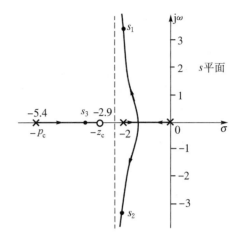

图 6.42　例 6.7 校正后系统的根轨迹

$$K_g = \frac{|s_1| \cdot |s_1+2| \cdot |s_1+5.4|}{|s_1+2.9|} \Bigg|_{s_1=-2+j2\sqrt{3}} = \frac{4 \times 3.464 \times 4.854}{3.579} \approx 18.8$$

开环传递系数为

$$K = \frac{18.8 \times 2.9}{2 \times 5.4} \approx 5.05$$

据此,求得超前校正装置的传递函数为

$$G_c(s) = 2.525 \frac{0.345s+1}{0.185s+1}$$

校正后系统的开环传递函数为

$$G_K(s) = \frac{5.05(0.345s+1)}{s(0.5s+1)(0.185s+1)}$$

由于系统含有一个积分环节,所以有 $K_v = 5.05 \text{s}^{-1}$,满足稳态性能的要求。

② 动态性能

校正后系统上升为三阶系统,除了希望的闭环主导极点 s_1、s_2 外,还有一个闭环零点 -2.9(等于开环零点),并可根据闭环极点之和等于开环极点之和的规律求出非主导极点 s_3 为 -3.4,其影响将使超调量略有增加。但由于在确定阻尼比时已留有余地,且此极点与闭环零点距离很近,闭环零点可以基本抵消掉非主导极点对动态性能的响应。因此,所求的一对共轭复数极点确实是系统校正后的闭环主导极点,系统动态性能满足要求。

通过计算机仿真,可得校正后系统最大超调量为 $\sigma\% = 20\%$,过渡过程时间为 $t_s = 1.3\text{s}$,满足动态性能的要求。

6.7.3　利用根轨迹法设计滞后校正装置

1. 设计步骤

(1) 根据给定的动态性能指标,确定 s 平面上希望的闭环主导极点 s_1、s_2 的位置。

(2) 绘制未校正系统的根轨迹。若系统动态性能已经满足,则希望的主导极点应该位于或靠近未校正系统的根轨迹上。

（3）计算未校正系统在期望极点处的根轨迹增益 K_g 与开环传递系数 K,如果系统稳态精度不满足要求,可在原点附近增加开环偶极子 $-z_c$、$-p_c$ 来提高开环传递系数 K,同时保持根轨迹仍通过希望的主导极点。因此,可选用滞后校正装置提高稳态精度,并保持原动态性能。

（4）根据要求的稳态误差系数与未校正系统的稳态误差系数之比,确定滞后校正装置的 β 值,并留有一定的裕量。

（5）选择滞后校正所需的零、极点,使 $z_c/p_c=\beta$。所加零、极点相对于期望主导极点应该是一对开环偶极子,希望距离原点越近越好。为避免出现校正装置出现过大的时间常数以利于装置的物理实现,一般取 $|\varphi_z-\varphi_p|<10°$。

（6）绘制校正后系统的根轨迹,校核稳态和动态指标。

2. 应用实例

例 6.8 已知某单位负反馈系统的传递函数为

$$G_o(s)=\frac{2}{s(s+1)(s+4)}$$

要求系统闭环主导极点特征参数为 $\zeta\geq0.5$,$\omega_n\geq0.6s^{-1}$,$K_v\geq5s^{-1}$,试设计所需的串联校正装置 $G_c(s)$。

解 （1）根据动态性能的要求,期望的主导闭环极点可初选为

$$-\zeta\omega_n\pm j\omega_n\sqrt{1-\zeta^2}=-0.5\pm j0.52$$

（2）绘制未校正系统的根轨迹

未校正系统的根轨迹如图 6.43 所示,取期望闭环主导极点的阻尼比 $\zeta=0.5$,在图中作 $\beta=\arccos\zeta=60°$ 的直线 $0L$、$0L'$,分别与未校正的根轨迹相交于 A、B 两点。由图 6.43 得两点的坐标为 $s_{1,2}=-0.4\pm j0.7$,与题意要求的极点十分靠近,说明校正前系统动态性能已基本满足。由

$$s_{1,2}=-\zeta\omega_n\pm j\omega_n\sqrt{1-\zeta^2}$$

求出对应的 $\omega_n=0.8s^{-1}>0.6s^{-1}$,说明 A、B 两点对应的极点 $s_{1,2}$ 可作为期望的闭环主导极点。

（3）计算极点 $s_{1,2}$ 对应的根轨迹增益与开环传递系数

由根轨迹的幅值方程求出未校正系统在 $s_{1,2}$ 的根轨迹增益为

$$K_g=3.6\times0.9\times0.8=2.6$$

开环传递系数即校正前的稳态速度误差系数为

$$K=K_g/4=0.65$$

稳态精度不满足要求。

（4）确定滞后校正装置的 β 值

校正装置的零、极点之比应为

$$\beta=\frac{K_v}{K}=\frac{5}{0.65}=7.7$$

式中,K_v 为期望的稳态速度误差系数,K 为校正前的稳态速度误差系数。考虑到串联滞后装置本身在 $s_{1,2}$ 处会引起相角滞后,故选择 $\beta=10$,以保证有一定的裕量。

（5）求取滞后校正装置的零、极点

由前面的分析可知,滞后校正装置的零、极点应该是靠近原点的一对开环偶极子。为减

小开环偶极子对期望主导极点的影响,可以由点 $A(s_1)$ 作一条与线段 OA 夹角小于 $10°$ 的直线 $0C$,此处选为 $6°$。直线 $0C$ 与负实轴的交点可选为校正装置的零点 $-z_c$,由图 6.44 可知,$-z_c = -0.1$,极点 $-p_c = -z_c/\beta = -0.01$,并且这对开环偶极子对主导极点 s_1 造成的附加总相角为 $-6°$,基本上无影响。则校正装置的传递函数为

$$G_c(s) = \frac{K_c(s + 0.1)}{s + 0.01}$$

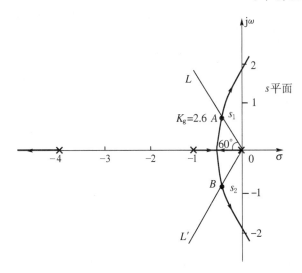

图 6.43 例 6.8 校正前系统的根轨迹与主导闭环极点

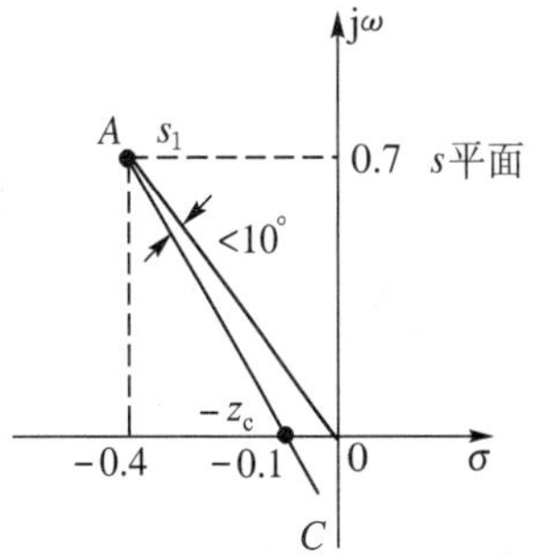

图 6.44 例 6.8 滞后校正装置
零、极点的求取

校正后系统的开环传递函数为

$$G_K(s) = \frac{2K_c(s + 0.1)}{s(s + 1)(s + 4)(s + 0.01)}$$

图 6.45(a)中的粗实线为系统校正后的根轨迹,除虚线方框外基本上仍与图 6.43 中相同,虚线框内即原点附近的根轨迹如图 6.45(b)所示。同时校正装置的开环极点的作用使复平面上的根轨迹略向右偏移,虚线为校正前系统在复平面上的根轨迹。

(6) 系统性能校验

① 稳态性能

由于校正后复平面上的根轨迹略向右偏移,若要保证 $\zeta = 0.5$,则系统的主导极点略偏移 s_1 点,而移到 $s_1' = -0.36 + j0.55$,如图 6.45(a)所示,所对应的根轨迹增益为 $K_g = 2.2$。故校正后系统的开环传递函数为

$$G_K(s) = \frac{2.2(s + 0.1)}{s(s + 1)(s + 4)(s + 0.01)}$$

校正后系统的稳态速度误差系数为

$$K_v = \frac{2.2 \times 0.1}{1 \times 4 \times 0.01} = 5.5 > 5$$

系统稳态精度满足。所需校正装置的传递函数为

$$G_c(s) = \frac{1.1(s + 0.1)}{s + 0.01} = \frac{11(10s + 1)}{100s + 1}$$

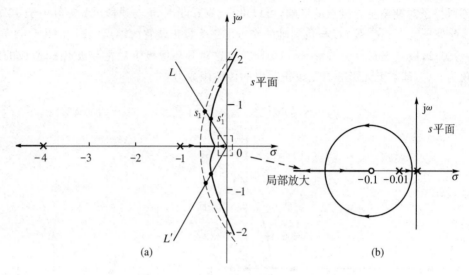

图 6.45   例 6.8 校正后系统的根轨迹

② 动态性能

校正后系统的闭环主导极点为 $s'_{1,2} = -0.36 \pm j0.55$,对应的阻尼比 $\zeta = 0.55$,$\omega_n = 0.66\text{rad/s}$,特征参数均满足要求。

校正后系统除两个主导极点 s'_1、s'_2 外,另有两个闭环极点 s_3、s_4。通过 MATLAB 可以求得 $s_3 = -0.12$、$s_4 = -4.16$。s_3 与闭环零点 -0.1 构成一对闭环偶极子,它们对动态响应的影响可忽略不计;而 s_4 较其他闭环极点 s'_1、s'_2、s_3 离虚轴远得多,它对动态响应的影响也较小。所以系统的动态响应主要由主导极点 s'_1、s'_2 决定,保证了系统的动态性能。

6.7.4   利用根轨迹法设计滞后-超前校正装置

如果在例 6.7 中其他要求不变,但要求开环传递系数 $K = 20$,此时设计校正装置的步骤应先按例 6.7 的步骤进行。使用了超前校正装置后系统动态性能满足,但 K 仅为 5.05,稳态性能不满意,开环传递系数需放大 4 倍以上。在这种情况下,可以依照滞后校正的方法,在原点附近增加一对开环偶极子。例如,取 $-z_1 = -0.1$,$-p_1 = -0.02$,即 $-z_1/-p_1 = 5 = \beta$,则新加的滞后校正装置的传递函数为

$$G_1(s) = \frac{s + z_1}{s + p_1} = \frac{s + 0.1}{s + 0.02} = \frac{5(10s + 1)}{50s + 1}$$

系统所需滞后-超前校正装置的传递函数为

$$G_c(s) = \frac{12.625(0.345s + 1)(10s + 1)}{(0.185s + 1)(50s + 1)}$$

校正后系统传递函数为

$$G_K(s) = \frac{25.25(0.345s + 1)(10s + 1)}{s(0.185s + 1)(0.5s + 1)(50s + 1)}$$

仿真结果表明:校正后系统最大超调量为 $\sigma\% = 20\%$,过渡过程时间为 $t_s = 1.3\text{s}$,满足动态性能的要求;同时,系统的开环传递系数 $K = 25.25$,系统稳态性能满足要求。

因此,当系统的性能指标要求较高时,需同时串入超前校正装置和滞后校正装置,即串联滞后-超前校正装置。

利用根轨迹法设计串联滞后-超前校正装置的一般步骤如下。

(1)根据对系统性能的要求,确定满足动态性能的期望闭环主导极点。

(2)对系统进行超前校正,确定超前校正部分的零、极点,使满足系统动态性能的主导极点落在超前校正后的根轨迹上。

(3)计算主导极点对应的根轨迹增益与开环传递系数,并根据系统稳态性能的要求,按照滞后校正的方法,确定滞后部分的零、极点。

(4)绘制滞后-超前校正后系统的根轨迹,并校验相关动态与稳态性能。

6.8 反馈校正装置及其参数的确定

实际控制工程中,为改善控制系统的性能,除采用串联校正外,反馈校正也是常用的校正方案。特别是在电气调速系统中,反馈校正获得了广泛的应用。反馈校正是对系统的某些元件进行包围,形成局部的反馈,又称并联校正。反馈校正除获得与串联校正相似的校正效果外,还有其他的优点。本节将介绍利用反馈校正改变系统频率特性的方法。

6.8.1 反馈校正的基本概念

1.负反馈可以减弱参数变化对系统性能的影响

负反馈可以减弱被包围环节参数变化对系统性能的影响。图 6.46 给出了一个带反馈校正的控制系统结构图。在图 6.46(a)中,可以用微分 Δ 表示由于 $G(s)$ 参数发生变化而引起的输出变化,即

$$\Delta C(s) = R(s)\Delta G(s) \tag{6.61}$$

说明环节参数的变化对系统输出的影响与传递函数的变化 $\Delta G(s)$ 成正比。

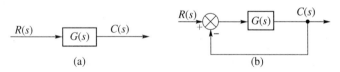

图 6.46 典型反馈校正系统的结构图

采用单位负反馈后,如图 6.46(b)所示,输出为 $C(s) = \dfrac{G(s)}{1+G(s)}R(s)$,若 $G(s)$ 发生了同样的变化,则闭环系统的输出变为

$$C(s) + \Delta C(s) = \frac{G(s) + \Delta G(s)}{1 + [G(s) + \Delta G(s)]} \cdot R(s) \approx \frac{G(s) + \Delta G(s)}{1 + G(s)} \cdot R(s)$$

$$(|G(s)| \gg |\Delta G(s)|)$$

所以输出的变化量为

$$\Delta C(s) = \frac{\Delta G(s)}{1 + G(s)}R(s) \tag{6.62}$$

并且通常反馈校正所包围的元件传递函数满足$|1+G(s)|\gg1$,因此,可以看出负反馈将参数变化对输出的影响大大地减少了。使得系统可以选择精度相对较低的元件$G(s)$,仍然能具备足够的抑制系统参数变化的影响的能力。

2. 负反馈可以消除系统不可变部分中不希望有的特性

以单位负反馈系统为例,具有局部反馈校正的系统如图 6.47 所示。

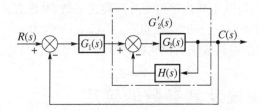

图 6.47　带反馈校正的控制系统结构图

校正前系统前向通道包括 $G_1(s)$、$G_2(s)$ 两部分。并联校正装置 $H(s)$ 包围 $G_2(s)$ 并形成局部闭环。局部闭环的传递函数为

$$G_2'(s) = \frac{G_2(s)}{1+G_2(s)H(s)} \tag{6.63}$$

局部闭环的频率特性为

$$G_2'(j\omega) = \frac{G_2(j\omega)}{1+G_2(j\omega)H(j\omega)} \tag{6.64}$$

因此,校正后整个闭环系统的开环频率特性为

$$G_K(j\omega) = G_1(j\omega)G_2'(j\omega) = \frac{G_1(j\omega)G_2(j\omega)}{1+G_2(j\omega)H(j\omega)} = \frac{G_o(j\omega)}{1+G_2(j\omega)H(j\omega)} \tag{6.65}$$

式中,$G_o(j\omega)=G_1(j\omega)G_2(j\omega)$为未校正系统的开环频率特性;并定义 $G_o'(j\omega)=G_2(j\omega)H(j\omega)$为局部负反馈回路的开环频率特性。

(1) $|G_2(j\omega)H(j\omega)|\ll1$ 时,有

$$G_2'(j\omega) = \frac{G_2(j\omega)}{1+G_2(j\omega)H(j\omega)} \approx G_2(j\omega) \tag{6.66}$$

$$G_K(j\omega) \approx G_o(j\omega) \tag{6.67}$$

此时,局部闭环的频率特性与被包围部分 $G_2(j\omega)$的特性相同,与 $H(j\omega)$无关,即校正装置不起作用。

(2) $|G_2(j\omega)H(j\omega)|\gg1$ 时,有

$$G_2'(j\omega) \approx \frac{G_2(j\omega)}{G_2(j\omega)H(j\omega)} = \frac{1}{H(j\omega)} \tag{6.68}$$

$$G_K(j\omega) = \frac{G_1(j\omega)}{H(j\omega)} \tag{6.69}$$

整个闭环系统的开环频率特性是 $G_1(j\omega)$与 $1/H(j\omega)$的乘积。满足$|G_2(j\omega)H(j\omega)|\gg1$ 的频段为并联校正装置起主要作用的频段。在此频段里,被校正装置所包围的局部闭环的特性与被包围部分原系统特性基本上无关,主要取决于校正装置特性的倒数。因此,适当地选择校正装置的形式和参数,可以改变校正后系统的频率特性,使系统满足所要求的性能

指标。

　　反馈校正的这一特点具有十分重要的意义。由于前向通道主要由执行元件、被控对象等系统的不可变部分组成,其结构、参数等往往无法直接改变,较难控制。而反馈校正元件可以根据需要选择,只要保证反馈元件参数的稳定,便能通过反馈校正的作用保证控制系统的性能。

　　因此,当系统局部环节的参数经常变化而又能取出适当的反馈信号时,一般来说,采用反馈校正是合适的。

6.8.2　反馈校正的设计方法

1. 基本设计方法

　　具有局部负反馈回路的典型控制系统如图 6.47 所示,由式(6.65)可得系统开环对数幅频特性为

$$20\lg|G_K(j\omega)|=20\lg|G_o(j\omega)|-20\lg|1+G_2(j\omega)H(j\omega)| \tag{6.70}$$

　　(1) 在校正装置起作用的频段内,局部闭环的开环幅频特性有

$$|G_2(j\omega)H(j\omega)|\gg1$$

由式(6.70),系统校正前后的开环对数幅频特性关系为

$$20\lg|G_K(j\omega)|\approx20\lg|G_o(j\omega)|-20\lg|G_2(j\omega)H(j\omega)|$$

$$L_K(\omega)=L_o(\omega)-L_o'(\omega) \tag{6.71}$$

其中,$L_o(\omega)$ 和 $L_K(\omega)$ 分别是系统校正前后的开环对数幅频特性,$L_o'(\omega)$ 是局部闭环的开环对数幅频特性。并有

$$L_o'(\omega)=20\lg|G_2(j\omega)H(j\omega)|=L_o(\omega)-L_K(\omega)\gg0 \tag{6.72}$$

故在伯德图上 $H(j\omega)$ 起作用的频段为 $L_o(\omega)\gg L_K(\omega)$ 所对应的频段,近似地可看作 $L_o(\omega)>L_K(\omega)$ 时对应的频段,且局部闭环的开环对数幅频特性 $L_o'(\omega)>0$,即在 0dB 线以上。

　　(2) 在校正装置不起作用的频段内,局部闭环的开环幅频特性有

$$|G_2(j\omega)H(j\omega)|\ll1 \tag{6.73}$$

由式(6.70),系统校正前后的开环对数幅频特性关系为

$$20\lg|G_K(j\omega)|\approx20\lg|G_o(j\omega)|-20\lg1=20\lg|G_o(j\omega)|$$

$$L_K(\omega)=L_o(\omega) \tag{6.74}$$

故在伯德图上 $H(j\omega)$ 不起作用的频段为 $L_o(\omega)$ 近似等于 $L_K(\omega)$ 所对应的频段,且局部闭环的开环对数幅频特性 $L_o'(\omega)<0$,即在 0dB 线以下。

　　根据以上分析,可求出校正所需的局部反馈回路的开环频率特性 $G_2(j\omega)H(j\omega)$。在伯德图上 $L_o(\omega)>L_K(\omega)$ 的范围内作减法 $L_o'(\omega)=L_o(\omega)-L_K(\omega)$,可得该频段内的局部反馈回路的开环对数幅频特性 $L_o'(\omega)$。在 $L_K(\omega)=L_o(\omega)$ 对应的频段内校正装置不起作用,则 $G_2(j\omega)H(j\omega)$ 的特性可以任取,但必须满足 $|G_2(j\omega)H(j\omega)|<1(L_o'(\omega)<0)$ 的条件。为了使校正装置简单,可将 $L_o(\omega)>L_K(\omega)$ 对应频段内的特性 $L_o'(\omega)$ 延伸到 $L_K(\omega)=L_o(\omega)$ 对应频段,这样可以得到完整的局部反馈回路的 $L_o'(\omega)$,从而推出 $G_2(s)H(s)$。

由此可知,利用期望频率特性法设计局部反馈校正装置的步骤如下。

（1）绘制已满足系统稳态性能要求的未校正系统的对数幅频特性 $L_o(\omega)$。

（2）根据时域指标与三频段形状的关系确定系统的期望对数幅频特性 $L_K(\omega)$。

（3）将整个频段划分为两个部分,注意在校正装置起作用的频段有 $L'_o(\omega)>0$,反之,在不起作用的频段有 $L'_o(\omega)<0$。在 $L_o(\omega)>L_K(\omega)$ 对应的频段作减法,即 $L'_o(\omega)=L_o(\omega)-L_K(\omega)$,并延伸到其他频段,由此确定局部反馈回路的开环频率特性。在 $L'_o(\omega)=0$ 附近的频段有较大的误差,但只要保证校正后新的幅值穿越频率 ω'_c 远离 $L'_o(\omega)=0$ 的频段,则可避免对系统的动态性能有较大的影响。

（4）根据步骤（3）得到的 $G_2(s)H(s)$ 和系统具体被反馈校正装置包围部分的传递函数 $G_2(s)$ 确定反馈校正装置的传递函数 $H(s)$。

（5）校验各项性能指标。

2. 应用实例

例 6.9 某小功率角度随动系统的结构图如图 6.48 所示。要求系统达到的性能指标为：系统型别为 I,稳态速度误差系数 $K_v\geqslant 200s^{-1}$;最大超调量 $\sigma\%\leqslant 25\%$,调节时间 $t_s\leqslant 0.5s$。试采用并联校正提高系统的性能。

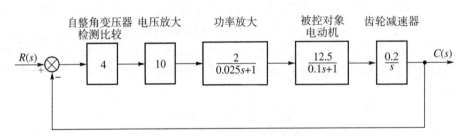

图 6.48　例 6.9 未校正系统结构图

解　（1）未校正系统的开环传递函数为

$$G_o(s) = \frac{200}{s(0.025s+1)(0.1s+1)}$$

绘出未校正系统的开环对数幅频特性如图 6.49 中的 $L_o(\omega)$。幅值穿越斜率为 $-60dB/dec$,可以求出系统校正前的幅值穿越频率为 $43rad/s$,相位裕量为 $-34.2°$,系统不稳定。

（2）开环传递系数为 $K=200$,系统的稳态性能已满足,据此期望特性的低频段与校正前重合。

（3）按 $\sigma\%$、t_s 的要求确定系统期望特性的中频段。

为保证足够的相位裕量,中频段的穿越斜率应该为 $-20dB/dec$,而 ω_c 与中频段左端的转折频率 ω_2 可按照如下方法确定：

$$\omega_c \geqslant \frac{6\sim 8}{t_s} = \frac{6\sim 8}{0.5} = 12\sim 16rad/s$$

取 $\omega_c = 20rad/s$

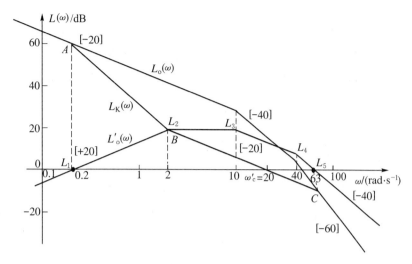

图 6.49　例 6.9 系统有关的伯德图

$L'_o(\omega)$—局部反馈回路；$L_o(\omega)$—未校正系统；$L_K(\omega)$—校正后系统

$$h \geqslant \frac{\sigma + 64}{\sigma - 16} = \frac{25 + 64}{25 - 16} = 9.89$$

取 $h=15$

$$\omega_2 = \frac{2}{h+1}\omega_c = \frac{2 \times 20}{15} \approx 2.67 \text{rad/s}$$

可取 $\omega_2 = 2\text{rad/s}$。为简化装置,将中频段右端延伸至与原特性高频段相交,据此画出期望特性的中频段线段 BC。中频段右端与原特性高频段交点 C 处的频率值可以由作图求得,也可直接计算求得。其计算方法为:

由于可求得校正前系统 $L_o(40) = 2\text{dB}$,则在 $\omega > 40$ 的频段内,有

$$\frac{L_o(\omega) - L_o(40)}{\lg\omega - \lg40} = -60$$

$$L_o(\omega) = 2 - 60\lg\omega/40$$

同理,校正后系统的期望特性有 $L_K(20) = 0\text{dB}$,则在 $\omega > 20$ 且位于 -20dB/dec 渐近线的频段内,有

$$L_K(\omega) = 0 - 20\lg\omega/20$$

则两条渐近线的交点可由下式求得

$$L_o(\omega) = L_K(\omega) = 2 - 60\lg\omega/40 = 0 - 20\lg\omega/20$$

交点 C 处频率为 63rad/s。

（4）绘制期望特性的其他频段。

过 B 点作斜率为 -40dB/dec 的直线交原特性的低频段于 A 点,以 AB 作为期望特性的低中频连接段。同交点 C 处频率的求法类似,可得交点 A 对应的频率值为 0.2rad/s。高频段与原特性的高频段重合。期望特性如图 6.49 中 $L_K(\omega)$ 所示。

（5）求局部反馈回路的开环对数幅频特性。

由图 6.49 可知,当 $0.2 < \omega < 63$ 时,$L_o(\omega) > L_K(\omega)$,为校正装置起作用的频段。由 $L'_o(\omega) = L_o(\omega) - L_K(\omega)$ 可得此频段内的局部反馈回路的开环对数幅频特性,如图 6.49 中的

分段直线 $L_1L_2L_3L_4L_5$ 所示。当 $\omega < 0.2$ 和 $\omega > 63$ 时 $L_{\mathrm{o}}(\omega) = L_{\mathrm{K}}(\omega)$，为校正装置不起作用的频段。当 $\omega < 0.2$ 时，将线段 L_1L_2 向左下方延伸以保证 $L_{\mathrm{o}}'(\omega) < 0\mathrm{dB}$；同理，当 $\omega > 63$ 时将线段 L_4L_5 向右下方延伸，从而得到完整的局部反馈回路的开环对数幅频特性 $L_{\mathrm{o}}'(\omega)$。

由于 $L_{\mathrm{o}}'(\omega)$ 低频段渐近线斜率为 $+20\mathrm{dB/dec}$，表示有一个纯微分环节，可得低频渐近线表达式为

$$L_{\mathrm{o}}'(\omega) = 20\lg K' + 20\lg\omega$$

将低频段上的点 $L_{\mathrm{o}}'(0.2) = 0\mathrm{dB}$ 代入低频渐近线表达式，可推出局部反馈回路的开环传递系数 $K' = 1/0.2 = 5$，因此局部反馈回路的开环传递函数为

$$G_2(s)H(s) = \frac{5s}{(0.5s+1)(0.1s+1)(0.025s+1)} \tag{6.75}$$

（6）校正装置传递函数的求取。

当校正装置所包围部分的特性 $G_2(s)$ 确定后，可由式（6.75）得到 $H(s)$。一般反馈校正元件放置在放大环节之后、前向通道中功率较高部位，为使校正装置简单，$H(s)$ 应考虑包围对应于 L_3、L_4 两点转折频率的环节，即包围功率放大元件与电动机。当然，具体系统还应考虑反馈信号能否被取出的问题。选择

$$G_2(s) = \frac{25}{(0.025s+1)(0.1s+1)} \tag{6.76}$$

则

$$H(s) = \frac{G_2(s)H(s)}{G_2(s)} = \frac{\dfrac{5s}{(0.5s+1)(0.1s+1)(0.025s+1)}}{\dfrac{25}{(0.025s+1)(0.1s+1)}} = \frac{0.2s}{0.5s+1} \tag{6.77}$$

（7）校验。

由校正后系统的开环频率特性 $L_{\mathrm{K}}(\omega)$ 可得校正后系统的开环传递函数为

$$G_{\mathrm{K}}(s) = \frac{200(0.5s+1)}{s(5s+1)(0.016s+1)^2}$$

相位裕量为

$$\gamma = 90° + \arctan(0.5 \times 20) - \arctan(5 \times 20) - 2\arctan(0.016 \times 20) = 50°$$

可查得 $\sigma\% \approx 25\%$，$t_{\mathrm{s}} \approx 8.5/\omega_{\mathrm{c}} = 0.43\mathrm{s}$。满足设计要求。

（8）校正装置的物理实现。

由于校正装置的输入信号是电动机的输出信号（角速度信号），故校正装置可以考虑由在电气调速系统中广泛应用的测速发电机来实现。测速发电机与电动机同轴旋转，为便于调节参数，测速发电机的输出端跨接分压器（分压比 β）。当输入输出分别是角速度信号与电压信号时，测速发电机是一个比例环节（包含减速比），传递函数为 $H_1(s) = K_{\mathrm{f}}$，故还需串联一个校正元件，其传递函数 $H_2(s)$ 应为

$$H_2(s) = \frac{0.2s}{0.5s+1} \cdot \frac{1}{K_{\mathrm{f}}} \cdot \frac{1}{\beta}$$

此元件为带惯性的微分环节，可用无源电网络实现（如图6.50所示）。该电路的传递函数为

$$G_{\mathrm{c}}(s) = \frac{Ts}{Ts+1}$$

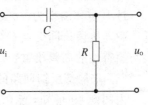

图 6.50 RC校正网络

所以应选 $T=R_2C=0.5\mathrm{s}$。经过负反馈校正后的系统方框图如图 6.51 所示。

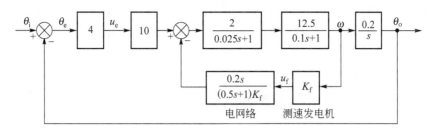

图 6.51 例 6.9 反馈校正后系统的结构图

（9）几点说明：

可求出局部反馈回路的幅值穿越频率为 63.4rad/s，是整个闭环系统幅值穿越频率 $\omega_c'=20\mathrm{rad/s}$ 的 3 倍多，说明局部反馈回路的响应速度快于整个闭环系统。因此，小闭环若出现较大的超调量对整个系统的影响不大，即对小闭环回路元件的要求就可减弱。当然，前提是小闭环也必须是稳定的。

同时，由于小闭环的反馈部分已求得为

$$H(s) = \frac{0.2s}{0.5s+1}$$

并且在反馈起作用的频段内，小闭环被反馈校正装置的倒数所替代，相当于在频段(0.2,63)的范围内，整个系统的开环传递函数变为

$$G_K(s) = 4 \cdot 10 \cdot \frac{0.2}{s} \cdot \frac{0.5s+1}{0.2s} = \frac{40(0.5s+1)}{s^2}$$

绘制出对应的幅频特性，完全与校正后系统在此频段内的幅频特性相同。而此频段外系统校正后的幅频特性则与校正装置无关，与校正前重合。充分说明了反馈校正的基本概念。同时，反馈校正所需无源电气元件的时间常数往往也较小，使得可以选取电容值较小的电容，便于物理实现。

此系统也可通过串联滞后-超前校正装置实现校正。

6.8.3 常用反馈校正形式与功能

1. 比例负反馈

比例反馈校正环节的传递函数为

$$H(s) = h$$

或含有小惯性环节的比例反馈校正环节为

$$H(s) = \frac{h}{Ts+1} \tag{6.78}$$

如图 6.52 所示，当反馈传递函数是比例系数为 h 的比例环节时，系统的传递函数为

$$\frac{C(s)}{R(s)} = \frac{K}{Ts+1+Kh} = \frac{\dfrac{K}{1+Kh}}{\dfrac{T}{1+Kh}s+1} \tag{6.79}$$

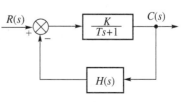

图 6.52 具有比例负反馈的系统

式(6.79)说明,由于采用了比例负反馈,使得惯性环节时间常数减小,系统的响应速度加快,动态特性得到改善。虽然放大系数也减小了,但是可以通过提高串接在系统中的放大环节的放大系数来补偿。从频率特性的角度看,响应速度加快表示比例负反馈可使环节或系统的带宽得到扩展。

比例负反馈也可用于将积分环节变换成惯性环节,增强系统的稳定性,但这将降低系统的无差度。由于比例反馈在动态和稳态过程中都要起反馈校正作用,因此又称为硬反馈。

采用负反馈校正时应注意局部反馈对稳态性能的影响。反馈信号与输出信号成正比的比例反馈(硬反馈)将降低系统的放大倍数,必须通过提高放大环节的放大系数得到补偿,但有时由于动态性能的限制使放大系数无法全部补偿,就可能影响系统的稳态性能。在控制系统中,为了不影响稳态误差,一般可采用反馈输入信号和输出信号的微分成正比的微分反馈(软反馈)。例如对于 0 型系统,可采用一阶微分反馈;对于 I 型系统,则采用二阶微分反馈。

2. 微分(速度)负反馈

(1)一阶微分负反馈校正环节的传递函数为

$$H(s) = hs \tag{6.80}$$

或含有小惯性环节的微分反馈校正环节

$$H(s) = \frac{hs}{Ts+1} \quad (一般\ T\ 为\ 10^{-4} \sim 10^{-2}\,\text{s}) \tag{6.81}$$

同理,当图 6.52 中的校正元件为微分负反馈时,系统的传递函数为

$$\frac{C(s)}{R(s)} = \frac{\dfrac{K}{Ts+1}}{1+\dfrac{Khs}{Ts+1}} = \frac{K}{(T+Kh)s+1} \tag{6.82}$$

可见,微分反馈可以在不改变被包围的惯性环节性质的条件下,增大其时间常数,同时维持比例系数 K 不变。微分反馈也可应用于包围二阶振荡环节,能够在不影响无阻尼自然角频率 ω_n 和比例系数 K 的前提下增加阻尼比,改善系统的相对稳定性。微分负反馈是反馈校正中使用得最广泛的一种控制规律。由于微分反馈仅在动态过程中起反馈校正作用,因此又称为软反馈。

(2)二阶微分(加速度)负反馈校正环节的传递函数为

$$H(s) = \frac{hs^2}{Ts+1} \quad (T\ 值很小) \tag{6.83}$$

用这种反馈校正等效取代原系统的中频段,可以提高系统的快速性、增强系统的平稳性、改善系统的动态响应。

常用的反馈微分校正形式主要有:

- $G_c(s) = K_f s$,常用测速发电机实现。
- $G_c(s) = K_f Ts/(Ts+1)$,常用测速发电机加低通滤波器实现。
- $G_c(s) = K_f Ts^2/(Ts+1)$,常用测速发电机加低通滤波器实现。
- $G_c(s) = K_f T^2 s^3/(Ts+1)^2$,常用测速发电机加二级滤波器实现,用于对系统动态性

能要求高的场所。

在实际控制系统中,电动机-测速发电机组作为执行机构得到了广泛的应用。

3. 正反馈

正反馈可以提高放大环节的放大倍数。如图 6.53
所示,反馈后的传递函数为

$$\frac{C(s)}{R(s)} = \frac{K}{1 - Kh} \qquad (6.84)$$

由式(6.84)可见,当 Kh 趋于 1 时,上述放大环节
的放大倍数将远大于原来的 K 值。这正是正反馈所独

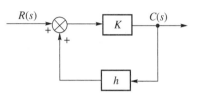

图 6.53 具有正反馈的控制系统

具的特点。因此,能够通过正反馈提高系统的开环传递系数,减小稳态误差,改善稳态性能。

总的来说,相比串联校正,反馈校正所需元件较多,线路也更复杂,但合适的反馈校正具
有以下作用:

- 负反馈校正可以扩展系统的频带宽度,加快响应速度。
- 负反馈校正可以及时抑制被反馈包围的环节由于参数变化、非线性因素以及各种干
  扰噪声对控制系统性能的不利影响。
- 负反馈校正可以消除系统不可变部分中不希望的特性,使该局部反馈回路的特性完
  全取决于校正装置。
- 局部正反馈校正可以提高反馈回路的放大系数。

采用反馈校正时应注意局部闭环的稳定性问题。如果局部闭环不稳定,虽然整个系统
仍可能稳定,但这种系统往往性能不理想,或无法进行开环系统的调试。因此,在进行反馈
校正装置设计时,要校验局部闭环的稳定性。

反馈校正通常与串联校正联合使用:首先通过反馈校正改造被包围对象的传递函数,
使之容易被控制;然后再加上串联校正装置,全面改善整个系统的动态与稳态性能。

6.8.4 小结

前述的校正方式无论是串联校正还是反馈校正,其校正装置均是接在闭环控制回路以
内,通过系统的反馈起控制作用。目前,在工程实践中有一些精度要求高的系统(例如高精
度伺服系统,对稳态精度和相对稳定性方面的要求都很高),或者系统中存在强的低频扰动
(如负载扰动),要求系统对这种扰动有很好的抑制能力,同时又有很好的对参考输入的跟踪
能力。在工程实际中,针对这些系统,广泛采用了把前馈控制和反馈控制相结合的控制方
式,这就是所谓的复合控制。复合控制通常分成两大类,即按扰动补偿的复合控制(主要用
于恒值控制系统)和按给定输入补偿的复合控制(主要用于随动系统)。

本章讨论的系统都以随动系统为对象,主要考虑系统在给定输入信号作用下的性能。
而对于恒值控制系统(非单位负反馈系统),给定输入信号基本不变,希望系统在扰动输入信
号作用下,系统的输出不受或少受影响。其校正的基本思路是以扰动为输入信号,则根据系
统在扰动信号 $D(s)$ 的作用下输出的过渡过程,提出相应的性能指标,并找出能够满足要求
的闭环传递函数 $\frac{C(s)}{D(s)}$。

对于任何系统的任何校正方法,其理论设计的结果都只能作为系统调试的基础参数。这是因为:

(1) 在建立系统的数学模型——传递函数时,采取了近似处理:如非线性元件的线性化处理、系统结构的近似处理、近似认为元件的工作点是固定的、未考虑元件的饱和特性等。

(2) 在系统校正时采用了相应的近似处理措施。如用渐近对数幅频特性取代实际的对数幅频特性,采用经验公式等。

(3) 采用的校正方法不同,校正效果也不同。

(4) 为了使校正装置易于实现,也采用了相应的简化处理。

总之,在理论设计的基础上,必须通过实际调试才能使系统达到较佳的性能指标。

6.9　控制系统校正的 MATLAB 应用

利用 MATLAB 对控制系统进行校正,可以免去手工计算相关的频域指标,直接利用计算机求解,特别是手工计算难以求出的幅值裕量与相位穿越频率可以调用函数精确求出;并可以通过仿真曲线,直观判断校正后的系统性能是否满足要求。在设计时,可以利用 MATLAB 提供的各种函数,也可利用 Simulink 建立动态结构图进行仿真。

6.9.1　MATLAB 函数在控制系统校正中的应用

例 6.10　要求利用 MATLAB 比较例 6.4 系统校正前后的性能,并求出相关开环频域指标与单位阶跃响应曲线。

解

(1) 求系统校正前的开环频域指标与单位阶跃响应曲线

```
num=[2];
den=conv([1 0],[0.5 1]);               %开环传递函数的分母多项式;conv 为多项式相乘
sys=tf(num,den);
[gm,pm,wcp,wcg]=margin(sys)            %求系统开环频域指标
figure(1)                              %输出第一个图形
margin(sys)                            %绘制标注有稳定裕量的系统伯德图
grid                                   %在伯德图上绘制比例栅格
figure(2)                              %绘制第二个图形
numb=num;                              %闭环系统的分子多项式
denb=[zeros(1,length(den)-length(num)),num]+den
                                       %生成闭环系统的分母多项式
                                       %[0.5000  1.0000  2.0000]
step(numb,denb)                        %绘制闭环系统的单位阶跃响应曲线
grid                                   %绘制响应曲线图的比例栅格
```

zeros 函数的作用是生成全 0 矩阵,length 函数计算多项式向量的维数,故[zeros(1,length(den)−length(num)),num]函数的作用是生成多项式[0 0 2]。

计算求得校正前开环频域指标为

```
gm =
    Inf                        %系统校正前幅值裕量为无穷大
pm =
    51.8273                    %系统校正前相位裕量准确值为51.8°
wcp =
    Inf                        %系统校正前相位穿越频率为无穷大
wcg=
    1.5723                     %系统校正前幅值穿越频率准确值为1.57rad/s
```

与理论计算求得的结果比较,可见由于传统的方法是依据渐近线计算求取,故有一定的误差。

系统开环伯德图与闭环系统的单位阶跃响应曲线如图6.54所示,利用鼠标单击响应曲线上最大峰值处,曲线将自动标注系统最大超调量$\sigma\%=16\%$,同理求得调节时间$t_s=2.67s$,因此校正前系统的动态、稳态性能均不满足要求。

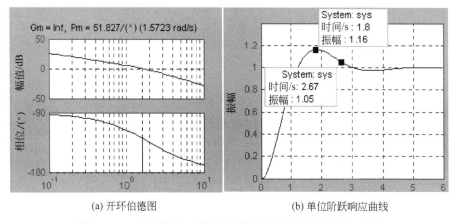

(a) 开环伯德图   (b) 单位阶跃响应曲线

图6.54 二阶系统校正前的开环伯德图与单位阶跃响应曲线

（2）校验校正后系统性能

求系统校正后的开环频域指标与单位阶跃响应曲线指令如下。

```
num=[10];
den=conv([1 0],[0.05 1]);              %开环传递函数的分母多项式;conv为多项式相乘
sys=tf(num,den);
figure(1)                              %输出第一个图形
margin(sys)                            %输出标注有稳定裕量的系统伯德图
grid                                   %绘制伯德图上的比例栅格
figure(2)                              %输出第二个图形
numb=num;                              %闭环系统的分子多项式
denb=[zeros(1,length(den)-length(num)),num]+den
                                       %生成闭环系统的分母多项式
                                       %[0.0500  1.0000  10.0000]
step(numb,denb)                        %绘制闭环系统的单位阶跃响应曲线
grid                                   %绘制响应曲线图上的比例栅格
```

校正后系统开环伯德图和阶跃响应曲线如图6.55所示。可得系统校正后的相位裕量为65.53°,幅值穿越频率为9.1rad/s,单位阶跃响应的最大超调量$\sigma\%=4\%$,调节时间$t_s=0.2s$,与理论设计所求值基本相同,系统的动态、稳态性能均满足要求。

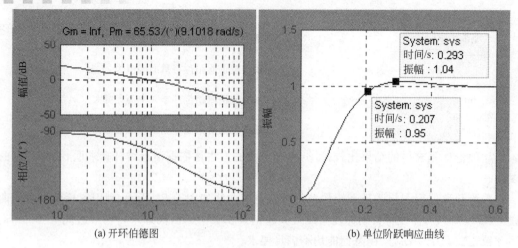

(a) 开环伯德图 (b) 单位阶跃响应曲线

图 6.55 二阶系统校正后的开环伯德图与单位阶跃响应曲线

6.9.2 基于 Simulink 的系统校正

例 6.11 要求利用 MATLAB 比较例 6.5 系统校正前后的性能,并求出相关开环频域指标。

解

(1) 求校正前系统开环频域指标与单位阶跃响应曲线

建立系统模型的指令为

num=[100];
den=conv([1,0],conv([0.1 1],[0.05 1]));   %开环传递函数的分母多项式

其他指令与例 6.10 相同。

由图 6.56 可求得系统校正前相位裕量为 $-28.1°$,幅值裕量为 $-10.5dB$,幅值穿越频率为 24.25rad/s,与理论计算求得的值基本相同。可见系统不稳定,阶跃响应为发散振荡。

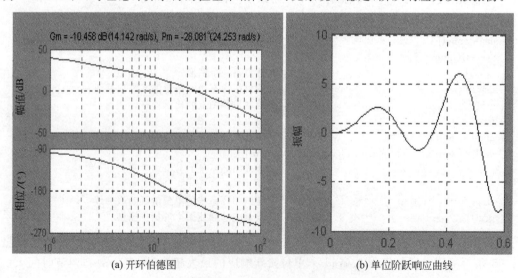

(a) 开环伯德图 (b) 单位阶跃响应曲线

图 6.56 三阶系统校正前的开环伯德图与单位阶跃响应曲线

（2）校验校正后系统性能

可采用 Simulink 对校正后系统性能进行仿真。由例 6.5 相关数据建立校正后系统动态结构图如图 6.57 所示。启动仿真，示波器输出单位阶跃响应曲线为图 6.58。利用动态结构图仿真模型校正系统时，可以随时添加校正装置或修改元件参数，使用相当方便。

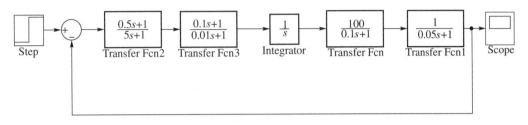

图 6.57　校正后三阶系统的 Simulink 动态结构图

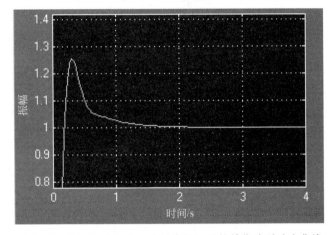

图 6.58　示波器输出的三阶系统校正后的单位阶跃响应曲线

也可直接利用前述指令操作方式求取校正后系统性能与响应曲线。建立校正后系统模型的指令为

num＝[100]；
den＝conv([1 0],conv([0.05 1],conv([0.01 1],[5 1])))％闭环传递函数的分母多项式

其他指令与例 6.10 相同。

图 6.59 为校正后系统开环伯德图与阶跃响应曲线。可见，系统校正后的幅值裕量为 20.6dB，相位裕量为 48.9°，幅值穿越频率为 9.2rad/s，与理论设计的结果基本相同。通过动态结构图示波器求得的响应曲线与指令方式求得的响应曲线完全一致，校正后系统单位阶跃响应的最大超调量 $\sigma\%＝25\%$，调节时间 $t_s＝0.66s$，系统的动态、稳态性能均满足要求。

由以上分析可见，利用传统的设计方法与有关经验公式，可以设计出性能满意的系统，并对系统的相关性能指标进行正确的求解，实际值还往往优于经验公式所给出的指标，证明了经验公式的有效性。在此基础上，利用 MATLAB，可以大大简化设计过程，并得出明确的性能指标。

对于反馈校正、前馈校正，以及根轨迹校正等其他校正方式或方法，同样可以利用 MATLAB 简化设计并校验性能指标。

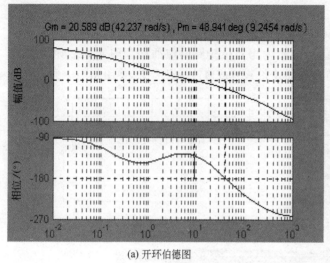
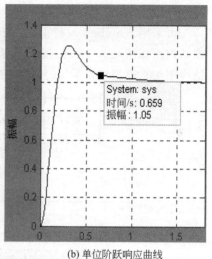

(a) 开环伯德图　　　　　　　　　　　(b) 单位阶跃响应曲线

图 6.59　三阶系统校正后的开环伯德图与单位阶跃响应曲线

习题

6.1　试分别说明系统的固有频率特性与系统期望频率特性的概念。

6.2　试比较串联校正和反馈校正的优缺点。

6.3　PD 控制为什么又称为超前校正？串联 PD 控制器进行校正为什么能提高系统的快速性和稳定性？

6.4　PI 控制为什么又称为滞后校正？串联 PI 控制器进行校正为什么能提高系统的稳态性能？如何减小它对系统稳定性的影响？

6.5　PID 控制为什么又称为滞后-超前校正？串联 PID 控制器进行校正为什么能改善系统的稳态性能与动态性能？

6.6　试分别叙述利用比例负反馈和微分负反馈包围振荡环节所起到的作用。

6.7　设一个单位负反馈系统的开环传递函数 $G_\circ(s) = \dfrac{K}{s(0.1s+1)}$，若要使系统开环传递系数 $K=20$，相位裕量 γ' 大于 $60°$，幅值穿越频率 ω'_c 不小于 $20\mathrm{rad/s}$，试求系统所需的串联超前校正装置及其参数。

6.8　一个单位负反馈系统固有部分的传递函数为 $G_\circ(s) = \dfrac{K}{s(s+1)(0.5s+1)}$，若要求系统的稳态速度误差系数 $K_v = 5\mathrm{s}^{-1}$，相位裕量 $\gamma' \geqslant 40°$，幅值穿越频率 $\omega'_c \geqslant 0.5\mathrm{rad/s}$，幅值裕量 $L'_h \geqslant 10\mathrm{dB}$。试设计所需串联滞后校正装置的传递函数。

6.9　系统开环传递函数为 $G_\circ(s) = \dfrac{K}{s(0.1s+1)(0.2s+1)}$，要求：

(1) 系统响应斜坡信号 $r(t)=t$ 时，稳态误差 $e_{ss} \leqslant 0.01$。

(2) 系统相位裕量 $\gamma' \geqslant 40°$。

试用分析法设计一个串联滞后-超前校正装置。

6.10　负反馈系统的开环传递函数为 $G_\circ(s) = \dfrac{2}{s(0.25s+1)}$，要求系统的稳态速度误差

系数为 $K_v = 10s^{-1}$，谐振峰值 $M_r \leqslant 1.5$，试确定串联校正装置的参数。

6.11 负反馈系统的开环传递函数为 $G_o(s) = \dfrac{100}{s(0.25s+1)(0.05s+1)}$，要求系统校正后的谐振峰值 $M_r \leqslant 1.4$，谐振频率 $\omega_r \geqslant 10\text{rad/s}$，试确定串联校正装置。

6.12 设一个随动系统，其开环传递函数为 $G_o(s) = \dfrac{K}{s^2(0.2s+1)}$，由期望法设计系统的稳态加速度误差系数 $K_a = 20s^{-2}$ 和相位裕量 $\gamma' \geqslant 35°$ 时的串联校正装置。

6.13 设单位负反馈系统的开环传递函数为 $G_o(s) = \dfrac{K}{s(0.5s+1)(0.167s+1)}$，试用期望对数频率特性法（期望特性用 1-2-1-2-3 系统）设计串联校正装置，使系统满足下列性能指标：$K \geqslant 180, \sigma\% \leqslant 27\%, t_s \leqslant 2\text{s}$。

6.14 系统开环传递函数为 $G_o(s) = \dfrac{K}{s^2(0.05s+1)}$，希望闭环系统具有以下性能指标：

(1) 稳态加速度误差系数 $K_a = 10s^{-2}$。

(2) $\gamma' \geqslant 30°, \omega_c' \geqslant 10\text{rad/s}$。

试用期望法确定系统所需串联校正装置。

6.15 原系统的开环传递函数为 $G_o(s) = \dfrac{10}{s(s+1)(0.1s+1)}$，采用串联校正，期望校正以后的开环对数幅频特性曲线 $L(\omega)$ 如图 6.60 所示。试求：

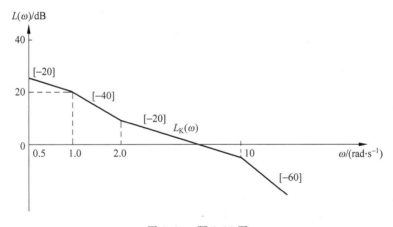

图 6.60 题 6.15 图

(1) 在原图上绘制所需校正装置的伯德图 $L_c(\omega)$，求出此装置的传递函数 $G_c(s)$，并说明该装置的类型。

(2) 简要说明系统校正前后性能的变化。

6.16 一个单位负反馈控制系统的开环传递函数为

$$G_o(s) = \dfrac{K_g}{s(s+4)(s+6)}$$

(1) 若要求闭环系统单位阶跃响应的最大超调量 $\sigma\% \leqslant 18\%$，试用根轨迹法确定系统的开环传递系数。

(2) 若希望系统的开环传递系数 $K \geqslant 15$，而动态性能不变，试用根轨迹法确定校正装置的传递函数。

6.17　系统开环传递函数为

$$G_o(s) = \frac{K_g}{s(s+4)}$$

要求校正后系统的 $K_v = 30s^{-1}, \zeta = 0.707, t_s < 1s$,利用根轨迹法确定串联校正装置。

6.18　采用了反馈校正的系统结构图如图 6.61 所示,试比较校正前后系统的性能。

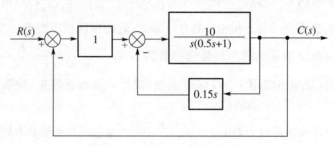

图 6.61　题 6.18 系统结构图

6.19　采用反馈校正后的系统结构如图 6.62 所示,其中 $H(s)$ 为校正装置。要求系统满足下列指标:稳态速度误差系数 $K_v = 200s^{-1}, \gamma \geqslant 45°$。试确定反馈校正装置的参数,并求校正后系统的等效开环传递函数。

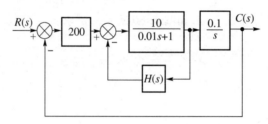

图 6.62　题 6.19 系统结构图

MATLAB 实验

M6.1　利用 MATLAB 函数编写程序,绘制无源超前校正装置的 $1/\alpha$ 与 φ_m 及 $10\lg(1/\alpha)$ 的关系曲线(如图 6.12 所示)(提示: $1/\alpha$ 的取值范围为 $[1,20]$)。

M6.2　利用 MATLAB 函数编写程序,绘制无源滞后校正装置 $1/\beta$ 与 $20\lg(1/\beta)$ 的关系曲线(如图 6.19 所示)(提示: $1/\beta$ 的取值范围为 $[0.01,1]$)。

M6.3　系统校正前开环传递函数为

$$G_o(s) = \frac{400}{s(s^2 + 30s + 200)}$$

设计技术指标要求如下:单位斜坡输入的稳态误差小于 10%; $\omega'_c = 14rad/s$; $\gamma' = 45°$。设计串联超前校正装置并验证。

M6.4　系统校正前开环传递函数为

$$G_o(s) = \frac{1}{s(s+5)}$$

设计技术指标要求如下:单位斜坡输入的稳态误差小于 5%; $\omega'_c = 2rad/s$; $\gamma' = 40°$。设计串联滞后校正装置并验证。

第7章

非线性控制系统

内容提要

本章讲述非线性控制系统的基本概念和分析方法。首先介绍非线性系统的数学描述、非线性特性的分类、非线性系统的特点。在此基础上,介绍了经典控制理论中研究非线性控制系统的两种常用方法:描述函数法和相平面法。并介绍了引入非线性特性对系统性能的改善。最后介绍应用 MATLAB 进行非线性系统的频率特性和时域响应的分析,以及应用 MATLAB 绘制非线性系统的相平面图。

在以上各章中,讨论了线性系统各方面的问题。但在实际工程中理想的线性系统严格地说是不存在的,其组成元件在不同程度上都具有某种非线性特性,可以说都是非线性系统。不过,当系统的非线性程度不严重时,一定条件下可以近似地看作线性系统,这时采用线性方法去研究具有实际意义。但是,如果系统的非线性程度比较严重,采用线性方法研究就可能导致错误的结论,故有必要进行专门的非线性系统的研究。

7.1 非线性系统的基本概念

7.1.1 非线性系统的数学描述

如果一个系统中包含一个或一个以上具有非线性特性的元件或环节时,即称该系统为非线性控制系统。

图 7.1(a)是用弹簧悬挂带有阻尼力的质量为 m 的物体的示意图。图 7.1(b)是弹簧力的特性示意图。弹簧力在接近平衡点附近符合胡克定律;在弹簧完全压缩时,其弹性系数急剧增加;当拉伸弹簧使其逐步伸展时,弹性系数减小;进一步加力使弹簧接近全部拉伸时,其弹性系数又增加。阻尼力与运动速度关系也是很复杂的,不过,影响阻尼力的众多因素中,与速度成正比的黏滞摩擦阻尼是主要的。下面研究质量 m 做上下运动的情况。考虑到作用于质量 m 上的全部力,其运动可用下面的非线性微分方程描述:

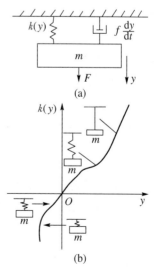

图 7.1 弹簧阻尼系统示意图

$$m\frac{\mathrm{d}^2 y(t)}{\mathrm{d}t^2} + f\frac{\mathrm{d}y(t)}{\mathrm{d}t} + k(y)y(t) = F \tag{7.1}$$

式中,f 为黏性摩擦系数;$k(y)$ 为弹性系数。由式(7.1)可知,这与前面所介绍的描述线性系统的微分方程不同,非线性微分方程中待求函数 $y(t)$ 的系数 $k(y)$ 是 $y(t)$ 的函数。

描述大多数非线性物理系统的数学模型是 n 阶非线性微分方程,其形式为

$$\frac{\mathrm{d}^n y(t)}{\mathrm{d}t^n} = h\left[t, y(t), \frac{\mathrm{d}y(t)}{\mathrm{d}t}, \cdots, \frac{\mathrm{d}^{n-1} y(t)}{\mathrm{d}t^{n-1}}, r(t)\right] \tag{7.2}$$

式中,$r(t)$ 为输入函数;$y(t)$ 为输出函数。

为了求非线性系统的时频响应,必须求出式(7.2)的解。在通常情况下,可以将构成系统的环节分为线性与非线性两部分。对于单回路系统中包含孤立的非线性环节时,可将线性部分和非线性部分分开。这样,用框图表示非线性系统时则可以画成如图 7.2 所示的基本形式。例如式(7.1)描述的弹簧-质量-阻尼器系统可用图 7.3 所示的结构图表示。当用框图作为非线性系统的数学模型,并以它作为分析的出发点时,因为多数情况不关心其各方框的输入和输出关系,所以不必再用微分方程去描述系统,而只需将系统的线性部分用传递函数或脉冲响应表示,非线性部分则用非线性等效增益或描述函数表示即可(将在后面 7.4 节介绍)。但是,对于复杂系统而言,则必须考虑非线性环节加于系统何处以及以何种加入的问题,而不能像上面所介绍的例子这样简单。

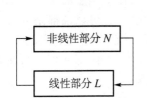

图 7.2　非线性系统框图的基本形式

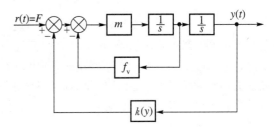

图 7.3　弹簧-质量-阻尼器系统的结构图

7.1.2　非线性特性的分类

非线性特性种类很多,且对非线性系统尚不存在统一的分析方法,所以首先必须进行非线性特性分类,然后根据各个非线性的类型进行分析得到具体的结论,才能用于实际。按非线性环节的物理性能及非线性特性的形状划分,非线性特性有死区、饱和、间隙和继电器等。下面分别给予说明。

1. 饱和特性

饱和非线性的静特性如图 7.4 所示。图中 $e(t)$ 为非线性元件的输入信号,$y(t)$ 为非线性元件的输出信号,其数学表达式为

$$y(t) = \begin{cases} ke(t) & |e(t)| \leqslant a \\ ka \, \mathrm{sgn}\, e(t) & |e(t)| > a \end{cases} \tag{7.3}$$

式中,a 为线性区的宽度;k 为线性区的斜率;当 $e(t) > 0$ 时,$\mathrm{sgn}\, e(t) = +1$;当 $e(t) < 0$ 时,

$\operatorname{sgn} e(t) = -1$。

对于饱和特性,当输入信号超出线性范围后,输出信号便不再随输入信号的变化而变化,将保持为某一常值,元件或环节的传送系数将随之而急剧下降。放大器的饱和输出特性、伺服电机在大控制电压情况下运行的输出转速特性都属于饱和非线性特性。在控制系统中有饱和特性存在时,将使系统在大信号作用下的等效放大倍数降低,从而引起瞬态过程时间的延长和稳态误差的增加。对于条件稳定系统,甚至可能出现小信号时稳定,而大信号时不稳定的情况。为了避免饱和特性使系统动态性能变坏,一般应尽量设法扩大系统的线性工作范围,同时为了充分发挥系统中各元件的潜力,应使前级元件的线性区比后级元件的线性区更宽些。

2. 死区(不灵敏区)特性

死区特性的静特性如图 7.5 所示。其数学表达式为

$$y(t) = \begin{cases} 0 & |e(t)| \leqslant a \\ k[e(t) - a\operatorname{sgn}e(t)] & |e(t)| > a \end{cases} \tag{7.4}$$

式中,a 为死区宽度,k 为线性区的斜率。

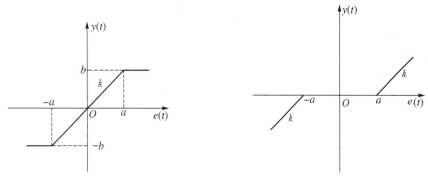

图 7.4 饱和特性   图 7.5 死区特性

这类特性表示输入信号在零值附近变化时,元件或环节无信号输出,只有当输入信号大于某一数值(死区)后,输出信号才会出现,并与输入信号呈线性关系。伺服电机的死区电压(起动电压)、测量元件的不灵敏区等都属于死区非线性特性。由于有死区特性存在,将使系统产生稳态误差,特别是对测量元件的不灵敏区影响最为突出。

3. 间隙特性

间隙非线性特性又称为回环,如图 7.6 所示。其数学表达式为

$$y(t) = \begin{cases} k[e(t) - \varepsilon] & \dot{y}(t) > 0 \\ k[e(t) + \varepsilon] & \dot{y}(t) < 0 \\ b\operatorname{sgn}e(t) & \dot{y}(t) = 0 \end{cases} \tag{7.5}$$

式中,2ε 为间隙宽度,k 为输出特性斜率。

这类特性表示在元件开始运动,而输入信号小于 ε 时元件无输出信号,只有当输入信号 $e(t)$ 大于 ε 时,元件

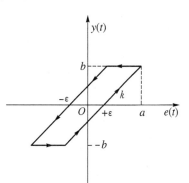

图 7.6 间隙特性

的输出信号才随着输入信号的变化而线性变化。当元件反向运动时,元件输出则保持在运动方向发生变化瞬间的输出值上,直到输入信号反向变化两倍 ε 后,输出信号才再随输入信号的变化而线性变化。齿轮传动的齿隙特性,液压传动的油隙特性等均属于这类特性。当系统中有间隙特性存在时,将使系统输出信号在相位上产生滞后,从而使系统的稳定裕量减少,动态特性变坏。间隙的存在常常是系统产生自持振荡的主要原因。

4. 继电器特性

由于继电器吸合电压与释放电压不等,使其特性中包含了死区、回环及饱和特性(如图 7.7 所示)。其数学表达式为

$$
y(t) = \begin{cases}
0 & -ma < e(t) < a & \dot{e}(t) > 0 \\
0 & -a < e(t) < ma & \dot{e}(t) < 0 \\
b\,\mathrm{sgn}\,e(t) & |e(t)| \geqslant a \\
b & e(t) \geqslant ma & \dot{e}(t) < 0 \\
-b & e(t) \leqslant -ma & \dot{e}(t) > 0
\end{cases}
\tag{7.6}
$$

式中,a 为继电器吸合电压;ma 为释放电压;b 为饱和输出。

如果在上述特性中,a 值为零,即继电器吸合电压和释放电压均为零的零值切换,称这种特性为理想继电器特性,其静特性如图 7.7(b)所示。

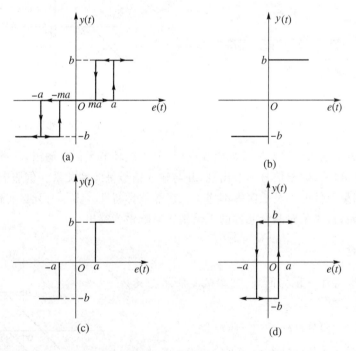

图 7.7　继电器特性

在图 7.7(a)所示特性中,如果 $m=1$,即继电器吸合电压和释放电压相等,则称这种特性为有死区的单值继电器特性,其特性如图 7.7(c)所示。

若在图 7.7(a)所示特性中,$m=-1$,即继电器的正向释放电压等于反向吸合电压时,称

这种特性为滞环继电器特性,其静特性如图 7.7(d)所示。

由于继电器元件在控制系统中常用来作为改善系统品质的切换元件,因此继电器特性在非线性系统的分析中占有重要地位。

5. 变放大系数特性

变放大系数非线性特性如图 7.8 所示,其数学表达式为

$$y(t) = \begin{cases} k_1 e(t) & |e(t)| < a \\ k_2 e(t) & |e(t)| > a \end{cases} \qquad (7.7)$$

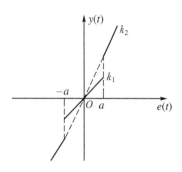

图 7.8 变放大系数特性

式中,k_1 和 k_2 为输出特性的斜率,a 为切换点。

这种特性表示当输入信号的幅值不同时,元件或环节内放大系数也有所不同。这种变放大系数特性,使系统在大误差信号时具有较大的放大系数,从而使系统响应迅速;而在小误差信号时具有较小的放大系数,使系统响应既缓且稳,具有这种特性的系统,其动态品质较好。

如以非线性环节的输出与输入之间存在的函数关系划分,非线性特性又可分为单值函数与多值函数两类。例如死区特性、饱和特性及理想继电器特性都属于输出与输入为单值函数关系的非线性特性。后面章节将会看到,多值函数的非线性特性将使频率响应产生滞后相移。

7.1.3 非线性系统的特点

分析非线性环节的静特性,可以发现,环节的传递函数不再为常数,这就导致了非线性系统与线性系统相比的明显的特征。

(1) 线性系统描述其运动过程的数学模型是线性微分方程,故可以采用叠加原理。而非线性系统,其数学模型为非线性微分方程,不能采用叠加原理,必须研究不同输入所引起的输出响应。

(2) 线性系统的稳定性与输入响应的性质只由系统本身的结构及参量决定,而与系统的初始状态无关。然而非线性系统的稳定性及零输入响应的性质不仅取决于系统本身的结构和参量,而且还与系统的初始状态有关。对于同一个结构和参数的非线性系统,初始状态位于某一较小数值的区域时系统稳定,但在较大初始值时系统可能不稳定,有时也可能相反。故对非线性系统,不能笼统地讲系统是否稳定。

(3) 线性系统的工作状态只可能有两种,即稳定或不稳定。至于系统的周期运动只可能发生在 $\zeta = 0$ 的临界情况,但这个周期运动具有不稳定性,一旦受到外来扰动,原来的周期运动便不能保持,因此,这种等幅振荡仅在理论上成立,在物理上是不能实现的。对于非线性系统,在没有外作用时,系统完全有可能发生一定频率和振幅的稳定的周期运动。这个周期运动在物理上是可以实现的,其频率和振幅均由系统本身的特性所决定,所以通常把它称为自持振荡,简称自振。自振是非线性系统的一个非常重要的特征,也是研究非线性系统的

重要内容之一。

（4）在线性系统中，当输入是正弦函数时，其输出的稳态分量也是同频率的正弦函数，只是在幅值和相位上有所不同，因此可以用频率特性的概念来研究和分析线性系统的固有特性。但在非线性系统中，输入是正弦函数时，输出则是包含有高次谐波分量的非正弦周期函数，因此不能用频率特性、传递函数等线性系统常用的方法来研究非线性系统。

7.1.4　非线性系统的分析和设计方法

非线性系统有其自身的特点，所以在研究时，着重点和研究方法与线性系统也有所不同。一般常着重研究其稳定和自持振荡等问题。至于研究方法虽很多，但常带有局限性，到目前为止，对于非线性系统还缺乏像线性系统那样的具有普遍意义的分析设计方法。在工程中，对于非本质非线性通常是近似成线性系统来研究；对于本质非线性系统，则是针对某类问题、某类系统采用相应的研究方法。

1. 相平面法

相平面法是求解一阶或二阶非线性系统的图解法。这种方法既能提供稳定性信息，又能提供时间响应信息，但缺点是只限于一阶和二阶系统。

2. 描述函数法

描述函数法是基于频率域的等效线性化方法。该方法不受系统阶次的限制，但系统必须满足一定的假设条件，且只能提供系统稳定性和自持振荡的信息。

3. 波波夫法

波波夫法是一个关于系统渐近稳定充分条件的频率域判据。它可以应用于高阶系统，并且是一种准确判定稳定性的方法。

7.2　二阶线性和非线性系统的相平面分析

二阶系统不仅在线性系统的研究中占有特殊地位，在非线性系统的研究中也同样重要。其原因在于：由于二阶系统解的轨迹能够用平面上的曲线表示，因而非线性系统的许多概念都能有简明的几何解释。

7.2.1　相平面、相轨迹和平衡点

一般说来，描述二阶系统的二阶常微分方程可以用两个一阶微分方程表示，即

$$\dot{x}_1(t) = f_1[t, x_1(t), x_2(t)]$$
$$\dot{x}_2(t) = f_2[t, x_1(t), x_2(t)]$$

(7.8)

式(7.8)中有意地令外部输入 $u(t)=0$,这是因为人们感兴趣的是系统本身的特征。分析二阶系统使用状态平面图则比较方便。状态平面是一般的二维平面,其水平轴记为 x_1,垂直轴记为 x_2。假设 $[x_1(t),x_2(t)]$ 表示为式(7.8)的一个解,则当 t 为固定值时,解对应于状态平面上的一个点。当 t 变化时,$x_1(t)$ 对于 $x_2(t)$ 在状态平面上形成的运动轨迹称为状态平面轨迹。

当式(7.8)的形式为

$$\dot{x}_1(t) = x_2(t) \tag{7.9}$$

时,习惯上把这种特殊情况下的状态平面称为相平面,相应的状态平面轨迹称为相平面轨迹,或直接称为相轨迹,在相轨迹上用箭头表示时间增加的方向。图7.9(a)和图7.9(b)中分别给出了某二阶系统的时间响应与相轨迹。图中用 A、B、C 分别表示不同的初始状态,每一初始状态下对应一条相轨迹。

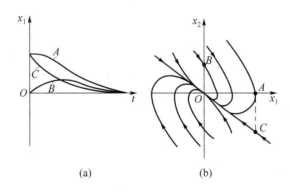

图 7.9 某二阶系统的时间响应和相轨迹

状态 (x_{10},x_{20}) 称为式(7.8)在 t_0 时刻的一个平衡点,其条件为对于所有的 $t \geq t_0$,有

$$\begin{cases} f_1(t,x_{10},x_{20}) = 0 \\ f_2(t,x_{10},x_{20}) = 0 \end{cases} \tag{7.10}$$

尤其是非时变系统(常称为自治系统),t_0 时刻的平衡点必然也是 $t \geq t_0$ 所有时刻的平衡点。在相轨迹上满足条件

$$\frac{dx_2}{dx_1} = \frac{0}{0} \tag{7.11}$$

为不定值的点称为奇点。由于式(7.11)也可写为 $\dfrac{dx_2/dt}{dx_1/dt} = \dfrac{0}{0}$,所以式(7.11)的条件与式(7.10)是完全等价的。因此,奇点也必然就是平衡点。在图7.10中只有坐标原点(即相平面的原点)是奇点;无数条相轨迹都通过原点,所以在相平面原点上相轨迹的斜率不是定值。除此之外,相平面上任何点都只有一条相轨迹通过,该点的相轨迹斜率必为定值,故都不是奇点。

下面将用相平面图和奇点的概念去分析二阶线性和非线性系统时间响应的性质。

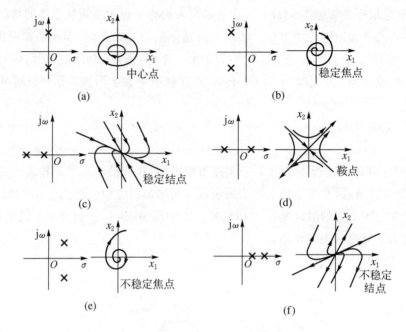

图 7.10　二阶线性系统特征根与奇点

7.2.2　二阶线性系统的特征

二阶线性系统的微分方程为

$$\ddot{x} + 2\zeta\omega_n\dot{x} + \omega_n^2 x = 0 \tag{7.12}$$

令 $x = x_1, \dot{x}_1 = x_2$,则上式可改写成为下列一阶微分方程组

$$\begin{cases} \dot{x}_1 = x_2 \\ \dot{x}_2 = -\omega_n^2 x_1 - 2\zeta\omega_n x_2 \end{cases} \tag{7.13}$$

即可得到

$$\frac{\dot{x}_1}{\dot{x}_2} = -\frac{x_2}{\omega_n^2 x_1 + 2\zeta\omega_n x_2}$$

或

$$\frac{\mathrm{d}x_1}{\mathrm{d}x_2} = -\frac{x_2}{\omega_n^2 x_1 + 2\zeta\omega_n x_2} \tag{7.14}$$

由此式所解得 x_1 与 x_2 的关系式就是二阶线性系统的相轨迹方程。

另一方面,式(7.12)的特征方程为

$$\lambda^2 + 2\zeta\omega_n\lambda + \omega_n^2 = 0$$

于是特征根(或二阶线性系统的极点)为

$$\lambda_1, \lambda_2 = -\zeta\omega_n \pm \omega_n\sqrt{\zeta^2 - 1}$$

前面章节已讨论,线性二阶系统的时间响应由其特征根决定,而时间响应又决定了系统相轨迹的性质。下面分别加以讨论。

(1) 当 $\zeta = 0$ 时,系统处于无阻尼运动状态,λ_1 和 λ_2 为共轭虚根。此时方程(7.14)为

$$\frac{\mathrm{d}x_1}{\mathrm{d}x_2} = -\frac{x_2}{\omega_n^2 x_1}$$

分离变量后,对上式等号两边分别积分即可得到

$$x_1^2 + \left(\frac{x_2}{\omega_n}\right)^2 = R^2$$

式中,$R^2 = x_{10}^2 + \left(\frac{x_{20}}{\omega_n}\right)^2$,$x_{10}$,$x_{20}$ 为初始状态。上式所表示系统的相轨迹是一簇同心的椭圆(适当选择坐标比例尺,可得一簇同心圆)。每一个椭圆对应一个简谐运动[见图 7.10(a)],在相平面原点处有一孤立奇点,被周围封闭的椭圆曲线包围。此种奇点称为中心点。7.1 节曾指出,线性系统等幅振荡实际上不能持续。

(2) 当 $0 < \zeta < 1$ 时,系统处于欠阻尼运动状态,λ_1 和 λ_2 为位于根平面左半部的一对共轭复根。系统的零输入响应呈衰减振荡,最终趋于零。对应的相轨迹是对数螺旋线,收敛于相平面原点[见图 7.10(b)]。此种奇点称为稳定焦点。

(3) 当 $\zeta > 1$ 时,系统处于过阻尼运动状态,λ_1 和 λ_2 为位于根平面左半部的两个负实根。这时系统的零输入响应随时间非周期地衰减到零。对应的相轨迹是一簇趋向相平面原点的抛物线[见图 7.10(c)]。相平面原点为奇点,并称其为稳定结点。

(4) 当 λ_1 和 λ_2 为实根,且其中 λ_1 位于根平面左半部,λ_2 位于根平面右半部时,系统的零输入响应也是非周期发散的。相应的相轨迹如图 7.10(d)所示。此种奇点称为鞍点。

(5) 当 $-1 < \zeta < 0$ 时,λ_1 和 λ_2 为位于根平面右半部的一对共轭复根。系统的零输入响应是发散振荡的。对应的相轨迹为由相平面原点出发的对数螺旋线[见图 7.10(e)]。此种奇点称为不稳定焦点。

(6) 当 $\zeta < -1$ 时,λ_1 和 λ_2 为位于根平面右半部的两个正实根。系统的零输入响应为非周期发散的,对应的相轨迹是由相平面原点出发的发散型抛物线簇[见图 7.10(f)]。此种奇点称为不稳定结点。

综上所述,二阶线性系统的相轨迹和奇点的性质由系统的特征根决定,亦即由系统本身的结构与参数决定,而与初始状态无关。不同的初始状态只能在相平面上形成一组几何形状相似的相轨迹,而不能改变相轨迹的性质。由不同初始状态决定的相轨迹不会相交,但有可能部分重合。只有在奇点处,才能有无数条相轨迹逼近或离开它。由于相轨迹的性质与系统的初始状态无关,相平面中局部范围内相轨迹的性质就有决定性意义,从局部范围内相轨迹的性质可以推知全局。另外,还能看到一点很重要的结论,即二阶或更高阶的线性系统不会形成在全部时间内有定义的孤立封闭曲线形状的相轨迹。值得注意的是,当 $\zeta = 0$ 时,线性系统处于无阻尼运动状态,相轨迹虽然是封闭曲线形的,但不是孤立的。相应的相轨迹如表 7.1 所示。

表 7.1 轨迹图

系统方程及参数范围	特征根分布	瞬态响应曲线 $x(0)=1, \dot{x}(0)=0$	相平面图及奇点性质
$\ddot{x} + 2\zeta\omega_n \dot{x} + \omega_n^2 x = 0$ $\zeta = 0$			中心点

续表

系统方程及参数范围	特征根分布	瞬态响应曲线 $x(0)=1,\dot{x}(0)=0$	相平面图及奇点性质
$\ddot{x}+2\zeta\omega_n\dot{x}+\omega_n^2 x=0$ $0<\zeta<1$	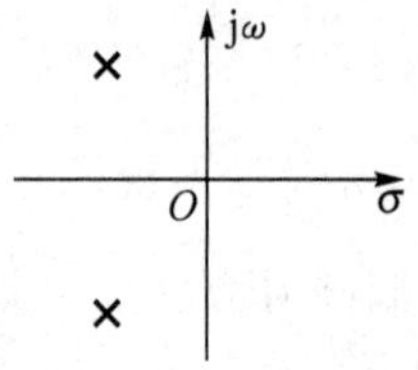	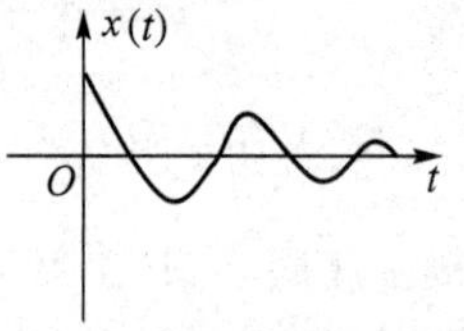	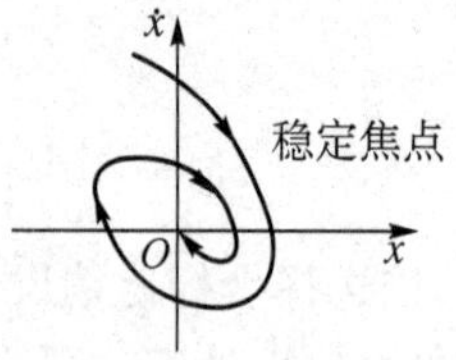 稳定焦点
$\ddot{x}+2\zeta\omega_n\dot{x}+\omega_n^2 x=0$ $\zeta>1$	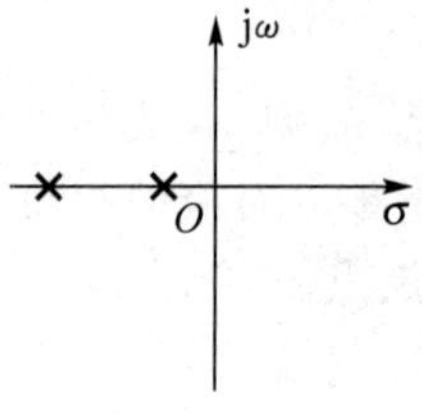	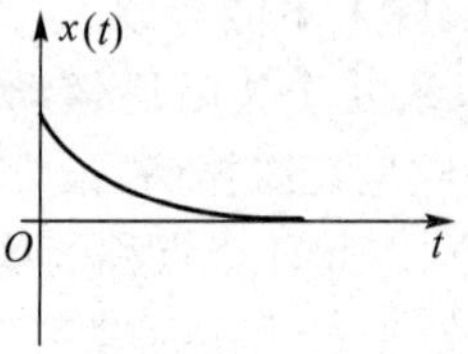	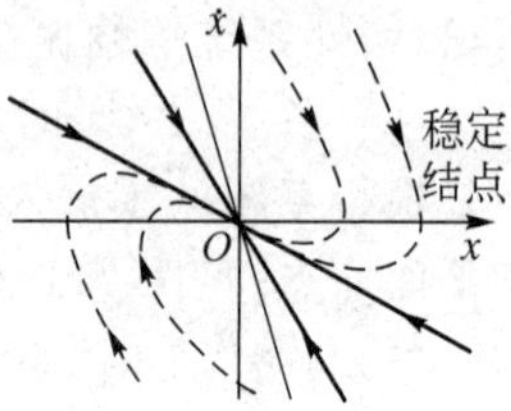 稳定结点
$\ddot{x}+2\zeta\omega_n\dot{x}+\omega_n^2 x=0$	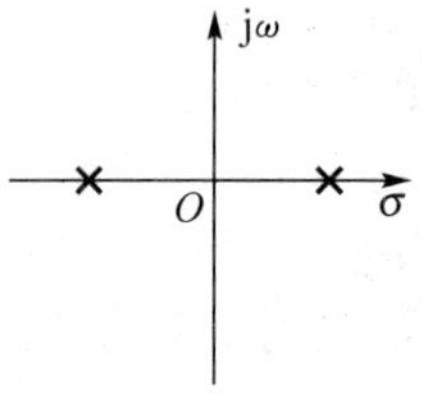	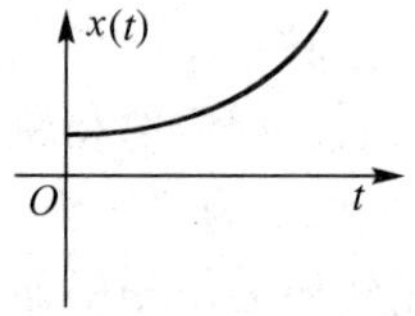	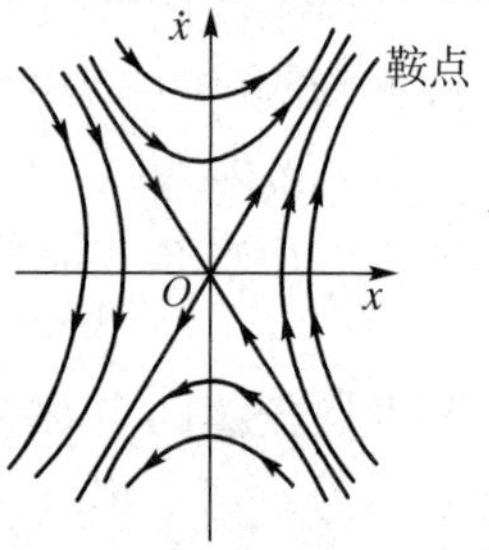 鞍点
$\ddot{x}+2\zeta\omega_n\dot{x}+\omega_n^2 x=0$ $0>\zeta>-1$	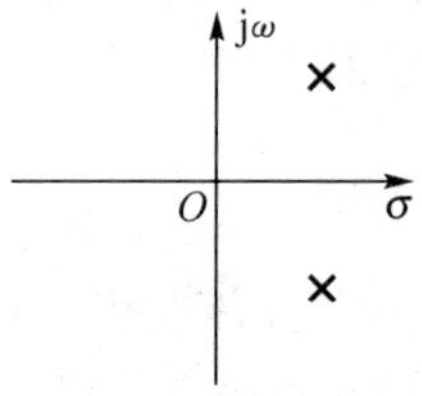	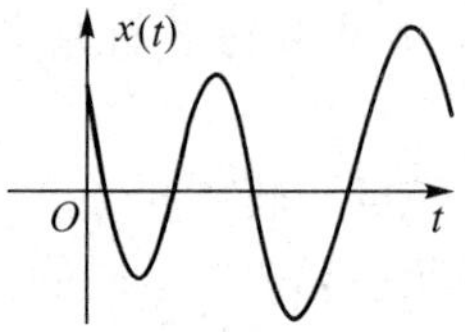	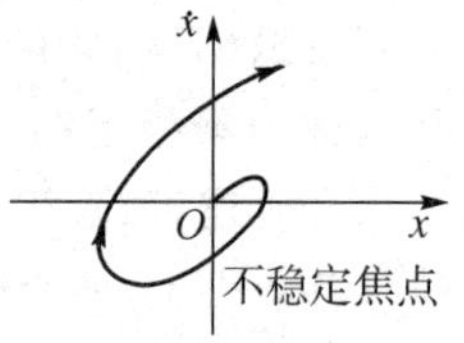 不稳定焦点
$\ddot{x}+2\zeta\omega_n\dot{x}+\omega_n^2 x=0$ $\zeta<-1$	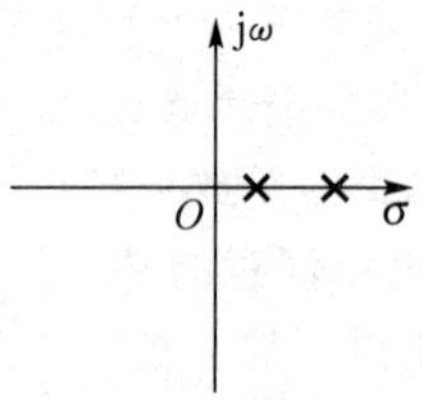	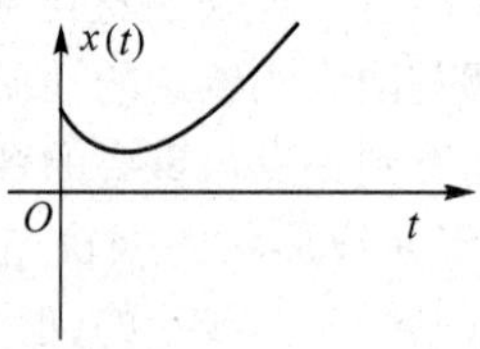	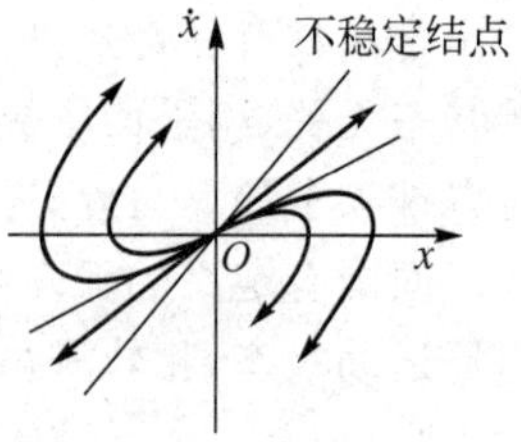 不稳定结点

7.2.3　二阶非线性系统的特征

二阶非线性系统在零输入情况下，其数学描述可写为

$$\dot{x}_1(t)=f_1[x_1(t),x_2(t)] \tag{7.15}$$

$$\dot{x}_2(t)=f_2[x_1(t),x_2(t)] \tag{7.16}$$

用线性系统的数学模型介绍的小范围线性方法求出其在平衡点附近的线性化方程，然后再

去分析系统的相轨迹与奇点的情况。

式(7.15)和式(7.16)所表示的系统的平衡点是$(0,0)$,因为只有当x_1及x_2均为零时,函数f_1及f_2均等于零。

根据泰勒定理,将函数f_1及f_2展开为

$$
\begin{aligned}
f_1(x_1,x_2) &= f_1(0,0)+\left.\frac{\partial f_1}{\partial x_1}\right|_{\substack{x_1=0\\x_2=0}}x_1+\left.\frac{\partial f_1}{\partial x_2}\right|_{\substack{x_1=0\\x_2=0}}x_2+r_1(x_1,x_2) \\
&= a_{11}x_1+a_{12}x_2+r_1(x_1,x_2)
\end{aligned}
\tag{7.17}
$$

$$
f_2(x_1,x_2)=a_{21}x_1+a_{22}x_2+r_2(x_1,x_2)
$$

式中,$a_{ij}=\left.\dfrac{\partial f_i}{\partial x_j}\right|_{\substack{x_1=0\\x_2=0}},i,j=1,2$; r_1,r_2为余项或称高次项。于是,式(7.15)和式(7.16)在其平衡点$(0,0)$附近小范围内线性化方程为

$$
\begin{cases}
\dot{x}_1(t)=a_{11}x_1(t)+a_{12}x_2(t) \\
\dot{x}_2(t)=a_{21}x_1(t)+a_{22}x_2(t)
\end{cases}
\tag{7.18}
$$

显然,线性化系统的平衡点仍为$(0,0)$。在大多数情况下,这种线性化系统(由式(7.18)描述)的相轨迹与原非线性系统(由式(7.15)和式(7.16)描述)的相轨迹在相平面原点(平衡点)某个适当小范围内有着相同的定性特征。表7.2总结了这些情况。

表 7.2 线性化系统与非线性化系统的相轨迹特征

线性化系统的平衡点$(x_1=0,x_2=0)$	非线性化系统的平衡点$(x_1=0,x_2=0)$
稳定结点	稳定结点
不稳定结点	不稳定结点
鞍点	鞍点
稳定焦点	稳定焦点
不稳定焦点	不稳定焦点
中心点	中心点或其他

从表7.2可见,除了线性化系统的特征根是一对纯虚根的情况外,非线性系统在平衡点附近的相轨迹与线性化系统在平衡点附近的相轨迹具有同样的形状特征。表7.2最后一项的含义可作如下解释:若线性化系统的平衡点是个中心点,则系统的运动表现为理想的振荡,其相轨迹则是以相平面为中心互不相交的无数条封闭曲线。在非线性系统中,除了有上述这种中心点形式的相轨迹外,还有可能其相轨迹为一个(或多于一个)孤立的封闭曲线。下面以范德波尔方程为例说明这种情况。

例 7.1 范德波尔方程是

$$
\ddot{x}(t)-2\rho[1-x^2(t)]\dot{x}(t)+x(t)=0
$$

试分析其相轨迹的特征。

解 令$x(t)=x_1(t)$,则范德波尔方程变为

$$
\begin{cases}
\dot{x}_1(t)=x_2(t) \\
\dot{x}_2(t)=-x_1(t)-2\rho[x_1^2(t)-1]x_2(t)
\end{cases}
\tag{7.19}
$$

相平面原点$(0,0)$是系统的平衡点。由此可求得非线性系统在平衡点附近小范围线性化方

程为

$$\begin{cases} \dot{x}_1(t) = x_2(t) \\ \dot{x}_2(t) = -x_1(t) + 2\rho x_2(t) \end{cases} \tag{7.20}$$

此方程与式(7.13)所描述的线性系统形式相同。由此可得此线性化系统的无阻尼自振频率为1,阻尼比为ρ(与线性系统的ζ相当)。因此,对式(7.20)所描述的线性化系统的相轨迹及奇点的分析与前述二阶线性系统一样。

值得提醒的是,线性化系统的相轨迹中不存在孤立的封闭曲线这种类型,但是范德波尔方程的相轨迹却有孤立的封闭曲线存在。以式(7.19)所示范德波尔方程与线性系统方程式(7.13)比较,可以等效地将式(7.19)中的系数$\rho[x_1^2(t)-1]$看作阻尼系数,此时阻尼系数是$x_1(t)$的函数。

当参量$\rho>0$时,如按线性化系统方程式(7.20)求解,系统的零输入响应将随时间增长偏离平衡状态而发散,最后趋于无限。但是按式(7.19)所示范德波尔方程分析,情况完全不同。当参量$\rho>0$,$|x_1(t)|<1$时,等效阻尼系数$\rho[x_1^2(t)-1]<0$,则系统的零输入响应将随时间增长而发散,这与线性化系统分析的结果一致。当参量$\rho>0$,$|x_1(t)|>1$时,则等效阻尼系数为$\rho[x_1^2(t)-1]>0$,系统的零输入响应随时间增长而逐渐收敛。由于所有的从初始状态$|x_{10}(t)|>1$出发的相轨迹都时间增长向平衡状态$(0,0)$收敛,而所有的从初始状态$|x_{10}(t)|<1$出发的相轨迹都随时间增长离开平衡状态向外发散,又因在相平面上不存在其他平衡点,故知在相平面上存在一个封闭曲线,它将是相轨迹的一部分(如图7.11所示)。这是一个孤立的封闭曲线,这样的相轨迹在线性二阶系统里不存在。相轨迹中这样的孤立封闭曲线称为极限环,对应于系统响应出现的振荡称为自持振荡。

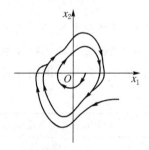

图7.11 范德波尔方程在
$\rho>0$时的相轨迹

下面通过一个更具有普遍性意义的类似范德波尔方程的非线性系统来进一步证实非线性系统相轨迹的确存在极限环,其微分方程为

$$\begin{cases} \dot{x}_1 = x_2 + \alpha x_1(\beta^2 - x_1^2 - x_2^2) \\ \dot{x}_2 = -x_1 + \alpha x_2(\beta^2 - x_1^2 - x_2^2) \end{cases} \tag{7.21}$$

式中,α,β为常量。

为了证明其相轨迹方程存在唯一的周期解,可引入极坐标系,即

$$\begin{cases} R = (x_1^2 + x_2^2)^{\frac{1}{2}} \\ \phi = \arctan \dfrac{x_2}{x_1} \end{cases} \tag{7.22}$$

值得注意的是,这里ϕ在$[0,2\pi]$区间内为单值,使得

$$\sin\phi = \frac{x_2}{(x_1^2+x_2^2)^{\frac{1}{2}}}, \quad \cos\phi = \frac{x_1}{(x_1^2+x_2^2)^{\frac{1}{2}}}$$

将式(7.22)对时间求导,并将式(7.21)代入,即可得到式(7.21)描述的非线性系统极坐标系微分方程

$$\begin{cases} \dot{R} = \alpha R(\beta^2 - R^2) \\ \dot{\phi} = -1 \end{cases} \tag{7.23}$$

其解为

$$
\begin{cases}
R(t) = \dfrac{\beta}{\left[1 + C_0 e^{-2\beta^2 \alpha t}\right]^{\frac{1}{2}}} \\
\phi(t) = \phi_0 - t
\end{cases} \tag{7.24}
$$

式中，$C_0 = \dfrac{\beta^2}{R_0^1} - 1$；$R_0$ 和 ϕ_0 为 R 和 ϕ 的初始值。

于是，式(7.21)描述的非线性系统仅有一个周期解，即 $R_0 = \beta$。也就是说，其相轨迹存在一个极限环，即 $x_1^2 + x_2^2 = \beta^2$。而且，只要 $R_0 \neq 0$，由式(7.24)和式(7.22)可知，当 $t \to \infty$ 时，式(7.21)的所有解都趋于这个周期解，即相平面上所有的相轨迹都趋于由 $x_1^2 + x_2^2 = \beta^2$ 表示的极限环(孤立的圆)。

以上证明了非线性系统的相轨迹确实存在极限环，它说明了非线性系统可能存在自持振荡。这是非线性系统固有的特征。

由此可知，非线性系统在平衡点附近的相轨迹与其线性化系统在平衡点附近的相轨迹有时存在性质上的差异。其原因在于线性化过程中，略去了关于状态 $x_1(t)$，$x_2(t)$ 的高次项(即式(7.17)中的余项 r_1，r_2)。实际上，在某些情况下，这些余项可能正是对确定相轨迹特征有决定意义的项。在这种情况下，研究线性化系统并不能提供关于非线性系统确切的答案。因此，非线性系统的线性化方法常能提供有用的结果，但有局限性。

7.3 非线性系统的相平面分析

非线性系统的相平面分析法，是基于时域的状态空间分析设计方法。它是一种用图解方法来求解二阶非线性控制系统的精确方法。这种方法不局限于普通的非线性因素，而且能够解决特别明显的非线性控制问题，不仅能给出稳定性信息和动态特性的信息，还能给出系统运动轨迹的清晰图像。由于相平面法的局限性，故在本节所讨论的问题仍然仅限于二阶非线性系统。

7.3.1 绘制相轨迹的方法

求解二阶系统的相轨迹有解析法与图解法两类方法。其中，解析法只适用于系统的微分方程较为简单、便于积分求解情况。对于较为复杂的系统，常采用图解法。在绘制系统相轨迹时，通常需将系统的微分方程改变为相变量方程的形式，即

$$
\begin{cases}
\dot{x}_1 = x_2 \\
\dot{x}_2 = f(x_1, x_2)
\end{cases} \tag{7.25}
$$

1. 解析法

用解析法求解系统相轨迹时，通常将微分方程式(7.25)改写为如下形式

$$
\frac{\mathrm{d}x_2}{\mathrm{d}x_1} = \frac{f(x_1, x_2)}{x_2} \tag{7.26}
$$

对式(7.26)进行积分，得到 x_1 与 x_2 的关系式，即为相轨迹方程。

例 7.2 图 7.12 为一个含有理想继电器特性的非线性系统结构图,系统中线性部分输入与输出的关系为 $\dfrac{\mathrm{d}^2 c}{\mathrm{d} t^2}=y$。系统中非线性部分(理想继电器特性)输入与输出的关系为 $y=M\mathrm{sgn} e=M\mathrm{sgn}(r-c)$,其中 $\mathrm{sgn} e$ 为符号函数。试绘制其相轨迹。

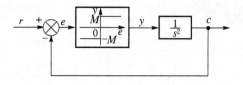

图 7.12　非线性系统结构图

解 令 $x_1=c,x_2=\dot{c}$,则系统的相变量方程为

$$\begin{cases} \dot{x}_1 = x_2 \\ \dot{x}_2 = M\mathrm{sgn}(r-x_1) \end{cases}$$

由此可得

$$\frac{\mathrm{d} x_2}{\mathrm{d} x_1} = \frac{M\mathrm{sgn}(r-x_1)}{x_2}$$

对上式积分,即得

$$\int_{x_2(0)}^{x_2} x_2 \mathrm{d} x_2 = M\int_{x_1(0)}^{x_1} \mathrm{sgn}(r-x_1)\mathrm{d} x_1$$

当 $x_1<r$ 时,取 $M\mathrm{sgn}(r-x_1)=+M$,则有

$$x_2^2 = 2Mx_1 - 2Mx_1(0) + x_2^2(0)$$

当 $x_1>r$ 时,取 $M\mathrm{sgn}(r-x_1)=-M$,则有

$$x_2^2 = -2Mx_1 + 2Mx_1(0) + x_2^2(0)$$

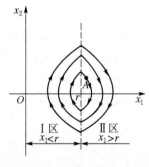

图 7.13　用解析法绘制的系统的相轨迹

由以上两式绘制的系统相轨迹如图 7.13 所示。图中将相平面分为两个区域,Ⅰ区为 $x_1<r$,Ⅱ区为 $x_1>r$,每个区内的相轨迹都是一族抛物线。

若系统的初始状态处于 A 点,这时 $x_1(0)>0,x_2(0)>0$,故 x_1 将趋向增大,因此,系统状态将从 A 点开始按顺时针方向沿相轨迹变化。当达到某一时刻 t_1 时,$x_1\leqslant r$,继电器特性的输出由 $-M$ 切换为 M,则系统的状态又将沿Ⅰ区的相轨迹变化。由于Ⅰ区和Ⅱ区的两组抛物线合在一起组成一簇封闭曲线,即系统的时间响应呈周期运动状态,因而奇点为中心点的形式,中心点位于 $(r,0)$。如果外部输入为零 $(r=0)$,则中心点位于相平面原点。

2. 等倾线法

式(7.26)实际上表示了相轨迹的斜率,若取斜率为常数 q,则该式变为

$$\frac{\mathrm{d} x_2}{\mathrm{d} x_1} = \frac{f(x_1,x_2)}{x_2} = q$$

对于相平面上满足上式的各点,经过它们的相轨迹的斜率均为 q。给定不同的 q 值,可在相平面上画出许多等倾线。给定初始状态条件,便可沿着给定的相轨迹切线方向画出系统的相轨迹。

例 7.3 图 7.14 为一个含有死区继电器特性的非线性系统结构图,系统中线性部分的输入与输出关系为 $\dfrac{\mathrm{d}^2 c}{\mathrm{d} t^2}+\dfrac{\mathrm{d} c}{\mathrm{d} t}=y$。系统中非线性部分的输入与输出的关系为

$$y = f(e) = \begin{cases} 1 & e \geqslant 1 \\ 0 & -1 < e < 1 \\ -1 & e \leqslant -1 \end{cases}$$

试用等倾线法绘制其相轨迹。

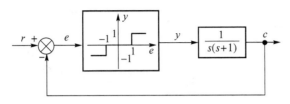

图 7.14　例 7.3 的系统结构图

解　为使系统的平衡点移至相平面原点,可令输入 $r=0$ 或引入新的变量 $e=r-c$。现令相变量为 $x_1=e,x_2=\dot{e}$,即可得

$$\begin{cases} \dot{x}_1 = x_2 \\ \dot{x}_2 = -x_2 - f(x_1) \end{cases}$$

由此可得

$$\frac{\mathrm{d}x_2}{\mathrm{d}x_1} = -\frac{x_2 + f(x_1)}{x_2} = q$$

由于非线性特性 $f(e)$ 有三种可能的值,故将相平面分为如下三个区域。

Ⅰ区: $x_1 > 1, f(x_1) = 1$,由此得等倾线方程为

$$q = -\frac{x_2 + 1}{x_2}$$

或

$$x_2 = -\frac{1}{1+q}$$

即它是一组平行于水平轴的直线。

Ⅱ区: $-1 < x_1 < 1, f(x_1) = 0$,由此得等倾线方程为

$$q = -1$$

即在此区域内所有的相轨迹斜率均为 -1。

Ⅲ区: $x_1 < -1, f(x_1) = -1$,由此得等倾线方程为

$$q = -\frac{x_2 - 1}{x_2}$$

或

$$x_2 = \frac{1}{1+q}$$

即它是一组平行于水平轴的直线。

首先在图 7.15 中设 q 为不同值时画出一系列等倾线。如果系统外部输入为 $r=0$,在初始状态 $x_1(0)=3$ 情况下,其相轨迹如图 7.15 所示。由图可知,在给定条件下,x 是单调衰减的,并且由于存在死区非线性特性,所以最后 x_1 不能衰减到零。

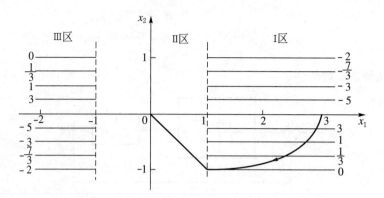

图 7.15　用等倾线法绘制的系统的相轨迹

3. δ 法

将式(7.25)中第二式中的等号右边加上、减去 $\omega_0^2 x_1$ 项,则变为

$$\begin{cases} \dot{x}_1 = x_2 \\ \dot{x}_2 = f(x_1,x_2) - \omega_0^2 x_1 + \omega_0^2 x_1 = -\omega_0^2 x_1 - \delta(x_1,x_2) \end{cases}$$

由此可知

$$\delta(x_1,x_2) = -f(x_1,x_2) - \omega_0^2 x_1$$

同时可得

$$\frac{\mathrm{d}x_2}{\mathrm{d}x_1} = -\frac{\omega_0^2 x_1 + \delta(x_1,x_2)}{x_2}$$

在点 (x_1,x_2) 附近小邻域内,将 $\delta(x_1,x_2)$ 视为常量,并对上式进行积分,即可得

$$\frac{x_2^2}{2} + \frac{\omega_0^2 x_1^2}{2} + \delta(x_1,x_2)x_1 = 常数$$

由此可得

$$x_2^2 + \left[\omega_0 x_1 + \frac{\delta(x_1,x_2)}{\omega_0}\right]^2 = R^2$$

如果选取新坐标系为 $(\omega_0 x_1, x_2)$,则在新坐标系中以 $\left(-\dfrac{\delta}{\omega_0}, 0\right)$ 为圆心,以圆心到所取点 $(\omega_0 x_1', x_2')$ 的距离为半径(如图 7.16 所示),画出的圆弧就近似地表示了所选取点附近的相轨迹。因此,相轨迹就可用一段小圆弧连接而成。

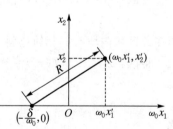

图 7.16　δ 法绘制相轨迹

例 7.4　某非线性系统的微分方程为

$$\begin{cases} \dot{x}_1 = x_2 \\ \dot{x}_2 = -x_2 - x_1^3 \end{cases}$$

试用 δ 法绘制该系统的相轨迹。

解　由已知条件可得

$$\delta(x_1,x_2) = -f(x_1,x_2) - \omega_0^2 x_1 = x_2 + x_1^3 - \omega_0^2 x_1$$

取 $\omega_0=1$,并给定初始状态为 $x_{10}=1,x_{20}=0$(它就是相轨迹第一段小圆弧的起点),将初始状态代入上式,即得

$$\delta_1=x_{20}+x_{10}^3-x_{10}=0$$

故第一段圆弧的圆心为(0,0),其半径为

$$R_1=\left\{x_{20}^2+\left[\omega_0 x_{10}+\frac{\delta(x_{10},x_{20})}{\omega_0}\right]^2\right\}^{\frac{1}{2}}=1$$

取第一段圆弧的终点为 $P_1(0.98,-0.2)$,这也是第二段圆弧的起点。由此计算第二段圆弧的 δ_2 值为

$$\delta_2=-0.2+(0.98)^3-0.98=-0.24$$

即第二段圆弧的中心为 $O_2(0.24,0)$,其半径为

$$R_2=[(-0.2)^2+(0.98-0.24)^2]^{\frac{1}{2}}=0.77$$

第二段圆弧的终点取在 $P_2(0.926,-0.35)$,这也是第三段圆弧的起点。由此计算第三段圆弧的 δ_3 值为

$$\delta_3=-0.35+(0.926)^3-0.926=-0.482$$

第三段圆弧中心为 $O_3(0.482,0)$,其半径为

$$R_3=[(-0.35)^2+(0.926-0.482)^2]^{\frac{1}{2}}=0.565$$

如此继续下去,即可绘制系统相轨迹(见图7.17)。

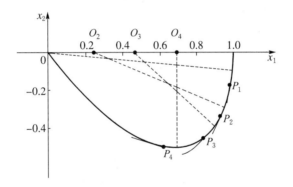

图 7.17 例 7.4 的相轨迹图

7.3.2 相轨迹求系统暂态响应

相轨迹是系统的时间响应在 x_1-x_2 平面上映像,虽然能反映系统的时间响应的主要特征,但未直接显示时间信息。为了求出系统的时间响应,介绍以下近似求解方法。

1. 相轨迹的平均斜率法求时间 t

设系统的相轨迹如图7.18所示。对于 x_1 的微小增量 Δx_1 及时间增量 Δt,其与相轨迹上相应的纵坐标平均值之间的关系为

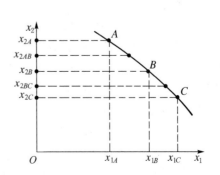

图 7.18 从系统的相轨迹求时间响应示意图

$$x_{2av} = \frac{\Delta x_1}{\Delta t}$$

或

$$\Delta t = \frac{\Delta x_1}{x_{2av}}$$

式中，x_{2av} 为与 Δx_1 对应 1 的纵坐标平均值。

由此可知，系统状态 x_1 由 A 点转换到 B 点所需要时间为

$$\Delta t_{AB} = \frac{x_{1B} - x_{1A}}{x_{2AB}}, \quad x_{2AB} = \frac{x_{2A} + x_{2B}}{2}$$

同理，继续求出状态 x_1 由 B 点转移到 C 点的时间 Δt_{BC}，如此将求得的 Δx_1 和 Δt 画在 x_1-t 坐标内，便可得到 $x_1(t)$ 的图形。令 $x_1(t) = c(t)$，即可得到系统的时间响应。为保证计算所必要的精度，应适当选取 Δx_1 之值。在选取 Δx_1 值时，应根据相轨迹图形特点而确定，不一定将其取为常量。

2. 面积法求时间 t

设系统的相轨迹如图 7.19 所示，其曲线可用下式表示

$$\dot{x}_1 = x_2$$

故有

$$dt = \frac{dx_1}{x_2}$$

由上式积分可得

$$t = \int_{x_1(0)}^{x_1(t)} \frac{1}{x_2} dx_1$$

此式表明：系统状态 x_1 从 $t = 0$ 开始时的初始状态 $x_1(0)$ 转移到某一状态 $x_1(t)$ 所需时间等于曲线 $\frac{1}{x_2} = \frac{1}{f(x_1)}$ 与 x_1 轴之间包含的面积(图 7.19 阴影部分)。此面积可采用矩形面积来近似表示。

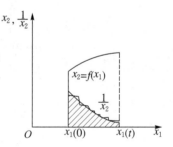

图 7.19　利用面积法求时间响应示意图

7.3.3　相轨迹分析非线性系统

大多数非线性系统都是分段线性系统，或可近似成分段线性系统。首先，根据非线性系统的分段情况，用几条分界线(又称转换线、开关线)把相平面分隔成几个线性区域。在各个线性区域内，用各自的线性微分方程来描述。由各个区的线性微分方程，可确定出相应奇点的位置和性质。如果有基准线，还应确定出基准线的位置。这样便可勾画出各线性域中的相平面图。然后，根据系统运动的连续性，在分界线上把邻区域内的相轨迹连接起来，便得到了整个系统的相平面图，由此便可研究系统的各项性能。

相应于上述各个区域的奇点，如果位于本区域内，称为实奇点；如果位于本区域外，则称为虚奇点，因为本区域的相轨迹永远不能到达这种奇点上。

如果在上述的线性区域中，存在着两种线性域，系统有可能出现极限环。

应用相平面法分析具有各种非线性特性的非线性控制系统的步骤如下。

（1）将非线性特性用分段的线性来表示，写出相应各段的数学表达式。

（2）首先在相平面上选择合适的坐标，一般常用误差 e 及其导数 $\dot{e}$ 作为坐标轴。然后根据分段情况，在相平面上画出分界线，将相平面分割成几个区域。

（3）根据各线性域的微分方程决定奇点的类别和在相平面上的位置，以及基准线的位置，然后画出各域的相轨迹。

（4）把相邻区域的相轨迹在分界线上适当地衔接起来，便得到整个非线性系统的相平面图。

（5）由相平面图判断系统的运动特性。

如果相轨迹图较复杂，经分析可能有极限环，需确定其位置；或分界线较复杂，是非线性曲线等，建议用实验法绘制精确相平面图。在一般情况下，只需根据分界线、基准线的位置和奇点的性质和位置，徒手勾画出相轨迹草图，便可分析出系统的品质。下面，举例分析几个具有典型非线性特性的非线性控制系统。

1. 具有死区特性的非线性控制系统分析

设具有死区非线性特性的控制系统的结构图如图 7.20 所示，其中 $k=1$。死区特性的数学表达式为

$$
\begin{cases}
y(t)=0 & |e|\leqslant a \\
y(t)=e-a & e>a \\
y(t)=e+a & e<-a
\end{cases}
\tag{7.27}
$$

由结构图知，描述系统的微分方程为

$$
T\ddot{x}_{c}(t)+\dot{x}_{c}(t)=Ky(t)
\tag{7.28}
$$

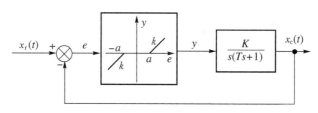

图 7.20　系统结构图

考虑到 $e(t)=x_{r}(t)-x_{c}(t)$，代入到方程（7.28）得

$$
T\ddot{e}(t)+\dot{e}(t)+Ky(t)=T\ddot{x}_{r}(t)+\dot{x}_{r}(t)
\tag{7.29}
$$

当输入信号为阶跃函数，即 $x_{r}(t)=R\cdot 1(t)$，当 $t>0$ 时，$\ddot{x}_{r}(t)=\dot{x}_{r}(t)=0$，再考虑到式（7.27），方程（7.29）可改写为

$$
\begin{cases}
T\ddot{e}(t)+\dot{e}(t)=0 & |e|\leqslant a \\
T\ddot{e}(t)+\dot{e}(t)+K(e-a)=0 & e>a \\
T\ddot{e}(t)+\dot{e}(t)+K(e+a)=0 & e<-a
\end{cases}
\tag{7.30}
$$

上式即为系统的分段线性方程。其分界线方程为

$$
|e|=a
\tag{7.31}
$$

方程$|e|=a$,把$e\text{-}\dot{e}$平面分成Ⅰ、Ⅱ、Ⅲ个线性区域如图7.21所示。

首先分析Ⅰ区,Ⅰ区的微分方程为

$$T\ddot{e}(t)+\dot{e}(t)=0 \tag{7.32}$$

由此式可知,$\dot{e}=0$线为奇线。

由式(7.32)解得相轨迹的斜率方程为

$$\frac{\mathrm{d}\dot{e}}{\mathrm{d}e}=-\frac{\frac{1}{T}\dot{e}}{\dot{e}}=-\frac{1}{T} \tag{7.33}$$

可见,相轨迹的斜率与e和$\dot{e}$无关,恒等于$-1/T$。这表明整个Ⅰ区为等倾面,相轨迹是一组斜率为$-1/T$的直线,如图7.21所示。

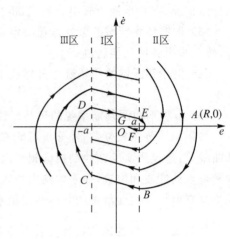

图 7.21 系统的相轨迹图

Ⅱ区的微分方程为

$$T\ddot{e}(t)+\dot{e}(t)+K(e-a)=0 \tag{7.34}$$

求得奇点坐标为$(a,0)$。奇点可能为稳定焦点或稳定结点。设奇点为稳定焦点,这时的相轨迹如图7.21所示。

Ⅲ区的微分方程为

$$T\ddot{e}(t)+\dot{e}(t)+K(e+a)=0 \tag{7.35}$$

奇点坐标为$(-a,0)$,相轨迹与Ⅱ区对称于坐标原点(如图7.21所示)。

当输入信号为阶跃信号,即假设系统开始处于静止状态,则误差$e(t)$的初始条件为$e(0)=R,\dot{e}(t)=0$。系统的相轨迹如图7.21中的$ABCDEFG$。由图7.21可见,该系统的特点是所有相轨迹只要进入由$-a\leqslant e\leqslant a$表征的死区且$\dot{e}=0$,便停止运动,而达到平衡。平衡位置是多值的,取值决定于初始条件。

若输入信号为速度函数加阶跃函数,即$x_r(t)=(R+\nu t)\cdot 1(t)$,则在$t>0$时,$\dot{x}_r(t)=\nu$,$\ddot{x}_r(t)=0$。因此式(7.29)变为

$$T\ddot{e}(t)+\dot{e}(t)+Ky(t)=\nu \tag{7.36}$$

考虑到非线性特性,上列方程可写为

$$\begin{cases} T\ddot{e}(t)+\dot{e}(t)=\nu & |e|\leqslant a \\ T\ddot{e}(t)+\dot{e}(t)+K(e-a)=\nu & e>a \\ T\ddot{e}(t)+\dot{e}(t)+K(e+a)=\nu & e<-a \end{cases} \tag{7.37}$$

在$|e|\leqslant a$区域内,由上式求得斜率方程为

$$\frac{\mathrm{d}\dot{e}}{\mathrm{d}e}=-\frac{\frac{1}{T}(\dot{e}-\nu)}{\dot{e}} \tag{7.38}$$

令$\dfrac{\mathrm{d}\dot{e}}{\mathrm{d}e}=\alpha$,得等倾线方程为

$$\dot{e}=\frac{\nu}{T\alpha+1} \tag{7.39}$$

等倾线斜率为0,即相轨迹斜率为$\alpha=0$,代入等倾线方程,即得相轨迹的渐近线方程为

$$\dot{e} = \nu \tag{7.40}$$

因此,在死区内相轨迹渐近于直线$\dot{e} = \nu$。

在$e > a$区域内,由该域的微分方程求得奇点坐标为$\left(a + \dfrac{\nu}{K}, 0\right)$,为实奇点。在$e < -a$区域,奇点坐标为$\left(-a + \dfrac{\nu}{K}, 0\right)$为虚奇点,奇点为稳定焦点或稳定结点(如图7.22所示)。在图7.22中,点$A(e(0) = R, \dot{e}(0) = \nu)$为根据初始条件确定的相轨迹的起点。相轨迹本应趋于稳定焦点$\left(a + \dfrac{\nu}{K}, 0\right)$,但在$B$处系统的工作状态发生转换。在死区内,相轨迹应趋向于$\dot{e} = \nu$渐近线,但到C后,系统的工作状态将再次发生转换。相轨迹CD本应趋向于稳定焦点$\left(-a + \dfrac{\nu}{K}, 0\right)$,但到$D$后又产生转换,相

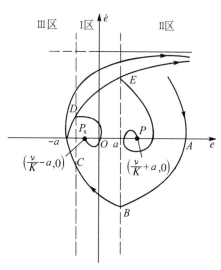

图7.22 速度函数作用时的系统相轨迹图

轨迹CD趋向于渐近线$\dot{e} = \nu$,直到点E,在E处产生新的转换。相轨迹最终趋于稳定焦点$\left(a + \dfrac{\nu}{K}, 0\right)$。坐标值$a + \dfrac{\nu}{K}$代表系统的稳态误差。可见,系统的稳态误差与输入信号的速度ν成正比,与线性部分的放大系数K成反比。

2. 具有继电器特性的非线性控制系统分析

(1) 具有理想继电器特性的控制系统分析

设非线性系统如图7.23所示。理想继电特性的数学表达式为

$$\begin{cases} y(t) = E & e > 0 \\ y(t) = -E & e < 0 \end{cases} \tag{7.41}$$

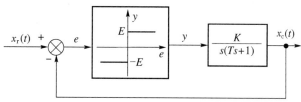

图7.23 系统结构图

描述系统的微分方程为

$$T\ddot{x}_c(t) + \dot{x}_c(t) = Ky(t) \tag{7.42}$$

因为$e(t) = x_r(t) - x_c(t)$,代入到方程(7.42)得

$$T\ddot{e}(t) + \dot{e}(t) + Ky(t) = T\ddot{x}_r(t) + \dot{x}_r(t) \tag{7.43}$$

当输入信号为阶跃信号时,即$x_r(t) = R \cdot 1(t)$,当$t > 0$时,$\ddot{x}_r(t) = \dot{x}_r(t) = 0$

$$T\ddot{e}(t) + \dot{e}(t) + Ky(t) = 0 \tag{7.44}$$

再考虑到式(7.41),系统的分段线性方程为

$$\begin{cases} T\ddot{e}(t) + \dot{e}(t) + KE = 0 & e > 0 \\ T\ddot{e}(t) + \dot{e}(t) - KE = 0 & e < 0 \end{cases} \tag{7.45}$$

其分界线方程为 $e = 0$。

　　它把 $e\text{-}\dot{e}$ 平面分成Ⅰ、Ⅱ两个线性区域,如图7.24所示。根据对称条件,可以判断相轨迹图对称于坐标原点。因此,只要做出Ⅰ区相轨迹图,Ⅱ区相轨迹图便可画出。

　　由方程(7.45)知,系统没有奇点,但有渐近线。对Ⅰ区,相轨迹的斜率方程为

$$\frac{\mathrm{d}\dot{e}}{\mathrm{d}e} = -\frac{\dfrac{1}{T}(\dot{e} + KE)}{\dot{e}} \tag{7.46}$$

等倾线方程为

$$\dot{e} = \frac{-KE}{T\alpha + 1} \tag{7.47}$$

因在等倾线方程中不含 e,即 $\dot{e} = \mathrm{const}$,则等倾线的斜率为0,即

$$\frac{\mathrm{d}\dot{e}}{\mathrm{d}e} = 0 \tag{7.48}$$

这表明等倾线为一族平行于 e 轴的直线。将式(7.48)代入方程(7.46)或取代式(7.47)中的相轨迹斜率 α,即得到相轨迹的渐近线方程为

$$\dot{e} = -KE \tag{7.49}$$

即可画出Ⅰ区的渐近线。再分析方程(7.42)得知相轨迹的变化情况,便可勾画出Ⅰ区的相轨迹簇。

　　利用对称条件,可知Ⅱ区的相轨迹簇,如图7.24所示。

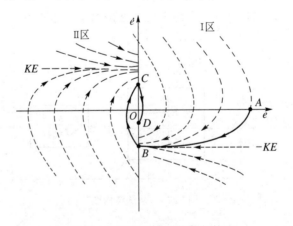

图7.24　理想继电器系统的相轨迹

　　在阶跃信号作用下,系统由初始相点 $A(e(0) = R, \dot{e}(0) = 0)$ 出发,沿Ⅰ区相轨迹前进,在分界线的 B 点进入Ⅱ区,然后沿着Ⅱ区相轨迹前进,在 C 点又进入Ⅰ区,经过几次振荡,系统逐渐收敛于原点,如图7.24所示。原点不是奇点,它是一个蠢蠢欲动的动平衡点。

　　(2) 具有死区继电特性的控制系统分析

　　系统如图7.25所示。死区继电器特性的数学表达式为

$$\begin{cases} y(t) = E & e > a \\ y(t) = -E & e < -a \\ y(t) = 0 & -a < e < a \end{cases} \qquad (7.50)$$

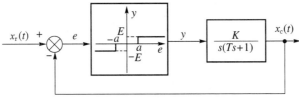

图 7.25 系统结构图

描述系统的微分方程为

$$T\ddot{x}_c(t) + \dot{x}_c(t) = Ky(t)$$

或

$$T\ddot{e}(t) + \dot{e}(t) + Ky(t) = T\ddot{x}_r(t) + \dot{x}_r(t) \qquad (7.51)$$

当输入信号为阶跃信号时,即 $x_r(t) = R \cdot 1(t)$,当 $t > 0$ 时,$\ddot{x}_r(t) = \dot{x}_r(t) = 0$,因此描述系统的微分方程(7.51)可改写为

$$\begin{cases} T\ddot{e}(t) + \dot{e}(t) = 0 & -a < e < a \\ T\ddot{e}(t) + \dot{e}(t) + KE = 0 & e > a \\ T\ddot{e}(t) + \dot{e}(t) - KE = 0 & e < -a \end{cases} \qquad (7.52)$$

此即系统的分段线性方程。其分界线为 $e = a, e = -a$ 两条
垂直轴的直线,它们将相平面分成 Ⅰ、Ⅱ、Ⅲ 三个线性区
域,如图 7.26 所示。Ⅰ、Ⅱ 区的相轨迹图见图 7.26。

Ⅰ区的微分方程为

$$T\ddot{e} + \dot{e} = 0 \qquad (7.53)$$

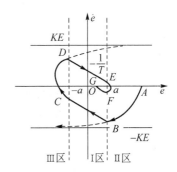

解得其相轨迹或为斜率等于 $-\dfrac{1}{T}$ 的直线,或为 $\dot{e} = 0$ 的直
线,即横轴。

由式(7.52)还可得到 Ⅱ、Ⅲ 两区相轨迹的渐近线方程
分别为

$$\begin{cases} \dot{e}(t) + KE = 0 & e > a \\ \dot{e}(t) - KE = 0 & e < -a \end{cases} \qquad (7.54)$$

图 7.26 带死区特性的继电器
系统的相轨迹

图 7.26 所示为始于初始点 A 的给定非线性系统的完整相轨迹,它经 B, C, D, E, F 等
衔接点,最后收敛于死区内横轴上的 G。G 点的位置取决于系统的初始条件及阶跃输入的
幅度。$\overline{OG}$ 代表系统的稳态误差。

(3)具有死区滞环特性的继电控制系统

设非线性控制系统如图 7.27 所示。非线性特性的数学表达式为

$$\begin{cases} y(t) = E & e > a; e > ma, \dot{e} < 0 \\ y(t) = -E & e < -a; e < -ma, \dot{e} > 0 \\ y(t) = 0 & -ma < e < a, \dot{e} > 0; -a < e < ma, \dot{e} < 0 \end{cases} \qquad (7.55)$$

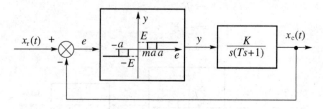

图 7.27　系统结构图

系统在阶跃输入作用下,微分方程为

$$\begin{cases} T\ddot{e}(t)+\dot{e}(t)+KE=0 & e>a;\ e>ma,\dot{e}<0 \\ T\ddot{e}(t)+\dot{e}(t)-KE=0 & e<-a;\ e<-ma,\dot{e}>0 \\ T\ddot{e}(t)+\dot{e}(t)=0 & -ma<e<a,\dot{e}>0;\ -a<e<ma,\dot{e}<0 \end{cases} \tag{7.56}$$

由非线性数学表达式可知,相平面的上下两部分各分成三个线性区域。上半平面的分界线为 $e=-ma$, $e=a$;下半平面的分界线为 $e=ma,e=-a$(如图 7.28 所示)。由分段线性方程知,上下平面的Ⅱ区,是用同一个运动方程来描述,为 E 控制域;Ⅲ区为 $-E$ 控制域; Ⅰ区则是自由运动域。三个区的微分方程与图 7.26 中三个区的微分方程分别相同,故两图响应域的相迹也相同。但在图 7.28 中由于继电器有滞环,致使继电器释放时的 $|\dot{e}|$ 都比图 7.26 大,这就增加了系统的振荡趋势。

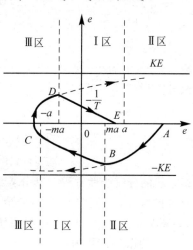

图 7.28　带死区滞环特性的继电器系统相轨迹

由式(7.56)解得Ⅰ区相轨迹或为斜率等于 $-\dfrac{1}{T}$ 的直线,或为 $\dot{e}=0$ 的直线,即横轴。又由式(7.56)还可得到Ⅱ、Ⅲ两区相轨迹的渐近线方程分别为

$$\begin{cases} \dot{e}(t)+KE=0 & (\text{Ⅱ 区}) \\ \dot{e}(t)-KE=0 & (\text{Ⅲ 区}) \end{cases}$$

这样,当Ⅰ区中的相轨迹斜率的绝对值 $\left|-\dfrac{1}{T}\right|$ 不是很大时,系统将出现稳定的极限环(如图 7.28 所示)。只有当 $\left|-\dfrac{1}{T}\right|$ 足够大时,相轨迹才能趋向于 e 轴的 $-a\sim a$ 的线段,这时系统是稳定的系统(如图 7.28 所示)。

7.4　非线性特性的一种线性近似表示——描述函数

7.3 节所介绍的相平面法除了在作图时存在绘制曲线的误差之外,应该说是分析非线性系统的一种较准确的方法。其不足之处在于只局限于二阶系统。高于二阶的系统尽管理论上并无限制,但由于作图的烦琐与困难,实际难以实现。为此,发展了一些近似的分析方法,建立在描述函数基础上的谐波平衡法就是其中应用较为广泛的一种。描述函数法是非线性特性的一种线性近似方法。它是线性系统理论中的频率特性法在一定假设条件下,在非线性系统中的应用。它主要用来分析非线性系统的稳定性,以及确定非线性系统在正弦函数作用下的输出响应特性。应用这种方法时非线性系统的阶数不受限制。描述函数的最基本思想是用输出信号中的基波分量来代替非线性元件在正弦输入信号作用下的实际输出。

7.4.1 描述函数的意义

假设一个非线性系统的结构图如图 7.29 所示。图中 N 为非线性元件,$W(s)$ 为线性部分的传递函数,e 是非线性元件的输入,y 是非线性元件的输出,$x_r(t)$ 为参考输入,$x_c(t)$ 为系统的输出。线性元件在正弦信号输入时,其输出也是正弦波。但是对于非线性元件,若输入是正弦信号,其输出是非正弦的周期函数,利用傅里叶级数展开,可以写成

$$y(t) = Y_0 + \sum_{k=1}^{n}(B_k \sin k\omega t + C_k \cos k\omega t) \tag{7.57}$$

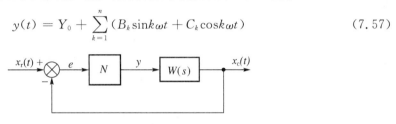

图 7.29 非线性系统结构图

假设非线性元件的输出是对称函数,则上式中的常数项 $Y_0 = 0$,于是式(7.57)可化为

$$y(t) = \sum_{k=1}^{n}(B_k \sin k\omega t + C_k \cos k\omega t) \tag{7.58}$$

上式表明:非线性元件的输出量 $y(t)$ 含有高次谐波。假设系统线性部分具有低通滤波特性,对于一般控制系统来说,这个条件是容易满足的,于是式(7.58)中的高次谐波可以忽略,非线性元件的输出可化为

$$y(t) = B_1 \sin\omega t + C_1 \cos\omega t = Y\sin(\omega t + \phi_1) \tag{7.59}$$

式中

$$Y = \sqrt{B_1^2 + C_1^2}, \quad \phi_1 = \arctan\frac{C_1}{B_1} \tag{7.60}$$

$$\begin{cases} B_1 = \dfrac{1}{\pi}\displaystyle\int_0^{2\pi} y(t)\sin\omega t\, \mathrm{d}\omega t = Y\cos\phi_1 \\ C_1 = \dfrac{1}{\pi}\displaystyle\int_0^{2\pi} y(t)\cos\omega t\, \mathrm{d}\omega t = Y\sin\phi_1 \end{cases} \tag{7.61}$$

于是可以用非线性元件在正弦函数作用下,输出中的基波分量和输入正弦波的复数比来描述该非线性元件的特性。这个比值为

$$R(A) = \frac{Y}{A}\angle\phi_1 = \frac{B_1}{A} + \mathrm{j}\frac{C_1}{A} = B(A) + \mathrm{j}C(A) \tag{7.62}$$

称为该非线性元件的描述函数。这相当于用一个等效线性元件来代替了原来的非线性元件,而非线性元件的描述函数 $R(A)$ 一般为输入信号 $e(t) = A\sin\omega t$ 的幅值 A 的函数。这样,

图 7.29 可等效为图 7.30。

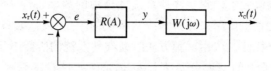

图 7.30　非线性系统等效结构图

7.4.2　典型非线性特性的描述函数

下面介绍几种典型非线性特性的描述函数,这些元件的特性都是对称函数。考虑到式(7.61)和式(7.62),可得它们的描述函数为

$$R(A) = B(A) + \mathrm{j}C(A) \tag{7.63}$$

式中

$$
\begin{cases}
B(A) = \dfrac{1}{\pi A}\displaystyle\int_{0}^{2\pi} y(t)\sin\omega t\,\mathrm{d}\omega t \\[3mm]
C(A) = \dfrac{1}{\pi A}\displaystyle\int_{0}^{2\pi} y(t)\cos\omega t\,\mathrm{d}\omega t
\end{cases} \tag{7.64}
$$

1. 饱和特性的描述函数

饱和特性的输入输出特性如图 7.31(a)所示。当输入信号为 $e(t)=A\sin\omega t$,则输出特性如图 7.31(b)所示。其输出信号的表达式为

$$
\begin{cases}
y(t) = K_{\mathrm{n}}A\sin\omega t & 0 \leqslant \omega t \leqslant \theta_1 \\[2mm]
y(t) = K_{\mathrm{n}}a & \theta_1 \leqslant \omega t \leqslant \dfrac{\pi}{2}
\end{cases} \tag{7.65}
$$

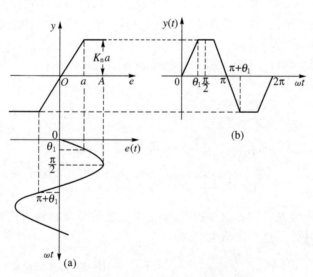

图 7.31　饱和特性(a)及其输出波形(b)

当 $\omega t > \dfrac{\pi}{2}$ 时,输出波形 $y(t)$ 将重复出现。因此,计算 $R(A)$,对式(7.64)进行积分时,其

积分区间只要选择 $0 \sim \dfrac{\pi}{2}$ 范围内即可。

由于 $y(t)$ 为奇函数,所以

$$C(A) = 0$$

而

$$B(A) = \frac{4}{\pi A}\left(\int_0^{\theta_1} K_n A \sin\omega t \sin\omega t \, \mathrm{d}\omega t + \int_{\theta_1}^{\frac{\pi}{2}} K_n a \sin\omega t \, \mathrm{d}\omega t\right)$$

$$= \frac{2K_n}{\pi}\left(\theta_1 + \frac{a}{A}\cos\theta_1\right)$$

由图 7.31 可知,$\theta_1 = \arcsin\dfrac{a}{A}$,代入上式得

$$B(A) = \frac{2K_n}{\pi}\left[\arcsin\frac{a}{A} + \frac{a}{A}\sqrt{1 - \left(\frac{a}{A}\right)^2}\right] = K_n B_0\left(\frac{a}{A}\right) \tag{7.66}$$

式中

$$B_0\left(\frac{a}{A}\right) = \frac{2}{\pi}\left[\arcsin\frac{a}{A} + \frac{a}{A}\sqrt{1 - \left(\frac{a}{A}\right)^2}\right]$$

由此可得饱和特性的描述函数为

$$R(A) = B(A) + jC(A) = \frac{2K_n}{\pi}\left[\arcsin\frac{a}{A} + \frac{a}{A}\sqrt{1 - \left(\frac{a}{A}\right)^2}\right] \tag{7.67}$$

若以 $\left(\dfrac{a}{A}\right)$ 为自变量,$\dfrac{R(A)}{K_n} = R_0(A)$ 为因变量,则可画出响应的函数曲线如图 7.32 所示。

$R_0(A)$ 称之为基准描述函数。实际上,在确定自振荡频率 ω 和幅值 A 时,总要用到基准描

述函数的负倒数 $-\dfrac{1}{R_0(A)}$。饱和特性的负基准描述函数的倒数为:当 $A \to a$ 时,

$-\dfrac{1}{R_0(A)} = -1$;当 $A \to \infty$ 时,$-\dfrac{1}{R_0(A)} \to -\infty$。在复平面上,它是一条起自 -1 点,随着 A

增长,沿负实轴向左延伸的直线,如图 7.33 所示。

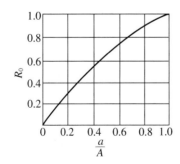

图 7.32　饱和特性的基准描述函数曲线　　　　图 7.33　饱和特性的 $-\dfrac{1}{R_0\left(\dfrac{a}{A}\right)}$ 线

2. 死区特性的描述函数

死区特性的输入输出特性如图 7.34(a)所示。当输入信号为 $e(t)=A\sin\omega t$,则输出特性如图 7.34(b)所示。其输出信号的表达式为

$$\begin{cases} y(t)=0 & 0\leqslant\omega t\leqslant\theta_1 \\ y(t)=K_n(A\sin\omega t-a) & \theta_1\leqslant\omega t\leqslant\dfrac{\pi}{2} \end{cases} \qquad (7.68)$$

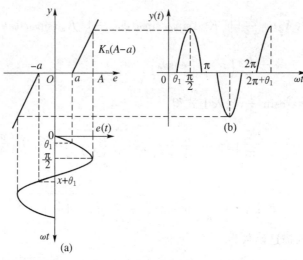

图 7.34 死区特性(a)及其输出波形(b)

将式(7.68)代入式(7.64),得死区特性的描述函数为

$$\begin{aligned} B(A) &= \frac{4}{\pi A}\int_{\theta_1}^{\frac{\pi}{2}} K_n(A\sin\omega t-a)\sin\omega t\,\mathrm{d}\omega t \\ &= \frac{2K_n}{\pi}\left[\frac{\pi}{2}-\arcsin\frac{a}{A}-\frac{a}{A}\sqrt{1-\left(\frac{a}{A}\right)^2}\right]=K_n B_0\left(\frac{a}{A}\right) \end{aligned} \qquad (7.69)$$

由式(7.69)可绘制死区的基准描述函数与 a/A 的关系曲线(见图 7.35)。同样,可在复平面上绘制 $-\dfrac{1}{R_0\left(\dfrac{a}{A}\right)}$ 线。当 $A\to a$,$-\dfrac{1}{R_0(A)}\to-\infty$;当 $A\to\infty$ 时,$-\dfrac{1}{R_0(A)}=-1$(见图 7.36)。

在复平面上,它是一条起自$-\infty$点,随着 A 增长,以-1为终点。

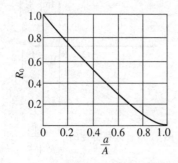

图 7.35 死区的基准描述函数曲线

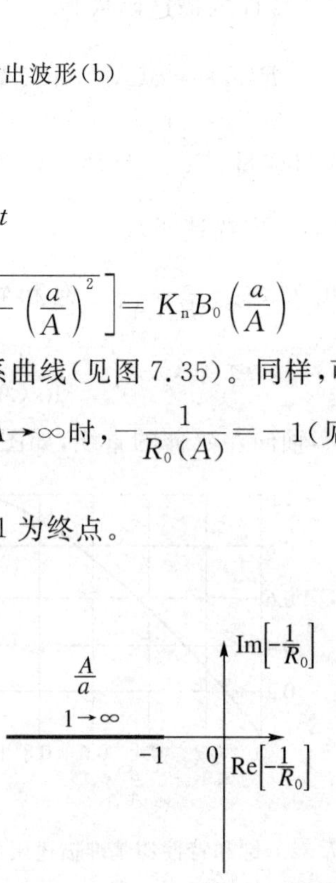

图 7.36 死区特性的 $-\dfrac{1}{R_0\left(\dfrac{a}{A}\right)}$ 线

上面讨论的非线性特性都是对称单值非线性特性,它的输出是奇函数,其基波分量只含有正弦项。所以其描述函数没有相位移,其值为输入正弦信号幅值的函数(这与线性元件的频率特性是不同的),但不是频率的函数。所以,可以把它看作一个变增益的比例环节(无记忆元件)。

3. 回环特性的描述函数

回环特性如图 7.37(a)所示。正弦信号引起的输出波形如图 7.37(b)所示。由图 7.37 知

$$\begin{cases} y(t) = K_n(A\sin\omega t - a) & 0 \leqslant \omega t \leqslant \dfrac{\pi}{2} \\ y(t) = K_n(A - a) & \dfrac{\pi}{2} \leqslant \omega t \leqslant \pi - \theta_1 \\ y(t) = K_n(A\sin\omega t + a) & (\pi - \theta_1) \leqslant \omega t \leqslant \pi, \theta_1 = \arcsin\left(1 - \dfrac{2a}{A}\right) \end{cases} \tag{7.70}$$

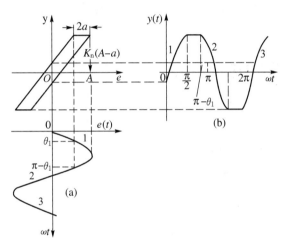

图 7.37 回环特性(a)及其输出波形(b)

将式(7.70)代入式(7.64)可得

$$B(A) = \frac{2}{\pi A}\left[\int_{\theta_1}^{\frac{\pi}{2}} K_n(A\sin\omega t - a)\sin\omega t\, \mathrm{d}\omega t + \int_{\frac{\pi}{2}}^{\pi-\theta_1} K_n(A - a)\sin\omega t\, \mathrm{d}\omega t + \right.$$

$$\left. \int_{\pi-\theta_1}^{\pi} K_n(A\sin\omega t + a)\sin\omega t\, \mathrm{d}\omega t\right]$$

$$= \frac{K_n}{\pi}\left[\frac{\pi}{2} + \arcsin\left(1 - \frac{2a}{A}\right) + 2\left(1 - \frac{2a}{A}\right)\sqrt{\left(1 - \frac{a}{A}\right)\frac{a}{A}}\right] = K_n B_0\left(\frac{a}{A}\right)$$

$$C(A) = \frac{K_n 4a}{\pi A}\left(\frac{a}{A} - 1\right) = K_n C_0\left(\frac{a}{A}\right) \tag{7.71}$$

可见回环特性的描述函数是复数,于是有

$$R(A) = B(A) + jC(A) = K_n\left[B_0\left(\frac{a}{A}\right) + jC_0\left(\frac{a}{A}\right)\right] = K_n\left|R_0\left(\frac{a}{A}\right)\right|e^{j\gamma_0} \tag{7.72}$$

R_0 和 γ_0 曲线如图 7.38 所示, $-\dfrac{1}{R_0\left(\dfrac{a}{A}\right)}$ 曲线如图 7.39 所示。

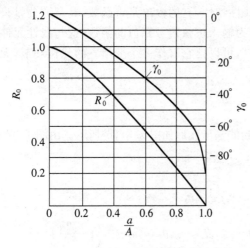

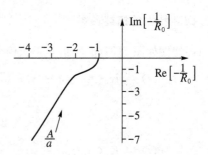

图 7.38　回环特性基准描述函数特性曲线　　　图 7.39　回环特性的 $-\dfrac{1}{R_0\left(\frac{a}{A}\right)}$ 曲线

4. 继电器特性的描述函数

图 7.40(a)是继电器特性,图 7.40(b)是正弦信号引起的输出波形。由图 7.40 可知

$$y(t) = E \quad \theta_1 \leqslant \omega t \leqslant \pi - \theta_2 \tag{7.73}$$

其中,$\theta_1 = \arcsin \dfrac{a}{A}$,$\theta_2 = \pi - \arcsin \dfrac{ma}{A}$。

将式(7.73)代入式(7.64)得

$$\begin{cases} B(A) = \dfrac{2}{\pi A}\left(\displaystyle\int_{\theta_1}^{\pi-\theta_2} E\sin\omega t \, \mathrm{d}\omega t\right) = \dfrac{2Ea}{\pi a A}\left[\sqrt{1-\left(\dfrac{a}{A}\right)^2} + \sqrt{1-\left(\dfrac{ma}{A}\right)^2}\,\right] \\[3mm] C(A) = \dfrac{2}{\pi A}\displaystyle\int_{\theta_1}^{\pi-\theta_2} E\cos\omega t \, \mathrm{d}\omega t = \dfrac{2Ea^2}{\pi a A^2}(m-1) \end{cases} \tag{7.74}$$

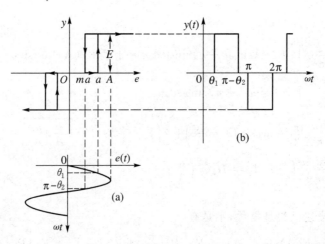

图 7.40　继电器特性(a)及其输出波形(b)

令 $K_n = \dfrac{E}{a}$，则上述二式可写为

$$\begin{cases} B(A) = K_n B_0\left(\dfrac{a}{A}, m\right) \\ C(A) = K_n C_0\left(\dfrac{a}{A}, m\right) \end{cases}$$

其中

$$\begin{cases} B_0\left(\dfrac{a}{A}, m\right) = \dfrac{2a}{\pi A}\left[\sqrt{1-\left(\dfrac{a}{A}\right)^2} + \sqrt{1-\left(\dfrac{ma}{A}\right)^2}\right] \\ C_0\left(\dfrac{a}{A}, m\right) = \dfrac{2a^2}{\pi A^2}(m-1) \\ R_0\left(\dfrac{a}{A}, m\right) = B_0 + jC_0 = |R_0|\, e^{j\gamma_0} \end{cases} \qquad (7.75)$$

R_0 和 γ_0 曲线如图 7.41 所示，$-\dfrac{1}{R_0\left(\dfrac{a}{A}\right)}$ 曲线如图 7.41 所示。

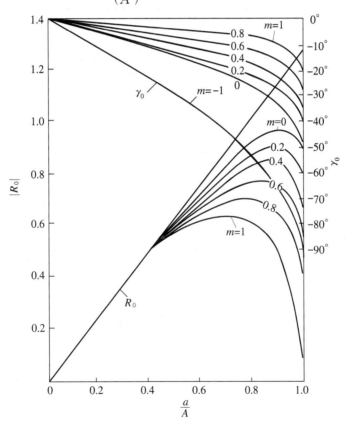

图 7.41 继电器的基准描述函数曲线

（1）$m = -1$。滞环继电器的描述函数由式(7.75)求得，具体过程如下：

$$B_0\left(\dfrac{a}{A}, -1\right) = \dfrac{4a}{\pi A}\sqrt{1-\left(\dfrac{a}{A}\right)^2}$$

$$C_0\left(\dfrac{a}{A}, -1\right) = -\dfrac{4a^2}{\pi A^2}$$

$$\gamma_0 = \arctan\left[-\frac{a}{A}\frac{1}{\sqrt{1-\left(\frac{a}{A}\right)^2}}\right]$$

$$-\frac{1}{R_0\left(\frac{a}{A}\right)} = -\frac{\pi A}{4a}\sqrt{1-\left(\frac{a}{A}\right)^2} - j\frac{\pi}{4}$$

该描述函数的图像是一条距实轴 $-\frac{\pi}{4}$ 的水平线(见图 7.42)。当 $\frac{A}{a}=1$ 时,它和虚轴相交于 $-\frac{\pi}{4}$。

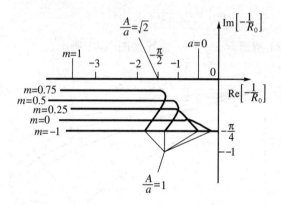

图 7.42 继电器特性的 $-\dfrac{1}{R_0\left(\dfrac{a}{A}\right)}$ 曲线

(2) $m=1,a>0$。死区继电器特性的描述函数可由式(7.75)求得,具体过程如下:

$$B_0\left(\frac{a}{A},1\right) = \frac{4a}{\pi A}\sqrt{1-\left(\frac{a}{A}\right)^2} = R_0\left(\frac{a}{A}\right)$$

$$C_0\left(\frac{a}{A},1\right) = 0$$

$$-\frac{1}{R_0\left(\frac{a}{A}\right)} = -\frac{\pi A^2}{4a^2\sqrt{\left(\frac{A}{a}\right)^2-1}}$$

如图 7.42 所示。

当 $\frac{A}{a}=1$,$-\dfrac{1}{R_0\left(\dfrac{a}{A}\right)} \to -\infty$;

当 $\frac{A}{a}=\sqrt{2}$,$-\dfrac{1}{R_0\left(\dfrac{a}{A}\right)} = -\dfrac{\pi}{2}$;

当 $\frac{A}{a}>\sqrt{2}$,$-\dfrac{1}{R_0\left(\dfrac{a}{A}\right)} < -\dfrac{\pi}{2}$。

(3) $m=1,a=0$。理想继电器特性的描述函数可由式(7.75)求得,具体过程如下:

$$B_0\left(\frac{a}{A}\right) = \frac{4a}{\pi A}$$

$$C_0\left(\frac{a}{A}\right) = 0$$

则

$$-\frac{1}{R_0\left(\frac{a}{A}\right)} = -\frac{\pi A}{4a}$$

当正弦信号的幅值 A 在 $0\sim\infty$ 范围内变化时，$-\dfrac{1}{R_0\left(\frac{a}{A}\right)}$ 线沿负实轴自原点一直延伸到 $-\infty$

（见图 7.42）。

（4）$\dfrac{A}{a}=1$，由式（7.75）得

$$B_0(m) = \frac{2}{\pi}\sqrt{1-m^2}$$

$$C_0(m) = \frac{2}{\pi}(m-1)$$

由此得基准描述函数的负倒数为

$$-\frac{1}{R_0\left(\frac{a}{A}\right)} = -\frac{\pi}{4}\sqrt{\frac{1+m}{1-m}} - \mathrm{j}\,\frac{\pi}{4}$$

由此可知，不论 m 为何值，当 $-\dfrac{1}{R_0\left(\frac{a}{A}\right)}$ 线自 $\dfrac{A}{a}=1$ 开始变化时，它的起点都应落在 $-\mathrm{j}\dfrac{\pi}{4}$ 水平线上（如图 7.42 所示）。

上述回环继电器特性具有非单值的非线性特性，其输出波形既不是奇函数，又不是偶函数。其基波分量既有正弦项，又有余弦项。其描述函数出现了相位移（相位滞后），起到了类似线性系统中极点的作用。

7.4.3　非线性系统的描述函数分析

设非线性系统的结构图如图 7.29 所示。如果非线性元件输出信号中的高次谐波已充分衰减，则非线性元件就可以用描述函数 $R(A)$ 来描述，其结构图可等效为图 7.30，并用以分析系统的稳定性，确定极限环的性质、振幅及频率。

图 7.30 所示系统的闭环特征式为

$$1 + R(A)W(\mathrm{j}\omega) = 0$$

或写成

$$K_\mathrm{n}W(\mathrm{j}\omega) = -\frac{1}{R_0\left(\frac{a}{A}\right)} \tag{7.76}$$

式中，K_n 为非线性元件非线性部分的放大系数。

对线性系统来说，$R_0\left(\dfrac{a}{A}\right)=1$。因此，当线性系统是稳定系统时，$-1$ 点是判断稳定的参考点。如果 $K_nW(j\omega)$ 轨迹包围 $(-1,j0)$，表明系统有正特征根，会出现增幅振荡，不稳定；如果 $K_nW(j\omega)$ 轨迹穿过 $(-1,j0)$，表明系统将产生不衰减的持续振荡。

同理，现假设线性部分仍是稳定系统，但是，由于系统中存在非线性元件，所以用来判断非线性系统稳定性的不再是临界点 -1，而是一条临界线 $-\dfrac{1}{R_0\left(\dfrac{a}{A}\right)}$。因此，在应用描述函数法分析非线性系统的稳定性时，主要利用 $-\dfrac{1}{R_0\left(\dfrac{a}{A}\right)}$ 特性曲线和 $K_nW(j\omega)$ 轨迹线之间的相对位置进行判别。

(1) 在复平面上，$K_nW(j\omega)$ 曲线不包围 $-\dfrac{1}{R_0\left(\dfrac{a}{A}\right)}$ 的情况

当 ω 由 $0\to\infty$ 时，$K_nW(j\omega)$ 曲线位于 $-\dfrac{1}{R_0\left(\dfrac{a}{A}\right)}$ 轨迹的右侧，如图 7.43(a)所示，这时的非线性系统是稳定的。

(2) 在复平面上，$K_nW(j\omega)$ 曲线包围 $-\dfrac{1}{R_0\left(\dfrac{a}{A}\right)}$ 的情况

当 ω 由 $0\to\infty$ 时，$K_nW(j\omega)$ 曲线包围 $-\dfrac{1}{R_0\left(\dfrac{a}{A}\right)}$ 轨迹，如图 7.43(b)所示，这时的非线性系统是不稳定的。

(3) 在复平面上，$K_nW(j\omega)$ 曲线与 $-\dfrac{1}{R_0\left(\dfrac{a}{A}\right)}$ 相交的情况

这时的非线性系统是不稳定的，系统将出现极限环，相应的振荡近似于正弦振荡。其振幅和频率分别为交点处 $-\dfrac{1}{R_0\left(\dfrac{a}{A}\right)}$ 轨迹上的 A 值和 $K_nW(j\omega)$ 曲线上相应的 ω 值，如图 7.43(c)所示。

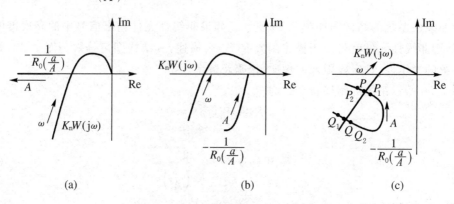

图 7.43 用奈氏图判断非线性系统稳定

极限环的稳定性可根据 $-\dfrac{1}{R_0\left(\dfrac{a}{A}\right)}$ 的曲线方向来判断。所谓 $-\dfrac{1}{R_0\left(\dfrac{a}{A}\right)}$ 的曲线方向,是指曲线上的点随 A 值增大而移动的方向。

如果交点是 $-\dfrac{1}{R_0\left(\dfrac{a}{A}\right)}$ 曲线穿进 $K_n W(\mathrm{j}\omega)$ 曲线时的交点,如图 7.43(c)中的 Q 点,则该交点所对应的极限环是不稳定的。因为在任何扰动下,均会使系统离开 Q 点。假设在扰动作用下,使非线性元件输入振幅 A 增大,工作点由 Q 移到 Q_2,这时由于 $K_n W(\mathrm{j}\omega)$ 轨迹包围 Q_2 点,系统处于不稳定状态,则非线性元件的输入振幅 A 将进一步增大,工作点进一步远离 Q 点;若扰动使非线性元件输入振幅减小,工作点由 Q 移到 Q_1,这时由于 $K_n W(\mathrm{j}\omega)$ 轨迹不包围 Q_1 点,系统处于稳定状态,则非线性元件的输入振幅 A 将进一步减小,工作点也进一步远离 Q 点。因此,由 Q 点描述的非线性系统的持续振荡是不稳定的,系统不能在 Q 点稳定工作,称 Q 点具有发散特性。

如果交点是 $-\dfrac{1}{R_0\left(\dfrac{a}{A}\right)}$ 曲线穿出 $K_n W(\mathrm{j}\omega)$ 曲线时的交点,如图 7.43(c)中的 P 点,则该交点所对应的极限环是稳定的。因为在任何扰动下,若非线性元件输入振幅 A 增大,工作点由 P 移到 P_2,这时由于 $K_n W(\mathrm{j}\omega)$ 轨迹不包围 P_2 点,系统处于稳定状态,则非线性元件的输入振幅 A 将减小,工作点又回到 P 点;若扰动使非线性元件输入振幅减小,工作点由 P 移到 P_1,这时由于 $K_n W(\mathrm{j}\omega)$ 轨迹包围 P_1 点,系统处于不稳定状态,则非线性元件的输入振幅 A 将增大,工作点将又回到 P 点。因此,由 P 点描述的非线性系统的持续振荡是稳定的,称 P 点具有收敛特性。

例 7.5 设非线性系统如图 7.44 所示,试确定其自持振荡的振幅和频率。

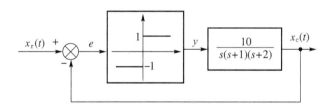

图 7.44 例 7.5 系统结构图

解 理想继电器的描述函数为

$$R(A) = \frac{4E}{\pi A}$$

当 $E=1$ 时

$$R(A) = \frac{4}{\pi A}$$

其负倒幅特性为

$$-\frac{1}{R(A)} = -\frac{\pi A}{4}$$

当 $A=0$ 时，$-\dfrac{1}{R(A)}=0$；当 $A\to\infty$ 时，$-\dfrac{1}{R(A)}\to-\infty$。因

此，在复平面上，$-\dfrac{1}{R(A)}$ 曲线为整个负实轴(见图 7.45)。由线

性部分传递函数求得相应的 $W(\mathrm{j}\omega)$ 为

$$W(\mathrm{j}\omega)=\frac{10}{\mathrm{j}\omega(\mathrm{j}\omega+1)(\mathrm{j}\omega+2)}$$

$$=\frac{-30}{\omega^4+5\omega^2+4}-\mathrm{j}\frac{10(2-\omega^2)}{\omega(\omega^4+5\omega^2+4)}$$

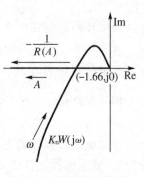

图 7.45 理想继电器系统
稳定判据曲线

由 $\mathrm{Im}[W(\mathrm{j}\omega)]=0$，得

$$2-\omega^2=0$$

于是

$$\omega=\sqrt{2}$$

可见，$W(\mathrm{j}\omega)$ 曲线与负实轴相交时的频率为 $\sqrt{2}$，此即自持振荡的频率。

将 $\omega=\sqrt{2}$ 代入 $\mathrm{Re}[W(\mathrm{j}\omega)]$，得

$$\mathrm{Re}[W(\mathrm{j}\omega)]\big|_{\omega=\sqrt{2}}=\frac{-30}{\omega^4+5\omega^2+4}\bigg|_{\omega=\sqrt{2}}=-1.66$$

$(-1.66,\mathrm{j}0)$ 便是交点的坐标。因为在交点处有

$$-\frac{1}{R(A)}=\mathrm{Re}[W(\mathrm{j}\omega)]\big|_{\omega=\sqrt{2}}$$

即

$$-\frac{\pi A}{4}=-1.66$$

解之便得到自持振荡的振幅值为

$$A=2.1$$

例 7.6 设非线性控制系统如图 7.46 所示，其中 $K_{\mathrm{n}}=2,a=1$。

(1) 试计算线性部分 K 为何值时系统处于稳定边界状态。

(2) 求 $K=15$ 时，自持振荡的振幅和频率。

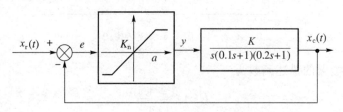

图 7.46 例 7.6 系统结构图

解 (1) 饱和非线性的描述函数为

$$R(A)=\frac{2K_{\mathrm{n}}}{\pi}\left[\arcsin\frac{a}{A}+\frac{a}{A}\sqrt{1-\left(\frac{a}{A}\right)^2}\right]$$

因为非线性元件的参数为 $K_{\mathrm{n}}=2,a=1$，代入上式，写出基准描述函数的负倒幅特性为

$$-\frac{1}{R_0\left(\frac{1}{A}\right)} = \frac{-\pi}{2\left[\arcsin\left(\frac{1}{A}\right) + \frac{1}{A}\sqrt{1-\left(\frac{1}{A}\right)^2}\right]}$$

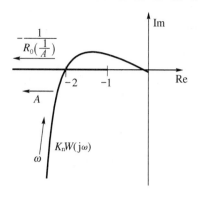

在上式中，$A \to 1$ 时，$-\dfrac{1}{R_0\left(\frac{1}{A}\right)} = -1$；当 $A \to \infty$ 时，

$-\dfrac{1}{R_0\left(\frac{1}{A}\right)} \to -\infty$。因此，$-\dfrac{1}{R_0\left(\frac{1}{A}\right)}$ 曲线是负实轴上

-1 至 $-\infty$ 一段(见图 7.47)。欲使系统稳定，$K_nW(j\omega)$ 曲线应不包围 -1 点，而当 $K_nW(j\omega)$ 曲线穿过 -1 点时，系统处于临界稳定状态。

图 7.47 饱和非线性系统稳定判据曲线

由系统线性部分传递函数可求得

$$K_nW(j\omega) = \frac{2K}{j\omega(0.1j\omega+1)(0.2j\omega+1)}$$

$$= \frac{2K}{\omega}\frac{[-0.3\omega - j(1-0.02\omega^2)]}{(1+0.05\omega^2+0.0004\omega^4)}$$

$K_nW(j\omega)$ 的实部与虚部分别为

$$\mathrm{Re}[K_nW(j\omega)] = \frac{-0.6K}{1+0.05\omega^2+0.0004\omega^4}$$

$$\mathrm{Im}[K_nW(j\omega)] = \frac{-2K(1-0.02\omega^2)}{\omega(1+0.05\omega^2+0.0004\omega^4)}$$

令 $\mathrm{Im}[K_nW(j\omega)] = 0$，可求得 $K_nW(j\omega)$ 与负实轴相交时的频率，即

$$\mathrm{Im}[K_nW(j\omega)] = \frac{-2K(1-0.02\omega^2)}{\omega(1+0.05\omega^2+0.0004\omega^4)} = 0$$

由此得

$$1 - 0.02\omega^2 = 0$$

即

$$\omega = \sqrt{50}$$

将 $\omega = \sqrt{50}$ 代入，可求得 $K_nW(j\omega)$ 与负实轴相交时的幅值，即

$$\mathrm{Re}[K_nW(j\omega)]\big|_{\omega=\sqrt{50}} = \frac{-0.6K}{1+0.05\omega^2+0.0004\omega^4}\bigg|_{\omega=\sqrt{50}} = -\frac{0.6K}{4.5}$$

令其等于 -1，便可求得系统的临界放大倍数 K_c，即

$$\frac{-0.6K_c}{4.5} = -1$$

即

$$K_c = 7.5$$

(2) 因线性部分的 $K = 15 > K_c = 7.5$，系统必然产生自持振荡。

因为 K 的改变只改变 $K_nW(j\omega)$ 的幅值，而不改变 $K_nW(j\omega)$ 的相角，故穿过负实轴时的

频率没变。则 $K_nW(j\omega)$，$-\dfrac{1}{R_0(A)}$ 两曲线交点处的频率依然为 $\omega=\sqrt{50}$，此亦是自持振荡的频率值。

将 $K=15,\omega=\sqrt{50}$ 代入，得

$$\text{Re}[K_nW(j\omega)]\Big|_{\omega=\sqrt{50}}=\frac{-0.6\times15}{1+0.05\omega^2+0.0004\omega^4}\Big|_{\omega\sqrt{50}}=-2$$

在 $K_nW(j\omega)$，$-\dfrac{1}{R_0(A)}$ 两曲线的交点处，两模必然相等，则有

$$-\frac{1}{R_0(A)}=\text{Re}[K_nW(j\omega)]\Big|_{\omega=\sqrt{50}}=-2 \tag{7.77}$$

有

$$\frac{-\pi}{2\left[\arcsin\left(\dfrac{1}{A}\right)+\dfrac{1}{A}\sqrt{1-\left(\dfrac{1}{A}\right)^2}\right]}=-2$$

即

$$\arcsin\left(\frac{1}{A}\right)+\frac{1}{A}\sqrt{1-\left(\frac{1}{A}\right)^2}=\frac{\pi}{4}$$

为了求解方程(7.77)，令

$$f(A)=\arcsin\left(\frac{1}{A}\right)+\frac{1}{A}\sqrt{1-\left(\frac{1}{A}\right)^2}$$

做出 $f(A)$ 的曲线，如图 7.48 所示。由曲线 $f(A)$ 与 $\dfrac{\pi}{4}$ 直线的交点求得方程(7.77)的解为

$$A=2.5$$

此即 $K=15$ 时的自持振荡的振幅。

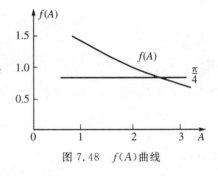

图 7.48　$f(A)$ 曲线

7.5　利用非线性特性改善线性系统的性能

在线性系统中，为了提高系统稳态精度则希望增大系统的开环传递系数，或者在系统的开环传递函数中增添 $s=0$ 极点，但由此可能导致系统的相对稳定性降低，使动态性能恶化；又如，在动态性能中，响应的快速性与超调量之间也有矛盾。因此，在系统设计时，往往采取折中方案。但是，如果人为有目的地在线性系统中加入某些非线性环节，却有可能使系统的性能大幅度地提高，以达到单纯线性系统根本无法实现的预期效果。

设有二阶系统的结构图如图 7.49 所示。则系统的开环传递函数为

$$G(s)=\frac{K_1K_2}{\tau s^2+(1+K_2\beta)s}=\frac{K}{\tau s^2+(1+K_2\beta)s} \tag{7.78}$$

其中，$K=K_1K_2$。

系统的闭环传递函数为

$$\Phi(s)=\frac{C(s)}{R(s)}=\frac{K}{\tau s^2+(1+K_2\beta)s+K}=\frac{\omega_n^2}{s^2+2\zeta\omega_n s+\omega_n^2} \tag{7.79}$$

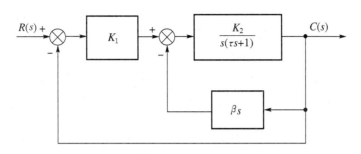

图 7.49　具有微分反馈的二阶系统结构图

其中,$\omega_n = \sqrt{\dfrac{K}{\tau}}$,$\zeta = \dfrac{1 + K_2\beta}{2\sqrt{\tau K}}$。

当 $\beta = 0$ 时,即二阶系统未引入局部微分反馈时,系统的开环传递函数为

$$G_0'(s) = \frac{K}{\tau s^2 + s} \tag{7.80}$$

系统的闭环传递函数为

$$\Phi_0(s) = \frac{K}{\tau s^2 + s + K} = \frac{\omega_{n0}^2}{s^2 + 2\zeta_0\omega_{n0}s + \omega_{n0}^2} \tag{7.81}$$

式中,$\omega_{n0} = \sqrt{\dfrac{K}{\tau}}$,$\zeta_0 = \dfrac{1}{2\sqrt{\tau K}} = \dfrac{1}{1 + K_2\beta}\zeta$。

由式(7.79)、式(7.81)可知,加了输出微分反馈后,相当于使系统的阻尼比增大了 $(1 + K_2\beta)$ 倍,若原系统为欠阻尼,则可能使系统成为临界阻尼或过阻尼。加入输出微分反馈前、后系统的阶跃响应如图 7.50 所示。其中曲线①为未引入微分反馈时系统的阶跃响应,曲线②为引入微分反馈后系统的阶跃响应。显然响应①的超调量过大,而响应②虽无超调,但响应过慢。而响应③则较为理想,即输出响应能较快地跟踪输入,同时又无超调。

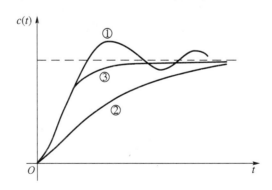

图 7.50　系统引入输出微分反馈前、后的阶跃响应

若在输出微分反馈通道中引入一个非线性特性环节(如图 7.51 所示),就可以实现上述要求。此非线性环节有两个输入,一个是系统的输出 $c(t)$,另一个输入则是系统的误差 $e(t)$。此非线性环节特性是,当与输出 $c(t)$ 成正比的信号小于与误差 $e(t)$ 成正比的信号时,此环节无输出;当与输出 $c(t)$ 成正比的信号大于与误差 $e(t)$ 成正比的信号时,此环节有与

系统的输出 $c(t)$ 成正比的输出。也就是说,此非线性环节具有死区特性,但不是一般的死区特性,而是其死区大小随系统的误差信号成比例变化的死区特性。图 7.52 为此非线性环节的原理图,图中 K_e, K_c 分别是两个输入端的比例系数。检测的误差信号 $e(t)$ 经过比例环节 K_e 放大,再经过桥式整流器整流后加于电位器两端,故与 $e(t)$ 成比例的信号不可能输出,只是在电位器上形成与 $e(t)$ 成正比的电位。从系统输出端检测到的信号 $c(t)$ 经比例器 K_c 后,再经二极管加于电位器的滑动点上,只有当加于电位器滑动点的信号与 $c(t)$ 成比例的信号超过加于电位器上与误差 $e(t)$ 成比例的电位后,则有与系统输出 $c(t)$ 成比例的信号输出到微分反馈环节的输入端。

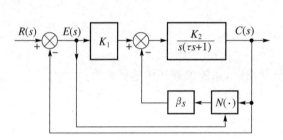

图 7.51 非线性微分负反馈的二阶系统

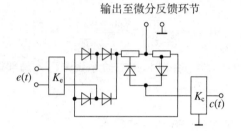

图 7.52 非线性环节 $N(\cdot)$ 的原理图

在阶跃信号作用到系统之初,误差 $e(t)$ 很大,输出 $c(t)$ 很小,微分反馈环节不起作用,相当于系统传递函数中 β 等于零。随着时间推移,$e(t)$ 减小,$c(t)$ 增长,适当地调整此非线性环节的参数,可以在 $c(t)$ 接近于稳态值时,使微分反馈环节具有输入信号,因而使系统处于附加有输出微分反馈的状态。这样,系统的阶跃响应如图 7.50 中曲线③所示。由此可知,在线性系统中,正确地引入非线性特性能使系统的性能大为改善。

若使该二阶系统具有较高的稳态跟踪精度(即稳态误差很小),同时又具有较高的相对稳定性,可通过在系统中采用串联非线性校正装置(如图 7.53 所示)。图 7.54 为该串联非线性校正装置的原理图。该校正装置采用了电子运算放大器。采用的是同相输入,其输出端附加了限幅电路,使其静特性成为饱和值可调的饱和特性。当放大器未处于饱和输出时,有

$$U_2(s) = K\left[U_1(s) - \frac{R_1}{\dfrac{R_2}{R_2 Cs + 1} + R_1}U_2(s)\right] \tag{7.82}$$

式中,K 为运算放大器之增益。

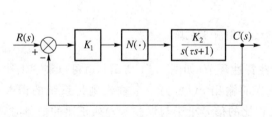

图 7.53 采用串联非线性校正装置的二阶系统

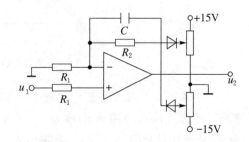

图 7.54 串联非线性校正装置

令 $\tau_2 = R_2C$，将其代入式(7.82)得

$$U_2(s) = \frac{K(R_1 + R_2)\left(\frac{R_1 R_2}{R_1 + R_2}Cs + 1\right)}{R_2 + R_1(\tau_2 s + 1)(1 + K)}U_1(s) \tag{7.83}$$

当运算放大器工作于输出未达到饱和值时，可认为其增益 $K \to \infty$，则有

$$\frac{U_2(s)}{U_1(s)} = \frac{R_1 + R_2}{R_1}\frac{\tau_1 s + 1}{\tau_2 s + 1} \tag{7.84}$$

式中，$\tau_1 = \dfrac{R_1 R_2}{R_1 + R_2}C$。

当运算放大器工作于饱和输出时，由于输出被限幅而不论输入为何值时均为饱和值，故其增益影响极大，可认为其增益 $K \ll 1$，于是式(7.83)可近似认为是

$$\frac{U_2(s)}{U_1(s)} = K \tag{7.85}$$

因此，当运算放大器输出未达到饱和值时，图 7.53 所示系统开环传递函数为

$$G(s) = \frac{K_1 K_2 (R_1 + R_2)}{R_1}\frac{\tau_1 s + 1}{s(\tau s + 1)(\tau_2 s + 1)} \tag{7.86}$$

当运算放大器输出达到饱和值时，开环传递函数为

$$G(s) = \frac{K_1 K_2 K}{s(\tau s + 1)} \tag{7.87}$$

图 7.55 所示为当运算放大器未饱和时的开环对数幅频特性①及放大器饱和后的特性②。曲线①所示特性表明：在低频区系统的开环增益很大，从而使系统的稳态误差很小。特性
①对应的系统相角稳定裕度 γ_1 较小，若系统在输入变化幅度较大（即动态误差较大）时系统仍处于特性①的工作状态，势必有过大的超调量和较强的振荡过程。但采用了前述串联非线性校正装置，系统将会自动地过渡到特性②的工作状态。此时系统的相角裕度 γ_2 远远大于 γ_1，系统相对稳定性增强，从而使动态过程较为平稳，同时，也抑制了系统的超调量。因此，图 7.53 采用了串联非线性校正装置的系统能够较好地解决稳态性能和动态性能之间的矛盾。

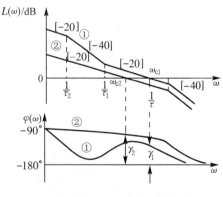

图 7.55　非线性校正系统的对数频率特性

7.6　MATLAB 在非线性控制系统中的应用

在对非线性系统进行理论分析时，主要有两种方法：频域法（描述函数法）与时域法（相平面法），都可以利用 MATLAB 实现分析。

借助 MATLAB 可以直接求解非线性微分方程，各种非线性系统都能求出数值解，而且精度达到较高的要求。在建模时，从 Simulink 相应的模块库中选择所需的线性与非线性环节、外部激励与显示模块，按照系统的实际构成组成仿真模型，输入一定的参数如信号幅值、响应时间等，最后进行仿真分析。

7.6.1　利用 MATLAB 分析非线性系统的频率特性与时域响应

非线性系统的频率响应不但取决于输入信号的频率,还与输入信号的幅值有关。借助 MATLAB 提供的 Simulink 工具箱,可以十分容易地求出非线性系统的频率响应,并在仿真示波器中直观地显示出来。

例 7.7　某元件具有死区非线性,$k=1$,死区时间的上下限分别为 0.5 与 -0.5,其静特性如图 7.56 所示。求分别输入正弦信号 $r_1(t)=\sin3t$ 与 $r_2(t)=\sin t$ 时元件的输出响应。

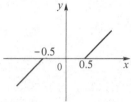

图 7.56　死区非线性

解　在 Simulink 中建立相应的仿真模型,选择正弦波输入模块 sine wave 与死区非线性模块 dead zone,同时再选择观测输出的输出模块 scope,组成一个简单的仿真模型(如图 7.57 所示),并设定相应参数。

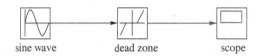

图 7.57　死区非线性元件的仿真模型

1. 输入信号为 $r_1(t)=\sin3t$

设定 sine wave 模块的幅值 amplitude=3,角频率 frequency=1rad/s,即输入信号的周期为 2π,并设信号的初相角 phase=0;设置 dead zone 模块的 start of dead zone 和 end of dead zone 分别为 -0.5 和 0.5。启动仿真,示波器 scope 的输出如图 7.58(a)所示。输出信号的幅值为 2.5,周期为 6.28rad 即 2π,与输入信号周期相同,每个半波的死区时间约为 0.17s。

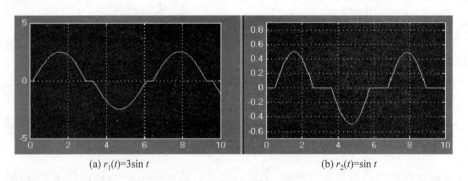

(a) $r_1(t)=3\sin t$　　　　　　　　　(b) $r_2(t)=\sin t$

图 7.58　死区非线性元件的频率响应曲线

2. 输入信号为 $r_2(t)=\sin t$

设定 sine wave 模块的幅值 amplitude=1,其他参数不变。启动仿真,示波器 scope 的输出见图 7.58(b)。输出信号的幅值为 0.5,周期仍与输入信号的周期相同,每个半波的死区时间约为 1s。

同样,如果调整输入信号的最大幅值为 0.5,则元件的输出将为 0。

以上仿真分析充分说明了元件的非线性特征,其输出不仅与输入信号的频率有关,还与输入信号的幅值有关,当输入信号的幅值在死区范围内时,该元件没有输出。

对于有非线性元件的非线性系统,建立起闭环模型后,可以采用同样的方法进行频率响应的仿真分析。

例 7.8 图 7.59 是一个自整角机直流随动系统的方块图,相敏放大器和运算放大器可以看成是一个具有饱和特性的放大环节。图 7.60 是该系统的控制结构图,把所有环节的比例系数都归入了比例环节,即系统的开环传递系数为 K;则饱和非线性环节的线性部分比例系数为 1,上下限为 10 与 -10,系统其他参数如图 7.60 所示。求此系统在零初始条件下的阶跃响应。

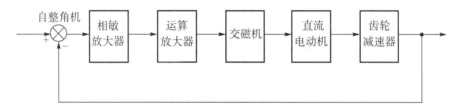

图 7.59 自整角机直流随动系统的方块图

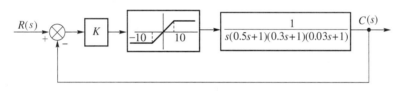

图 7.60 控制结构图

解 选择阶跃输入模块 step,传递函数模块 transfer fcn,饱和非线性模块 stauration,观测输出的输出模块 XY graph 等,组成该系统的仿真模型(见图 7.61),设 $K=2$,stauration 的 upper limit 和 lower limit 分别为 10 和 -10,并设定其他相应参数。

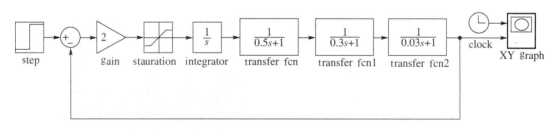

图 7.61 系统的 Simulink 仿真模型

将输入模块 step 的 final value 设置为 1,输出模块 XY graph 的 x-max＝30,x-min＝0,y-max＝1.5,y-min＝0,以保证合适的输出范围,同时设置 simulation parameters 中的 stop time 为 30 秒。启动仿真,便可得到闭环系统的单位阶跃响应曲线(如图 7.62 所示)。

从响应曲线可读出,系统的最大超调量 $\sigma\%=49\%$,调节时间 $t_s=6s$。

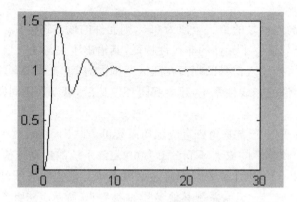

图 7.62　单位阶跃响应曲线

7.6.2　利用 MATLAB 绘制非线性系统的相平面图

以二阶非线性系统为例,具有间隙非线性的闭环系统可以建立起如图 7.63 所示的 Simulink 仿真模型。

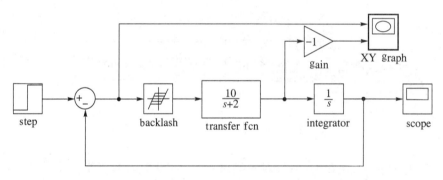

图 7.63　具有间隙非线性的闭环系统的 Simulink 仿真模型

设置输入为单位阶跃信号,Badclash 模块的 deadband width 为 1,initial output 为 0,仿真时间为 100s,并设置其他相关参数。启动仿真,则 x-y 绘图仪绘制出系统的 e-$\dot{e}$ 相平面图如图 7.64 所示,图 7.65 为系统的输出响应曲线。

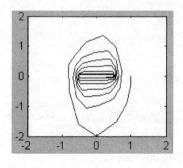

图 7.64　系统的 e-$\dot{e}$ 相平面图

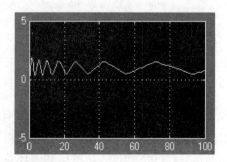

图 7.65　系统的单位阶跃响应曲线

习题

7.1 求下列方程的奇点,并确定奇点的类型。

(1) $\ddot{x}-(1-x^2)\dot{x}+x=0$

(2) $\ddot{x}-(0.5-3x^2)\dot{x}+x+x^2=0$

7.2 利用等倾线法画出下列方程的相平面图。

(1) $\ddot{x}+|\dot{x}|+x=0$

(2) $\ddot{x}+\dot{x}+|x|=0$

7.3 系统结构图如图7.66所示,设系统初始条件是静止状态,试绘制相轨迹图。系统输入为

(1) $x_r(t)=R,R>a$

(2) $x_r(t)=R+\nu t,R>a$

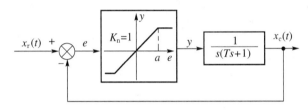

图 7.66 系统结构图

7.4 系统结构图如图7.67所示,设系统初始条件是静止状态,其中 $k_1=0.2,k_2=1,a=1$,并且参数满足下式

$$\frac{1}{2\sqrt{k_2 T}}<1<\frac{1}{2\sqrt{k_1 k_2 T}}$$

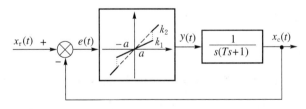

图 7.67 系统结构图

试绘制相轨迹图。系统输入为

(1) $x_r(t)=R,R>a$

(2) $x_r(t)=R+\nu t,R>a$

7.5 非线性特性如图7.68所示,求其描述函数。

7.6 图7.69为变放大系数非线性特性,求其描述函数。

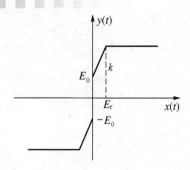

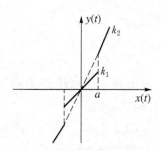

图 7.68 非线性特性　　　　　　图 7.69 变放大系数非线性特性

7.7 判断图 7.70 所示各系统是否稳定，$-\dfrac{1}{R_0\left(\dfrac{a}{A}\right)}$ 与 $K_nW(j\omega)$ 的交点是稳定工作点还是不稳定工作点。

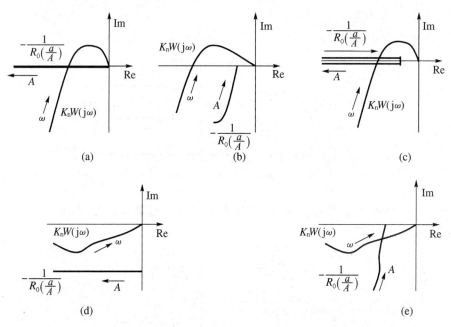

图 7.70 题 7.7 图

7.8 图 7.71 所示为继电器控制系统的结构图，其线性部分的传递函数为

$$W(s) = \dfrac{10}{(s+1)(0.5s+1)(0.1s+1)}$$

试确定自持振荡的频率与振幅。

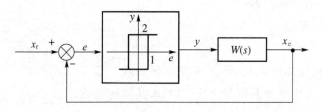

图 7.71 题 7.8 图

7.9 将图 7.72 所示非线性系统化简成非线性部分 $N(\cdot)$ 和等效的线性部分 $W(s)$ 相串联的单位反馈系统,并写出线性部分 $W(s)$ 的传递函数。

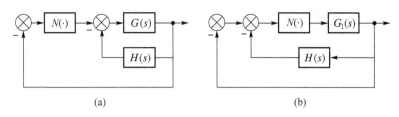

(a) (b)

图 7.72 系统结构图

MATLAB 实验

M7.1 二阶非线性系统如图 7.73 所示。

(1) 对该系统进行单位阶跃信号作用下的仿真,并作出 e-$\dot{e}$ 相平面图;

(2) 调节线性环节的放大系数,分析放大系数对系统性能的影响。

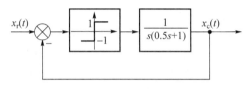

图 7.73 题 M7.1 图

M7.2 继电型非线性系统如图 7.74 所示。

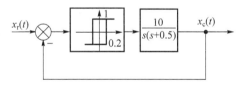

图 7.74 题 M7.2 图

(1) 对该系统进行单位阶跃信号下的仿真;

(2) 要求 $\sigma\% < 20\%$,$t_s < 2s$,求速度反馈系统,并利用 Simulink 仿真验证。

M7.3 对于饱和非线性特性,利用 MATLAB 函数编写相应独立的 M 函数 saturation.m,调用格式为

y = saturation(x,a)

y 是饱和非线性环节的输出,x 是饱和非线性环节的输入,a 是线性区宽度,假定线性区斜率为 1(提示,调用 function 函数,可用 help 指令查阅其用法)。

第8章
离散控制系统的分析和综合

内容提要

本章讲述离散控制系统的分析和综合。首先介绍离散控制系统的组成、研究方法、采样过程、采样定理、z 变换、脉冲传递函数和差分方程;在此基础上,介绍离散控制系统的稳定性、稳态误差和动态性能的分析等有关问题;介绍数字控制器的脉冲传递函数以及最少拍系统的设计;最后介绍应用 MATLAB 分析离散控制系统。

在前面几章中讨论了连续控制系统的基本问题。在连续系统中,各处的信号都是时间连续函数。这种在时间上连续、幅值上也连续的信号称为连续信号,又称为模拟信号。随着计算机普遍运用于自动控制领域,离散控制系统在生产、科研等各个领域中得到了广泛的应用。与连续系统显著不同是,在离散控制系统中有一处或几处的信号不是连续的模拟信号,而是在时间上离散的脉冲序列,称为离散信号。离散信号通常是按照一定的时间间隔对连续的模拟信号进行采样而得到的,故又称为采样信号。在实际的离散控制系统中,往往在某些部分存在连续时间信号,而在另一些部分存在离散时间信号。对于连续时间系统,采用微分方程和拉普拉斯变换进行分析和设计;离散时间系统往往比连续时间系统更为复杂,需要采取一些新的方法加以处理,采用差分方程和 z 变换进行分析和设计。

8.1 离散控制系统的基本概念

8.1.1 离散控制系统的组成

通常可把离散控制系统分为采样控制系统和数字控制系统两大类。当离散控制系统中的离散信号是脉冲序列形式(时间上离散)时,称为采样控制系统或脉冲控制系统;而当离散系统中的离散信号是数码序列形式(时间上离散、幅值上量化)时,称为数字控制系统或计算机控制系统。在理想采样及忽略量化误差情况下,数字控制系统近似于采样控制系统,将它们统称为离散系统,这使得采样控制系统与数字控制系统的分析与综合在理论上统一了起来。

1. 采样控制系统

在实际工业控制系统中,有些被控对象的惯性很大且具有滞后特性,如图 8.1 所示的炉温自动控制系统,炉子是具有滞后特性的惯性环节$\dfrac{e^{-\tau s}}{Ts+1}$。为了得到好的动态性能,系统开环传递系数只能取小,导致稳态精度降低。若采用校正装置,由于系统中环节时间常数过大,会导致校正装置也需要大的时间常数而难以实现。对于这类被控对象,如采用连续控制方式,控制效果不会很好,应运用采样控制的方式进行控制。

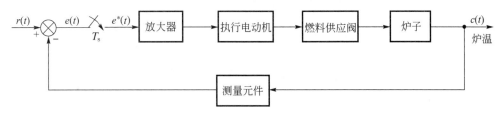

图 8.1 工业炉温自动控制系统框图

采样控制系统的基本特点是周期性地测量偏差信号,即定时采集偏差信号的样本值。调节逐渐进行,可避免出现过调、波动。由于脉冲序列的周期总是远大于脉冲的宽度,所以可以认为系统大部分总是处于开环工作状态,而只是在离散时间点上对系统进行闭环控制。这就使得大延迟系统容易镇定,而且在闭环工作期间允许有很高的开环放大系数,保证了系统的稳态精度。将连续时间信号 $e(t)$ 转换为离散时间信号 $e^*(t)$ 的过程称为采样,实现采样的装置称为采样器,或采样开关。

根据采样器在系统中所处的位置不同,可以构成各种采样系统,其典型结构图如图 8.2 所示。图中,S 为采样开关,$e(t)$ 和 $e^*(t)$ 分别为连续信号和采样信号。

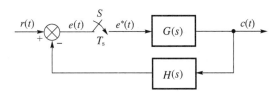

图 8.2 采样系统典型结构图

采样控制系统结构简单、投资少,适合于要求不高的场合。

2. 数字控制系统

计算机技术的迅速发展,使得计算机,尤其是微型计算机在工业自动控制领域中的应用越来越广泛。数字控制系统就是指系统中具有数字计算机或数字控制器的自动控制系统。数字计算机只能处理数字信号,并且结果也是以数字信号的形式输出。数字信号是一种既在时间上离散又在幅值上量化(即幅值上离散)的信号。

典型的数字控制系统如图 8.3 所示。由于系统中既含有模拟信号又含有数字信号,因此系统需要具有把信号从一种形式转换为另一种形式的功能,见图 8.3 中的模数(A/D)转换器、数模(D/A)转换器和保持器。另外与连续控制系统不同的是,系统还具有模拟前置滤波器,其作用是抑制来自传感器的模拟信号中的高频噪声分量,以防止在采样过程中出现混叠现象。

数字计算机按照设计的数字控制算法,实现对系统的校正,产生数字控制信号。它和连

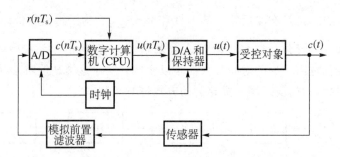

图 8.3　数字控制系统的典型结构

续控制器之间的基本差别是：数字计算机对所测对象输出的采样值进行处理，而不是对连续信号进行处理，且其所提供的控制信号由差分方程递推算出。

模数转换 A/D 把来自传感器的模拟信号转换为数字计算机能够使用的数字信号。实际上，这里包含两个过程：

- 离散化：把连续时间信号变换为离散时间信号。这意味着把模拟信号 $c(t)$ 转换为采样值 $c(nT_s)$，以时间间隔 T_s 重复出现，T_s 称为采样周期。$f_s = \dfrac{1}{T_s}$ 称为采样速率或采样频率（单位 Hz），$\omega_s = \dfrac{2\pi}{T_s} = 2\pi f_s$ 是以 rad/s 表示的采样速率或采样频率。采样信号 $c(nT_s)$ 也可简记作 $c(n)$，其中 n 取作任意正整数值。

- 量化：把前一过程所得的离散时间信号（注意，这仍是模拟信号），变换为数字信号（幅值离散取值后量化的信号）。

数模转换 D/A 和保持器，把来自数字计算机的数字控制信号变换为连续时间信号。用以驱动执行机构和记录装置（如屏幕显示、长图记录仪等），实际上，包含以下两个过程：

- 把数字信号变换为离散时间模拟信号（D/A）。

- 通过保持器把离散时间信号变换为连续时间信号。最简单的保持器是零阶保持器 ZOH（Zero Order Hold），其作用是：让前一个采样瞬刻的信号值在整个采样间隔中保持不变，直到下一个采样瞬刻为止。

这两个功能实际上都是由数模转换器完成的。

工程实践证明：只要适当选取采样周期 T_s，在采样瞬时获取的一系列离散信号完全可以表示相应的连续信号所包含的绝大部分信息，满足对控制系统的性能指标要求。这样计算机就可以用采样时刻之间的大量时间去完成其他任务。

为了便于对控制系统进行理论分析，图 8.3 所示的系统通常被抽象为图 8.4 所示的结构图。数字计算机作为数字控制器，其输入端的采样开关表示对连续时间信号进行采样，变换为离散时间信号。方块 ZOH 表示零阶保持器，把离散时间信号变换为连续时间信号。系统的输出（受控变量）一般是连续时间信号，当把整个系统作为离散时间系统（输入输出信号都是离散信号的系统）分析时，认为输出信号经过虚拟的理想同步采样开关变成了离散时间信号。图 8.4 中输出端的虚线引出的采样开关及其输出，表示的就是这个意思。值得说明的是：为了集中分析问题的主要方面，在结构图中，没有表现出离散时间模拟信号的量化过程和数字计算机输出的数字信号变换为离散时间模拟信号的过程，以及模拟前置滤波器。

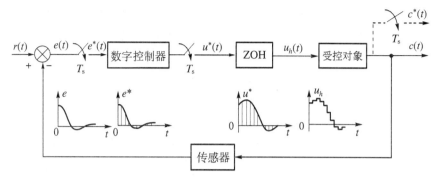

图 8.4　数字控制系统结构图

8.1.2　离散控制系统的特点

离散控制系统较之相应的连续系统具有以下优点：

（1）由数字计算机构成的数字控制器，控制律由软件实现，控制规律修改调整方便，控制灵活。而且可以借助计算机实现许多附加功能，例如系统运行状态检测、报警、保护等，性价比超过模拟控制器。

（2）采样信号特别是数字信号的传递可以有效地抑制噪声，从而提高系统的抗干扰能力。

（3）可以采用高灵敏度的控制元件，提高系统的控制精度。

（4）可用一台计算机分时控制若干个系统，提高设备的利用率，经济性好。

（5）引入采样方式，使大延迟系统稳定。

离散控制系统在航空航天、军事、工业、公用事业系统中已经获得了广泛的运用。

8.1.3　离散控制系统的研究方法

在离散控制系统中，系统至少有一处的信号是一个脉冲序列，其作用的过程从时间上看是不连续的，控制的过程是断断续续的，研究连续线性系统所用的方法，例如拉普拉斯变换、传递函数和频率特性等不再适用。研究离散控制系统的数学基础是 z 变换，通过 z 变换这个数学工具，可以把以前学习过的传递函数、频率特性、根轨迹法等概念应用于离散控制系统。z 变换是分析单输入-单输出线性定常离散控制系统的有力数学工具。z 变换法和线性离散控制系统的关系如同拉普拉斯变换和线性连续系统的关系一样。

本章将重点介绍 z 变换理论、脉冲传递函数、离散控制系统的稳定性等内容。

8.2　采样过程与采样定理

8.2.1　采样过程

实现离散过程首先遇到的问题，就是如何把连续模拟信号转换为数字计算机能够处理的数字信号。按照一定的时间间隔对连续信号进行采样，将其变换为在时间上离散的脉冲序列的过程称之为采样过程。即采样是指按一定的时间间隔 T_s (称为采样周期),对连续时间信号 $x(t)$ 抽取样本值,得到由 $x(t)$ 的这些采样数据所构成的离散时间信号 $x^*(t)$,称为采样(数据)信号(如图 8.5(a)所示)。从 $x(t)$ 得到其采样信号的采样过程,是一个连续时间信号离散化的过程。实际的采样开关不能瞬时开闭,所得到的采样信号是由一系列时间间隔 T_s 的窄脉冲构成的脉冲串(如图 8.5(b)所示)。为了便于对采样过程进行数学描述,如果采样开关闭合时间比采样周期 T_s 小得多,可把采样开关理想化,认为闭合时间趋于零。这样,所得到的采样信号将是时间间隔为 T_s 的理想脉冲序列(如图 8.5(c)所示)。并可表示为连续时间信号 $x(t)$ 和以 T_s 为周期的理想单位脉冲序列

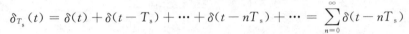

$$\delta_{T_s}(t) = \delta(t) + \delta(t - T_s) + \cdots + \delta(t - nT_s) + \cdots = \sum_{n=0}^{\infty} \delta(t - nT_s)$$

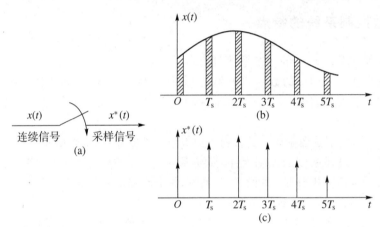

图 8.5　采样过程

相乘的结果,即脉冲调制的结果为

$$\begin{aligned}
x^*(t) &= x(t) \cdot \sum_{n=0}^{\infty} \delta(t - nT_s) \\
&= x(t)\delta(t) + x(t)\delta(t - T_s) + \cdots + x(t)\delta(t - nT_s) + \cdots
\end{aligned} \tag{8.1}$$

因为单位脉冲函数定义为

$$\begin{cases} \delta(t) = 0 & t \neq 0 \\ \displaystyle\int_{-\infty}^{\infty} \delta(t)\,dt = 1 \end{cases} \tag{8.2}$$

而且

$$\begin{cases} \delta(t - nT_s) = 0 & t \neq nT_s \\ \displaystyle\int_{-\infty}^{\infty} \delta(t - nT_s)\,dt = 1 \end{cases} \tag{8.3}$$

所以 $x(t)\delta(t) = x(0)\delta(t)$,$x(t)\delta(t - nT_s) = x(nT_s)\delta(t - nT_s)$。于是,式(8.1)化为

$$x^*(t) = x(0)\delta(t) + x(t)\delta(t - T_s) + \cdots + x(nT_s)\delta(t - nT_s) + \cdots$$

$$= \sum_{n=0}^{\infty} x(nT_s)\delta(t - nT_s) \tag{8.4}$$

这就是说：采样信号 $x^*(t)$ 是一个以采样周期 T_s 为间隔的脉冲函数串，每个脉冲函数的强度等于该脉冲函数出现瞬刻所相应的 $x(t)$ 的采样值。例如，$t = 0$，脉冲函数强度为 $x(0)$；$t = T_s$，脉冲函数强度为 $x(T_s)$。

对式(8.4)采样信号 $x^*(t)$ 进行拉普拉斯变换，即得

$$X^*(s) = x(0) + x(T_s)\mathrm{e}^{-T_s s} + x(2T_s)\mathrm{e}^{-2T_s s} + \cdots = \sum_{n=0}^{\infty} x(nT_s)\mathrm{e}^{-nT_s s} \tag{8.5}$$

上述把实际采样过程理想化以简化其数学描述的做法是合理的。频谱分析表明：

连续信号 $x(t)$ 的幅频谱 $|X(\mathrm{j}\omega)|$ 一般是一个单一的连续频谱，其最高频谱是无限的，考虑到频率相当高时 $|X(\mathrm{j}\omega)|$ 值极小，可以认为实际信号具有有限的最高频率，如图 8.6(a)所示，其中 ω_m 为频谱 $|X(\mathrm{j}\omega)|$ 的最大角频率。

由频谱可得，脉冲串 $x^*(t)$ 的频谱 $|X^*(\mathrm{j}\omega)|$ 是被采样信号 $x(t)$ 的幅频谱 $|X(\mathrm{j}\omega)|$ 按采样频率 $\omega_s = 2\pi/T_s$ 的周期性重复，但幅值为原频谱的 $1/T_s$。按理想采样开关所得脉冲串的频谱如图 8.6(b)所示，按实际采样开关所得脉冲串的频谱则如图 8.6(c)所示。理想采样脉冲和实际脉冲串只是高频频谱的幅值不同，而低频的基本频谱，两者是类似的。由于控制系统前向传递函数具有低通滤波的特性，将衰减信号的高频分量。所以，采用理想的脉冲采样替代实际的脉冲采样，整个系统的响应基本相同。

使用脉冲采样简化了采样系统的数学分析，因此被广泛用来表示采样过程。

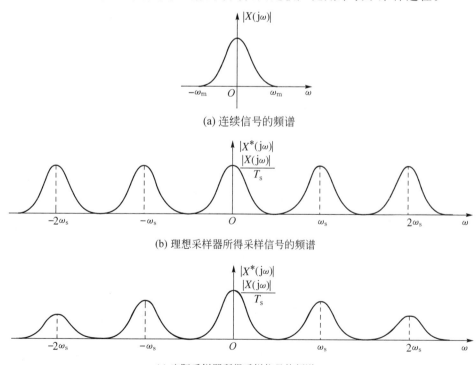

(a) 连续信号的频谱

(b) 理想采样器所得采样信号的频谱

(c) 实际采样器所得采样信号的频谱

图 8.6　频谱的比较

8.2.2　采样定理

理想单位脉冲序列 $\delta_{T_s}(t)$ 是一个以 T_s 为周期的函数,可以展开为傅里叶级数,其复数形式为

$$\delta_{T_s}(t) = \sum_{n=-\infty}^{\infty} A_n e^{jn\omega_s t} \tag{8.6}$$

式中,$A_n = \dfrac{1}{T_s}\displaystyle\int_{-T_s/2}^{T_s/2}\delta_{T_s}(t)e^{-jn\omega_s t}dt$ 为傅里叶系数。

对于 $\delta_{T_s}(t)$,$A_n = \dfrac{1}{T_s}$。将 A_n 代入式(8.6)得

$$\delta_{T_s}(t) = \frac{1}{T_s}\sum_{n=-\infty}^{\infty} e^{jn\omega_s t} \tag{8.7}$$

将式(8.7)代入式(8.4),可得

$$x^*(t) = \sum_{n=0}^{\infty} x(nT_s)\delta(t-nT_s) = x(t)\cdot\frac{1}{T_s}\sum_{n=-\infty}^{\infty} e^{jn\omega_s t}$$

上式的拉普拉斯变换式为

$$X^*(s) = \frac{1}{T_s}\sum_{n=-\infty}^{\infty} X(s-jn\omega_s) \tag{8.8}$$

上式反映了采样函数的拉普拉斯变换式 $X^*(s)$ 和连续函数拉普拉斯变换式 $X(s)$ 之间的关系。式(8.8)表明,$X^*(s)$ 是 s 的周期性函数,周期为 ω_s。令 $s=j\omega$ 可得采样信号的傅里叶变换为

$$X^*(j\omega) = \frac{1}{T_s}\sum_{n=-\infty}^{\infty} X(j\omega-jn\omega_s) \tag{8.9}$$

设采样器输入连续信号的幅频谱 $|X(j\omega)|$ 为有限带宽,其最大频率为 ω_m,如图8.7(a)所示。对于信号经过理想采样后的幅频谱,图8.7(b)对应于 $\omega_s>2\omega_m$ 的情况,而图8.7(c)对应于 $\omega_s<2\omega_m$ 的情况。

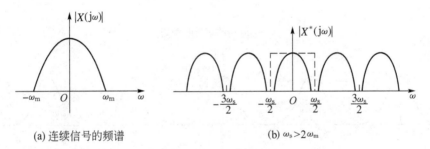

(a) 连续信号的频谱　　　　　　　　(b) $\omega_s>2\omega_m$

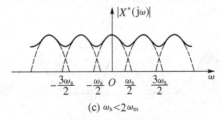

(c) $\omega_s<2\omega_m$

图8.7　连续信号与离散信号的频谱

由以上分析可得出以下结论：按间隔 T_s 进行采样后，信号的傅里叶变换是周期函数，是原函数傅里叶变换的 $\dfrac{1}{T_s}$ 按周期 $\omega_s = \dfrac{2\pi}{T_s}$ 所进行的周期延拓。"等间隔离散化"函数的傅里叶变换是"周期"频谱。简称为"时域离散⇔频域周期"。

在离散信号的频谱中，$n=0$ 的部分称为主频谱，与连续信号的频谱是相对应的。除此之外，$X^*(j\omega)$ 还包含无限多高频分量。为了准确复现连续信号，必须使离散信号的频谱中的各部分相互不重叠。这样就可以采用如图 8.7(b) 中虚线所示的低通滤波器，滤掉所有的高频频谱分量，只保留主频谱。

同时，由图 8.7 可知，相邻两部分频谱互不重叠的条件是

$$\omega_s \geqslant 2\omega_m$$

$2\omega_m$ 为连续信号的有限频率带宽。

如果 $\omega_s < 2\omega_m$，则会出现图 8.7(c) 所示的相邻部分频谱重叠的现象。这时就难以准确地恢复原来的连续信号。综上所述，可以归纳出一条重要结论（香农（shannon）采样定理）：

只有在 $\omega_s \geqslant 2\omega_m$ 的条件下，才能将采样后的离散信号 $x^*(t)$ 无失真地恢复为原来的连续信号 $x(t)$。

8.2.3　零阶保持器

在离散控制系统中，使用保持器来把数字控制器输出的离散时间信号转换为连续时间信号，最常用的保持器是零阶保持器（如图 8.8 所示）。它将 $x^*(t)$ 转换为图 8.8 所示那样的阶梯形的连续时间函数 $x_H(t)$，即在一个采样间隔内将保持采样瞬刻的值不变。

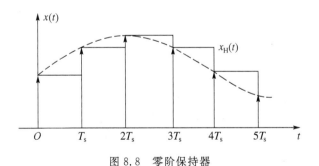

图 8.8　零阶保持器

所以，可以把零阶保持器的输出写作

$$x(t) = x(0)[1(t) - 1(t - T_s)] + x(T_s)[1(t - T_s) - 1(t - 2T_s)] +$$
$$x(2T_s)[1(t - 2T_s) - 1(t - 3T_s)] + \cdots \tag{8.10}$$

对上式两侧进行拉普拉斯变换，有

$$X_{\mathrm{H}}(s) = x(0)\left(\frac{1-\mathrm{e}^{-T_s s}}{s}\right) + x(T_s)\left(\frac{\mathrm{e}^{-T_s s}-\mathrm{e}^{2T_s s}}{s}\right) + x(2T_s)\left(\frac{\mathrm{e}^{-2T_s s}-\mathrm{e}^{-3T_s s}}{s}\right) + \cdots$$

$$= \left(\frac{1-\mathrm{e}^{-T_s s}}{s}\right)\left[x(0)+x(T_s)\mathrm{e}^{-T_s s}+x(2T_s)\mathrm{e}^{-2T_s s}+\cdots\right]$$

$$= \frac{1-\mathrm{e}^{-T_s s}}{s}X^*(s)$$

式中,$X^*(s)$为零阶保持器输入信号 $x^*(t)$ 的拉普拉斯变换

$$X^*(s) = x(0)+x(T_s)\mathrm{e}^{-T_s s}+x(2T_s)\mathrm{e}^{-2T_s s}+\cdots \tag{8.11}$$

于是,保持器的传递函数为

$$G_{\mathrm{H}}(s) = \frac{X_{\mathrm{H}}(s)}{X^*(s)} = \frac{1-\mathrm{e}^{-T_s s}}{s} \tag{8.12}$$

令 $s=\mathrm{j}\omega$,并考虑到采样角频率 $\omega_s=2\pi/T_s$,得到零阶保持器的频率特性

$$G_{\mathrm{H}}(\mathrm{j}\omega) = \frac{1-\mathrm{e}^{-\mathrm{j}\omega T_s}}{\mathrm{j}\omega} = \frac{2\mathrm{e}^{-\mathrm{j}\omega T_s/2}(\mathrm{e}^{\mathrm{j}\omega T_s/2}-\mathrm{e}^{-\mathrm{j}\omega T_s/2})}{2\mathrm{j}\omega} = T_s\frac{\sin(\omega T_s/2)}{\omega T_s/2}\mathrm{e}^{-\mathrm{j}\omega T_s/2}$$

$$= T_s\frac{\sin\pi(\omega/\omega_s)}{\pi(\omega/\omega_s)}\mathrm{e}^{-\mathrm{j}\pi(\omega/\omega_s)}$$

根据上式,可画出零阶保持器的幅频特性 $|G_{\mathrm{H}}(\mathrm{j}\omega)|$ 和相频特性 $\angle G_{\mathrm{H}}(\mathrm{j}\omega)$,如图 8.9(a)所示。由图 8.9 可见,零阶保持器具有如下特性:

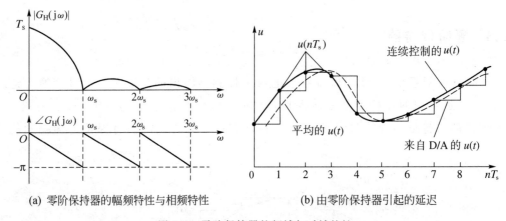

(a) 零阶保持器的幅频特性与相频特性　　　(b) 由零阶保持器引起的延迟

图 8.9　零阶保持器的频域与时域特性

零阶保持器基本上是一个低通滤波器,与理想滤波器特性相比,零阶保持器除允许主要频谱分量通过外,还允许部分高频频谱分量通过,从而造成数字控制系统的输出频谱在高频段存在纹波。零阶保持器频率特性与理想滤波器频率特性不同,不能实现完全复现。

$\mathrm{e}^{-T_s s}$ 项导致保持器将带来的时间延迟。采用数字计算机的一个重要影响是与保持相关的延迟。因为每个从计算机得到的控制信号 $u(nT_s)$ 将被保持恒定直到从计算机送出下一个值为止。所得的连续控制信号 $u(t)$ 由一系列阶跃信号组成。平均看来,与 $u(nT_s)$ 代表的连续信号相比将有 $T_s/2$ 的纯延迟,如图 8.9(b)所示。这显然对于控制是不利的。

总之,本节所建立的数字计算机模型包括了数字计算机本身、A/D 转换器和 D/A 转换器三个部分。在忽略量化误差和量化的非线性影响的条件下,数字计算机本身由其所执行

的控制算法相应的差分方程表示；A/D 转换器建模为理想脉冲采样开关；D/A 转换器建模为零阶保持器。应当指出，A/D 转换器获得的是由有限位数表达的量化的数。其输入输出关系是非线性的。然而，一般信号比最小量化单位大得多。这个非线性影响可以在分析的第一步被忽略，以便抓住主要的线索。然后在讨论量化影响时再进一步考虑。

8.3　z 变换

8.3.1　z 变换的定义

连续信号 $f(t)$ 的理想采样信号为

$$f^*(t) = \sum_{n=-\infty}^{\infty} f(nT_s) \cdot \delta(t - nT_s) \tag{8.13}$$

考虑拉普拉斯变换的延时定理有

$$L[\delta(t - nT_s)] = e^{-nT_s s}$$

因此，理想采样信号 $f^*(t)$ 的拉普拉斯变换为

$$F^*(s) = L[f^*(t)] = \sum_{n=-\infty}^{\infty} f(nT_s) e^{-nT_s s} \tag{8.14}$$

从此式可以看出，任何采样信号的拉普拉斯变换中，都含有超越函数 $e^{-nT_s s}$。因此，若仍用拉普拉斯变换处理采样系统，就会给运算带来很多困难。

引入新变量 $z = e^{T_s s}$ 或 $s = \dfrac{1}{T_s} \ln z$，z 为变换算子，是一个复变量，可表示在一个复平面内，这个复平面称为 z 平面。将 $F^*(s)$ 记作 $F(z)$，则式(8.14)可以改写为

$$F^*(s) \big|_{s = \frac{1}{T_s} \ln z} = F(z) = \sum_{n=-\infty}^{\infty} f(nT_s) z^{-n} \tag{8.15}$$

这样就变成了以复变量 z 为自变量的函数。称此函数为 $f^*(t)$ 的 z 变换，记作

$$F(z) = Z[f^*(t)] \tag{8.16}$$

z 变换定义式(8.15)称为双边 z 变换。如果 $n < 0$ 时，$f^*(t) = 0$，或者只考虑 $f^*(t)$ 的 $n \geq 0$ 的部分，即 $f(t) = 0$，$\forall t < 0$，则

$$F(z) = \sum_{n=0}^{\infty} f(nT_s) z^{-n} \tag{8.17}$$

式(8.17)称为单边 z 变换。工程实际应用主要考虑单边 z 变换。将式(8.17)展开，有

$$F(z) = f(0) z^0 + f(T_s) z^{-1} + f(2T_s) z^{-2} + \cdots + f(nT_s) z^{-n} + \cdots \tag{8.18}$$

可见，采样函数的 z 变换是变量 z 的幂级数，具有明确的物理意义：$f(nT_s)$ 表示采样脉冲的幅值；z^{-n} 的幂次表示该采样脉冲出现的时刻。因此它包含着量值与时间的概念。

离散信号 $f^*(t)$ 的 z 变换 $F(z)$，是理想采样信号 $f^*(t)$ 的拉普拉斯变换式 $F^*(s)$，将变量 s 代换为 $z = e^{T_s s}$ 的结果。所以 $F(z)$ 在本质上仍然是离散信号 $f^*(t)$ 的拉普拉斯变换。应注意

$$F(z) \neq F(s) \big|_{s=z}$$

对于一个连续函数 $f(t)$，由于采样时刻 $f(t)$ 的值就是 $f(nT_s)$，因此 $F(z)$ 既是采样信号 $f^*(t)$ 的 z 变换，也是连续信号 $f(t)$ 的 z 变换，即

$$F(z) = Z[f^*(t)] = Z[f(t)] = \sum_{n=0}^{\infty} f(nT_s)z^{-n} \tag{8.19}$$

一般地，可称 $F(z)$ 为 $f^*(t)$ 的像函数，$f^*(t)$ 为 $F(z)$ 的原函数。二者可以相互转换，记为

$$f^*(t) \leftrightarrow F(z)$$

z 变换只对采样点上信号起作用，因此，如果两个不同的时间函数，它们的采样值完全重复，则其 z 变换是一样的。采样函数所对应的连续函数 $f(t)$ 不是唯一的。

总之，z 变换是 s 变换的变形，只适用于离散信号，表征连续函数在采样时刻的特性，与采样时刻之间的特性无关，是一个开放形式的级数，希望写成闭合式。

8.3.2　z变换的方法

1. 级数求和法

由式（8.19）可知，只要知道连续函数 $f(t)$ 在采样时刻 $nT_s(n=0,1,2,\cdots)$ 上的采样值 $f(nT_s)$ 后，就可以得到 z 变换的级数形式。通常函数的 z 变换的级数形式是收敛的，下面举例说明 z 变换的级数求和法。

（1）单位脉冲函数 $\delta(t)$

因为 $\delta(t)=\begin{cases} 1 & t=0 \\ 0 & t\neq0 \end{cases}$，将 $\delta(t)$ 代入式（8.19），得

$$F(z) = Z[\delta(t)] = \sum_{n=0}^{\infty} \delta(t)z^{-n} = 1$$

即单位脉冲函数的 z 变换等于常数 1，在全 z 平面收敛。

（2）单位阶跃函数 $1(t)$

单位阶跃函数为 $1(t)=\begin{cases} 1 & t\geq0 \\ 0 & t<0 \end{cases}$，故有

$$F(z) = Z[1(t)] = \sum_{n=0}^{\infty} z^{-n} = \sum_{n=0}^{\infty} z^{-n}$$

上式为一个等比级数求和的问题，当 $|z^{-1}|<1$，即 $|z|>1$ 时，该式收敛，并等于

$$Z[1(t)] = \frac{1}{1-z^{-1}} = \frac{z}{z-1}$$

（3）指数衰减信号 $f(t)=e^{-at}(a>0)$

由 z 变换定义

$$F(z) = Z[e^{-at}] = \sum_{n=0}^{\infty} e^{-anT_s} \cdot z^{-n} = 1 + e^{-aT_s} \cdot z^{-1} + e^{-2aT_s} \cdot z^{-2} + \cdots$$

上式为等比级数，公比是 $e^{-aT_s} \cdot z^{-1}$，若满足 $|e^{-aT_s} \cdot z^{-1}|<1$，其收敛和为

$$F(z) = \frac{1}{1 - e^{-aT_s} \cdot z^{-1}} = \frac{z}{z - e^{-aT_s}}$$

还需指出,上式中 e^{-aT_s} 是一个具体数值,假设 $a=1$, $T_s=0.5\text{s}$,则有

$$F(z) = Z[e^{-t}] = \frac{z}{z - e^{-1 \times 0.5}} = \frac{z}{z - 0.606}$$

(4) 指数序列 a^n

$$F(z) = Z[a^n] = \sum_{n=0}^{\infty} a^n z^{-n} = \sum_{n=0}^{\infty} (az^{-1})^n = 1 + az^{-1} + a^2 z^{-2} + a^3 z^{-3} + \cdots$$

对于该级数,当 $|az^{-1}| < 1$,即 $|z| > |a|$ 时,级数收敛,并有

$$F(z) = \frac{1}{1 - (az^{-1})} = \frac{z}{z - a}$$

这就是说,对指数序列,当收敛域为 z 平面上半径 $|z| = |R| = |a|$ 的圆外区域时, $F(z)$ 才存在。这里把 R 称为收敛半径。

常见函数与序列的 z 变换见表 8.1 与表 8.2。

表 8.1　常见函数的拉氏变换和 z 变换表

序号	$F(s)$	$f(t)$	$F(z)$
1	1	$\delta(t)$	1
2	$e^{-KT_s s}$	$\delta(t - KT_s)$	z^{-K}
3	$\dfrac{1}{s}$	$1(t)$	$\dfrac{z}{z-1}$
4	$\dfrac{1}{s^2}$	t	$\dfrac{T_s z}{(z-1)^2}$
5	$\dfrac{1}{s^3}$	$\dfrac{t^2}{2}$	$\dfrac{T_s^2 z(z+1)}{2(z-1)^3}$
6	$\dfrac{1}{s+a}$	e^{-at}	$\dfrac{z}{z - e^{-aT_s}}$
7	$\dfrac{1}{(s+a)^2}$	te^{-at}	$\dfrac{T_s z e^{-aT_s}}{(z - e^{-aT_s})^2}$
8	$\dfrac{a}{s(s+a)}$	$1 - e^{-at}$	$\dfrac{(1 - e^{-aT_s})z}{(z-1)(z - e^{-aT_s})}$
9	$\dfrac{b-a}{(s+a)(s+b)}$	$e^{-at} - e^{-bt}$	$\dfrac{z}{z - e^{-aT_s}} - \dfrac{z}{z - e^{-bT_s}}$
10	$\dfrac{\omega}{s^2 + \omega^2}$	$\sin \omega t$	$\dfrac{z \sin \omega T_s}{z^2 - 2z \cos \omega T_s + 1}$
11	$\dfrac{s}{s^2 + \omega^2}$	$\cos \omega t$	$\dfrac{z(z - \cos \omega T_s)}{z^2 - 2z \cos \omega T_s + 1}$
12	$\dfrac{\omega}{(s+a)^2 + \omega^2}$	$e^{-at} \sin \omega t$	$\dfrac{z e^{-aT_s} \sin \omega T_s}{z^2 - 2z e^{-aT_s} \cos \omega T_s + e^{-2aT_s}}$
13	$\dfrac{s+a}{(s+a)^2 + \omega^2}$	$e^{-at} \cos \omega t$	$\dfrac{z^2 - z e^{-aT_s} \cos \omega T_s}{z^2 - 2z e^{-aT_s} \cos \omega T_s + e^{-2aT_s}}$
14	$\dfrac{a}{s^2 - a^2}$	$\text{sh}at$	$\dfrac{z \text{sh}aT_s}{z^2 - 2z \text{sh}aT_s + 1}$
15	$\dfrac{s}{s^2 - a^2}$	$\text{ch}at$	$\dfrac{z(z - \text{ch}aT_s)}{z^2 - 2z \text{ch}aT_s + 1}$

表 8.2 常用序列的 z 变换

序号	$f(n), n \geqslant 0$	$F(z)$	收 敛 域
1	$\delta(n)$	1	$\lvert z \rvert \geqslant 0$
2	$1(n)$	$\dfrac{z}{z-1}$	$\lvert z \rvert > 1$
3	n	$\dfrac{z}{(z-1)^2}$	$\lvert z \rvert > 1$
4	n^2	$\dfrac{z(z+1)}{(z-1)^3}$	$\lvert z \rvert > 1$
5	a^n	$\dfrac{z}{z-a}$	$\lvert z \rvert > \lvert a \rvert$
6	na^n	$\dfrac{az}{(z-a)^2}$	$\lvert z \rvert > \lvert a \rvert$
7	e^{an}	$\dfrac{z}{z-e^a}$	$\lvert z \rvert > \lvert e^a \rvert$
8	$e^{j\omega_0 n}$	$\dfrac{z}{z-e^{j\omega_0}}$	$\lvert z \rvert > 1$
9	$\cos\omega_0 n$	$\dfrac{z(z-\cos\omega_0)}{z^2-2z\cos\omega_0+1}$	$\lvert z \rvert > 1$
10	$\sin\omega_0 n$	$\dfrac{z\sin\omega_0}{z^2-2z\cos\omega_0+1}$	$\lvert z \rvert > 1$
11	$e^{-an}\cos\omega_0 n$	$\dfrac{z(z-e^{-a}\cos\omega_0)}{z^2-2ze^{-a}\cos\omega_0+e^{-2a}}$	$\lvert z \rvert > e^{-a}$
12	$e^{-an}\sin\omega_0 n$	$\dfrac{ze^{-a}\sin\omega_0}{z^2-2ze^{-a}\cos\omega_0+e^{-2a}}$	$\lvert z \rvert > e^{-a}$
13	$Aa^{n-1}1(n-1)$	$\dfrac{A}{z-a}$	$\lvert z \rvert > \lvert a \rvert$
14	$\dbinom{n}{m-1}a^{n-m+1}1(n)$	$\dfrac{z}{(z-a)^m}$	$\lvert z \rvert > \lvert a \rvert$

注：$\dbinom{n}{m-1} = \dfrac{1}{(m-1)!}n(n-1)\cdots(n-m+2)$

2. 部分分式法

设连续函数 $f(t)$ 的拉普拉斯变换式为有理函数，可以展开为部分分式的形式，即

$$F(s) = \sum_{i=1}^{n} \frac{A_i}{s+p_i} \tag{8.20}$$

式中，$-p_i$ 为 $F(s)$ 的极点；A_i 为常系数（留数）。$\dfrac{A_i}{s+p_i}$ 对应的时间函数为 $A_i e^{-p_i t}$，查表 8.1，

其 z 变换为 $A_i \dfrac{z}{z-e^{-p_i T_s}}$。由此可得

$$F(z) = \sum_{i=1}^{n} A_i \frac{z}{z-e^{-p_i T_s}} \tag{8.21}$$

例 8.1 已知时间函数 $f(t)$ 的拉普拉斯变换为 $F(s) = \dfrac{1}{s(s+1)}$，试求其 z 变换。

解 将 $F(s)$ 展成部分分式

$$F(s) = \frac{1}{s(s+1)} = \frac{1}{s} - \frac{1}{s+1}$$

则其 z 变换为

$$F(z) = \frac{1}{1 - z^{-1}} - \frac{1}{1 - z^{-1} \mathrm{e}^{-T_s}} = \frac{z(1 - \mathrm{e}^{-T_s})}{(z-1)(z - \mathrm{e}^{-T_s})}$$

3. 留数计算法

设连续函数 $f(t)$ 的拉普拉斯变换式 $F(s)$ 及其全部极点 $-p_j$ 为已知,则可用留数计算法求其 z 变换

$$F(z) = Z[f^*(t)] = \sum_{j=1}^{n} \mathrm{Res}\left[F(-p_j) \frac{z}{z - \mathrm{e}^{-p_j T_s}} \right] = \sum_{j=1}^{n} R_j \tag{8.22}$$

式中 $R_j = \mathrm{Res}\left[F(-p_j) \dfrac{z}{z - \mathrm{e}^{-p_j T_s}} \right]$ 为 $F(s)$ 在 $s = -p_j$ 时的留数。

当 $F(s)$ 具有单极点 $s = -p_j$ 时,其留数为

$$R = \lim_{s \to -p_j} (s + p_j)\left[F(s) \frac{z}{z - \mathrm{e}^{-p_j T_s}} \right] \tag{8.23}$$

当 $F(s)$ 具有 q 阶重极点时,则其相应的留数为

$$R = \frac{1}{(q-1)!} \lim_{s \to -p_j} \frac{\mathrm{d}^{q-1}}{\mathrm{d}s^{q-1}}\left[(s + p_j)^q F(s) \frac{z}{z - \mathrm{e}^{-p_j T_s}} \right] \tag{8.24}$$

例 8.2 求 $\cos\omega t$ 的 z 变换。

解
$$F(s) = \frac{s}{s^2 + \omega^2} = \frac{s}{(s - \mathrm{j}\omega)(s + \mathrm{j}\omega)}$$

其两个极点分别为 $s_1 = \mathrm{j}\omega, s_2 = -\mathrm{j}\omega$,则相应的留数为

$$R_1 = \lim_{s \to \mathrm{j}\omega}(s - \mathrm{j}\omega)\left[\frac{s}{s^2 + \omega^2} \frac{z}{z - \mathrm{e}^{\mathrm{j}\omega T_s}} \right] = \frac{1}{2} \frac{z}{z - \mathrm{e}^{\mathrm{j}\omega T_s}}$$

$$R_2 = \lim_{s \to -\mathrm{j}\omega}(s + \mathrm{j}\omega)\left[\frac{s}{s^2 + \omega^2} \frac{z}{z - \mathrm{e}^{-\mathrm{j}\omega T_s}} \right] = \frac{1}{2} \frac{z}{z - \mathrm{e}^{-\mathrm{j}\omega T_s}}$$

由此可得其 z 变换为

$$F(z) = R_1 + R_2 = \frac{1}{2}\left[\frac{z}{z - \mathrm{e}^{\mathrm{j}\omega T_s}} + \frac{z}{z - \mathrm{e}^{-\mathrm{j}\omega T_s}} \right] = \frac{z^2 - z\cos T_s \omega}{z^2 - 2z\cos T_s \omega + 1}$$

例 8.3 求 $f(t) = t$ 的 z 变换($f(t) = 0, t < 0$)。

解
$$F(s) = \frac{1}{s^2}$$

即在 $s = 0$ 处有两阶重极点,其留数为

$$R = \frac{1}{(2-1)!} \lim_{s \to 0} \frac{\mathrm{d}}{\mathrm{d}s}\left[s^2 F(s) \frac{z}{z - \mathrm{e}^{sT_s}} \right] = \frac{\mathrm{d}}{\mathrm{d}s}\left[\frac{z}{z - \mathrm{e}^{sT_s}} \right]_{s=0} = \frac{T_s z}{(z-1)^2}$$

即可得其 z 变换为

$$F(z) = \frac{T_s z}{(z-1)^2}$$

8.3.3 z 变换的性质

z 变换是研究离散时间信号和离散系统的有力工具,特别对离散系统进行分析计算时,z 变换的某些性质起着相当大的作用。

1. 线性性质

z 变换的线性性质表现为齐次性和叠加性。若

$$Z[f_1(t)] = F_1(z)$$
$$Z[f_2(t)] = F_2(z)$$

则

$$Z[af_1(t) \pm bf_2(t)] = aF_1(z) \pm bF_2(z) \tag{8.25}$$

式中 a 和 b 为任意常数。上式的证明可以利用 z 变换的定义给出。

证明

$$Z[af_1(t) \pm bf_2(t)] = \sum_{n=0}^{\infty} [af_1(nT_s) \pm bf_2(nT_s)]z^{-n}$$

$$= a\sum_{n=0}^{\infty} f_1(nT_s)z^{-n} \pm b\sum_{n=0}^{\infty} f_2(nT_s)z^{-n}$$

$$= aF_1(z) \pm bF_2(z)$$

相加后序列的 z 变换收敛域一般为两个收敛域的重叠部分,如果在这些组合中某些零点与极点相抵消,则收敛域可能扩大。

例 8.4　求序列 $\cos n\omega_0$ 的 z 变换。

解　根据欧拉公式

$$\cos n\omega_0 = \frac{1}{2}(e^{jn\omega_0} + e^{-jn\omega_0})$$

由线性性质,再利用查表 8.2 可得

$$Z[\cos n\omega_0] = Z\left[\frac{1}{2}(e^{jn\omega_0} + e^{-jn\omega_0})\right] = Z\left[\frac{1}{2}(e^{jn\omega_0})\right] + Z\left[\frac{1}{2}(e^{-jn\omega_0})\right]$$

$$= \frac{1}{2}\left(\frac{z}{z - e^{j\omega_0}} + \frac{z}{z - e^{-j\omega_0}}\right) = \frac{z^2 - z\cos\omega_0}{z^2 - 2z\cos\omega_0 + 1}$$

2. 滞后定理

设 $Z[f(t)] = F(z)$,若 $f(t)$ 在时间上产生 m 个采样周期的滞后,表达式为 $f(t-mT_s)$,其 z 变换为

$$Z[f(t-mT_s)] = z^{-m}F(z) \tag{8.26}$$

证明　由 z 变换定义有

$$Z[f(t-mT_s)] = \sum_{n=0}^{\infty} f(nT_s - mT_s) \cdot z^{-n}$$

$$= \sum_{n=0}^{\infty} f(nT_s - mT_s)z^{-n} \cdot z^m \cdot z^{-m}$$

$$= z^{-m}\sum_{n=m}^{\infty} f[(n-m)T_s] \cdot z^{-(n-m)} \quad (n < m \text{ 时}, f[(n-m)T_s] = 0)$$

令 $n-m=l$ 代入上式,得

$$Z[f(t-mT_s)] = z^{-m}\sum_{l=0}^{\infty} f(lT_s)z^{-l} = z^{-m}F(z)$$

式(8.26)表示函数在时域内滞后了 m 个采样周期,在 z 域内表现为它的 z 变换函数乘

以 z^{-m}。考虑每个采样点 $t=nT_s$，并令采样周期 $T_s=1s$，式(8.26)也可写成

$$Z[f(n-m)] = z^{-m}F(z)$$

信号滞后的时域波形见图 8.10(a)。

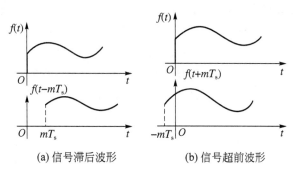

(a) 信号滞后波形　　　　　　(b) 信号超前波形

图 8.10　信号的时域位移

例 8.5　试用滞后定理求延迟两个采样周期的单位斜坡函数 $f(t)=t-2T_s$ 的 z 变换。

解　　　　　　$$Z[f(t)] = Z[t-2T_s] = z^{-2} \cdot Z[t]$$

由式(8.26)，有

$$F(z) = z^{-2} \cdot \frac{T_s z}{(z-1)^2} = \frac{T_s}{z(z-1)^2}$$

3. 超前定理

设 $Z[f(t)]=F(z)$，若 $f(t)$ 在时间上产生 m 个采样周期的超前，表达式为 $f(t+mT_s)$，其 z 变换为

$$Z[f(t+mT_s)] = z^m \left[F(z) - \sum_{k=0}^{m-1} f(kT_s)z^{-k} \right] \tag{8.27}$$

证明　由 z 变换定义，当前移 mT_s 时，有

$$Z[f(t+mT_s)] = \sum_{n=0}^{\infty} f(nT_s+mT_s)z^{-n}$$

$$= f(mT_s) \cdot z^{-0} + f[(m+1)T_s] \cdot z^{-1} + \cdots + f[(m+n)T_s] \cdot z^{-n} + \cdots$$

$$= z^m \cdot \{ f(mT_s) \cdot z^{-m} + f[(m+1)T_s] \cdot z^{-(m+1)} + \cdots + $$
$$f[(m+n)T_s] \cdot z^{-(m+n)} + \cdots \}$$

$$= z^m \cdot \{ f(0) \cdot z^{-0} + f(T_s) \cdot z^{-1} + \cdots + f[(m-1)T_s] \cdot z^{-(m-1)} + $$
$$f(mT_s) \cdot z^{-m} + f[(m+1)T_s] \cdot z^{-(m+1)} + \cdots + f[(m+n)T_s] \cdot z^{-(m+n)} + \cdots - $$
$$f(0) \cdot z^{-0} - f(T_s) \cdot z^{-1} - \cdots - f[(m-1)T_s] \cdot z^{-(m-1)} \}$$

$$= z^m \cdot \left[F(z) - \sum_{k=0}^{m-1} f(kT_s) \cdot z^{-k} \right]$$

$\sum\limits_{k=0}^{m-1} f(kT_s)z^{-k}$ 实际上是初始条件，若初始条件为 0，则有

$$Z[f(t+mT_s)] = z^m F(z)$$

式(8.27)也可写成

$$Z[f(n+m)] = z^m \left[F(z) - \sum_{k=0}^{m-1} f(k) z^{-k} \right] \tag{8.28}$$

信号超前的时域波形见图 8.10(b)。

算子 z 有明确的物理意义：z^{-m} 代表时域中的延迟算子，它将采样信号滞后 m 个采样周期；同理，z^m 代表超前环节，它把采样信号超前 m 个采样周期。

滞后和超前定理(时域位移定理)在用 z 变换法求解差分方程时经常用到，其作用分别相当于拉氏变换中的积分或微分定理，可将描述离散系统的差分方程转换为 z 域的代数方程。

4. 复位移定理

设 $Z[f(t)] = F(z)$，则

$$Z[f(t) \mathrm{e}^{\mp at}] = F(z \mathrm{e}^{\pm a T_s}) \tag{8.29}$$

证明　根据 z 变换的定义，有

$$Z[f(t) \mathrm{e}^{\mp at}] = \sum_{n=0}^{\infty} f(nT_s) \mathrm{e}^{\mp a n T_s} \cdot z^{-n} = \sum_{n=0}^{\infty} f(nT_s)(\mathrm{e}^{\pm a T_s} \cdot z)^{-n}$$

令 $z_1 = z \mathrm{e}^{\pm a T_s}$，代入上式，则有

$$Z[f(t) \mathrm{e}^{\mp at}] = \sum_{n=0}^{\infty} f(nT_s) \cdot z_1^{-n} = F(z_1) = F(z \mathrm{e}^{\pm a T_s})$$

例 8.6　若已知 $\cos\omega t$ 的 z 变换，求 $\mathrm{e}^{-at}\cos\omega t$ 的 z 变换。

解　已知

$$Z[\cos\omega t] = \frac{z^2 - z\cos\omega T_s}{z^2 - 2z\cos\omega T_s + 1}$$

根据式(8.29)，得

$$Z[\mathrm{e}^{-at}\cos\omega t] = \frac{(z \mathrm{e}^{a T_s})^2 - z \mathrm{e}^{a T_s}\cos\omega T_s}{(z \mathrm{e}^{a T_s})^2 - 2z \mathrm{e}^{a T_s}\cos\omega T_s + 1} = \frac{z^2 - z \mathrm{e}^{-a T_s}\cos\omega T_s}{z^2 - 2z \mathrm{e}^{-a T_s}\cos\omega T_s + \mathrm{e}^{-2a T_s}}$$

5. 初值定理

若 $Z[f(t)] = F(z)$，且 $\lim\limits_{z \to \infty} F(z)$ 存在，则 $f(t)$ 的初值为

$$f(0) = \lim_{z \to \infty} F(z) \tag{8.30}$$

证明　根据单边 z 变换的定义式(8.17)有

$$F(z) = \sum_{n=0}^{\infty} f(nT_s) z^{-n} = f(0) z^0 + f(T_s) z^{-1} + \cdots + f(nT_s) z^{-n} + \cdots$$

当 $z \to \infty$ 时，上式右边除第一项外均趋于零，于是式(8.30)成立。

这个性质表明，离散序列的初值 $f(0)$ 可以通过 $F(z)$ 取 $z \to \infty$ 时的极限值而得到。

6. 终值定理

若 $Z[f(t)] = F(z)$，则 $f(t)$ 的终值为

$$f(\infty) = \lim_{n \to \infty} f(nT_s) = \lim_{z \to 1}(z-1) F(z) \tag{8.31}$$

应用式(8.31)时，必须注意，为了保证 $f(\infty)$ 存在，只有当 $n \to \infty$ 时，$f(nT_s)$ 收敛才可应

用。也就是说,其极点必须限制在单位圆内部,在单位圆上只能位于 $z=1$ 点且是一阶极点;否则,$f(nT_s)$ 将随着 $n\to\infty$ 而无限地增长或者为不定值。

考虑是取 $z\to1$ 的极限,有时候,终值定理也可写为

$$f(\infty) = \lim_{z\to1}\frac{z-1}{z}F(z) = \lim_{z\to1}(1-z^{-1})F(z)$$

例 8.7　已知时间函数的 z 变换为 $F(z)=\dfrac{z}{z-a},|z|>a$,试求 $f(0),f(\infty)$。

解　按式(8.30)求初值

$$f(0) = \lim_{z\to\infty}F(z) = \lim_{z\to\infty}\frac{z}{z-a} = 1$$

按式(8.31)求终值为

$$f(\infty) = \lim_{n\to\infty}f(nT_s) = \lim_{z\to1}\frac{z-1}{z}\cdot\frac{z}{z-a} = \lim_{z\to1}\frac{z-1}{z-a}$$

当 $a<1$ 时,$f(\infty)=0$;当 $a=1$ 时,$f(\infty)=1$。

由题意知,原序列为 $f(nT_s)=a^n$,可见以上结果是正确的。

7. 卷积定理

设　　　　　　　　　　$f_1(nT_s)\leftrightarrow F_1(z),f_2(nT_s)\leftrightarrow F_2(z)$

则 $f_1(nT_s)$ 与 $f_2(nT_s)$ 卷积的 z 变换为

$$f_1(nT_s) * f_2(nT_s)\leftrightarrow F_1(z)\cdot F_2(z) \tag{8.32}$$

上式表明,时域内两个序列的卷积的 z 变换等于两个序列 z 变换的乘积,对该乘积进行 z 反变换就可以求得这两个离散序列的卷积。这和拉普拉斯变换中卷积定理的形式相同。在离散系统分析中,卷积定理是沟通时域与 z 域的桥梁。

例 8.8　求下列两单边指数序列的卷积 $y(nT_s)=f_1(nT_s) * f_2(nT_s)$。

$$f_1(nT_s) = a^n, \quad f_2(nT_s) = b^n$$

解　因为

$$F_1(z) = \frac{z}{z-a} \quad (|z|>|a|)$$

$$F_2(z) = \frac{z}{z-b} \quad (|z|>|b|)$$

由式(8.32)得

$$Y(z) = F_1(z)\cdot F_2(z) = \frac{z^2}{(z-a)(z-b)}$$

显然,$Y(z)$ 的收敛域为 $|z|>|a|$ 与 $|z|>|b|$ 的重叠部分,把 $Y(z)$ 展开成部分分式,得

$$Y(z) = \frac{1}{a-b}\left(\frac{az}{z-a} - \frac{bz}{z-b}\right)$$

取其 z 反变换,即为序列 $f_1(nT_s)$ 与 $f_2(nT_s)$ 的卷积。

$$y(nT_s) = f_1(nT_s) * f_2(nT_s) = \frac{1}{a-b}(a^{n+1} - b^{n+1})$$

应当注意,z 变换只反映信号在采样点上的信息,而不能描述采样点间信号的状态。不论什么连续信号,只要采样序列一样,其 z 变换就一样。z 变换还有一些运算性质,就不一

一介绍。

8.3.4 z 反变换

已知 z 变换表达式 $F(z)$，只能求出离散的采样信号 $f^*(t)$，即只能是离散序列 $f(nT_s)$，称为 z 反变换

$$f^*(t) = Z^{-1}\big[F(z)\big] \tag{8.33}$$

当 $n<0$ 时，$f(nT_s)=0$，信号序列 $f(nT_s)$ 是单边的。下面介绍三种比较常用的 z 反变换方法。

1. 幂级数展开法(长除法)

由 z 变换的定义式可知，$F(z)$ 是 z^{-1} 的幂级数。当已知 $F(z)$ 时，则只要把 $F(z)$ 按 z^{-1} 的幂级数展开，那么级数的系数就是原离散序列 $f(nT_s)$。在一般情况下，只要将 $F(z)$ 的分子分母多项式按 z 的降幂排列，然后利用长除法，便可将 $F(z)$ 展开成幂级数，从而得到原离散序列 $f(nT_s)$。

例 8.9 求 $F(z)=\dfrac{z}{(z-1)^2}$ 的反变换 $f^*(t)$，其收敛域为 $|z|>1$。

解
$$F(z)=\frac{z}{z^2-2z+1}$$

做长除法如下

$$
\begin{array}{r}
z^{-1}+2z^{-2}+3z^{-3}+\cdots \\[2pt]
\hline
z^2-2z+1\,\big)\ z \\
\end{array}
$$

$$
\begin{aligned}
&z-2+z^{-1}\\
\hline
&2-z^{-1}\\
&2-4z^{-1}+2z^{-2}\\
\hline
&3z^{-1}-2z^{-2}\\
&3z^{-1}-6z^{-2}+3z^{-3}\\
\hline
&4z^{-2}-3z^{-3}\\
&\cdots
\end{aligned}
$$

将 $F(z)$ 按 z 的降幂排列成下列形式

$$F(z)=z^{-1}+2z^{-2}+3z^{-3}+\cdots=\sum_{n=0}^{\infty}nz^{-n}$$

即可得
$$f(nT_s)=\{0,1,2,3,4,\cdots\}=n$$
$$f^*(t)=\delta(t-T_s)+2\delta(t-2T_s)+3\delta(t-3T_s)+4\delta(t-4T_s)+\cdots$$

这种方法的优点是简单，但缺点是不能全都求得 $f(nT_s)$ 的闭合形式的表达式。

2. 部分分式展开法

在离散系统分析中，一般而言，$F(z)$ 是 z 的有理分式，即

$$F(z) = \frac{N(z)}{D(z)} = \frac{b_m z^m + b_{m-1} z^{m-1} + \cdots + b_1 z + b_0}{z^l + a_{l-1} z^{l-1} + \cdots + a_1 z + a_0} \tag{8.34}$$

可以像拉普拉斯反变换一样,将上式分解为部分分式之和,然后反变换求得原序列。通常情况下,式(8.34)中 $m \leqslant l$。为了便于计算,可以先将 $\frac{F(z)}{z}$ 展开成部分分式,然后再对每个分式乘以 z。这样做不但对 $m = l$ 的情况可以直接展开,而且展开的基本形式为 $\frac{K_j z}{z + z_j}$,它所对应的序列为 $K_j(-z_j)^n$。

式(8.34)中分母多项式 $D(z) = 0$ 的根为 $F(z)$ 的极点。下面就 $F(z)$ 的不同极点情况介绍部分分式展开法。

(1) $F(z)$ 中仅含有单极点

如 $F(z)$ 的极点 $-z_1$、$-z_2$、$-z_3$、$\cdots$、$-z_l$ 都互不相同,则 $\frac{F(z)}{z}$ 可展开为

$$\frac{F(z)}{z} = \frac{K_0}{z + z_0} + \frac{K_1}{z + z_1} + \cdots + \frac{K_l}{z + z_l} = \sum_{j=0}^{l} \frac{K_j}{z + z_j} \tag{8.35}$$

式中,$z_0 = 0$,是由于 $F(z)$ 除以 z 后自动增加了 $z = 0$ 的极点所致。各系数为

$$K_j = (z + z_j) \frac{F(z)}{z} \bigg|_{z = -z_j} \qquad j = 0, 1, \cdots, l \tag{8.36}$$

将求得的系数 K_j 代入到式(8.35)后,等式两端同乘以 z,得

$$F(z) = K_0 + \sum_{j=1}^{l} \frac{K_j z}{z + z_j}$$

即可得 $F(z)$ 的反变换为

$$f(nT_s) = K_0 \delta(n) + \sum_{j=1}^{l} K_j(-z_j)^n \qquad n = 0, 1, 2, \cdots$$

例 8.10 设 z 变换 $F(z) = \frac{z^2 + z + 1}{z^2 + 3z + 2}$,求其原离散信号 $f^*(t)$。

解 因为

$$F(z) = \frac{z^2 + z + 1}{z^2 + 3z + 2} = \frac{z^2 + z + 1}{(z + 1)(z + 2)}$$

故

$$\frac{F(z)}{z} = \frac{z^2 + z + 1}{z(z + 1)(z + 2)} = \frac{K_0}{z} + \frac{K_1}{z + 1} + \frac{K_2}{z + 2}$$

由式(8.36)得

$$K_0 = F(z) \big|_{z=0} = \frac{1}{2}$$

$$K_1 = (z + 1) \frac{F(z)}{z} \bigg|_{z=-1} = -1$$

$$K_2 = (z + 2) \frac{F(z)}{z} \bigg|_{z=-2} = 1.5$$

故

$$F(z) = \frac{1}{2} - \frac{z}{z + 1} + \frac{1.5 z}{z + 2}$$

对上式取反变换得

$$f(nT_s) = \frac{1}{2} \delta(n) - (-1)^n + 1.5(-2)^n \qquad n = 0, 1, 2, \cdots$$

$$f^*(t) = \delta(t) + f(T_s)\delta(t - T_s) + f(2T_s)\delta(t - 2T_s) + \cdots$$
$$= \delta(t) - 2\delta(t - T_s) + 5\delta(t - 2T_s) + \cdots$$

例 8.11　求 z 变换函数 $F(z)$ 的 z 反变换。

$$F(z) = \frac{(1 - e^{-aT_s})z}{(z-1)(z - e^{-aT_s})}$$

解
$$\frac{F(z)}{z} = \frac{1 - e^{-aT_s}}{(z-1)(z - e^{-aT_s})} = \frac{1}{z-1} - \frac{1}{z - e^{-aT_s}}$$

$$F(z) = \frac{z}{z-1} - \frac{z}{z - e^{-aT_s}}$$

查表 8.1 得

$$f(t) = 1 - e^{-at} \quad \text{或} \quad f(nT_s) = 1 - e^{-anT_s} \quad n = 0, 1, 2, \cdots$$

则

$$f^*(t) = (1 - e^{-aT_s})\delta(t - T_s) + (1 - e^{-2aT_s})\delta(t - 2T_s) + (1 - e^{-3aT_s})\delta(t - 3T_s) + \cdots$$

(2) $F(z)$ 含有重极点

设 $F(z)$ 在 $z = -z_1$ 处有 m 阶极点,则部分分式展开后 $F(z)$ 中一定含有如下一项:

$$F'(z) = \frac{N(z)}{(z + z_1)^m}$$

仿照拉普拉斯反变换的方法,将 $\dfrac{F'(z)}{z}$ 展开为

$$\frac{F'(z)}{z} = \frac{K_{11}}{(z + z_1)^m} + \frac{K_{12}}{(z + z_1)^{m-1}} + \cdots + \frac{K_{1m}}{z + z_1} + \frac{K_0}{z} \tag{8.37}$$

式中 $\dfrac{K_0}{z}$ 项是由于 $F'(z)$ 除以 z 后自动增加了 $z = 0$ 的极点所致。上式的系数确定如下:

$$K_{1n} = \frac{1}{(n-1)!} \frac{d^{n-1}}{dz^{n-1}} \left[(z + z_1)^m \frac{F'(z)}{z} \right] \bigg|_{z = -z_1}$$

式中 $n = 1, 2, 3, \cdots, m$。各系数确定以后,则有

$$F'(z) = \frac{K_{11}z}{(z + z_1)^m} + \frac{K_{12}z}{(z + z_1)^{m-1}} + \cdots + \frac{K_{1m}z}{z + z_1} + K_0$$

基本项 $\dfrac{z}{(z + z_1)^m}$ 的反变换为

$$Z^{-1}\left[\frac{z}{(z + z_1)^m} \right] = \frac{1}{(m-1)!} n(n-1)\cdots(n - m + 2)(-z_1)^{n-m+1} \tag{8.38}$$

$F(z)$ 的单极点对应各项的计算与第一种情况相同。

例 8.12　若 $F(z) = \dfrac{z(z+1)}{(z-3)(z-1)^2}$ $(|z| > 3)$,试求其反变换。

解　$F(z)$ 在 $z_1 = 1$ 是二重极点,在 $z_2 = 3$ 是单极点,因而 $F(z)$ 展开成部分分式为

$$\frac{F(z)}{z} = \frac{K_{11}}{(z-1)^2} + \frac{K_{12}}{z-1} + \frac{K_2}{z-3}$$

其中

$$K_{11} = \frac{1}{(1-1)!} \left[\frac{z+1}{(z-3)(z-1)^2} (z-1)^2 \right]_{z=1} = -1$$

$$K_{12} = \frac{1}{(2-1)!} \frac{\mathrm{d}}{\mathrm{d}z} \left[\frac{z+1}{(z-3)(z-1)^2}(z-1)^2 \right]_{z=1} = -1$$

$$K_2 = \frac{z+1}{(z-3)(z-1)^2}(z-3) \mid_{z=3} = 1$$

所以

$$F(z) = \frac{z}{z-3} - \frac{z}{(z-1)^2} - \frac{z}{z-1}$$

反变换为

$$f(nT_s) = 3^n - n - 1 \quad n = 0, 1, 2, \cdots$$

$$f^*(t) = \sum_{n=0}^{\infty} f(nT_s) \cdot \delta(t - nT_s)$$

(3) $F(z)$ 含共轭复数极点

如果 $F(z)$ 有一对共轭复数极点 $-z_{1,2} = c \pm \mathrm{j}d$，则 $\dfrac{F(z)}{z}$ 含有共轭极点部分 $\dfrac{F_a(z)}{z}$ 展开为

$$\frac{F_a(z)}{z} = \frac{K_1}{z+z_1} + \frac{K_2}{z+z_2} = \frac{K_1}{z-c-\mathrm{j}d} + \frac{K_2}{z-c+\mathrm{j}d} \tag{8.39}$$

将 $F(z)$ 的共轭极点写为指数形式，即令

$$-z_{1,2} = c \pm \mathrm{j}d = \alpha \mathrm{e}^{\pm \mathrm{j}\beta}$$

式中，$\alpha = \sqrt{c^2 + d^2}$，$\beta = \arctan\left(\dfrac{d}{c}\right)$。令 $K_1 = |K_1| \mathrm{e}^{\mathrm{j}\theta}$，则可以证明 $K_2 = |K_1| \mathrm{e}^{-\mathrm{j}\theta}$，将 z_1, z_2，K_1, K_2 代入式(8.39)，得

$$\frac{F_a(z)}{z} = \frac{|K_1| \mathrm{e}^{\mathrm{j}\theta}}{z - \alpha \mathrm{e}^{\mathrm{j}\beta}} + \frac{|K_1| \mathrm{e}^{-\mathrm{j}\theta}}{z - \alpha \mathrm{e}^{-\mathrm{j}\beta}}$$

即得

$$F_a(z) = \frac{|K_1| \mathrm{e}^{\mathrm{j}\theta} z}{z - \alpha \mathrm{e}^{\mathrm{j}\beta}} + \frac{|K_1| \mathrm{e}^{-\mathrm{j}\theta} z}{z - \alpha \mathrm{e}^{-\mathrm{j}\beta}}$$

其原函数为

$$f_a(nT_s) = |K_1| \mathrm{e}^{\mathrm{j}\theta} \alpha^n \mathrm{e}^{\mathrm{j}\beta n} + |K_1| \mathrm{e}^{-\mathrm{j}\theta} \alpha^n \mathrm{e}^{-\mathrm{j}\beta n} = 2|K_1| \alpha^n \cos(\beta n + \theta) \quad n = 0, 1, 2, \cdots$$

$$\tag{8.40}$$

例 8.13 若 $F(z) = \dfrac{z^3 + 6}{(z+1)(z^2+4)}(|z| > 2)$，试求其反变换。

解 将 $\dfrac{F(z)}{z}$ 展开为

$$\frac{F(z)}{z} = \frac{z^3 + 6}{z(z+1)(z^2+4)} = \frac{z^3 + 6}{z(z+1)(z-\mathrm{j}2)(z+\mathrm{j}2)}$$

其极点分别为 $z_1 = 0, -z_2 = -1, -z_{3,4} = \pm \mathrm{j}2 = 2\mathrm{e}^{\pm \mathrm{j}\frac{\pi}{2}}$，即上式可展开为

$$\frac{F(z)}{z} = \frac{K_1}{z} + \frac{K_2}{z+1} + \frac{K_3}{z - 2\mathrm{e}^{\mathrm{j}\frac{\pi}{2}}} + \frac{K_4}{z - 2\mathrm{e}^{-\mathrm{j}\frac{\pi}{2}}}$$

上式中的各系数为

$$K_1 = F(z) \mid_{z=0} = \frac{3}{2}$$

$$K_2 = (z+1) \frac{F(z)}{z} \bigg|_{z=-1} = -1$$

$$K_3 = (z - \mathrm{j}2) \frac{F(z)}{z} \bigg|_{z=\mathrm{j}2} = \frac{\sqrt{5}}{4} \mathrm{e}^{\mathrm{j}63.4°}$$

$$K_4 = (z + \mathrm{j}2) \frac{F(z)}{z} \bigg|_{z=-\mathrm{j}2} = \frac{\sqrt{5}}{4} \mathrm{e}^{-\mathrm{j}63.4°}$$

将各系数代入展开式,得

$$F(z) = \frac{3}{2} - \frac{z}{z+1} + \frac{\frac{\sqrt{5}}{4}e^{j63.4°}}{z - 2e^{j\frac{\pi}{2}}} + \frac{\frac{\sqrt{5}}{4}e^{-j63.4°}}{z - 2e^{-j\frac{\pi}{2}}}$$

其原序列为

$$f(nT_s) = \frac{3}{2}\delta(n) - (-1)^n + \frac{\sqrt{5}}{2}(2)^n\cos\left(\frac{n\pi}{2} + 63.4°\right) \quad n = 0,1,2,\cdots$$

3. 围线积分法(留数法)

根据复变函数的留数定理有

$$f(nT_s) = \frac{1}{2\pi j}\oint_C F(z)z^{n-1}\mathrm{d}z = \sum_{j=1}^{k}\mathrm{Res}[F(z)z^{n-1}] \quad n \geqslant 0 \tag{8.41}$$

式中 Res 表示极点的留数,其积分曲线 C 是包围 $F(z)z^{n-1}$ 的所有 k 个极点的封闭曲线。式(8.41)表明,原序列 $f(nT_s)$ 等于 C 内 $F(z)z^{n-1}$ 的所有 k 个极点的留数之和。所以该方法也称为留数法。

如果 $F(z)z^{n-1}$ 在 $z = -z_j$ 有单极点,则

$$\mathrm{Res}_j = F(z)z^{n-1}(z + z_j)\,|_{z=-z_j} \tag{8.42}$$

如果 $F(z)z^{n-1}$ 在 $z = -z_j$ 有 m 重极点,则

$$\mathrm{Res}_j = \frac{1}{(m-1)!}\frac{\mathrm{d}^{m-1}}{\mathrm{d}z^{m-1}}[(z + z_j)^m F(z)z^{n-1}]\,|_{z=-z_j} \tag{8.43}$$

例 8.14　用留数法求 $F(z) = \dfrac{5z}{(z-1)(z-2)}$ 的反变换。

解　根据式(8.42),有

$$f(nT_s) = \sum\mathrm{Res}[F(z)z^{n-1}] = \sum\mathrm{Res}\left[\frac{5z}{(z-1)(z-2)}z^{n-1}\right]$$

$$= \left[\frac{5z^n}{(z-1)(z-2)}\cdot(z-1)\right]_{z=1} + \left[\frac{5z^n}{(z-1)(z-2)}\cdot(z-2)\right]_{z=2}$$

$$= -5 + 5\times 2^n = 5(-1 + 2^n) \quad n = 0,1,2,\cdots$$

例 8.15　用留数法求 $F(z) = \dfrac{z(z+1)}{(z-3)(z-1)^2}$ 的反变换。

解　

$$F(z)z^{n-1} = \frac{z^n(z+1)}{(z-3)(z-1)^2}$$

它在 $-z_1 = 1$ 有二重极点,在 $-z_2 = 3$ 有单极点,由式(8.43)可求得其在 $-z_1$ 的留数为

$$\mathrm{Res}[-z_1] = \frac{1}{(2-1)!}\frac{\mathrm{d}}{\mathrm{d}z}\left[\frac{z^n(z+1)}{(z-3)}\right]\Big|_{z=1} = -n - 1 \quad n \geqslant 0$$

由式(8.42)可求得其在 $-z_2$ 的留数为

$$\mathrm{Res}[-z_2] = F(z)z^{n-1}(z + z_2)\,|_{z=-z_2} = \frac{z^n(z+1)}{(z-1)^2}\Big|_{z=3} = 3^n \quad n \geqslant 0$$

所以根据式(8.41)得

$$f(nT_s) = 3^n - n - 1 \quad n = 0,1,2,\cdots$$

8.4 离散控制系统的数学模型

与连续系统的分析相同,离散控制系统的数学模型主要有时域模型(差分方程)与复域模型(脉冲传递函数)。二者之间可相互转换,其关系与连续系统的微分方程与传递函数的关系相似。本节介绍离散系统的脉冲传递函数和差分方程。

8.4.1 脉冲传递函数

脉冲传递函数是分析离散控制系统最重要的数学工具,它的作用与分析连续系统的数学工具传递函数相当,是分析与设计系统的前提。

1. 脉冲传递函数的定义

设一个离散控制系统如图 8.11 所示,连续部分的传递函数为 $G(s)$,$r(t)$ 为系统的连续输入量,其 z 变换为 $R(z)$,$c(t)$ 为连续输出量,其采样信号 $c^*(t)$ 的 z 变换为 $C(z)$。脉冲传递函数(z 传递函数)定义为零初始条件下系统输出的 z 变换 $C(z)$ 与输入的 z 变换 $R(z)$ 之比,记之为 $G(z)$,即

$$G(z) = \frac{C(z)}{R(z)} \tag{8.44}$$

根据上式可得系统输出的离散信号为

$$c^*(t) = Z^{-1}\big[C(z)\big] = Z^{-1}\big[R(z) \cdot G(z)\big]$$

由于利用脉冲传递函数只能求出输出信号的采样值,而对于绝大多数离散控制系统,输出信号为连续信号,为了表明求取的是输出的离散值,在输出端虚设一假想的同步采样开关。在这种情况下,$c^*(t)$ 并不是实际存在的,而是通过 $c^*(t)$ 描述实际的输出信号 $c(t)$,以分析离散系统的相关性能。但只有系统在满足一定条件的前提下才能用 $c^*(t)$ 描述 $c(t)$,总的来说要求 $c(t)$ 平滑无跳变,采样频率足够高,关于这部分内容将在后面作具体分析。

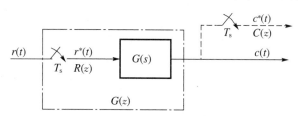

图 8.11 离散控制系统结构图

2. 脉冲传递函数的物理意义

对于图 8.11 所示系统,设系统处于零初始状态,输入信号为 $r(t) = \delta(t)$,则有

$$r^*(t) = \delta(t), \quad R(z) = 1$$

该系统的响应与无采样开关时的响应相同,为连续系统 $G(s)$ 的单位脉冲响应,可用 $g(t)$ 表示

$$g(t) = L^{-1}[G(s)]$$

系统虚设的输出序列的 z 变换为

$$C(z) = Z[g^*(t)] = Z[g(t)] = Z\{L^{-1}[G(s)]\}$$

并满足

$$C(z) = G(z) \cdot R(z) = G(z)$$

因此,该线性离散系统的脉冲传递函数为

$$G(z) = Z\{L^{-1}[G(s)]\}$$

以上分析说明,对于图 8.11 所示的线性环节与采样开关相串联所组成的离散系统,其脉冲传递函数 $G(z)$ 是连续环节 $G(s)$ 脉冲响应函数 $g(t)$ 经采样后得到的离散信号 $g^*(t)$ 的 z 变换。

需要指出的是:

(1) $G(s)$ 是一个线性环节的传递函数,而 $G(z)$ 表示的是线性环节与采样开关相串联的离散系统的脉冲传递函数。

(2) 利用离散系统的脉冲传递函数 $G(z)$ 只能得出输出信号的采样序列 $C(z)$,为了强调这一点,往往在输出端画上一个假想的同步采样开关。

3. 脉冲传递函数的基本求法

按定义,开环系统脉冲传递函数的一般计算步骤如下:

(1) 求取系统连续部分的传递函数 $G(s)$;

(2) 求取连续部分 $G(s)$ 的脉冲响应函数 $g(t)$;

(3) 对 $g(t)$ 进行采样,得采样信号表达式 $g^*(t)$;

(4) 由 z 变换定义式求脉冲传递函数 $G(z)$。

实际上,利用 z 变换可省去从 $G(s)$ 求 $g(t)$ 的步骤。如将 $G(s)$ 展成部分分式后,可直接利用表 8.1 的 $G(s)$-$g(t)$-$G(z)$ 变换表求取,即 $G(z)$ 可简单表示为

$$G(z) = Z[G(s)]$$

需注意的是 $G(z) \neq G(s)|_{s=z}$。

例 8.16 求图 8.12 所示系统的脉冲传递函数。

解

$$G(s) = \frac{1}{Ts+1} = \frac{1/T}{s+1/T}$$

查 z 变换表,得

$$G(z) = Z\left\{L^{-1}\left[\frac{1/T}{s+1/T}\right]\right\} = Z\left[\frac{1}{T} \cdot e^{-\frac{t}{T}}\right] = \frac{1}{T} \cdot \frac{z}{z - e^{-\frac{T_s}{T}}}$$

例 8.17 求图 8.13 所示系统的脉冲传递函数。

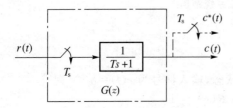

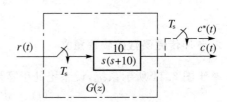

图 8.12　例 8.16 开环离散系统　　　　图 8.13　例 8.17 开环离散系统

解

$$G(s) = \frac{10}{s(s+10)} = \frac{1}{s} - \frac{1}{s+10}$$

查 z 变换表,得

$$G(z) = Z[G(s)] = \frac{z}{z-1} - \frac{z}{z - e^{-10T_s}} = \frac{z(1 - e^{-10T_s})}{(z-1)(z - e^{-10T_s})}$$

由以上例题可见,原连续系统传递函数 $G(s)$ 的阶次与加入采样开关后的离散系统脉冲传递函数 $G(z)$ 的阶次完全相同。

8.4.2　开环系统的脉冲传递函数

当离散系统中有两个连续环节串联时,它们之间有无采样开关,系统的脉冲传递函数是不同的。

1. 环节串联时的脉冲传递函数

连续环节串联情况如图 8.14(a)所示,前一个环节的输出为连续信号,加到第二个环节上。在第二个环节的输出端作假想采样来得到输出的离散式,在这种情况下,连续部分的传递函数为

$$G(s) = G_1(s) \cdot G_2(s)$$

即两个环节相乘后再求取其脉冲传递函数。在离散控制分析中常常表示为

$$G(z) = Z\{L^{-1}[G_1(s) \cdot G_2(s)]\} = G_1 G_2(z) \tag{8.45}$$

因此,若采样开关后串联有 n 个连续环节,并且相互之间无采样开关隔开,则离散系统的脉冲传递函数应该为所有串联的连续环节传递函数乘积所对应的 z 变换,即

$$G(z) = Z[G_1(s)G_2(s)\cdots G_n(s)] = G_1 G_2 \cdots G_n(z)$$

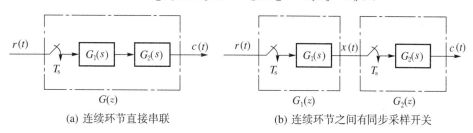

(a) 连续环节直接串联　　　　　　　(b) 连续环节之间有同步采样开关

图 8.14　串联示意图

2. 连续环节之间有同步采样开关

连续环节之间有同步采样开关时如图 8.14(b)所示,由于每个环节的输入信号与输出信号的离散关系独立存在,因此有

$$C(z) = X(z) \cdot G_2(z) = R(z)G_1(z) \cdot G_2(z)$$

其脉冲传递函数为两个环节各自脉冲传递函数的乘积,为

$$G(z) = \frac{C(z)}{R(z)} = Z[G_1(s)] \cdot Z[G_2(s)] = G_1(z) \cdot G_2(z) \tag{8.46}$$

同理,若采样开关后有 n 个连续环节串联,相互之间均被理想采样开关隔开,其脉冲传递函数为每个串联环节所对应的脉冲传递函数的乘积,即

$$G(z) = Z[G_1(s)]Z[G_2(s)]\cdots Z[G_n(s)] = G_1(z)G_2(z)\cdots G_n(z)$$

并且,一般有

$$G_1(z) \cdot G_2(z)\cdots G_n(z) \neq G_1 G_2 \cdots G_n(z)$$

例 8.18 设 $G_1(s) = \dfrac{1}{s}$,$G_2(s) = \dfrac{10}{s+10}$,比较图 8.14 两个系统,说明其脉冲传递函数有何区别。

解 (1) 对图 8.14(a)所示系统,其脉冲传递函数为

$$G(z) = Z[G_1(s) \cdot G_2(s)] = Z\left[\frac{1}{s} \cdot \frac{10}{s+10}\right] = Z\left[\frac{1}{s} - \frac{1}{s+10}\right]$$

$$= \frac{z}{z-1} - \frac{z}{z-e^{-10T_s}} = \frac{(1-e^{-10T_s}) \cdot z}{z^2 - (1+e^{-10T_s}) \cdot z + e^{-10T_s}}$$

(2) 对图 8.14(b)所示系统,两个环节之间有采样开关,其脉冲传递函数为两个环节脉冲传递函数的乘积,为

$$G(z) = Z[G_1(s)] \cdot Z[G_2(s)] = Z\left[\frac{1}{s}\right] \cdot Z\left[\frac{10}{s+10}\right] = \frac{z}{z-1} \cdot \frac{10z}{z-e^{-10T_s}}$$

$$= \frac{10z^2}{z^2 - (1+e^{-10T_s})z + e^{-10T_s}}$$

显然

$$Z[G_1(s) \cdot G_2(s)] \neq Z[G_1(s)] \cdot Z[G_2(s)]$$

因此,环节之间有无采样开关,两个系统的脉冲传递函数往往是不同的,但极点是相同的,只是零点不同。

3. 带有零阶保持器情况

带有零阶保持器的情况如图 8.15 所示。

从图 8.15(a)可以看到,零阶保持器与串联环节 $G(s)$ 之间无采样开关,系统脉冲传递函数为

$$G(z) = Z\left[\frac{1-e^{-T_s s}}{s} \cdot G(s)\right] = Z\left[(1-e^{-T_s s}) \cdot \frac{G(s)}{s}\right]$$

由 z 变换的线性性质有

$$G(z) = Z\left[\frac{1}{s} \cdot G(s)\right] - Z\left[\frac{1}{s} \cdot G(s) \cdot e^{-T_s s}\right]$$

由于 $e^{-T_s s}$ 为延迟因子,所以由拉氏反变换的延迟定理和 z 变换的复位移定理,上式第二项可以写为

$$Z\left[\frac{1}{s} \cdot G(s) \cdot e^{-T_s s}\right] = Z[g_2(t-T_s)] = z^{-1} \cdot Z\left[\frac{1}{s} \cdot G(s)\right]$$

其中 $g_2(t-T_s) = L^{-1}\left[\frac{1}{s} \cdot G(s) \cdot e^{-T_s s}\right]$。

采样后带有零阶保持器的系统的脉冲传递函数为

$$G(z) = Z\left[\frac{1}{s} \cdot G(s)\right] - z^{-1} \cdot Z\left[\frac{1}{s} \cdot G(s)\right] = (1-z^{-1}) \cdot Z\left[\frac{1}{s} \cdot G(s)\right]$$

因此,具有零阶保持器的系统的脉冲传递函数的求解可用图 8.15(b)表示。

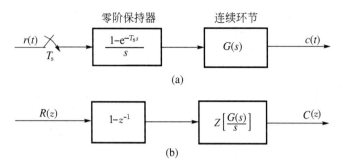

图 8.15 带零阶保持器的离散控制系统结构图

例 8.19 带零阶保持器的离散系统如图 8.16 所示,试求取该系统的脉冲传递函数。

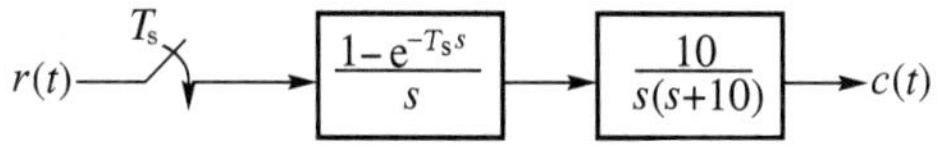

$$r(t) \xrightarrow{\quad T_s \quad} \boxed{\dfrac{1-e^{-T_s s}}{s}} \longrightarrow \boxed{\dfrac{10}{s(s+10)}} \longrightarrow c(t)$$

图 8.16 例 8.19 控制系统结构图

解

$$\frac{1}{s} \cdot G(s) = \frac{1}{s} \cdot \frac{10}{s(s+10)} = \frac{10}{s^2(s+10)} = \frac{-0.1}{s} + \frac{1}{s^2} + \frac{0.1}{s+10}$$

$$Z\left[\frac{1}{s} \cdot G(s)\right] = Z\left[\frac{-0.1}{s} + \frac{1}{s^2} + \frac{0.1}{s+10}\right] = \frac{-0.1z}{z-1} + \frac{T_s z}{(z-1)^2} + \frac{0.1z}{z-e^{-10T_s}}$$

系统脉冲传递函数为

$$G(z) = (1-z^{-1}) \cdot Z\left[\frac{1}{s} \cdot G(s)\right] = \frac{z-1}{z} \cdot \left[\frac{-0.1z}{z-1} + \frac{T_s z}{(z-1)^2} + \frac{0.1z}{z-e^{-10T_s}}\right]$$

$$= \frac{(T_s - 0.1 + 0.1e^{-10T_s})z + (0.1 - T_s e^{-10T_s} - 0.1e^{-10T_s})}{(z-1)(z-e^{-10T_s})}$$

可见,零阶保持器的引入对系统脉冲传递函数的阶次无影响。

4. 连续信号直接进入连续环节时的脉冲传递函数

某离散系统结构如图 8.17 所示,在系统的输入端无采样开关,连续环节 $G_1(s)$ 的输入信号为连续信号 $r(t)$,输出的连续信号为 $e(t)$。

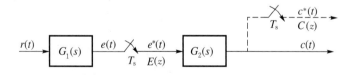

图 8.17 连续信号直接进入连续环节系统结构图

$$E(s) = R(s)G_1(s)$$

$e(t)$ 经采样开关后得到离散信号 $e^*(t)$,z 变换为

$$E(z) = Z\{L^{-1}[R(s)G_1(s)]\} = RG_1(z)$$

连续环节 $G_2(s)$ 的输入为采样信号 $e^*(t)$,其输出序列的 z 变换为

$$C(z) = G_2(z)E(z) = G_2(z)RG_1(z)$$

以上分析表明,若对于某离散系统,当连续信号首先进入连续环节时,该系统无法写出脉冲传递函数 $G(z) = \dfrac{C(z)}{R(z)}$ 的形式,只能求出输出序列 $C(z)$ 的表达式。

8.4.3 离散控制系统的闭环脉冲传递函数

由于离散控制系统中,既有连续信号的传递,又有离散信号的传递,所以在分析离散控制系统时与连续系统分析不同,需要增加符合离散传递关系的分析。

1. 采样信号拉氏变换的重要性质

为了便于求出不同离散系统的脉冲传递函数,需要了解采样函数拉氏变换 $G^*(s)$ 的一个重要性质。可以证明,若采样函数的拉氏变换 $G_1^*(s)$ 与连续函数的拉氏变换 $G_2(s)$ 相乘后再离散化,则 $G_1^*(s)$ 可以从离散符号中提出来,即

$$[G_1(s)G_2^*(s)]^* = G_1^*(s)G_2^*(s)$$

由于采样离散信号的 z 变换仅是拉氏变换的一种变形,因此有

$$Z[G_1(s)G_2^*(s)] = Z[G_1^*(s)G_2^*(s)] = G_1(z)G_2(z)$$

与此相比较,若连续信号相乘后再离散化,则有

$$[G_1(s)G_2(s)]^* = G_1G_2^*(s)$$

z 变换为

$$Z[G_1(s)G_2(s)] = G_1G_2(z)$$

2. 离散控制系统的闭环脉冲传递函数

图 8.18 为某典型离散控制闭环系统的结构图,其信号之间的关系为

$$C(s) = E^*(s)G(s)$$

由于 $G(s)$ 与 $H(s)$ 之间无采样开关隔开,则反馈信号 $B(s)$ 的 s 变换为

$$B(s) = C(s)H(s) = E^*(s)G(s)H(s)$$

偏差信号为

$$E(s) = R(s) - B(s) = R(s) - E^*(s)G(s)H(s)$$

考虑到离散信号拉氏变换的相关性质,则偏差信号离散化后的 s 变换为

$$E^*(s) = R^*(s) - E^*(s)GH^*(s)$$

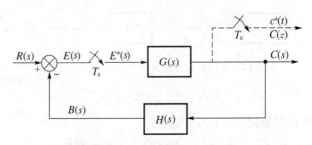

图 8.18 离散控制系统结构图

即偏差信号经离散后所得序列的 z 变换为
$$E(z) = R(z) - GH(z) \cdot E(z)$$
即
$$E(z) = \frac{1}{1+GH(z)} \cdot R(z)$$

得到偏差对输入的脉冲传递函数为
$$\Phi_{\mathrm{E}}(z) = \frac{E(z)}{R(z)} = \frac{1}{1+GH(z)}$$

而闭环输出序列的 z 变换为
$$C(z) = E(z)G(z) = \frac{G(z)}{1+GH(z)} \cdot R(z)$$

得到输出对输入的闭环脉冲传递函数为
$$\Phi(z) = \frac{C(z)}{R(z)} = \frac{G(z)}{1+GH(z)} \tag{8.47}$$

令闭环脉冲传递函数的分母为 0,可得该离散系统的闭环特征方程
$$A(z) = 1 + GH(z) = 0$$

例 8.20 已知离散控制系统结构如图 8.18 所示。前向传递函数 $G(s) = \dfrac{10}{s(s+1)}$,反馈传递函数 $H(s)=1$,试计算系统的闭环脉冲传递函数。

解 系统开环脉冲传递函数为
$$G(z) = Z\Big[\frac{10}{s(s+1)}\Big] = Z\Big[\frac{10}{s} - \frac{10}{s+1}\Big] = \frac{10z}{z-1} - \frac{10z}{z-\mathrm{e}^{-T_s}} = \frac{10(1-\mathrm{e}^{-T_s})z}{z^2-(1+\mathrm{e}^{-T_s})z+\mathrm{e}^{-T_s}}$$

由于闭环系统为单位负反馈,所以闭环脉冲传递函数为
$$\frac{C(z)}{R(z)} = \frac{G(z)}{1+G(z)} = \frac{\dfrac{10(1-\mathrm{e}^{-T_s})z}{z^2-(1+\mathrm{e}^{-T_s})z+\mathrm{e}^{-T_s}}}{1+\dfrac{10(1-\mathrm{e}^{-T_s})z}{z^2-(1+\mathrm{e}^{-T_s})z+\mathrm{e}^{-T_s}}} = \frac{10(1-\mathrm{e}^{-T_s})z}{z^2+(9-11\mathrm{e}^{-T_s})z+\mathrm{e}^{-T_s}}$$

例 8.21 离散控制系统的结构图如图 8.19 所示,试求取其闭环脉冲传递函数。

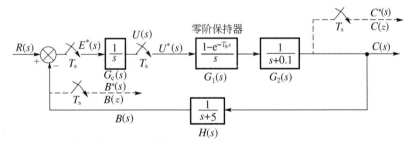

图 8.19 离散控制系统结构图

解 首先求出该系统闭环脉冲传递函数,由结构图可知
$$E(s) = R(s) - B(s) = R(s) - U^*(s)G_1(s)G_2(s)H(s)$$
对 $E(s)$ 离散化有
$$E^*(s) = R^*(s) - U^*(s)G_1G_2H^*(s)$$

$$U^*(s) = [E^*(s)G_c(s)]^* = G_c^*(s)R^*(s) - G_c^*(s)U^*(s)G_1G_2H^*(s)$$

$$U^*(s) = \frac{G_c^*(s)R^*(s)}{1 + G_1G_2H^*(s)G_c^*(s)}$$

$$C(s) = U^*(s)G_1(s)G_2(s) = \frac{G_c^*(s)G_1(s)G_2(s)R^*(s)}{1 + G_1G_2H^*(s)G_c^*(s)}$$

对 $C(s)$ 离散化有

$$C(z) = \frac{G_c(z)G_1G_2(z)R(z)}{1 + G_1G_2H(z)G_c(z)}$$

$$\Phi(z) = \frac{C(z)}{R(z)} = \frac{G_c(z)G_1G_2(z)}{1 + G_1G_2H(z)G_c(z)}$$

系统开环脉冲传递函数为

$$G_K(z) = \frac{B(z)}{R(z)} = G_1G_2H(z)G_c(z)$$

由题意知

$$G_c(z) = Z\left[\frac{1}{s}\right] = \frac{z}{z-1}$$

$$G_1G_2(z) = Z\left[\frac{1-e^{-T_s}}{s} \cdot \frac{1}{s+0.1}\right] = Z\left[(1-e^{-T_s}) \cdot \frac{1}{s(s+0.1)}\right]$$

$$= \frac{z-1}{z} \cdot Z\left[\frac{1}{s(s+0.1)}\right] = \frac{0.95}{z-0.905}$$

$$G_1G_2H(z) = Z\left[\frac{1-e^{-T_s}}{s} \cdot \frac{1}{s+0.1} \cdot \frac{1}{s+5}\right] = Z\left[(1-e^{-T_s}) \cdot \frac{1}{s(s+0.1)(s+5)}\right]$$

$$= \frac{z-1}{z} \cdot Z\left[\frac{1}{s(s+0.1)(s+5)}\right] = \frac{z-1}{z} \cdot Z\left[\frac{2}{s} - \frac{2.041}{s+0.1} + \frac{0.041}{s+5}\right]$$

$$= \frac{0.153z + 0.035}{(z-0.905)(z-0.007)}$$

由以上的分析与计算,可以得到系统的闭环脉冲传递函数为

$$\Phi(z) = \frac{G_c(z)G_1G_2(z)}{1 + G_1G_2H(z)G_c(z)} = \frac{\dfrac{z}{z-1} \cdot \dfrac{0.95}{z-0.905}}{1 + \dfrac{z}{z-1} \cdot \dfrac{0.153z + 0.035}{(z-0.905)(z-0.007)}}$$

$$= \frac{0.95z(z-0.007)}{(z-1)(z-0.905)(z-0.007) + z(0.153z + 0.035)}$$

$$= \frac{0.95z^2 - 0.007z}{z^3 - 1.759z^2 + 0.953z - 0.006}$$

此系统为三阶离散系统,零阶保持器的引入并不影响系统的阶次。

应特别注意的是,由于采样开关在系统中位置的不同,因此闭环脉冲传递函数的求取方法应根据实际情况来计算,并且计算结果各不相同,与连续系统的闭环传递函数的求取相比有很大的差异。

3. 离散控制系统输出序列 z 变换 C(z)的求取

对于某些离散系统,由于比较环节之后无采样开关,输入信号未经采样就直接输入连续环节,该系统无法求出闭环脉冲传递函数,但总可以求出输出离散序列的 z 变换函数。

例 8.22 求图 8.20 所示系统输出的 z 变换 $C(z)$。

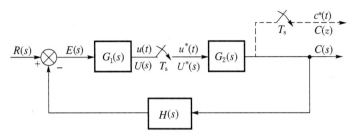

图 8.20 离散控制系统结构图

解

$$C(s) = U^*(s)G_2(s)$$
$$E(s) = R(s) - C(s)H(s) = R(s) - U^*(s)G_2(s)H(s)$$
$$U(s) = E(s)G_1(s) = R(s)G_1(s) - U^*(s)G_1(s)G_2(s)H(s)$$

对 $U(s)$ 离散化有

$$U^*(s) = RG_1^*(s) - U^*(s)G_1G_2H^*(s)$$
$$U^*(s) = \frac{RG_1^*(s)}{1 + G_1G_2H^*(s)}$$
$$C(s) = \frac{RG_1^*(s)G_2(s)}{1 + G_1G_2H^*(s)}$$

由于离散信号的 z 变换是拉氏变换的变形，故对上式取 z 变换有

$$C(z) = \frac{RG_1(z)G_2(z)}{1 + G_1G_2H(z)}$$

例 8.23 求图 8.21 所示离散系统在给定信号和干扰信号共同作用下的输出 $C(z)$。

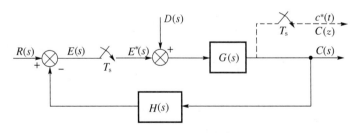

图 8.21 离散控制系统结构图

解 根据叠加定理，系统的总输出为给定信号引起的输出 $C_r(z)$ 与扰动信号引起的输出 $C_d(z)$ 的叠加。当考虑扰动信号为零时，由例 8.20 可以求出给定信号作用下的输出为

$$C_r(z) = \frac{R(z)G(z)}{1 + GH(z)}$$

当考虑给定信号为零时，有

$$E(s) = 0 - [E^*(s) + D(s)] \cdot G(s) \cdot H(s)$$

将 $E(s)$ 离散化为

$$E^*(s) = -[E^*(s)GH^*(s) + DGH^*(s)]$$

$$E^*(s) = -\frac{DGH^*(s)}{1+GH^*(s)}$$

$$C_d(s) = [E^*(s) + D(s)] \cdot G(s) = \left[D(s) - \frac{DGH^*(s)}{1+GH^*(s)}\right] \cdot G(s)$$

$$= D(s)G(s) - \frac{DGH^*(s)G(s)}{1+GH^*(s)}$$

$$C_d^*(s) = DG^*(s) - \frac{DGH^*(s)G^*(s)}{1+GH^*(s)}$$

$$C_d(z) = DG(z) - \frac{DGH(z)G(z)}{1+GH(z)}$$

由于扰动信号与输出信号之间无采样开关,则输出的 z 变换函数与对应的连续系统输出的 s 变换函数在形式上有明显的不同。

闭环系统总输出为

$$C(z) = C_r(z) + C_d(z)$$

表 8.3 列出了常见离散系统结构图与输出序列的 z 变换。

表 8.3　典型离散控制系统结构图及输出信号 C(z)

序号	结　构　图	$C(z)$
1		$\dfrac{R(z)G(z)}{1+GH(z)}$
2		$\dfrac{RG(z)}{1+GH(z)}$
3		$RG(z) - \dfrac{RGH(z)G(z)}{1+GH(z)}$
4		$\dfrac{R(z)G(z)}{1+G(z)H(z)}$
5		$\dfrac{R(z)G(z)}{1+G(z)H(z)}$

续表

序号	结 构 图	$C(z)$
6	$R(s)$, $-$, T_s, $G_1(s)$, T_s, $G_2(s)$, $C(s)$, $H(s)$	$\dfrac{R(z)G_1(z)G_2(z)}{1+G_1(z)G_2H(z)}$
7	$R(s)$, $-$, $G_1(s)$, T_s, $G_2(s)$, $C(s)$, $H(s)$	$\dfrac{RG_1(z)G_2(z)}{1+G_1H(z)G_2(z)}$
8	$R(s)$, $-$, T_s, $G_1(s)$, T_s, $G_2(s)$, $C(s)$, T_s, $H(s)$	$\dfrac{R(z)G_1(z)G_2(z)}{1+G_1(z)G_2(z)H(z)}$
9	$R(s)$, $-$, $G_1(s)$, T_s, $G_2(s)$, T_s, $G_3(s)$, $C(s)$, $H(s)$	$\dfrac{RG_1(z)G_2(z)G_3(z)}{1+G_1G_3H(z)G_2(z)}$
10	$R(s)$, $-$, T_s, $G_1(s)$, $-$, T_s, $G_2(s)$, $C(s)$, $H(s)$	$\dfrac{R(z)G_1(z)G_2(z)}{1+G_1(z)G_2(z)+G_2H(z)}$

由以上典型离散控制系统结构图与其输出信号 $C(z)$ 的关系,可以总结出以下结论:

(1) 采样开关的不同位置,导致了闭环系统输出 $C(z)$ 具有不同的形式。利用 z 变换只能求出输出信号离散序列的 z 变换,若输出信号为连续信号,可以在输出端虚设采样开关表明只能求取输出信号在采样瞬时的值。

(2) 当输入信号 $R(s)$ 与第一个连续环节 $G_1(s)$ 之间无采样开关时,应利用乘积 $RG_1(s)$ 的 z 变换 $RG_1(z)$,以求出输出序列的 z 变换 $C(z)$,但无法定义闭环脉冲传递函数 $\Phi(z)=C(z)/R(z)$。

(3) 离散系统脉冲传递函数 $\Phi(z)$ 与相应的连续系统闭环传递函数 $\Phi(s)$ 具有相似的形式,可以根据连续系统的传递函数再考虑离散系统采样开关的位置直接写出离散系统的脉冲传递函数。当环节 $G_1(s)$ 与环节 $G_2(s)$ 之间无采样开关隔开时,利用相连环节传递函数拉氏变换乘积的 z 变换 $G_1G_2(z)$。需要注意的是,由于研究的是采样输入与采样输出之间的关系,当输入信号与输出信号之间(前向通道)无采样开关时,由于输入信号未经采样就流向输出端,则无法利用上述规律直接求系统的输出序列 $C(z)$,必须严格按照信号之间的关系求取 $C(z)$。

(4) 离散系统的脉冲传递函数与连续系统的传递函数作用类似,表征离散系统的固有特性,与系统连续部分的结构、参数、采样周期、采样开关的具体位置有关。

8.4.4　应用 z 变换分析离散系统的局限性与条件

1. 局限性

z 变换是分析离散控制系统的有效工具,但也有自身的局限性,在满足一定条件的前提下应用 z 变换法才会得到满意的解答。

(1) 利用 z 变换分析离散系统的基础是采样信号可用理想脉冲序列近似,每个脉冲的面积(强度)等于采样信号在采样时刻的瞬时值。近似条件是每次采样持续时间必须远小于连续系统所有环节中的时间常数最大值和采样周期 T_s。

(2) 利用 z 变换求出的输出序列 $C(z)$ 只代表输出信号在采样瞬时的值 $c(nT_s)$,对 $c(t)$ 有非唯一性,对于采样间隔之间的信息完全不能反映。

(3) 由于 $C(z)$ 不反映输出信号 $c(t)$ 在采样间隔中的信息,因此只有当输出信号 $c(t)$ 是平滑、无跳变的信号时,$c^*(t)$ 才代表了 $c(t)$。可由下例作具体说明。

例 8.24　某开环离散系统如图 8.22 所示,求 $c^*(t)$ 与 $c(t)$。

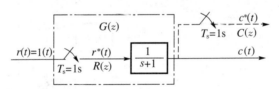

图 8.22　离散控制系统结构图

解　(1) 求 $c^*(t)$

$$r(t) = 1(t)$$

$$R(z) = \frac{z}{z-1}$$

$$C(z) = G(z) \cdot R(z) = \frac{z}{z-1} \cdot Z\left[\frac{1}{s+1}\right] = \frac{z}{z-1} \cdot \frac{z}{z-e^{-T_s}} = \frac{z^2}{(z-1)(z-0.368)}$$

将 $C(z)$ 按照长除法展开得

$$C(z) = 1 \cdot z^0 + 1.368z^{-1} + 1.503z^{-2} + 1.553z^{-3} + 1.570z^{-4} + \cdots$$

因此

$$c^*(t) = Z^{-1}[C(z)] = 1 \cdot \delta(t) + 1.368\delta(t-T_s) + 1.503\delta(t-2T_s) +$$
$$1.553\delta(t-3T_s) + 1.570\delta(t-4T_s) + \cdots$$

将每个采样点上的瞬时值 $c(nT_s)$ 平滑地连接起来,可作 $c^*(t)$ 曲线,如图 8.23 中的虚线所示。

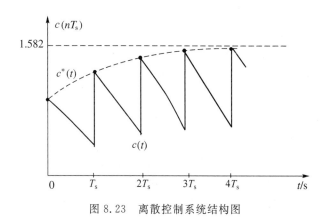

图 8.23 离散控制系统结构图

（2）求 $c(t)$

输入的单位阶跃信号经采样开关后成为单位脉冲序列。

$$r^*(t) = \sum_{n=0}^{\infty} \delta(t - nT_s)$$

$$R^*(s) = L[r^*(t)] = 1 + e^{-T_s} + e^{-2T_s} + e^{-3T_s} + \cdots$$

$$C(s) = G(s) \cdot R^*(s) = \frac{1}{s+1} \cdot (1 + e^{-T_s} + e^{-2T_s} + e^{-3T_s} + \cdots)$$

同时，由拉氏变换的延迟定理有

$$L^{-1}\left[\frac{1}{s+1} \cdot e^{-nT_s}\right] = e^{-(t - nT_s)}$$

可得

$$c(t) = L^{-1}[C(s)] = L^{-1}\left[\frac{1}{s+1} \cdot R^*(s)\right] = e^{-t} + e^{-(t-T_s)} + e^{-(t-2T_s)} + \cdots$$

作响应曲线 $c(t)$，为图 8.23 中的实线。由于每个脉冲信号都使得输出在相应的采样点发生跳变，实际的 $c(t)$ 为锯齿状，与根据 $c^*(t)$ 所得的平滑曲线有明显的差别。

2. 应用 z 变换分析离散系统的条件

由以上分析可知，对于离散控制系统，若希望将采样点上的值 $c(nT_s)$ 平滑地连接以代表相应的连续信号 $c(t)$，则输出响应曲线 $c(t)$ 应该是光滑无跳变的。系统的连续部分应该能够光滑输入的脉冲序列，输出信号在采样点不发生跳变。

当连续部分传递函数 $G(s)$ 的极点比零点的个数多于 2 个（分母的阶次 n 与分子的阶次 m 之差 $n - m \geqslant 2$）时，$G(s)$ 在单位脉冲信号 $\delta(t)$ 作用下的脉冲响应函数 $g(t)$ 在 0 时刻时无跳变，即

$$\lim_{t \to 0} g(t) = \lim_{s \to \infty} s \cdot G(s) = 0$$

则连续系统对于一系列理想脉冲信号作用下的输出在每个采样点都不会产生跳变，输出的响应曲线将是平滑的曲线。在前面的分析中已经指出，为了使采样信号不失真地复现原连续信号，应该满足两个条件：

- 采样频率满足香农采样定理。
- 采样信号应该通过低通滤波器滤掉采样引起的高频分量，其物理意义是采样开关后

接的连续环节应该具有较好的低通滤波特性,则采样后的信号可以恢复为原信号。

当连续环节传递函数 $G(s)$ 的极点与零点数不满足上述条件时,如果离散系统在采样开关之后串联了零阶保持器,则采样开关输出的每个脉冲信号被零阶保持器保持为矩形信号,脉冲序列变为了连续的阶梯信号,系统的输出 $c(t)$ 在每个采样点也不会产生跳变。例 8.24 系统有 $n-m=1$,连续环节的低通滤波性较差,若在采样开关后串联零阶保持器,则输出 $c(t)$ 将不再跳变。

实际上,对于大多数离散系统,其连续部分的传递函数满足极点比零点的个数多于 2 个的条件;同时,对于大多数数字控制系统,D/A 转换器都具有零阶保持器的作用。因此,利用 z 变换所得到的 $C(z)$ 可以准确描述实际的输出信号 $c(t)$。在这种情况下,采样频率越高,连续环节的低通滤波作用越强(时间常数越大),则 $c^*(t)$ 就越逼近 $c(t)$。

综上所述,对于大多数离散系统,其输出信号 $c(t)$ 都是平滑无跳变的,通过 z 变换所求取的输出脉冲序列 $C(z)$ 完全可以准确地描述实际的输出信号 $c(t)$。

8.4.5　差分方程

1. 差分方程的基本概念

对连续系统,描述系统运动规律的时域模型是微分方程,但在离散控制系统中,连续信号被离散时间信号所取代,描述系统的时域模型就成了差分方程,系统用变量的前后序列差表示。

图 8.24 所示是一个离散控制系统,$g(t)$ 是系统连续部分 $G(s)$ 的脉冲响应函数。系统的输入信号 $r(t)$ 经理想开关采样后变成一个理想脉冲序列 $r^*(t)$。

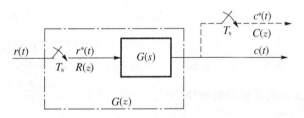

图 8.24　离散控制系统结构图

$$r^*(t) = \sum_{k=0}^{n} r(kT_s)\delta(t-kT_s) = r(0)\delta(0) + r(T_s)\delta(t-T_s) + r(2T_s)\delta(t-2T_s) + \cdots$$

则输入信号相当于一系列理想脉冲信号的叠加,根据线性环节的叠加定理,在每个采样瞬时 $t=nT_s$,输出的瞬时值必为过去 n 个输入脉冲 $(r(0)\delta(0),\cdots,r[(n-1)T_s]\delta[t-(n-1)T_s])$ 与当前脉冲信号 $r(nT_s)\delta(t-nT_s)$ 分别作用引起的输出瞬时值的叠加。

在第一个采样时刻 $t=0$,仅有一个脉冲信号 $r(0)\delta(0)$ 加至线性环节,脉冲面积为 $r(0)$,则输出瞬时值为

$$c(0) = \left[r(0) \cdot g(t)\right]\big|_{t=0} = r(0) \cdot g(0)$$

而在第二个采样时刻 $t=T_s$,输入为两个脉冲信号的叠加

$$r^*(t) = r(0)\delta(0) + r(T_s)\delta(t-T_s)$$

则输出瞬时值为

$$c(T_s) = \left[r(0)g(t) + r(T_s)g(t-T_s) \right] \mid_{t=T_s} = r(0) \cdot g(T_s) + r(T_s) \cdot g(0)$$

以此类推，在某一采样瞬时 $t=nT_s$，输出信号的瞬时值为

$$c(nT_s) = r(0)g(nT_s) + r(T_s)g(nT_s - T_s) + r(2T_s)g(nT_s - 2T_s) + \cdots +$$
$$r[(n-1)T_s]g[nT_s - (n-1)T_s] + r(nT_s)g(0)$$
$$= \sum_{k=0}^{n} r(kT_s)g(nT_s - kT_s) \tag{8.48}$$

对于已知的系统，根据上式可以导出描述系统的差分方程，下面举例予以说明。

例 8.25　求图 8.24 所示系统的差分方程，其中 $G(s) = \dfrac{1}{Ts+1}$，T 为系统的时间常数。

解　系统连续部分的脉冲响应函数为

$$g(t) = L^{-1}\left[G(s) \right] = L^{-1}\left[\frac{1}{Ts+1} \right] = \frac{1}{T}e^{-t/T}$$

根据式(8.48)，系统在 $t=nT_s$ 瞬时的输出为

$$c(nT_s) = \sum_{k=0}^{n} r(kT_s) \frac{1}{T} e^{-\frac{1}{T}(nT_s - kT_s)}$$

$$c[(n+1)T_s] = \sum_{k=0}^{n+1} r(kT_s) \frac{1}{T} e^{-\frac{1}{T}[(n+1)T_s - kT_s]}$$

$$= \sum_{k=0}^{n} r(kT_s) \frac{1}{T} e^{-\frac{1}{T}[(n+1)T_s - kT_s]} + \frac{1}{T}r[(n+1)T_s] \cdot e^0$$

$$= e^{-T_s/T} \sum_{k=0}^{n} r(kT_s) \frac{1}{T} e^{-\frac{1}{T}(nT_s - kT_s)} + \frac{1}{T}r[(n+1)T_s]$$

由以上两式得

$$c[(n+1)T_s] = e^{-T_s/T} c(nT_s) + \frac{1}{T}r[(n+1)T_s]$$

为了强调是序列，可令采样周期 $T_s = 1\mathrm{s}$，则上式可写成

$$c(n+1) - e^{-1/T}c(n) = \frac{1}{T}r(n+1) \tag{8.49}$$

上式就是此离散控制系统的差分方程，也称前向差分方程。由于此离散系统在任一采样时刻的输出值 $c(n+1)$ 与系统在前一采样时刻的输出值 $c(n)$ 有关，称为一阶差分方程。从此系统的差分方程可见，系统在任一采样时刻的输出值 $c(n+1)$ 也与系统在当前采样时刻的输入瞬时值 $r(n+1)$ 有关，即某一采样瞬时的输入将立刻改变系统在此采样时刻的输出瞬时值，说明了系统的输出在每个采样时刻将发生跳变，与例 8.24 所得结论相同。

对于 n 阶连续系统所构成的离散系统，其时域模型是 n 阶差分方程，即当前采样时刻的输出与系统在过去 n 个采样时刻的输出有关。

2. 应用 z 变换法求解差分方程

在外输入和系统初始条件给定的情况下，可以采用迭代的方法求出输出信号在每个采样时刻的采样值，但不易求出输出在采样点的统一表达式。与连续系统利用 s 变换求解微

分方程的方法类似,利用 z 变换可将差分方程转换为 z 的代数方程,并求得输出序列 $C(z)$ 的表达式。为了方便,下面将 $c(nT_s)$ 简写为 $c(n)$。

由于差分方程都是序列上的位移,因此对差分方程进行 z 变换的基础就是已介绍过的时域位移定理(滞后、超前定理)。求解前向差分方程常用式(8.28)描述的超前定理。

例 8.26 用 z 变换求解下列差分方程,初始条件为 $c(0)=0,c(1)=1$。

$$c(n+2) + 3c(n+1) + 2c(n) = 0$$

解 根据式(8.28)对上式取 z 变换,得

$$z^2[C(z) - c(0) - z^{-1}c(1)] + 3z[C(z) - c(0)] + 2C(z) = 0$$

代入初始条件化简得

$$z^2 C(z) - z + 3zC(z) + 2C(z) = 0$$

所以

$$C(z) = \frac{z}{z^2 + 3z + 2} = \frac{z}{(z+1)(z+2)} = \frac{z}{z+1} - \frac{z}{z+2}$$

又因为

$$Z[(-1)^n] = \frac{z}{z+1}$$

$$Z[(-2)^n] = \frac{z}{z+2}$$

因此

$$c(n) = (-1)^n - (-2)^n \quad n = 0,1,2,\cdots$$

3. 差分方程和脉冲传递函数的相互转换

差分方程和脉冲传递函数都是描述离散控制系统的数学模型,它们之间的关系类似于连续系统中微分方程和传递函数之间的关系。在零初始条件下,通过 z 变换可以从差分方程得出脉冲传递函数,也可以从脉冲传递函数得出差分方程,下面举例说明。

例 8.27 一阶离散系统的差分方程如下,求系统的脉冲传递函数 $G(z)$。

$$c(n+1) - e^{-T_s/T}c(n) = \frac{1}{T}r(n+1)$$

解 对上式两端进行 z 变换,并设所有初始条件为 $0(t<0$ 时,$c(t)$ 与 $r(t)$ 均为 $0)$,得

$$zC(z) - e^{-T_s/T}C(z) = \frac{1}{T} \cdot zR(z)$$

$$G(z) = \frac{C(z)}{R(z)} = \frac{1}{T} \cdot \frac{z}{z - e^{-T_s/T}}$$

实际上,上式即为例 8.16 的结果。

例 8.28 已知系统的脉冲传递函数如下,求该系统的差分方程

$$G(z) = \frac{C(z)}{R(z)} = \frac{0.234z + 0.668}{z^2 - 1.234z + 0.234}$$

解 将上式等号两边分子、分母交叉相乘,得

$$(z^2 - 1.234z + 0.234)C(z) = (0.234z + 0.668)R(z)$$

在全零初始条件下,应用 z 变换超前定理,得

$$c(n+2) - 1.234c(n+1) + 0.234c(n) = 0.234r(n+1) + 0.668r(n)$$

在离散系统分析中,最常用的数学模型仍然是脉冲传递函数,差分方程由于便于用迭代法求解,主要用于数字计算机求解,但一般不能得到解的闭合形式。

8.5　稳定性分析

建立离散系统的数学模型后,就能够分析离散系统各方面的性能。与连续系统的性能分析类似,分析离散控制系统主要包括对系统稳定性、稳态性能、动态性能的分析。

由于离散系统的拉氏变换是 s 的超越函数,不能直接使用连续系统的相关分析方法,离散系统分析必须在 z 变换的基础上进行。

8.5.1　离散控制系统稳定的充分必要条件

分析离散系统的稳定性,可以分别从时域与 z 域两方面进行,得到的结论完全相同。

1. 时域中离散系统稳定的充分必要条件

根据时域分析中对线性系统稳定性的定义,若离散系统为零初始状态,在单位理想脉冲信号作用下的响应随时间增长而衰减为 0,则该离散系统稳定,反之则不稳定。

假设某线性离散系统的闭环脉冲传递函数为

$$\Phi(z) = \frac{M(z)}{D(z)}$$

式中,$D(z)$ 和 $M(z)$ 是 z 的多项式,$D(z)$ 的阶次 l 为闭环系统的阶次,且高于 $M(z)$ 的阶次。

设系统为零初始状态,则在理想单位脉冲信号 $\delta(t)(R(z)=1)$ 作用下输出的 z 变换为

$$C(z) = \frac{M(z)}{D(z)}R(z) = \frac{M(z)}{D(z)}$$

当 $D(z)$ 无重根时(如果有重根,结论相同),将 $C(z)$ 按部分分式展开

$$C(z) = \sum_{j=1}^{l} \frac{K_j z}{z + p_j}$$

式中,$-p_j$ 是 $C(z)$ 的极点,也是闭环脉冲传递函数的极点,K_j 为相应的留数。

对 $C(z)$ 求 z 反变换

$$c(nT_s) = \sum_{j=1}^{l} K_j(-p_j)^n$$

当且仅当 $|-p_j|<1(j=1,2,\cdots,l)$ 时,有

$$\lim_{n \to \infty} c(nT_s) = 0$$

因此,系统稳定;反之,若只要 $C(z)$ 有一个极点的模大于 1,则有

$$\lim_{n \to \infty} c(nT_s) = \infty$$

系统不稳定。若 $C(z)$ 有一个极点的模等于 1,则系统临界稳定。因此,离散系统的稳定性完全取决于系统闭环脉冲传递函数的极点的性质。

对于某些无法求出闭环脉冲传递函数的系统,也有相同的结论。如某离散系统结构如

图 8.25 所示,系统输出序列的 z 变换函数为

$$C(z) = \frac{RG(z)}{1 + GH(z)}$$

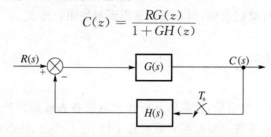

图 8.25 典型离散系统结构图

当输入单位脉冲信号 $r(t) = \delta(t)$ 时,由于 $R(s) = 1$,故有

$$RG(z) = Z\{L^{-1}[G(s)R(s)]\} = Z\{L^{-1}[G(s)]\} = G(z)$$

则输出序列为

$$C(z) = \frac{G(z)}{1 + GH(z)}$$

系统的稳定性也完全由闭环特征方程 $A(z) = 1 + GH(z) = 0$ 的特征根决定。

由以上分析可知,系统的特征方程可由闭环输出序列表达式 $C(z)$ 的分母多项式为零直接获得。根据稳定性的定义,离散系统的稳定性与初始条件和外作用信号的形式无关,完全由本身的结构与参数决定。

因此,l 阶线性离散系统稳定的充分必要条件为:闭环特征方程的所有特征根 $-p_j$ 均位于 z 平面上以原点为圆心的单位圆内。即

$$|-p_j| < 1 \quad j = 1, 2, 3, \cdots, l$$

2. z 域中离散系统稳定的充分必要条件

在时域分析中已知,线性连续系统的稳定性只与系统本身的结构、参数有关,充分必要条件为系统特征方程的根(闭环极点)全部具有负实部,即全部位于 s 平面虚轴的左半部。

由于离散系统是对连续系统进行了 z 变换,因此可从 s 平面与 z 平面的映射关系去讨论离散系统的稳定性。

由 z 变换定义知

$$z = \mathrm{e}^{T_s s}$$

式中,T_s 为采样周期。设 s 平面上的极点为 $s = -\sigma \pm \mathrm{j}\omega$,映射到 z 平面为

$$z = \mathrm{e}^{T_s(-\sigma \pm \mathrm{j}\omega)} = \mathrm{e}^{-\sigma T_s} \cdot \mathrm{e}^{\pm \mathrm{j}\omega T_s}$$

模与幅角分别为

$$|z| = \mathrm{e}^{-\sigma T_s}, \angle z = \pm \omega T_s$$

可见,s 平面与 z 平面有如下映射关系:

(1) 由于 s 平面的虚轴为 $-\sigma = 0$,则 s 平面虚轴上的极点为 $s = \pm \mathrm{j}\omega$,对应 $|z| = 1$,说明了 s 平面的虚轴映射为 z 平面上的单位圆,为临界稳定区域。

(2) 当极点 $s = -\sigma \pm \mathrm{j}\omega$ 位于 s 平面虚轴的左半部时,由于实部 $-\sigma < 0$,则映射到 z 平面上的向量的模 $|z| = \mathrm{e}^{-\sigma T_s} < 1$,即位于 z 平面上的单位圆内,为稳定区域。

(3) 当极点 $s = -\sigma \pm \mathrm{j}\omega$ 位于 s 平面虚轴的右半部时,由于实部 $-\sigma > 0$,则映射到 z 平面

上的向量的模 $|z| = \mathrm{e}^{-\sigma T_s} > 1$，即位于 z 平面上的单位圆外，为不稳定区域。

s 平面与 z 平面的映射关系如图 8.26 所示，s 平面上的原点 $s=0$ 映射为 z 平面上的 $z=1$。

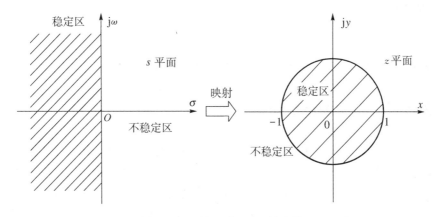

图 8.26　s 平面到 z 平面的映射

分析了 s 平面和 z 平面的映射关系后，得出离散控制系统稳定的充分必要条件为：闭环特征方程的所有特征根全部位于 z 平面的单位圆内部，与时域法推出的结论完全相同。

由于离散系统的结构不同，会有不同的特征方程。在判断离散系统的稳定性时，应该根据系统的具体结构、参数作具体分析。若离散系统的闭环特征根可以直接求出，则可以直接判断系统的稳定性。

例 8.29　离散控制系统如图 8.27 所示，分析闭环系统的稳定性。

解　系统的闭环脉冲传递函数为

$$\frac{C(z)}{R(z)} = \frac{G(z)}{1+G(z)} = \frac{10(1-\mathrm{e}^{-T_s})z}{z^2-(9-11\mathrm{e}^{-T_s})z+\mathrm{e}^{-T_s}}$$

离散系统的闭环特征方程为

$$A(z) = z^2 + (9-11\mathrm{e}^{-T_s})z + \mathrm{e}^{-T_s} = 0$$

该系统的稳定性由闭环特征方程 $A(z)=1+G(z)=0$ 的根的位置决定。将 $T_s=1\mathrm{s}$ 代入，有

$$z^2 + 4.952z + 0.368 = 0$$

利用求根公式可直接求出两个闭环特征根为

$$z_1 = -0.076, \quad z_2 = -4.876$$

由于该系统有一个闭环特征根 z_2 的模 $|z_2| = 4.876 > 1$，故该闭环系统不稳定。

例 8.30　离散系统如图 8.28 所示，判断其稳定性。

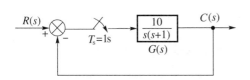

图 8.27　例 8.29 离散控制系统结构图

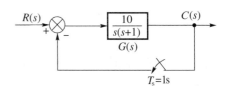

图 8.28　例 8.30 离散控制系统结构图

解
$$C(z) = \frac{RG(z)}{1+G(z)}$$

闭环特征方程为

$$A(z) = 1 + G(z) = 1 + \frac{10(1-e^{-T_s})z}{z^2 - (1+e^{-T_s})z + e^{-T_s}}$$

该系统的闭环特征方程与例 8.29 完全相同,故该闭环系统不稳定。

8.5.2　离散控制系统的劳斯稳定判据

系统的特征方程为二阶时比较容易确定其稳定性。但三阶以上特征方程的求根就比较困难,难于直接判断系统稳定性。在连续系统中,可以不求特征根而用劳斯判据直接判断系统的稳定性。与之类似的是,在判断高阶离散系统的稳定性时,也可采用间接的方法,即通过确定系统单位圆外极点的个数判断稳定性。但由于劳斯判据只能判断系统特征根的实部是否全小于 0,所以不能直接利用劳斯判据判断离散系统的稳定性。

如果引进一个线性变换,使 z 平面上单位圆映射为变换域的左半平面,就可以应用劳斯判据判断稳定性了。将复自变量 z 取双线性变换

$$z = \frac{w+1}{w-1} \quad 或 \quad w = \frac{z+1}{z-1} \tag{8.50}$$

由于 z 与 w 均为复自变量,有

$$z = x + jy, \quad w = u + j\nu$$

将 $z = x + jy$ 代入 w 的表达式,并将实部虚部分解,有

$$w = u + j\nu = \frac{z+1}{z-1} = \frac{x+jy+1}{x+jy-1} = \frac{x^2 + y^2 - 1}{(x-1)^2 + y^2} - j\frac{2y}{(x-1)^2 + y^2}$$

z 平面与 w 平面的映射关系如图 8.29 所示,具体有如下映射关系:

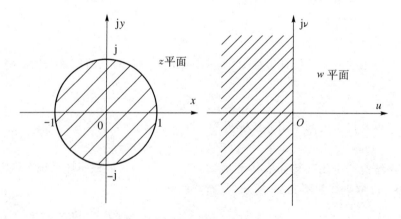

图 8.29　z 平面到 w 平面的映射

① z 平面的单位圆为 $x^2 + y^2 = 1$,映射为 w 平面的虚轴,即 $w = j\nu$(实部 $u = 0$),为临界稳定区域。

② z 平面的单位圆外的区域为 $x^2 + y^2 > 1$,映射为 w 平面的右半平面,即实部 $u > 0$,为不稳定区域。

第8章　离散控制系统的分析和综合　　387

③ z 平面的单位圆内的区域有 $x^2 + y^2 < 1$，映射为 w 平面的左半平面，即实部 $u < 0$，为稳定区域。

因此，利用双线性变换判断离散系统稳定性的方法为：

（1）令 $z = \dfrac{w+1}{w-1}$ 代入闭环系统 z 域中的特征方程 $A(z) = 0$，得到闭环系统在 w 域的特征方程 $A(w) = 0$。

（2）利用劳斯判据判断特征方程在 w 虚轴右半平面根的个数，即 z 平面上单位圆外根的个数。若特征方程 $A(w) = 0$ 在 w 虚轴右半平面根的个数为零，离散系统稳定。

例 8.31　已知系统 z 域的闭环特征方程如下，试用双线性变换判别该系统的稳定性。
$$A(z) = 45z^3 - 117z^2 + 119z - 39 = 0$$

解　将 $z = \dfrac{w+1}{w-1}$ 代入方程作双线性变换得到
$$A(w) = 45\left(\frac{w+1}{w-1}\right)^3 - 117\left(\frac{w+1}{w-1}\right)^2 + 119\left(\frac{w+1}{w-1}\right) - 39 = 0$$

整理化简后得
$$A(w) = w^3 + 2w^2 + 2w + 40 = 0$$

作劳斯表

w^3	1	2
w^2	2	40
w^1	-18	0
w^0	40	

劳斯表第一列元素符号变化 2 次，说明 $A(w) = 0$ 有两个位于 w 平面虚轴以右的根，离散系统闭环特征方程 $A(z) = 0$ 有两个单位圆外的根，所以该系统是不稳定的。

例 8.32　一个离散控制系统结构如图 8.30 所示，采样周期 $T_s = 0.5\text{s}$，确定使系统稳定的 K 的取值范围。

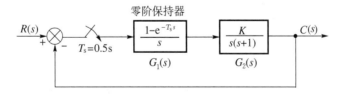

图 8.30　离散控制系统结构图

解　离散系统开环脉冲传递函数为
$$G(z) = G_1 G_2(z) = \frac{z-1}{z} Z\left[\frac{K}{s^2(s+1)}\right]$$
$$= \frac{z-1}{z} \cdot Z\left[K\left(\frac{1}{s^2} - \frac{1}{s} + \frac{1}{s+1}\right)\right] = K \cdot \frac{0.106z + 0.091}{z^2 - 1.606z + 0.606}$$

闭环传递函数为
$$\Phi(z) = \frac{G(z)}{1 + G(z)} = \frac{K(0.106z + 0.091)}{z^2 - 1.606z + 0.606 + K(0.106z + 0.091)}$$

闭环特征方程为

$$A(z) = z^2 + (0.106K - 1.606)z + (0.091K + 0.606) = 0$$

将 $z = \dfrac{w+1}{w-1}$ 代入方程作双线性变换,化简整理得

$$A(w) = 0.197Kw^2 + (0.788 - 0.182K)w + 3.212 - 0.015K = 0$$

由劳斯判据可知,二阶方程 $A(w) = 0$ 所有根均具有负实部的充分必要条件为二阶方程所有系数都存在且大于 0,即

$$\begin{cases} K > 0 \\ 0.788 - 0.182K > 0 \\ 3.212 - 0.015K > 0 \end{cases}$$

解之得系统稳定的充分必要条件为 $0 < K < 4.33$。

由本例可见,开环传递系数 K 和采样周期 T_s 对离散系统的稳定性均有影响,一般说来:

- 当 T_s 一定时,增大 K 将使离散系统稳定性变差,甚至使系统不稳定。
- 当 K 一定时,T_s 越大,采样间隔丢失的信息越多,对系统的稳定性越不利,也可能导致系统不稳定。

判断离散系统稳定性的方法还有朱利稳定判据(类似连续系统的赫尔维茨判据)与雷伯尔(Raibel)稳定判据,也可在采用双线性变换后利用频率法分析,读者可以参考其他资料。

8.6 稳态误差分析

离散控制系统的稳态误差是分析、设计系统的重要指标。系统存在稳态误差的前提是该系统是稳定的。当系统存在稳态误差时,稳态误差的大小取决于系统的类型、开环放大系数和输入信号,并与采样周期 T_s 有关。离散控制系统的稳态误差可以从 z 变换的终值定理求出。

8.6.1 离散系统的稳态误差

离散系统与连续系统的误差定义相同,可以定义在输入端(偏差定义),也可定义在输出端。本书一律以输入端定义为准。

典型的离散系统结构见图 8.31,系统的偏差传递函数 $\Phi_E(z)$ 可如下求取

$$E(s) = R(s) - E^*(s)G(s)$$

$$E^*(s) = R^*(s) - E^*(s)G^*(s)$$

$$E(z) = R(z) - E(z)G(z)$$

$$\Phi_E(z) = \frac{E(z)}{R(z)} = \frac{1}{1 + G(z)}$$

系统采样偏差信号的 z 变换函数为

$$E(z) = \frac{R(z)}{1 + G(z)}$$

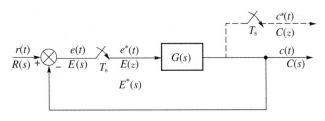

图 8.31 离散控制系统结构图

若离散系统是稳定的,即 $\Phi_E(z)$ 的极点全部位于 z 平面的单位圆内,并且 $(z-1)E(z)$ 满足终值定理应用的条件时,可求出系统采样瞬时的稳态误差为

$$e(\infty) = e^*(\infty) = \lim_{n \to \infty} e(nT_s) = \lim_{z \to 1}(z-1)E(z) = \lim_{z \to 1}(z-1)\frac{R(z)}{1+G(z)}$$

上式只说明系统在采样时刻的稳态误差,并表明线性定常离散系统的稳态误差与输入序列 $R(z)$ 及系统本身的结构和参数有关。此外,由于 $G(z)$ 与采样周期有关,因此离散系统的稳态误差还与采样周期 T_s 的大小有关。

8.6.2 离散系统的型别与典型输入信号作用下稳态误差

为了评价离散系统的稳态性能,通常需要研究离散系统在 3 种典型输入信号作用下采样瞬时的稳态误差,下面以图 8.31 所示的典型系统为对象研究其稳态性能。

1. 单位阶跃输入 $r(t) = 1(t)$

$$R(z) = \frac{z}{z-1}$$

$$e(\infty) = \lim_{z \to 1}(z-1)\frac{z/(z-1)}{1+G(z)} = \lim_{z \to 1}\frac{z}{1+G(z)} = \frac{1}{1+\lim_{z \to 1}G(z)}$$

与连续系统误差系数的定义类似,定义 K_p 为系统的位置误差系数,则有

$$K_p = 1 + \lim_{z \to 1}G(z), \quad e(\infty) = \frac{1}{K_p}$$

当 $G(z)$ 具有一个及以上 $z=1$ 的极点时,系统在恒定输入作用下的稳态误差为 0,即

$$K_p = \infty, \quad e(\infty) = \frac{1}{K_p} = 0$$

2. 单位斜坡输入 $r(t) = t \cdot 1(t)$

$$R(z) = \frac{T_s z}{(z-1)^2}$$

$$e(\infty) = \lim_{z \to 1}(z-1)\frac{T_s z}{(z-1)^2[1+G(z)]} = \lim_{z \to 1}\frac{T_s}{(z-1)G(z)}$$

定义 K_v 为系统的速度误差系数,则有

$$K_v = \lim_{z \to 1}\frac{1}{T_s}(z-1)G(z), \quad e(\infty) = \frac{1}{K_v}$$

可见系统采样瞬时的稳态误差与采样周期 T_s 有关,缩短采样周期将会降低稳态误差。当 $G(z)$ 具有 2 个及以上 $z=1$ 的极点时,系统在斜坡输入作用下误差为 0,即

$$K_v = \infty, \quad e(\infty) = \frac{1}{K_v} = 0$$

3. 单位抛物线输入 $r(t) = \frac{1}{2}t^2 \cdot 1(t)$

$$R(z) = \frac{T_s^2 z(z+1)}{2(z-1)^3}$$

$$e(\infty) = \lim_{z \to 1}(z-1)\frac{T_s^2 z(z+1)}{[1+G(z)]2(z-1)^3} = \lim_{z \to 1}\frac{T_s^2}{(z-1)^2 G(z)}$$

定义 K_a 为系统的加速度误差系数,有

$$K_a = \lim_{z \to 1}\frac{1}{T_s^2}[(z-1)^2 G(z)], \quad e(\infty) = \frac{1}{K_a}$$

当 $G(z)$ 具有 3 个及以上 $z=1$ 的极点时,系统在恒加速输入作用下稳态误差为 0,即

$$K_a = \infty, \quad e(\infty) = \frac{1}{K_a} = 0$$

从上面的分析可以看出,系统的稳态误差除了与输入作用的形式有关外,还直接取决于系统的开环脉冲传递函数 $G(z)$ 中 $z=1$ 的极点个数。实际上,系统连续部分 $G(s)$ 的零值极点与 $G(z)$ 为 $z=1$ 的极点相对应。

因此,可以得到一个与连续系统类似的结论:$G(z)$ 中含有的 $z=1$ 的极点的个数 ν 表征了系统的无差度。$\nu=0$ 是有 0 型差系统;$\nu=1$ 是一阶无差系统;$\nu=2$ 是二阶无差系统。

综上所述,把结果列成表 8.4。

表 8.4　典型离散系统在不同信号作用下采样瞬时的稳态误差

选　　项	阶跃输入 $r(t) = A \cdot 1(t)$	斜坡输入 $r(t) = Bt \cdot 1(t)$	抛物线输入 $r(t) = \frac{C}{2}t^2 \cdot 1(t)$
$\nu=0$	$e(\infty) = \dfrac{A}{K_p}$	$e(\infty) = \infty$	$e(\infty) = \infty$
$\nu=1$	$e(\infty) = 0$	$e(\infty) = \dfrac{B}{K_v}$	$e(\infty) = \infty$
$\nu=2$	$e(\infty) = 0$	$e(\infty) = 0$	$e(\infty) = \dfrac{C}{K_a}$

当离散系统为图 8.31 所示的典型系统时,可以直接由表 8.4 求取系统在给定信号作用下的稳态误差。对于其他结构形式离散系统的稳态误差,或者离散系统在扰动作用下的稳态误差,只要根据系统结构求出系统给定误差的 z 变换函数 $E(z)$ 或扰动误差的 z 变换函数 $E_d(z)$,在离散系统稳定的前提下,应用 z 变换的终值定理即可求出系统采样瞬时的稳态误差。

例 8.33　某离散系统结构见图 8.32,输入信号为 $r(t) = 1 + t$,求系统响应的稳态误差。

解　系统为图 8.31 所示的典型结构,可以直接利用系统型别等概念直接求取系统的 $e(\infty)$。

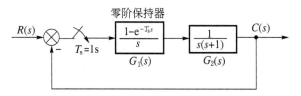

图 8.32　例 8.33 离散控制系统结构图

系统连续部分的传递函数为

$$G(s) = (1 - e^{-T_s s}) \frac{1}{s^2(s+1)} = (1 - e^{-T_s s}) \left(\frac{1}{s^2} - \frac{1}{s} + \frac{1}{s+1} \right)$$

则系统开环脉冲传递函数为

$$G(z) = (1 - z^{-1}) \left[\frac{T_s z}{(z-1)^2} - \frac{z}{(z-1)} + \frac{z}{(z - e^{-T_s})} \right] = \frac{(T_s - 1 + e^{-T_s})z + (1 - e^{-T_s} - T_s e^{-T_s})}{(z-1)(z - e^{-T_s})}$$

将 $T_s = 1s$ 代入上式,有

$$G(z) = \frac{0.368z + 0.264}{(z-1)(z-0.368)} = \frac{0.368z + 0.264}{z^2 - 1.368z + 0.368}$$

系统闭环特征方程为

$$A(z) = z^2 - z + 0.632 = 0$$

闭环极点为

$$z_{1,2} = 0.5 \pm j0.62, \quad |z_{1,2}| = 0.79 < 1$$

系统稳定。

由系统开环脉冲传递函数可知系统为 I 型,所以

$$K_p = \infty, K_v = \frac{1}{T_s} \lim_{z \to 1} \left[(z-1)G(z) \right] = \lim_{z \to 1} \left[(z-1) \frac{0.368z + 0.264}{(z-1)(z-0.368)} \right] = 1$$

由于输入信号为 $r(t) = 1 + t$,则根据表 8.4 可得系统的稳态误差为

$$e(\infty) = \frac{1}{K_p} + \frac{1}{K_v} = 1$$

若系统取消零阶保持器,则系统开环脉冲传递函数为

$$G(z) = Z[G_2(s)] = Z\left[\frac{1}{s(s+1)} \right] = Z\left[\frac{1}{s} - \frac{1}{s+1} \right]$$

$$= \frac{z}{z-1} - \frac{z}{z - e^{-T_s}} = \frac{z(1 - e^{-T_s})}{(z-1)(z - e^{-T_s})} = \frac{0.632z}{z^2 - 1.368z + 0.368}$$

由此可见,零阶保持器的加入并不影响离散系统开环脉冲传递函数极点的个数及其分布情况。本例所讨论的系统为一阶无差度系统,是由于连续部分有一个积分环节,与零阶保持器无关。

例 8.34　离散控制系统的结构图如图 8.33 所示,试求系统在单位阶跃信号作用下的稳态误差 $e(\infty)$。

解　由于该离散系统与图 8.31 所示的典型结构不同,不能直接利用相关结论,故根据定义直接求取,仍然将系统在稳态的偏差作为系统的稳态误差 $e(\infty)$。

本例题结构与前面例 8.21 完全相同,已经求出系统的闭环特征方程为

$$A(z) = z^3 - 1.759z^2 + 0.953z - 0.006 = 0$$

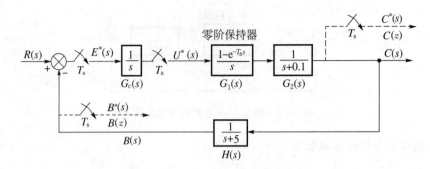

图 8.33 例 8.34 离散控制系统结构图

根据离散系统的劳斯判据,可以证明该系统是稳定的。利用 MATLAB 可以直接求出系统的三个特征根为

$$z_1 = 0.006$$
$$z_{2,3} = 0.8763 \pm 0.4170j, |z_{2,3}| = 0.9705 < 1$$

根据离散系统的脉冲传递函数与连续系统的传递函数之间的关系,可求出系统的偏差脉冲传递函数 $\Phi_E(z)$ 为

$$\Phi_E(z) = \frac{E(z)}{R(z)} = \frac{1}{1 + G_c(z)G_1G_2H(z)}$$

系统在单位阶跃信号作用下偏差信号的 z 变换为

$$E(z) = R(z) \cdot \Phi_E(z) = \frac{z}{z-1} \cdot \frac{1}{1 + G_c(z)G_1G_2H(z)}$$

根据前面例 8.21 的相关结论有

$$E(z) = \frac{\dfrac{z}{z-1}}{1 + \dfrac{z}{z-1} \cdot \dfrac{0.153z + 0.035}{(z-0.905)(z-0.007)}}$$

应用 z 变换的终值定理,有

$$e(\infty) = \lim_{z \to 1}(z-1)E(z) = \lim_{z \to 1} \frac{(z-1) \cdot \dfrac{z}{z-1}}{1 + \dfrac{z}{z-1} \cdot \dfrac{0.153z + 0.035}{(z-0.905)(z-0.007)}} = 0$$

从以上计算可见,由于系统在前向通道串联了一个积分控制器,使系统在跟踪阶跃信号时的稳态误差为 0。

8.7 离散系统的动态性能分析

应用 z 变换法分析线性定常离散系统的动态性能,通常有时域法、根轨迹法和频域法,其中时域法最简便。本节主要介绍在时域中如何求取离散系统的时间响应,以及在 z 平面上定性分析离散系统闭环极点与其动态性能之间的关系。

8.7.1　离散系统的时间响应

在已知离散系统结构和参数情况下,应用 z 变换法研究系统的动态性能时,通常假定外作用为单位阶跃函数 $1(t)$。

如果可以求出离散系统的闭环脉冲传递函数 $\Phi(z)=C(z)/R(z)$,其中 $R(z)=z/(z-1)$,则系统输出量的 z 变换函数为

$$C(z) = \frac{z}{z-1}\Phi(z)$$

将上式展成幂级数,通过 z 反变换,可以求出输出的离散信号 $c^*(t)$。$c^*(t)$ 代表线性定常离散系统在单位阶跃输入作用下的响应过程。由于离散系统时域指标的定义与连续系统相同,故根据单位阶跃响应曲线 $c^*(t)$ 可以方便地分析离散系统的动态和稳态性能。

如果无法求出离散系统的闭环脉冲传递函数 $\Phi(z)$,但由于 $R(z)$ 是已知的,且 $C(z)$ 的表达式总是可以写出的,因此求取 $c^*(t)$ 在技术上是没有困难的。

例 8.35 设有零阶保持器的离散系统如图 8.34 所示,其中 $r(t)=\varepsilon(t)$,$T_s=1\mathrm{s}$,$K=1$。试分析该系统的动态性能。

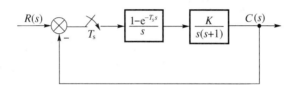

图 8.34　例 8.35 离散控制系统结构图

解 先求开环脉冲传递函数

$$G(z) = (1-z^{-1})Z\left[\frac{1}{s^2(s+1)}\right] = \frac{0.368z+0.264}{(z-1)(z-0.368)}$$

闭环脉冲传递函数为

$$\Phi(z) = \frac{G(z)}{1+G(z)} = \frac{0.368z+0.264}{z^2-z+0.632}$$

将 $R(z)=z/(z-1)$ 代入上式,求出单位阶跃响应的 z 变换为

$$C(z) = \Phi(z)R(z) = \frac{0.368z^{-1}+0.264z^{-2}}{1-2z^{-1}+1.632z^{-2}-0.632z^{-3}}$$

用长除法将 $C(z)$ 展开成幂级数

$$C(z) = 0.368z^{-1} + z^{-2} + 1.4z^{-3} + 1.4z^{-4} + 1.147z^{-5} + 0.895z^{-6} + 0.802z^{-7} +$$
$$0.868z^{-8} + 0.993z^{-9} + \cdots$$

z 反变换得到

$$c^*(t) = 0.368\delta(t-T_s) + \delta(t-2T_s) + 1.4\delta(t-3T_s) + 1.4\delta(t-4T_s) +$$
$$1.147\delta(t-5T_s) + 0.895\delta(t-6T_s) + 0.802\delta(t-7T_s) +$$
$$0.868\delta(t-8T_s) + 0.993\delta(t-9T_s) + \cdots$$

根据上述各时刻采样值,可以绘出离散系统的单位阶跃响应 $c^*(t)$ 如图 8.35 所示。由

图 8.35 可以求得给定离散系统的近似性能指标为

$$\sigma\% = 40\%, \quad t_r = 2s, \quad t_p = 4s, \quad t_s = 12s$$

应当指出,由于离散系统的时域性能指标只能按采样周期整数倍的采样值来计算,所以是近似的。

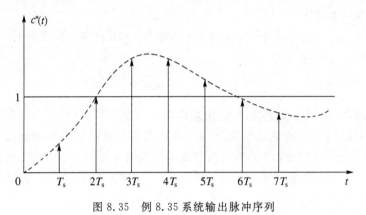

图 8.35　例 8.35 系统输出脉冲序列

8.7.2　闭环极点与动态响应的关系

与连续系统类似,离散系统的结构参数,决定了闭环脉冲传递函数的极点在 z 平面上单位圆内的分布,对系统的动态响应具有重要的影响。下面讨论闭环极点与动态响应之间的关系。

设系统的闭环脉冲传递函数

$$\Phi(z) = \frac{M(z)}{D(z)} = \frac{b_0 z^m + b_1 z^{m-1} + \cdots + b_{m-1} z + b_m}{a_0 z^l + a_1 z^{l-1} + \cdots + a_{l-1} z + a_l} = \frac{b_0}{a_0} \frac{\prod_{i=1}^{m}(z+z_i)}{\prod_{j=1}^{l}(z+p_j)}$$

式中, $-z_i (i=1,2,\cdots,m)$, $-p_j (j=1,2,\cdots,l)$ 分别表示 $\Phi(z)$ 的零点和极点,且 $l \geqslant m$ 。如果离散系统稳定,则所有闭环极点均位于 z 平面上的单位圆内,有 $|-p_j| < 1 (j=1,2,\cdots,l)$ 。为了便于讨论,假定 $\Phi(z)$ 无重极点。

当 $r(t) = 1(t)$ 时,离散系统输出的 z 变换为

$$C(z) = \Phi(z) R(z) = \frac{M(z)}{D(z)} \cdot \frac{z}{z-1}$$

将 $C(z)/z$ 展开部分分式,有

$$\frac{C(z)}{z} = \frac{K_0}{z-1} + \sum_{j=1}^{l} \frac{K_j}{z+p_j}$$

式中,系数

$$K_0 = \frac{M(z)}{(z-1)D(z)} \cdot (z-1) \bigg|_{z=1} = \frac{M(1)}{D(1)}$$

$$K_j = \frac{M(z)}{(z-1)D(z)} \cdot (z+p_j) \bigg|_{z=-p_j}$$

于是

$$C(z) = \frac{M(1)}{D(1)} \cdot \frac{z}{z-1} + \sum_{j=1}^{l} \frac{K_j z}{z+p_j} \tag{8.51}$$

式中,等号右端第一项的 z 反变换为 $M(1)/D(1)$ 是 $c^*(t)$ 的稳态分量,若其值为 1,则离散系统在单位阶跃输入作用下的稳态误差为零;第二项的 z 反变换为 $c^*(t)$ 的瞬态分量。$-p_j$ 在单位圆内的位置不同,它所对应的 $c^*(t)$ 的动态响应形式也就不同。下面分几种情况分别讨论。

(1) 正实轴上的闭环单极点

设 $-p_j$ 为正实数。$-p_j$ 对应的瞬态分量为

$$c_j^*(t) = Z^{-1}\left[\frac{K_j z}{z+p_j}\right]$$

求 z 反变换得

$$c_j(nT_s) = K_j(-p_j)^n \tag{8.52}$$

若令 $a = \dfrac{1}{T_s}\ln(-p_j)$,则式(8.52)可写为

$$c_j(nT_s) = K_j e^{anT_s} \tag{8.53}$$

所以,当 $-p_j$ 为正实数时,正实轴上的闭环极点对应指数规律变化的动态过程形式。

当 $-p_j > 1$ 时,闭环单极点位于 z 平面上单位圆外的正实轴上,有 $a>0$,故动态响应 $c_j(nT_s)$ 是按指数规律单调发散的脉冲序列,且 $-p_j$ 值越大,发散越快。

当 $-p_j = 1$ 时,闭环单极点位于右半 z 平面上的单位圆周上,有 $a=0$,故动态响应为 $c_j(nT_s)$ 是一串等幅脉冲序列。

当 $0 < -p_j < 1$ 时,闭环单极点位于 z 平面上单位圆内的正实轴上,有 $a<0$,故动态响应 $c_j(nT_s)$ 是按指数规律单调收敛的脉冲序列,且 $-p_j$ 越接近原点,$|a|$ 越大,$c_j(nT_s)$ 收敛越快。

(2) 负实轴上的闭环单极点

设 $-p_j$ 为负实数,由式(8.52)可见,当 n 为奇数时 $(-p_j)^n$ 为负,当 n 为偶数时 $(-p_j)^n$ 为正。因此,负实数极点对应的动态响应 $c_j(nT_s)$ 是正负交替的双向脉冲序列。

当 $-p_j < -1$ 时,闭环单极点位于 z 平面单位圆外的负实轴上,则 $c_j(nT_s)$ 为正负交替的振荡发散脉冲序列。

当 $-p_j = -1$ 时,闭环单极点位于左半 z 平面的单位圆周上,则 $c_j(nT_s)$ 为正负交替的等幅脉冲序列。

当 $-1 < -p_j < 0$ 时,闭环单极点位于 z 平面上单位圆内的负实轴上,则 $c_j(nT_s)$ 为正负交替的振荡收敛脉冲序列,且 $-p_j$ 离原点越近,$c_j(nT_s)$ 收敛越快。

闭环实极点分布与瞬态分量的关系如图 8.36 所示。由图 8.36 可见:

若闭环实数极点位于右半 z 平面,则输出动态响应形式为单向正脉冲序列。实极点位于单位圆内,脉冲序列收敛,且实极点越接近原点,收敛越快;实极点位于单位圆上,脉冲序列等幅变化;实极点位于单位圆外,脉冲序列发散。

若闭环实数极点位于左半 z 平面,则输出动态响应形式为双向交替脉冲序列。实极点位于单位圆内,双向脉冲序列收敛;实极点位于单位圆上,双向脉冲序列等幅变化;实极点位于单位圆外,双向脉冲序列发散。

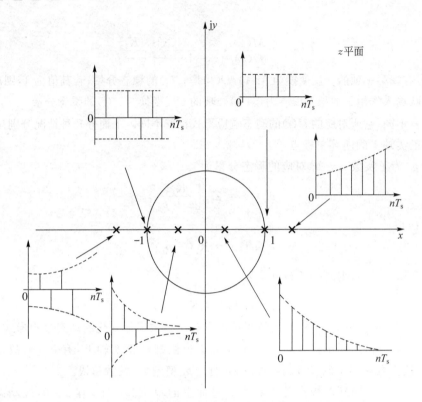

图 8.36　闭环实极点分布与瞬态分量的关系

（3）z 平面上的闭环共轭复数极点

设 $-p_j$ 和 $-\bar{p}_j$ 为一对共轭复数极点，其表达式为

$$-p_j, -\bar{p}_j = |-p_j| \, e^{\pm j\theta_j} \tag{8.54}$$

其中 θ_j 为共轭复数极点 $-p_j$ 的相角，从 z 平面上的正实轴算起，逆时针为正。由式(8.51)可知，一对共轭复极点所对应的瞬态分量为

$$c_{j,j}^*(t) = Z^{-1}\left[\frac{K_j}{z+p_j} + \frac{\bar{K}_j}{z+\bar{p}_j}\right]$$

对上式求 z 反变换，可得

$$c_{j,j}(nT_s) = K_j(-p_j)^n + \bar{K}_j(-\bar{p}_j)^n \tag{8.55}$$

由于 $\Phi(z)$ 的分子多项式与分母多项式的系数均为实数，故 K_j 和 $\bar{K}_j$ 也必为共轭复数，令

$$K_j = |K_j| \, e^{j\varphi_j}, \quad \bar{K}_j = |K_j| \, e^{-j\varphi_j} \tag{8.56}$$

并将式(8.54)和式(8.56)代入式(8.55)，根据欧拉公式可得

$$\begin{aligned}
c_{j,j}(nT_s) &= |K_j| e^{j\varphi_j} |-p_j|^n e^{jn\theta_j} + |K_j| e^{-j\varphi_j} |-p_j|^n e^{-jn\theta_j}\\
&= |K_j||-p_j|^n[e^{j(n\theta_j+\varphi_j)} + e^{-j(n\theta_j+\varphi_j)}] = 2|K_j||-p_j|^n \cos(n\theta_j+\varphi_j)\\
&= 2|K_j||-p_j|^n \cos(\omega_j nT_s + \varphi_j)
\end{aligned} \tag{8.57}$$

其中，$\omega_j = \dfrac{\theta_j}{T_s}, 0<\theta_j<\pi$。

由式(8.57)可见，一对共轭复数极点对应的瞬态分量 $c_{j,j}(nT_s)$ 按振荡规律变化，振荡的角频率为 ω_j。在 z 平面上，共轭复数极点的位置越左，θ_j 则越大，$c_{j,j}(nT_s)$ 振荡的角频率

ω_j 也就越高。

当 $|-p_j|>1$ 时,闭环复数极点位于 z 平面上的单位圆外,有 $a>0$,故动态响应 $c_{j,j}(nT_s)$ 为振荡发散脉冲序列。

当 $|-p_j|=1$ 时,闭环复数极点位于 z 平面上的单位圆上,有 $a=0$,故动态响应 $c_{j,j}(nT_s)$ 为等幅振荡脉冲序列。

当 $|-p_j|<1$ 时,闭环复数极点位于 z 平面上的单位圆内,有 $a<0$,故动态响应 $c_{j,j}(nT_s)$ 为振荡收敛脉冲序列,且 $|-p_j|$ 越小,即复极点越靠近原点,振荡收敛得越快。

闭环共轭复数极点分布与瞬态分量的关系如图 8.37 所示。由图 8.37 可见:位于 z 平面上单位圆内的共轭复数极点,对应输出动态响应的形式为振荡收敛脉冲序列,但复极点位于左半单位圆内所对应的振荡频率,要高于右半单位圆内的情况。

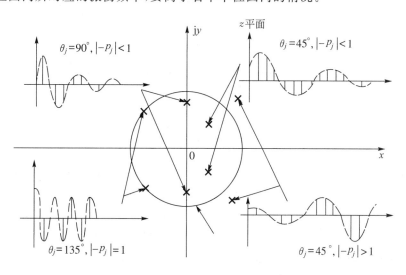

图 8.37　闭环复极点分布与瞬态分量的关系

综上所述,闭环脉冲传递函数极点在单位圆内,对应的瞬态分量均为收敛的,故系统是稳定的。当闭环极点位于单位圆上或单位圆外,对应的瞬态分量均不收敛,产生持续等幅脉冲或发散脉冲,系统不稳定。为了使离散系统具有较满意的动态过程,极点应尽量避免在左半圆内,尤其不要靠近负实轴,以免产生较强烈的振荡。闭环极点最好分布在 z 平面的右半单位圆内,尤其理想的是分布在靠近原点的地方。这样系统反应迅速,过渡过程进行较快。

8.8　离散系统的数字校正

同连续系统一样,为使系统性能达到满意的要求,在离散系统中也可以用串联、并联、局部反馈和复合校正的方式来实现对系统的校正。由于离散系统中连续部分和离散部分并存,有连续信号也有断续信号,所以校正方式有两种类型。

1. 增加连续校正装置

如图 8.38 所示,离散系统用连续校正装置 $G_c(s)$ 与系统连续部分相串联,用来改变连续部分的特性,以达到满意的要求。

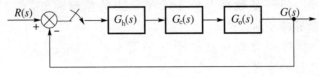

图 8.38　连续校正

2. 增加断续校正装置

应用断续校正装置改变采样信号的变化规律,以达到系统的要求,如图 8.39 所示离散系统,校正装置通过采样器与连续部分串接,通常断续校正装置可以是脉冲网络或数字控制器。

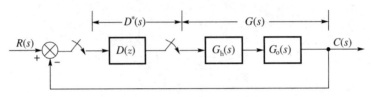

图 8.39　断续校正

关于校正的方法,即如何确定校正装置 $G_c(s)$ 或 $D(z)$,一般也分为两种方式。一种是与连续系统校正类似的方法,通过频率法、根轨迹法来设计校正装置;另一种是直接数字设计法,它是根据离散系统的特点,利用离散控制理论直接设计数字控制器。由于直接数字法比较简单,设计出数字控制器可以实现比较复杂的控制规律,因此更具一般性。

本节主要介绍直接数字设计法,研究数字控制器的脉冲传递函数,最少拍控制系统及设计方法,以及数字控制器的确定与实现等问题。

8.8.1　数字控制器的脉冲传递函数

1. 脉冲传递函数 D(z)的求法

设离散系统如图 8.40 所示。图中,$D(z)$ 为数字控制器(数字校正装置)的脉冲传递函数,$G(s)$ 为保持器与被控对象的传递函数,$H(s)$ 为反馈测量装置的传递函数。

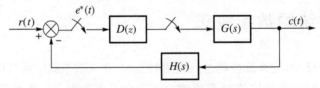

图 8.40　具有数字控制器的离散系统

设 $H(s)=1$,$G(s)$ 的 z 变换为 $G(z)$,由图 8.40 可以求出系统的闭环脉冲传递函数

$$\Phi(z) = \frac{C(z)}{R(z)} = \frac{D(z)G(z)}{1+D(z)G(z)} \tag{8.58}$$

以及偏差脉冲传递函数为

$$\Phi_E(z) = \frac{E(z)}{R(z)} = \frac{1}{1+D(z)G(z)} \tag{8.59}$$

则由式(8.58)和式(8.59)可以分别求出数字控制器的脉冲传递函数为

$$D(z) = \frac{\Phi(z)}{G(z)\big[1-\Phi(z)\big]} \tag{8.60}$$

或者

$$D(z) = \frac{1-\Phi_E(z)}{G(z)\Phi_E(z)} \tag{8.61}$$

显然

$$\Phi_E(z) = 1-\Phi(z) \tag{8.62}$$

　　离散系统的数字校正问题是：根据对离散系统性能指标的要求，确定闭环脉冲传递函数 $\Phi(z)$ 或偏差脉冲传递函数 $\Phi_E(z)$，然后利用式(8.60)或式(8.61)确定数字控制器的脉冲传递函数 $D(z)$，并加以实现。

2. D(z)的稳定性及其实现

　　以上设计出的数字控制器只是理论上的结果，而具有实用价值的 $D(z)$ 必须满足两个条件，由下面的例题说明。

　　例 8.36　设图 8.40 所示的离散系统中，数字控制器 $D(z)$ 是一个积分控制器，用以完成积分运算规律。试写出积分控制器的脉冲传递函数及差分方程，并分析其稳定性与物理可实现性。

　　解　积分控制器的等效结构图如图 8.41 所示，则

$$D(z) = \frac{U(z)}{E(z)} = Z\left[\frac{b_0}{s}\right] = \frac{b_0 z}{z-1}$$

上式可以写成

$$U(z) = b_0 E(z) + z^{-1}U(z)$$

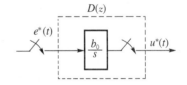

图 8.41　积分控制器的结构图

差分方程为

$$u(nT_s) = b_0 e(nT_s) + u\big[(n-1)T_s\big] \quad n = 0,1,2,\cdots$$

或

$$u(n) = b_0 e(n) + u(n-1)$$

　　上式表明，根据当前时刻的输入信号采样值和过去时刻输出采样值，可以计算出当前时刻控制器的输出值。因此，通过计算机的存储单元，将每一采样时刻出现的输入 e 和计算结果 u 都送入存储单元，利用递推公式就可以实现下一采样时刻的计算。当输入 $e(t) = 1(t)$ 时，积分控制器的采样输出规律如图 8.42 所示。

　　由上式分析可知，只要递推关系中所需要的原始数据是可以得到的，计算就具有物理可实现性。本例差分方程递推式中，等式右端各项为原始计算数据项。$D(z)$ 的极点数 $l=1$，大于零点数 $r=0$，差分方程右端对应的 z 变换式都具有 z 的零次或负幂次的形式。这表示各项均为当前的或过去的数据项，是能够得到的。否则，出现正幂次，则要求数字控制器有超前输出，具有预测性，物理上是不可能实现的。

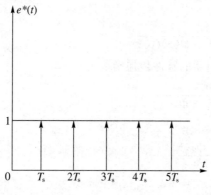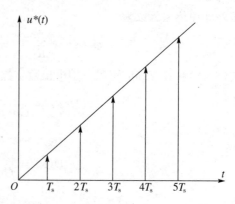

图 8.42　积分控制器的输入、输出

数字控制器可以完成的运算远远比模拟控制器复杂,一般情况下,其运算规律可以用差分方程来表示

$$a_0 u(nT_s) + a_1 u(nT_s - T_s) + a_1 u(nT_s - 2T_s) + \cdots + a_l u(nT_s - lT_s)$$
$$= b_0 e(nT_s) + b_1 e(nT_s - T_s) + b_1 e(nT_s - 2T_s) + \cdots + b_r e(nT_s - rT_s) \quad (8.63)$$

脉冲传递函数为

$$D(z) = \frac{U(z)}{E(z)} = \frac{b_0 + b_1 z^{-1} + b_2 z^{-2} + \cdots + b_r z^{-r}}{a_0 + a_1 z^{-1} + a_2 z^{-2} + \cdots + a_l z^{-l}} \quad (8.64)$$

若 $a_0 \neq 0$,则说明上式分子、分母最高次幂相等。若 $l \geqslant r$,此时式(8.64)可写成

$$D(z) = \frac{U(z)}{E(z)} = \frac{b_0 z^l + b_1 z^{l-1} + b_2 z^{l-2} + \cdots + b_r z^{l-r}}{a_0 z^l + a_1 z^{l-1} + a_2 z^{l-2} + \cdots + a_l}$$

应用长除法,则上式可展开成如下形式

$$D(z) = d_0 + d_1 z^{-1} + d_2 z^{-2} + \cdots = \sum_{n=0}^{\infty} d_n z^{-n} \quad (8.65)$$

在此 n 是从零开始的,没有负项,则 $D(z)$ 中没有 z 的正幂次项,数字控制器的脉冲响应函数是

$$g^*(t) = d_0 \delta(t) + d_1 \delta(t - T_s) + d_2 \delta(t - 2T_s) + \cdots \quad (8.66)$$

上式说明,$t < 0$ 时,$g^*(t) = 0$。也就是说,尚未加输入信号时,数字控制器没有输出,因此当 $l \geqslant r$ 时,$a_0 \neq 0$,$D(z)$ 是可以实现的。

通常令 $a_0 = 1$,则将式(8.63)改写为

$$u(nT_s) = b_0 e(nT_s) + \sum_{i=1}^{r} b_i e[(n-i)T_s] - \sum_{j=1}^{l} b_j u[(n-j)T_s] \quad (8.67)$$

该结果说明,当 $l \geqslant r$ 时,当前时刻的输出信号只与当前时刻输入及过去时刻输入、输出采样值有关,因此 $D(z)$ 是能够实现的。

此外,数字校正装置 $D(z)$ 还必须是稳定性的,要求 $D^*(s)$ 的极点均位于 s 左半平面,或者 $D(z)$ 的极点均位于单位圆内。但特殊点 $s = 0$,对应 $z = 1$,其瞬态分量采样值是恒值,此时 $D(z)$ 是临界稳定的。由于积分运算本身具有累积和记忆功能,作为控制器可以提高系统的无差型号,改善系统的稳态性能,虽然对闭环稳定性有一定的影响,设计时只要合理选择参数即可。

从而可以得出 $D(z)$ 物理可实现的条件是:

（1）$D(z)$是稳定的，极点均在z平面单位圆内。

（2）$D(z)$是可实现的，极点数l要大于或等于零点数r。

8.8.2　最少拍系统设计

1. 最少拍系统的概念

最少拍系统属于离散系统独具的一种特性，因为连续系统的过渡过程从理论上讲只有当$t \to \infty$才能真正结束，而离散系统却有可能在有限的时间内完成，从而实现时间最佳控制系统。

（1）稳定度

所谓系统的稳定度是指系统的相对稳定性，按照s平面与z平面的映射关系：

$$s = -\sigma \pm j\omega$$
$$z = e^{T_s s} = e^{T_s(-\sigma \pm j\omega)} = e^{-\sigma T_s} \cdot e^{\pm j\omega T_s}$$

则s平面上虚轴左边的等σ线，映射为z平面上单位圆内的半径为$e^{-\sigma T_s}$的圆，若离散系统是稳定的且s平面上的极点均在等σ线左边，则映射在z平面上均在半径为$e^{-\sigma T_s}$的圆内，称该系统的稳定度为σ，如图8.43所示。

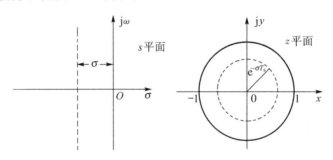

图 8.43　稳定度的表示

σ值越大，极点在左半s平面离虚轴越远，稳定度越高。这时，在z平面上的极点离原点越近。若极点在左半s平面离虚轴无穷远，则在z平面上极点集中在原点处。即

$$\sigma \to \infty, \quad z = 0$$

就称该系统具有无穷大稳定度。

由以上分析可得如下结论：若离散系统脉冲传递函数的极点全部在z平面的原点（即z特征方程的根全部为零），则系统具有无穷大稳定度。

（2）最少拍系统的时间最优概念

在采样过程中，通常把一个采样周期称为一拍。所谓最少拍系统，是指在典型输入作用下，能够以有限拍结束响应过程，且在采样时刻上无稳态误差的离散系统。

可以证明，具有无穷大稳定度的离散系统，是瞬态过程最快的系统，也就是时间最优的最少拍系统。

设离散系统闭环特征方程为

$$a_0 z^n + a_1 z^{n-1} + \cdots + a_{n-1} z + a_n = 0$$

当所有的极点均在原点时,则要求

$$a_1 = a_2 = \cdots = a_{n-1} = a_n = 0 \tag{8.68}$$

特征方程变为

$$a_0 z^n = 0$$

假如系统的闭环脉冲传递函数为

$$\Phi(z) = \frac{b_0 z^m + b_1 z^{m-1} + b_2 z^{m-2} + \cdots + b_m}{a_0 z^n + a_1 z^{n-1} + a_2 z^{n-2} + \cdots + a_n}, \quad m \leqslant n$$

当满足式(8.68)时,上式可以写成

$$\Phi(z) = \frac{b_0 z^m + b_1 z^{m-1} + b_2 z^{m-2} + \cdots + b_m}{a_0 z^n} \tag{8.69}$$

利用长除法,上式可写为

$$\Phi(z) = d_0 + d_1 z^{-1} + d_2 z^{-2} + \cdots + d_n z^{-n}$$

当 $m=n-1$ 时,有 $d_0=0$;当 $m=n-2$ 时,有 $d_0=d_1=0$;其余以此类推。上式的 z 反变换,就是系统的脉冲响应

$$g^*(t) = d_0 \delta(t) + d_1 \delta(t - T_s) + d_2 \delta(t - 2T_s) + \cdots + d_n \delta(t - nT_s) \tag{8.70}$$

具有有限个脉冲。由此可见,具有无穷大稳定度的离散系统,在单位脉冲作用下,其瞬态过程在有限的时间 nT_s 内结束。

这里,n 为脉冲传递函数的极点个数,若无零、极点对消,n 也就是系统的阶次。可见,具有无穷大稳定度的系统阶次,直接决定了过渡过程的节拍。

2. 最少拍系统的设计

最少拍系统的设计,是针对典型输入作用进行的。常见的典型输入,有单位阶跃函数、单位速度函数和单位加速度函数,其 z 变换分别为

$$Z[1(t)] = \frac{z}{z-1} = \frac{1}{1 - z^{-1}}$$

$$Z[t] = \frac{T_s z}{(z-1)^2} = \frac{T_s z^{-1}}{(1 - z^{-1})^2}$$

$$Z\left[\frac{1}{2} t^2\right] = \frac{T_s^2 z(z+1)}{2(z-1)^3} = \frac{\frac{1}{2} T_s^2 z^{-1}(1 + z^{-1})}{(1 - z^{-1})^3}$$

因此,典型输入可以表示为一般形式

$$R(z) = \frac{A(z)}{(1 - z^{-1})^m}$$

其中,$A(z)$ 是不含 $(1-z^{-1})$ 因子的 z^{-1} 多项式。

最少拍系统的设计原则是,若系统广义被控对象 $G(z)$ 无延迟且在 z 平面单位圆上及单位圆外无零、极点,要求选择闭环脉冲传递函数 $\Phi(z)$,使系统在典型输入作用下,经最少采样周期后能使输出序列在各采样时刻的稳态误差为零,达到完全跟踪的目的,从而确定所需要的数字控制器的脉冲传递函数 $D(z)$。

根据以上设计原则,需要求出稳态误差 $e(\infty)$ 的表达式。由于偏差信号 $e(t)$ 的 z 变换为

$$E(z) = \Phi_{E}(z)R(z) = \frac{\Phi_{E}(z)A(z)}{(1-z^{-1})^{m}} \qquad (8.71)$$

由 z 变换定义,上式可写为

$$E(z) = \sum_{n=0}^{\infty} e(nT_{s})z^{-n} = e(0) + e(T_{s})z^{-1} + e(2T_{s})z^{-2} + \cdots$$

最少拍系统要求上式自某个 k 开始,在 $n \geqslant k$ 时,有 $e(kT_{s}) = e[(k+1)T_{s}] = e[(k+2)T_{s}] = \cdots = 0$,此时系统的动态过程在 $t = kT_{s}$ 时结束,其调节时间 $t_{s} = kT_{s}$。

根据 z 变换的终值定理,离散系统的稳态误差为

$$e(\infty) = \lim_{z \to 1}(1-z^{-1})E(z) = \lim_{z \to 1}(1-z^{-1})\frac{A(z)}{(1-z^{-1})^{m}}\Phi_{E}(z)$$

上式表明,使 $e(\infty)$ 为零的条件是 $\Phi_{E}(z)$ 中包含有 $(1-z^{-1})^{m}$ 的因子,即

$$\Phi_{E}(z) = (1-z^{-1})^{m}F(z) \qquad (8.72)$$

式中,$F(z)$ 为不含 $(1-z^{-1})$ 因子的多项式。为了使求出的 $D(z)$ 阶数最低,可取 $F(z)=1$。由式(8.62)及式(8.69)可知,取 $F(z)=1$ 的意义是使 $\Phi(z)$ 的全部极点均位于 z 平面的原点。

下面讨论最少拍系统在不同典型输入作用下,数字控制器脉冲传递函数 $D(z)$ 的确定方法。

(1) 单位阶跃输入

由于 $r(t)=1(t)$ 时,有 $m=1$,$A(z)=1$,故由式(8.72)及式(8.62)可得

$$\Phi_{E}(z) = 1-z^{-1}, \quad \Phi(z) = z^{-1}$$

于是,根据式(8.60)求出

$$D(z) = \frac{z^{-1}}{(1-z^{-1})G(z)}$$

由式(8.71)知

$$E(z) = \frac{A(z)}{(1-z^{-1})^{m}}\Phi_{E}(z) = 1$$

表明:$e(0)=1$,$e(T_{s})=e(2T_{s})=\cdots=0$。可见,最少拍系统经过一拍便可完全跟踪输入 $r(t)=1(t)$,如图 8.44 所示。这样的离散系统称为一拍系统,其调节时间 $t_{s}=T_{s}$。

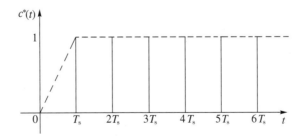

图 8.44 最少拍系统的单位阶跃响应序列

(2) 单位斜坡输入

由于 $r(t)=t$ 时,有 $m=2$,$A(z)=T_{s}z^{-1}$,故由式(8.72)及式(8.62)可得

$$\Phi_{E}(z) = (1-z^{-1})^{m}F(z) = (1-z^{-1})^{2}$$

$$\Phi(z) = 1 - \Phi_{\mathrm{E}}(z) = 2z^{-1} - z^{-2}$$

于是,根据式(8.60)求出

$$D(z) = \frac{\Phi(z)}{G(z)\Phi_{\mathrm{E}}(z)} = \frac{z^{-1}(2 - z^{-1})}{(1 - z^{-1})^2 G(z)}$$

由式(8.71)知

$$E(z) = \frac{A(z)}{(1 - z^{-1})^m}\Phi_{\mathrm{E}}(z) = T_s z^{-1}$$

于是有:$e(0)=0, e(T_s)=T_s, e(2T_s)=e(3T_s)=\cdots=0$。

按上节介绍的方法,可以求得输出响应序列的 z 变换为

$$\begin{aligned} C(z) &= \Phi(z)R(z) = (2z^{-1} - z^{-2})\frac{T_s z^{-1}}{(1 - z^{-1})^2} \\ &= 2T_s z^{-2} + 3T_s z^{-3} + \cdots + nT_s z^{-n} + \cdots \end{aligned}$$

根据 z 变换定义,得到最少拍系统在单位斜坡作用下的输出序列 $c(nT_s)$ 为

$$c(0) = c(T_s) = 0,\quad c(2T_s) = 2T_s,\quad c(3T_s) = 3T_s,\cdots,\quad c(nT_s) = nT_s,\cdots$$

可见,最少拍系统经过二拍便可完全跟踪输入 $r(t)=t$,如图 8.45 所示。这样的离散系统称为二拍系统,其调节时间 $t_s=2T_s$。

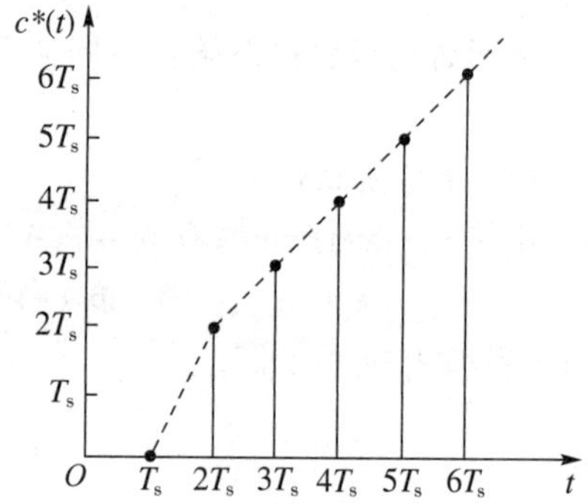

图 8.45 最少拍系统的单位斜坡响应序列

(3) 单位加速度输入

由于 $r(t) = \frac{1}{2}t^2$ 时,有 $m = 3$,$A(z) = \frac{1}{2}T_s^2 z^{-1}(1+z^{-1})$,故由式(8.72)及式(8.62)可得

$$\Phi_{\mathrm{E}}(z) = (1 - z^{-1})^m F(z) = (1 - z^{-1})^3$$

$$\Phi(z) = 1 - \Phi_{\mathrm{E}}(z) = 3z^{-1} - 3z^{-2} + z^{-3}$$

于是,根据式(8.60)求出

$$D(z) = \frac{\Phi(z)}{G(z)\Phi_{\mathrm{E}}(z)} = \frac{z^{-1}(3 - 3z^{-1} + z^{-2})}{(1 - z^{-1})^3 G(z)}$$

由式(8.71)知

$$E(z) = \frac{A(z)}{(1 - z^{-1})^m}\Phi_{\mathrm{E}}(z) = \frac{1}{2}T_s^2 z^{-1} + \frac{1}{2}T_s^2 z^{-2}$$

输出脉冲序列的 z 变换为

$$C(z) = \Phi(z)R(z) = \frac{3}{2}T_s^2 z^{-2} + \frac{9}{2}T_s^2 z^{-3} + \cdots + \frac{n^2}{2}T_s^2 z^{-n} + \cdots$$

于是有

$$e(0) = 0,\quad e(T_s) = \frac{1}{2}T_s^2,\quad e(2T_s) = \frac{1}{2}T_s^2,\quad e(3T_s) = e(4T_s) = \cdots = 0$$

$$c(0) = c(T_s) = 0,\quad c(2T_s) = 1.5T_s^2,\quad c(3T_s) = 4.5T_s^2,\cdots$$

可见,最少拍系统经过三拍便可完全跟踪输入 $r(t)=\frac{1}{2}t^2$。图 8.46 所示为最少拍系统的单位加速度响应序列。这样的离散系统称为三拍系统,其调节时间 $t_s=3T_s$。

例 8.37 设图 8.46 所示的单位负反馈线性定常离散系统的连续部分和零阶保持器的传递函数分别为

$$G_p(s) = \frac{10}{s(s+1)}$$

$$G_h(s) = \frac{1 - e^{-T_s s}}{s}$$

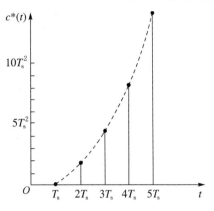

图 8.46 最少拍系统的单位加速度响应序列

其中采样周期为 $T_s = 1s$。若要求系统在单位斜坡输入时最少拍控制,试求数字控制器脉冲传递函数 $D(z)$。

解 系统的开环传递函数

$$G(s) = G_p(s)G_h(s) = \frac{10(1 - e^{-T_s s})}{s^2(s+1)}$$

由于

$$Z\left[\frac{(1 - e^{-T_s s})}{s^2(s+1)}\right] = \frac{T_s z}{(z-1)^2} - \frac{(1 - e^{T_s})z}{(z-1)(z - e^{-T_s})}$$

故有

$$G(z) = 10(1 - z^{-1})\left[\frac{T_s z}{(z-1)^2} - \frac{(1 - e^{T_s})z}{(z-1)(z - e^{-T_s})}\right]$$

$$= \frac{3.68z^{-1}(1 + 0.717z^{-1})}{(1 - z^{-1})(1 - 0.368z^{-1})}$$

根据 $r(t) = t$,可以得到最少拍系统应具有的闭环脉冲传递函数和偏差脉冲传递函数为

$$\Phi(z) = 1 - \Phi_E(z) = 2z^{-1} - z^{-2}$$

$$\Phi_E(z) = (1 - z^{-1})^2$$

由式(8.60)可见,$\Phi_E(z)$ 的零点 $z = 1$ 正好可以补偿 $G(z)$ 在单位圆中的极点 $z = 1$;$\Phi(z)$ 包含了 $G(z)$ 的传递函数延迟 z^{-1}。因此,上述 $\Phi(z)$ 和 $\Phi_E(z)$ 满足对消 $G(z)$ 中传递延迟 z^{-1} 及补偿 $G(z)$ 在单位圆上极点 $z = 1$ 的限制性要求,故按式(8.60)算出的 $D(z)$,可以确保给定系统成为在 $r(t) = t$ 作用下的最少拍系统。

根据给定的 $G(z)$ 和 $\Phi(z)$、$\Phi_E(z)$,可以求得

$$D(z) = \frac{\Phi(z)}{G(z)\Phi_E(z)} = \frac{0.543(1 - 0.368z^{-1})(1 - 0.5z^{-1})}{(1 - z^{-1})(1 + 0.717z^{-1})}$$

最少拍系统设计方法比较简便,系统结构也比较简单,是一种时间最优系统。但在实际应用中存在一定的局限性,首先,最少拍系统对于不同输入信号的适应性较差,其次,最少拍系统对参数的变化也比较敏感,当系统参数受各种因素的影响发生变化时,会导致瞬态响应时间的延长。

另外,上述最少拍系统只能保证在采样点无稳态误差,而在采样点之间系统的输出可能会出现波动(与输入信号比较),因而这种系统称为有纹波系统。纹波的存在会增加系统的机械磨损和功耗,这当然是不希望的,适当增加瞬态响应时间,可以实现有限拍无纹波离散系统的设计。

8.9 MATLAB 在离散控制系统中的应用

利用理论方法对离散系统进行分析与设计是比较复杂的,特别是高阶离散系统的稳定性判别与动态性能的估算。利用 MATLAB 可以通过闭环特征方程直接求出闭环极点或绘制出闭环零、极点图来判断稳定性,不必再运用劳斯判据(双线性变换)间接判断。也可以直

接绘制系统的响应曲线,并求出每个采样时刻系统的输出。更可以通过响应曲线直观比较系统校正前后的性能与相关指标,以设计出具有满意性能的离散系统。

8.9.1 利用 Toolbox 工具箱分析离散系统

由 MATLAB 语言的符号数学工具,z 变换与 z 反变换可以由函数 ztrans 和 iztrans 求解。

例 8.38 求解时间函数 $f(t)=10\mathrm{e}^{-5t}-10\mathrm{e}^{-10t}$ 的 z 变换。

解 有关指令如下,既可以在命令窗逐行编译,也可编辑为独立 M 文件。

```
syms t;
ft = 10 * exp(−5 * t)−10 * exp(−10 * t);
Fz=ztrans(ft)
Fz =
10 * z * (−exp(−10)+exp(−5))/(z−exp(−5))/(z−exp(−10))      %采样周期假定为1s
```

例 8.39 求解 $F(z)=\dfrac{2z}{(z-2)^2}$ 的 z 反变换。

解

```
syms z;
Fz = 2 * z/(z−2)^2;
ft=iztrans(Fz)
ft =
2^n * n
```

例 8.40 某离散系统结构图如图 8.47 所示,已知离散开环脉冲传递函数为

$$G(z) = \frac{0.632}{z^2 - 1.368z + 0.568}$$

要求绘制系统的开环奈奎斯特图、开环伯德图,判断闭环系统的稳定性,并由闭环系统的单位阶跃响应及闭环零、极点分布验证。

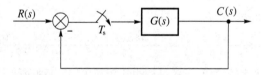

图 8.47 例 8.40 离散控制系统结构图

解 该系统的闭环脉冲传递函数为

$$\Phi(z) = \frac{G(z)}{1+G(z)}$$

有关指令如下:

```
numq=[0.632];                  %G(z)的分子多项式
denq=[1,−1.368,0.568];         %G(z)的分母多项式
figure(1)
dnyquist(numq,denq,0.1)        %绘制离散系统的开环奈奎斯特图
title('discrete nyquist plot')
figure(2)
dbode(numq,denq,0.1)           %绘制离散系统的开环伯德图
```

```
title('discrete bode response')
figure(3)
numf＝[1];                                    %反馈环节的分子多项式
denf＝[1];                                    %反馈环节的分母多项式
[numb,denb]＝feedback(numq,denq,numf,denf)   %求闭环系统传递函数模型
dstep(numb,denb)                             %求闭环系统的单位脉冲响应曲线
title('discrete step response')
[z,p,k]＝tf2zp(numb,denb)                     %求闭环零、极点
figure(4)
zplane(z,p)                                  %绘制闭环零、极点图
title('discrete pole－zero map')
```

命令窗输出为：

```
z =
    Empty matrix：0－by－1                     %无闭环零点
p =
    0.6840 ＋ 0.8557i                         %MATLAB 约定 i 为永久变量,为虚数单位,i＝√(-1)
    0.6840 － 0.8557i
k =
    0.6320
```

输出图形如图 8.48 和图 8.49 所示。可见,当 ω 由 $-\infty \to +\infty$,奈奎斯特曲线按照顺时针方向包围 $(-1, j0)$ 点两圈,两个闭环极点 $(0.6840 \pm 0.8557i)$ 都位于单位圆外,说明闭环系统不稳定,单位阶跃响应曲线为发散曲线。

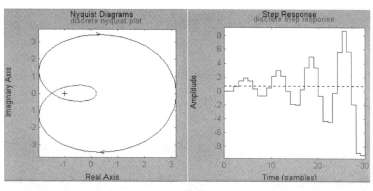

图 8.48　例 8.40 离散系统的开环奈奎斯特曲线和闭环单位阶跃响应曲线

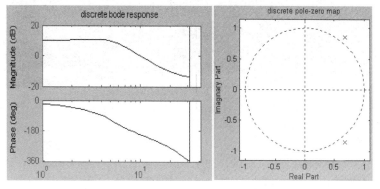

图 8.49　例 8.40 离散系统的开环伯德图与闭环零、极点分布图

8.9.2 利用 Simulink 分析离散系统

例 8.41 求图 8.50 所示离散控制系统的单位阶跃响应的峰值时间与最大超调量。

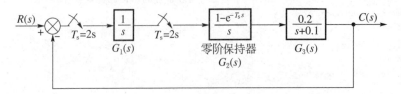

图 8.50　例 8.41 离散控制系统结构图

解 可以求得系统开环脉冲传递函数为

$$G(z) = G_1(z) \cdot G_2G_3(z) = \frac{z}{z-1} \cdot \frac{0.36}{z-0.82}$$

利用 Simulink 建立闭环离散系统的结构图,如图 8.51 所示。

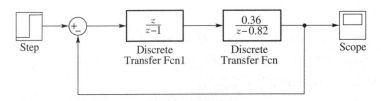

图 8.51　例 8.41 闭环离散系统的 Simulink 结构图

设置相关参数,并将仿真时间设为 60s,启动仿真,示波器输出系统的单位阶跃响应曲线如图 8.52 所示,为衰减振荡。由图 8.52 可知,系统的最大超调量 $\sigma\% = (1.625-1) \times 100\% = 62.5\%$。最大峰值出现在第 4 个采样时刻,故峰值时间 $t_p = 4T_s = 8s$。由于系统有一个开环积分环节,故系统的稳态响应为 1,稳态误差为 0。

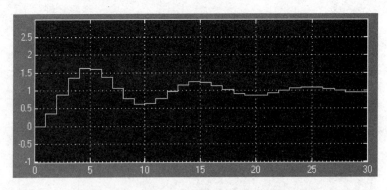

图 8.52　例 8.41 离散系统的单位阶跃响应曲线

从图 8.52 所示响应曲线可读出

$$C(z) = 0.36z^{-1} + 0.89z^{-2} + 1.36z^{-3} + 1.62z^{-4} + 1.61z^{-5} + 1.38z^{-6} + 1.06z^{-7} + \cdots$$

从而可求出每个采样时刻系统的输出。

例 8.42 某带零阶保持器的采样控制系统如图 8.53 所示,分析系统的单位阶跃响应性质。

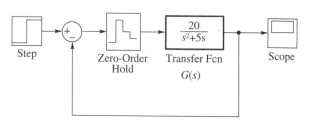

图 8.53　带零阶保持器的采样控制系统结构图

在 Simulink 中建立系统的结构图,设置相关参数,分别设零阶保持器的采样时间为 0.1s、0.6s、1s。启动仿真,示波器输出的系统单位阶跃响应曲线分别如图 8.54 所示。

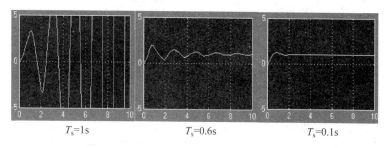

图 8.54　带零阶保持器的采样控制系统的单位阶跃响应曲线

从响应曲线可见,虽然二阶连续系统总是稳定的(包括临界稳定),但加入采样开关后,由于系统的闭环特征方程与采样周期有关,可能导致系统不稳定。采样周期越小,系统越接近于连续系统,稳定性越好。若保持采样周期不变,减小系统的开环放大系数,系统的稳定性也会改善。设置采样周期为 2s,将前向传递函数 $G(s)$ 的根轨迹增益 K_g 分别设为 1 和 10,系统响应曲线如图 8.55 所示。

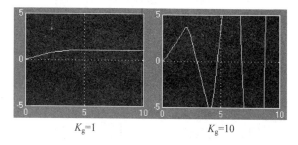

图 8.55　带零阶保持器的采样控制系统的单位阶跃响应曲线($T_s = 2s$)

习题

8.1　设时间函数的拉氏变换为 $X(s)$,采样周期 $T_s = 1s$,利用部分分式展开求对应时间函数的 z 变换 $X(z)$。

(1) $X(s) = \dfrac{(s+3)}{s(s+1)(s+2)}$　　　　(2) $X(s) = \dfrac{(s+1)(s+2)}{(s+3)(s+4)}$

(3) $X(s) = \dfrac{27}{(s+2)(s^2+4s+13)}$ (4) $X(s) = \dfrac{10}{s(s+2)(s^2+12s+61)}$

8.2 试分别用幂级数法、部分分式法和反演积分法求下列函数的 z 反变换。

(1) $X(z) = \dfrac{10z}{(z-1)(z-2)}$ (2) $X(z) = \dfrac{z(1-\mathrm{e}^{-T_s})}{(z-1)(z-\mathrm{e}^{-T_s})}$

8.3 求下列函数的初值和终值。

(1) $X(z) = \dfrac{z}{z-\mathrm{e}^{-1}} \cdot \dfrac{z}{z-0.5}$ (2) $X(z) = \dfrac{z^2}{(z-0.8)(z-0.1)^2}$

8.4 设 $T_s = 0.1\mathrm{s}$,对图 8.56 所示的结构图。求 $G(z) = \dfrac{C(z)}{R(z)}$。

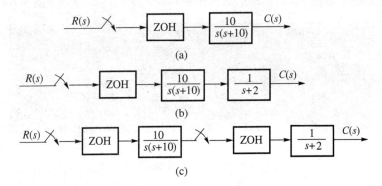

图 8.56 题 8.4 图

8.5 求图 8.57 所示各系统的 $C(z)/R(z)$。

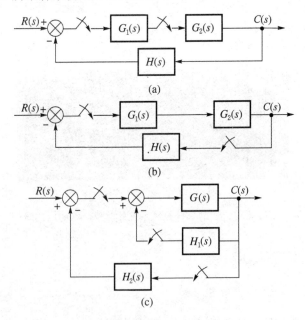

图 8.57 题 8.5 图

8.6 求图 8.58 所示各系统的 $C(z)$。

8.7 求图 8.59 所示系统的闭环脉冲传递函数 $C(z)/R(z)$。

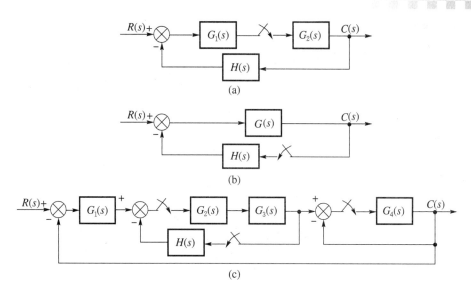

图 8.58 题 8.6 图

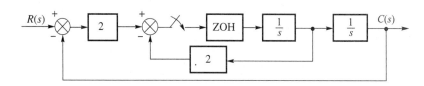

图 8.59 题 8.7 图

8.8 确定由下列特征方程表示的数字控制系统的稳定性。

(1) $z^3 + 5z^2 + 3z + 2 = 0$ (2) $z^4 + 9z^3 + 3z^2 + 9z + 1 = 0$

(3) $z^3 - 1.5z^2 - 2z + 3 = 0$ (4) $z^4 - 1.55z^3 + 0.5z^2 - 0.5z + 1 = 0$

(5) $z^4 - 2z^3 + z^2 - 2z + 1 = 0$

8.9 数字控制系统的特征方程为

$$z^3 + Kz^2 + 1.5Kz - (K+1) = 0$$

确定使系统稳定的 K 的范围。

8.10 数字控制系统如图 8.60 所示,确定使系统稳定的采样周期 T_s 的范围。

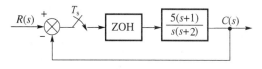

图 8.60 题 8.10 图

8.11 确定使图 8.61 所示系统稳定的 K 的范围。

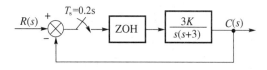

图 8.61 题 8.11 图

8.12   如图 8.62 所示的采样控制系统,要求在 $r(t)=t$ 作用下的稳态误差 $e(\infty)=$ $0.25T_s$,试确定放大系数 K 及系统稳定时 T_s 的取值范围。

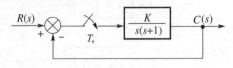

图 8.62   题 8.12 图

8.13   设离散系统如图 8.63 所示,其中采样周期 $T_s=1s$,试求当 $r(t)=a \cdot 1(t)+bt$ 时,系统无稳态误差、过渡过程在最少拍内结束的 $D(z)$。

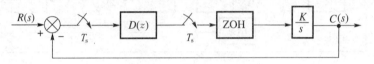

图 8.63   题 8.13 图

8.14   已知系统结构图如图 8.64 所示,试求开环脉冲传递函数、闭环脉冲传递函数及系统的单位阶跃响应 $c^*(t)$。

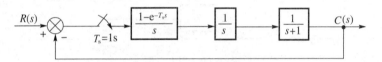

图 8.64   题 8.14 图

8.15   已知系统的差分方程、输入序列和初始状态如下,试用 z 域分析法求系统的完全响应 $y(n)$($n \geqslant 0$)。

(1) $y(n)-4y(n+1)+y(n+2)=0$,$y(0)=0$,$y(1)=1$

(2) $y(n)-0.5y(n-1)=f(n)-0.5f(n-1)$,$f(n)=1[n]$,$y(-1)=0$

(3) $y(n)-5y(n-1)+6y(n-2)=f(n)$,$f(n)=2.1[n]$,$y(-1)=3$,$y(-2)=2$

8.16   试由以下差分方程确定脉冲传递函数。

$$c(n+2)-(1+e^{-0.5T_s}) \cdot c(n+1)+e^{-0.5T_s}c(n) = (1-e^{-0.5T_s}) \cdot r(n+1)$$

MATLAB 实验

M8.1   利用 ztrans 和 iztrans 函数求解习题 8.1 和习题 8.2。

M8.2   利用相关函数求解习题 8.15。

M8.3   某二阶系统闭环脉冲传递函数为

$$\Phi(z) = \frac{3z^2-3z+1.5}{z^2-1.6z+0.8}$$

求其单位阶跃响应曲线。

M8.4   对闭环离散系统

$$\Phi(z) = \frac{2z^2 - 3.2z + 1.6}{z^2 - 1.6z + 0.9}$$

求其特征值、幅值、等效阻尼比、等效无阻尼自然振荡频率(提示,调用 ddamp 指令)。

M8.5 离散系统的开环脉冲传递函数为

$$G(z) = \frac{z^2 + z + 1.5}{z^2 - 0.8z + 0.6}$$

绘制开环伯德图(设 $T_s = 0.2\text{s}$)、根轨迹图与闭环零、极点图。

M8.6 已知离散系统结构如图 8.65 所示,利用 Simulink 建立动态结构图,试求 $T_s = 1\text{s}$ 及 $T_s = 0.5\text{s}$ 时,系统临界稳定时的 K 值,并讨论采样周期 T_s 对离散系统稳定性的影响。

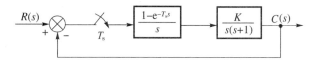

图 8.65 题 M8.6 图

附录 A

经典控制理论常用词汇中英文对照表

A

绝对值	absolute value	模拟信号	analog signal
有源网络	active network	相角条件	angle condition
加速度	acceleration	入射角	angle of arrival
作用信号	actuating signal	出射角	angle of departure
执行机构	actuator	渐近线	asymptote
调节	adjust	衰减	attenuation
幅值	amplitude	自动控制	automatic control
模拟计算机	analog computer	辅助方程	auxiliary equation

B

间隙,回环	backlash	伯德图	bode plot
带宽	bandwidth	分支,支路	branch
生物控制论	biocybernetics	旁路	by-pass
方框图,方块图,结构图	block diagram		

C

计算机辅助设计	CAD（computer aided design）	复合控制系统	combinational control system
		比较元件	comparing element
通道	channel	复合控制	compound control
特征方程	characteristic equation	校正,补偿	compensation
电路	circuit	复平面	complex plane
经典控制论	classical control theory	条件稳定	conditional stability
闭环控制系统	closed loop control system	等 M 圆	constant M loci

连续系统	continuous system	被控量	controlled variable
控制系统	control system	转折频率	corner frequency
恒值控制系统	control system of fixed set-point	判据	criterion
		临界阻尼	critical damping
被控对象	controlled plant	控制论	cybernetics

D

阻尼器	damper	偏差	deviation
阻尼系数	damping factor	微分方程	differential equation
阻尼比	damped ratio	数字计算机	digital computer
死区	dead zone	离散系统	discrete system
延迟环节	delay element	扰动,干扰	disturbance
分母	denominator	主导极点	domainal pole
微分控制	derivative control	动态方程	dynamic equation
行列式	determinant	动态过程	dynamic process

E

平衡状态	equilibrium state	元件	element
特征值	eigenvalue	误差	error
特征向量	eigenvector	误差系数	error coefficient

F

反馈	feedback	频率响应	frequency response
反馈控制	feedback control	前向通道	forward path
前馈	feedforward	频率	frequency
终值	final value	频域	frequency domain
一阶系统	first order system	函数	function
焦点	focus	模糊控制	fuzzy control
随动系统	follow-up control system	摩擦	friction

G

增益	gain	齿轮间隙	gear backlash
幅值裕量	gain margin	图解法	graphical method
幅值穿越	gain crossover		

H

保持器	holder	液压系统	hydraulic system
齐次方程	homogeneous equation	磁滞回环	hysteresis loop
赫尔维茨行列式	hurwitz determinant		

I

理想系统	idealized system	内环	inner loop
理想微分环节	ideal derivative element	输入	input
辨识	identification	积分控制	integral control
脉冲响应	impulse response	反变换	inverse transformation
固有特性	inherent characteristic	等倾斜法	isocline method
初始状态	initial state	迭代算法	iterative algorithm
初值定理	initial value theorem		

L

滞后网络	lag network	线性系统	linear system
超前网络	lead network	负载	load
滞后-超前网络	lag-lead network	轨迹	locus
极限环	limit cycle	对数幅值	log magnitude
线性化	linearization	低通特性	low pass characteristic

M

幅值条件	magnitude condition	最大超调量	maximum overshoot
幅相特性图	magnitude-versus-phase plot	最大动态降落	maximum dynamic drop
		现代控制理论	modern control theory
梅逊公式	mason rule	运动控制系统	motion control system
数学模型	mathematical model	最小相位系统	minimum phase system
手动控制	manual control	多项式(的)	multinomial
矩阵	matrix	多变量系统	multivariable system

N

自然频率	natural frequency	非线性控制系统	nonlinear control system
负反馈	negative feedback	分子	numerator
尼柯尔斯图线	nichols chart	奈奎斯特判据	nyquist criterion
噪声	noise		

O

开环	open loop	输出信号	output signal
振荡	oscillation	过阻尼	over damping
振荡环节	oscillating element	超调量	overshoot
输出	output		

P

参数	parameter	极点	pole
峰值时间	peak time	程序控制系统	programmed control system
性能指标	performance index		
相位滞后	phase lag	比例控制	proportional control
相位超前	phase lead	脉冲	pulse
相平面	phase plane	纯延迟	pure delay
相位穿越	phase crossover	位置误差	position error
过程控制	process control		

R

斜坡输入	ramp input	可靠性	reliability
速度反馈	rate feedback	谐振	resonance
实现	realization	响应	response
调节器	regulator	上升时间	rise time
参考输入量	reference variable	根轨迹	roots locus
继电器	relay	劳斯阵	routh array
相对稳定性	relative stability	劳斯判据	routh criterion

S

采样控制	sampling control	调节时间	setting time
采样频率	sampling frequency	信号流图	signal flow graph
采样周期	sampling period	稳定性	stability
饱和	saturation	稳态误差	steady-state error
灵敏度	sensitivity	阶跃信号	step signal
传感器	sensor	阶跃响应	step response
串联校正	series compensation	叠加	superposition
设定值	set value	系统	system

T

时间常数	time constant	轨迹	trajectory
时域	time domain	传递函数	transfer function
定常(时不变)系统	time-invariant system	瞬态响应	transient response
时变系统	time-varying system		

U

无阻尼自然频率	undamped natural frequency	单位阶跃信号	unit step signal
		单位反馈	unity feedback
欠阻尼	underdamping	不稳定的	unstable
单位圆	unit circle		

V

变量	variable	速度反馈	velocity feedback
向量	vector		

W

波形	waveform

Z

零点	zero	零状态响应	zero-state response
零输入响应	zero input response	z 传递函数	z transfer function
零阶保持器	zero-order holder	z 变换	z-transformation

附录 B 控制系统分析中的MATLAB常用函数

 B.1 控制系统工具箱常用函数(表 B.1)

表 B.1 常用函数

函 数 名	功 能
模型建立	
tf	建立控制系统的传递函数模型
zpk	建立控制系统的零、极点增益模型
ss	建立控制系统的状态空间模型
parallel	系统的并联连接
series	系统的串联连接
feedback	系统的反馈连接
ord2	产生二阶系统
augstate	将状态扩增到状态空间的输出中
append	两个状态空间系统的组合
cloop	状态空间系统的闭环形式
ssdelete	从状态空间系统中删除输入、输出、状态
ssselect	从大状态空间系统中选择一个子系统
connect,blkbuild	将方框图转换为状态空间模型
conv	多项式相乘
模型变换	
c2d,c2dt	将连续时间系统转换成离散时间系统
c2dm	连续状态空间模型变换成离散状态空间系统
d2c	将离散时间系统变换成连续时间系统
ss2tf	变系统状态空间形式为传递函数形式
ss2zp	变系统状态空间形式为零、极点形式
tf2ss	变系统传递函数形式为状态空间形式
tf2zp	变系统传递函数形式为零、极点形式
zp2tf	变系统零、极点形式为传递函数形式
zp2ss	变系统零、极点形式为状态空间形式

续表

函　数　名	功　　能
模型变换	
poly	代数根转化为多项式
residue	部分分式展开
模型简化	
minreal	最小实现性与零、极点对消
modred,dmodred *	模型降阶
模型实现	
ctrbf	级联式能控标准型
obsvf	级联式能观标准型
ss2ss	相似变换（线性非奇异变换）
模型特性	
ctrb	能控性矩阵
cbsv	能观性矩阵
gram,dgram *	求能控性和能观性对角线矩阵
dcgain,ddcgain *	计算系统的稳态增益
esort,dsort *	特征值排序
tzero	传递零点
damp	阻尼参数与自然频率
printsys	多项式系统模型显示
方程求解	
syms	定义变量
laplace	拉氏变换函数
ilaplace	拉氏反变换函数
ztrans	z 变换函数
iztrans	z 反变换函数
solve	求解代数方程
dsolve	求解微分方程
rsolve	求解离散时间序列的差分方程
时域响应	
step,dstep *	求单位阶跃响应
impulse,dimpulse *	求单位冲激响应
initial,dinitial *	求零输入响应
max	求最大值
频域响应	
bode,dbode *	求 Bode 频率响应曲线
nyquist,dnyquist *	求 Nyquist 频率响应曲线
nichols,dnichols *	求 Nichols 频率响应曲线
freqs	模拟滤波器的频域响应
freqz	数字滤波器的频域响应
margin	求幅值和相位裕量
ngrid	求尼柯尔斯方格图
根轨迹	
pzmap	绘制系统的零、极点图
rlocus	求系统根轨迹
rlocfind	计算根轨迹上给定点的增益
sgrid,zgrid *	在根轨迹或零、极点图中绘制阻尼比和自然频率栅格

注：带 * 的用于离散系统的分析。

B.2 常用绘图命令(表 B.2)

表 B.2 常用绘图命令

plot	线性坐标图	xlabel	X 轴标注
mesh	三维消隐图	ylabel	Y 轴标注
meshc	有等高线的三维消隐图	text	任意定位的标注
contour	等高线投影图	gtext	鼠标定位的标注
title	题头标注	grid	加网格线

MATLAB 具有强大的在线帮助功能。选择 MATLAB 工作窗的 HELP 菜单或直接在工作窗中输入 help 指令,都将调出 help 菜单。工具箱 Control Toolbox 提供了大量用于自动控制系统分析的函数,若想进一步了解某函数的使用规则与调用格式,可以在 help 后面直接输入函数名。如输入:

help tf

回车后命令窗输出:

TF Creation of transfer functions or conversion to transfer function.
 Creation:
  SYS = TF(NUM,DEN)creates a continuous-time transfer function SYS with numerator(s)NUM and denominator(s)DEN. The output SYS is a TF object.

  SYS = TF(NUM,DEN,TS)creates a discrete-time transfer function with sample time TS(set TS=−1 if the sample time is undetermined).
...
用户可从显示内容中了解相应函数的使用方法。

另外,MATLAB 还附带演示程序,输入 demo 指令并回车可直接启动演示程序。

B.3 Simulink 模块库常用标准功能模块与功能(表 B.3~表 B.8)

表 B.3 Sources(输入源模块)

模 块 名 称	模 块 功 能
Chirp signal	产生一个频率不断变化的正弦波信号
Clock	显示当前仿真时间
Constant	产生一个常量
Digital clock	在规定的采样间隔显示当前仿真时间
pulse generator	离散脉冲发生器(与采样时间有关)
From file	从文件中读数据
From workspace	从当前工作空间定义的矩阵中读数据
Pulse generator	固定时间间隔的脉冲信号发生器
Signal generator	信号发生器,产生不同的波形
Sine wave	产生正弦波信号
step	产生阶跃信号
ramp	产生斜坡信号
In1	为模型或子系统提供输入端口

表 B.4　Sinks(输出模块)

模 块 名 称	模 块 功 能
Display	实时数字显示
Scope	显示信号在类似示波器的窗口中
To file	把数据输入到文件中
To workspace	把数据输出到工作面上定义的矩阵中
XY graph scope	在 MATLAB 图形窗口显示信号的 x-y 二维图形
Out1	为模型或子系统提供输出端口

表 B.5　Math(计算模块)

模 块 名 称	模 块 功 能
Gain	对输入信号乘上一个常数增益,相当于比例环节
Sum	对输入信号求代数和

表 B.6　Continuous(连续系统模块)

模 块 名 称	模 块 功 能
Integrator	对输入信号积分
Transfer fcn	建立一个线性传递函数模型
State-space	建立一个线性状态空间模型
Zero-pole	建立一个线性零、极点模型
Derivative	对输入信号微分

表 B.7　Discrete(离散系统模块)

模 块 名 称	模 块 功 能
Discrete state-space	建立一个离散状态空间模型
Discrete transfer fcn	建立一个离散传递函数模型
Discrete zero-pole	建立一个零、极点形式的离散模型
Discrete-time integrator	对一个信号进行离散时间积分
First-order hold	建立一个一阶采样保持器
Unit delay	对采样保持器,延迟一个采样周期
Zero-order hold	建立零阶保持器
Discrete filter	建立离散滤波器(IIR,FIR)

表 B.8　Nonlinear(非线性系统模块)

模 块 名 称	模 块 功 能
Backlash	在输出不变区中不随输入变化而变化,在输出不变区外随输入成正比变化的间隙特性
Dead zone	提供一个死区特性
Manual switch	手动开关
Multiport switch	在多输入中选择一个输出
Quantizer	对输出进行阶梯状量化处理
Rate limiter	限制信号的变化率不超过规定值
Relay	在正负限定值输出的带有滞环的继电特性
Saturation	对输出信号进行限幅的饱和特性
Switch	当第二个输入端信号大于临界值时,输出第一个输入端的信号,否则输出第三个输入端信号

附录 C
拉普拉斯变换及有关性质

C.1 常用信号的拉普拉斯变换(见表 C.1)

表 C.1 拉普拉斯变换表

序号	原函数 $f(t)(t \geqslant 0)$	象函数 $F(s)$
1	$\delta(t)$ 单位脉冲函数	1
2	$1(t)$ 单位阶跃函数	$\dfrac{1}{s}$
3	t	$\dfrac{1}{s^2}$
4	$\dfrac{1}{(n-1)!}t^{n-1}$(n 是正整数)	$\dfrac{1}{s^n}$
5	e^{-at}	$\dfrac{1}{s+a}$
6	$\dfrac{1}{(n-1)!}t^{n-1}e^{-at}$($n$ 是正整数)	$\dfrac{1}{(s+a)^n}$
7	$\dfrac{1}{a}(1-e^{-at})$	$\dfrac{1}{s(s+a)}$
8	$\dfrac{1}{b-a}(e^{-at}-e^{-bt})$	$\dfrac{1}{(s+a)(s+b)}$
9	$\dfrac{1}{b-a}(be^{-bt}-ae^{-at})$	$\dfrac{s}{(s+a)(s+b)}$
10	$\sin\omega t$	$\dfrac{\omega}{s^2+\omega^2}$
11	$\cos\omega t$	$\dfrac{s}{s^2+\omega^2}$
12	$e^{-at}\sin\omega t$	$\dfrac{\omega}{(s+a)^2+\omega^2}$
13	$e^{-at}\cos\omega t$	$\dfrac{s+a}{(s+a)^2+\omega^2}$
14	$\dfrac{1}{\omega^2}(1-\cos\omega t)$	$\dfrac{1}{s(s^2+\omega^2)}$
15	$\dfrac{\sqrt{(b-a)^2+\omega^2}}{\omega}e^{-at}\sin(\omega t+\beta)$ $\beta=\arctan\dfrac{\omega}{b-a}$	$\dfrac{s+b}{(s+a)^2+\omega^2}$
16	$\dfrac{\omega_n}{\sqrt{1-\zeta^2}}e^{-\zeta\omega_n t}\sin\omega_n\sqrt{1-\zeta^2}\,t$	$\dfrac{\omega_n^2}{s^2+2\zeta\omega_n s+\omega_n^2}(0<\zeta<1)$

续表

序号	原函数 $f(t)(t \geqslant 0)$	象函数 $F(s)$
17	$\dfrac{-1}{\sqrt{1-\zeta^2}} e^{-\zeta\omega_n t}\sin(\omega_n \sqrt{1-\zeta^2}\, t+\beta)$ $\beta=\arctan\dfrac{\sqrt{1-\zeta^2}}{\zeta}=\arccos\zeta$	$\dfrac{s}{s^2+2\zeta\omega_n s+\omega_n^2}(0<\zeta<1)$
18	$1-\dfrac{1}{\sqrt{1-\zeta^2}} e^{-\zeta\omega_n t}\sin(\omega_n \sqrt{1-\zeta^2}\, t+\beta)$ $\beta=\arctan\dfrac{\sqrt{1-\zeta^2}}{\zeta}=\arccos\zeta$	$\dfrac{\omega_n^2}{s(s^2+2\zeta\omega_n s+\omega_n^2)}$ $(0<\zeta<1)$

C.2 拉普拉斯变换的性质及定理(见表 C.2)

表 C.2 拉普拉斯变换的性质及定理

序号	定理	性质	
1	线性定理	$L[af_1(t)\pm bf_2(t)]=aF_1(s)\pm bF_2(s)$	
2	微分定理	一般形式	$L\left[\dfrac{\mathrm{d}f(t)}{\mathrm{d}t}\right]=sF(s)-f(0)$ $L\left[\dfrac{\mathrm{d}^2 f(t)}{\mathrm{d}t^2}\right]=s^2 F(s)-sf(0)-f'(0)$ $\vdots$ $L\left[\dfrac{\mathrm{d}^n f(t)}{\mathrm{d}t^n}\right]=s^n F(s)-\sum\limits_{k=1}^{n}s^{n-k}f^{(k-1)}(0)$ $f^{(k-1)}(t)=\dfrac{\mathrm{d}^{k-1}f(t)}{\mathrm{d}t^{k-1}}$
		初始条件为零时（函数及其各阶导数的初值全为零）	$L\left[\dfrac{\mathrm{d}^n f(t)}{\mathrm{d}t^n}\right]=s^n F(s)$
3	积分定理	一般形式	$L\left[\displaystyle\int f(t)\mathrm{d}t\right]=\dfrac{F(s)}{s}+\dfrac{\left[\int f(t)\mathrm{d}t\right]_{t=0}}{s}$ $L\left[\displaystyle\iint f(t)(\mathrm{d}t)^2\right]=\dfrac{F(s)}{s^2}+\dfrac{\left[\int f(t)\mathrm{d}t\right]_{t=0}}{s^2}+\dfrac{\left[\iint f(t)(\mathrm{d}t)^2\right]_{t=0}}{s}$ $\vdots$ $L\left[\overbrace{\displaystyle\int\cdots\int}^{\text{共}n\text{个}} f(t)(\mathrm{d}t)^n\right]=\dfrac{F(s)}{s^n}+\sum\limits_{k=1}^{n}\dfrac{1}{s^{n-k+1}}\left[\overbrace{\displaystyle\int\cdots\int}^{\text{共}k\text{个}} f(t)(\mathrm{d}t)^k\right]_{t=0}$
		初始条件为零时（函数及其各阶积分的初值全为零）	$L\left[\overbrace{\displaystyle\int\cdots\int}^{\text{共}n\text{个}} f(t)(\mathrm{d}t)^n\right]=\dfrac{F(s)}{s^n}$
4	延迟定理(或称 t 域平移定理)	$L[f(t-T)\varepsilon(t-T)]=e^{-Ts}F(s)$	
5	衰减定理(或称 s 域平移定理)	$L[f(t)e^{-at}]=F(s+a)$	

序号	定理	性　　质
6	终值定理	$\lim\limits_{t\to\infty}f(t)=\lim\limits_{s\to 0}sF(s)$
7	初值定理	$\lim\limits_{t\to 0}f(t)=\lim\limits_{s\to\infty}sF(s)$
8	卷积定理	$L[f_1(t)*f_2(t)]=F_1(s)\cdot F_2(s)$

C.3　拉普拉斯反变换的部分分式法

进行拉普拉斯反变换的关键在于将变换式进行部分分式展开,然后逐项查表进行反变换。设 $F(s)$ 是 s 的有理真分式,即

$$F(s)=\frac{B(s)}{A(s)}=\frac{b_m s^m+b_{m-1}s^{m-1}+\cdots+b_1 s+b_0}{a_n s^n+a_{n-1}s^{n-1}+\cdots+a_1 s+a_0}\quad(n>m)$$

式中,系数 $a_0,a_1,\cdots,a_{n-1},a_n$ 和 $b_0,b_1,\cdots,b_{m-1},b_m$ 都是实常数;m,n 是正整数,按代数定理可将 $F(s)$ 展开为部分分式,分以下两种情况讨论(当 $n=m$ 时,可以先分离出常数项)。

(1) $A(s)=0$ 无重根

$F(s)$ 可展开为 n 个简单的部分分式之和的形式,即

$$F(s)=\frac{K_1}{s+p_1}+\frac{K_2}{s+p_2}+\cdots+\frac{K_n}{s+p_n}=\sum_{j=1}^{n}\frac{K_j}{s+p_j}\tag{C.1}$$

式中,$-p_1,-p_2,\cdots,-p_n$ 是特征方程 $A(s)=0$ 的根;K_j 为待定常系数,称为 $F(s)$ 在 $-p_j$ 处的留数,可按下式计算

$$K_j=\lim_{s\to -p_j}(s+p_j)F(s)\tag{C.2}$$

根据拉氏变换的性质,从式(C.1)可求得原函数为

$$f(t)=L^{-1}[F(s)]=L^{-1}\left[\sum_{j=1}^{n}\frac{K_j}{s+p_j}\right]=\sum_{j=1}^{n}K_j\mathrm{e}^{-p_j t}\tag{C.3}$$

(2) $A(s)=0$ 有重根

设 $A(s)=0$ 有 q 重根 $-p_1$,$F(s)$ 可写为

$$F(s)=\frac{B(s)}{(s+p_1)^q(s+p_{q+1})\cdots(s+p_n)}$$

$$=\left[\frac{K_{11}}{(s+p_1)^q}+\frac{K_{12}}{(s+p_1)^{q-1}}+\cdots+\frac{K_{1q}}{s+p_1}\right]+\left[\frac{K_{q+1}}{s+p_{q+1}}+\cdots+\frac{K_n}{s+p_n}\right]\tag{C.4}$$

式中,$-p_{q+1},\cdots,-p_n$ 为 $F(s)$ 的 $n-q$ 个单根,$K_{q+1},\cdots,K_n$ 仍按式(C.2)计算,$K_{11},K_{12},\cdots,K_{1q}$ 则按下式计算

$$K_{11}=\lim_{s\to -p_1}(s+p_1)^q F(s)$$

$$K_{1r}=\frac{1}{(r-1)!}\lim_{s\to -p_1}\frac{d^{(r-1)}}{ds^{(r-1)}}(s+p_1)^q F(s)\quad r=1,2,\cdots,q\tag{C.5}$$

从式(C.4)可求得原函数 $f(t)$ 为

$$f(t)=L^{-1}[F(s)]$$

$$=\left[\frac{K_{11}}{(q-1)!}t^{q-1}+\frac{K_{12}}{(q-2)!}t^{q-2}+\cdots+K_{1q}\right]\mathrm{e}^{-p_1 t}+\sum_{j=q+1}^{n}K_j\mathrm{e}^{-p_j t}\tag{C.6}$$

参 考 文 献

[1] 余成波,张莲,胡晓倩,等. 自动控制原理. 北京:清华大学出版社,2004.
[2] 李友善. 自动控制原理. 北京:国防工业出版社,1987.
[3] 杨位钦,谢锡祺. 自动控制理论基础. 北京:北京理工大学出版社,1991.
[4] 庞国仲. 自动控制原理. 合肥:中国科学技术大学出版社,1998.
[5] 孙炳达,梁志坤. 自动控制原理. 北京:机械工业出版社,2000.
[6] 陈玉宏,胡学敏. 自动控制原理. 重庆:重庆大学出版社,1997.
[7] 刘明俊,于明祁,杨泉林. 自动控制原理. 长沙:国防科技大学出版社,2000.
[8] 卢京潮,刘慧英. 自动控制原理典型题解析及自测试题. 西安:西北工业大学出版社,2001.
[9] 胡寿松. 自动控制原理. 4版. 北京:科学出版社,2001.
[10] 翁思义,杨平. 自动控制原理. 北京:中国电力出版社,2000.
[11] 王划一. 自动控制原理. 北京:国防工业出版社,2001.
[12] 徐薇莉,曹柱中,田作华. 自动控制理论与设计. 上海:上海交通大学出版社,2001.
[13] 高国燊,徐文燩. 自动控制原理. 广州:华南理工大学出版社,1999.
[14] 陈玉宏,向凤红. 自动控制原理. 重庆:重庆大学出版社,2003.
[15] 郑有根. 自动控制原理. 重庆:重庆大学出版社,2003.
[16] 程鹏. 自动控制原理. 北京:高等教育出版社,2003.
[17] 孟庆明. 自动控制原理. 北京:高等教育出版社,2003.

图 书 资 源 支 持

感谢您一直以来对清华版图书的支持和爱护。为了配合本书的使用，本书提供配套的资源，有需求的读者请扫描下方的"书圈"微信公众号二维码，在图书专区下载，也可以拨打电话或发送电子邮件咨询。

如果您在使用本书的过程中遇到了什么问题，或者有相关图书出版计划，也请您发邮件告诉我们，以便我们更好地为您服务。

我们的联系方式：

地　　址：北京市海淀区双清路学研大厦 A 座 714

邮　　编：100084

电　　话：010-83470236　010-83470237

客服邮箱：2301891038@qq.com

QQ：2301891038（请写明您的单位和姓名）

资源下载：关注公众号"书圈"下载配套资源。

资源下载、样书申请

书圈

获取最新书目

观看课程直播